Ehrlich / Merten

Leichtbau mit faserverstärkten Kunststoffen

Ingo Ehrlich
Armin Merten

Leichtbau mit faserverstärkten Kunststoffen

HANSER

MIX
Papier | Fördert gute Waldnutzung
FSC® C016368

Print-ISBN: 978-3-446-48548-8
E-Book-ISBN: 978-3-446-48649-2

Die allgemein verwendeten Personenbezeichnungen gelten gleichermaßen für alle Geschlechter.

Bibliografische Information der Deutschen Nationalbibliothek:
Die Deutsche Nationalbibliothek verzeichnet diese Publikation in der Deutschen Nationalbibliografie; detaillierte bibliografische Daten sind im Internet unter http://dnb.d-nb.de abrufbar.

Vilshofener Straße 10 | 81679 München | info@hanser.de
www.hanser-fachbuch.de
Lektorat: Dr. Mark Smith
Herstellung: Cornelia Speckmaier
Coverkonzept: Marc Müller-Bremer, www.rebranding.de, München
Covergestaltung: Max Kostopoulos
Titelmotiv: © gettyimages.de/Gabriel Arkoh-Ayawli / 500px
Satz: Ingo Ehrlich, Armin Merten
Druck: Elanders Waiblingen GmbH, Waiblingen
Printed in Germany

Inhalt

Danksagung

Ein Buch wie das vorliegende wird zwar von seinen Autoren geschrieben, doch an seinem Entstehungsprozess sind zahlreiche Menschen aus dem privaten wie auch dem beruflichen Umfeld in vielfältiger Weise beteiligt.

Für die Unterstützung beim Korrekturlesen und im Layout möchten wir – in alphabetischer Reihenfolge – herzlich danken. Es war gewiss nicht immer einfach, den mitunter *schweren Lesestoff* aufmerksam zu durchdringen. Unser besonderer Dank gilt daher Anna Afanasev, Wiebke Ehrlich, Sonja Eichstätter, Lisa Kaufmann, Stefan Konrad, insbesondere Marco Siegl, der nicht nur Korrektur gelesen, sondern viele der enthaltenen Gleichungen mit großer Sorgfalt und akribischer Genauigkeit überprüft hat, Christa Thurner, Birgit Wack und Dorothee Wack.

Ein ganz besonderer Dank gilt unseren Familien – insbesondere unseren Ehefrauen, Katharina Ehrlich und Marianne Merten –, die das ein oder andere auch lesen und den über Jahre andauernden Entstehungsprozess „mitertragen" mussten. Ihnen möchten wir dieses Buch widmen.

Geisenfeld *Ingo Ehrlich*
Regensburg *Armin Merten*

Vorwort

Das vorliegende Buch „Leichtbau mit faserverstärkten Kunststoffen“ soll ein Lehr-, Vorlesungs- und Anwendungsbuch sein, das erschwinglich ist und den Studierenden und Ingenieuren in Vorlesung, Prüfung und Anwendung als Lehrbuch, Arbeitsmaterial und Nachschlagewerk zur Verfügung steht. Als Lehrbuch reiht es sich in eine Vielzahl von Büchern zum Thema Faserverbundwerkstoffe oder Composites ein. Dieses Buch möchte ausgewählte Themen des Bereichs derart beleuchten, dass fachlich Interessierte und Studierende einen ansprechenden und nachvollziehbaren Zugang zur Thematik finden. Aber gerade für Studierende soll es auch ein „Vorlesungsbuch“ sein; also ein Buch, das das Thema Faserverbundkunststoffe in der gleichnamigen Vorlesung begleitet. Der ausgebildete Ingenieur findet hier die Möglichkeit zum Nachschlagen von Lösungsmöglichkeiten zur Berechnung von Fragestellungen im Faserkunststoffbereich.

Das Buch gliedert sich in einen Hauptteil, in dem die einzelnen Themen ausführlich dargestellt und – in dem für das Verständnis notwendigen Umfang – miteinander verknüpft werden. Wesentliche Berechnungsabschnitte enden mit einem Beispiel und einer oder mehreren Übungen. Während die Beispiele das vorher Gesagte vertiefen und konkretisieren, laden die Übungen zum Selberrechnen ein. Der ausführliche Lösungsweg und die jeweiligen Ergebnisse zu den Übungen finden sich im Anhang zum Buch. Ein entsprechender Hinweis leitet den Leser auf die richtige Seite und den richtigen Abschnitt. Ein zweiter Hauptteil des Buches ist der schon erwähnte Anhang. Neben den Lösungen finden sich hier auch die Sammlungen wichtiger Gleichungen, die entweder als Wissen aus anderen Fachbereichen entliehen oder im Hauptteil ausführlich hergeleitet worden sind. Der Anhang ist so gestaltet, dass er sich als Übersichtsteil versteht und als eine Art Formelsammlung zur Bearbeitung von Berechnungsaufgaben eignet.

Leichtbau

Der Titel „Leichtbau mit faserverstärkten Kunststoffen" beinhaltet den Aspekt Leichtbau. In den letzten Jahren hat sich der Begriff „Leichtbau" sowohl als fachliche Disziplin als auch als Verkaufsargument bei Produkten des Alltags durchgesetzt. Der monetäre Teil der Begriffsbekanntschaft ist – wie so oft – unscharf und oftmals missweisend. Nicht alles, was unter dem Siegel des Leichtbaus angepriesen wird, ist auch Leichtbau oder sinnvoller, zielführender Leichtbau. Daher sei an dieser Stelle der Versuch erlaubt, ein paar Erläuterungen zum fachlichen Begriff Leichtbau zu notieren.

Was ist Leichtbau?

Leichtbau teilt sich in verschiedene Bereiche. Allen Bereichen gemein ist jedoch das Ziel, eine Konstruktion – sei es ein kleines Teil, eine große Baugruppe oder auch ein komplexes Auto oder Flugzeug – leicht, das heißt, mit wenig Masse zu realisieren. Hierbei geht es nicht darum, dem Schlankheitsideal der Gesellschaft zu folgen, sondern technisch sinnvoll ist es nur dort, wo die Konstruktion „Probleme mit ihrem Gewicht bekommt". Natürlich kann Leichtbau prinzipiell in allen Bereich verfolgt werden. Allerdings gehen Leichtbau und Kostensteigerungen oftmals Hand in Hand. Und somit ist es sinnvoll, die Anwendung des Leichtbaus auf technisch sinnvolle Bereiche zu konzentrieren.

Wann hat eine Konstruktion „Probleme mit ihrem Gewicht"?

Die Notwendigkeit, Masse zu reduzieren, kann im Allgemeinen auf zwei Generalbereiche eingegrenzt werden. Wenn es um die Überwindung bzw. Kompensation der Erdanziehungskraft geht, dann ist eine möglichst geringe Masse gefordert. Ein Luftfahrzeug, das fliegen möchte, muss durch den Auftrieb die Eigenmasse kompensieren; es muss fliegen. Gleiches gilt für Raumfahrzeuge in der Startphase oder auch den physischen Aufbau von Vögeln. Ein weiterer Leichtbaugrund findet sich bei beschleunigten Konstruktionen. Durch die Newtonsche Trägheit der Masse erhöhen sich bei der Beschleunigung die erforderlichen Kräfte zur Beschleunigung bzw. die Reaktionskräfte linear mit der Größe der Masse. Das gilt beispielsweise für Roboterarme mit schnell wechselnden Geschwindigkeiten, für beschleunigte Sportgeräte (Tennisschläger, etc.) oder ähnliche Anwendungen. Im Umkehrschluss bedeutet das, dass bei Anwendungen, die nicht die Erdanziehungskraft überwinden müssen oder signifikant beschleunigt werden, Leichtbau nur bedingt sinnvoll ist. Man denke hier zum Beispiel an Laternenmasten, kleinere Gebäude und ähnliches. Die Aussage findet aber natürlich darin ihre Grenzen, wenn zum Beispiel große Bauwerke wie Brücken „abspecken" müssen, um die Konstruktion aufgrund des sonst zu großen Eigengewichts realisierbar zu gestalten.

Einteilung des Leichtbaus

Es finden sich in der Literatur zahlreiche Ansätze zur Einordnung und Klassifizierung des Leichtbaus nach Methodik, Zweck und Werkstoffauswahl. In diesem Zusammenhang sei vielleicht hervorgehoben, dass es zwei Hauptbereiche der Leichtbaurealisierung gibt: den stofflichen Leichtbau und den gestalterischen Leichtbau. Letzteres, also den gestalterischen Leichtbau, finden wir im kleinen auch im Alltag. So kann ein geschickt gefaltetes Blatt Papier mehr Last tragen als das lose Papierblatt. Das gezielte Einsetzen von Geometrie und die Kenntnis um die daraus resultierende Steifigkeit und die im Bauteil vorherrschenden Belastungen sind wesentliche Elemente des gestalterischen Leichtbaus. Der stoffliche Leichtbau hat seinen Ansatz in der Werkstoffauswahl. So sind Konstruktionen aus Stahl, Aluminium oder auch aus faserverstärkten Kunststoffen unterschiedlich zu bewerten. Während die absoluten Festigkeiten und Steifigkeiten die Bevorzugung eines Materials bedingen, können es bei anderen Anwendungen – insbesondere des Leichtbaus – die relativ auf die Dichte des Werkstoffs bezogenen sogenannten spezifischen Festigkeiten und Steifigkeiten sein, die die Materialauswahl bestimmen. Der stoffliche und der gestalterische Leichtbau sind bei der Realisation von Leichtbaukonstruktionen immer zusammen zu denken.

Das vorliegende Buch möchte ausgewählte Aspekte des stofflichen Leichtbaus mit faserverstärkten Kunststoffen vertiefen. Dabei führt der Weg über Einführungen zum chemischen und physikalischen Verhalten von Kunststoffen und faserverstärkten Kunststoffen über das richtungsabhängige Materialverhalten bis zur Berechnung von Mehrschichtverbunden unter mechanischer und hygrothermaler Last. Einzelne Abschnitte oder Kapitel ergänzen diesen Weg zum Beispiel mit mathematischen Ergänzungen zur Behandlung der zugrunde liegenden mathematischen Fragestellungen.

Damit soll das Buch sowohl ein Lehrbuch als auch ein vorlesungsbegleitendes Buch sein, das die Begeisterung am Leichtbau mit faserverstärkten Kunststoffen weitertragen soll. In diesem Sinne wünschen wir allen Leserinnen und Lesern viel Freude bei der Lektüre und beim Studium der Faserverbundkunststoffe.

Ingo Ehrlich, Armin Merten Im Februar 2026

Formelzeichen und Bezeichnungen

Lateinische Buchstaben

A	(Proben-)Querschnitt
c	Feuchtekonzentration zum Berechnungszeitpunkt
c_0	Anfangsfeuchte
E, E_{el}	Dehnsteifigkeit, Elastizitätsmodul, E-Modul, YOUNG-Modulus
E^*	komplexer Elastizitätsmodul
E'	Speicheranteil des komplexen Moduls
E''	Verlustmodul des komplexen Moduls
f	Frequenz
$f(\tau)$	Retardationszeitspektrum
F	Kraft
G	Schubsteifigkeit, Gleitmodul, G-Modul
G^*	komplexer Schubmodul
G'	Speicheranteil des komplexen Schubmoduls
G''	Verlustmodul des komplexen Schubmoduls
h	Laminatdicke
I_p	polares Flächenträgheitsmoment
I_{yy}	Flächenträgheitsmoment, Flächenmoment 2. Ordnung
i	Richtungsindizes
j	Richtungsindizes
J	Nachgiebigkeit
LL	limit load, sichere Last
m	Masse
M	Moment
MS	margin of safety, marge de résistance, Sicherheitsüberschuss

N	Normalkraft
P_B	Bemessungs-Bruchlast, ultimate load (UL), charge extrême
P_S	sichere Last, limit load (LL), charge limite
P_V	Versagenslast, failure load, charge de rupture
Q	Querkraft
$\bar{Q}_{ij}^{+\theta}$	Element ij der transformierten reduzierten Steifigkeitsmatrix $\bar{Q}$ der unidirektionalen Einzelschicht im globalen x-y-Koordinatensystem mit der Lagenorientierung $+\theta$
r	Atomabstand
RF	Reservefaktor
R	Festigkeitswert
SF	Sicherheitsfaktor, factor of safety; facteur de sécurité
t	Zeit, Einzelschichtdicke
T	Temperatur zum Berechnungszeitpunkt
T_0	Anfangstemperatur
T_G	Glasübergangstemperatur
UL	ultimate load, Bemessungs-Bruchlast
x	globale Koordinatenachse
y	globale Koordinatenachse
z	globale Koordinatenachse

Griechische Buchstaben

α	Drehwinkel zwischen x-Achse und Faserlängsrichtung
α_T	Wärmeausdehnungskoeffizient
β	Feuchteausdehnungskoeffizient
δ	Verlustwinkel
Δ	Differenz, logarithmisches Dekrement
Δc	Feuchtedifferenz
ΔT	Temperaturdifferenz
ε	Normalverzerrung (Dehnung/Stauchung)
η	Viskosität
γ	Gleitung, Schubverformung
ν	Querkontraktionszahl, POISSON-Zahl
ω	Kreisfrequenz
ρ	Dichte
ρ_F	Faserdichte
ρ_M	Matrixdichte
σ	Spannung
φ	Torsionswinkel im Bogenmaß
φ_F	Faservolumenanteil

φ_M	Matrixvolumenanteil
ψ_F	Fasermasseanteil
ψ_M	Matrixmasseanteil
Ψ	Viskoelastischer Anteil der Nachgiebigkeit
τ	Schubspannung
Θ	Massenträgheitsmoment
ϑ	Torsionswinkel, Verdrehwinkel

Tensoren 1. Stufe, Vektoren

$\{e_{HT}\}$	Tensor der hygrothermalen Laminatverzerrungen
$\{e_{mo}\}$	Tensor der hygrokopischen Laminatverzerrungen
$\{e_{th}\}$	Tensor der thermischen Laminatverzerrungen
$\{\varepsilon_{12}\}$	Verzerrungstensor im lokalen, faserorientierten Koordinatensystem
$\{\varepsilon_{xy}\}$	Verzerrungstensor im globalen Koordinatensystem
$\{\kappa_{xy}\}$	Tensor der Wölbungen im globalen Koordinatensystem
$\{\kappa_{HT}\}$	Tensor der hygrothermalen Wölbungen im globalen Koordinatensystem
$\{\kappa_{mo}\}$	Tensor der hygroskopischen Wölbungen im globalen Koordinatensystem
$\{\kappa_{th}\}$	Tensor der thermischen Wölbungen im globalen Koordinatensystem
$\{\sigma_{12}\}$	Spannungstensor im lokalen, faserorientierten Koordinatensystem
$\{\sigma_{xy}\}$	Spannungstensor im globalen Koordinatensystem

Tensoren 2. Stufe, Matrizen

$[A]$	Dehnsteifigkeitsmatrix, Scheibensteifigkeitsmatrix
$[B]$	Koppelmatrix, Koppelsteifigkeitsmatrix
$[D]$	Biegesteifigkeitsmatrix, Plattensteifigkeitsmatrix
$[Q]$	reduzierte Steifigkeitsmatrix der Einzelschicht im lokalen, faserorientierten Koordinatensystem
$[\bar{Q}]$	reduzierte Steifigkeitsmatrix der Einzelschicht im globalen, laminatorientierten Koordinatensystem
$[q]$	reduzierte Nachgiebigkeitsmatrix der Einzelschicht im lokalen, faserorientierten Koordinatensystem
$[\bar{q}]$	reduzierte Nachgiebigkeitsmatrix der Einzelschicht im globalen, laminatorientierten Koordinatensystem

Symbole und Operatoren

d	Ableitung
∂	partielle Ableitung

Indizes

$\square_{\parallel}$	longitudinal – in Faserlängsrichtung
$\square_{\perp}$	transversal – quer zur Faserlängsrichtung
$\square_{\#}$	longitudinal-transversal – in der Schichtebene tangential zu den lokalen Koordinatenachsen
$\square_{0}$	Anfangswert
$\square_{1}$	lokale Koordinatenachse

$\square_2$	lokale Koordinatenachse
$\square_3$	lokale Koordinatenachse
$\square_\mathrm{b}$	Unterseite (*bottom*)
$\square_\mathrm{F}$	Faser
$\square_\mathrm{HT}$	hygrothermal
$\square_\mathrm{L}$	longitudinal – in Faserlängsrichtung
$\square_\mathrm{LT}$	longitudinal-transversal – in der Schichtebene tangential zu den lokalen Koordinatenachsen
$\square_\mathrm{M}$	Matrix
$\square_\mathrm{mo}$	Feuchte (moisture)
$\square_\mathrm{T}$	transversal – quer zur Faserlängsrichtung
$\square_\mathrm{t}$	Oberseite (*top*)
$\square_\mathrm{th}$	thermisch
$\square_x$	globale Koordinatenachse
$\square_y$	globale Koordinatenachse
$\square_z$	globale Koordinatenachse

Hochstellungen

$\square^\mathrm{d}$	Druck
$\square^\mathrm{f}$	Gewebe (*fabric*)
$\square^\mathrm{z}$	Zug

Abkürzungen und weitere Bezeichnungen

FMC	Failure Mode Concept
KOS	Koordinatensystem
UD-ES	Unidirektionale Einzelschicht
US	Ultraschall
ZfP	zerstörungsfreie Prüfung

Teil 1
Grundlagen

1 Lineare anisotrope Elastizität

Ingo Ehrlich

Die lineare anisotrope Elastizitätstheorie beschreibt das lineare Materialverhalten anisotroper, elastischer Körper. Es stellt den allgemeinsten Fall der linear-elastischen Werkstoffeigenschaften dar. Dabei ist reales Materialverhalten selten rein linear-elastisch. Vielmehr finden sich dort meistens auch nicht-lineare Anteile, viskose und plastische Bereiche. In diesem Abschnitt soll aber der Bereich des Materialverhaltens betrachtet werden, der als linear bzw. quasi linear bezeichnet werden kann. In diesem Fall verhält sich der Werkstoff ähnlich einer Feder, bei der der Federweg proportional zur Zugbelastung anwächst. Werkstoffe mit einem solchen linear-elastischen Materialverhalten bezeichnen wir als Hookesches[1)] Material.

In einem ersten Abschnitt sollen die wesentlichen Grundlagen und Zusammenhänge der linearen Elastizität am Beispiel eines isotropen Körpers hergeleitet werden. In einem weiteren Abschnitt werden dann die sogenannten Materialsymmetrien diskutiert. Bei einer klassischen kontinuumsmechanischen Herleitung würde man dann vom Allgemeinen, der Anisotropie, zum Speziellen, der Isotropie, vorgehen. Aus Gründen der Nachvollziehbarkeit soll hier der Weg bewusst anders beschritten werden. Da sowohl in der schulischen Ausbildung als auch im Studium die Isotropie im Vordergrund steht, soll von der Isotropie ausgehend der erklärende Pfad zur Anisotropie eingeschlagen werden. Dabei werden die Begrifflichkeiten der Isotropie, der Transversalisotropie, der Orthotropie, der Monotropie und der Anistropie eingeführt (s. a. Altenbach et al. [1.1], Emmerling [1.2], Fahlbusch [1.3], Gebbeken [1.5, 6], Gross et al. [1.7], Jones [1.9], Reddy et al. [1.18]).

1 Robert Hooke, * 18.07.1635 $^{\text{jul.}}$ bzw. 28.07.1635$^{\text{greg.}}$ in Freshwater, Isle of Wight; † 3. März 17.02.1703$^{\text{jul.}}$ bzw. 14.03.1703$^{\text{greg.}}$ in London

1.1 HOOKEsches Gesetz des isotropen Körpers

Das HOOKEsche Gesetz beschreibt das Materialverhalten belasteter Körper im linearen Bereich. Lasten können z. B. durch Kräfte, Temperatur oder Feuchtigkeit eingeprägt werden. Dabei beschränkt sich dieser Abschnitt zunächst auf mechanische Beanspruchungen unter Vernachlässigung der Temperatur- und Feuchtebelastungen.

Die äußere eingeprägte Kraft oder Spannung ruft als Reaktion in dem belasteten Material Verformungen respektive Deformationen hervor (s. a. [1.15]), die sich in Verzerrungen und Wölbungen gliedern lassen (s. a. Bild 1.1). Wölbungen äußern sich als Krümmungen oder Drillungen. Die Verzerrungen wiederum lassen sich in Normalverzerrungen und Gleitungen unterteilen. Die Normalverzerrungen werden weiter unterteilt nach den Dehnungen bzw. Streckungen im Zuglastfall und den Stauchungen im Drucklastfall.

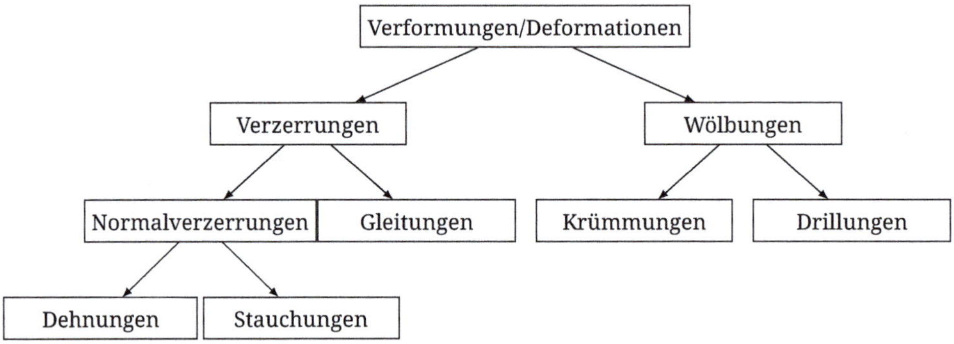

Bild 1.1 Verformungsarten

Bei einer Dehnung oder Stauchung ändert der betrachtete Körper seine Abmessungen und sein Volumen, aber nicht seine Gestalt. Bei einer Gleitung ändert der Körper seine Gestalt, jedoch nicht sein Volumen (s. a. Bild 1.3).

Dehnungen und Stauchungen ε eines Körpers berechnen sich aus dem Verhältnis der relativen Längenänderung des Körpers zu seiner Ausgangs- oder Grundlänge:

$$\varepsilon = \frac{\Delta l}{l_0} = \frac{l - l_0}{l_0} \tag{1.1}$$

Die Gleitung γ wird bestimmt durch die Winkeländerungen des deformierten Körpers:

$$\gamma \approx \tan \gamma = \frac{\Delta v}{v_0} \tag{1.2}$$

In Bild 1.2 und Bild 1.3 sind die Dehnung und Gleitung als Folge einer äußeren eingeprägten Belastung dargestellt. Dabei wird die Längsverzerrung ε – in diesem Fall eine

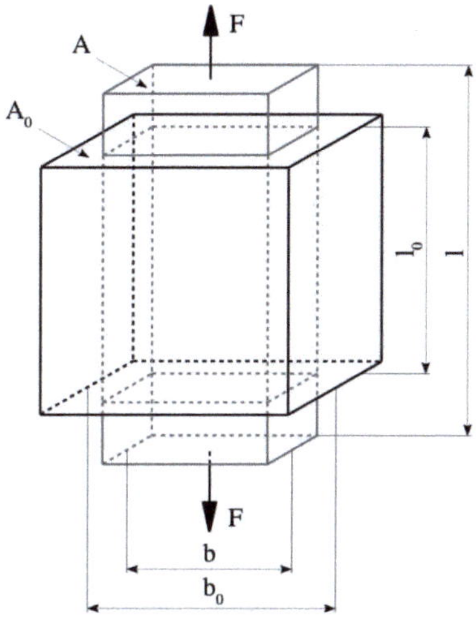

Bild 1.2 Längsverzerrung Epsilon eines Körpers der Länge l_0 und der Querschnittsfläche A_0

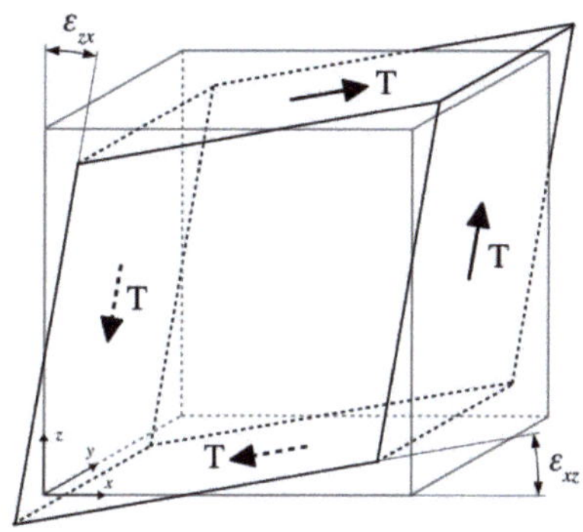

Bild 1.3 Gleitung γ eines Körpers der Seitenlänge dx

Dehnung – durch eine Normalspannung hervorgerufen. Die Normalspannung σ wird als eine auf eine Ausgangsfläche A_0 wirkende Kraft F verstanden[2)]:

$$\sigma_T = \frac{F}{A_0} \tag{1.3}$$

Die auf die Ausgangsfläche bezogene Spannung σ_T wird als die *technische Spannung* bezeichnet. Da sich während des Belastungsvorgangs neben der Längung des Ausgangskörpers auch eine Verjüngung des Querschnitts, eine sogenannte Querkontraktion, einstellt, ist die tatsächlich auf den aktuellen Querschnitt bezogene Spannung höher. Eine solche auf den wahren Querschnitt bezogenen Belastung

$$\sigma_W = \frac{F}{A} \tag{1.4}$$

wird als *wahre Spannung* bezeichnet.

Die Ursache für eine Gleitung ist eine Tangentialkraft T, die als Schubspannung τ auf den Körperseiten wirkt:

$$\tau = \frac{T}{A_0} \tag{1.5}$$

2 Diese Annahme gilt nur, wenn die Spannungsverteilung über den Querschnitt als konstant angenommen werden kann.

1.1.1 Kinematische Gleichungen, Verzerrungs-Verschiebungs-Beziehungen

Ein zunächst unbelasteter Körper kann im Raum verschoben werden. Verfolgt man dabei einzelne Punkte des Körpers, so erfahren diese eine Lageänderung, die als Verschiebung bezeichnet wird. Eine solche reine Lageänderung des Körpers im Raum wird für lineare Bewegungen entlang einer der drei Raumachsen als Translation bezeichnet. Dreht sich der Körper um eine der drei Raumachsen, dann sprechen wir von einer Rotation.

Wird, wie oben beschrieben, ein Körper von einer äußeren eingeprägten Last beansprucht, dann erfährt der Körper eine Verformung bzw. Verzerrung. Dabei verändern einzelne Punkte des zunächst unbelasteten Körpers mit der Verzerrung ihre Raumposition. Das heißt, dass diese Punkte eine Verschiebung erfahren.

Somit gibt es Verschiebungen eines Körpers, die entweder auf eine Translation bzw. Rotation oder auf eine Verzerrung des belasteten Körpers zurückzuführen sind. Damit gibt es Verschiebungen, die keinen Einfluss auf die Verzerrung des Körpers besitzen. Und es gibt Verschiebungen, die die Ursache von Verzerrungen darstellen. Fraglich ist, wie die Verschiebungen bezüglich ihrer Ursache bzw. Wirkung unterschieden und bewertet werden können.

Normalverzerrungen – Dehnungen und Stauchungen

In Bild 1.4 ist ein zunächst unbelasteter und unverformter, zweidimensionaler Körper mit den seitlichen Längen dx und dy in *grau gestrichelt* dargestellt. Aufgrund von Normalspannungen in x- und y-Richtung, die hier nicht eingezeichnet sind, erfährt der Körper Normalverzerrungen, d. h. er verändert seine lateralen Abmessungen; hier als *schwarz durchgezogen* eingefärbter Körper dargestellt. Zusätzlich wird der Körper in der Ebene entlang der Achsen verschoben. Gedachte Punkte dieses Körpers erfahren somit Verschiebungen als Folge sowohl der Normalverzerrungen als auch der Translationen.

Die Punkte A bei (x,y), B bei $(x + \mathrm{d}x,y)$, C bei $(x + \mathrm{d}x,y + \mathrm{d}y)$ und D bei $(x,y + \mathrm{d}y)$ geben die Eckpunkte der unverformten Seitenlänge dx des Ausgangskörpers wieder (*blau gestrichelte Linie*). Verfolgt man den Eckpunkt A zur Position A', so erfährt dieser lediglich Translationen u in x-Richtung und v in y-Richtung:

$$u_A = u(x,y) \tag{1.6}$$

$$v_A = v(x,y) \tag{1.7}$$

Die Verschiebungen des Punktes C zur Position C' beinhalten Verschiebungsanteile aus den Translationen und aus den Verzerrungen. Die Verschiebungen können wir als die Komponenten eines Verschiebungsvektors $\vec{s}$ auffassen, der sich allgemein aus

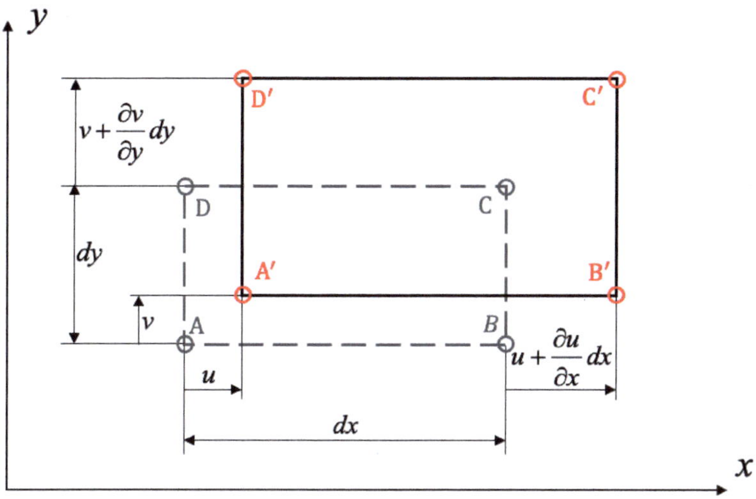

Bild 1.4 Normalverzerrungen

der benachbarten Lage mit Abstand dx und dy zum Punkt A durch eine TAYLOR-Reihenentwicklung annähern lässt,

$$\vec{s}_C(x+\mathrm{d}x, y+\mathrm{d}y) = \vec{s}_A + \frac{\partial \vec{s}_A(x,y)}{\partial x}\,\mathrm{d}x + \frac{\partial \vec{s}_A(x,y)}{\partial y}\,\mathrm{d}y \tag{1.8}$$

bei der die Entwicklung nach dem linearen Glied abgebrochen wird. Für die einzelnen Verschiebungskomponenten u in x-Richtung und v in y-Richtung im Eckpunkt B zum Punkt B' ergeben sich dann die Zusammenhänge

$$u_B = u(x,y) + \frac{\partial u}{\partial x}\,\mathrm{d}x = u_A + \frac{\partial u}{\partial x}\,\mathrm{d}x \tag{1.9}$$

$$v_B = v(x,y) + \frac{\partial v}{\partial y}\,\mathrm{d}y = v_A \tag{1.10}$$

Für die Verschiebungen des Punktes C zum Punkt C' folgt

$$u_C = u(x,y) + \frac{\partial u}{\partial x}\,\mathrm{d}x = u_A + \frac{\partial u}{\partial x}\,\mathrm{d}x \tag{1.11}$$

$$v_C = v(x,y) + \frac{\partial v}{\partial y}\,\mathrm{d}y = v_A + \frac{\partial v}{\partial y}\,\mathrm{d}y \tag{1.12}$$

und für die Verschiebungen des Punktes D zum Eckpunkt D'

$$u_D = u(x,y) + \frac{\partial u}{\partial x}\,\mathrm{d}x = u_A \tag{1.13}$$

$$v_D = v(x,y) + \frac{\partial v}{\partial y}\,\mathrm{d}y = v_A + \frac{\partial v}{\partial y}\,\mathrm{d}y \tag{1.14}$$

Die Normalverzerrung ε war in Formel 1.1 als das Verhältnis der relativen Seitenlängen vom Endzustand zum Ausgangszustand formuliert worden. Unter Berücksichtigung von Formel 1.9 und Formel 1.11 kann dann zum Beispiel für die Normalverzerrung ε_x in x-Richtung der Zusammenhang

$$\varepsilon_x = \frac{l_x - l_{x,0}}{l_{x,0}} = \frac{u(x+\mathrm{d}x,y) - u(x,y)}{\mathrm{d}x} = \frac{\cancel{u(x,y)} + \frac{\partial u}{\partial x} - \cancel{u(x,y)}}{\mathrm{d}x} = \frac{\mathrm{d}u(x,y)}{\mathrm{d}x} \tag{1.15}$$

notiert werden. In analoger Weise folgt die Formulierung der Normalverzerrung ε_y in y-Richtung aus Formel 1.12 und Formel 1.14 zu

$$\varepsilon_y = \frac{\mathrm{d}v(x,y)}{\mathrm{d}y} \tag{1.16}$$

bzw. für die dreidimensionale Betrachtung in z-Richtung als

$$\varepsilon_z = \frac{\mathrm{d}w(x,y)}{\mathrm{d}z} \tag{1.17}$$

Gleitungen

Bild 1.3 rechts hat bereits illustriert, dass durch eine Schubspannung τ Gleitungen γ hervorgerufen werden, die als eine Winkelverzerrung des Körpers verstanden werden können.

In Bild 1.5 ist dieser Verformungszustand für den zweidimensionalen Fall herausgestellt worden. Wiederum ist in *grau gestrichelt* der unverformte und in *schwarzer Linie* der verformte Körper abgebildet, wobei auch hier die äußeren eingeprägten Lasten nicht eingetragen sind. Neben der Verformungsantwort aufgrund einer Schubspannung sieht der Körper auch Verschiebungen aus einer Translation.

Wir gehen zunächst davon aus, dass es sich um kleine Winkeländerungen handelt, sodass allgemein die Beziehung

$$\sin\alpha \approx \alpha = \frac{\partial v}{\partial x} \tag{1.18}$$

notiert werden kann.

Der Gleitwinkel γ_{xy} setzt sich dabei aus zwei Teilwinkeln ϵ_{xy} und ϵ_{xy} zusammen,

$$\gamma_{xy} = \epsilon_{xy} + \epsilon_{yx} \tag{1.19}$$

für die jeweils

$$\epsilon_{xy} = \frac{\frac{\partial v}{\partial x}\,dx}{dx} = \frac{\partial v}{\partial x} \tag{1.20}$$

$$\epsilon_{yx} = \frac{\frac{\partial u}{\partial y}\,dy}{dy} = \frac{\partial u}{\partial y} \tag{1.21}$$

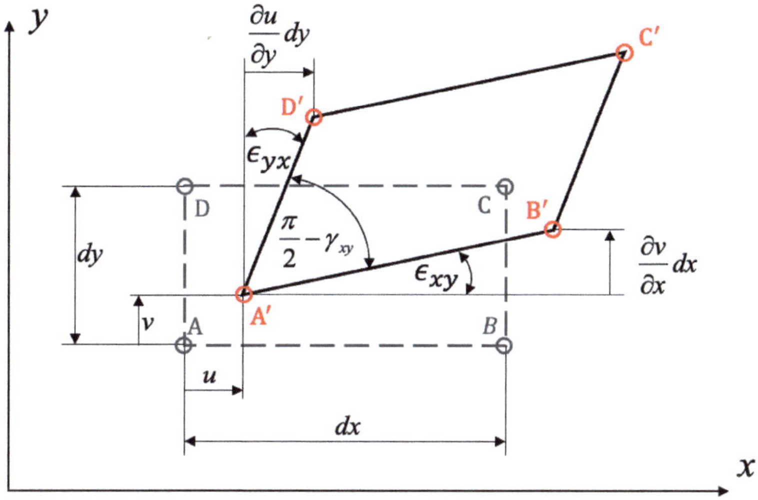

Bild 1.5 Gleitung

gilt. Damit kann Formel 1.22 als

$$\gamma_{xy} = \frac{\partial u}{\partial y} + \frac{\partial v}{\partial x} \tag{1.22}$$

formuliert werden. In analoger Weise können für die Gleitungen im dreidimensionalen Fall die Zusammenhänge

$$\gamma_{yz} = \frac{\partial v}{\partial z} + \frac{\partial w}{\partial y} \tag{1.23}$$

$$\gamma_{xz} = \frac{\partial w}{\partial x} + \frac{\partial u}{\partial z} \tag{1.24}$$

genannt werden.

Kompatibilität

Mit Formel 1.15 bis Formel 1.17 stehen nun drei Gleichungen für die Normalverzerrungen sowie mit Formel 1.22 bis Formel 1.24 drei Beziehungen für die Gleitungen zur Verfügung. Diese sechs Gleichungen verbinden die insgesamt sechs Verzerrungen (drei Normalverzerrungen und drei Gleitungen) mit den drei Verschiebungen u, v und w und werden daher als die ***Verschiebungs-Verzerrungs-Beziehungen*** bezeichnet [1.13, 17].

An dieser Stelle sei zu erwähnen, dass auch in der mathematischen Formulierung sichergestellt werden muss, dass die Beziehungen zwischen den einzelnen Verzerrungen derart formuliert werden, dass der Zusammenhalt des Materials sichergestellt ist.

Oder mit anderen Worten formuliert, es muss der Zusammenhalt der Materie bei den Verformungen gewahrt werden. Das heißt, der reale, strukturelle Zusammenhalt muss sich auch in der mathematischen Formulierung wiederfinden. Ansonsten käme es in der theoretischen Beschreibung des Materialverhaltens zu Klaffungen oder Durchdringungen, was nicht der realen Natur des Werkstoffs entsprechen würde. Dazu sind zwischen den Verzerrungen Beziehungen bzw. Zwangsbedingungen zu formulieren, die diesen Anforderungen genügen. Auf mathematischer Ebene müssen damit die Verschiebungsfunktionen stetig und eine eindeutige Funktion des Ortes sein.

Für die ***zweidimensionale Kompatibilität*** in der x-y-Ebene kann Formel 1.22 partiell nach den zwei Raumrichtungen x und y abgeleitet werden,

$$\frac{\partial^2 \gamma_{xy}}{\partial x\,\partial y} = \frac{\partial^3 u}{\partial x\,\partial y^2} + \frac{\partial^3 v}{\partial x^2\,\partial y} \tag{1.25}$$

wobei für die Kompatibilitätsbedingung die Verschiebungsableitungen als Normalverzerrungen formuliert werden:

$$\frac{\partial^2 \gamma_{xy}}{\partial x\,\partial y} = \frac{\partial^2 \varepsilon_x}{\partial y^2} + \frac{\partial^2 \varepsilon_y}{\partial x^2} \tag{1.26}$$

Durch Formel 1.26 wird somit zum Ausdruck gebracht, dass Verzerrungen nicht unabhängig voneinander sind.

Durch räumliche Ableitungen der Formel 1.15 bis Formel 1.17 sowie Formel 1.22 bis Formel 1.24 jeweils in zwei Richtungen kann die ***dreidimensionale Kompatibilität*** formuliert werden. Dabei erhält man die Zusammenhänge

$$\frac{\partial^2 \varepsilon_x}{\partial y^2} + \frac{\partial^2 \varepsilon_y}{\partial x^2} - \frac{\partial^2 \gamma_{xy}}{\partial x\,\partial y} = 0 \tag{1.27}$$

$$\frac{\partial^2 \varepsilon_y}{\partial z^2} + \frac{\partial^2 \varepsilon_z}{\partial y^2} - \frac{\partial^2 \gamma_{yz}}{\partial y\,\partial z} = 0 \tag{1.28}$$

$$\frac{\partial^2 \varepsilon_x}{\partial z^2} + \frac{\partial^2 \varepsilon_z}{\partial y^2} - \frac{\partial^2 \gamma_{xz}}{\partial x\,\partial z} = 0 \tag{1.29}$$

$$2\frac{\partial^2 \varepsilon_x}{\partial y\,\partial z} + \frac{\partial}{\partial x}\left(\frac{\partial \gamma_{yz}}{\partial x} - \frac{\partial \gamma_{xz}}{\partial y} - \frac{\partial \gamma_{xy}}{\partial z}\right) = 0 \tag{1.30}$$

$$2\frac{\partial^2 \varepsilon_y}{\partial x\,\partial z} + \frac{\partial}{\partial y}\left(-\frac{\partial \gamma_{yz}}{\partial x} + \frac{\partial \gamma_{xz}}{\partial y} - \frac{\partial \gamma_{xy}}{\partial z}\right) = 0 \tag{1.31}$$

$$2\frac{\partial^2 \varepsilon_z}{\partial x\,\partial y} + \frac{\partial}{\partial z}\left(-\frac{\partial \gamma_{yz}}{\partial x} - \frac{\partial \gamma_{xz}}{\partial y} + \frac{\partial \gamma_{xy}}{\partial z}\right) = 0 \tag{1.32}$$

Mithilfe der Kompatibiliätsbeziehungen in Formel 1.27 bis Formel 1.32 können Materialmodelle auf ihre Sinnhaftigkeit überprüft werden. Erfüllt ein Materialmodell die Kompatibiliätsbedingungen nicht, ist das Materialmodell nicht korrekt formuliert und damit ungeeignet. Auch die Plausibilität von Messdaten kann mithilfe der Kompatibilität überprüft werden.

Volumenänderung

Ausgehend von einem Würfel, wie er in Bild 1.6 dargestellt ist, wird der Einfluss der Normalverzerrungen auf die Volumenänderung hergeleitet. Durch Normalspannungen erfährt der Würfel die Normaldehnungen ε_x, ε_y und ε_z. Durch die Deformation des Würfels haben die Kantenlängen dann die Seitenlängen $\mathrm{d}x + \varepsilon_x\,\mathrm{d}x$, $\mathrm{d}y + \varepsilon_y\,\mathrm{d}x$ und $\mathrm{d}z + \varepsilon_z\,\mathrm{d}z$. Mit

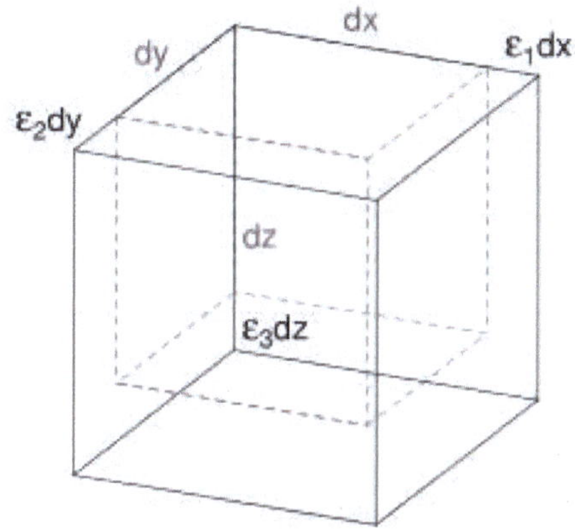

Bild 1.6 Volumenänderung aufgrund Normalverzerrungen

$$\Delta V = (1 + \varepsilon_x)\,\mathrm{d}x \cdot (1 + \varepsilon_y)\,\mathrm{d}y \cdot (1 + \varepsilon_z)\,\mathrm{d}z - \mathrm{d}x\,\mathrm{d}y\,\mathrm{d}z \tag{1.33}$$

ist dann die Volumenänderung des Würfels gegeben. Relativ zum Ausgangsvolumen $\mathrm{d}V_0 = \mathrm{d}x\,\mathrm{d}y\,\mathrm{d}z$ erhält man den Zusammenhang für die spezifische Volumenänderung oder auch Volumendilatation ε_V,

$$\varepsilon_V = \frac{\Delta V}{\mathrm{d}V_0} = (1 + \varepsilon_x) \cdot (1 + \varepsilon_y) \cdot (1 + \varepsilon_z)\,\mathrm{d}z - 1 \tag{1.34}$$

eines festen Körpers beziehungsweise nach der Ausmultiplikation

$$\frac{\Delta V}{\mathrm{d}V_0} = 1 + \varepsilon_x + \varepsilon_y + \varepsilon_z + \varepsilon_x\,\varepsilon_y + \varepsilon_x\,\varepsilon_z + \varepsilon_y\,\varepsilon_z + \varepsilon_x\,\varepsilon_y\,\varepsilon_z = \varepsilon_V \tag{1.35}$$

Unter der Annahme kleiner Dehnungen – $\varepsilon_x \ll 1$, $\varepsilon_y \ll 1$ und $\varepsilon_z \ll 1$ – können die Terme höherer Ordnung vernachlässigt werden. Damit ergibt sich aus Formel 1.35

$$\varepsilon_V = \varepsilon_x + \varepsilon_y + \varepsilon_z \tag{1.36}$$

für die spezifische Volumenänderung. Es sei an dieser Stelle nochmal angemerkt, dass im Rahmen kleiner, linearer Änderungen die Gleitungen keinen Anteil an der Volumenänderung haben.

1.1.2 Konstitutive Gleichungen, Materialgesetz

Bisher wurden die Verzerrungen eines festen, linear-elastischen Körpers als Folge eingeprägter, äußerer Lasten betrachtet und davon ausgehend die Verzerrungs-Verschiebungs-Beziehungen abgeleitet. Unbeantwortet ist noch die Frage nach dem Zusammenhang zwischen den eingeprägten Lasten und den Verzerrungen. Dieser Zusammenhang wird über sogenannte *konstitutive Gleichungen*, auch *Material-* oder *Stoffgesetz* genannt, beschrieben.

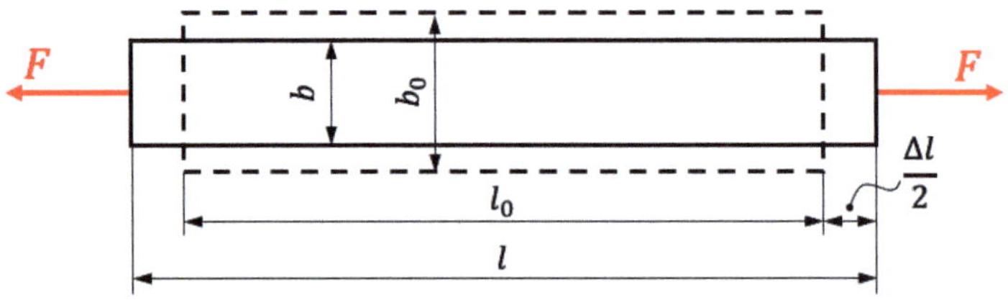

Bild 1.7 Isotroper Stab unter einachsiger Zugbelastung

Spannungs-Dehnungs- und Spannungs-Gleitungs-Beziehung

Für einen isotropen Stab, wie er in Bild 1.7 dargestellt ist, kann bei kleinen Verzerrungen ein quasi linear-elastisches Materialverhalten beobachtet werden. Das heißt, dass sich die Dehnungen proportional zu den Spannungen verhalten. Dieser Zusammenhang, die Spannungs-Dehnungs-Beziehung, kann für die einachsige Zugbelastung über den Zusammenhang

$$\sigma = E \cdot \varepsilon \tag{1.37}$$

beschrieben werden. Die dabei eingeführte Proportionalitätskonstante E ist ein materialtypischer Kennwert und wird als *Elastizitätsmodul* oder auch YOUNGscher Modul bezeichnet. In gleicher Weise kann auch der Zusammenhang zwischen einer äußeren eingeprägten Schubspannung τ und der resultierenden Gleitung γ mit

$$\tau = G \cdot \gamma \tag{1.38}$$

beschrieben werden. Hier ist die Proportionalitätskonstante der Schub- bzw. Gleitmodul G. Für ein isotropes[3)] – also richtungsunabhängiges – Materialverhalten kann dieser Zusammenhang, die Spannungs-Gleitungs-Beziehung, zwischen dem Elastizitätsmodul und Schubmodul über die Gleichung

$$G = \frac{E}{2\,(1+\nu)} \tag{1.39}$$

3 Die Begrifflichkeit *Isotropie* wird in Unterabschnitt 1.2.2 näher ausgeführt.

formuliert werden. Hierbei ist ν die Querkontraktionszahl, die nachfolgend eingeführt wird.

Querkontraktion

In Bild 1.7 ist erkennbar, dass sich der Stab unter Zugbelastung nicht nur längt, sondern auch seinen Querschnitt senkrecht zur Zugrichtung verringert. Eine solche Verzerrung quer zur Lastrichtung wird als *Querkontraktion* oder auch *Querdehnung* bezeichnet. In Anlehnung an Formel 1.1 wird die Querdehnung ε_q über die relative Breitenänderung des Zugstabes mit

$$\varepsilon_q = \frac{b - b_0}{b_0} = \frac{(b + \Delta b) - b_0}{b_0} = \frac{\Delta b}{b_0} < 0 \tag{1.40}$$

beschrieben. Der Zusammenhang zwischen der Normal- oder Längsverzerrung ε_L (in Lastrichtung) und der Querdehnung ε_q (senkrecht zur Lastrichtung) wird über die POISSON- bzw. Querdehnungszahl oder auch Querkontraktionszahl

$$\nu = -\frac{\varepsilon_q}{\varepsilon_L} \tag{1.41}$$

beschrieben. Die Querkontraktionszahl ist ein charakteristischer, werkstoffabhängiger Kennwert. Materialkennwerte werden allgemein mit positiven Zahlenwerten angegeben. Da sich bei einer positiven Längsdehnung ($\varepsilon > 0$) und einer daraus resultierenden negativen Querdehnung ($\varepsilon_q < 0$) eine insgesamt negative Querkontraktionszahl ergeben würde, wird das Verhältnis von Quer- zu Längsdehnung in Formel 1.41 mit einem Minuszeichen gewichtet.

Allgemeines HOOKEsches Gesetz

In den vorherigen Abschnitten konnte gezeigt werden, dass eine äußere eingeprägte Last zu einer Verzerrung führt. Am Beispiel des Zugstabs (Bild 1.7) war erkennbar, dass Normalkräfte in Lastrichtung Normalverzerrungen bedingen und senkrecht zur Lastrichtung Querkontraktionen hervorrufen.

Bei einem mehrachsigen Spannungszustand ergeben sich damit auch Verzerrungsanteile in einer Richtung, die ihre Ursache aus verschiedenen Lastrichtungen haben können. Bei dem Zugstab in Bild 1.7 entsteht eine Verzerrung in x-Richtung allein aufgrund der Zugbelastung in x-Richtung:

$$\varepsilon_x = \frac{\sigma_x}{E} \tag{1.42}$$

Genauso ist aber auch infolge der Querkontraktion eine Dehnung in x-Richtung denkbar, die aufgrund einer Druckkraft $\sigma_y < 0$ in y-Richtung

$$\varepsilon_x = -\nu\frac{\sigma_y}{E} \tag{1.43}$$

oder einer Druckkraft $\sigma_z < 0$ in z-Richtung

$$\varepsilon_x = -\nu \frac{\sigma_z}{E} \tag{1.44}$$

entsteht. Die sich aufgrund einer dreiachsigen Normalspannung einstellende Gesamtverzerrung ε_x setzt sich aus den Verzerrungen der einachsigen Belastungen der Formel 1.42 bis Formel 1.44 zu

$$\varepsilon_x = \frac{\sigma_x}{E} - \nu \frac{\sigma_y}{E} - \nu \frac{\sigma_z}{E} \tag{1.45}$$

zusammen. In analoger Weise lassen sich auch die Normalverzerrungen in y-Richtung mit

$$\varepsilon_y = -\nu \frac{\sigma_x}{E} + \frac{\sigma_y}{E} - \nu \frac{\sigma_z}{E} \tag{1.46}$$

und in z-Richtung mit

$$\varepsilon_z = -\nu \frac{\sigma_x}{E} - \nu \frac{\sigma_y}{E} + \frac{\sigma_z}{E} \tag{1.47}$$

angeben. Formuliert man den allgemein bereits aus Formel 1.39 bekannten Zusammenhang für die Gleitungen in den drei Raumrichtungen, so kann man hierfür schreiben:

$$\gamma_{yz} = \frac{\tau_{yz}}{G} \tag{1.48}$$

$$\gamma_{zx} = \frac{\tau_{zx}}{G} \tag{1.49}$$

$$\gamma_{xy} = \frac{\tau_{xy}}{G} \tag{1.50}$$

Volumenänderung

Die Zugbelastung des Stabes in Bild 1.7 führt zu einer Längung und Querkontraktion des Stabes. Dadurch verändern sich die Gestalt und das Volumen des Zugstabes.
Die Volumenänderung ε_V des Zugstabes bestimmt sich aus den Normalverzerrungen ε_x, ε_y und ε_z des Stabes in den drei Raumrichtungen:

$$\varepsilon_V = \varepsilon_x + \varepsilon_y + \varepsilon_z \tag{1.51}$$

Unter der einachsigen Belastung σ_x ergeben sich analog Formel 1.42 bis Formel 1.44 die Normalverzerrungen zu

$$\varepsilon_x = \frac{\sigma_x}{E} \tag{1.52}$$

$$\varepsilon_y = -\nu \frac{\sigma_x}{E} \tag{1.53}$$

$$\varepsilon_z = -\nu \frac{\sigma_x}{E} \tag{1.54}$$

Mit den Zusammenhängen aus Formel 1.52 bis Formel 1.54 folgt aus Formel 1.51

$$\varepsilon_V = (1 - 2\,\nu)\ \frac{\sigma_x}{E} \tag{1.55}$$

die Volumendilatation ε_V des Zugstabs. Mithilfe der Beziehung

$$\frac{\sigma_x}{E} = \varepsilon_x = \frac{\Delta l}{l_0} \tag{1.56}$$

kann die Volumendilatation dann mit

$$\varepsilon_V = \frac{\Delta V}{V_0} = (1 - 2\,\nu)\ \frac{\Delta l}{l_0} \tag{1.57}$$

angegeben werden.

Aus Formel 1.57 lassen sich für den Zusammenhang zwischen der Volumenänderung und der Querkontraktionszahl drei Fälle unterscheiden:

I. $\nu = 0$
Bei dem Sonderfall $\nu = 0$ findet unter Längsbelastung keine Änderung des Querschnitts statt. Ein prominentes Beispiel ist der Weinflaschenkorken. Kork hat die Querkontraktionszahl null. Das heißt, dass der Korken beim Setzen (nach der Befüllung) oder dem Ziehen vor dem Verzehr keine Querschnittsveränderung erfährt. Würde der zylindrische Verschluss einer Weinflasche eine Querkontraktionszahl von zum Beispiel $\nu = 0{,}3$ aufweisen, dann könnte man ihn bei einem Verschlussaußendurchmesser, der gleich groß dem Flaschenhalsinnendurchmesser ist, nicht einsetzen. Beziehungsweise würde beim Entlasten des Verschlusses nach dem Einsetzen die Querdehnung aufgehoben werden, und der Verschluss wäre undicht.

II. $0 < \nu < 0{,}5$
Hier finden sich die meisten – vor allem isotropen – Werkstoffe. Ein ganz typischer Wert ist z. B. $\nu_{\text{Metall}} \approx 0{,}3$ für metallische Werkstoffe. Für Zug- und Drucklasten ergeben sich dann die folgenden Volumenänderungen:

a. $\sigma_x > 0$ (Zugbelastung)
Das Volumen des Stabes *vergrößert* sich.

b. $\sigma_x < 0$ (Druckbelastung)
Das Volumen des Stabes *verkleinert* sich.

III. $\nu = 0{,}5$
Für den Sonderfall $\nu = 0{,}5$ findet keine Veränderung des Volumens statt. Einen solchen Werkstoff nennt man *inkompressibel*. Als ein prominentes Beispiel für einen inkompressiblen Werkstoff kann man Gummi angeben.

IV. $0{,}5 < \nu$
Bei einer Querkontraktionszahl von $\nu > 0{,}5$ tritt bei einer Zugbeanspruchung eine Volumenabnahme auf. Dieses kann beispielsweise bei porösen Werkstoffen oder – abhängig von dem Lagenaufbau und der Betrachtungsrichtung – bei Faserverbundwerkstoffen oder Holz der Fall sein.

V. $-1 < \nu < 0$

Sehr selten ist zu beobachten, dass eine Zugbeanspruchung mit einer Querdehnung (statt einer Querkontraktion) einhergeht. Solche Werkstoffe besitzen dann eine negative Querkontraktionszahl. Ein solches, seltenes Verhalten wird als *auxetisch* bezeichnet. Bei einigen Polymerschäumen, Kristallen oder bei einigen Kohlenstofffasern ist dieses auxetische Querdehnungsverhalten zu beobachten.

Kompressionsmodul

Mit dem Materialgesetz kann nun auch die Volumendilatation ε_V, wie sie verzerrungsabhängig in Formel 1.36 eingeführt worden ist, in Abhängigkeit vom Spannungszustand als

$$\begin{aligned}\varepsilon_V =& \frac{1}{E}\left[\sigma_x - \nu\left(\sigma_y + \sigma_z\right)\right] \\ &+ \frac{1}{E}\left[\sigma_y - \nu(\sigma_z + \sigma_x)\right] \\ &+ \frac{1}{E}\left[\sigma_y - \nu(\sigma_z + \sigma_x)\right] \\ =& \frac{1-2\nu}{E}\left(\sigma_x + \sigma_y + \sigma_z\right)\end{aligned} \tag{1.58}$$

formuliert werden. Geht man von einer mittleren Spannung

$$\sigma_m = \frac{1}{3}\left(\sigma_x + \sigma_y + \sigma_z\right) \tag{1.59}$$

aus, dann folgt aus Formel 1.58 weiter:

$$\varepsilon_V = \frac{3\,(1-2\nu)}{E}\,\sigma_m = \frac{1}{K}\,\sigma_m \tag{1.60}$$

mit der Proportionalitätskonstanten

$$K = \frac{E}{3\,(1-2\nu)} \tag{1.61}$$

dem sogenannten Kompressionsmodul. Der Kompressionsmodul K stellt dabei in Analogie zum Elastizitäts- und zum Schubmodul eine Steifigkeit des Werkstoffs dar. Bei metallischen Werkstoffen finden wir eine Querkontraktionszahl von $\nu_{\text{Stahl}} = 0{,}3$, womit sich zum Beispiel für Stahl mit einem Elastizitätsmodul von $E_{\text{Stahl}} = 210$ GPa ein Kompressionsmodul von $K_{\text{Stahl}} = 175$ GPa ergibt. Mit steigender Querkontraktionszahl erhöht sich der Kompressionsmodul und wird für eine Querkontraktionszahl von $\nu = 0{,}5$ unendlich. Das heißt, dass der Werkstoff inkompressibel wird. Diese Eigenschaft finden wir beispielsweise, wie bereits im vorherigen Paragraphen erwähnt, bei einigen Elastomeren.

1.2 Materialsymmetrien

Im Bereich der klassischen Ingenieursausbildung wird zu Anfang nahezu ausschließlich mit isotropen Werkstoffen gearbeitet. Es entsteht unter Umständen der Eindruck, die Welt sei von ihren mechanischen Eigenschaften her isotrop. Erst später, auch abhängig von den fachlichen Vertiefungsrichtungen, erfährt der Studierende, dass es auch eine Richtungsabhängigkeit von Materialeigenschaften gibt. Der erste Kontakt mit nicht-isotropen Materialeigenschaften ist beispielsweise der Umgang mit gewalzten Blechen, die in der Walzrichtung andere Eigenschaften aufweisen als senkrecht dazu. Auch aus dem Umgang mit Hölzern kann man ersehen, dass es nicht bedeutungslos ist, ein Brett in Faserrichtung oder senkrecht dazu zuzuschneiden. Die Faserorientierung hat einen wesentlichen Einfluss auf die Festigkeit und Steifigkeit des Brettes.

Fraglich ist nun, wie diese Richtungsabhängigkeit der Werkstoffeigenschaften gefasst werden kann und ob es unterschiedliche Ausprägungen dieser Richtungsabhängigkeit[4)] gibt. Dieser Zusammenhang lässt sich mit dem Begriff *Materialsymmetrie* beschreiben. Die Materialsymmetrie eines Werkstoffs beschreibt die im Material befindlichen Symmetrieebenen und charakterisiert zugleich die richtungsabhängigen Werkstoffeigenschaften. Im Folgenden sollen aus didaktischen Gründen[5)], ausgehend von der Isotropie, die Transversalisotropie, die Orthotropie, die Monotropie und die Anisotropie eingeführt werden (s. a. Altenbach et al. [1.1], Emmerling [1.2], Fahlbusch [1.3], Gebbeken [1.6], Gross et al. [1.7], Jones [1.9], Reddy et al. [1.18]).

1.2.1 Isotropie

Die bekannteste und häufigste Annahme ist, dass ein Werkstoff keine Richtungsabhängigkeit seiner Werkstoffeigenschaften besitzt. Man stellt sich in erster Näherung Metalle und Kunststoffe als isotrop vor. Das heißt, dass es ohne Bedeutung ist, in welcher Richtung man einen Stab herausschneidet und ihn dann im Zugversuch testet. Es wird im Rahmen der Streuung immer ein ähnlicher Kennwert zu ermitteln sein. Bei der Isotropie nehmen wir also an, dass es unendlich viele Symmetrieebenen gibt und wir dadurch in allen Raumrichtungen gleiches Werkstoffverhalten erwarten können.

---

4 Anzumerken sei, dass mit dem 1-2-3-Koordinatensystem die *lokalen* Einzelschichtkoordinaten beschrieben werden. Dabei muss die „Vorzugsrichtung“ (z. B. die Faserlängsrichtung) nicht mit einer Koordinatenachse zusammenfallen.

5 Aus Sicht der Kontinuumsmechanik würde man die Herleitung der Materialsymmetrien bei der Anisotropie (keine Symmetrieebene) beginnen, die die allgemeine Beschreibung eines Werkstoffs wiedergibt, und sich dann nach und nach in Richtung der Isotropie (unendliche Anzahl an Symmetrieebenen) in der Betrachtung verengen.

In Abschnitt 1.1 wurde die Herleitung des HOOKEschen Gesetzes an einem isotropen Körper betrachtet. Ergebnis waren die Zusammenhänge zwischen den Verzerrungen und Spannungen. Die Formel 1.45 bis Formel 1.50 gelten für den Fall der Isotropie und lassen sich in Matrixschreibweise zusammenfassen als

$$\begin{Bmatrix} \varepsilon_x \\ \varepsilon_y \\ \varepsilon_z \\ \gamma_{yz} \\ \gamma_{zx} \\ \gamma_{xy} \end{Bmatrix} = \begin{bmatrix} \frac{1}{E} & -\frac{\nu}{E} & -\frac{\nu}{E} & 0 & 0 & 0 \\ -\frac{\nu}{E} & \frac{1}{E} & -\frac{\nu}{E} & 0 & 0 & 0 \\ -\frac{\nu}{E} & -\frac{\nu}{E} & \frac{1}{E} & 0 & 0 & 0 \\ 0 & 0 & 0 & \frac{1}{G} & 0 & 0 \\ 0 & 0 & 0 & 0 & \frac{1}{G} & 0 \\ 0 & 0 & 0 & 0 & 0 & \frac{1}{G} \end{bmatrix} \begin{Bmatrix} \sigma_x \\ \sigma_y \\ \sigma_z \\ \tau_{yz} \\ \tau_{zx} \\ \tau_{xy} \end{Bmatrix} \tag{1.62}$$

In matrizieller Kurzschreibweise kann dann weiter notiert werden:

$$\{\varepsilon\} = [S_{iso}]\ \{\sigma\} = [C_{iso}]^{-1}\ \{\sigma\} \tag{1.63}$$

bzw.

$$\{\sigma\} = [S_{iso}]^{-1}\ \{\varepsilon\} = [C_{iso}]\ \{\varepsilon\} \tag{1.64}$$

Hierbei besteht der Zusammenhang

$$[C_{iso}] = [S_{iso}]^{-1} \tag{1.65}$$

zwischen der isotropen Steifigkeitsmatrix $[C_{iso}]$ und der isotropen Nachgiebigkeitsmatrix $[S_{iso}]$ für den dreidimensionalen Spannungszustand. Mit dem Zusammenhang

$$G = \frac{E}{2\,(1+\nu)} \tag{1.66}$$

aus Formel 1.39 folgt mit Formel 1.62 weiter

$$[S_{iso}] = \begin{bmatrix} S_{11} & S_{12} & S_{12} & 0 & 0 & 0 \\ S_{12} & S_{11} & S_{12} & 0 & 0 & 0 \\ S_{12} & S_{12} & S_{11} & 0 & 0 & 0 \\ 0 & 0 & 0 & (S_{11}-S_{12}) & 0 & 0 \\ 0 & 0 & 0 & 0 & (S_{11}-S_{12}) & 0 \\ 0 & 0 & 0 & 0 & 0 & (S_{11}-S_{12}) \end{bmatrix} \tag{1.67}$$

Durch Invertierung der isotropen Nachgiebigkeitsmatrix $[S_{iso}]$ kann die isotrope Steifigkeitsmatrix

$$[C_{iso}] = \begin{bmatrix} \frac{(1-\nu)E}{(1+\nu)(1-2\nu)} & \frac{\nu E}{(1+\nu)(1-2\nu)} & \frac{\nu E}{(1+\nu)(1-2\nu)} & 0 & 0 & 0 \\ \frac{\nu E}{(1+\nu)(1-2\nu)} & \frac{(1-\nu)E}{(1+\nu)(1-2\nu)} & \frac{\nu E}{(1+\nu)(1-2\nu)} & 0 & 0 & 0 \\ \frac{\nu E}{(1+\nu)(1-2\nu)} & \frac{\nu E}{(1+\nu)(1-2\nu)} & \frac{(1-\nu)E}{(1+\nu)(1-2\nu)} & 0 & 0 & 0 \\ 0 & 0 & 0 & G=\frac{E}{2(1+\nu)} & 0 & 0 \\ 0 & 0 & 0 & 0 & G=\frac{E}{2(1+\nu)} & 0 \\ 0 & 0 & 0 & 0 & 0 & G=\frac{E}{2(1+\nu)} \end{bmatrix} \tag{1.68}$$

bzw. in der Form

$$[C_{iso}] = \begin{bmatrix} C_{11} & C_{12} & C_{12} & 0 & 0 & 0 \\ C_{12} & C_{11} & C_{12} & 0 & 0 & 0 \\ C_{12} & C_{12} & C_{11} & 0 & 0 & 0 \\ 0 & 0 & 0 & \frac{1}{2}\,(C_{11} - C_{12}) & 0 & 0 \\ 0 & 0 & 0 & 0 & \frac{1}{2}\,(C_{11} - C_{12}) & 0 \\ 0 & 0 & 0 & 0 & 0 & \frac{1}{2}\,(C_{11} - C_{12}) \end{bmatrix} \tag{1.69}$$

angegeben werden.

Zusammenfassend kann man notieren, dass ein isotroper Werkstoff unendlich viele Symmetrieebenen aufweist. Die Steifigkeits- und die Nachgiebigkeitsmatrix besitzen 12 von null verschiedene Komponenten. Es existieren zwei unabhängige elastische Materialkennwerte, i. e. E bzw. G und ν.

1.2.2 Transversalisotropie

Transversalisotropes Materialverhalten ist dadurch gekennzeichnet, dass eine **Zentralsymmetrie bezüglich einer Koordinatenachse** existiert. In diesem Fall verfügen die Steifigkeits- und die Nachgiebigkeitsmatrix über **12 von null verschiedene Komponenten** mit **fünf unabhängigen elastischen Materialkennwerten**.

Ein transversalisotropes Materialverhalten liegt beispielsweise vor, wenn bei einem gewalzten Blech oder einer unidirektionalen Einzellage eine Koordinatenachse in Walz- bzw. Faserrichtung orientiert ist. Bei einem gewalzten Blech zeigt die Walzrichtung andere Eigenschaften als in der Ebene senkrecht zur Walzrichtung. In dieser Ebene liegen näherungsweise isotrope Eigenschaften vor. Auch der natürliche Werkstoff Holz zeigt ein typisch transversalisotropes Materialverhalten.

Bei einer unidirektionalen Faserschicht weist die Faserrichtung faserdominierende Eigenschaften auf. In einer Ebene senkrecht zur Faserlängsrichtung sind dagegen die Matrixeigenschaften dominierend. Es gibt also in beiden Beispielen Eigenschaften in einer ausgeprägten Richtung und in einer Ebene senkrecht respektive transversal dazu quasi-isotrope Eigenschaften, woraus sich der Begriff Transversalisotropie ableitet.

Symmetrieachse: 1-Richtung; Isotropieebene: 2-3-Ebene

Ausgehend von einer unidirektionalen Einzelschicht (UD-ES), bei der endlos lange Fasern in einer Richtung (unidirektional) in einer einzelnen Schicht liegen, soll die Nachgiebigkeitsmatrix für die Transversalisotropie hergeleitet werden. Eine solche unidi-

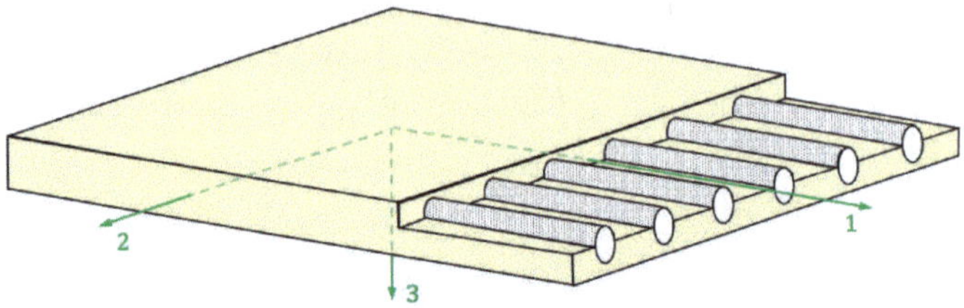

Bild 1.8 Unidirektionale Einzelschicht im schichtorientierten 1-2-3-Koordinatensystem. Symmetrieachse: 1-Richtung; Isotropieebene: 2-3-Ebene

rektionale Einzelschicht ist in Bild 1.8, bei der in 1-Richtung die Fasereigenschaften und senkrecht dazu in der 2-3-Ebene die Matrixeigenschaften dominieren, schematisch dargestellt.

Die Spannung σ_1, die in 1-Richtung angreift und dabei die Steifigkeit E_1 der UD-ES in Faserlängsrichtung „spürt", führt zu einer Normalverzerrung

$$\varepsilon_1 = \frac{\sigma_1}{E_1} \tag{1.70}$$

in Belastungsrichtung. Gleichzeitig ruft die Spannung σ_1 aber durch Querkontraktionseffekte Normalverzerrungen ε_2 und ε_3 senkrecht zur Belastungsrichtung hervor.[6)]

Bei nicht-isotropen Werkstoffen ist allerdings die Größe der Querkontraktionszahl abhängig von der Belastungsrichtung. Das heißt, dass sich zum Beispiel die Größe des Querkontraktionseffekts in 2-Richtung aufgrund einer Last in 1-Richtung anders ausprägt als eine Querkontraktion in 1-Richtung aufgrund einer Last entlang der 2-Richtung. Dadurch wird es erforderlich, eine erweiterte Bezeichnung für die Querkontraktionszahlen einzuführen. Mit ν_{ij} soll in dem vorliegenden Buch die Querkontraktion in j-Richtung aufgrund einer Belastung in i-Richtung bezeichnet werden[7)]:

$$\nu_{ij} = -\frac{\varepsilon_j}{\varepsilon_i} \tag{1.71}$$

Man kann sich hier die Angabe auch als einen **Ursache-Wirkungs-Index** merken. Die obige Beobachtung, dass die Querkontraktionseffekte in der Wirkungsrichtung nicht umkehrbar gültig sind, führt dann auch zu der generellen Aussage

$$\nu_{ij} \neq \nu_{ji} \tag{1.72}$$

wobei mit der Art der Materialsymmetrie dann doch wieder Gleichheiten entstehen können. In dem hier auf Bild 1.8 bezogenen Beispiel stellt die 2-3-Ebene eine Isotro-

6 Der Effekt der Querkontraktion wurde bereits für isotrope Werkstoffe in Unterabschnitt 1.1.2 eingeführt.

7 In der Literatur findet sich auch die umgekehrte Indizierungsdefinition. Beim Arbeiten mit der Literatur ist es daher erforderlich, zu unterscheiden, welche Indexreihenfolge vom Autor verwendet wurde.

pieebene dar. Damit gilt in diesem Fall

$$\nu_{23} = \nu_{32} \qquad \nu_{31} \neq \nu_{13} \qquad \nu_{12} \neq \nu_{21} \tag{1.73}$$

Für die Schubmoduli bestehen die Zusammenhänge:

$$G_{23} = G_{32} \qquad G_{31} = G_{13} = G_{12} = G_{21} \qquad G_{23} \neq G_{31} \tag{1.74}$$

Die Querkontraktion ε_2 kann dann für den oben angenommenen Belastungsfall σ_1 mit

$$\varepsilon_2 = -\nu_{12}\,\frac{\sigma_1}{E_1} \tag{1.75}$$

beschrieben werden. In dem vorliegenden Beispiel sind die Steifigkeiten E_2 und E_3 wegen der 2-3-Isotropieebene gleich:

$$E_2 = E_3 \tag{1.76}$$

Auch sind die Querkontraktionseffekte senkrecht zur Isotropieebene identisch:

$$\nu_{12} = \nu_{13} \tag{1.77}$$

Untersucht man nun die Normalverzerrung ε_1, so sind im dreidimensionalen Spannungszustand analog zu Formel 1.70 und Formel 1.75 die Wirkungen aller Normalspannungsanteile zu berücksichtigen:

$$\varepsilon_1 = \frac{\sigma_1}{E_1} - \nu_{21}\,\frac{\sigma_2}{E_2} - \nu_{31}\,\frac{\sigma_3}{E_3} \tag{1.78}$$

Bezieht man nun noch die für diesen Fall der Transversalisotropie geltenden Formel 1.76 und Formel 1.77 in die Betrachtung ein, dann folgt aus Formel 1.78 weiter:

$$\varepsilon_1 = \frac{\sigma_1}{E_1} - \nu_{21}\,\frac{\sigma_2}{E_2} - \nu_{21}\,\frac{\sigma_3}{E_2} \tag{1.79}$$

In gleicher Weise können auch die Normalverzerrungen

$$\varepsilon_2 = -\nu_{12}\,\frac{\sigma_1}{E_1} + \frac{\sigma_2}{E_2} - \nu_{32}\,\frac{\sigma_3}{E_3} \tag{1.80}$$

$$= -\nu_{12}\,\frac{\sigma_1}{E_1} + \frac{\sigma_2}{E_2} - \nu_{32}\,\frac{\sigma_3}{E_2} \tag{1.81}$$

und

$$\varepsilon_3 = -\nu_{13}\,\frac{\sigma_1}{E_1} - \nu_{23}\,\frac{\sigma_2}{E_2} + \frac{\sigma_3}{E_3} \tag{1.82}$$

$$= -\nu_{12}\,\frac{\sigma_1}{E_1} - \nu_{23}\,\frac{\sigma_2}{E_2} + \frac{\sigma_3}{E_2} \tag{1.83}$$

notiert werden.

In der Isotropieebene – hier die 2-3-Ebene – gilt unter Berücksichtigung von Formel 1.76 in analoger Weise die schon aus Formel 1.39 für isotrope Materialien bekannte Beziehung

$$G_{23} = \frac{E_2}{2\,(1+\nu_{23})} = \frac{E_3}{2\,(1+\nu_{23})} \tag{1.84}$$

zwischen dem Schubmodul und dem Elastizitätsmodul. Da die 1-2-Ebene und die 1-3-Ebene in dem hier betrachteten Beispiel keine Isotropieebenen darstellen, gilt ein vergleichbarer Zusammenhang, wie er in Formel 1.84 eingeführt wurde, nicht:

$$G_{12} \neq \frac{E_1}{2\,(1+\nu_{12})} \tag{1.85}$$

$$G_{13} \neq \frac{E_1}{2\,(1+\nu_{13})} \tag{1.86}$$

Des Weiteren können die Gleitungen in den drei Raumrichtungen als

$$\gamma_{23} = \frac{\tau_{23}}{G_{23}} = \frac{2\,(1+\nu_{23})}{E_2}\,\tau_{23} \tag{1.87}$$

$$\gamma_{31} = \frac{\tau_{31}}{G_{31}} \tag{1.88}$$

und

$$\gamma_{12} = \frac{\tau_{12}}{G_{12}} \tag{1.89}$$

geschrieben werden. Für die Beschreibung der Transversalisotropie am Beispiel von Bild 1.8 mit einer Isotropieebene in der 2-3-Ebene werden Formel 1.78, Formel 1.81, Formel 1.83, Formel 1.87, Formel 1.88 und Formel 1.89 in der Nachgiebigkeitsmatrix

$$\left[S_{\mathrm{tiso}_{23}}\right] = \begin{bmatrix} \frac{1}{E_1} & -\frac{\nu_{21}}{E_2} & -\frac{\nu_{21}}{E_2} & 0 & 0 & 0 \\ -\frac{\nu_{12}}{E_1} & \frac{1}{E_2} & -\frac{\nu_{32}}{E_2} & 0 & 0 & 0 \\ -\frac{\nu_{13}}{E_1} & -\frac{\nu_{23}}{E_2} & \frac{1}{E_2} & 0 & 0 & 0 \\ 0 & 0 & 0 & \frac{2\,(1+\nu_{23})}{E_2} & 0 & 0 \\ 0 & 0 & 0 & 0 & \frac{1}{G_{12}} & 0 \\ 0 & 0 & 0 & 0 & 0 & \frac{1}{G_{12}} \end{bmatrix} \tag{1.90}$$

zusammengefasst. Mit der in Abschnitt 1.4 noch herzuleitenden MAXWELL-BETTI-Beziehung Formel 1.223 kann dann die transversalisotrope Nachgiebigkeitsmatrix Formel 1.90 in der symmetrischen Form

$$\left[S_{\mathrm{tiso}_{23}}\right] = \begin{bmatrix} \frac{1}{E_1} & -\frac{\nu_{12}}{E_1} & -\frac{\nu_{12}}{E_1} & 0 & 0 & 0 \\ -\frac{\nu_{12}}{E_1} & \frac{1}{E_2} & -\frac{\nu_{23}}{E_2} & 0 & 0 & 0 \\ -\frac{\nu_{12}}{E_1} & -\frac{\nu_{23}}{E_2} & \frac{1}{E_2} & 0 & 0 & 0 \\ 0 & 0 & 0 & \frac{2\,(1+\nu_{23})}{E_2} & 0 & 0 \\ 0 & 0 & 0 & 0 & \frac{1}{G_{12}} & 0 \\ 0 & 0 & 0 & 0 & 0 & \frac{1}{G_{12}} \end{bmatrix} \tag{1.91}$$

bzw.

$$[S_{\text{tiso}_{23}}] = \begin{bmatrix} \frac{1}{E_1} & -\frac{\nu_{12}}{E_1} & -\frac{\nu_{12}}{E_1} & 0 & 0 & 0 \\ & \frac{1}{E_2} & -\frac{\nu_{23}}{E_2} & 0 & 0 & 0 \\ & & \frac{1}{E_2} & 0 & 0 & 0 \\ & & & \frac{2\,(1+\nu_{23})}{E_2} & 0 & 0 \\ & \text{sym.} & & & \frac{1}{G_{12}} & 0 \\ & & & & & \frac{1}{G_{12}} \end{bmatrix} \tag{1.92}$$

dargestellt werden. In der symbolischen Schreibweise

$$[S_{\text{tiso}_{23}}] = \begin{bmatrix} S_{11} & S_{12} & S_{12} & 0 & 0 & 0 \\ & S_{22} & S_{23} & 0 & 0 & 0 \\ & & S_{22} & 0 & 0 & 0 \\ & & & 2\,(S_{22} - S_{23}) & 0 & 0 \\ & \text{sym.} & & & S_{66} & 0 \\ & & & & & S_{66} \end{bmatrix} \tag{1.93}$$

wird die Symmetrie der Nachgiebigkeitsmatrix deutlich. Durch Invertierung von Formel 1.91 bzw. Formel 1.92 folgt dann die bezüglich der 2-3-Isotropieebene transversal-isotrope Steifigkeitsmatrix

$$[C_{\text{tiso}_{23}}] = \begin{bmatrix} \frac{(1-\nu_{23}^2)\,E_1}{\Delta} & \frac{\nu_{21}\,(1+\nu_{23})\,E_1}{\Delta} & \frac{\nu_{21}\,(1+\nu_{23})\,E_1}{\Delta} & 0 & 0 & 0 \\ & \frac{(1-\nu_{12}\,\nu_{21})\,E_2}{\Delta} & \frac{(\nu_{23}+\nu_{12}\,\nu_{21})\,E_2}{\Delta} & 0 & 0 & 0 \\ & & \frac{(1-\nu_{12}\,\nu_{21})\,E_2}{\Delta} & 0 & 0 & 0 \\ & & & G_{23} = \frac{E_2}{2\,(1+\nu_{23})} & 0 & 0 \\ & \text{sym.} & & & G_{12} & 0 \\ & & & & & G_{12} \end{bmatrix} \tag{1.94}$$

mit

$$\Delta = (1 + \nu_{23})\,(1 - \nu_{23} - 2\,\nu_{12}\,\nu_{21}) \tag{1.95}$$

und in Symbolschreibweise zu

$$[C_{\text{tiso}_{23}}] = \begin{bmatrix} C_{11} & C_{12} & C_{12} & 0 & 0 & 0 \\ & C_{22} & C_{23} & 0 & 0 & 0 \\ & & C_{22} & 0 & 0 & 0 \\ & & & \frac{1}{2}\,(C_{22} - C_{23}) & 0 & 0 \\ & \text{sym.} & & & C_{66} & 0 \\ & & & & & C_{66} \end{bmatrix} \tag{1.96}$$

Damit ergeben sich für diesen Fall der Transversalisotropie (Symmetrieachse: 1-Richtung; Isotropieebene: 2-3-Ebene) unendlich viele Symmetrieebenen um die 1-Achse. Die Steifigkeits- bzw. Nachgiebigkeitsmatrix besitzt zwölf von null verschiedene Einträge mit insgesamt fünf unabhängigen Materialkennwerten. Es ergeben sich fünf unabhängige elastische Materialkennwerte: E_1, $E_2 = E_3$, $\nu_{12} = \nu_{13}$, ν_{23} mit $G_{23} = \frac{E_2}{2(1+\nu_{23})}$ und $G_{12} = G_{13}$.

Symmetrieachse: 2-Richtung; Isotropieebene: 3-1-Ebene

Beschreibt man eine unidirektionale Einzelschicht, wie sie in Bild 1.9 dargestellt ist, dann sind die Schichteigenschaften als transversalisotrop zu bezeichnen. Im Unterschied zu Bild 1.8 ist hier die 2-Achse in Faserlängsrichtung orientiert. Die 3-1-Ebene ist in diesem Fall die Isotropieebene. Durch diese Unterschiede baut sich die Nachgiebigkeits- und damit auch die Steifigkeitsmatrix im Vergleich zu den Matrizen Formel 1.92 und Formel 1.94 im Detail anders auf. In analoger Weise zu Formel 1.79, Formel 1.81,

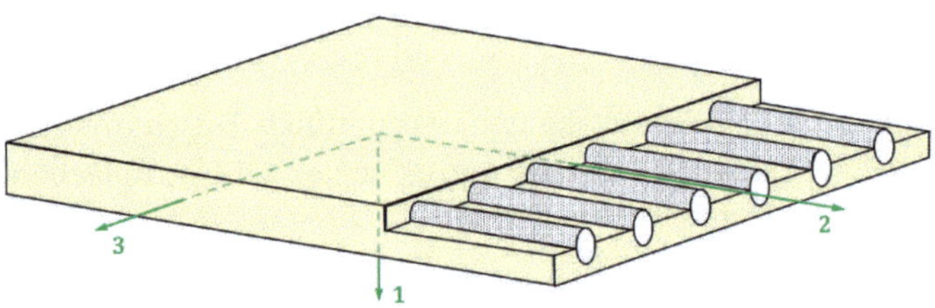

Bild 1.9 Unidirektionale Einzelschicht im schichtorientierten 1-2-3-Koordinatensystem. Symmetrieachse: 2-Richtung; Isotropieebene: 3-1-Ebene

Formel 1.83 und Formel 1.87 bis Formel 1.89 und unter Berücksichtigung der in diesem Fall vorliegenden 3-1-Isotropieebene und der Abhängigkeiten der Werkstoffkennwerte ergeben sich die fünf unabhängigen linear-elastischen Materialkennwerte

$$E_1 = E_3 \quad E_2 \quad \nu_{21} = \nu_{23} \quad \nu_{13} = \nu_{31} \quad G_{13} = \frac{E_1}{2\,(1+\nu_{13})} \quad G_{21} = G_{23} \tag{1.97}$$

sowie die Ausgangsgleichungen für die Bildung der Nachgiebigkeitsmatrix

$$\left[S_{\text{tiso}_{31}}\right] = \begin{bmatrix} \frac{1}{E_1} & -\frac{\nu_{21}}{E_2} & -\frac{\nu_{31}}{E_1} & 0 & 0 & 0 \\ & \frac{1}{E_2} & -\frac{\nu_{12}}{E_1} & 0 & 0 & 0 \\ & & \frac{1}{E_1} & 0 & 0 & 0 \\ & & & \frac{1}{G_{12}} & 0 & 0 \\ & \text{sym.} & & & \frac{1}{G_{13}} = \frac{2\,(1+\nu_{13})}{E_1} & 0 \\ & & & & & \frac{1}{G_{12}} \end{bmatrix} \tag{1.98}$$

In symbolischer Schreibweise können die Abhängigkeiten der einzelnen Einträge der Nachgiebigkeitsmatrix mit

$$\left[S_{\text{tiso}_{31}}\right] = \begin{bmatrix} S_{11} & S_{12} & S_{13} & 0 & 0 & 0 \\ & S_{22} & S_{12} & 0 & 0 & 0 \\ & & S_{11} & 0 & 0 & 0 \\ & & & S_{66} & 0 & 0 \\ & \text{sym.} & & & 2\,(S_{11}-S_{13}) & 0 \\ & & & & & S_{66} \end{bmatrix} \tag{1.99}$$

verdeutlicht werden. Durch Invertieren der Formel 1.98 folgt die Steifigkeitsmatrix zu

$$\left[C_{\text{tiso}_{31}}\right] = \begin{bmatrix} \frac{(1-\nu_{12}\,\nu_{21})\,E_1}{\Delta} & \frac{\nu_{21}\,(1+\nu_{31})\,E_1}{\Delta} & \frac{(\nu_{31}+\nu_{12}\,\nu_{21})\,E_1}{\Delta} & 0 & 0 & 0 \\ & \frac{(1-\nu_{31}^2)\,E_2}{\Delta} & \frac{\nu_{12}\,(1+\nu_{31})\,E_2}{\Delta} & 0 & 0 & 0 \\ & & \frac{(1-\nu_{12}\,\nu_{21})\,E_1}{\Delta} & 0 & 0 & 0 \\ & & & G_{12} & 0 & 0 \\ & \text{sym.} & & & G_{31} = \frac{E_1}{2\,(1+\nu_{31})} & 0 \\ & & & & & G_{12} \end{bmatrix} \tag{1.100}$$

mit

$$\Delta = (1+\nu_{31})\,(1-\nu_{31}-2\,\nu_{12}\,\nu_{21}) \tag{1.101}$$

und in Symbolschreibweise zu

$$\left[C_{\text{tiso}_{31}}\right] = \begin{bmatrix} C_{11} & C_{12} & C_{13} & 0 & 0 & 0 \\ & C_{22} & C_{12} & 0 & 0 & 0 \\ & & C_{11} & 0 & 0 & 0 \\ & & & C_{66} & 0 & 0 \\ & \text{sym.} & & & \frac{1}{2}\,(C_{11}-C_{13}) & 0 \\ & & & & & C_{66} \end{bmatrix} \tag{1.102}$$

Die Transversalisotropie (Symmetrieachse: 2-Richtung; Isotropieebene: 3-1-Ebene) weist unendlich viele Symmetrieebenen um die 2-Achse auf. Die Steifigkeits- bzw. Nachgiebigkeitsmatrix besitzen jeweils zwölf von null verschiedene Matrixkomponenten. Es existieren fünf unabhängige elastische Materialkennwerte: E_2, $E_1 = E_3$, $\nu_{21} = \nu_{23}$, ν_{13} mit $G_{13} = \frac{E_1}{2\,(1+\nu_{13})}$ und $G_{21} = G_{23}$.

Symmetrieachse: 3-Richtung; Isotropieebene: 1-2-Ebene

Erneut wird eine unidirektionale Einzelschicht zur Herleitung der Nachgiebigkeits- und Steifigkeitsmatrizen herangezogen. Auch in diesem Fall hängt die Matrixstruk-

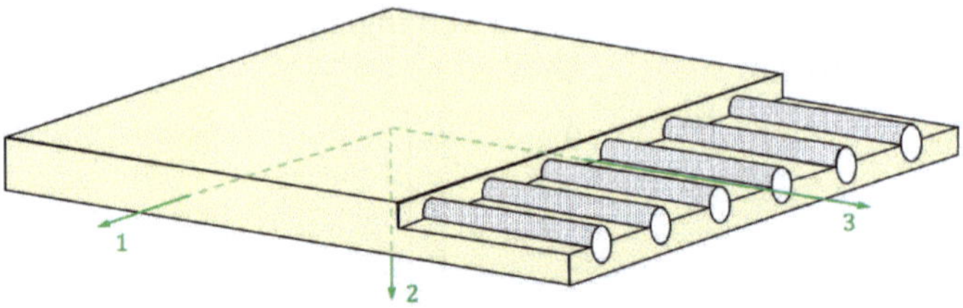

Bild 1.10 Unidirektionale Einzelschicht im schichtorientierten 1-2-3-Koordinatensystem. Symmetrieachse: 3-Richtung; Isotropieebene: 1-2-Ebene

tur von der Orientierung des Koordinatensystems ab. Das in Bild 1.10 dargestellte Koordinatensystem ist mit der 3-Achse in Faserlängsrichtung orientiert. Dadurch ergibt sich die 1-2-Ebene als Isotropieebene. Durch Aufstellen der Grundbeziehungen analog zu Formel 1.79, Formel 1.81, Formel 1.83 und Formel 1.87 bis Formel 1.89 und den Abhängigkeiten der Werkstoffkennwerte ergeben sich die fünf unabhängigen linear-elastischen Materialkennwerte

$$E_1 = E_2 \quad E_3 \quad \nu_{31} = \nu_{32} \quad \nu_{12} = \nu_{21} \quad G_{12} = \frac{E_1}{2\,(1+\nu_{12})} \quad G_{31} = G_{32} \tag{1.103}$$

Daraus folgt die Nachgiebigkeitsmatrix

$$\left[S_{\mathrm{tiso}_{12}}\right] = \begin{bmatrix} \frac{1}{E_1} & -\frac{\nu_{12}}{E_1} & -\frac{\nu_{13}}{E_1} & 0 & 0 & 0 \\ & \frac{1}{E_1} & -\frac{\nu_{13}}{E_1} & 0 & 0 & 0 \\ & & \frac{1}{E_3} & 0 & 0 & 0 \\ & & & \frac{1}{G_{23}} & 0 & 0 \\ & \text{sym.} & & & \frac{1}{G_{23}} & 0 \\ & & & & & \frac{1}{G_{12}} = \frac{2\,(1+\nu_{12})}{E_1} \end{bmatrix} \tag{1.104}$$

In symbolischer Schreibweise kann dann die Nachgiebigkeitsmatrix

$$\left[S_{\mathrm{tiso}_{12}}\right] = \begin{bmatrix} S_{11} & S_{12} & S_{13} & 0 & 0 & 0 \\ & S_{11} & S_{13} & 0 & 0 & 0 \\ & & S_{33} & 0 & 0 & 0 \\ & & & S_{44} & 0 & 0 \\ & \text{sym.} & & & S_{44} & 0 \\ & & & & & \frac{1}{2}\,(S_{11} - S_{12}) \end{bmatrix} \tag{1.105}$$

notiert werden. Die Invertierung der Nachgiebigkeitsmatrix Formel 1.104 ergibt die Steifigkeitsmatrix

$$\left[C_{\text{tiso}_{12}}\right] = \begin{bmatrix} \frac{(1-\nu_{13}\nu_{31})\,E_1}{\Delta} & \frac{(\nu_{12}+\nu_{13}\,\nu_{31})\,E_1}{\Delta} & \frac{\nu_{31}\,(1+\nu_{12})\,E_1}{\Delta} & 0 & 0 & 0 \\ & \frac{(1-\nu_{13}\nu_{31})\,E_1}{\Delta} & \frac{\nu_{31}\,(1+\nu_{12})\,E_1}{\Delta} & 0 & 0 & 0 \\ & & \frac{(1-\nu_{12}^2)\,E_3}{\Delta} & 0 & 0 & 0 \\ & & & G_{23} & 0 & 0 \\ & \text{sym.} & & & G_{23} & 0 \\ & & & & & G_{12} = \frac{E_1}{2\,(1+\nu_{12})} \end{bmatrix} \tag{1.106}$$

mit

$$\Delta = (1 + \nu_{12})\;(1 - \nu_{12} - 2\,\nu_{31}\,\nu_{23})$$

die in Symbolschreibweise als

$$\left[C_{\text{tiso}_{12}}\right] = \begin{bmatrix} C_{11} & C_{12} & C_{13} & 0 & 0 & 0 \\ & C_{11} & C_{13} & 0 & 0 & 0 \\ & & C_{33} & 0 & 0 & 0 \\ & & & C_{44} & 0 & 0 \\ & \text{sym.} & & & C_{44} & 0 \\ & & & & & \frac{1}{2}\,(C_{11} - C_{12}) \end{bmatrix} \tag{1.107}$$

formuliert werden kann.

Damit lassen sich für diese Form der Transversalisotropie (Symmetrieachse: 3-Richtung; Isotropieebene: 1-2-Ebene) unendlich viele Symmetrien um die 3-Achse finden. Die Steifigkeits- bzw. Nachgiebigkeitsmatrix besitzt 12 von null verschiedene Einträge. Es ergeben sich fünf unabhängige elastische Materialkennwerte: E_3, $E_1 = E_2$, $\nu_{31} = \nu_{32}$, ν_{12} mit $G_{12} = \frac{E_1}{2\,(1+\nu_{12})}$ und $G_{31} = G_{32}$.

1.2.3 Orthotropie

Im Fall der Orthotropie können im Material zwei oder drei orthogonale Symmetrieebenen gefunden werden, zu denen symmetrische Punkte gleiche Eigenschaften besitzen. Die Konstanten für Schub- und Normalspannungen sind in beiden Fällen entkoppelt. Damit erzeugen Normalspannungen nur Normalverzerrungen in allen drei Raumrichtungen. Und Schubspannungen führen nur zu Gleitungen in jeweils einer Richtung.

Orthotropes Materialverhalten kann z. B. bei Kreuzverbunden von unidirektionalen Einzelschichten oder bei Gewebelagen beobachtet werden, bei denen die Koordinatenachsen den Faserorientierungen bzw. der Kett- und Schussrichtung entsprechen. Auch ein bewehrter Beton zeigt ein typisches orthotropes Materialverhalten.

Orthotropie mit drei orthogonalen Symmetrieebenen

Für die Herleitung der Nachgiebigkeitsmatrix kann man zum Beispiel die mechanischen Eigenschaften einer Gewebelage betrachten, die in Kett- und Schussrichtung eine unterschiedliche Faseranzahl oder auch verschiedene Faserarten aufweist. Legt man dann das Koordinatensystem so in die Gewebelage (s. a. Bild 1.11), dass jeweils eine Achse in Kett- bzw. Schussrichtung weist und die dritte Achse senkrecht auf der Gewebelage steht, dann beschreibt man eine Orthotropie, bei der drei Symmetrieebenen vorliegen. Man spricht dann auch von „echter" Orthotropie. Formel 1.78, Formel 1.80,

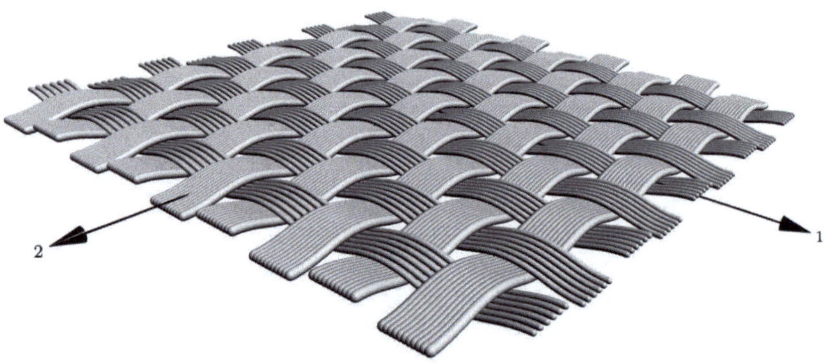

Bild 1.11 Beispiel *echte Orthotropie*: Gewebelage mit drei unabhängigen Hauptrichtungen und drei orthogonalen Symmetrieebenen

Formel 1.82 und Formel 1.87 bis Formel 1.89 stellen bereits – ohne dass dies zu dem frühen Zeitpunkt angesprochen wurde – den Zusammenhang zwischen den Normalverzerrungen und Normalspannungen unter Berücksichtigung der Querkontraktionseffekte und einem dreidimensionalen Normalspannungszustand im Fall der Orthotropie dar. Damit können diese Gleichungen in die Nachgiebigkeitsmatrix

$$[S_{\text{ortho}}] = \begin{bmatrix} \frac{1}{E_1} & -\frac{\nu_{21}}{E_2} & -\frac{\nu_{31}}{E_3} & 0 & 0 & 0 \\ & \frac{1}{E_2} & -\frac{\nu_{32}}{E_3} & 0 & 0 & 0 \\ & & \frac{1}{E_3} & 0 & 0 & 0 \\ & & & \frac{1}{G_{23}} & 0 & 0 \\ & \text{sym.} & & & \frac{1}{G_{31}} & 0 \\ & & & & & \frac{1}{G_{12}} \end{bmatrix} \tag{1.108}$$

für die Orthotropie übernommen werden. In symbolischer Schreibweise ergibt sich der Zusammenhang

$$[S_{\text{ortho}}] = \begin{bmatrix} S_{11} & S_{12} & S_{13} & 0 & 0 & 0 \\ & S_{22} & S_{23} & 0 & 0 & 0 \\ & & S_{33} & 0 & 0 & 0 \\ & & & S_{44} & 0 & 0 \\ & \text{sym.} & & & S_{55} & 0 \\ & & & & & S_{66} \end{bmatrix} \tag{1.109}$$

Die Invertierung der Nachgiebigkeitsmatrix Formel 1.108 liefert die Steifigkeitsmatrix

$$[C_{\text{ortho}}] = \begin{bmatrix} \frac{(1-\nu_{23}\,\nu_{32})\,E_1}{\Delta} & \frac{(\nu_{23}\nu_{31}+\nu_{21})\,E_1}{\Delta} & \frac{(\nu_{21}\,\nu_{32}+\nu_{31})\,E_1}{\Delta} & 0 & 0 & 0 \\ & \frac{(1-\nu_{13}\,\nu_{31})\,E_2}{\Delta} & \frac{(\nu_{12}\,\nu_{31}+\nu_{32})\,E_2}{\Delta} & 0 & 0 & 0 \\ & & \frac{(1-\nu_{12}\,\nu_{21})\,E_3}{\Delta} & 0 & 0 & 0 \\ & & & G_{23} & 0 & 0 \\ & \text{sym.} & & & G_{31} & 0 \\ & & & & & G_{12} \end{bmatrix} \tag{1.110}$$

bzw.

$$[C_{\text{ortho}}] = \begin{bmatrix} \frac{(1-\nu_{23}\,\nu_{32})\,E_1}{\Delta} & \frac{(\nu_{12}+\nu_{13}\nu_{32})\,E_2}{\Delta} & \frac{(\nu_{13}+\nu_{12}\,\nu_{23})\,E_3}{\Delta} & 0 & 0 & 0 \\ & \frac{(1-\nu_{13}\,\nu_{31})\,E_2}{\Delta} & \frac{(\nu_{23}+\nu_{21}\nu_{13})\,E_3}{\Delta} & 0 & 0 & 0 \\ & & \frac{(1-\nu_{12}\,\nu_{21})\,E_3}{\Delta} & 0 & 0 & 0 \\ & & & G_{23} & 0 & 0 \\ & \text{sym.} & & & G_{31} & 0 \\ & & & & & G_{12} \end{bmatrix} \tag{1.111}$$

mit

$$\Delta = 1 - \nu_{12}\,\nu_{21} - \nu_{13}\nu_{31} - \nu_{23}\,\nu_{32} - 2\,\nu_{21}\,\nu_{13}\,\nu_{32} \tag{1.112}$$

bzw.

$$\Delta = 1 - \nu_{12}\,\nu_{21} - \nu_{13}\nu_{31} - \nu_{23}\,\nu_{32} - 2\,\nu_{12}\,\nu_{31}\,\nu_{23} \tag{1.113}$$

In symbolischer Schreibweise ergibt sich weiter:

$$[C_{\text{ortho}}] = \begin{bmatrix} C_{11} & C_{12} & C_{13} & 0 & 0 & 0 \\ & C_{22} & C_{23} & 0 & 0 & 0 \\ & & C_{33} & 0 & 0 & 0 \\ & & & C_{44} & 0 & 0 \\ & \text{sym.} & & & C_{55} & 0 \\ & & & & & C_{66} \end{bmatrix} \tag{1.114}$$

Im Fall der („echten") Orthotropie existieren drei Symmetrieebenen. Die Steifigkeits- und Nachgiebigkeitsmatrix besitzt 12 von null verschiedene Komponenten mit insgesamt neun unabhängigen elastischen Materialkennwerten; diese sind E_1, E_2, E_3, ν_{23}, ν_{31}, ν_{12}, G_{23}, G_{31} und G_{12}.

Orthotropie mit zwei orthogonalen Symmetrieebenen

Eine Gewebelage, wie sie zum Beispiel in Bild 1.12 dargestellt ist, besitzt zwei gleichberechtigte Hauptrichtungen, wenn man das Koordinatensystem so anordnet, dass jeweils eine Achse in Kett- und in Schussrichtung der Fasern liegt. Eine solche Materialsymmetrie wird auch als „unechte" Orthotropie bezeichnet. Nimmt man an, dass die 1-

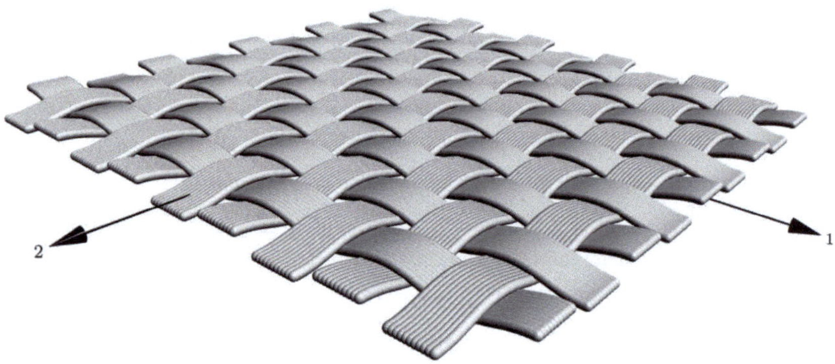

Bild 1.12 Beispiel *unechte Orthotropie*: Gewebelage mit zwei gleichberechtigten Hauptrichtungen und zwei orthogonalen Symmetrieebenen

und 2-Richtung des Koordinatensystems mit der Faserlängsrichtung zusammenfallen, dann kann man folgende Abhängigkeiten der Werkstoffkennwerte identifizieren:

$$E_1 = E_2 \neq E_3 \tag{1.115}$$

$$G_{13} = G_{23} \neq G_{12} \tag{1.116}$$

$$\nu_{13} = \nu_{23} \neq \nu_{12} = \nu_{21} \tag{1.117}$$

$$\nu_{13} \neq \nu_{31} = \nu_{32} \neq \nu_{23} = \nu_{13} \tag{1.118}$$

Da in der Orthotropie in keiner Ebene Isotropie vorliegt, kann ein Zusammenhang der elastischen Materialkennwerte analog Formel 1.84 nicht aufgestellt werden. Hier grenzt sich auch die Orthotropie mit zwei orthogonalen Symmetrieebenen von der Transversalisotropie (s. a. Unterabschnitt 1.2.2) ab.

Berücksichtigt man die Kennwertabhängigkeiten Formel 1.115 bis Formel 1.118, dann kann, ausgehend von der Nachgiebigkeitsmatrix Formel 1.108, diese Nachgiebigkeitsmatrix als

$$[S_{\text{ortho}}] = \begin{bmatrix} \frac{1}{E_1} & -\frac{\nu_{21}}{E_1} & -\frac{\nu_{31}}{E_3} & 0 & 0 & 0 \\ & \frac{1}{E_1} & -\frac{\nu_{31}}{E_3} & 0 & 0 & 0 \\ & & \frac{1}{E_3} & 0 & 0 & 0 \\ & & & \frac{1}{G_{23}} & 0 & 0 \\ & \text{sym.} & & & \frac{1}{G_{23}} & 0 \\ & & & & & \frac{1}{G_{12}} \end{bmatrix} \tag{1.119}$$

notiert werden. In symbolischer Schreibweise folgt

$$[S_{\text{ortho}}] = \begin{bmatrix} S_{11} & S_{12} & S_{13} & 0 & 0 & 0 \\ & S_{11} & S_{13} & 0 & 0 & 0 \\ & & S_{33} & 0 & 0 & 0 \\ & & & S_{44} & 0 & 0 \\ & \text{sym.} & & & S_{44} & 0 \\ & & & & & S_{66} \end{bmatrix} \tag{1.120}$$

Durch Invertierung der Formel 1.119 oder ausgehend von Formel 1.110 und unter Berücksichtigung der Zusammenhänge Formel 1.115 bis Formel 1.118 folgt die Steifigkeitsmatrix zu

$$[C_{\text{ortho}}] = \begin{bmatrix} \frac{(1-\nu_{23}\,\nu_{32})\,E_1}{\Delta} & \frac{(\nu_{21}+\nu_{23}\,\nu_{31})\,E_1}{\Delta} & \frac{(\nu_{31}+\nu_{21}\,\nu_{32})\,E_1}{\Delta} & 0 & 0 & 0 \\ & \frac{(1-\nu_{13}\,\nu_{31})\,E_1}{\Delta} & \frac{(\nu_{32}+\nu_{12}\,\nu_{31})\,E_1}{\Delta} & 0 & 0 & 0 \\ & & \frac{(1-\nu_{12}\,\nu_{21})\,E_3}{\Delta} & 0 & 0 & 0 \\ & & & G_{23} & 0 & 0 \\ & \text{sym.} & & & G_{23} & 0 \\ & & & & & G_{12} \end{bmatrix} \tag{1.121}$$

mit

$$\Delta = 1 - \nu_{12}^2 - \nu_{13}\nu_{31} - \nu_{23}\,\nu_{32} - 2\,\nu_{23}\,\nu_{31}\,\nu_{12} \tag{1.122}$$

Die orthotrope Steifigkeitsmatrix $[C_{ortho}]$ kann in symbolischer Schreibweise als

$$[C_{\text{ortho}}] = \begin{bmatrix} C_{11} & C_{12} & C_{13} & 0 & 0 & 0 \\ & C_{11} & C_{13} & 0 & 0 & 0 \\ & & C_{33} & 0 & 0 & 0 \\ & & & C_{44} & 0 & 0 \\ & \text{sym.} & & & C_{44} & 0 \\ & & & & & C_{66} \end{bmatrix} \tag{1.123}$$

geschrieben werden.

Liegen in der Orthotropie zwei unabhängige Symmetrieebenen vor, dann besitzen die Steifigkeits- und Nachgiebigkeitsmatrix 12 von null verschiedene Komponenten mit insgesamt sechs unabhängigen elastischen Materialkennwerten; diese sind $E_1 = E_2$, E_3, ν_{12}, $\nu_{13} = \nu_{23}$, G_{12} und $G_{23} = G_{31}$. Man spricht dann auch von einer „unechten" Orthotropie.

1.2.4 Monotropie

Monotropes bzw. monoklines Materialverhalten ist dadurch charakterisiert, dass eine Symmetrieebene existiert, an der eine Spiegelung aller Kennwerte zu dieser Ebene erfolgt. Ein monotropes Materialverhalten kann zum Beispiel dann beobachtet werden, wenn ein zunächst faserorientiertes, lokales Koordinatensystem, bei dem eine Achse mit der Faserlängsrichtung zusammenfällt, um die dritte, senkrecht zur Faserlängsrichtung und zur Einzelschichtebene stehende Achse gedreht wird. Dann existiert eine Symmetrieebene, die mit der Einzelschichtebene zusammenfällt, an der alle zur Symmetrieebene symmetrischen Punkte die gleichen Materialkennwerte haben. Eine solche Überführung der Materialeigenschaften einer transversalisotropen oder orthotropen Einzelschicht in ein gedrehtes Koordinatensystem erfolgt mithilfe von Transformationsbeziehungen.

Symmetrieebene: 1-2-Ebene – Drehung um die 3-Achse

Bild 1.13 stellt beispielhaft eine um die 3-Achse gedrehte Faserlage dar. In diesem Fall ist das an den Außenkanten der Einzelschicht orientierte Koordinatensystem nicht mehr faserparallel ausgerichtet. Die Fasern liegen aber noch in der Einzelschichtebene.

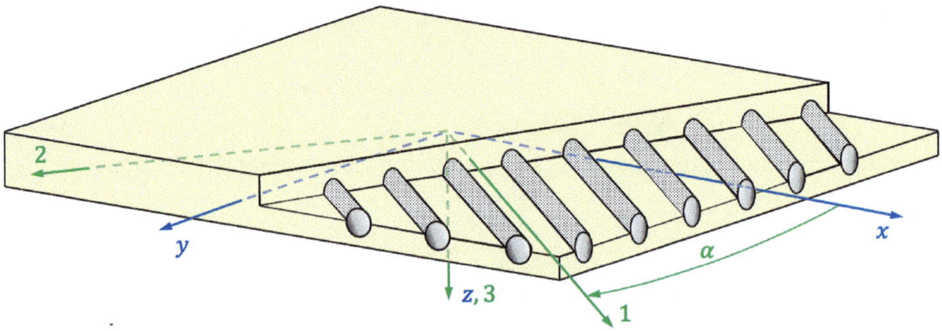

Bild 1.13 In der Einzelschicht gedrehte unidirektionale Faserlage

Möchte man die Normalverzerrung in 1-Richtung der Einzelschicht erfassen, dann sind die für diese Richtung relevanten Belastungs- und damit auch verbundenen

Verzerrungsanteile zu betrachten. Dieses kann analog zu dem Vorgehen in Unterabschnitt 1.2.2 erfolgen.

Eine Spannung σ_1 „sieht" die Nachgiebigkeit $1/E_1$ in der 1-Richtung und $1/G_{12}$ in der 1-2-Ebene der Einzelschicht. Die Folge ist zunächst eine Normalverzerrung

$$\varepsilon_1(\sigma_1) = \frac{\sigma_1}{E_1} \tag{1.124}$$

in 1-Richtung. Durch Querkontraktions- und Koppeleffekte resultieren aus der Spannung σ_1 auch Normalverzerrungen

$$\varepsilon_2(\sigma_1) = -\nu_{12}\,\frac{\sigma_1}{E_1} \tag{1.125}$$

in 2-Richtung, eine weitere Normalverzerrung

$$\varepsilon_3(\sigma_1) = -\nu_{13}\,\frac{\sigma_1}{E_1} \tag{1.126}$$

in 3-Richtung, sowie eine Gleitung

$$\gamma_{12}(\sigma_1) = -\nu_{16}\,\frac{\sigma_1}{G_{12}} \tag{1.127}$$

in der 1-2-Ebene.

In gleicher Weise erzeugen die Spannungen σ_2 und σ_3 Normalverzerrungsanteile in 1-Richtung:

$$\varepsilon_1(\sigma_2) = -\nu_{21}\,\frac{\sigma_2}{E_2} \tag{1.128}$$

$$\varepsilon_1(\sigma_3) = -\nu_{31}\,\frac{\sigma_3}{E_3} \tag{1.129}$$

Auch die Schubspannung τ_{12} hat durch Koppeleffekte mit

$$\varepsilon_1 = \frac{\tau_{12}}{G_{12}} \tag{1.130}$$

einen Beitrag, der in 1-Richtung der Einzelschicht wirkt.

Diese Normalverzerrungsanteile Formel 1.124, Formel 1.128, Formel 1.129 und Formel 1.130 können mit

$$\varepsilon_1 = \frac{\sigma_1}{E_1} - \nu_{21}\,\frac{\sigma_2}{E_2} - \nu_{21}\,\frac{\sigma_3}{E_2} + \nu_{61}\,\frac{\tau_{12}}{G_{12}} \tag{1.131}$$

zusammengefasst werden. In analoger Weise ergeben sich dann auch die Normalverzerrungen in 2-Richtung

$$\varepsilon_2 = -\nu_{12}\,\frac{\sigma_1}{E_1} + \frac{\sigma_2}{E_2} - \nu_{32}\,\frac{\sigma_3}{E_3} + \nu_{62}\,\frac{\tau_{12}}{G_{12}} \tag{1.132}$$

und in 3-Richtung

$$\varepsilon_3 = -\nu_{13}\,\frac{\sigma_1}{E_1} - \nu_{23}\,\frac{\sigma_2}{E_2} + \frac{\sigma_3}{E_3} + \nu_{63}\,\frac{\tau_{12}}{G_{12}} \tag{1.133}$$

Die Gleitungs-Schubspannungs-Beziehung in der 1-2-Ebene ist gekoppelt, sodass der Zusammenhang

$$\gamma_{12} = \frac{\tau_{12}}{G_{12}} \tag{1.134}$$

notiert werden kann. Dagegen sind durch die Faserorientierung bzw. die Materialsymmetrie Kopplungen der Gleitungen γ_{23} und γ_{31} mit den Schubspannungen τ_{23} und τ_{31} vorhanden:

$$\gamma_{23} = \frac{\tau_{23}}{G_{23}} + \nu_{54}\,\frac{\tau_{31}}{G_{31}} \tag{1.135}$$

und

$$\gamma_{31} = \nu_{45}\,\frac{\tau_{23}}{G_{23}} + \frac{\tau_{31}}{G_{31}} \tag{1.136}$$

Mithilfe Formel 1.131 bis Formel 1.136 können die Einträge der Nachgiebigkeitsmatrix bestimmt werden:

$$\left[S_{\text{mono}_{12}}\right] = \begin{bmatrix} \frac{1}{E_1} & -\frac{\nu_{21}}{E_2} & -\frac{\nu_{31}}{E_3} & 0 & 0 & \frac{\nu_{61}}{G_{12}} \\ & \frac{1}{E_2} & -\frac{\nu_{32}}{E_3} & 0 & 0 & \frac{\nu_{62}}{G_{12}} \\ & & \frac{1}{E_3} & 0 & 0 & \frac{\nu_{63}}{G_{12}} \\ & & & \frac{1}{G_{23}} & \frac{\nu_{54}}{G_{31}} & 0 \\ & \text{sym.} & & & \frac{1}{G_{31}} & 0 \\ & & & & & \frac{1}{G_{12}} \end{bmatrix} \tag{1.137}$$

Die symbolische Notation stellt sich für die Nachgiebigkeitsmatrix als

$$\left[S_{\text{mono}_{12}}\right] = \begin{bmatrix} S_{11} & S_{12} & S_{13} & 0 & 0 & S_{16} \\ & S_{22} & S_{23} & 0 & 0 & S_{26} \\ & & S_{33} & 0 & 0 & S_{36} \\ & & & S_{44} & S_{45} & 0 \\ & \text{sym.} & & & S_{55} & 0 \\ & & & & & S_{66} \end{bmatrix} \tag{1.138}$$

und für die Steifigkeitsmatrix als

$$\left[C_{\text{mono}_{12}}\right] = \begin{bmatrix} C_{11} & C_{12} & C_{13} & 0 & 0 & C_{16} \\ & C_{22} & C_{23} & 0 & 0 & C_{26} \\ & & C_{33} & 0 & 0 & C_{36} \\ & & & C_{44} & C_{45} & 0 \\ & \text{sym.} & & & C_{55} & 0 \\ & & & & & C_{66} \end{bmatrix} \tag{1.139}$$

dar.

Bei einer Monotropie existieren 20 unabhängige Komponenten in der Steifigkeits- und Nachgiebigkeitsmatrix mit insgesamt 13 unabhängigen elastischen Materialkennwerten. Diese sind für eine 1-2-Symmetrieebene E_1, E_2, E_3, ν_{12}, ν_{13}, ν_{23}, ν_{54}, ν_{61}, ν_{62}, ν_{63}, G_{12}, G_{13} und G_{23}.

Symmetrieebene: 3-1-Ebene – Drehung um die 2-Achse

Die Monotropie mit der 3-1-Ebene als Symmetrieebene entspricht der Drehung einer transversalisotropen oder orthotropen Einzelschicht um die 2-Achse. Die konstitutiven Gleichungen hierfür können sinngemäß dem Vorgehen in Formel 1.131 bis Formel 1.136 aufgestellt werden. Daraus bestimmen sich die Komponenten für die Nachgiebigkeitsmatrix zu

$$\left[S_{\mathrm{mono}_{31}}\right] = \begin{bmatrix} \frac{1}{E_1} & -\frac{\nu_{21}}{E_2} & -\frac{\nu_{31}}{E_3} & 0 & \frac{\nu_{51}}{G_{31}} & 0 \\ & \frac{1}{E_2} & -\frac{\nu_{32}}{E_3} & 0 & \frac{\nu_{52}}{G_{31}} & 0 \\ & & \frac{1}{E_3} & 0 & \frac{\nu_{53}}{G_{31}} & 0 \\ & & & \frac{1}{G_{23}} & 0 & \frac{\nu_{64}}{G_{12}} \\ & \text{sym.} & & & \frac{1}{G_{31}} & 0 \\ & & & & & \frac{1}{G_{12}} \end{bmatrix} \tag{1.140}$$

In symbolischer Schreibweise folgt

$$\left[S_{\mathrm{mono}_{31}}\right] = \begin{bmatrix} S_{11} & S_{12} & S_{13} & 0 & S_{15} & 0 \\ & S_{22} & S_{23} & 0 & S_{25} & 0 \\ & & S_{33} & 0 & S_{35} & 0 \\ & & & S_{44} & 0 & S_{46} \\ & \text{sym.} & & & S_{55} & 0 \\ & & & & & S_{66} \end{bmatrix} \tag{1.141}$$

bzw. für die Steifigkeitsmatrix

$$\left[S_{\mathrm{mono}_{31}}\right] = \begin{bmatrix} C_{11} & C_{12} & C_{13} & 0 & C_{15} & 0 \\ & C_{22} & C_{23} & 0 & C_{25} & 0 \\ & & C_{33} & 0 & C_{35} & 0 \\ & & & C_{44} & 0 & C_{46} \\ & \text{sym.} & & & C_{55} & 0 \\ & & & & & C_{66} \end{bmatrix} \tag{1.142}$$

Bei einer Monotropie existieren 20 unabhängige Komponenten in der Steifigkeits- und Nachgiebigkeitsmatrix mit insgesamt 13 unabhängigen elastischen Materialkennwerten. Diese sind für eine 3-1-Symmetrieebene E_1, E_2, E_3, ν_{12}, ν_{13}, ν_{23}, ν_{51}, ν_{52}, ν_{53}, ν_{64}, G_{12}, G_{13} und G_{23}.

Symmetrieebene: 2-3-Ebene – Drehung um die 1-Achse

Wird eine transversalisotrope oder orthotrope Einzelschicht um die 1-Achse gedreht, so stellt sich eine Monotropie mit der 2-3-Ebene als Symmetrieebene ein. Ein analoges Vorgehen wie in der Aufstellung der Formel 1.131 bis Formel 1.136 führt zu der Identifikation der Matrixkomponenten für die Nachgiebigkeit:

$$\left[S_{\mathrm{mono}_{23}}\right] = \begin{bmatrix} \frac{1}{E_1} & -\frac{\nu_{21}}{E_2} & -\frac{\nu_{31}}{E_3} & \frac{\nu_{41}}{G_{23}} & 0 & 0 \\ & \frac{1}{E_2} & -\frac{\nu_{32}}{E_3} & \frac{\nu_{42}}{G_{23}} & 0 & 0 \\ & & \frac{1}{E_3} & \frac{\nu_{43}}{G_{23}} & 0 & 0 \\ & & & \frac{1}{G_{23}} & 0 & 0 \\ & \mathrm{sym.} & & & \frac{1}{G_{31}} & \frac{\nu_{65}}{G_{12}} \\ & & & & & \frac{1}{G_{12}} \end{bmatrix} \tag{1.143}$$

Die symbolische Schreibweise führt für die Nachgiebigkeitsmatrix auf die Form

$$\left[S_{\mathrm{mono}_{23}}\right] = \begin{bmatrix} S_{11} & S_{12} & S_{13} & S_{14} & 0 & 0 \\ & S_{22} & S_{23} & S_{24} & 0 & 0 \\ & & S_{23} & S_{34} & 0 & 0 \\ & & & S_{44} & 0 & 0 \\ & \mathrm{sym.} & & & S_{55} & S_{56} \\ & & & & & S_{66} \end{bmatrix} \tag{1.144}$$

und für die Steifigkeitsmatrix zu

$$\left[C_{\mathrm{mono}_{23}}\right] = \begin{bmatrix} C_{11} & C_{12} & C_{13} & C_{14} & 0 & 0 \\ & C_{22} & C_{23} & C_{24} & 0 & 0 \\ & & C_{23} & C_{34} & 0 & 0 \\ & & & C_{44} & 0 & 0 \\ & \mathrm{sym.} & & & C_{55} & C_{56} \\ & & & & & C_{66} \end{bmatrix} \tag{1.145}$$

Bei einer Monotropie existieren 20 unabhängige Komponenten in der Steifigkeits- und Nachgiebigkeitsmatrix mit insgesamt 13 unabhängigen elastischen Materialkennwerten. Diese sind für eine 2-3-Symmetrieebene E_1, E_2, E_3, ν_{12}, ν_{13}, ν_{23}, ν_{41}, ν_{42}, ν_{43}, ν_{65}, G_{12}, G_{13} und G_{23}.

1.2.5 Anisotropie

Im allgemeinen Fall liegt trikline Anisotropie vor. Bei anisotropen Materialien zeigt sich für jede Betrachtungsrichtung ein unterschiedliches Werkstoffverhalten, sodass alle 36 Komponenten der Steifigkeitsmatrix $[C]$ und der Nachgiebigkeitsmatrix $[S]$ von null verschieden sind.

Die Nachgiebigkeitsmatrix stellt sich im Fall der Anisotropie als

$$[S_{\text{aniso}}] = \begin{bmatrix} \frac{1}{E_1} & -\frac{\nu_{21}}{E_2} & -\frac{\nu_{31}}{E_3} & \frac{\nu_{41}}{G_{23}} & \frac{\nu_{51}}{G_{31}} & \frac{\nu_{61}}{G_{12}} \\ & \frac{1}{E_2} & -\frac{\nu_{32}}{E_3} & \frac{\nu_{42}}{G_{23}} & \frac{\nu_{52}}{G_{31}} & \frac{\nu_{62}}{G_{12}} \\ & & \frac{1}{E_3} & \frac{\nu_{43}}{G_{23}} & \frac{\nu_{53}}{G_{31}} & \frac{\nu_{63}}{G_{12}} \\ & & & \frac{1}{G_{23}} & \frac{\nu_{54}}{G_{31}} & \frac{\nu_{64}}{G_{12}} \\ & \text{sym.} & & & \frac{1}{G_{31}} & \frac{\nu_{65}}{G_{12}} \\ & & & & & \frac{1}{G_{12}} \end{bmatrix} \tag{1.146}$$

dar. Die symbolische Notation führt zu

$$[S_{\text{aniso}}] = \begin{bmatrix} S_{11} & S_{12} & S_{13} & S_{14} & S_{15} & S_{16} \\ & S_{22} & S_{23} & S_{24} & S_{25} & S_{26} \\ & & S_{23} & S_{34} & S_{35} & S_{36} \\ & & & S_{44} & S_{45} & S_{46} \\ & \text{sym.} & & & S_{55} & S_{56} \\ & & & & & S_{66} \end{bmatrix} \tag{1.147}$$

für die Nachgiebigkeitsmatrix und zu

$$[C_{\text{aniso}}] = \begin{bmatrix} C_{11} & C_{12} & C_{13} & C_{14} & C_{15} & C_{16} \\ & C_{22} & C_{23} & C_{24} & C_{25} & C_{26} \\ & & C_{23} & C_{34} & C_{35} & C_{36} \\ & & & C_{44} & C_{45} & C_{46} \\ & \text{sym.} & & & C_{55} & C_{56} \\ & & & & & C_{66} \end{bmatrix} \tag{1.148}$$

für die Steifigkeitsmatrix.

Im Fall der Anisotropie existieren 36 unabhängige linear-elastische Materialkomponenten in der Steifigkeits- und Nachgiebigkeitsmatrix mit insgesamt 21 unabhängigen elastischen Materialkennwerten. Diese sind E_1, E_2, E_3, ν_{21}, ν_{31}, ν_{32}, ν_{41}, ν_{42}, ν_{43}, ν_{51}, ν_{52}, ν_{53}, ν_{54}, ν_{61}, ν_{62}, ν_{63}, ν_{64}, ν_{65}, G_{12}, G_{13} und G_{23}.

Beispiel 1.2.1

Berechnen Sie die Elemente der Nachgiebigkeits- und Steifigkeitsmatrix einer unidirektionalen Einzelschicht aus kohlenstofffaserverstärktem Kunststoff. Gehen Sie davon aus, dass die 1-Koordinatenachse in Faserlängsrichtung und die 2-Achse in der Schichtebene liegen. Die 3-Achse steht dabei senkrecht auf der Schichtebene. Die Ingenieurkonstanten, d. h. die schichtorientierten elastischen Materialkennwerte, der Einzelschicht sind mit $E_1 = 148\,\text{GPa}$, $E_2 = 9{,}65\,\text{GPa}$, $G_{12} = 4{,}55\,\text{GPa}$, $\nu_{12} = 0{,}3$ und $\nu_{23} = 0{,}6$ gegeben.

Lösung 1.2.1 Da das Koordinatensystem faserorientiert angeordnet ist und dabei eine Ebene des Koordinatensystems in der Schichtebene liegt, kann die Materialsymmetrie als transversalisotrop bezeichnet werden. In diesem Fall ist die 1-Achse entlang der Faserrichtung orientiert und die 2-3-Ebene ist die Isotropieebene. Daher kann für die Nachgiebigkeitsmatrix die Formel 1.92 und für die Steifigkeitsmatrix die Formel 1.94 herangezogen werden. Nach Einsetzen der elastischen Materialkennwerte ergibt sich:

$$\left[S_{\text{tiso}_{23}}\right] = \begin{bmatrix} 6{,}757 & -2{,}027 & -2{,}027 & 0 & 0 & 0 \\ & 103{,}627 & -62{,}176 & 0 & 0 & 0 \\ & & 103{,}627 & 0 & 0 & 0 \\ & & & 331{,}606 & 0 & 0 \\ & \text{sym.} & & & 219{,}780 & 0 \\ & & & & & 219{,}780 \end{bmatrix} \frac{10^{-3}}{\text{GPa}} \tag{1.149}$$

$$\left[C_{\text{tiso}_{23}}\right] = \begin{bmatrix} 152{,}474 & 7{,}456 & 7{,}456 & 0 & 0 & 0 \\ & 15{,}443 & 9{,}230 & 0 & 0 & 0 \\ & & 15{,}443 & 0 & 0 & 0 \\ & & & 3{,}016 & 0 & 0 \\ & \text{sym.} & & & 4{,}550 & 0 \\ & & & & & 4{,}550 \end{bmatrix} \text{GPa} \tag{1.150}$$

1.3 Werkstoffmatrizen realer Werkstoffe

Betrachtet man die Werkstoffmatrizen realer Werkstoffe – Steifigkeits- und Nachgiebigkeitsmatrizen – dann fällt auf, dass diese symmetrisch sind und einer bestimmten Struktur in ihrem Aufbau gehorchen. Die Frage, warum Werkstoffmatrizen symmetrisch sind, soll in Unterabschnitt 1.3.1 *Symmetrie der Materialmatrizen* untersucht werden. Ob eine gegebene Werkstoffmatrix tatsächlich einem realen Werkstoff entsprechen kann oder reine Fiktion ist, beleuchtet Unterabschnitt 1.3.2 *Positive Definitheit der Materialmatrizen* durch die Analyse der Matrixstruktur.

1.3.1 Symmetrie der Materialmatrizen

Im linear-elastischen Bereich wird das Spannungs-Dehnungs-Verhalten realer Werkstoffe wie das Verhalten eines linearen Federsystems betrachtet. Die äußeren eingeprägten Lasten zeigen sich dann in dem Verformungsbild der Federn; die an den Federn geleistete Verformungsarbeit wird im linear-elastischen Verformungsbereich reversibel gespeichert.
Geht man von dieser Modellvorstellung des Verformungsverhaltens von Werkstoffen aus, dann führen die äußeren Lasten in Form von Spannungen zu Verzerrungen im Werkstoffinneren. Diese Verzerrungen speichern die durch die Spannungen im Werkstoff geleistete Arbeit und können sie im Falle eines linear-elastischen und reversiblen Materialverhaltens vollständig „zurückgeben“. Eine solche Fähigkeit, Arbeit zu leisten, wird mit dem Begriff Potenzial verknüpft, das in Form einer Verzerrungsenergiedichtefunktion beschrieben werden kann.
Existiert nun für ein anisotropes Material ein solches elastisches Potenzial bzw. eine Verzerrungsenergiedichtefunktion, so kann die infinitesimale Spannungsarbeit für ein infinitesimales Volumenelement mit

$$\mathrm{d}W = \sigma_i \, \mathrm{d}\varepsilon_i \tag{1.151}$$

beschrieben werden. Hierbei ergibt sich die elastische Arbeit dW der Spannung σ_i auf dem Weg der infinitesimalen Verzerrung $d\varepsilon_i$. Die Gesamtarbeit W an einem Volumenelement wird durch Integration der spezifischen Arbeit dW,

$$W = \int \sigma_i \, \mathrm{d}\varepsilon_i \tag{1.152}$$

ermittelt. Mit der HOOKEschen Gleichung für anisotropes Material,

$$\sigma_i = C_{ij} \, \varepsilon_i \tag{1.153}$$

folgt aus Formel 1.152 der Zusammenhang

$$W = \int C_{ij} \, \varepsilon_i \, \mathrm{d}\varepsilon_j = \frac{1}{2} C_{ij} \, \varepsilon_i \, \varepsilon_j \tag{1.154}$$

Die partielle Differentiation Formel 1.154 nach den Verzerrungen $\partial\varepsilon_i$ führt wieder auf das HOOKEsche Materialgesetz

$$\frac{\partial W}{\partial \varepsilon_i} = C_{ij} \, \varepsilon_j = \sigma_i \tag{1.155}$$

für linear-elastisches, anisotropes Materialverhalten. Nochmalige partielle Differentiation nach den Verzerrungen liefert den Stofftensor bzw. die Steifigkeitsmatrix

$$\frac{\partial^2 W}{\partial \varepsilon_i \, \partial \varepsilon_j} = C_{ij} \tag{1.156}$$

Geht man analog der obigen Herleitung vor, so gelangt man ausgehend von dem Zusammenhang

$$\mathrm{d}W = C_{ji}\,\varepsilon_j\,\mathrm{d}\varepsilon_i \tag{1.157}$$

nach zweimaliger partieller Differentiation auf die Form

$$\frac{\partial^2 W}{\partial\varepsilon_j\,\partial\varepsilon_i} = C_{ji} \tag{1.158}$$

Da die Differentiationsreihenfolge unabhängig ist, muss mit Formel 1.156 und Formel 1.158 die Beziehung

$$C_{ij} = C_{ji} \tag{1.159}$$

gelten. Die Steifigkeitsmatrix $[C]$ für ein linear-elastisches, anisotropes Materialverhalten ist somit symmetrisch und besitzt folglich 21 unabhängige Konstanten.

1.3.2 Positive Definitheit der Materialmatrizen

In Unterabschnitt 1.3.1 konnte gezeigt werden, dass die Steifigkeits- und Nachgiebigkeitsmatrizen realer Werkstoffe symmetrisch sind. Eine weitere Eigenschaft von Materialmatrizen ist ihre positive Definitheit. Man kann festhalten, dass eine symmetrische Matrix positiv definit ist, wenn ihre Eigenwerte größer null sind [1.8, 16].

Für die Überprüfung der positiven Definitheit von orthotropen, transversalisotropen und isotropen Steifigkeits- und Nachgiebigkeitsmatrizen gibt es eine einfache Methode [1.10]. Diese vereinfachte Nachweisführung nutzt die Bedingung, dass bei positiver Definitheit die Unterdeterminaten auf der Hauptdiagonalen positiv sind [1.11]. Am Beispiel der Nachgiebigkeitsmatrix

$$[S_{\mathrm{ortho}}] = \begin{bmatrix} S_{11} & S_{12} & S_{13} & 0 & 0 & 0 \\ & S_{22} & S_{23} & 0 & 0 & 0 \\ & & S_{33} & 0 & 0 & 0 \\ & & & S_{44} & 0 & 0 \\ & \text{sym.} & & & S_{55} & 0 \\ & & & & & S_{66} \end{bmatrix} \tag{1.160}$$

eines orthotropen Materials soll gezeigt werden, wie die positive Definitheit vereinfacht überprüft wird. Dabei müssen folgende Bedingungen erfüllt werden:

$$D_1 = S_{11} > 0 \qquad D_2 = S_{22} > 0 \qquad D_3 = S_{33} > 0 \tag{1.161}$$

$$D_4 = S_{44} > 0 \qquad D_5 = S_{55} > 0 \qquad D_6 = S_{66} > 0 \tag{1.162}$$

$$D_{23} = \begin{vmatrix} S_{22} & S_{23} \\ S_{23} & S_{33} \end{vmatrix} > 0 \qquad D_{13} = \begin{vmatrix} S_{11} & S_{13} \\ S_{13} & S_{33} \end{vmatrix} > 0 \qquad D_{12} = \begin{vmatrix} S_{11} & S_{12} \\ S_{12} & S_{22} \end{vmatrix} > 0 \tag{1.163}$$

$$D_{123} = \begin{vmatrix} S_{11} & S_{12} & S_{13} \\ S_{12} & S_{22} & S_{23} \\ S_{13} & S_{23} & S_{33} \end{vmatrix} > 0 \tag{1.164}$$

Für die Steifigkeitsmatrix $[C]$ mit

$$[C] = [S]^{-1} \tag{1.165}$$

gilt bei positiver Definitheit

$$C_{11} = \frac{D_{23}}{D_{123}} > 0 \qquad C_{22} = \frac{D_{13}}{D_{123}} > 0 \qquad C_3 = \frac{D_{12}}{D_{123}} > 0 \tag{1.166}$$

Für die Ingenieurkonstanten orthotropen Materials ergeben sich damit folgende Ungleichungen [1.12]:

$$E_1 > 0 \qquad E_2 > 0 \qquad E_3 > 0 \tag{1.167}$$

$$G_{23} > 0 \qquad G_{13} > 0 \qquad G_{12} > 0 \tag{1.168}$$

$$1 - \nu_{23}^2 \frac{E_3}{E_2} - \nu_{12}^2 \frac{E_2}{E_1} - 2\,\nu_{12}\,\nu_{13}\,\nu_{23} \frac{E_3}{E_1} - \nu_{13}^2 \frac{E_3}{E_1} > 0 \tag{1.169}$$

$$\nu_{23}^2 < \frac{E_2}{E_3} \qquad \nu_{13}^2 < \frac{E_1}{E_3} \qquad \nu_{12}^2 < \frac{E_1}{E_2} \tag{1.170}$$

Eine analoge Vorgehensweise kann für transversalisotropes und isotropes Materialverhalten gewählt werden [1.10]. Für die Ingenieurkonstanten transversalisotropen Materials ergeben sich nach [1.12] die nachfolgenden Ungleichungen:

$$E_1 > 0 \qquad E_2 > 0 \qquad G_{12} > 0 \tag{1.171}$$

$$-1 < \nu_{23} < 1 - 2 \frac{E_2}{E_1} \nu_{12}^2 \tag{1.172}$$

$$\nu_{12}^2 < \frac{E_1}{E_2} \tag{1.173}$$

Für isotropes Material lassen sich für die Ingenieurkonstanten die Ungleichungen

$$E_1 > 0 \tag{1.174}$$

$$-1 < \nu_{12} \leq 0{,}5 \tag{1.175}$$

aufstellen.

Beispiel 1.3.2-1

Die Ingenieurkonstanten einer unidirektionalen Einzelschicht aus kohlenstofffaserverstärktem Kunststoff sind mit

$$E_1 = 148\,\text{GPa} \qquad E_2 = 9{,}65\,\text{GPa} \qquad G_{23} = 4{,}55\,\text{GPa}$$
$$\nu_{12} = 0{,}3 \qquad \nu_{23} = 0{,}6$$

gegeben.

Aufgabe: Es sind die angegebenen Materialkennwerte auf Plausibilität zu überprüfen.

Lösung: Es existieren drei Wege, die Plausibilität der angegebenen Kennwerte zu überprüfen:

- Methode 1: Positive Eigenwerte der Nachgiebigkeitsmatrix
- Methode 2: Positive Matrixelemente der Nachgiebigkeitselemente
- Methode 3: Ungleichungen der Ingenieurkonstanten

Mithilfe Formel 1.90 und den angegebenen Ingenieurkonstanten der unidirektionalen Einzelschicht kann die Nachgiebigkeitsmatrix zu

$$[S_{\text{ortho}}] = \begin{bmatrix} 6{,}757 & -2{,}027 & -2{,}027 & 0 & 0 & 0 \\ & 103{,}627 & -62{,}176 & 0 & 0 & 0 \\ & & 103{,}627 & 0 & 0 & 0 \\ & & & 331{,}606 & 0 & 0 \\ & \text{sym.} & & & 219{,}78 & 0 \\ & & & & & 219{,}78 \end{bmatrix} \frac{10^{-3}}{\text{GPa}}$$

berechnet werden. Die Überprüfung der Plausibilität erfolgt dann in den drei Methodenschritten.

Methode 1: Positive Eigenwerte der Nachgiebigkeitsmatrix
Das Eigenwertproblem wird mit

$$[S]\,\{x\} = \lambda\,\{x\} \tag{1.177}$$

formuliert. Mit $\lambda\,\{x\} = \lambda\,[I]\,\{x\}$ folgt aus Formel 1.177 die Bestimmungsgleichung

$$\left([S] - \lambda\,[I]\right)\,\{x\} = \{0\} \tag{1.178}$$

Für die nicht-triviale Lösung $\{x\} \neq 0$ folgt aus Formel 1.178 die sogenannte Charakteristische Gleichung

$$\det\left([S] - \lambda\,[I]\right) = \{0\} \tag{1.179}$$

Die Lösung der Charakteristischen Gleichung Formel 1.179 liefert die Eigenwerte λ der Nachgiebigkeitsmatrix

6,521	41,686	165,803
219,78	219	331,606

in der Einheit $[10^{-3}/\text{GPa}]$. Die gefundenen Eigenwerte sind größer null. Damit ist die Überprüfung der Plausibilität nach der Methode 1 positiv erfolgt.

Methode 2: Positive Matrixelemente der Nachgiebigkeitselemente
Es wird zunächst überprüft, ob die Komponenten auf der Hauptdiagonalen der Nachgiebigkeitsmatrix größer als null sind. Ein Vergleich zeigt für die Koeffizienten in der Einheit $[10^{-3}/\text{GPa}]$

$$D_1 = S_{11} = 6{,}757 > 0 \quad D_2 = S_{22} = 103{,}627 > 0 \quad D_3 = S_{33} = 103{,}627 > 0$$
$$D_4 = S_{44} = 331{,}606 > 0 \quad D_5 = S_{55} = 219{,}780 > 0 \quad D_6 = S_{66} = 219{,}780 > 0$$

dass das hier erfüllt ist. Des Weiteren ist zu überpüfen, ob die Unterdeterminanten größer als null sind. Eine Überprüfung mit

$$D_{23} = \begin{vmatrix} S_{22} & S_{23} \\ S_{23} & S_{33} \end{vmatrix} = 6.873 > 0$$

$$D_{13} = \begin{vmatrix} S_{11} & S_{13} \\ S_{13} & S_{33} \end{vmatrix} = 696 > 0 \qquad D_{12} = \begin{vmatrix} S_{11} & S_{12} \\ S_{12} & S_{22} \end{vmatrix} = 696 > 0$$

zeigt in der Einheit $[10^{-3}/\text{GPa}]$, dass diese Bedingung erfüllt ist. Auch die Determinante der Normalverzerrungsnachgiebigkeiten in der Einheit $[10^{-3}/\text{GPa}]$ ist größer null:

$$D_{123} = \begin{vmatrix} S_{11} & S_{12} & S_{13} \\ S_{12} & S_{22} & S_{23} \\ S_{13} & S_{23} & S_{33} \end{vmatrix} = 45.076 > 0$$

Damit gibt auch die Methode 2 eine positive Rückmeldung bei der Überprüfung der Plausibilität der Nachgiebigkeitsmatrix.

Methode 3: Ungleichungen der Ingenieurkonstanten
Die Aufstellung der Ungleichungen der Ingenieurkonstanten führt zu den Ergebnissen:

$$E_1 = 148\text{GPa} > 0 \qquad E_2 = 9{,}65\text{GPa} > 0 \qquad G_{12} = 4{,}55\text{GPa} > 0$$
$$-1 < \nu_{23} < 1 - 2\frac{E_2}{E_1}\nu_{12}^2 \quad \Rightarrow \quad -1 < 0{,}6 < 0{,}988$$
$$\nu_{12}^2 < \frac{E_1}{E_2} \quad \Rightarrow \quad 0{,}09 < 15{,}337$$

Damit ist auch mit der dritten Methode die Plausibilität der gegebenen Materialkennwerte bestätigt.

Beispiel 1.3.2-2

Die Ingenieurkonstanten einer unidirektionalen Einzelschicht aus kohlenstofffaserverstärktem Kunststoff sind mit

$$E_1 = 148\,\text{GPa} \qquad E_2 = 9{,}65\,\text{GPa} \qquad G_{23} = 4{,}55\,\text{GPa}$$
$$\nu_{21} = 0{,}3 \qquad \nu_{23} = 0{,}6$$

gegeben. Damit unterscheiden sich die gegebenen Kennwerte von denen im Beispiel 1.3.2-1 lediglich darin, dass statt der Querkontraktionszahl ν_{12} der Kennwert ν_{21} mit dem Wert 0,3 gegeben ist.

***Aufgabe*:** Es sind die angegebenen Materialkennwerte auf Plausibilität zu überprüfen.

***Lösung*:** Anfänglich wird mit Formel 1.90 und den angegebenen Ingenieurkonstanten der unidirektionalen Einzelschicht die Nachgiebigkeitsmatrix zu

$$[S_{\text{ortho}}] = \begin{bmatrix} 6{,}757 & -31{,}09 & -31{,}09 & 0 & 0 & 0 \\ & 103{,}627 & -62{,}176 & 0 & 0 & 0 \\ & & 103{,}627 & 0 & 0 & 0 \\ & & & 331{,}606 & 0 & 0 \\ & \text{sym.} & & & 219{,}78 & 0 \\ & & & & & 219{,}78 \end{bmatrix} \frac{10^{-3}}{\text{GPa}}$$

bestimmt.

Methode 1: Positive Eigenwerte der Nachgiebigkeitsmatrix
Die Lösung der charakteristischen Gleichung Formel 1.179 liefert

−23,16	71,367	165,803
219,78	219	331,606

für die Eigenwerte λ der Nachgiebigkeitsmatrix in der Einheit $[10^{-3}/\text{GPa}]$. Die gefundenen Eigenwerte sind nicht alle größer null. Damit ergibt die Überprüfung der Plausibilität nach der Methode 1 bereits jetzt ein negatives Ergebnis. Das bedeutet, dass die gegebenen Materialkennwerte nicht plausibel sind und folglich nicht oder nicht vollständig einem realen Werkstoff entsprechen. Damit könnte die Analyse der Materialkennwerte bereits jetzt beendet werden. Dennoch werden zur Demonstration der Vorgehensweise auch die weiteren Methoden zur Untersuchung herangezogen.

Methode 2: Positive Matrixelemente der Nachgiebigkeitselemente
Die Koeffizienten auf der Hauptdiagonalen der Nachgiebigkeitsmatrix in der Einheit $[10^{-3}/\text{GPa}]$

$$D_1 = S_{11} = 6{,}757 > 0 \quad D_2 = S_{22} = 103{,}627 > 0 \quad D_3 = S_{33} = 103{,}627 > 0$$
$$D_4 = S_{44} = 331{,}606 > 0 \quad D_5 = S_{55} = 219{,}780 > 0 \quad D_6 = S_{66} = 219{,}780 > 0$$

sind größer null. Die Überprüfung der Unterdeterminanten ergibt die Ungleichungen

$$D_{23} = \begin{vmatrix} S_{22} & S_{23} \\ S_{23} & S_{33} \end{vmatrix} = 6.873 > 0$$

$$D_{13} = \begin{vmatrix} S_{11} & S_{13} \\ S_{13} & S_{33} \end{vmatrix} = -266 \not> 0 \qquad D_{12} = \begin{vmatrix} S_{11} & S_{12} \\ S_{12} & S_{22} \end{vmatrix} = -266 \not> 0$$

in der Einheit [10^{-3}/GPa]. Die Bedingung, dass diese Werte größer null sein müssen, ist nicht erfüllt. Auch die Determinante der Normalverzerrungsnachgiebigkeiten in der Einheit [10^{-3}/GPa] ist nicht größer null,

$$D_{123} = \begin{vmatrix} S_{11} & S_{12} & S_{13} \\ S_{12} & S_{22} & S_{23} \\ S_{13} & S_{23} & S_{33} \end{vmatrix} = -27.405 \ngtr 0$$

und erfüllt damit die geforderte Bedingung nicht. Auch die Methode 2 bestätigt den bereits getroffenen Befund, dass die Werkstoffkennwerte nicht plausibel sind.

Methode 3: Ungleichungen der Ingenieurkonstanten
Die Aufstellung der Ungleichungen der Ingenieurkonstanten führt zu den Ergebnissen:

$$E_1 = 148\text{GPa} > 0 \qquad E_2 = 9{,}65\text{GPa} > 0 \qquad G_{12} = 4{,}55\text{GPa} > 0$$

$$-1 < \nu_{23} < 1 - 2\frac{E_2}{E_1}\nu_{12}^2 = 1 - 2\frac{E_2}{E_1}\left(E_1\frac{\nu_{21}}{E_2}\right)^2 = 1 - 2\frac{E_1}{E_2}\nu_{21}^2$$

$$\Rightarrow \quad -1 < 0{,}6 \nless -1{,}76$$

$$\nu_{12}^2 = \left(E_1\frac{\nu_{21}}{E_2}\right)^2 < \frac{E_1}{E_2} \quad \Rightarrow \quad 21{,}17 < 15{,}337$$

Damit ist auch mit der dritten Methode die Plausibilität der gegebenen Materialkennwerte widerlegt. Die Werkstoffkennwerte entsprechen nicht denen eines realen Werkstoffs.

1.4 MAXWELL-BETTI-Beziehung

In Abschnitt 1.2 wurde bei der Aufstellung der Steifigkeits- $[C_{ij}]$ und Nachgiebigkeitsmatrizen $[S_{ij}]$ die Symmetrie dieser Matrizen vorausgesetzt. Hierbei wurde ein Zusammenhang zwischen den Querkontraktionszahlen ν_{ij} und ν_{ji} eingeführt, der hier hergeleitet werden soll. Der erstmals von MAXWELL und BETTI beschriebene Zusammenhang wird als *MAXWELL-BETTI-Beziehung* bezeichnet [1.4, 14]. Über die Betrachtung der äußeren Arbeit W, die an einem Probekörper mit den Seitenlängen a, b und Dicke t wirkt, werden die Zusammenhänge hergeleitet.

Äußere Arbeit W im weggeregelten Versuch:

$$u_1 + \Delta u = u \quad \Rightarrow \quad F = F(u) \tag{1.190}$$

$$\mathrm{d}W = F(u) \cdot \mathrm{d}u \tag{1.191}$$

$$W = \int_0^u F(\tilde{u}) \cdot \mathrm{d}\tilde{u} \tag{1.192}$$

Dabei sind u_1 und F_1 die aktuellen Zustände und Δu und ΔF deren Änderung bzw. deren Zuwachs. u und F sind die Gesamtzustände bei der wirkenden Belastung. Die Tilde kennzeichnet den Unterschied zwischen den Funktionsvariablen $\tilde{u}$ und $\tilde{F}$ und den Integrationsgrenzen u und F.
Komplementäres Arbeitsintegral $\mathrm{d}W^*$ im kraftgeregelten Versuch:

$$F_1 + \Delta F = F \qquad \Rightarrow \qquad u = u(F) \tag{1.193}$$

$$\mathrm{d}W^* = u(F) \cdot \mathrm{d}F \tag{1.194}$$

$$W^* = \int_0^F u(\tilde{F}) \cdot \mathrm{d}\tilde{F} \tag{1.195}$$

Das Volumen des Probeköpers kann mit den Seitenlängen a und b bzw. der daraus gebildeten Grundfläche $A = a \cdot b$ und der Laminatdicke t angegeben werden mit

$$V = a \cdot b \cdot t = A \cdot t \tag{1.196}$$

Die Verschiebung u berechnet sich allgemein aus der Ausgangslänge l mit der Verzerrung ε zu

$$u = l \cdot \varepsilon \tag{1.197}$$

In allgemeiner Formulierung wird die infinitesimale äußere Arbeit $\mathrm{d}W$ als

$$\begin{aligned} \mathrm{d}W &= F(u) \cdot \mathrm{d}u \\ &= \sigma(\varepsilon) \cdot A \cdot l \cdot \mathrm{d}\varepsilon \\ &= \sigma(\varepsilon) \cdot V \cdot \mathrm{d}\varepsilon \end{aligned} \tag{1.198}$$

notiert. Durch Intergration über die Verzerrung ε erfolgt die Berechnung der äußeren Arbeit

$$W = V \cdot \int_0^\varepsilon \sigma(\tilde{\varepsilon}) \, \mathrm{d}\tilde{\varepsilon} \tag{1.199}$$

Die beiden Belastungen σ_1 und σ_2 werden in zwei Lastschritten nacheinander auf den Probekörper eingeprägt. Es werden dabei die möglichen Lastfälle A und B unterschieden. Im Lastfall A wird zunächst die Spannung σ_1 und anschließend die Spannung σ_2 aufgebracht. Beim Lastfall B erfolgt die Belastung in umgekehrter Reihenfolge.

Lastfall A:

Im Lastfall A (Index $_A$) wirkt im *ersten Belastungsschritt* (Index $^{(1)}$) zunächst die faserparallele Last σ_1 auf den Probekörper und bedingt eine Längenänderung $\Delta b_A^{(1)}$ in Faserlängsrichtung:[8)]

$$\frac{\Delta b_A^{(1)}}{b} = \frac{\sigma_1}{E_1} \tag{1.200}$$

8 Anmerkung: Analog kann man auch argumentieren, dass eine eingeprägte Längenänderung Δb eine zugehörige Spannung $\sigma_\parallel$ hervorruft.

Neben der faserparallelen Längenänderung in Form der Dehnung $\varepsilon_1^{(1)}(\sigma_1) = \frac{\Delta b_A^{(1)}}{b}$ führen die Querkontraktionseffekte senkrecht zur Faserlängsrichtung zu einer Längenänderung in Form einer Querdehnung in der Ebene

$$\varepsilon_2^{(1)}(\sigma_1) = \frac{\Delta a_A^{(1)}}{a} = -\nu_{12}\frac{\sigma_1}{E_1} \tag{1.201}$$

sowie einer Querdehnung in Dickenrichtung des Probekörpers

$$\varepsilon_3^{(1)}(\sigma_1) = \frac{\Delta t_1}{t} = -\nu_{13}\frac{\sigma_1}{E_1} \tag{1.202}$$

Im *zweiten Belastungsschritt* (Index $_2$) wird zusätzlich eine zweite Last σ_2 senkrecht zur Faserorientierung eingeprägt. Die zusätzliche Last führt ihrerseits zu einer in Lastrichtung parallelen Verzerrung

$$\varepsilon_2^{(2)}(\sigma_2) = \frac{\Delta a_A^{(2)}}{a} = \frac{\sigma_2}{E_2} \tag{1.203}$$

Die Querkontraktionseffekte bewirkten hier senkrecht zur Lastrichtung und damit parallel zur Faserlängsrichtung einerseits eine Längsverzerrung in der Ebene

$$\varepsilon_1^{(2)}(\sigma_2) = \frac{\Delta b_A^{(2)}}{b} = -\nu_{21}\frac{\sigma_2}{E_2} \tag{1.204}$$

sowie eine Querverzerrung in Dickenrichtung des Laminates

$$\varepsilon_3^{(2)}(\sigma_2) = \frac{\Delta t_1}{t} = -\nu_{13}\frac{\sigma_2}{E_2} \tag{1.205}$$

Die Belastung σ_1 im ersten Lastschritt führt mit der lastparallelen Dehnung $\varepsilon_1^{(1)}$ unter Berücksichtiung Formel 1.199 zu der Arbeit

$$W_A^I = \frac{1}{2} \cdot \sigma_1 \cdot \frac{\Delta b_A^{(1)}}{b} \cdot V \tag{1.206}$$

Die zur Lastrichtung senkrechten Querkontraktionen $\varepsilon_2^{(1)}(\sigma_1)$ und $\varepsilon_3^{(1)}(\sigma_1)$ haben keinen Anteil an der Berechnung der Arbeit[9]. Im zweiten Lastschritt führt die Querspannung σ_2 zu einer lastparallelen Dehnung $\varepsilon_2^{(2)}(\sigma_2)$ und den Querkontraktionen $\varepsilon_1^{(2)}(\sigma_2)$ und $\varepsilon_3^{(2)}(\sigma_2)$. Auch hier liefern nur die lastparallelen Dehnungen Anteile an der Bestimmung der Arbeit:

$$W_A^{II} = \frac{1}{2} \cdot \sigma_2 \cdot \frac{\Delta a_A^{(2)}}{a} \cdot V \tag{1.207}$$

9 Arbeit ist als Kraft mal Weg definiert. Dabei liefern nur die parallelen Anteile von Kraft und Weg einen Arbeitsausdruck. Lasten und Verzerrungen, die in ihrer Wirkrichtung senkrecht aufeinander stehen, ergeben keine Arbeit.

Die Querdehnung $\varepsilon_1^{(2)}(\sigma_2) = \frac{\Delta b_A^{(2)}}{b}$ hat, wie oben bereits erwähnt, aufgrund der Orthogonalität von Kraft- und Wegrichtung keinen Anteil an der Bestimmung der Arbeit in Zusammenhang mit Spannung σ_2. Diese Querdehnung führt aber mit der im Belastungsschritt 2 konstant anliegenden Spannung σ_1 zu einem Ergänzungsarbeitsanteil[10]

$$W_A^{III} = \sigma_1 \cdot \frac{\Delta b_A^{(2)}}{b} \cdot V \tag{1.208}$$

Die Gesamtarbeit im Lastfall A führt mit Formel 1.206, Formel 1.207 und Formel 1.208 damit zu

$$\begin{aligned} W_A &= W_A^I + W_A^{II} + W_A^{III} \\ &= \underbrace{\frac{1}{2} \cdot \sigma_1 \cdot \frac{\Delta b_A^{(1)}}{b} \cdot V}_{Eigenanteil} + \underbrace{\frac{1}{2} \cdot \sigma_2 \cdot \frac{\Delta a_A^{(2)}}{a} \cdot V}_{Eigenanteil} + \underbrace{\sigma_1 \cdot \frac{\Delta b_A^{(2)}}{b} \cdot V}_{Ergänzungsarbeit} \end{aligned} \tag{1.209}$$

Da die Arbeitsanteile W_A^I und W_A^{II} aus dem Wirken der jeweiligen Kraft bzw. Spannung zu einer zugehörigen parallelen Verschiebung bzw. Dehnung stammen, spricht man hier von Eigenanteilen. Eine Erhöhung der Spannung führt zu einer Erhöhung der korrespondierenden Dehnung und umgekehrt. Damit beschreibt das Arbeitsintegral die Fläche eines Dreiecks, sodass der jeweilige Arbeitsanteil mit $\frac{1}{2}$ gewichtet wird. Demgegenüber resultiert der Arbeitsanteil W_A^{III}, wie bereits in Fußnote 10 ausgeführt, aus dem Wirken einer Gleichspannung mit einer Verzerrung, die aus einer Querkontraktion resultiert. Hier beschreibt das Arbeitsintegral die Fläche eines Rechtecks unterhalb der Linie eines horizontalen Spannungs-Dehnungs-Verlaufs. Dieser Arbeitsanteil, der durch Querkontraktionseffekte ergänzend zur bereits anliegenden Spannung σ_1 wirkt, wird folglich als Ergänzungsarbeit bezeichnet.

Lastfall B:

Im Lastfall B wird im ersten Belastungsschritt zunächst die Spannung σ_2 und erst anschließend im zweiten Belastungsschritt die Spannung σ_1 eingeprägt.
Im *Belastungsschritt eins* (Index $_B^{(1)}$) stellt sich durch die Spannung σ_2 in Belastungsrichtung eine Verzerrung

$$\varepsilon_2^{(1)}(\sigma_2) = \frac{\Delta a_B^{(1)}}{a} = \frac{\sigma_2}{E_2} \tag{1.210}$$

ein. Durch die Querkontraktionseffekte entstehen zusätzlich eine Verzerrung

$$\varepsilon_1^{(1)}(\sigma_2) = \frac{\Delta b_B^{(1)}}{b} = -\nu_{21} \frac{\sigma_2}{E_2} \tag{1.211}$$

10 Da $\sigma_1 = konst.$ ist, stellt das Arbeitsintegral die Fläche unter einer horizontalen Linie dar. Damit entfällt der Faktor $\frac{1}{2}$ vor dem Arbeitsausdruck.

in Faserlängsrichtung und eine Verzerrung

$$\varepsilon_3^{(1)}(\sigma_2) = \frac{\Delta t_B^{(1)}}{t} = -\nu_{23}\frac{\sigma_2}{E_2} \tag{1.212}$$

in Dickenrichtung des Laminates. Zur Berechnung der äußeren Arbeit W_A^I im ersten Belastungsschritt trägt wieder nur die lastparallele Verzerrung $\varepsilon_2^{(1)}$ aus Formel 1.211 als Eigenanteil

$$W_B^I = \frac{1}{2}\cdot\sigma_2\cdot\frac{\Delta a_B^{(1)}}{a}\cdot V \tag{1.213}$$

bei. Die Querverzerrung $\varepsilon_2^{(1)}$ in Formel 1.210 und die Dickeverzerrung $\varepsilon_3^{(1)}$ aus Formel 1.212 liefern aufgrund der fehlenden parallelen Kraft keine weiteren Arbeitsanteile.

Im *Belastungsschritt zwei* (Index ${}_B^{(2)}$) wird nun die noch fehlende Spannung σ_1 eingeprägt. Diese führt zunächst zu einer Verzerrung

$$\varepsilon_1^{(2)}(\sigma_1) = \frac{\Delta b_B^{(2)}}{b} = \frac{\sigma_1}{E_1} \tag{1.214}$$

in Lastrichtung. Durch Querkontraktion stellt sich die Querverzerrung

$$\varepsilon_2^{(2)}(\sigma_1) = \frac{\Delta a_B^{(2)}}{a} = -\nu_{12}\frac{\sigma_1}{E_1} \tag{1.215}$$

und die Verzerrung

$$\varepsilon_3^{(2)}(\sigma_1) = \frac{\Delta t_B^{(2)}}{t} = -\nu_{13}\frac{\sigma_1}{E_1} \tag{1.216}$$

in Dickenrichtung des Laminates ein. Die spannungsparallele Verzerrung $\varepsilon_1^{(2)}$ aus Formel 1.214 ergibt mit der Last σ_1 den Eigenanteil der Arbeit

$$W_B^{II} = \frac{1}{2}\cdot\sigma_1\cdot\frac{\Delta b_B^{(1)}}{b}\cdot V \tag{1.217}$$

Die im zweiten Belastungsschritt konstant anliegende Spannung σ_2 ergibt mit der Querverzerrung $\varepsilon_2^{(2)}$ aus Formel 1.215 den Ergänzungsanteil

$$W_B^{III} = \sigma_2\cdot\frac{\Delta a_B^{(2)}}{a}\cdot V \tag{1.218}$$

der Arbeit. Die Querkontraktion $\varepsilon_3^{(2)}$ hat, wie bereits oben erläutert, keinen Anteil an der Berechnung der äußeren Arbeit. Damit ergibt sich für den Lastfall B aus Formel 1.213, Formel 1.217 und Formel 1.218 die Berechnung der äußeren Gesamtarbeit zu

$$\begin{aligned} W_B &= W_B^I + W_B^{II} + W_B^{III} \\ &= \underbrace{\frac{1}{2}\cdot\sigma_2\cdot\frac{\Delta a_B^{(1)}}{a}\cdot V}_{\textit{Eigenanteil}} + \underbrace{\frac{1}{2}\cdot\sigma_1\cdot\frac{\Delta b_B^{(2)}}{b}\cdot V}_{\textit{Eigenanteil}} + \underbrace{\sigma_2\cdot\frac{\Delta a_B^{(2)}}{a}\cdot V}_{\textit{Ergänzungsarbeit}} \end{aligned} \tag{1.219}$$

Da die äußeren Arbeiten unabhängig von der Belastungsreihenfolge sind, muss gelten:

$$W_A = W_B \tag{1.220}$$

Nach Einsetzen von Formel 1.209 und Formel 1.219 in Formel 1.220 und anschließendem Kürzen folgt

$$\frac{\nu_{21}}{E_2} = \frac{\nu_{12}}{E_1} \tag{1.221}$$

Dieser als die MAXWELL-BETTI-Beziehung bekannte Zusammenhang kann mit

$$i,j = 1,2,3 \tag{1.222}$$

allgemein formuliert werden als

$$\frac{\nu_{ij}}{E_i} = \frac{\nu_{ji}}{E_j} \tag{1.223}$$

Literatur

[1.1] ALTENBACH, H.; ALTENBACH, J.; RICKARDS, R.: *Einführung in die Mechanik der Laminat- und Sandwichtragwerke.* Deutscher Verlag für Grundstoffindustrie, Stuttgart, 1996

[1.2] EMMERLING, F. A.: *Höhere Technische Mechanik I.* Universität der Bundeswehr München, Fakultät für Luft- und Raumfahrttechnik, Institut für Mechanik, Neubiberg, 1994

[1.3] FAHLBUSCH, G.: *Leichtbau I.* HT 1997, Begleitmaterial zu den Vorlesungen, persönliche Mitteilung, Universität der Bundeswehr München, Fakultät für Luft- und Raumfahrttechnik, Institut für Leichtbau, Neubiberg, 1997

[1.4] GAY, D.: *Matériaux composites.* 6e édition révisée, Lavoisier, Paris, 2015

[1.5] GEBBEKEN, N.: *Zur Untersuchung des linearen Tragverhaltens von Faserverbundkonstruktionen mittels numerischer Methoden.* Universität der Bundeswehr München, Institut für Mechanik und Statik, Habilitationsschrift, Neubiberg, 1996

[1.6] GEBBEKEN, N.: *Materialsymmetrien, Werkstoffgesetze.* Seminar *Einführung in die Technologie der Faserverbundwerkstoffe.* vom 21.–23.10.2003 in Zusammenarbeit mit der Universität der Bundeswehr München, dem Wehrwissenschaftlichen Institut für Werk-, Explosiv- und Betriebsstoffe (WIWEB) und der MAN Technologie im Auftrag der Gesellschaft Pro Academia, Vortrag, Erding, 2003

[1.7] GROSS, D.; HAUGER, W.; SCHNELL, W.: *Technische Mechanik 2. Elastostatik.* 2. Auflage, Springer Lehrbuch, Darmstadt, 1995

[1.8] HILDEBRAND, F. B.: *Methods of Applied Mathematics.* 2nd edition, Prentice-Hall, Englewood Cliffs, New Jersey, 1965, p. 48

[1.9] JONES, R. M.: *Mechanics of Composite Materials.* 2nd edition, Philadelphia, Blacksburg/Virginia, 1999

[1.10] KOLLÁR, L. P.; SPRINGER, G. S.: *Mechanics of Composite Structures.* Cambridge University Press, Cambridge, New York, 2009, pp. 59–62

[1.11] KREYSZIG, E.: *Advanced Engineering Mathematics.* 7th edition, John Wiley & Sons, New York, 1993, p. 407

[1.12] LEMPRIERE, B. M.: *Poisson's Ratio in Orthotropic Materials.* AIAA Journal, Vol. 7, 2226–2227, 1968

[1.13] LINKE, M.; NAST, E.: *Festigkeitslehre für den Leichtbau. Ein Lehrbuch zur Technischen Mechanik.* Springer-Verlag, Berlin, Heidelberg, 2015

[1.14] MAHNKEN, R.: *Lehrbuch der Technischen Mechanik. Elastostatik. Mit einer Einführung in Hybridstrukturen.* Springer Vieweg, Berlin, Heidelberg, Paderborn, 2015

[1.15] MICHAELI, W.; HUYBRECHTS, D.; WEGENER, M.: *Dimensionieren mit Faserverbundkunststoffen: Einführung und praktische Hilfen.* Carl Hanser Verlag, München, Wien, 1995

[1.16] N. N.: *Ablesen der Definitheit anhand der Eigenwerte. http://math-fb3.fh-muenster.de/Definitheit.pdf*, 2015

[1.17] RAPP, H.: *Faserverbundstrukturen.* Vorlesung, Universität der Bundeswehr München, Neubiberg, 2006

[1.18] REDDY, J. N.; OCHOA, O. O.: *Finite Element Analysis of Composite Laminates.* Kluver Academic Publishers, Dordrecht (u. a.), 1992

2 Mathematische Ergänzungen

Ingo Ehrlich

In diesem Kapitel sollen ausgewählte mathematische Ergänzungen ausgeführt werden. Hintergrund ist das Erfordernis, in der Klassischen Laminattheorie das sogenannte Matrizenkalkül für die Lösung der Gleichungssysteme anzuwenden. Zahlreiche allgemeine Einführungen zum Matrizenkalkül finden sich in der Literatur, z. B. in [2.1, 2, 8, 20].

Hier soll im Wesentlichen das Invertieren von Matrizen angesprochen werden. Einige Verfahren zum Berechnen der Matrixinversen erfordern zunächst die Berechnung der Determinanten einer Matrix. Daher werden hier vorweg ebenfalls ausgewählte Methoden der Determinantenberechnung einer Matrix ausgeführt.

2.1 Determinante einer Matrix

Die Determinante einer quadratischen Matrix ist in der linearen Algebra ein Skalar. Von nicht-quadratischen Matrizen kann folglich keine Determinante berechnet werden. Als Schreibweise für eine Determinante zu einer Matrix $[A]$ finden sich sowohl die Formulierungen $\det[A]$ als auch $|A|$.

Die Determinante einer Matrix stellt eine Matrixeigenschaft dar. Sie entspricht der Volumenänderung bei der durch die Matrix beschriebenen linearen Abbildung. So entspricht bei einer (2×2)-Matrix $[A]$,

$$[A] = \begin{bmatrix} a & b \\ c & d \end{bmatrix} \tag{2.1}$$

die Determinante dem orientierten Flächeninhalt des von den Spaltenvektoren der Matrix aufgespannten Parallelogramms (siehe Bild 2.1).

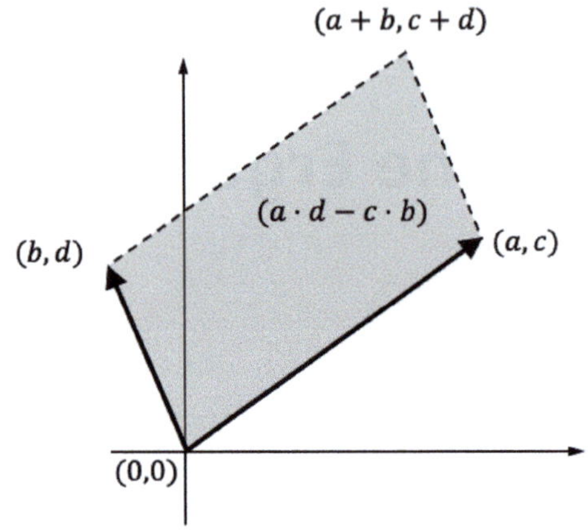

Bild 2.1 Illustration eines durch die Spaltenvektoren einer (2×2)-Matrix $[A]$ nach Formel 2.1 aufgespannten Parallelogramms beispielhaft für $b < 0 < d < c < a$

Des Weiteren kann mithilfe der Determinanten bei einem linearen Gleichungssystem (LGS) eine Aussage getroffen werden, ob das LGS linear unabhängig ist und folglich eine Lösung existiert. Ist die Determinante einer quadratischen Koeffizientenmatrix ungleich null, ist das lineare Gleichungssystem linear unabhängig und damit eindeutig lösbar. Für das lineare Gleichungssystem stehen somit genauso viele Gleichungen wie unbekannte Parameter zur Verfügung. Eine quadratische Matrix, deren Determinante ungleich null ist, wird als ***reguläre Matrix*** bezeichnet. Ist die Determinante einer Matrix null, besteht eine lineare Abhängigkeit und eine eindeutige Lösung des LGS ist daher nicht gegeben.

Zusammenhänge von Determinanten

- Die Determinante einer Einheitsmatrix $[I]$ ist eins:

  $$\det [I] = 1 \tag{2.2}$$

  Da die Einheitsmatrix keine Erweiterung einer linearen Abbildung darstellt, ist ihr Gewicht bei der Volumenänderung der durch die Matrix beschriebenen linearen Abbildung eins.

- Die Determinante einer transponierten Matrix entspricht der Determinanten der Ausgangsmatrix:

  $$\det [A]^T = \det [A] \tag{2.3}$$

  Dies bedeutet, dass das Transponieren einer Matrix die Abbildungseigenschaften der Matrix nicht ändert.

- Die Determinante einer Inversen entspricht dem Kehrwert der Determinante der Ausgangsmatrix:

$$\det[A]^{-1} = \frac{1}{\det[A]} \quad (2.4)$$

In Analogie zur Division von Skalaren als Umkehroperation zur Multiplikation stellt die Inverse die Umkehrung der linearen Abbildung der Ausgangsmatrix dar. Die Determinante einer Matrix ist, wie eingangs ausgeführt wurde, eine charakteristische Eigenschaft der linearen Abbildung der Matrix. Folglich ist die Determinante der inversen Matrix als Umkehrung der linearen Abbildung der Kehrwert der Determinante der Ausgangsmatrix.

- Die Determinante des Matrizenprodukts zweier quadratischer Matrizen $[A]$ und $[B]$ gleicher Dimension entspricht dem Produkt der Einzeldeterminanten der Matrizen:

$$\det\left([A]\cdot[B]\right) = \det[A]\cdot\det[B] \quad (2.5)$$

- Die Determinante einer mit einem Skalar c gewichteten (n×n)-Matrix $[A]$ stellt sich mit

$$\det\left(c\cdot[A]\right) = c^n\cdot\det[A] \quad (2.6)$$

als das Produkt der n-fachen Potenz des Skalars c und der Determinanten der Matrix dar.

- Bei der Berechnung der Determinanten einer Dreiecksmatrix[1)] ergibt sich als das Produkt der Koeffizienteneinträge der Hauptdiagonalen:

$$\det[A] = a_{11}\cdot a_{22}\cdot\ldots\cdot a_{nn} \quad (2.7)$$

- Hat eine Matrix keinen echten quadratischen Aufbau, da zum Beispiel eine Spalte oder Zeile aus Nulleinträgen besteht, dann ist die Determinante einer solchen Matrix 0.

- Erfüllt eine Matrix nicht die Anforderung der linearen Unabhängigkeit, das heißt, dass mindestens zwei Zeilen oder Spalten linear abhängig sind, so ist die Determinante der Matrix 0.

- Beim Vertauschen zweier Zeilen oder Spalten einer Matrix ändert sich das Vorzeichen der Determinante.

1 Eine Dreiecksmatrix ist eine Matrix, die nur Koeffizienteneinträge ungleich null oberhalb (obere Dreiecksmatrix) oder unterhalb (untere Dreiecksmatrix) der Hauptdiagonalen besitzt.

2.1.1 Determinante einer (2×2)-Matrix

Die Determinante einer (2×2)-Matrix

$$[A] = \begin{bmatrix} a & b \\ c & d \end{bmatrix} \tag{2.8}$$

wird durch

$$\det [A] = a \cdot d - c \cdot b \tag{2.9}$$

gebildet. Dieses Rechenschema lässt sich allerdings nicht auf Matrizen anderer Dimension übertragen.

Beispiel 2.1.1-1

Gegeben ist die (2×2)-Matrix

$$[A] = \begin{bmatrix} -1 & 3 \\ -2 & 2 \end{bmatrix}$$

Gesucht wird die Determinante $\det [A]$ zur gegebenen Matrix $[A]$.

Lösung: Die Determinante zur Matrix $[A]$ berechnet sich nach Formel 2.8 zu

$$\det [A] = -1 \cdot 2 - (-2 \cdot 3) = 4$$

2.1.2 Determinante einer (3×3)-Matrix – Regel nach Sarrus

Die nach dem französischen Mathematiker Pierre Frédéric Sarrus[2)] benannte ***Regel nach Sarrus*** ist ein Schema zur einfachen Bestimmung der Determinanten einer (3×3)-Matrix. In Formel 2.10 ist die Methodik illustriert.

Zur Bestimmung der Determinanten der Matrix $[A]$ werden zunächst die ersten beiden Spalten der Matrix hinter die Ausgangsmatrix geschrieben. Bezüglich der Anordnung der Matrixeinträge ergibt sich nun eine (3×5)-Matrix, deren ersten beiden und letzten beiden Spalten identisch sind. Im nächsten Schritt werden die Koeffizienteneinträge diagonal miteinander multipliziert. Die blauen Pfeile deuten die Multiplikation der Elemente an, die addiert werden. Die rot gestrichelten Pfeile sind die diagonalen Dreifacheinträge, die multipliziert und anschließend subtrahiert werden. For-

2 Pierre Frédéric Sarrus: * 10. März 1798 in Saint-Affrique; † 20. November 1861 ebenda, [2.3, 17].

mel 2.11 zeigt das Ergebnis der hier beschriebenen Vorgehensweise:

$$\det[A] = \begin{vmatrix} a_{11} & a_{12} & a_{13} \\ a_{21} & a_{22} & a_{23} \\ a_{31} & a_{32} & a_{33} \end{vmatrix} = \left|\begin{array}{ccc|cc} a_{11} & a_{12} & a_{13} & a_{11} & a_{12} \\ a_{21} & a_{22} & a_{23} & a_{21} & a_{22} \\ a_{31} & a_{32} & a_{33} & a_{31} & a_{32} \end{array}\right. \tag{2.10}$$

$$= a_{11} \cdot a_{22} \cdot a_{33} + a_{12} \cdot a_{23} \cdot a_{31} + a_{13} \cdot a_{21} \cdot a_{32} - \\ - a_{31} \cdot a_{22} \cdot a_{13} - a_{32} \cdot a_{23} \cdot a_{11} - a_{33} \cdot a_{21} \cdot a_{12} \tag{2.11}$$

Beispiel 2.1.2-1

Gegeben ist die (3×3)-Matrix

$$[A] = \begin{bmatrix} 6 & 0 & -7 \\ 1 & 3 & 8 \\ -2 & 0 & 5 \end{bmatrix}$$

Gesucht wird die Determinante det $[A]$ zur gegebenen Matrix $[A]$ mithilfe der Regel nach SARRUS.

Lösung: Die Determinante zur Matrix $[A]$ berechnet sich mit Formel 2.10 und Formel 2.11 zu

$$\det[A] = \begin{vmatrix} 6 & 0 & -7 \\ 1 & 3 & 8 \\ -2 & 0 & 5 \end{vmatrix} = \left|\begin{array}{ccc|cc} 6 & 0 & -7 & 6 & 0 \\ 1 & 3 & 8 & 1 & 3 \\ -2 & 0 & 5 & -2 & 0 \end{array}\right.$$

$$= 6 \cdot 3 \cdot 5 + 0 \cdot 8 \cdot (-2) + (-7) \cdot 1 \cdot 0 - (-2) \cdot 3 \cdot (-7) - 0 \cdot 8 \cdot 6 - 5 \cdot 1 \cdot 0 = 48$$

2.1.3 Determinante einer (3×3)-Matrix – Spatprodukt

Bereits zu Beginn von Abschnitt 2.1 wurde erwähnt, dass die Determinante einer (3×3)-Matrix der Volumenänderung bei der durch die Matrix beschriebenen linearen Abbildung entspricht. Damit kann als weitere Möglichkeit die Determinante einer (3×3)-Matrix als Spatprodukt berechnet werden [2.10]. Hierbei werden die drei Spalten oder die drei Zeilen der Matrix als Vektoren $\vec{a}$, $\vec{b}$ und $\vec{c}$ der Matrix verstanden,

$$[A] = \left[\vec{a}, \vec{b}, \vec{c}\right] \tag{2.12}$$

mit

$$\vec{a} = \begin{Bmatrix} a_{11} \\ a_{21} \\ a_{31} \end{Bmatrix} \quad \vec{b} = \begin{Bmatrix} a_{12} \\ a_{22} \\ a_{32} \end{Bmatrix} \quad \vec{c} = \begin{Bmatrix} a_{13} \\ a_{23} \\ a_{33} \end{Bmatrix} \tag{2.13}$$

die einen Spat[3)] aufspannen.

Das Spatprodukt ist das Kreuzprodukt zweier Vektoren, die mit dem verleibenden dritten Vektor skalar multipliziert werden,

$$\begin{aligned}
\det[A] = \left(\vec{a} \times \vec{b}\right) \cdot \vec{c} &= \left(\begin{Bmatrix} a_{11} \\ a_{21} \\ a_{31} \end{Bmatrix} \times \begin{Bmatrix} a_{12} \\ a_{22} \\ a_{32} \end{Bmatrix} \right) \cdot \begin{Bmatrix} a_{13} \\ a_{23} \\ a_{33} \end{Bmatrix} \\
&= \begin{Bmatrix} +(a_{21} \cdot a_{32} - a_{31} \cdot a_{22}) \\ -(a_{11} \cdot a_{32} - a_{31} \cdot a_{12}) \\ +(a_{11} \cdot a_{22} - a_{21} \cdot a_{12}) \end{Bmatrix} \cdot \begin{Bmatrix} a_{13} \\ a_{23} \\ a_{33} \end{Bmatrix} \\
&= +(a_{21} \cdot a_{32} - a_{31} \cdot a_{22}) \cdot a_{13} - \\
&\quad - (a_{11} \cdot a_{32} - a_{31} \cdot a_{12}) \cdot a_{23} + \\
&\quad + (a_{11} \cdot a_{22} - a_{21} \cdot a_{12}) \cdot a_{33}
\end{aligned} \tag{2.14}$$

wie es in Formel 2.14 in allgemeiner Formulierung ausgeführt ist.

Beispiel 2.1.3-1

Gegeben ist die Matrix

$$[A] = \begin{bmatrix} 6 & 0 & -7 \\ 1 & 3 & 8 \\ -2 & 0 & 5 \end{bmatrix}$$

aus dem Beispiel 2.1.2-1 auf Seite 57.

Gesucht wird die Determinante $\det[A]$ zur gegebenen Matrix $[A]$ mithilfe des Spatprodukts.

Lösung: Die Determinante der Matrix $[A]$ berechnet sich nach Formel 2.14 zu

$$\begin{aligned}
\det[A] &= \left(\begin{Bmatrix} 6 \\ 1 \\ -2 \end{Bmatrix} \times \begin{Bmatrix} 0 \\ 3 \\ 0 \end{Bmatrix} \right) \cdot \begin{Bmatrix} -7 \\ 8 \\ 5 \end{Bmatrix} \\
&= \begin{Bmatrix} +(1 \cdot 0 - (-2) \cdot 3) \\ -(6 \cdot 0 - (-2) \cdot 0) \\ +(6 \cdot 3 - 1 \cdot 0) \end{Bmatrix} \cdot \begin{Bmatrix} -7 \\ 8 \\ 5 \end{Bmatrix} \\
&= 6 \cdot (-7) - 0 \cdot 8 + 18 \cdot 5 = 48
\end{aligned}$$

3 Weitere Bezeichnungen für Spat sind Parallelflach, Parallelepiped oder Parallelotop [2.7, 9].

2.1.4 LAPLACEscher Entwicklungssatz - Entwicklung nach Zeilen und Spalten

Die Berechnung der Determinante einer (n×n)-Matrix mit $n \geq 3$ ist nach dem ***LAPLACE***[4]**schen Entwicklungssatz** bzw. der ***Entwicklung nach Zeilen und Spalten*** möglich. Hierbei kann die Entwicklung nach einer beliebigen Zeile oder Spalte der Matrix erfolgen. Vorteilhaft ist es, nach Möglichkeit eine Zeile oder Spalte mit vielen Null-Einträgen zu wählen, um den Berechnungsaufwand zu minimieren.

Formell erfolgt die Determinantenentwicklung nach einer i-ten Zeile mit

$$\det[A] = \sum_{j=1}^{n} (-1)^{i+j} \cdot a_{ij} \cdot M_{ij} \tag{2.15}$$

und die nach einer j-ten Spalte mit

$$\det[A] = \sum_{i=1}^{n} (-1)^{i+j} \cdot a_{ij} \cdot M_{ij} \tag{2.16}$$

Die Einträge der zu berechnenden Matrix werden mit dem Ausdruck $(-1)^{i+j}$ in Formel 2.15 und Formel 2.16 zunächst mit einem schachbrettartigen Vorzeichenmuster belegt,

$$\begin{vmatrix} + & - & + & \cdots \\ - & + & - & \cdots \\ + & - & + & \cdots \\ \cdots & \cdots & \cdots & \cdots \end{vmatrix} \tag{2.17}$$

das den jeweiligen Eintrag a_{ij} der Ausgangsmatrix gewichtet. Dieser vorzeichengewichtete Koeffizient wird dann mit der verbleibenden Unterdeterminanten respektive Minoren M_{ij} multipliziert. Die Minore (oder auch Unterdeterminante) M_{ij} entsteht durch die Streichung der i-ten Zeile und der j-ten Spalte und ist folglich von der Dimension $((n-1) \times (n-1))$.

Entwicklung einer allgemeinen (3×3)-Matrix nach der ersten Zeile:

Eine allgemeine (3×3)-Matrix wird nach der ersten Zeile entwickelt, indem die Koeffizienten a_{11}, a_{12} und a_{13} der ersten Zeile nach Formel 2.17 mit den Vorzeichen gewichtet

4 PIERRE SIMON MARQUIS DE LAPLACE; * 28. März 1749 Beaumont-en-Auge (Département Calvados), † 5. März 1827 Paris; französischer Physiker, Mathematiker, Astronom; Marquis seit 1817 [2.12].

werden und mit den Minoren multipliziert werden:

$$
\begin{aligned}
\det[A] &= +a_{11}\cdot \quad M_{11} \quad -a_{12}\cdot \quad M_{12} \quad +a_{13}\cdot \quad M_{13}\\
&= +a_{11}\cdot\begin{vmatrix}\cancel{a_{11}} & \cancel{a_{12}} & \cancel{a_{13}}\\ \cancel{a_{21}} & a_{22} & a_{23}\\ \cancel{a_{31}} & a_{32} & a_{33}\end{vmatrix} -a_{12}\cdot\begin{vmatrix}\cancel{a_{11}} & \cancel{a_{12}} & \cancel{a_{13}}\\ a_{21} & \cancel{a_{22}} & a_{23}\\ a_{31} & \cancel{a_{32}} & a_{33}\end{vmatrix} +a_{13}\cdot\begin{vmatrix}\cancel{a_{11}} & \cancel{a_{12}} & \cancel{a_{13}}\\ a_{21} & a_{22} & \cancel{a_{23}}\\ a_{31} & a_{32} & \cancel{a_{33}}\end{vmatrix}\\
&= +a_{11}\cdot\begin{vmatrix}a_{22} & a_{23}\\ a_{32} & a_{33}\end{vmatrix} -a_{12}\cdot\begin{vmatrix}a_{21} & a_{23}\\ a_{31} & a_{33}\end{vmatrix} +a_{13}\cdot\begin{vmatrix}a_{21} & a_{22}\\ a_{31} & a_{32}\end{vmatrix}\\
&= +a_{11}\cdot(a_{22}\cdot a_{33}-a_{32}\cdot a_{23})\\
&\qquad -a_{12}\cdot(a_{21}\cdot a_{33}-a_{31}\cdot a_{23})\\
&\qquad\qquad +a_{13}\cdot(a_{21}\cdot a_{32}-a_{31}\cdot a_{22})
\end{aligned}
\tag{2.18}
$$

Entwicklung einer allgemeinen (3×3)-Matrix nach der zweiten Spalte:

Eine allgemeine (3×3)-Matrix wird nach der zweiten Spalte entwickelt, indem die Koeffizienten a_{12}, a_{22} und a_{32} der zweiten Spalte nach Formel 2.17 mit den Vorzeichen gewichtet werden und mit den jeweiligen Minoren multipliziert werden:

$$
\begin{aligned}
\det[A] &= -a_{12}\cdot \quad M_{12} \quad +a_{22}\cdot \quad M_{22} \quad -a_{32}\cdot \quad M_{32}\\
&= -a_{12}\cdot\begin{vmatrix}\cancel{a_{11}} & \cancel{a_{12}} & \cancel{a_{13}}\\ a_{21} & \cancel{a_{22}} & a_{23}\\ a_{31} & \cancel{a_{32}} & a_{33}\end{vmatrix} +a_{22}\cdot\begin{vmatrix}a_{11} & \cancel{a_{12}} & a_{13}\\ \cancel{a_{21}} & \cancel{a_{22}} & \cancel{a_{23}}\\ a_{31} & \cancel{a_{32}} & a_{33}\end{vmatrix} -a_{32}\cdot\begin{vmatrix}a_{11} & \cancel{a_{12}} & a_{13}\\ a_{21} & \cancel{a_{22}} & a_{23}\\ \cancel{a_{31}} & \cancel{a_{32}} & \cancel{a_{33}}\end{vmatrix}\\
&= -a_{12}\cdot\begin{vmatrix}a_{21} & a_{23}\\ a_{31} & a_{33}\end{vmatrix} +a_{22}\cdot\begin{vmatrix}a_{11} & a_{13}\\ a_{31} & a_{33}\end{vmatrix} -a_{32}\cdot\begin{vmatrix}a_{11} & a_{13}\\ a_{21} & a_{23}\end{vmatrix}\\
&= -a_{12}\cdot(a_{21}\cdot a_{33}-a_{31}\cdot a_{23})\\
&\qquad +a_{22}\cdot(a_{11}\cdot a_{33}-a_{31}\cdot a_{13})\\
&\qquad\qquad -a_{32}\cdot(a_{11}\cdot a_{23}-a_{21}\cdot a_{13})
\end{aligned}
\tag{2.19}
$$

Beispiel 2.1.4-1

Gegeben ist die Matrix

$$
[A] = \begin{bmatrix} 6 & 0 & -7\\ 1 & 3 & 8\\ -2 & 0 & 5 \end{bmatrix}
$$

aus dem Beispiel 2.1.2-1.

Gesucht wird die Determinante $\det[A]$ zur gegebenen Matrix $[A]$.

Lösung: Mit dem LAPLACEschen Entwicklungssatz soll die Entwicklung nach Zeilen und Spalten erfolgen. Da sich in der zweiten Spalte zwei Einträge mit 0 finden, wird die

Entwicklung nach der zweiten Spalte ausgeführt. Für den allgemeinen Fall wurde das bereits in Formel 2.19 dargestellt. Das Einsetzen der Zahlenwerte der Matrix $[A]$ führt mit

$$
\begin{aligned}
\det[A] &= -0 \cdot M_{12} + 3 \cdot M_{22} - 0 \cdot M_{32} \\
&= +3 \cdot \begin{vmatrix} 6 & \not{0} & -7 \\ \not{1} & \not{3} & \not{8} \\ -2 & \not{0} & 5 \end{vmatrix} \\
&= +3 \cdot \begin{vmatrix} 6 & -7 \\ -2 & 5 \end{vmatrix} \\
&= +3 \cdot (6 \cdot 5 - (-2) \cdot (-7)) \\
&= +3 \cdot 16 = 48
\end{aligned}
$$

zu dem bereits bekannten Ergebnis.

2.2 Invertierung einer Matrix

Eine quadratische Matrix der Dimension (n×n), die eine bijektive lineare Abbildung darstellt, wird als eine reguläre bzw. nichtsinguläre Matrix bezeichnet. Eine reguläre Matrix zeichnet sich dadurch aus, dass sie invertierbar ist. Das heißt, dass eine bijektive lineare Abbildung – wie der Name „bijektiv" impliziert – auch umkehrbar ist. Die Umkehrung der linearen Abbildung wird durch die Inverse zur Ausgangsmatrix beschrieben.

Zur Veranschaulichung soll eine lineare Abbildung

$$[A] \cdot \vec{X} = \vec{R} \tag{2.20}$$

betrachtet werden. Hierbei wird mit der Matrix $[A]$ der Vektor $\vec{X}$ auf den Vektor $\vec{R}$ abgebildet. Durch die Umkehrung der Abbildung ist es dann möglich, den Vektor $\vec{R}$ auf den Vektor $\vec{X}$ abzubilden. Hierbei kommt für die lineare Abbildung die Umkehrmatrix bzw. die Inverse $[A]^{-1}$ zum Tragen. Mit

$$\vec{X} = [A]^{-1} \cdot \vec{R} \tag{2.21}$$

wird die Umkehrung zur linearen Abbildung der Formel 2.20 vollzogen. An dieser Stelle sei noch darauf hingewiesen, dass bei der Matrixmultiplikation es nicht gleich ist, von welcher Seite die Multiplikation der Matrix erfolgt.

Voraussetzungen für die Existenz einer inversen Matrix

Zur Invertierung einer Matrix sind folgende Voraussetzungen zu nennen:

- Die Matrix muss quadratisch sein. Wobei nicht jede quadratische Matrix invertierbar ist. Eine (m×n)-Matrix $[A]$ heißt quadratisch, wenn $m = n$ gilt.
- Eine quadratische Matrix $[A]$ ist genau dann invertierbar, wenn die Determinante der Matrix nicht zu null wird: det $[A] \neq 0$.
  Matrizen, deren Determinanten zu null werden, besitzen Zeilen oder Spalten, die linear abhängig sind. In diesem Fall existiert keine inverse Matrix.
  - Eine quadratische Matrix $[A]$, deren inverse Matrix $[A]^{-1}$ existiert, wird als **regulär** bezeichnet.
  - Eine quadratische Matrix $[A]$, deren inverse Matrix $[A]^{-1}$ *nicht* existiert, wird als **singulär** bezeichnet.

Eigenschaften und Rechenregeln inverser Matrizen

Bei der Anwendung der Matrixinvertierung lassen sich verschiedene Eigenschaften und Rechenregeln angeben:

- Das Matrixprodukt einer Matrix mit ihrer Inversen bzw. auch umgekehrt,

  $$[A]\,[A]^{-1} = [A]^{-1}\,[A] = [I] \tag{2.22}$$

  ergibt die Einheitsmatrix $[I]$, deren Einträge auf der Hauptdiagonale „1“ sind.
- Die Inverse einer invertierten Matrix ist ihre Ausgangsmatrix:

  $$\left[[A]^{-1}\right]^{-1} = [A] \tag{2.23}$$

- Die Inverse einer transponierten Matrix entspricht der Transponierten einer invertierten Matrix:

  $$\left[[A]^{T}\right]^{-1} = \left[[A]^{-1}\right]^{T} \tag{2.24}$$

- Die Inverse eines Matrixprodukts führt zum Matrixprodukt der Einzelmatrizen in umgekehrter Reihenfolge:

  $$\left[[A]\,[B]\right]^{-1} = [B]^{-1}\,[A]^{-1} \tag{2.25}$$

- Die Inverse eines Produkts eines Skalars $k \neq 0$ und einer Matrix,

  $$\left(k\,[A]\right)^{-1} = k^{-1}\,[A]^{-1} = \frac{1}{k}\,[A]^{-1} \tag{2.26}$$

  entspricht dem Produkt des Kehrwerts des Skalars mit der inversen Matrix.

2.2.1 Inverse einer (2×2)-Matrix

Eine (2×2)-Matrix der Form

$$[A] = \begin{bmatrix} a\, b \\ c\, d \end{bmatrix}$$

analog zu Formel 2.1 wird invertiert, indem die folgenden Schritte durchlaufen werden [2.8]:

1. Vertauschen der Elemente der Hauptdiagonalen,
2. Multiplikation der verbleibenden Elemente mit −1 und
3. Gewichtung der Matrix mit $\frac{1}{\det[A]}$.

Somit folgt:

$$[A] = \begin{bmatrix} a\, b \\ c\, d \end{bmatrix} \quad \Rightarrow \quad [A]^{-1} = \frac{1}{\det[A]} \begin{bmatrix} d & -b \\ -c & a \end{bmatrix} \tag{2.27}$$

Beispiel 2.2.1-1

Gegeben ist die Matrix

$$[A] = \begin{bmatrix} -1 & 3 \\ -2 & 2 \end{bmatrix}$$

Gesucht wird die Inverse $[A]^{-1}$ zur Matrix $[A]$.

Lösung: Zunächst wird die Determinante der Matrix $[A]$ mit

$$\det[A] = -1 \cdot 2 - (-2 \cdot 3) = 4$$

gebildet. Dann erfolgt gemäß Formel 2.27 mit

$$[A]^{-1} = \frac{1}{4} \begin{bmatrix} 2 & -3 \\ 2 & -1 \end{bmatrix}$$

die Berechnung der Inversen.

2.2.2 Gauss-Jordan-Algorithmus

Das Gauss[5)]-Jordan[6)]-Verfahren ist eine Lösungsmethode, die sich am anschaulichsten an einem konkreten Berechnungsbeispiel erklären lässt. Das in Beispiel 2.2.2-1 ge-

---

5 Johann Carl Friedrich Gauss (latinisiert Carolus Fridericus Gauss; * 30. April 1777 in Braunschweig, Fürstentum Braunschweig-Wolfenbüttel; † 23. Februar 1855 in Göttingen, Königreich Hannover) war ein deutscher Mathematiker, Statistiker, Astronom, Geodät, Elektrotechniker und Physiker; seit 1807 Direktor der Sternwarte in Göttingen, Prof. für Mathematik und Mitglied der Göttinger Akademie der Wissenschaften [2.11, 4, 13, 19].

6 Wilhelm Jordan (* 1. März 1842 in Ellwangen, Württemberg; † 17. April 1899 in Hannover) war ein bedeutender deutscher Geodät [2.18].

zeigte Verfahren an einer (3×3)-Matrix kann sinngemäß auf beliebige quadratische Matrixdimensionen übertragen werden.

Beispiel 2.2.2-1

Gegeben ist die (3×3)-Matrix

$$[B] = \begin{bmatrix} 1 & -2 & 2 \\ 1 & 0 & 1 \\ -1 & 1 & -3 \end{bmatrix}$$

Gesucht wird die Inverse $[B]^{-1}$ nach dem GAUSS-JORDAN-Verfahren.

Lösung: Zunächst werden die Matrix $[B]$ links und die Einheitsmatrix $[I]$ rechts nebeneinander geschrieben. Durch blockweises Umformen soll am Ende links die Einheitsmatrix stehen. Dann findet man auf der rechten Seite als Ergebnis der Umformungen die invertierte Matrix $[B]^{-1}$.

Um die Berechnungsschritte zu verfolgen, findet sich rechts neben den Matrizen eine Kommandozeile, die als Regie die Umformungen zum nächsten Block anzeigt.

$$\begin{array}{r|rrr|rrr|l|l}
 & 1 & -2 & 2 & 1 & 0 & 0 & & \\
[B] = & 1 & 0 & 1 & 0 & 1 & 0 & = [I] & II - I \\
 & -1 & 1 & -3 & 0 & 0 & 1 & & III - I \\
\hline
 & 1 & -2 & 2 & 1 & 0 & 0 & & I + II \\
 & 0 & 2 & -1 & -1 & 1 & 0 & & \\
 & 0 & -1 & -1 & 1 & 0 & 1 & & 2 \cdot III + II \\
\hline
 & 1 & 0 & 1 & 0 & 1 & 0 & & 3 \cdot I + II \\
 & 0 & 2 & -1 & -1 & -1 & 0 & & 3 \cdot II - III \\
 & 0 & 0 & -3 & 1 & 1 & 2 & & \\
\hline
 & 3 & 0 & 0 & 1 & 4 & 2 & & :3 \\
 & 0 & 6 & 0 & -4 & 2 & -2 & & :6 \\
 & 0 & 0 & -3 & 1 & 1 & 2 & & :(-3) \\
\hline
 & 1 & 0 & 0 & 1 & 4 & 2 & & \\
[I] = & 0 & 1 & 0 & -2 & 1 & -1 & \cdot \frac{1}{3} = [B]^{-1} & \\
 & 0 & 0 & 1 & -1 & -1 & -2 & &
\end{array}$$

Block 1:

In der Zeile I findet sich bereits eine „1“ an erster Stelle. Die Zahlen der Zeilen II und III an jeweils erster Stelle sind durch geeignete Gewichtungen und zeilenweise Addition zu „0“ zu setzen. Hierfür werden von der Zeile II die Zeile I abgezogen ($II - I$) und bei der Zeile III die Zeile I addiert ($III + I$).

Block 2:

In diesem Block wird die Zeile I mit der Zeile II addiert ($I + II$). Um in der letzten Zeile nur noch an letzter Stelle einen Eintrag zu haben, wird die dritte Zeile verdoppelt und mit der zweiten Zeile addiert ($2 \cdot III + II$). Die weiteren Umformungsschritte sind in den nachfolgenden Blöcken dokumentiert.

Damit ist die Inverse der $[B]$-Matrix mit

$$[B]^{-1} = \frac{1}{3} \begin{bmatrix} 1 & 4 & 2 \\ -2 & 1 & -1 \\ -1 & -1 & -2 \end{bmatrix}$$

gegeben.

2.2.3 CRAMERsche Regel

Die nach dem Genfer Mathematiker GABRIEL CRAMER[7)] benannte CRAMERsche Regel – auch als Determinantenmethode [2.5] bezeichnet – ist eine mathematische Formulierung zur Lösung von linearen Gleichungssystemen. Als die CRAMERsche Regel 1750 von GABRIEL CRAMER veröffentlicht wurde, war sie bereits dem Universalgelehrten GOTTFRIED WILHELM LEIBNIZ[8)] bekannt [2.14].

Für die Anwendung der CRAMERschen Regel sind die in Abschnitt 2.2 formulierten Voraussetzungen zu erfüllen:

- Die Matrix muss quadratisch sein.
- Die Matrix muss regulär sein, das heißt, dass für die Determinante $det[A] \neq 0$ gelten muss.

Insgesamt ist die CRAMERsche Regel ein sehr aufwendiges Verfahren, da zur Lösung zahlreiche Determinanten berechnet werden müssen. Das ursprüngliche Verfahren dient der Lösung eines linearen Gleichungssystems. Diese Lösungsmethodik wird für die Berechnung der Inversen einer Matrix sinngemäß auf das Invertierungsverfahren übertragen.

Verfahren

Das Invertierungsverfahren mithilfe der CRAMERschen Regel soll an einem konkreten Beispiel einer (3×3)-Matrix nachvollzogen werden. Die Methodik ist aber geeignet, um auf Matrizen beliebiger Dimension übertragen zu werden, wobei der Rechenaufwand mit der Größe der Matrix erheblich steigt.

---

7 GABRIEL CRAMER, * 31. Juli 1704 in Genf; † 4. Januar 1752 in Bagnols-sur-Cèze, Frankreich war ein Genfer Mathematiker [2.5, 15].

8 GOTTFRIED WILHELM LEIBNIZ, * 21. Juni[jul.] / 1. Juli 1646[greg.] in Leipzig, Kurfürstentum Sachsen; † 14. November 1716 in Hannover, Kurfürstentum Braunschweig-Lüneburg; Universalgelehrter, v. a. Philosoph und Mathematiker [2.12, 6, 16].

Gegeben ist die Matrix

$$[A] = \begin{bmatrix} 2 & -1 & 0 \\ 1 & 2 & -2 \\ 0 & -1 & 1 \end{bmatrix}$$

Für das CRAMERsche Invertierungsverfahren wird Formel 2.22,

$$[A]\,[A]^{-1} = [I]$$

zugrunde gelegt. Unbekannt ist in diesem Zusammenhang noch die zu invertierende Matrix $[A]^{-1}$. Das CRAMERsche Lösungsverfahren ersetzt die noch unbekannten Koeffizienten der inversen Matrix in der Form

$$\begin{bmatrix} 2 & -1 & 0 \\ 1 & 2 & -2 \\ 0 & -1 & 1 \end{bmatrix} \begin{bmatrix} x_{11} & x_{12} & x_{13} \\ x_{21} & x_{22} & x_{23} \\ x_{31} & x_{32} & x_{33} \end{bmatrix} = \begin{bmatrix} 1 & 0 & 0 \\ 0 & 1 & 0 \\ 0 & 0 & 1 \end{bmatrix}$$

Die Invertierung erfolgt als spaltenweise Lösung mit der CRAMERschen Regel.

a) Lösung der ersten Matrixspalte

Zunächst wird die Lösung für die **erste** Spalte der Lösungsmatrix gesucht. Die zu berechnenden Koeffizienten und die hierfür zu berücksichtigenden Lösungen sind in roter Schrift gekennzeichnet:

$$[A]\,[A]^{-1} = \begin{bmatrix} 2 & -1 & 0 \\ 1 & 2 & -2 \\ 0 & -1 & 1 \end{bmatrix} \begin{bmatrix} x_{11} & x_{12} & x_{13} \\ x_{21} & x_{22} & x_{23} \\ x_{31} & x_{32} & x_{33} \end{bmatrix} = \begin{bmatrix} 1 & 0 & 0 \\ 0 & 1 & 0 \\ 0 & 0 & 1 \end{bmatrix} = [I] \tag{2.28}$$

Multipliziert man die Ausgangsmatrix $[A]$ mit der **ersten** Spalte (blau gekennzeichnet) der gesuchten Inversen in Formel 2.28, wobei die **erste** Spalte (rot gekennzeichnet) der Einheitsmatrix die rechte Seite des Gleichungssystems darstellt, erhält man mit

$$\begin{aligned} 2\,x_{11} - x_{21} &= 1 \\ x_{11} + 2\,x_{21} - 2\,x_{31} &= 0 \\ -x_{21} + x_{31} &= 0 \end{aligned}$$

ein zu lösendes Gleichungssystem. Wendet man nun hierauf die CRAMERsche Regel an, so bestimmt sich mit

$$x_{11} = \frac{\begin{vmatrix} 1 & -1 & 0 \\ 0 & 2 & -2 \\ 0 & -1 & 1 \end{vmatrix}}{|A|}$$

$$x_{21} = \frac{\begin{vmatrix} 2 & 1 & 0 \\ 1 & 0 & -2 \\ 0 & 0 & 1 \end{vmatrix}}{|A|}$$

$$x_{31} = \frac{\begin{vmatrix} 2 & -1 & 1 \\ 1 & 2 & 0 \\ 0 & -1 & 0 \end{vmatrix}}{|A|}$$

die Lösung der unbekannten Koeffizienten und damit die **erste** Spalte der inversen Matrix $[A]^{-1}$.

b) Lösung der zweiten Matrixspalte

Weiter wird die Lösung für die **zweite** Spalte der Lösungsmatrix gesucht:

$$[A]\,[A]^{-1} = \begin{bmatrix} 2 & -1 & 0 \\ 1 & 2 & -2 \\ 0 & -1 & 1 \end{bmatrix} \begin{bmatrix} x_{11} & x_{12} & x_{13} \\ x_{21} & x_{22} & x_{23} \\ x_{31} & x_{32} & x_{33} \end{bmatrix} = \begin{bmatrix} 1 & 0 & 0 \\ 0 & 1 & 0 \\ 0 & 0 & 1 \end{bmatrix} = [I]$$

Multipliziert man die Ausgangsmatrix $[A]$ mit der **zweiten** Spalte (blau gekennzeichnet) der gesuchten Inversen, wobei die **zweite** Spalte (rot gekennzeichnet) der Einheitsmatrix die rechte Seite des Gleichungssystems darstellt, erhält man mit

$$\begin{aligned} 2\,x_{12} - x_{22} &= 0 \\ x_{12} + 2\,x_{22} - 2\,x_{32} &= 1 \\ -x_{22} + x_{32} &= 0 \end{aligned}$$

das zu lösende Gleichungssystem. Mithilfe der CRAMERschen Regel gelangt man zu den Lösungskoeffizienten

$$x_{12} = \frac{\begin{vmatrix} 0 & -1 & 0 \\ 1 & 2 & -2 \\ 0 & -1 & 1 \end{vmatrix}}{|A|}$$

$$x_{22} = \frac{\begin{vmatrix} 2 & 0 & 0 \\ 1 & 1 & -2 \\ 0 & 0 & 1 \end{vmatrix}}{|A|}$$

$$x_{32} = \frac{\begin{vmatrix} 2 & -1 & 0 \\ 1 & 2 & 1 \\ 0 & -1 & 0 \end{vmatrix}}{|A|}$$

für die **zweite** Spalte der Inversen.

c) Lösung der dritten Matrixspalte

Mit dem analogen Vorgehen werden für die Lösung der **dritten** Spalte der Lösungsmatrix mit

$$[A]\,[A]^{-1} = \begin{bmatrix} 2 & -1 & 0 \\ 1 & 2 & -2 \\ 0 & -1 & 1 \end{bmatrix} \begin{bmatrix} x_{11} & x_{12} & x_{13} \\ x_{21} & x_{22} & x_{23} \\ x_{31} & x_{32} & x_{33} \end{bmatrix} = \begin{bmatrix} 1 & 0 & 0 \\ 0 & 1 & 0 \\ 0 & 0 & 1 \end{bmatrix} = [I]$$

die Koeffizienten gesucht. Durch Multiplikation der **dritten** Spalte der Lösungsmatrix mit der Ausgangsmatrix $[A]$ folgt mit

$$\begin{aligned} 2\,x_{13} - x_{23} &= 0 \\ x_{13} + 2\,x_{23} - 2\,x_{33} &= 0 \\ -x_{23} + x_{33} &= 1 \end{aligned}$$

das zu lösende Gleichungssystem. Durch Anwendung der CRAMERschen Regel folgen die Lösungskoeffizienten

$$x_{13} = \frac{\begin{vmatrix} 0 & -1 & 0 \\ 0 & 2 & -2 \\ 1 & -1 & 1 \end{vmatrix}}{|A|}$$

$$x_{23} = \frac{\begin{vmatrix} 2 & 0 & 0 \\ 1 & 0 & -2 \\ 0 & 1 & 1 \end{vmatrix}}{|A|}$$

$$x_{33} = \frac{\begin{vmatrix} 2 & -1 & 0 \\ 1 & 2 & 0 \\ 0 & -1 & 1 \end{vmatrix}}{|A|}$$

für die **dritte** Spalte der inversen Matrix $[A]^{-1}$.

Gesamtlösung

Mit den obigen spaltenweisen Teillösungen kann die Gesamtlösung zur Berechnung der inversen Matrix $[A]^{-1}$ mithilfe der CRAMERschen Regel mit

$$[A]^{-1} = \begin{bmatrix} x_{11} & x_{12} & x_{13} \\ x_{21} & x_{22} & x_{23} \\ x_{31} & x_{32} & x_{33} \end{bmatrix} = \frac{1}{|A|} \begin{bmatrix} \begin{vmatrix} 1 & -1 & 0 \\ 0 & 2 & -2 \\ 0 & -1 & 1 \end{vmatrix} & \begin{vmatrix} 0 & -1 & 0 \\ 1 & 2 & -2 \\ 0 & -1 & 1 \end{vmatrix} & \begin{vmatrix} 0 & -1 & 0 \\ 0 & 2 & -2 \\ 1 & -1 & 1 \end{vmatrix} \\ \begin{vmatrix} 2 & 1 & 0 \\ 1 & 0 & -2 \\ 0 & 0 & 1 \end{vmatrix} & \begin{vmatrix} 2 & 0 & 0 \\ 1 & 1 & -2 \\ 0 & 0 & 1 \end{vmatrix} & \begin{vmatrix} 2 & 0 & 0 \\ 1 & 0 & -2 \\ 0 & 1 & 1 \end{vmatrix} \\ \begin{vmatrix} 2 & -1 & 1 \\ 1 & 2 & 0 \\ 0 & -1 & 0 \end{vmatrix} & \begin{vmatrix} 2 & -1 & 0 \\ 1 & 2 & 1 \\ 0 & -1 & 0 \end{vmatrix} & \begin{vmatrix} 2 & -1 & 0 \\ 1 & 2 & 0 \\ 0 & -1 & 1 \end{vmatrix} \end{bmatrix}$$

angegeben werden.

2.2.4 Adjunkten-Verfahren

Ein recht elegantes Verfahren zur Berechnung einer inversen Matrix stellt das Adjunkten-Verfahren dar. Danach ist die Inverse einer Matrix mit

$$[A]^{-1} = \frac{1}{\det[A]} \operatorname{adj}[A] \qquad (2.29)$$

gegeben. Nach dem Adjunkten-Verfahren erfolgt die Berechnung der Inversen im Wesentlichen in drei Schritten.

a) Berechnung der Determinanten

Im ersten Teil der Formel 2.29 ist der Kehrwert der Determinanten $\det[A]$ der Ausgangsmatrix $[A]$ zu berechnen. Ausgewählte Methoden zur Berechnung einer Determinanten wurden bereits in Abschnitt 2.1 vorgestellt.

b) Berechnung der Adjunkten

Die Adjunkte adj$[A]$ ist die transponierte Kofaktormatrix cof$[A]$:

$$\text{adj}[A] = [\text{cof}\,[A]]^T \tag{2.30}$$

Folglich ist zunächst die Kofaktormatrix zu berechnen.

b.1) Berechnung der Kofaktormatrix

Der Entwicklungssatz zur Berechnung der Koeffizienten K_{ij} der Kofaktormatrix lautet

$$K_{ij} = (-1)^{i+j} \cdot M_{ij} \tag{2.31}$$

Hierbei wird zur Berechnung des Kofaktorkoeffizienten K_{ij} der Vorzeichenfaktor $(-1)^{i+j}$ analog zu Formel 2.17 mit den Minoren bzw. den Unterdeterminanten M_{ij} multipliziert.

Berechnung der Kofaktormatrix einer (3×3)-Matrix

Am Beispiel einer (3×3)-Matrix soll das Schema zur Berechnung einer Kofaktormatrix nach Formel 2.31 erläutert werden.

Gegeben seien mit

$$[A] = \begin{bmatrix} A_{11} & A_{12} & A_{13} \\ A_{21} & A_{22} & A_{23} \\ A_{31} & A_{32} & A_{33} \end{bmatrix} \tag{2.32}$$

die Koeffizienteneinträge A_{ij} der Ausgangsmatrix $[A]$ und mit

$$\text{cof}\,[A] = \begin{bmatrix} K_{11} & K_{12} & K_{13} \\ K_{21} & K_{22} & K_{23} \\ K_{31} & K_{32} & K_{33} \end{bmatrix} \tag{2.33}$$

die Koeffizienteneinträge K_{ij} der Kofaktormatrix cof$[A]$. Der Koeffizient K_{ij} wird berechnet, indem die i-te Zeile und die j-te Spalte gestrichen werden und die Determinante zur verbleibenden Untermatrix erstellt wird. Für die neun Einträge der Kofaktormatrix der (3×3)-Matrix nach Formel 2.32 folgt somit für die erste Zeile

$$K_{11} = (-1)^{1+1} \cdot \begin{vmatrix} \cancel{A_{11}} & \cancel{A_{12}} & \cancel{A_{13}} \\ \cancel{A_{21}} & A_{22} & A_{23} \\ \cancel{A_{31}} & A_{32} & A_{33} \end{vmatrix} = \begin{vmatrix} A_{22} & A_{23} \\ A_{32} & A_{33} \end{vmatrix} \tag{2.34}$$

$$K_{12} = (-1)^{1+2} \cdot \begin{vmatrix} \cancel{A_{11}} & \cancel{A_{12}} & \cancel{A_{13}} \\ A_{21} & \cancel{A_{22}} & A_{23} \\ A_{31} & \cancel{A_{32}} & A_{33} \end{vmatrix} = - \begin{vmatrix} A_{21} & A_{23} \\ A_{31} & A_{33} \end{vmatrix} \tag{2.35}$$

$$K_{13} = (-1)^{1+3} \cdot \begin{vmatrix} \cancel{A_{11}} & \cancel{A_{12}} & \cancel{A_{13}} \\ A_{21} & A_{22} & \cancel{A_{23}} \\ A_{31} & A_{32} & \cancel{A_{33}} \end{vmatrix} = \begin{vmatrix} A_{21} & A_{22} \\ A_{31} & A_{32} \end{vmatrix} \tag{2.36}$$

und für die zweite Zeile

$$K_{21} = (-1)^{2+1} \cdot \begin{vmatrix} \cancel{A_{11}} & A_{12} & A_{13} \\ \cancel{A_{21}} & \cancel{A_{22}} & \cancel{A_{23}} \\ \cancel{A_{31}} & A_{32} & A_{33} \end{vmatrix} = - \begin{vmatrix} A_{12} & A_{13} \\ A_{32} & A_{33} \end{vmatrix} \tag{2.37}$$

$$K_{22} = (-1)^{2+2} \cdot \begin{vmatrix} A_{11} & \cancel{A_{12}} & A_{13} \\ \cancel{A_{21}} & \cancel{A_{22}} & \cancel{A_{23}} \\ A_{31} & \cancel{A_{32}} & A_{33} \end{vmatrix} = \begin{vmatrix} A_{11} & A_{13} \\ A_{31} & A_{33} \end{vmatrix} \tag{2.38}$$

$$K_{23} = (-1)^{2+3} \cdot \begin{vmatrix} A_{11} & A_{12} & \cancel{A_{13}} \\ \cancel{A_{21}} & \cancel{A_{22}} & \cancel{A_{23}} \\ A_{31} & A_{32} & \cancel{A_{33}} \end{vmatrix} = - \begin{vmatrix} A_{11} & A_{12} \\ A_{31} & A_{32} \end{vmatrix} \tag{2.39}$$

sowie für die dritte Zeile

$$K_{31} = (-1)^{3+1} \cdot \begin{vmatrix} \cancel{A_{11}} & A_{12} & A_{13} \\ \cancel{A_{21}} & A_{22} & A_{23} \\ \cancel{A_{31}} & \cancel{A_{32}} & \cancel{A_{33}} \end{vmatrix} = \begin{vmatrix} A_{12} & A_{13} \\ A_{22} & A_{23} \end{vmatrix} \quad (2.40)$$

$$K_{32} = (-1)^{3+2} \cdot \begin{vmatrix} A_{11} & \cancel{A_{12}} & A_{13} \\ A_{21} & \cancel{A_{22}} & A_{23} \\ \cancel{A_{31}} & \cancel{A_{32}} & \cancel{A_{33}} \end{vmatrix} = -\begin{vmatrix} A_{11} & A_{13} \\ A_{21} & A_{23} \end{vmatrix} \quad (2.41)$$

$$K_{33} = (-1)^{3+3} \cdot \begin{vmatrix} A_{11} & A_{12} & \cancel{A_{13}} \\ A_{21} & A_{22} & \cancel{A_{23}} \\ \cancel{A_{31}} & \cancel{A_{32}} & \cancel{A_{33}} \end{vmatrix} = \begin{vmatrix} A_{11} & A_{12} \\ A_{21} & A_{22} \end{vmatrix} \quad (2.42)$$

Für Formel 2.33 folgt mit Formel 2.34 bis Formel 2.42 weiter

$$\mathrm{cof}\,[A] = \begin{bmatrix} \begin{vmatrix} A_{22} & A_{23} \\ A_{32} & A_{33} \end{vmatrix} & -\begin{vmatrix} A_{21} & A_{23} \\ A_{31} & A_{33} \end{vmatrix} & \begin{vmatrix} A_{21} & A_{22} \\ A_{31} & A_{32} \end{vmatrix} \\ -\begin{vmatrix} A_{12} & A_{13} \\ A_{32} & A_{33} \end{vmatrix} & \begin{vmatrix} A_{11} & A_{13} \\ A_{31} & A_{33} \end{vmatrix} & -\begin{vmatrix} A_{11} & A_{12} \\ A_{31} & A_{32} \end{vmatrix} \\ \begin{vmatrix} A_{12} & A_{13} \\ A_{22} & A_{23} \end{vmatrix} & -\begin{vmatrix} A_{11} & A_{13} \\ A_{21} & A_{23} \end{vmatrix} & \begin{vmatrix} A_{11} & A_{12} \\ A_{21} & A_{22} \end{vmatrix} \end{bmatrix} \quad (2.43)$$

Die Berechnung der Minoren in Formel 2.43 führt dann auf den Zusammenhang

$$\mathrm{cof}\,[A] = \begin{bmatrix} A_{22}\,A_{33} - A_{32}\,A_{23} & A_{31}\,A_{23} - A_{21}\,A_{33} & A_{21}\,A_{32} - A_{31}\,A_{22} \\ A_{32}\,A_{13} - A_{12}\,A_{33} & A_{11}\,A_{33} - A_{31}\,A_{13} & A_{31}\,A_{12} - A_{11}\,A_{32} \\ A_{12}\,A_{23} - A_{22}\,A_{13} & A_{21}\,A_{13} - A_{11}\,A_{23} & A_{11}\,A_{22} - A_{21}\,A_{12} \end{bmatrix} \quad (2.44)$$

b.2) Berechnung der transponierten Kofaktormatrix

In einem weiteren Schritt wird mit Formel 2.30 die Adjunkte durch Transponieren der Kofaktormatrix cof $[A]$ berechnet, sodass aus Formel 2.44 der Zusammenhang

$$\text{adj}\,[A] = \begin{bmatrix} A_{22}\,A_{33} - A_{32}\,A_{23} & A_{32}\,A_{13} - A_{12}\,A_{33} & A_{12}\,A_{23} - A_{22}\,A_{13} \\ A_{31}\,A_{23} - A_{21}\,A_{33} & A_{11}\,A_{33} - A_{31}\,A_{13} & A_{21}\,A_{13} - A_{11}\,A_{23} \\ A_{21}\,A_{32} - A_{31}\,A_{22} & A_{31}\,A_{12} - A_{11}\,A_{32} & A_{11}\,A_{22} - A_{21}\,A_{12} \end{bmatrix} \tag{2.45}$$

folgt.

c) Berechnung der Inversen

Damit folgt für die Berechnung der Inversen nach Formel 2.29 der Zusammenhang

$$[A]^{-1} = \frac{1}{\det\,[A]} \begin{bmatrix} A_{22}\,A_{33} - A_{32}\,A_{23} & A_{32}\,A_{13} - A_{12}\,A_{33} & A_{12}\,A_{23} - A_{22}\,A_{13} \\ A_{31}\,A_{23} - A_{21}\,A_{33} & A_{11}\,A_{33} - A_{31}\,A_{13} & A_{21}\,A_{13} - A_{11}\,A_{23} \\ A_{21}\,A_{32} - A_{31}\,A_{22} & A_{31}\,A_{12} - A_{11}\,A_{32} & A_{11}\,A_{22} - A_{21}\,A_{12} \end{bmatrix} \tag{2.46}$$

Beispiel 2.2.4-1

Gegeben ist die (3×3)-Matrix

$$[A] = \begin{bmatrix} 1 & 2 & 0 \\ 2 & 4 & 1 \\ 2 & 1 & 0 \end{bmatrix}$$

Gesucht wird die Inverse $[A]^{-1}$ zur gegebenen Matrix $[A]$ mithilfe des Adjunkten-Verfahrens.

Lösung: Ausgehend von Formel 2.29

$$[A]^{-1} = \frac{1}{\det\,[A]}\,\text{adj}[A]$$

ist zunächst die Determinante $\det[A]$ zu bestimmen.

Bestimmung der Determinanten

Die Determinante der Matrix $[A]$ wird nach Formel 2.16 mit

$$\det\,[A] = \sum_{i=1}^{n} (-1)^{i+3} \cdot a_{i3} \cdot M_{i3}$$

nach der 3-ten Spalte entwickelt. Der Grund hierfür ist, dass die dritte Spalte zwei Nulleinträge besitzt und sich daher die Determinantenbestimmung einfacher und schneller gestaltet:

$$\det[A] = (-1)^{2+3} \cdot 1 \cdot \begin{bmatrix} 1 & 2 \\ 2 & 1 \end{bmatrix} = -(1-4) = 3$$

Bestimmung der Kofaktormatrix

Die Berechnung der Kofaktormatrix erfolgt nach Formel 2.43 mit

$$\operatorname{cof}[A] = \begin{bmatrix} \begin{vmatrix} 4 & 1 \\ 1 & 0 \end{vmatrix} & -\begin{vmatrix} 2 & 1 \\ 2 & 0 \end{vmatrix} & \begin{vmatrix} 2 & 4 \\ 2 & 1 \end{vmatrix} \\ -\begin{vmatrix} 2 & 0 \\ 1 & 0 \end{vmatrix} & \begin{vmatrix} 1 & 0 \\ 2 & 0 \end{vmatrix} & -\begin{vmatrix} 1 & 2 \\ 2 & 1 \end{vmatrix} \\ \begin{vmatrix} 2 & 0 \\ 4 & 1 \end{vmatrix} & -\begin{vmatrix} 1 & 0 \\ 2 & 1 \end{vmatrix} & \begin{vmatrix} 1 & 2 \\ 2 & 4 \end{vmatrix} \end{bmatrix}$$

woraus sich nach Bestimmung der Unterdeterminanten die Kofaktormatrix mit

$$\operatorname{cof}[A] = \begin{bmatrix} -1 & 2 & -6 \\ 0 & 0 & 3 \\ 2 & -1 & 0 \end{bmatrix}$$

ergibt.

Bestimmung der Adjunkten

Durch Transponieren der Kofaktormatrix nach Formel 2.30 ergibt sich die Adjunkte zu

$$\operatorname{adj}[A] = [\operatorname{cof}[A]]^T = \begin{bmatrix} -1 & 0 & 2 \\ 2 & 0 & -1 \\ -6 & 3 & 0 \end{bmatrix}$$

Bestimmung der Inversen

Damit folgt die inverse Matrix zu

$$[A]^{-1} = \frac{1}{3} \begin{bmatrix} -1 & 0 & 2 \\ 2 & 0 & -1 \\ -6 & 3 & 0 \end{bmatrix}$$

Literatur

[2.1] ARENS, T.; HETTLICH, F.; KARPFINGER, C.; KOCKELKORN, U.; LICHTENEGGER, K.; STACHEL, H.: *Mathematik.* 2. Auflage, 1. korr. Nachdruck, Spektrum Akademischer Verlag, 2012/2013

[2.2] BRONSTEIN, I. N.; SEMENDJAJEW, K. A.; MUSIOL, G.; MÜHLIG, H.: *Taschenbuch der Mathematik.* 1. Auflage, Verlag Harri Deutsch, Thun, Frankfurt am Main, 1993

[2.3] BUCHNER, S. E.: *Anwendungsorientierte Mathematik für Techniker.* 1. Auflg., Carl Hanser Verlag GmbH & Co. KG, 2015

[2.4] BÜHLER, W. K.: *Gauß. Eine biographische Studie.* 1. Auflage, Springer-Verlag, 1986

[2.5] HÄRTERICH, J.; ROOCH, A: *Das Mathe-Praxis-Buch. Wie Ingenieure Mathematik anwenden. Projekte für die Bachelor-Phase.* Springer Vieweg, Bochum, Berlin, Heidelberg, 2014

[2.6] HOLZ, H. H.: *Leibniz. Das Lebenswerk eines Universalgelehrten.* 1. Auflage, Wissenschaftliche Buchgesellschaft (WGB), 2013

[2.7] KLINGBEIL, H.: *Grundlagen der elektromagnetischen Feldtheorie. Maxwellgleichungen, Lösungsmethoden und Anwendungen.* 4. Auflage, Springer Spektrum, Berlin, Heidelberg, 2022

[2.8] MERZIGER, G.; WIRTH, T.: *Repetitorium der höheren Mathematik.* 1. Auflage, Verlag Feldmann, Springe, Hannover, 1991

[2.9] MÜLLER, H.: *Einführung in die euklidische Elementargeometrie.* BoD – Books on Demand, 2000

[2.10] NEUNZERT, H.; ESCHMANN, W. G.; BLICKENSDÖRFER-EHLERS, A.; SCHELKES, K.: *Analysis 2. Mit einer Einführung in die Vektor- und Matrizenrechnung. Ein Lehr- und Arbeitsbuch.* 3. unveränderte Auflage, Springer-Verlag, Berlin, Heidelberg, 1998

[2.11] N. N.: *Der Brockhaus in fünfzehn Bänden.* Band 5, Fre-Gt, F. A. Brockhaus GmbH, Leipzig, Mannheim, 1997

[2.12] N. N.: *Der Brockhaus in fünfzehn Bänden.* Band 8, Koo-Lz, F. A. Brockhaus GmbH, Leipzig, Mannheim, 1997

[2.13] WIKIPEDIA: *Carl Friedrich Gauß. https://de.wikipedia.org/wiki/Carl_Friedrich_Gauß*, aufgerufen am 14.10.2024

[2.14] WIKIPEDIA: *Cramersche Regel. https://de.wikipedia.org/wiki/Cramersche_Regel*, aufgerufen am 09.10.2024

[2.15] WIKIPEDIA: *Gabriel Cramer. https://de.wikipedia.org/wiki/Gabriel_Cramer*, aufgerufen am 09.10.2024

[2.16] WIKIPEDIA: *Gottfried Wilhelm Leibniz. https://de.wikipedia.org/wiki/"-Gottfried_Wilhelm_Leibniz*, aufgerufen am 09.10.2024

[2.17] WIKIPEDIA: *Pierre Frédéric Sarrus. https://de.wikipedia.org/wiki/Pierre_Frédéric_Sarrus*, aufgerufen am 09.10.2024

[2.18] WIKIPEDIA: *Wilhelm Jordan. https://de.wikipedia.org/wiki/Wilhelm_Jordan_(Geodät)*, aufgerufen am 14.10.2024

[2.19] WUSSING, H.: *Carl Friedrich Gauß. Biographien hervorragender Naturwissenschaftler, Techniker und Mediziner.* Band 15, Vieweg+Teubner Verlag; 5. Auflage, 1989

[2.20] ZURMÜHL R.: *Matrizen. Eine Darstellung für Ingenieure.* 2. Auflage, Springer-Verlag, Berlin, Heidelberg, 1958

3 Eigenschaften der Matrixwerkstoffe

Armin Merten

Ein bedeutender Vorteil der Verbundwerkstoffe gegenüber homogenen Materialien ist die gezielte Einstellbarkeit bestimmter Eigenschaften. In der Regel ist das Ziel der Zugabe eines Füllstoffs oder eines Additivs[1] die Optimierung einer oder mehrerer technischer Eigenschaften des Basis- bzw. Matrixmaterials.

Im vorliegenden Buch liegt der Fokus auf der mechanischen Verstärkung einer vergleichsweise „weichen" Komponente, d. h. eines polymeren Grundwerkstoffs, durch die Zugabe einer „harten" Komponente. Bei letzterer kann es sich grundsätzlich um Vertreter aus allen Werkstoffgruppen handeln, d. h. um ein Metall, ein keramisches Material oder auch um einen weiteren, mechanisch festeren, polymeren Werkstoff.

Bei den technisch bedeutsamen Verbundwerkstoffen haben sich vor allem Verstärkungen mit anorganischen, nicht-metallischen Materialien bewährt.[2] Als Beispiel seien hier Silikatgläser und mineralische Füllstoffe wie Basalt genannt. Eine bedeutende Rolle nehmen außerdem die Kohlefasern ein, die besonders hohe Verstärkungswirkung bei niedriger Dichte bieten.

Darüber hinaus ist die Zugabe von Kohlenstoff in Form von Ruß gängige Praxis, um Eigenschaften wie Abriebfestigkeit und UV-Beständigkeit zu verbessern. Häufig findet sich auch Kreide zur Senkung des Materialpreises als Füllstoff, der darüber hinaus auch eine mechanische Verstärkung zur Folge haben kann.

Die Eigenschaften des Verbunds sind eine Funktion der Eigenschaften der Ausgangsmaterialien und ihrer Konzentration. Im einfachsten Fall können die Eigenschaften über Mischungsregeln berechnet werden.

1 Von *Füllstoffen* spricht man, wenn das zugegebene Material der Matrix lediglich zugemischt wird und allenfalls physikalisch an die Matrix gebunden ist. *Additive* sind chemisch an die Matrix gebunden.

2 Die Verstärkung mit metallischen Füllstoffen ist aber durchaus üblich, insbesondere wenn weitere Eigenschaften, wie die elektrische Leitfähigkeit, für die Anwendung bedeutsam sind. In manchen Fällen kann aber die Anwesenheit von Metallen die Aufspaltung von polymeren Molekülen katalysieren.

Das Besondere der Faserverstärkung ist jedoch, dass die Form des Verstärkungswerkstoffs einen entscheidenden zusätzlichen Einfluss auf die Eigenschaften des Verbundmaterials hat. Kunststoffe, die mit Fasern verstärkt werden, können in Richtung der Faserorientierung Steifigkeiten und Festigkeit aufweisen, die um mehrere Größenordnungen über denen der Matrixwerkstoffe liegen („1+1 $\gg$ 2“, vgl. dazu Abschnitt 4.1).

Zur Quantifizierung der Verbundeigenschaften ist es unabdingbar, das (mechanische) Materialverhalten zu kennen und zu verstehen, um eine systematische Optimierung eines Matrixmaterials durch eine verstärkende Komponente vornehmen zu können.

3.1 Mechanisches Verhalten von Faser- und Matrixwerkstoffen

Das mechanische Verhalten von (festen) Werkstoffen ist zunächst durch ihren atomaren bzw. molekularen Aufbau determiniert. Auf dieser Basis berechnete Festigkeiten bzw. Steifigkeiten stützen sich jedoch in der Regel auf idealisierte Annahmen, d. h. es werden keine Fehlstellen berücksichtigt, die im realen Werkstoff immer vorhanden sind. Darüber hinaus sind manche physikalischen Phänomene noch nicht vollständig verstanden oder können nicht exakt analytisch beschrieben werden. Des Weiteren haben industriell hergestellte Halbzeuge eine Verarbeitungshistorie, d. h. sie weisen Texturen und damit eine Richtungsabhängigkeit der Werkstoffeigenschaften auf, die berücksichtigt werden muss.

Die realen Werkstoffeigenschaften müssen also praktisch ausnahmslos in – vorzugsweise standardisierten – Experimenten gemessen werden. Da auch Art und Geschwindigkeit der Belastung einen nicht zu vernachlässigenden Einfluss auf die mechanischen Kennwerte haben, wird das charakteristische Eigenschaftsbild im Folgenden anhand der jeweils relevanten Versuche dargestellt.

Bei den Matrixwerkstoffen liegt dabei der Fokus auf den polymeren Vertretern, da insbesondere diese im Leichtbau eingesetzt werden.[3)]

3.1.1 Energie- und Entropieelastizität

Um das mechanische Verhalten von Werkstoffen zu verstehen und beschreiben zu können, diskutieren wir zunächst die grundlegenden Mechanismen der Verformung.

---

3 Die Verstärkung von metallischen Materialien ist aber für bestimmte Anwendungen durchaus üblich und Stand der Technik.

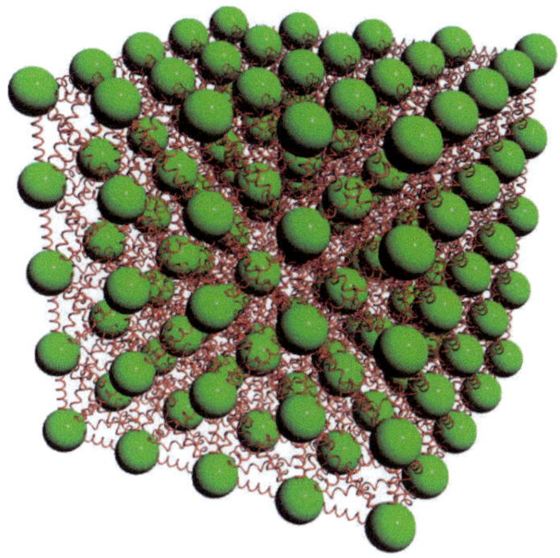

Bild 3.1 Kugel-Feder-Modell eines kristallinen Werkstoffs

Im einfachsten Fall verformen sich Werkstoffe rein elastisch und die Deformation kann über das Analogon linearer Federn beschrieben werden, wie in Bild 3.1 dargestellt. Das Bild steht stellvertretend für die meisten metallisch oder ionisch gebundenen Materialien, bei denen das Bindungspotenzial um den Kern kugelsymmetrisch ist. Wenn die Deformation klein genug ist, d. h. im Idealfall gegen null geht, kann die Veränderung des Abstands zwischen zwei Gitterplätzen Δx über das bekannte Gesetz

$$\Delta x = c \cdot F \tag{3.1}$$

beschrieben werden, wobei F der Kraft und c der Federkonstanten entspricht. Der Federkonstanten kommt dabei die Bedeutung eines werkstoff- bzw. bindungsspezifischen mechanischen Widerstands gegen Verformung zu. Im dreidimensionalen Fall muss natürlich je nach Raumrichtung bzw. je nach Abstand zwischen zwei Gitterplätzen mit unterschiedlichen Federkonstanten gerechnet werden, aber grundsätzlich können über ein solches Modell die elastischen Eigenschaften (idealer) kristalliner Materialien sehr gut beschrieben werden. Wenn in einem solchen Werkstoff keine irreversible (plastische) Verformung stattfindet, bezeichnet man das Deformationsverhalten als *energieelastisch*, d. h. die Rückdeformation bei Wegnahme einer äußeren Belastung ist durch die Minimierung der potenziellen Energie getrieben (= geringstmögliche Verlängerung der Feder).

Brechen wir dieses Problem auf die Wechselwirkung zwischen zwei einzelnen Bindungspartnern herunter, lässt sich die Kraft, die zur Veränderung des Bindungsabstandes aufgebracht werden muss, anhand der Kraft-Abstands-Kurve in Bild 3.2 veranschaulichen.

Bei sehr großen Abständen verschwinden sowohl die anziehenden als auch die abstoßenden Kräfte. Bei Annäherung zweier Teilchen wird die Summenkurve bei den

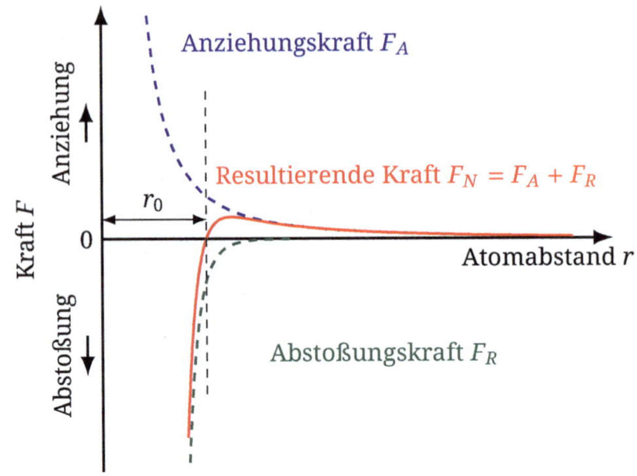

Bild 3.2 Kraft-Abstands-Kurve der atomaren Bindung

Abständen positiv, bei denen die anziehenden Kräfte betragsmäßig größer sind als die abstoßenden. Da der Verlauf der abstoßenden Kräfte bei kleinen Abständen steiler ist, existiert ein sog. Gleichgewichtsabstand r_0, bei dem die resultierende Kraft null ist.[4)]

Integriert man über die Summenkurve aus Bild 3.2 entlang des Abstandes, so erhält man den Verlauf der potenziellen Energie, wie in Bild 3.3 dargestellt. Diese stellt wiederum die Summe aller abstoßenden und anziehenden Wechselwirkungen zwischen zwei Bindungspartnern als Funktion ihres Abstands dar. Am Gleichgewichtsabstand r_0 weist diese sog. *Potenzialkurve* ein Minimum auf. Dieser Umstand folgt formal aus dem mathematischen Zusammenhang zwischen Kraft- und Energiekurve, ist aber auch leicht einzusehen, da an der Stelle r_0 ja gerade alle Kräfte verschwinden, und somit keine Veränderung des Systems mehr eintreten kann, ohne von außen Arbeit aufzuwenden.

Bei Aufbringen einer Zug- bzw. Druckbelastung wird der Abstand zweier benachbarter Atome gegenüber der Gleichgewichtslage größer oder kleiner, und damit wird die potenzielle Energie erhöht. Bei Entlastung wird wiederum der Gleichgewichtsabstand r_0 eingenommen.[5)]

Um den Aufwand, respektive den Widerstand gegen die Deformation der Bindung zu charakterisieren, betrachten wir wiederum die Kraft-Abstands-Kurve (Bild 3.4). Gemäß Formel 3.1 kann die Steigung dieser Kurve als „Federsteifigkeit" interpretiert

4 An dem nicht-linearen Verlauf der Summenkurve lässt sich bereits erkennen, dass die Modellierung der Bindung als lineare Feder allenfalls für sehr kleine Abweichungen vom Gleichgewichtsabstand zulässig ist.

5 Es handelt sich dabei allerdings nicht um einen statischen Abstand. Tatsächlich führen alle Bindungspartner eine temperaturabhängige Schwingung um eine mittlere „Ruhelage" aus.

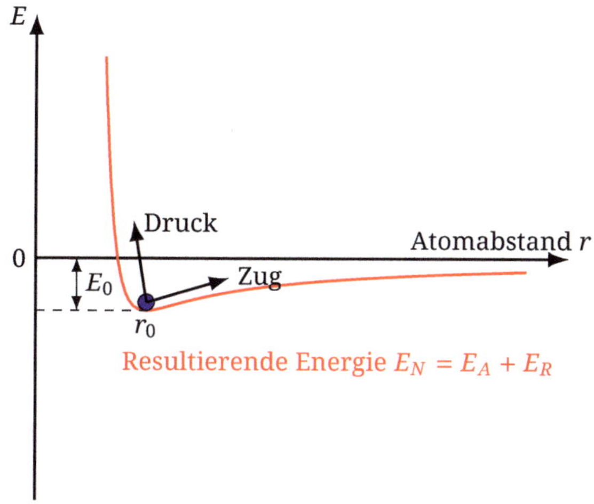

Bild 3.3 Potenzialverlauf der atomaren Bindung

werden. Im realen Bauteil findet die Deformation vieler Bindungen gleichzeitig statt, weshalb die resultierende Kraft natürlich von den Bauteildimensionen abhängt. Als geometrieunabhängige Größe wird daher der sog. *Elastizitätsmodul* (kurz E-Modul) verwendet. Der E-Modul ist somit proportional zur Steigung von $F(r)$ an der Stelle r_0.

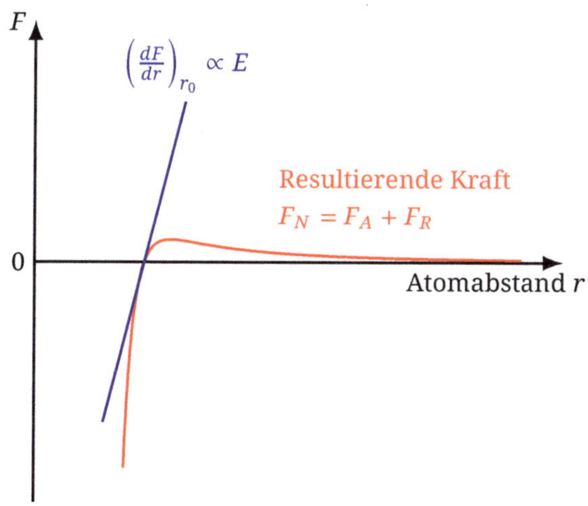

Bild 3.4 Kraft-Abstands-Kurve

Für sehr kleine Deformationen der Bindungen darf die Annahme getroffen werden, dass die Federsteifigkeit (d. h. der E-Modul) unabhängig von der Verformung ist. Der Zusammenhang zwischen Kraft und Verformung ist somit linear, und das Verformungsverhalten wird als *linear-elastisch* bezeichnet. Aus Bild 3.4 wird ersichtlich, dass die Steigung der Funktion $F(r)$ nicht konstant ist. Somit ist auch der Widerstand gegen Verformung nicht unabhängig von der Verformung. Im physikalischen Sinn ist daher der E-Modul nur an der Stelle r_0 definiert. Für praktische Zwecke verwendet man zu seiner Bestimmung jedoch die Steigung der Spannungs-Dehnung-Kurve im linear-elastischen Bereich (vgl. Unterabschnitt 3.1.2).

Bei amorphen (bzw. teilkristallinen) Materialien, insbesondere bei den Polymeren, ist die Beschreibung der Verformung auf molekularer Ebene ungleich komplexer.

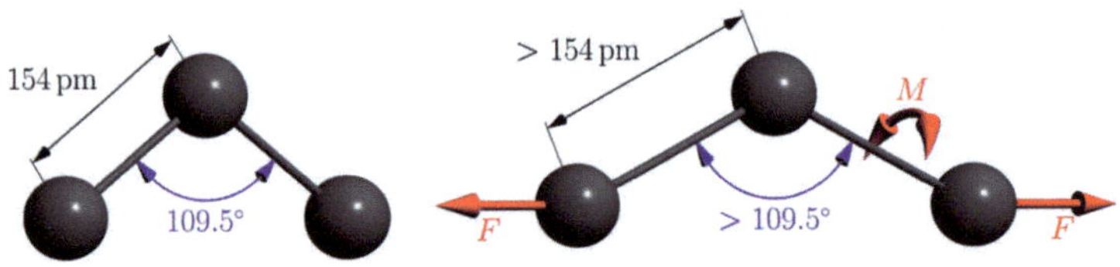

Bild 3.5 Deformation der $C-C$-Bindung und Verzerrung des Bindungswinkels

Dazu betrachten wir zunächst in Bild 3.5 drei Kohlenstoffkerne in einer linearen Anordnung, wie sie für viele Polymere typisch ist. Die Kohlenstoff-Kohlenstoff-Bindung ist kovalent und unterliegt daher gewissen geometrischen Randbedingungen. Im unbelasteten Fall beträgt der Bindungswinkel bei sp^3-hybridisiertem Kohlenstoff 109,5°, und die Länge der $C-C$-Bindung ist 0,154 nm. Greift nun eine Kraft F in der eingezeichneten Richtung an der Kette an, resultiert neben der Verlängerung der Bindung auch eine elastische Deformation des Bindungswinkels. Bei Wegnahme der Last federt das System wieder in den ursprünglichen Zustand zurück.

Darüber hinaus kann um die $C-C$-Bindung eine Rotation stattfinden. Zur Verdeutlichung ist in Bild 3.6 schematisch die Anordnung der Kohlenstoff- (grau) und Wasserstoffatome (blau) zweier Grundeinheiten eines Polyethylenmoleküls dargestellt. Im sp^3-hybridisierten Zustand können wir uns jedes C-Atom in der Mitte eines Tetraeders vorstellen, auf dessen Ecken die Bindungspartner sitzen. Anders ausgedrückt befindet sich das nachfolgende C-Atom auf dem Basiskreis eines Kegels, dessen Konturlänge der Bindungslänge entspricht und dessen Öffnungswinkel 109,5° beträgt. Jedes der Kohlenstoffatome befindet sich demnach an der Spitze eines Kegels und auf dem Basiskreis des vorangehenden Kegels. Die Anzahl der hintereinanderliegenden Kegel bzw. Grundeinheiten kann je nach Polymerisationsgrad bei mehreren tausend liegen. Eine von außen anliegende Kraft wird also in jeder der $C-C$-Bindungen neben einer Längenänderung je nach Belastungsrichtung eine mehr oder weniger stark ausgeprägte Rotation bewirken.

Die elastische Deformation einer Grundeinheit setzt sich demnach aus drei Anteilen zusammen, nämlich der Veränderung der Bindungslänge, der Verzerrung des Bindungswinkels und der Torsion um die $C-C$-Achse. Die Gesamtdeformation erhält man dann durch Addition aller Deformationsanteile aller Grundeinheiten.

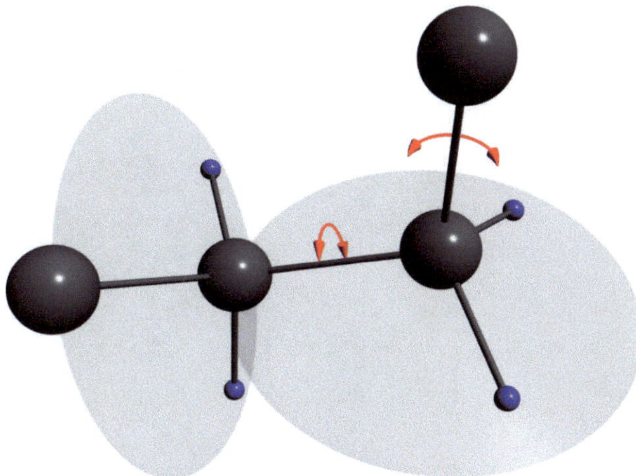

Bild 3.6 Rotationsachsen in einem Polyethylenmolekül

Bei hinreichend hohen Temperaturen[6] wird der Rotation um die $C - C$-Bindung kein Widerstand mehr entgegengesetzt, d. h. es können sich Kettensegmente durch „freie" Drehung um die $C - C$-Bindung umlagern. Diese Umlagerung wird als *MIKROBROWNsche Bewegung* bezeichnet. Überlässt man ein Makromolekül kräftefrei sich selbst, wird es alleine durch die Wärmebewegung ständig zu Umlagerungen durch die MIKROBROWNsche Bewegung kommen. Das Molekül wird dabei früher oder später eine kugelähnliche Knäuelform einnehmen, wie Bild 3.7 anhand einer Kette von achthundert Grundeinheiten bereits erahnen lässt.

Auch ohne näher auf die mathematischen Einzelheiten einzugehen, können wir leicht einsehen, dass der knäuelförmige gegenüber dem langgestreckten Zustand wesentlich wahrscheinlicher ist, da es praktisch „unendlich viele" Kombinationen aus Drehungen um die $C - C$-Bindungen gibt, die eine Kugelform zur Folge haben, aber nur sehr wenige mögliche Konformationen, die zu einem langgestreckten Molekül führen.[7] Anders ausgedrückt, ist die Bildung eines Knäuels mit einer Erhöhung der Entropie verbunden.

Tatsächlich stellen sich kugelförmige Knäuel nur dann ein, wenn keine Wechselwirkungen zwischen zwei oder mehreren Molekülen existieren[8], und wenn die Rotation nicht durch große, sperrige Seitengruppen behindert wird. In realen amorphen Polymeren liegen durch Verarbeitung und durch geometrische Behinderung deformierte

6 Die Grenztemperatur ist die sog. *Glasübergangstemperatur* T_G, auf die später noch näher eingegangen wird.

7 vgl. dazu [3.15], Kapitel 4

8 Dieser Fall lässt sich nur realisieren, wenn sich das Molekül in einer sog. *Theta-Lösung* befindet (vgl. [3.15]). Er hat für praktische Anwendungen keine Bedeutung.

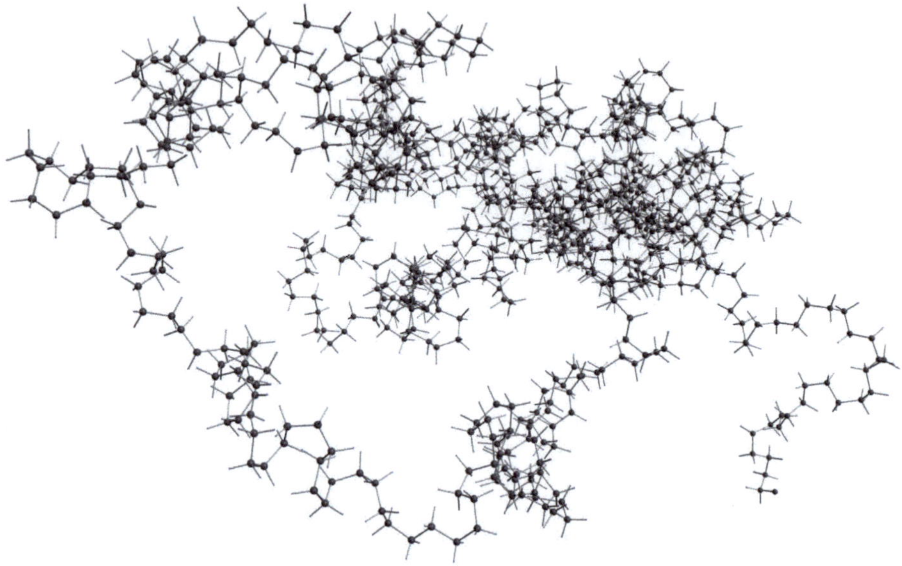

Bild 3.7 Polyethylenkette mit achthundert Grundeinheiten

und zumeist ineinander verschlungene Knäuel vor.[9] Dennoch werden die Moleküle, eine hinreichende Beweglichkeit vorausgesetzt, eine kugelige Knäuelform anstreben.

Werden die Knäuel einer äußeren mechanischen Last ausgesetzt, versuchen sie durch Umlagerung einzelner Kettensegmente dieser Last „auszuweichen", also die mechanische Spannung zu minimieren. Kommt es dabei jedoch noch nicht zu einem irreversiblen Abgleiten der Ketten, ist diese Umlagerung umkehrbar, wenn der äußere Zwang wegfällt. Dabei wird nicht zwangsläufig wieder exakt der ursprüngliche Zustand eingenommen, aber letztendlich wieder eine nach Möglichkeit knäuelförmige Konformation.

Die Verformung der Knäuel ist also wiederum elastischer Natur, allerdings ist die Triebfeder der Rückdeformation in diesem Fall die Erhöhung der Entropie. Daher wird dieses Verhalten als *entropieelastisch* oder *gummielastisch* bezeichnet. Es findet sich vor allem bei kovalent gebundenen amorphen Stoffen, insbesondere bei Polymeren. Entropieelastisches Verhalten kann nicht über einen einfachen, linearen Zusammenhang wie z. B. das HOOKEsche Gesetz beschrieben werden. Es ist von einer ganzen Reihe von Einflussfaktoren, wie Polymerisationsgrad, Temperatur, ggf. Vernetzungsdichte und weiteren abhängig. Die Deformation durch Umlagerung von

9 Daneben existieren auch Polymere, die kristalline Bereiche aufweisen.

Kettensegmenten macht sich insbesondere bei Thermoplasten in einer zeitabhängigen Deformation unter statischer Last bemerkbar, wie in Unterabschnitt 3.1.5 noch erläutert werden wird.

3.1.2 Quasi-statische Belastung

Technische Bauteile sind in der Regel einem Kollektiv aus konstanten und zeitlich veränderlichen Lasten ausgesetzt. Die resultierende Werkstoffreaktion kann daher im Anwendungsfall sehr komplex sein. Um diese interpretieren bzw. im Idealfall vorhersagen zu können, werden in der Materialcharakterisierung statische und dynamische Untersuchungen getrennt voneinander durchgeführt.

Zunächst wollen wir uns mit statischen Belastungen, wie sie z. B. in Lagern oder bereits unter Eigengewicht auftreten, beschäftigen. Der in der Überschrift verwendete Begriff „quasi-statisch" bezieht sich auf den Umstand, dass die Probekörper während der Prüfung typischerweise kontinuierlich deformiert werden. In der Regel wird dabei eine konstante Verformungsgeschwindigkeit[10)] vorgegeben, d. h. die resultierende Beschleunigung der Masseteilchen, aus denen der Prüfkörper zusammengesetzt ist, ist null. Damit ist der Definition eines statischen Systems Genüge getan.

3.1.2.1 Einachsiger Zugversuch

Da wir davon ausgehen können, dass sich die Verstärkungsmaterialien in Faserverbundwerkstoffen in der Regel im Anwendungsbereich durch ein linear-elastisches Verhalten auszeichnen, werden die Betrachtungen zum mechanischen Verhalten vor allem anhand der Kunststoffe erläutert. Diese zeigen bei hinreichend kleinen Deformationen bzw. Lasten ebenfalls linear-elastisches Verhalten, darüber hinaus aber insbesondere zeitabhängige Effekte, die bei anderen Materialgruppen nicht bzw. nicht in der gleichen Ausprägung zu beobachten sind.

Der wichtigste Versuch zur Charakterisierung der mechanischen Eigenschaften ist der einachsige Zugversuch. Für Kunststoffe ist er in der Normenreihe ISO 527 [3.5] beschrieben, für andere Werkstoffgruppen existieren analoge Standards. Tatsächlich erhalten wir in diesem Versuch nur Kennwerte, wie sie in einer Zugbelastung auftreten. Wird das betrachtete Bauteil stattdessen z. B. einer Schub- oder Torsionsbelastung ausgesetzt, müssen unter Umständen andere Kennwerte zur Dimensionierung herangezogen werden. Dennoch werden üblicherweise die Kennwerte aus dem Zugversuch herangezogen, um einen – wenn auch zunächst nur qualitativen – Vergleich zwischen Werkstoffen anzustellen.

10 Aus noch zu diskutierenden Gesichtspunkten ist die Verformungsgeschwindigkeit in vielen Fällen nur scheinbar konstant.

Beim einachsigen Zugversuch wird ein schlanker Probenstab einer konstanten Verformungsgeschwindigkeit $\Delta l/\Delta t = const.$ in Längsrichtung unterworfen.[11] Während der Verformung wird die Zugkraft aufgezeichnet.

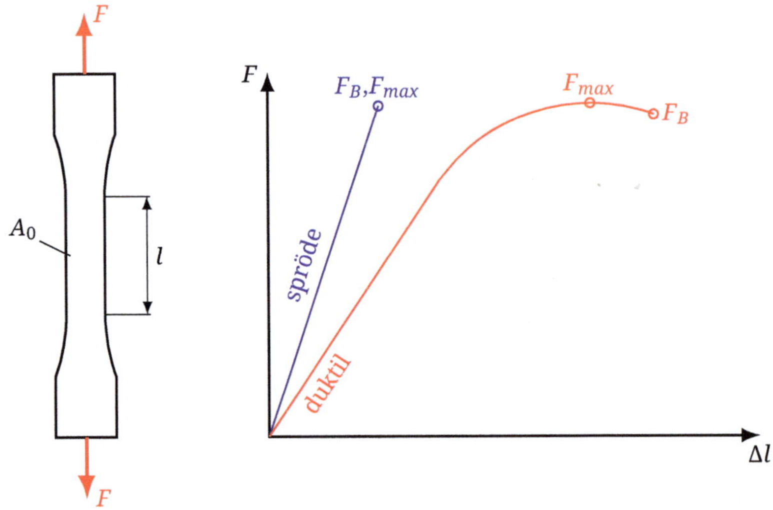

Bild 3.8 Schematische Darstellung eines Zugversuchs und der Kraft-Verformungs-Kurve eines spröden und eines duktilen Werkstoffs

In Bild 3.8 sind zwei typische Kurvenverläufe dargestellt, die aus dem Zugversuch folgen können.

Sprödes Materialverhalten äußert sich darin, dass der Zusammenhang zwischen Kraft und Verformung über die komplette Verformung linear ist, und dass die erreichbaren Verformungen vergleichsweise klein sind. Wird ein sprödes Material vor seinem Versagen wieder entlastet, nimmt es erneut seinen ursprünglichen Zustand ein, d. h. es verhält sich linear-elastisch und kann beispielsweise anhand des Modells aus Bild 3.1 beschrieben werden.

Bei duktilen Materialien findet man hingegen nach einem linearen Anstieg ein Abflachen der Kurve und häufig wird ein Maximum durchlaufen. Die Kraft beim Bruch ist mitunter kleiner als die Maximalkraft. Der exakte Verlauf der Kurve hängt vom spezifischen Materialverhalten ab. Im Folgenden werden wir hierzu noch Beispiele betrachten. Wird ein duktiles Material entlastet, nachdem es den linearen Bereich verlassen hat, verbleibt eine permanente, d. h. irreversible Verformung: Das Material verhält sich plastisch. Die Mechanismen der plastischen Verformung der Kunststoffe sind mit denen anderer Materialien (z. B. der Metalle) nicht zu vergleichen. Dennoch kön-

11 Wie später noch erläutert wird, hat die Verformungsgeschwindigkeit bei Polymeren einen signifikanten Einfluss auf die gemessenen Werte.

nen unter Umständen ähnliche Kraft-Verformungs-Kurven im Zugversuch beobachtet werden.

Der Betrag der gemessenen Kraft im Zugversuch hängt naturgemäß vom Probenquerschnitt ab. Daher wird die Kraft F mittels des Probenquerschnitts A_0 in die Zugspannung σ_0 überführt, gemäß der Beziehung

$$\sigma_0 = \frac{F}{A_0} \tag{3.2}$$

Die Längenänderung Δl ist eine Funktion der Ausgangslänge l_0. Daher erfolgt hier auch eine Umrechnung in die geometrieunabhängige Dehnung ε:

$$\varepsilon = \frac{\Delta l}{l_0} \tag{3.3}$$

Werden nun die Kraft und die Verformung mittels der beiden genannten Beziehungen in die Spannung und die Dehnung überführt, ergibt sich eine normierte Darstellung, die unabhängig von der Ausgangsgeometrie ist, aber in einem $\sigma - \varepsilon$-Diagramm den gleichen Kurvenverlauf zeigt wie Bild 3.8, das sog. *Spannungs-Dehnungs-Diagramm*. Dieses Diagramm ist die häufigste Grundlage zur Bestimmung charakteristischer Materialkennwerte, wie sie im Folgenden noch näher erläutert werden.

Zunächst soll jedoch der Umstand diskutiert werden, dass die Umrechnung der Kraft in die Spannung gemäß Formel 3.2 und der Längenänderung in die Dehnung nach Formel 3.3 nur für sehr kleine Deformationen zulässig ist.

Bei großen Verformungen muss zunächst die Querschnittsverkleinerung mit wachsendem Δl berücksichtigt werden. Nehmen wir näherungsweise an, dass das Volumen des Prüflings im Zugversuch erhalten bleibt,[12)] gilt für den Querschnitt $A_i < A_0$ zur momentanen Länge $l_i > l_0$

$$A_i = A_0 \, \frac{l_0}{l_i} \tag{3.4}$$

Die sog. „wahre" Spannung σ_w kann dann zu jeder Länge l_i gemäß

$$\sigma_w = \frac{F}{A_i} \tag{3.5}$$

berechnet werden.

Darüber hinaus darf Formel 3.3 in der dargestellten Form nur angewendet werden, wenn sich die (momentane) Gesamtlänge l_i nur sehr wenig von der Ausgangslänge

12 Diese Annahme bedeutet, dass das Material inkompressibel ist. Dies trifft jedoch strenggenommen nur für sehr wenige Materialien zu.

unterscheidet ($l_i \approx l_0$). Bei größeren Verformungen muss die „wahre“ Dehnung ε_w anhand der Momentanwerte berechnet werden. Dazu wählen wir folgenden Ansatz:

$$d\varepsilon_w = \frac{dl}{l} \tag{3.6}$$

wobei dl und $d\varepsilon_w$ die momentanen Beiträge zur Längenänderung bzw. Dehnung bei der momentanen Länge l sind. Durch Integration zwischen der Anfangslänge l_0 und der Gesamtlänge l erhalten wir für die Gesamtdehnung:

$$\varepsilon_w = \int_{l_0}^{l} \frac{d\bar{l}}{\bar{l}} = \ln\left[\bar{l}\right]_{l_0}^{l} = \ln\left(\frac{l}{l_0}\right) \tag{3.7}$$

Mit $l = \Delta l + l_0$ folgt dann

$$\varepsilon_w = \ln(1 + \varepsilon_0) \tag{3.8}$$

In Bild 3.9 sind die technische Dehnung nach Formel 3.3 und die wahre nach Formel 3.8 im Bereich von 0 % bis 100 % Dehnung gegenübergestellt.

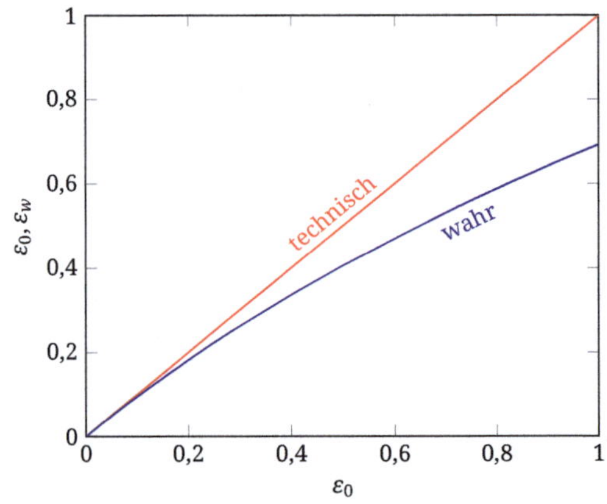

Bild 3.9 Vergleich der technischen und der wahren Dehnung

Grundsätzlich lässt sich erkennen, dass ε_w über den ganzen Bereich kleiner ist als ε_0. Jedoch können wir erst ab ca. 10 % Dehnung einen signifikanten Unterschied ausmachen. Somit ist also der Fehler durch die Verwendung der technischen Dehnung ε_0 für kleine Längenänderungen vernachlässigbar klein. Insbesondere im linear-elastischen Verformungsbereich kann auf die vergleichsweise umständliche Berechnung der wahren Dehnung verzichtet werden.

Der Vollständigkeit halber sollte erwähnt werden, dass die Dehngeschwindigkeit $\dot{\varepsilon}$ auch nicht als konstant betrachtet werden kann, wenn die technische von der wahren Dehnung signifikant abweicht. Vielmehr ändert sie sich kontinuierlich mit fortlaufender Dehnung. Die Realisierung einer konstanten *wahren* Dehngeschwindigkeit ist technisch aufwendig, weshalb in der Regel stattdessen eine konstante Verformungsgeschwindigkeit zugrunde gelegt wird.

Setzt man nun den Zusammenhang aus Formel 3.8 zur Berechnung des veränderlichen Querschnitts (Formel 3.4) an, ergibt sich die wahre Spannung σ_w zu

$$\sigma_w = \frac{F}{A_0}\frac{l_i}{l_0} = \frac{F}{A_0}(\varepsilon_w + 1) = \sigma_0\,(\varepsilon_w + 1) \tag{3.9}$$

Die Abhängigkeit der Dehnung von der Kraft ist bei großen Verformungen nicht über eine einfache mathematische Funktion darstellbar. Daher kann das Verhältnis zwischen wahrer und technischer Spannung nicht in analytischer Weise dargestellt werden, wie wir das für die Dehnung vorgenommen haben. Es lässt sich jedoch durch Umstellen von Formel 3.9 leicht erkennen, dass σ_w/σ_0 bei Zugbelastung[13)] immer größer als eins sein muss. Weiterhin können wir konstatieren, dass die Spannung bei kleinen Dehnungen durch die Größe σ_0 mit hinreichender Genauigkeit beschrieben wird, da der Ausdruck in der Klammer für $\varepsilon_w \longrightarrow 0$ gegen 1 strebt.

Mithilfe der Zusammenhänge aus Formel 3.2 bis Formel 3.9 können wir nun das Kraft-Verformungs-Diagramm aus Bild 3.8 in das oben bereits erwähnte Spannungs-Dehnungs-Diagramm überführen.

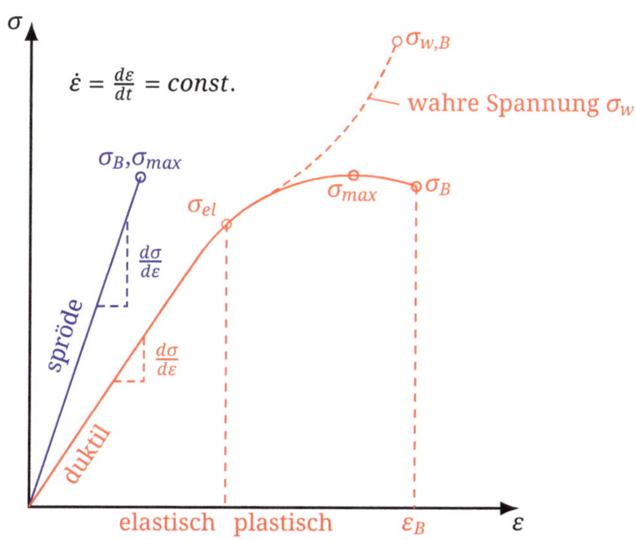

Bild 3.10 Schematische Darstellung der Spannungs-Dehnungs-Kurve eines spröden und eines duktilen Werkstoffs unter Berücksichtigung der technischen und der wahren Größen

13 Also bei positivem ε_w.

In Bild 3.10 sind wieder die Kurven für einen spröden und einen duktilen Werkstoff aus Bild 3.8 dargestellt, jedoch wurden an den Achsen und den charakteristischen Punkten gemäß Formel 3.2 die Kraft F durch die Spannung σ und nach Formel 3.3 die Längenänderung Δl durch die Dehnung ε ersetzt. Zusätzlich ist schematisch die wahre Spannung eingetragen, die, wie diskutiert, bei großen Deformationen signifikant über der technischen Spannung liegt. Insbesondere durchläuft die wahre Spannung im Gegensatz zur technischen kein Maximum vor dem Bruch.

Die für die Dimensionierung von Bauteilen wichtigen Kennwerte können an der Spannungs-Dehnungs-Kurve abgelesen werden:[14)]

- Der lineare Anstieg $d\sigma/d\varepsilon$ zu Beginn der Kurve, also bei kleinen Deformationen, wird als *Elastizitätsmodul*, kurz E-Modul (engl.: *Young's modulus*) bezeichnet:

  Der E-Modul ist zum einen von besonderer Bedeutung, da er das Materialverhalten im eigentlichen Einsatzbereich beschreibt, also dem linear-elastischen Bereich. In diesem ist die Spannung linear mit der Deformation verknüpft, die Deformation tritt ohne Zeitverzögerung ein, und sie ist vollständig reversibel.

  Wie bereits oben angedeutet, kann der E-Modul als eine Art Federkonstante betrachtet werden, deren Wert charakteristisch für die Wechselwirkungen der interatomaren Bindungen im Festkörper ist. Sein Wert kann direkt aus der Betrachtung des Potenzials zwischen zwei Bindungspartnern berechnet werden. Ohne näher auf die Einzelheiten einzugehen, folgt aus dieser Betrachtung aber, dass der „materialwissenschaftliche" E-Modul streng genommen nur für verschwindende Deformationen ($\varepsilon \rightarrow 0$) definiert ist (vgl. Unterabschnitt 3.1.1). In einem real durchgeführten Zugversuch, kann der E-Modul nur bei einer endlich großen Deformation bestimmt werden. Daher ist in den einschlägigen Normen festgelegt, wie ein technisch relevanter Wert des E-Moduls aus dem Spannungs-Dehnungs-Diagramm gewonnen werden kann.

- Der Übergang vom elastischen zum plastischen Verhalten wird durch die *Elastizitätsgrenze* σ_{el} beschrieben. Je nach Form der Spannungs-Dehnungs-Kurve äußert sich die Elastizitätsgrenze in einem kontinuierlichen Übergang vom linearen zum nicht-linearen Verhalten oder in einer sog. *Streckgrenze*, wie wir sie im Folgenden noch kennenlernen werden. Es ist schwierig, anhand des allmählichen Übergangs in Bild 3.10 einen konkreten Wert für σ_{el} anzugeben. In der Regel behilft man sich daher mit dem Wert der Spannung, bei dem nach Entlastung eine bestimmte (kleine) irreversible Deformation zurückbleibt.[15)] Näheres ist dazu in den jeweiligen Prüfnormen geregelt.

  Der plastische Bereich ist vor allem dadurch gekennzeichnet, dass die Verformung nicht reversibel ist und im Gegensatz zum elastischen Fall von der Belastungsdauer abhängt. In den meisten Anwendungsfällen sind irreversible Deformationen

14 Insbesondere in älterer Literatur finden sich auch andere Symbole für die hier beschriebenen Größen.

15 Als Beispiel sei hier die $R_{p0,2}$-Grenze bei metallischen Werkstoffen genannt.

unerwünscht, da das verformte Bauteil ja nach Entlastung nicht mehr seinem ursprünglichen geometrischen Zustand entspricht. Vielmehr kommt plastische Verformung demnach streng genommen bereits der Zerstörung eines Bauteils gleich, selbst wenn katastrophales Versagen, wie Reißen oder Zerbrechen, erst bei wesentlich höheren Verformungen bzw. Spannungen eintritt.

Die Mechanismen der plastischen Verformung sind eng mit dem atomaren bzw. molekularen Aufbau eines Materials verknüpft. Für die uns besonders interessierenden polymeren Werkstoffe werden diese Mechanismen im Folgenden näher erläutert.

Nach Überschreiten der Elastizitätsgrenze tritt in vielen Fällen eine Einschnürung des Prüfkörpers auf. Wie Bild 3.11 illustriert, kann sich der Einschnürungsbereich mit fortschreitender Belastung ausdehnen. Der Grund für das Auftreten einer Einschnürung ist, allgemein gesprochen, eine lokale Fehlstelle im Probenquerschnitt, an der es durch Kerbwirkung[16)] zu einer Spannungsüberhöhung kommt. Dies führt zu einer gegenüber dem restlichen Probekörper erhöhten Dehnung bzw. Querschnittsverjüngung, einer sog. *Einschnürung*. Die Einschnürung wird in der Regel im Fortgang des Zugversuches axial größer (Bild 3.11). Grundsätzlich muss bedacht werden, dass bei den bisher vorgestellten Zusammenhängen zwischen Spannung und Deformation die lokale Querschnittsveränderung Berücksichtigung finden muss.

- Der höchste Punkt der Kurve ist die *Zugfestigkeit* σ_{max} (häufig auch R_m):

  Die Zugfestigkeit entspricht dem Maximum der Spannungs-Dehnungs-Kurve. Bei spröden Materialien ist die Zugfestigkeit identisch mit der Bruchfestigkeit, d.h. σ_{max} bezeichnet die höchste Spannung, die ein Material ertragen kann. Bei duktilen Materialien hingegen findet man in der Regel ein Absinken der Spannung mit wachsender Deformation. Dieser Spannungsabfall ist jedoch nicht real, sondern, wie bereits diskutiert, darauf zurückzuführen, dass die Verkleinerung des Probenquerschnitts in einem technischen Kontext nicht berücksichtigt wird. Wird nun die Spannung gemäß der Beziehung $\sigma = F/A_0$ berechnet, folgt eine scheinbare Abnahme der Zugspannung. Die Kurve der wahren Spannung zeigt kein lokales Maximum, d.h. die wahre Zugfestigkeit ist identisch mit der wahren Bruchspannung $\sigma_{w,B}$.

- Die Spannung, bei welcher der Prüfling versagt, heißt Bruchspannung σ_B. Sie hat in den wenigsten Anwendungen eine Bedeutung. Allenfalls in Umformprozessen (z.B. Tiefziehen, Folienblasen) treten Deformationen auf, die in Bereichen liegen,

16 Die Kerbwirkung erklärt sich aus der linearen, ebenen Elastizitätstheorie. Sie wird hier nicht weiter erläutert. Generell ist aber zu beachten, dass an inneren und äußeren Kerben oder Fehlstellen Spannungen auftreten, die um ein Vielfaches höher sein können, als die nominell von außen aufgeprägte Spannung.

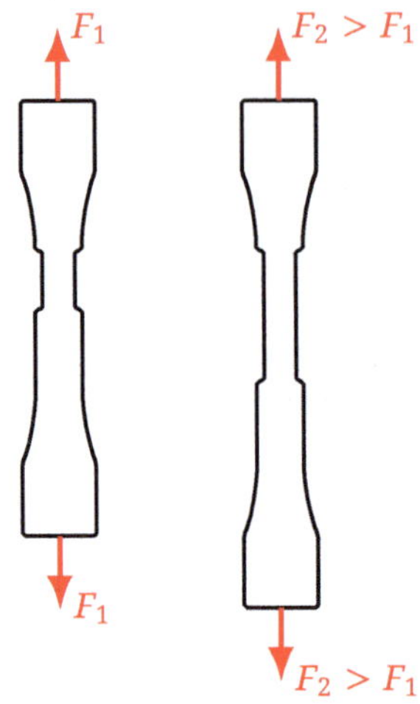

Bild 3.11 Ausbildung und Vergrößerung einer Einschnürung während des einachsigen Zugversuchs

in denen das Maximum der (technischen) Spannungs-Dehnungs-Kurve überschritten ist.

Wie bereits diskutiert, entspricht der Wert von σ_B nicht der wahren Bruchspannung $\sigma_{w,B}$. Weiterhin sind die erwähnten Umformprozesse in der Regel deformationsgetrieben, d. h. der entscheidende Wert ist die korrespondierende Bruchdehnung ε_B. Es sei darauf hingewiesen, dass polymere Werkstoffe, insbesondere Thermoplaste, durchaus Bruchdehnungen von mehr als 100 % aufweisen können. Gemäß den Betrachtungen zur wahren Dehnung muss hier also gegebenenfalls eine Korrektur zwischen technischer und wahrer Dehnung vorgenommen werden. Darüber hinaus müsste streng genommen von der Bruchdehnung noch der elastische Deformationsanteil abgezogen werden, da sich dieser beim Bruch ja zurückbildet. Allerdings ist er in der Regel im Vergleich zur Gesamtverformung sehr klein und somit ist der Fehler, der durch die Vernachlässigung gemacht wird, meist nicht signifikant.

3.1.2.2 Schubversuch

Grundsätzlich ist davon auszugehen, dass Spannungen nicht nur in der vorgegebenen Prüf- bzw. Belastungsrichtung auftreten. Als Beispiel haben wir die Querschnittsverjüngung, die auf Spannungen quer zur Zugrichtung zurückzuführen ist, in Unterunterabschnitt 3.1.2.1 bereits kennengelernt.

Wenn wir beim Beispiel Zugversuch bleiben, gehen wir zwar von einer Spannung aus, die in Richtung der Verlängerung zeigt. Formal können wir diese Spannung aber auf beliebige Ebenen im Inneren „verteilen". Zweckmäßigerweise nimmt man diese Umrechnung natürlich nur für Ebenen vor, die für bestimmte physikalische Vorgänge eine Rolle spielen. Im Fall metallischer, also typischerweise kristallin aufgebauter Werkstoffe existieren beispielsweise ausgezeichnete Ebenen, entlang derer die plastische Verformung fortschreitet. In Bild 3.12 sind diese Ebenen in Blau dargestellt.

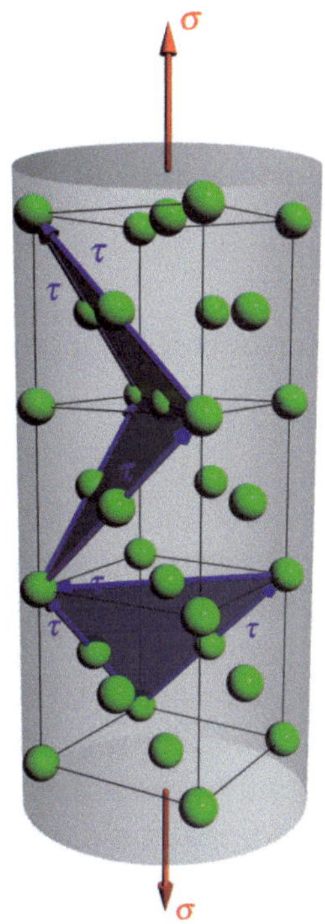

Bild 3.12 Gleitebenen in einem kristallinen Werkstoff mit „kubisch-flächenzentrierter Struktur" (es sind nicht alle Gleitebenen dargestellt)

Für das Einsetzen der plastischen Deformation ist das Überschreiten einer kritischen Schubspannung in Richtung dieser Ebenen das entscheidende Kriterium. Die Höhe dieser Schubspannung τ ist abhängig von der von außen aufgeprägten Spannung σ und deren Orientierung zur jeweils betrachteten Ebene. Ohne nähere Kenntnis der Struktur lassen sich diese Schubspannungen in der Regel nicht quantifizieren.

Zur Bestimmung der Schubeigenschaften betrachten wir zunächst die Anordnung in Bild 3.13.

Ein quaderförmiger Probekörper wird an zwei parallel gegenüberliegenden Flächen mit einer Kraft beaufschlagt. Die Kraftrichtung ist so gewählt, dass die beiden Flächen parallel zueinander bewegt werden. Infolge der Krafteinwirkung wird der Quader zu einem Rhomboeder verzerrt, der Verzerrungswinkel γ ist im linear-elastischen Fall proportional zur Kraft F. Sei A die Größe der Flächen des Quaders, an denen die Kraft

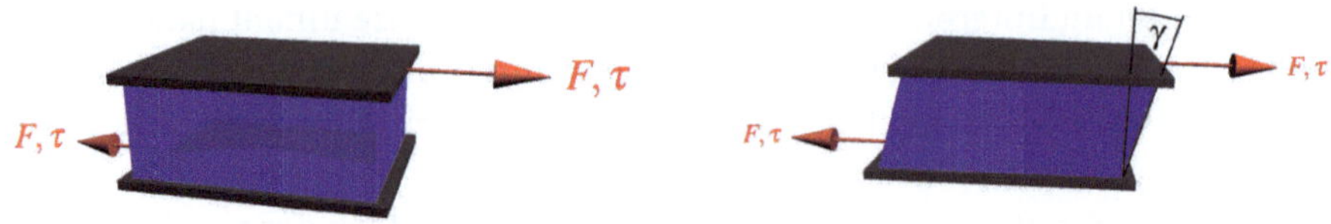

(a) unverformt **(b)** verformt

Bild 3.13 Schematischer Aufbau zur Bestimmung der Schubeigenschaften

angreift, dann kann die Schubspannung τ über

$$\tau = \frac{F}{A} \tag{3.10}$$

berechnet werden. Das HOOKEsche Gesetz für Scherung lautet :

$$G = \tau \gamma \tag{3.11}$$

mit G: Schubmodul.

Es ist leicht einzusehen, dass der beschriebene Aufbau in der Praxis zu stark fehlerbehafteten Ergebnissen führen kann. Zum einen entsteht durch den Kraftangriff ein Moment, das umso größer ist, je dicker die Probe ist. Zum anderen wird sich der Abstand der Krafteinleitungsplatten unter der Deformation verkleinern. Soll die Kraft weiterhin parallel zur Probenfläche verlaufen, muss also die Vorrichtung zur Einleitung der Kraft in der Höhe nachgeführt werden. Anderenfalls entsteht ein zusätzliches Moment und darüber hinaus eine Normalkraft.

In der Regel werden daher die Schubeigenschaften über andere, häufig material- bzw. bauteilspezifische Methoden ermittelt, bei denen vielfach die Schubbelastung „indirekt“ eingebracht wird. Wir wollen uns hier auf Faserverbundwerkstoffe beschränken. Bei diesen Materialien ist die Schubbelastung in aller Regel der kritische Belastungsfall, da zum einen die Haftung zwischen Faser und umgebender Matrix durch Überschreiten einer kritischen Schubspannung versagen kann. Zum anderen handelt es sich bei Faserverbunden in vielen Fällen um schichtartige Werkstoffe. Die Grenzflächen zwischen diesen Schichten stellen ebenso potenzielle Schwachstellen dar.

Das Auftreten der Schubspannung ist, wie bereits erwähnt, nicht (nur) Folge einer explizit von außen eingebrachten Schubbelastung, sondern resultiert auch durch anders geartete Lasteinleitungen, wie z. B. Torsion oder Biegung. Es existiert eine ganze Reihe an Prüfverfahren für Faserverbundwerkstoffe, die zum einen vordergründig eine Schubbelastung hervorrufen, zum anderen meist auf Bauteile in bestimmten Applikationen zugeschnitten sind. Wir wollen an dieser Stelle nur eines der wichtigsten Verfahren exemplarisch herausgreifen, und zwar die sog. *Interlaminare Scherfestigkeit* (kurz ILS). Dieser universellen Prüfmethode kommt eine besondere Bedeutung zu, da

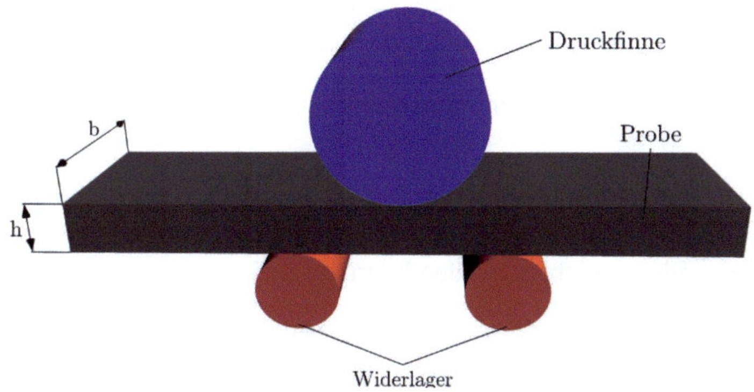

Bild 3.14 Prinzipieller Aufbau zur Prüfung der interlaminaren Scherfestigkeit

sie produktunabhängig angewendet wird, und da sie mit handelsüblichen Universalprüfmaschinen durchgeführt werden kann. In Bild 3.14 ist der Aufbau der ILS-Prüfung schematisch dargestellt.

Der Probekörper liegt auf zwei zylindrischen Widerlagern und wird von oben durch eine zylindrische Druckfinne belastet. Er soll in diesem Beispiel aus parallelen Schichten aufgebaut sein, die Druckrichtung steht dabei senkrecht auf den Schichten.

Im Vergleich zu einem Biegeversuch werden, gemessen am Abstand der Widerlager, relativ dicke Probekörper verwendet. Dadurch wird sichergestellt, dass die Schubbelastung in Probenlängsrichtung gegenüber der Normalspannung dominiert.[17)] Die Radien der Druckfinne und der Widerlager sind so groß gewählt, dass die oberflächennahen Fasern nicht durch die dort eingeleiteten Querkräfte beschädigt werden. Der Versuch ist in den einschlägigen Normen geregelt (z. B. [3.2, 7]), die verschiedene Varianten der Testmethode, sowie die Abmessungen des Probekörpers und der Lager beschreiben.

Anhand des ILS werden wir nun exemplarisch diskutieren, wie eine aufgebrachte Biegebelastung zu einer Schubbelastung längs des Probekörpers führen kann, und wie die daraus resultierenden Spannungen quantifiziert werden können. Dazu nehmen wir an, dass sich die Querschnittform des Balkens unter der Belastung nicht verändert,[18)] benachbarte Querschnitte sich aber unter einer Momentenlast gegeneinander verkippen können, wie Bild 3.15 veranschaulicht.

17 Vereinfacht ausgedrückt handelt es sich um einen modifizierten Biegeversuch mit kurzem, dickem Balken.

18 Wir betrachten den Balken also so, als wäre er aus „starren Scheiben“ zusammengesetzt, die sich nicht verwölben oder anderweitig verformen können.

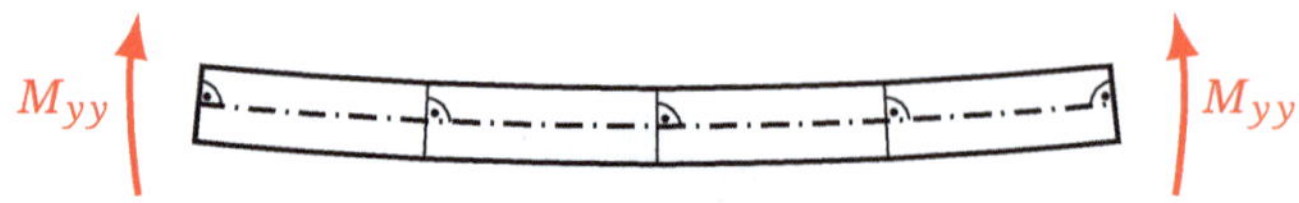

Bild 3.15 Balkendeformation unter Momentenbelastung

Für die weiteren Betrachtungen nehmen wir an, dass der Krümmungsradius des Balkens so groß ist, dass wir die Krümmung vernachlässigen können, und somit die neutrale Faser als Gerade betrachtet werden kann.

Zunächst müssen wir uns vor Augen führen, dass eine reine Biegebelastung eines Balkens Normalspannungen hervorruft (vgl. dazu z. B. [3.10]). Bild 3.16 verdeutlicht diesen Umstand für den Fall, dass die neutrale Faser gerade in der Symmetrieachse des betrachteten Bauteils liegt.

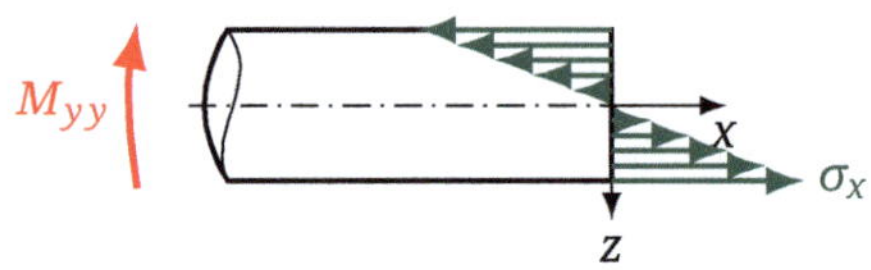

Bild 3.16 Normalspannungsverteilung in einem Balken mit reiner Biegebelastung

Unter Zuhilfenahme von Bild 3.15 ist es auch ohne quantitative Betrachtung leicht einzusehen, dass für die eingezeichnete Momentenrichtung, die oberen Fasern eine Verkürzung erfahren, also einer Druckspannung unterliegen, während die unteren Fasern länger werden, was mit einer Zugspannung korreliert. Die reine Biegung mit konstantem Moment M_{yy} erzeugt eine von x unabhängige Normalspannungsverteilung.[19] Diese kann mittels des NAVIERschen Geradliniengesetzes beschrieben werden:

$$\sigma_x(z) = \frac{M_{yy}}{I_{yy}} z \tag{3.12}$$

Die Indizes und Koordinaten beziehen sich auf das in Bild 3.16 angegebene Koordinatensystem, bei I_{yy} handelt es sich um das Flächenmoment 2. Ordnung bezogen auf die y-Achse.

Durch eine anliegende Querkraft erhalten wir ein Moment, das von der Position entlang des Balkens abhängt, also $M_{yy} = M_{yy}(x)$. Darüber hinaus hängt im allgemeinen Fall auch die Querkraft von der Laufkoordinate ab. Als Folge entstehen neben den Schubspannungen τ_{xz} in Richtung der Querkraft auch Schubspannungen τ_{zx}, die in x-Richtung orientiert sind, wie Bild 3.17a illustriert.

19 Voraussetzung für alle diese Zusammenhänge ist, dass es sich um eine vernachlässigbar kleine Biegeverformung handelt, die nur um eine Achse stattfindet.

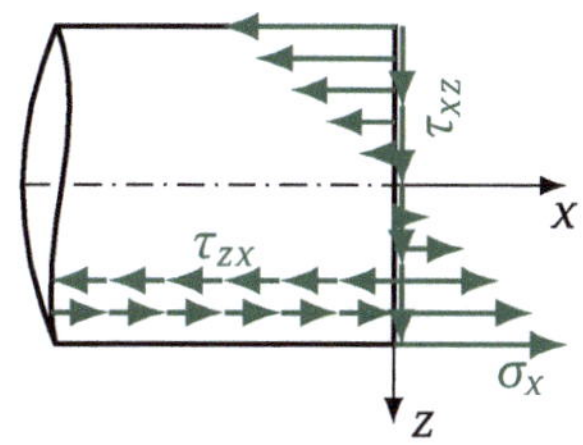

(a) Schubspannungen im Balken

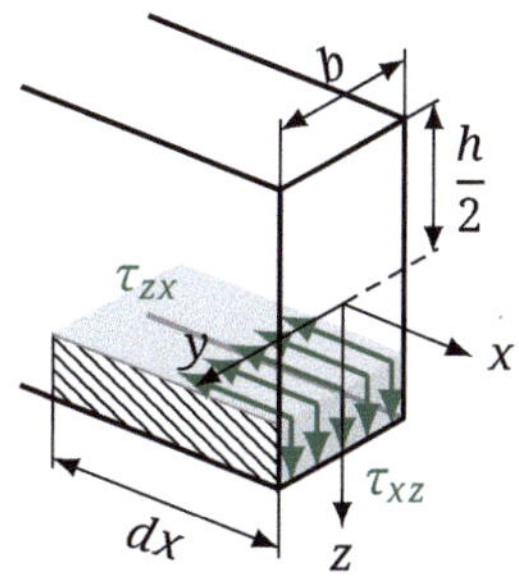

(b) Spannungen an einem Volumenelement

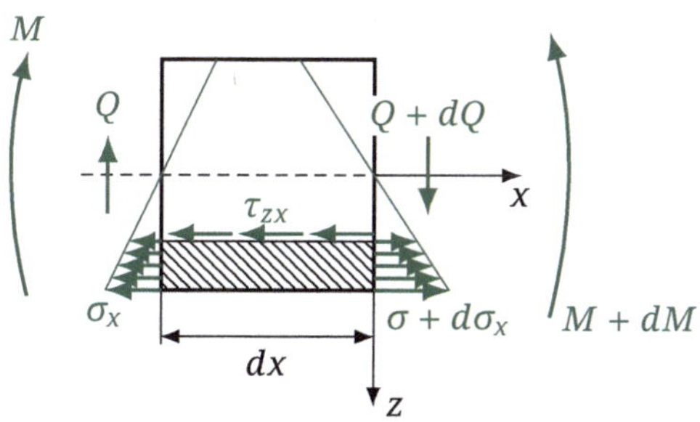

(c) Schnittgrößen und Spannungen

Bild 3.17 Spannungsverlauf an einem Balkenelement unter Querkrafteinfluss

Betrachten wir nun ein einzelnes Volumenelement der Breite b und der Länge dx (vgl. Bild 3.17b). Sei h die Höhe des Balkens, dann beträgt die Höhe des Volumenelements $(h/2 - z)$. Am linken Rand des Volumenelements beträgt die Querkraft Q und das Schnittmoment M. Die Querkraft verändert sich über die Strecke dx um den Betrag dQ und das Moment um den Betrag dM (Bild 3.17c). Nach Formel 3.12 verändert sich damit auch die Normalspannung σ_x um den Betrag $d\sigma_x$.

Wir können dann anhand von Bild 3.17c das folgende Kräftegleichgewicht in x-Richtung aufstellen:

$$-\tau_{zx}(x,z)\, b(z)\, dx - \int_{z}^{h/2} \sigma_x(\overline{z})\, b(\overline{z})\, d\overline{z} + \int_{z}^{h/2} \left[\sigma_x(\overline{z}) + d\sigma_x(\overline{z})\right]\, b(\overline{z})\, d\overline{z} = 0 \tag{3.13}$$

Da im Rechteckquerschnitt b unabhängig von z ist,[20] erhalten wir nach Vereinfachung und Umformung

20 Im allgemeinen Fall wird sich der Inhalt der Begrenzungsflächen des betrachteten Volumenelements mit der Position z ändern, d. h. $b(z)$ muss über eine geeignete Funktion beschrieben werden und kann nicht einfach gekürzt werden.

$$\tau_{zx}(x,z)\,dx = \int_{z}^{h/2} d\sigma_x(\overline{z})\,d\overline{z} \tag{3.14}$$

Nach Formel 3.12 können wir die Normalspannung mithilfe des Moments ausdrücken: $\sigma_x(x,z) = M(x)/I_{yy} \cdot z$. Die Ableitung des Schnittmoments nach dem Ort x ergibt gerade die Querkraft Q, also erhalten wir:

$$\frac{d\sigma_x}{dx} = \frac{dM(x)}{dx}\frac{z}{I_{yy}} = Q(x)\frac{z}{I_{yy}} \quad \text{also} \quad d\sigma_x = Q(x)\frac{z}{I_{yy}}dx \tag{3.15}$$

Setzen wir Formel 3.15 in Formel 3.14 ein, finden wir:

$$\tau_{zx}(x,z)\,dx = \int_{z}^{h/2} Q(x)\frac{\overline{z}}{I_{yy}}dx\,d\overline{z} \quad \text{bzw.} \quad \tau_{zx}(x,z) = \frac{Q(x)}{I_{yy}}\int_{z}^{h/2} \overline{z}\,d\overline{z} \tag{3.16}$$

da Q, dx und I_{yy} nicht von z abhängen.

Führen wir noch die Integration durch, können wir die Schubspannung in Abhängigkeit von x und z über die Beziehung

$$\tau_{zx}(x,z) = \frac{Q(x)}{I_{yy}}\frac{1}{2}\left(\frac{h^2}{4} - z^2\right) \tag{3.17}$$

ausdrücken.

An jeder Stelle x erhalten wir also einen parabolischen Verlauf von $\tau_{zx}(z)$. Für $z = \pm\frac{h}{2}$ verschwindet die Schubspannung, und an der Stelle $z = 0$ (Ort der neutralen Faser) ist sie maximal.

Wenn wir dieses Ergebnis auf den Versuch zur interlaminaren Scherfestigkeit zurückführen, können wir die maximale Schubspannung τ_{max}, die aufgrund der eingeleiteten Querkraft F entsteht, unter Berücksichtigung der geometrischen Verhältnisse (vgl. Bild 3.14) mittels der folgenden Beziehung berechnen:

$$\tau_{max} = \frac{3\,F}{4\,b\,h} \tag{3.18}$$

Dabei entspricht b der Breite und h der Dicke des Prüfkörpers.

Für weitere Schubversuche sei auf z. B. [3.9] verwiesen.

3.1.2.3 Torsionsversuch

Unter Torsion versteht man die Verdrehung eines Bauteils um eine oder mehrere seiner Körperachsen. Torsion tritt in vielen Fällen parasitär auf, häufig aber auch beabsichtigt, insbesondere wenn Drehmomente oder Drehbewegungen übertragen werden sollen. Eine relativ einfache Versuchsanordnung zur Bestimmung der Materialeigenschaften unter Torsionsbeanspruchung zeigt Bild 3.18.

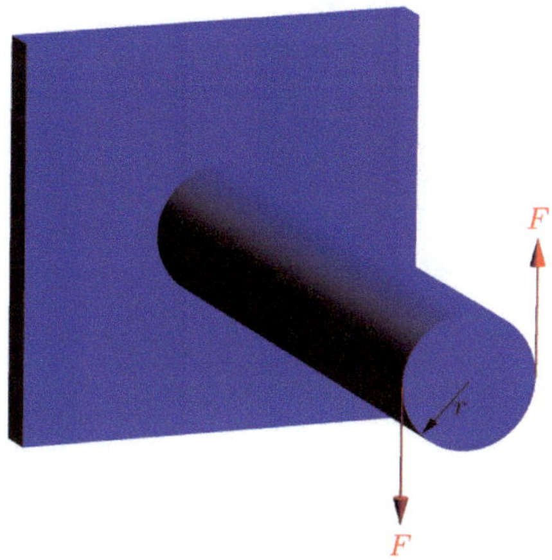

Bild 3.18 Torsionsversuch

Ein zylindrischer Körper mit Radius r wird an einem Ende fest eingespannt und am anderen Ende in der dargestellten Weise über ein antiparalleles Kräftepaar beansprucht. Unter diesen Bedingungen verschwindet die Querkraft und der Betrag des resultierenden Moments M_T um die Längsachse beträgt

$$M_T = 2\,r\,F \tag{3.19}$$

Normalkräfte oder weitere Momente treten in dieser Anordnung nicht in Erscheinung.

Betrachten wir nun eine Gerade auf dem Umfang des Zylinders, die parallel zur Längsachse und damit zur Momentenachse verläuft (Bild 3.19).

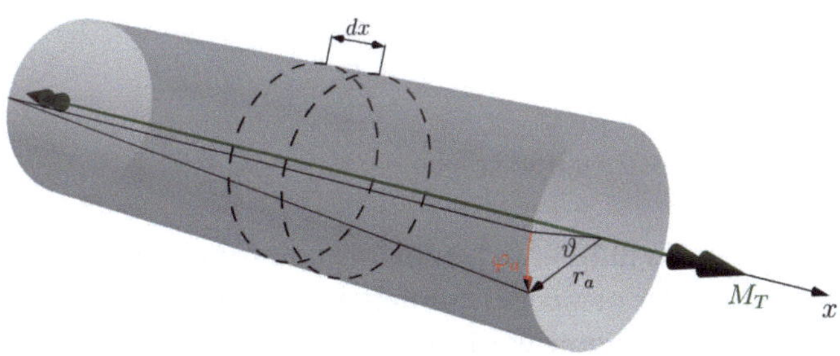

Bild 3.19 Deformation bei Torsion eines fest eingespannten Zylinders

Unter Einfluss eines Torsionsmomentes M_T wird sich am freien (also nicht eingespannten) Ende des Zylinders ein Verdrehwinkel einstellen, den wir mit ϑ bezeichnen. Set-

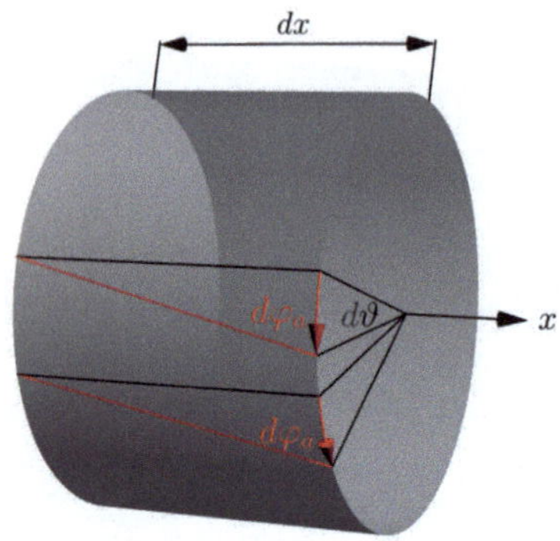

Bild 3.20 Starre Scheibe der Länge *dx*

zen wir voraus, dass die Verformung des Zylinders linear-elastisch ist, lässt sich anhand von Bild 3.19 leicht erkennen, dass ϑ bei gleichbleibendem M_T mit der Länge des Zylinders zunimmt. Anders ausgedrückt ist jede Scheibe der infinitesimal kleinen Dicke dx (Bild 3.20), die wir an einer beliebigen Position x aus dem Zylinder herausschneiden, gegenüber ihrer vorangehenden Scheibe um einen Beitrag $d\vartheta$ verdreht. Den Winkeln ϑ bzw. $d\vartheta$ sind auf dem Mantel des Zylinders jeweils ein Bogen $\varphi_a = r_a\,\vartheta$ bzw. $d\varphi_a = r_a\,d\vartheta$ zugeordnet.

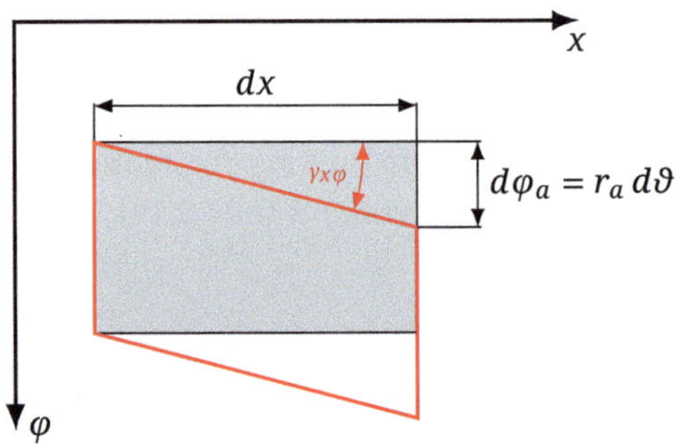

Bild 3.21 Abwicklung einer Zylinderscheibe

Zur Charakterisierung des differentiellen Deformationsbeitrags $d\vartheta$ bzw. $d\varphi_a$ betrachten wir die Abwicklung der herausgeschnittenen Scheibe der Länge dx (Bild 3.21). Die eigentlich gekrümmte φ-Richtung wird dann gerade und wir können den Verdrehwinkel $d\vartheta$ in den Scherwinkel $\gamma_{x\varphi}$ umrechnen, um den ein Flächenelement auf dem Zylindermantel aufgrund des Torsionsmoments deformiert wird. Für kleine Verzerrungen gilt:

$$\tan\gamma_{x\varphi} = r_a \frac{d\vartheta}{dx} \approx \gamma_{x\varphi} \tag{3.20}$$

Der Scherwinkel $\gamma_{x\varphi}$ entspricht dann der Schubverzerrung (auch Schiebung) in der $x-\varphi$-Ebene eines Teilchens auf dem Zylindermantel. Analog können wir für Elemente, die sich nicht auf dem Mantel, sondern im Inneren des Zylinders befinden, definieren:

$$\gamma_{x\varphi} = r\frac{d\vartheta}{dx} \text{ mit } 0 < r \leq r_a \tag{3.21}$$

Mit Hilfe des HOOKEschen Gesetzes für Schub (Formel 3.11) können wir dann die Schubspannung $\tau_{x\varphi}$ an einer Position x und einem Abstand r zur Momentenachse berechnen:

$$\tau_{x\varphi} = G\,\gamma_{x\varphi} = G\,r\frac{d\vartheta}{dx} \tag{3.22}$$

An einer bestimmten Position x entlang der Zylinderachse nimmt die Schubspannung also mit r linear von innen nach außen zu und wir erhalten eine Verteilung gemäß Bild 3.22.

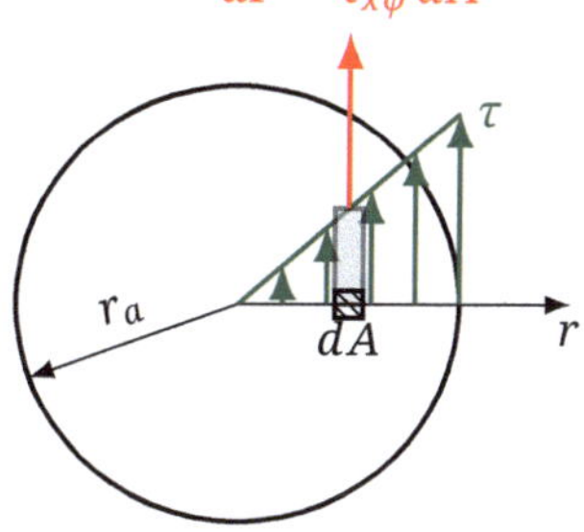

Bild 3.22 Schubspannungsverteilung im Zylinderquerschnitt

Jedem Flächenelement dA im Querschnitt zwischen der Mittelachse und dem Außenmantel können wir gemäß dem jeweiligen Betrag der Schubspannung einen Kraftbeitrag $dF = \tau_{x\varphi}\,dA$ zuordnen, der jeweils einen Beitrag $r\,dF$ zum Gesamtmoment $M_T(x)$ um die Mittelachse leistet. Das Gesamtmoment erhalten wir dann mithilfe von Formel 3.22 über

$$M_T(x) = \int_A r\,dF = \int_A r\,\tau_{x\varphi}\,dA = \int_A G\frac{d\vartheta}{dx}\,r^2\,dA \tag{3.23}$$

Da sowohl der Schubmodul G als auch $d\vartheta/dx$ unabhängig von der Position der Flächenelemente in der Querschnittsebene sind, können wir schreiben:

$$M_T(x) = G\frac{d\vartheta}{dx}\,I_p, \text{ mit } I_p = \int_A r^2\,dA \tag{3.24}$$

wobei I_p für das polare Flächenträgheitsmoment steht.[21)]

Bei reiner Torsion muss $M_T(x)$ aus Gleichgewichtsgründen an jeder Stelle x gleich groß sein. Damit wird auch $d\vartheta/dx$ ein konstanter Wert, und zwar

$$\frac{d\vartheta}{dx} = \frac{M_T}{G\,I_p} = const. \tag{3.25}$$

Mit Worten ausgedrückt, ist der Beitrag zur Gesamtverdrehung einer Scheibe der Dicke dx an jeder Position $0 < x < l$ gleich groß, wenn l die Länge des Zylinders bezeichnet.

Für den Verdrehwinkel ϑ_l an der Stelle $x = l$ folgt dann:

$$\vartheta_l = \int_0^l \frac{d\vartheta}{dx}\,dx = \frac{M_T}{G\,I_p}\int_0^l dx = \frac{M_T}{G\,I_p}\,l \tag{3.26}$$

Aus dem Torsionsversuch folgt also bei bekannter Querschnittsgeometrie ein direkter Zusammenhang zwischen dem Schubmodul G und der Verdrehung ϑ_l bei gegebenem Torsionsmoment M_T. Grundsätzlich lässt sich also der Schubmodul aus dem Torsionsversuch bestimmen. Der experimentelle Aufwand ist aber vergleichsweise hoch, daher wird der (quasistatische) Versuch nur selten durchgeführt. Eine weitere Möglichkeit, den Schubmodul zu messen, bietet der Torsionsschwingversuch, der in Unterunterabschnitt 3.1.3.2 beschrieben ist.

3.1.3 Dynamische Belastung

In vielen Anwendungen kann die Beanspruchung, die auf ein Bauteil wirkt, in recht guter Näherung als statisch, also ruhend, bzw. quasi-statisch, also langsam und gleichförmig, bezeichnet werden. Strenggenommen ist natürlich immer von zeitlich veränderlicher Belastung auszugehen, wenn

- die Belastung erstmalig aufgebracht bzw. wieder weggenommen wird und das Aufbringen der Last mit einer endlichen Geschwindigkeit erfolgt und damit Einschwingvorgänge induziert werden
- das Bauteil im Betrieb Vibrationen aus seiner Umgebung ausgesetzt ist,
- das Bauteil beabsichtigt schwingend beansprucht wird.

Insbesondere der letzte Fall ist aus praktischer Sicht relevant und daher müssen die dynamisch-mechanischen Eigenschaften im Konstruktionsprozess berücksichtigt werden.

21 Für beliebige, nicht kreisförmige Querschnitte wird stattdessen das Torsionsträgheitsmoment I_T verwendet.

3.1.3.1 Schwingende Beanspruchung

Schwingende Beanspruchungen treten in der Praxis häufig als periodische Belastung auf, z. B. in Form einer rotierenden Bewegung bei der Momentenübertragung oder in einer Getriebeanwendung mit gegebenenfalls zeitlich veränderlicher Lastamplitude und Frequenz.

Wie schon bei der (quasi-)statischen Beanspruchung, müssen zur Beschreibung des Verhaltens unterschiedlicher Materialklassen unter dynamischer Belastung spezifische Versuche durchgeführt werden, die im Einzelnen in den entsprechenden Prüfnormen beschrieben sind.

Da in diesem Buch, wie bereits erwähnt, die Kunststoffe eine besondere Rolle spielen, werden schwingende Beanspruchungen vor allem anhand der polymeren Werkstoffe diskutiert. Eine Übertragbarkeit auf beispielsweise Metalle mag teilweise möglich sein, ist aber im Einzelnen anhand der Fachliteratur und der einschlägigen Normen zu überprüfen.

3.1.3.2 Dynamisch-Mechanische Analyse (Torsionsschwingversuch)

Zur Charakterisierung des Schwingverhaltens polymerer Werkstoffe dient unter anderem der Torsionsschwingversuch z. B. nach DIN EN ISO 6721 [3.6] oder ASTM D2236 [3.1]. Generell kann neben der Torsion auch jede andere Belastungsform in dynamischer Weise in einem geeigneten Versuchsaufbau aufgebracht werden.

Der Versuchsaufbau ist schematisch in Bild 3.23 dargestellt. Bei der Materialprobe handelt es sich meist um einen länglichen Stab mit in der Regel rechteckigem Querschnitt, der in einer temperierbaren Kammer eingespannt wird. Das untere Ende ist am Boden der Kammer fixiert, das obere Ende an einer frei drehbaren Schwungmasse.

Zur Bestimmung der Eigenfrequenz wird die Schwungmasse einmalig ausgelenkt und dann sich selbst überlassen. Die Winkellage wird als Funktion der Zeit aufgezeichnet.

Als Ergebnis erhält man eine typischerweise harmonische Schwingung mit der Eigenfrequenz des Drehschwingers und einer für das Polymer charakteristischen Dämpfung.

Die Frequenz f der Schwingung liefert direkt den Wert des elastischen Schubmoduls G' gemäß der Beziehung[22)]

$$G' = \frac{4\pi^2\,\Theta\,L\,f^2}{I_p} \tag{3.27}$$

22 Etwaige Korrekturfaktoren, wie sie z. B. bei großen Dämpfungen oder für bestimmte Querschnittsgeometrien angewendet werden, sind in Gl. (3.27) nicht berücksichtigt. Sie können den einschlägigen Normen entnommen werden.

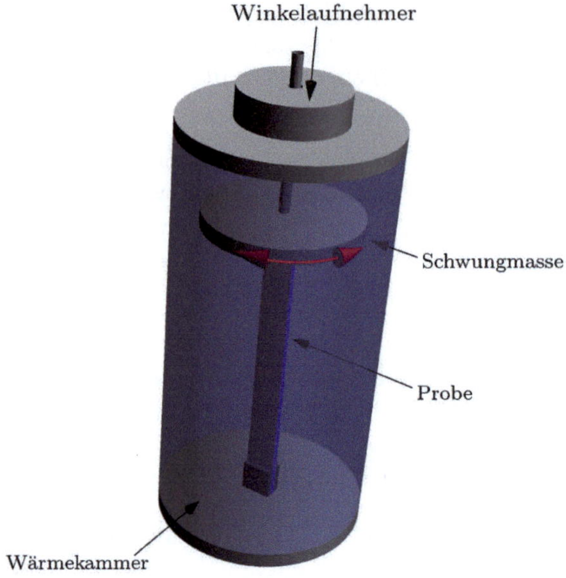

Bild 3.23 Torsionsschwingversuch

Hierbei steht I_p für das polare Flächenmoment des Probestabs, L für seine Länge und Θ für das Trägheitsmoment der Schwungmasse.

Der Modul G' hängt nur von der (Eigen-)Frequenz ab und spiegelt somit die elastischen Eigenschaften wider. Er wird auch als Speichermodul oder als Speicheranteil des komplexen Moduls G^* bezeichnet.

Das starke Abklingen der Amplitude ist auf eine vergleichsweise große mechanische Dämpfung der polymeren Werkstoffe zurückzuführen. Dieses Abklingen wird mathematisch als das Verhältnis zweier aufeinanderfolgender Amplituden erfasst:

$$\Delta = \ln\left(\frac{A_n}{A_{n+1}}\right) \tag{3.28}$$

wobei A_n die $n-$te Amplitude beschreibt. Die Größe Δ wird als *logarithmisches Dekrement* bezeichnet. Je größer das logarithmische Dekrement, umso mehr Energie wird bei der Schwingung dissipiert bzw. umso höher ist die mechanische Dämpfung tan δ.

Anhand von Δ können wir den Verlustmodul G (auch Verlustanteil des Schubmoduls) berechnen:

$$G = \frac{G'\,\Delta}{\pi} \tag{3.29}$$

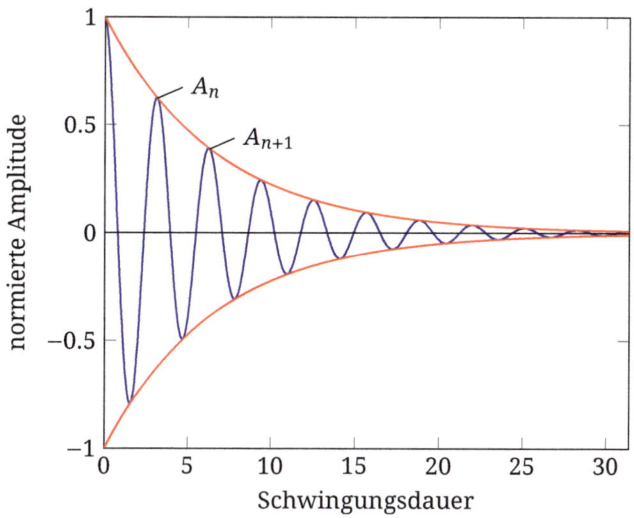

Bild 3.24 Ergebnis des Torsionsschwingversuchs

Die Dämpfung tan δ erhalten wir dann über

$$\tan\delta = \frac{G''}{G'} = \frac{\Delta}{\pi} \tag{3.30}$$

Der vollständige Schubmodul G^* unter dynamischer Belastung ist demnach ein komplexer Wert der Form $G^* = G' + iG''$. Für praktische Fragestellungen werden die beiden Anteile jedoch in der Regel getrennt voneinander betrachtet. Liegt ein „ideal-elastischer“ Festkörper vor, geht der Verlustanteil gegen null, bei „ideal-viskoser“ Materie verschwindet hingegen der Speicheranteil.

Neben der bereits beschriebenen freien Schwingung, kann der Versuchsaufbau aus Bild 3.23 auch dahingehend modifiziert werden, dass der Prüfstab eine erzwungene Schwingung mit variabler Frequenz und/oder Amplitude erfährt. Darüber hinaus ist eine Varianz der Temperatur möglich, sodass das dynamisch-mechanische Verhalten mit einem einzigen Experiment über einen weiten Parameterbereich bestimmt werden kann. Daraus können dann unter anderem die Lage des Glasübergangs (bzw. weiterer Übergänge) bestimmt werden, sowie die Temperaturabhängigkeit des Schubmoduls. Details dazu finden sich Unterabschnitt 3.1.4.

3.1.3.3 Schlagende Beanspruchung

Schlagende mechanische Beanspruchung kann prinzipiell auch im regulären Betrieb eines Bauteils auftreten. Es ist aber davon auszugehen, dass Schläge eher zufällig und unregelmäßig auftreten, etwa beim Fall eines Objekts auf den Boden oder bei Kollisionen.

Allen Werkstoffgruppen ist gemein, dass sie sich je nach Umgebungsbedingungen spröde oder duktil verhalten können. Duktil bedeutet hierbei, dass ein Versagen aufgrund einer mechanischen Last mit einer nicht zu vernachlässigenden plastischen Deformation einhergeht, während bei einem spröden Bruch die plastische Verformung verschwindend klein ist.

Generell kann sich das Material- bzw. Bruchverhalten mit der Temperatur drastisch verändern. Typischerweise findet man sprödes Bruchverhalten bei tiefen und duktiles Verhalten bei hohen Temperaturen. Keramische Materialien (also auch keramische Gläser) bilden hierbei allerdings gewissermaßen eine Ausnahme, da sie im technisch relevanten Temperaturbereich praktisch immer spröden Bruch zeigen. Bei polymeren Materialien kommt neben der Temperatur auch noch der Belastungsgeschwindigkeit eine entscheidende Bedeutung zu (vgl. Unterabschnitt 3.1.5).

Die schlagende Beanspruchung wird im Schlagbiege- bzw. Kerbschlagbiegeversuch charakterisiert. Auch hier wollen wir uns wieder auf die polymeren Werkstoffe fokussieren. Die Schlagversuche für diese Werkstoffgruppe sind z. B. in der Normenreihe ISO 179 [3.11] beschrieben.[23] ISO 179 behandelt den Versuch nach CHARPY, der am häufigsten zur Charakterisierung des Bruchverhaltens durchgeführt wird. Allen Schlagversuchen ist gemeinsam, dass sie eine Information über die beim Bruch dissipierte Energie liefern.

Bild 3.25 zeigt schematisch den Versuchsaufbau nach ISO 179. Die Kunststoffprobe wird gegen zwei Widerlager gelegt, die eine möglichst hohe Steifigkeit im Vergleich zur untersuchten Probe aufweisen, und die fest mit der Apparatur verbunden sind. Die Probe wird insbesondere bei duktilen Werkstoffen gekerbt, um sicherzustellen, dass sie beim Aufprall des Hammers auch tatsächlich versagt. Hierbei ist zu beachten, dass die Ergebnisse nicht auf ungekerbte Proben übertragbar sind, da es im Kerbgrund zu erheblichen Spannungsüberhöhungen kommt.

Der Hammer ist an einem Schaft befestigt, welcher wiederum drehbar um eine zur Probenlängsrichtung parallele Achse rotieren kann. Das Gewicht des Hammers und somit seine kinetische Energie beim Aufprall kann variiert werden.

Der Hammer wird um die Rotationsachse um einen bestimmten Winkel ausgelenkt und somit auf eine Höhe h_1 angehoben und dann losgelassen. Nach Durchschlagen der Probe erreicht er die Höhe $h_2 < h_1$. Die beim Schlag dissipierte Energie ΔE kann dann mithilfe folgender Beziehung berechnet werden:

$$\Delta E = m\,g\,(h_1 - h_2) \tag{3.31}$$

23 Daneben existieren auch noch andere Schlagversuche, z. B. der DYNSTAT-Schlagversuch oder nach IZOD.

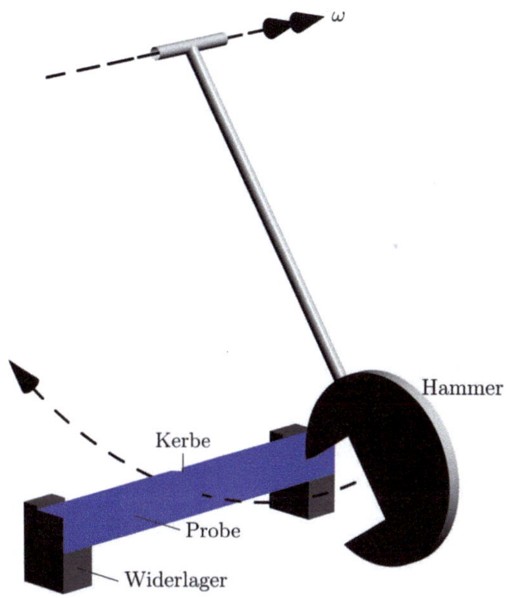

Bild 3.25 Kerbschlagversuch nach ISO 179

Hierbei entspricht m der Masse des Fallhammers und g der Erdbeschleunigung. Daraus wird durch Normierung auf die Querschnitts- bzw. Bruchfläche[24)] die sog. (Kerb-)Schlagzähigkeit in J/m^2 bestimmt.

Bei Verwendung von Formel 3.31 werden offensichtlich verschiedene Effekte vernachlässigt, die ebenfalls die Höhe h_2 maßgeblich beeinflussen können. Zu nennen sind dabei die Lagerreibung, aber auch die Reibung, die zwischen Probe und Widerlager entstehen kann, wenn die deformierte Probe ganz oder teilweise vom Hammer durch die Widerlager gezogen wird. Insbesondere bei niedrigen Werten der Schlagzähigkeit mag auch die Luftreibung eine Rolle spielen. Instrumentierte Schlagpendel messen die Kraft direkt an der Auftreffstelle des Fallhammers an der Probe und können demnach die genannten Artefakte ausschließen.

3.1.4 Temperaturabhängigkeit der mechanischen Kenngrößen

Bei allen Werkstoffgruppen ist eine Veränderung der mechanischen Eigenschaften mit der Temperatur nicht zu vernachlässigen. Betrachtet man jedoch den Temperaturbereich von −50 °C bis 100 °C, der wohl den größten Teil der technischen Anwendungen abdeckt, lässt sich festhalten, dass keramische Materialien hier in der Regel keine signifikante Veränderung der mechanischen Kennwerte zeigen. Ähnliches gilt für viele

24 Wenn die Probe nicht vollständig bricht, sind Bruch- und Querschnittsfläche nicht identisch.

metallische Werkstoffe wie Stahl oder Aluminium, bei denen die Temperaturabhängigkeit zwar nicht vernachlässigbar klein ist, aber dennoch vergleichsweise gering.

Bei vielen Kunststoffen jedoch können sich E-Modul und Zugfestigkeit innerhalb des genannten Temperaturintervalls um mehrere Größenordnungen verändern. In Bild 3.26 ist zunächst der Verlauf des Elastizitätsmoduls mit der Temperatur dargestellt.

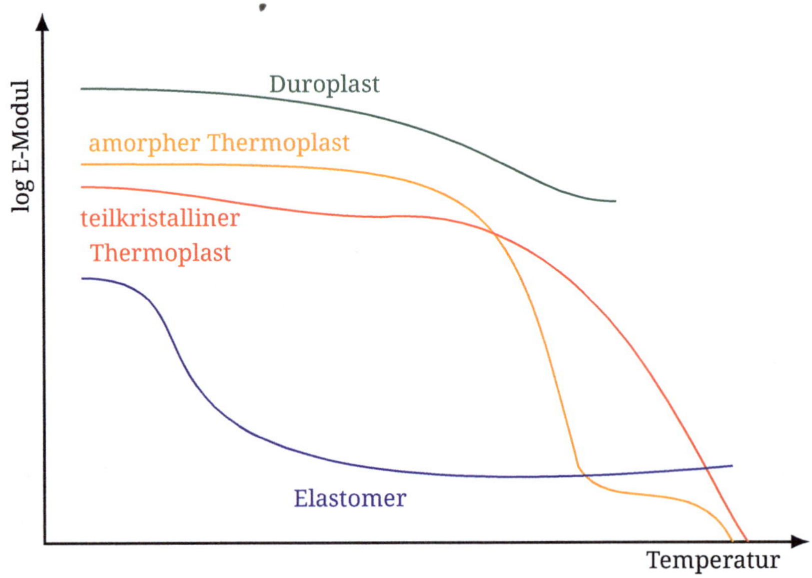

Bild 3.26 Schematische Abhängigkeit des E-Moduls von der Temperatur für unterschiedliche Polymerklassen

Die Abbildung beinhaltet insgesamt vier Verläufe, die sich auf die vier Polymerklassen beziehen. Die strukturellen Unterschiede zwischen den Polymerklassen werden in Abschnitt 4.3 erläutert. Hier soll zunächst das mechanische Verhalten in Abhängigkeit von der Temperatur diskutiert werden.

Alle Kurven zeigen einen nahezu konstanten Verlauf des E-Moduls bei niedrigen Temperaturen. Bei Annäherung an eine kritische materialspezifische Temperatur, die sog. *Glasübergangstemperatur* T_G, kommt es zu einem signifikanten Abfall der Steifigkeit, der mehrere Zehnerpotenzen betragen kann (man beachte die logarithmische Skalierung der Modul-Achse) und sich typischerweise über einen Temperaturbereich von 20–40 K erstreckt.

Unterhalb befindet sich das Material in einem *glasharten*, spröden Stadium, dem energieelastischen sog. *Glaszustand*. Im Glaszustand ist die Deformation eines Bauteils die Summe der elastischen Deformation der interatomaren Bindungen.[25]

Bei Erreichen von T_G taut die MIKROBROWNsche Bewegung, d. h. die Drehbarkeit um die Bindung entlang der Hauptkette, auf. Kettensegmente können dann auf eine äußere Last durch Umlagerung reagieren, und somit nimmt die Steifigkeit des Materials ab. Die Entropieelastizität dominiert das elastische Verhalten.

Der Abfall des Moduls ist bei den Thermoplasten besonders stark ausgeprägt. Bei den Elastomeren und insbesondere bei den Durolasten fällt dieser Effekt weniger stark aus.[26]

Wird die Temperatur noch weiter erhöht, können je nach Polymerklasse unterschiedliche Effekte auftreten:

- **Duroplaste:** Der Modul nimmt oberhalb von T_G wiederum ein Plateau an, das aber niedriger liegt als unterhalb des Glasübergangs.
- **Amorphe Thermoplaste:** Bevor das Material vollständig schmilzt, durchläuft der Modul unter Umständen ein weiteres Plateau, da die Schmelze in der Regel eine sehr hohe Viskosität aufweist und somit einen hohen Widerstand gegen Verformung bietet.
- **Teilkristalline Thermoplaste:** Der Abfall des Moduls bei T_G ist klein im Vergleich zu den amorphen Vertretern, da kristalline Bereiche zunächst erhalten bleiben und das mechanische Verhalten weitgehend bestimmen. Bei weiterer Temperaturerhöhung aber kommt es zur Auflösung der Kristallite und das Material schmilzt. Teilkristalline Materialien weisen also eine weitere Übergangstemperatur, die sog. *Kristallitschmelztemperatur* T_m, auf. Für die meisten technisch relevanten teilkristallinen Vertreter ist das Aufschmelzen der Kristallite entscheidend für den Einsatzbereich. T_G spielt also für die Anwendung eine untergeordnete Rolle.
- **Elastomere:** Wie bei den Duroplasten sorgen Vernetzungsbrücken für einen nahezu konstanten Verlauf des Moduls oberhalb von T_G. Hohe Temperaturen können unter Umständen eine sog. Nachvernetzung zur Folge haben, wodurch sich die Steifigkeit (geringfügig) erhöhen kann.

Aus naheliegenden Gründen ist es nicht sinnvoll, ein Material in der Nähe seiner relevanten Übergangstemperatur einzusetzen, sondern in einem Bereich, in dem sich die mechanischen Eigenschaften nur wenig mit der Temperatur verändern.[27]

---

25 Der Begriff *Glas* bezeichnet im thermodynamischen Sinn eine eingefrorene Schmelze, also einen metastabilen Zustand, der zumindest teilweise einer ungeordneten Flüssigkeit entspricht. Aufgrund der niedrigen Temperatur ist die Beweglichkeit aber stark eingeschränkt, d. h. das Material verhält sich wie ein Festkörper. Der Glaszustand kann unter bestimmten Bedingungen in allen festen Materialien auftreten, auch in Metallen.

26 Wie später erläutert wird, sorgen bei den beiden Letzteren Vernetzungen zwischen den Molekülen für begrenzte bis vollständig unterdrückte plastische Verformbarkeit.

27 Große Eigenschaftsänderung bei kleiner Temperaturänderung.

Wie in Bild 3.26 bereits ersichtlich, sind die Glasübergangstemperatur und die Kristallitschmelztemperatur nicht als diskrete Größen zu verstehen. Es handelt sich vielmehr um mehr oder weniger breite Übergangsbereiche. Daher empfiehlt es sich, das Einsatzfenster bei mindestens 15 K unterhalb der jeweiligen Übergangstemperatur zu begrenzen. Hinzu kommt, dass das Messverfahren und die Messparameter einen entscheidenden Einfluss auf die Größen T_G und T_m haben können. Werte aus Datenblättern beziehen sich zwar in der Regel auf standardisierte Mess- und Auswerteverfahren, sind aber im Zweifelsfall zu hinterfragen und können generell nur als Richtwert gelten.

3.1.5 Zeitabhängiges Verhalten – Viskoelastizität

Im technischen Einsatz finden wir in der Regel Materialien, die sich rein linearelastisch verhalten, und deren mechanische Eigenschaften in guter Näherung als zeitunabhängig zu betrachten sind. Im Rahmen dieses Buches dürfen wir die Zeitabhängigkeit der Deformation bei keramischen und metallischen Werkstoffen vernachlässigen, also bei den Materialien, die vielfach als Faserverstärkung zum Einsatz kommen,[28] da die Elastizitätsgrenze dieser Materialien typischerweise weit über der der Kunststoffe liegt.

Bei den Kunststoffen hingegen, kann die Beanspruchungsgeschwindigkeit bei Temperaturen oberhalb von T_G die gemessenen Kennwerte entscheidend beeinflussen. Dieser Einfluss wurde in Abschnitt 3.1 für die erwähnten Polymerklassen im Detail erläutert. Im Folgenden sollen zunächst die grundsätzlichen Auswirkungen diskutiert werden.

3.1.5.1 Kriechen – Retardieren

Ähnlich wie beim einachsigen Zugversuch wird beim Kriechversuch ein Stab mit einer konstanten Längskraft zum Zeitpunkt $t = t_0$ belastet. Die Versuchstemperatur liegt dabei oberhalb der Glasübergangstemperatur, d. h. die MIKROBROWNsche Bewegung ist zumindest teilweise aufgetaut[29]. Idealisiert wird dabei zunächst angenommen, dass zu Zeiten $t < t_0$ die Kraft null beträgt, die Kraft dann zum Zeitpunkt t_0 instantan aufgebracht wird und für unendlich lange Zeit aufrecht erhalten bleibt. Trägheitseffekte sollen dabei vernachlässigt werden. Unter diesen Bedingungen ist der zeitliche Verlauf

28 Es soll nicht unerwähnt bleiben, dass auch in Metallen sog. Kriechen oberhalb charakteristischer Temperaturen auftreten kann.

29 Unterhalb von T_G verhalten sich die Polymere ja im Wesentlichen elastisch (vgl. Unterabschnitt 3.1.4).

der mechanischen Spannung σ ab dem Zeitpunkt t_0 konstant, wie in Bild 3.27 oben zu sehen[30].

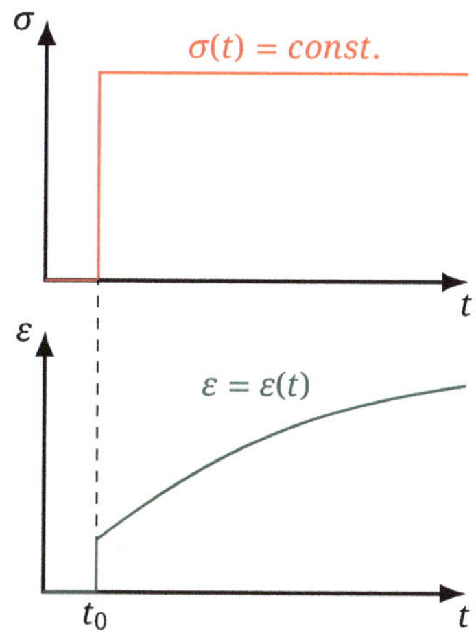

Bild 3.27 Schematische Darstellung des (eindimensionalen) Kriechversuchs

Der untere Teil von Bild 3.27 beschreibt die resultierende Dehnung in Längsrichtung[31]: Zum Zeitpunkt t_0 stellt sich unmittelbar eine endliche Dehnung ein, und im weiteren Verlauf steigt diese typischerweise nicht-linear weiter an. Nach einiger Zeit stellt sich dann ein konstanter Dehnungswert ein.

Der Praxisbezug des Kriechversuchs ist leicht einzusehen: Immer wenn statische Lasten in Form von Gewichten oder durch Federn auf Kunststoffbauteile wirken, ist davon auszugehen, dass sich eine zeitabhängige Deformation einstellt. Wie groß diese ist bzw. wie lange es dauert, bis der Kriechvorgang abgeschlossen ist, hängt im Wesentlichen von der aufgebrachten Last ab und natürlich vom Zustand, in dem sich der Werkstoff befindet. Ist die mechanische Spannung sehr klein im Vergleich zur Elastizitätsgrenze, kann das Kriechen mitunter auch vernachlässigt werden.

Die Verformung, die sich im Kriechversuch einstellt, ist prinzipiell reversibel. Um dieses Phänomen zu verstehen, erinnern wir uns an den Begriff der Entropieelastizität aus Unterabschnitt 3.1.1: Qualitativ lässt sich das linear-viskoelastische Verhalten durch Deformation der knäuelförmigen Moleküle erklären. Diese Deformation kommt durch Umlagerung von Molekülsegmenten zustande, wenn die MIKROBROWNsche Bewegung aufgetaut ist.

30 Streng genommen müsste die Verjüngung des Querschnittes zu einer Erhöhung der Spannung mit fortschreitender Verlängerung des Stabes führen (vgl. auch Unterunterabschnitt 3.1.2.1). Auch dieser Umstand soll hier vernachlässigt werden.

31 Kriechen kann natürlich auch in mehrdimensionalen Belastungsszenarien auftreten.

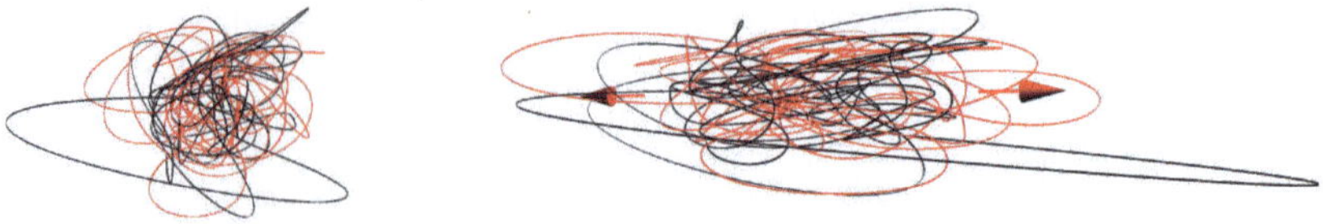

Bild 3.28 Viskoelastische Deformation zweier Polymermoleküle unter mechanischer Belastung (schematisch)

In Bild 3.28 lässt sich dieser Effekt schematisch erkennen. Zum einen verlieren die Moleküle unter Einwirkung einer äußeren mechanische Last ihre quasi-kugelförmige Form und werden in Richtung der Last in die Länge gezogen. Zum anderen lagern sich Molekülabschnitte um, und es kommt zu Verschiebungen zwischen den Ketten.

Die sofortige, also elastische Deformation der Knäuel, ist auf die Verzerrung der Atomabstände, des Bindungswinkels und der elastischen Torsion um die $C-C$-Achse zurückzuführen (s. auch Unterabschnitt 3.1.1). Sie wird sich bei Wegnahme der Last wieder zurückbilden. Dieser Anteil der Gesamt(rück-)deformation tritt ohne Zeitverzögerung ein.

Die Umlagerungen der Molekülsegmente sind insofern reversibel, als die Knäuelform die statistisch wahrscheinlichste ist. Nach Wegnahme der Last wird es also wiederum zu einer (mehr oder weniger) kugelartigen Struktur kommen. Es wird jedoch in der Regel nicht wieder das exakt gleiche Knäuel wie vor der Deformation entstehen. Die Umlagerungen sind mit vergleichsweise großen Bewegungen verbunden, und darüber hinaus können aufgrund der gegenseitigen geometrischen Behinderung nicht alle Abschnitte gleichzeitig umgelagert werden. Daher spielt die Belastungsdauer im Vergleich zur rein elastischen Deformation hier eine nicht zu vernachlässigende Rolle. Ähnliches gilt für die Rückbildung dieses Verformungsanteils. Zwar geschieht diese „freiwillig", kommt jedoch durch thermisch induzierte Bewegung zustande, der wiederum die genannten Widerstände entgegenwirken.

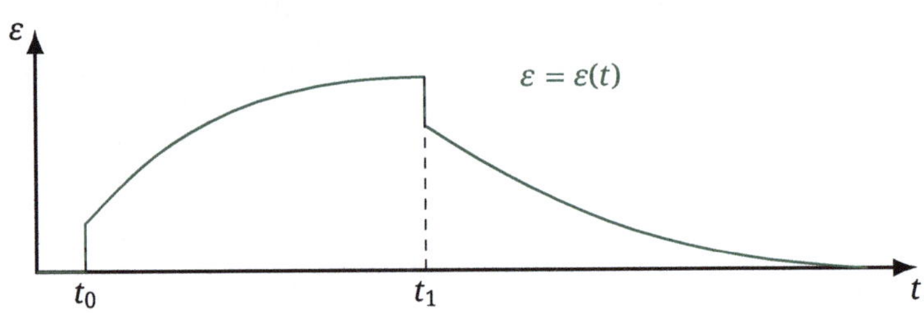

Bild 3.29 Zeitverzögerte Deformation mit anschließender Rückverformung nach Entlastung

Kommt es im Kriechversuch nicht zum plastischen Fließen, geht die makroskopische Deformation demnach nach Entlastung zu einem Zeitpunkt t_1 nach hinreichend langer Zeit wieder auf null zurück, wie Bild 3.29 veranschaulicht.

Bei Überschreiten einer kritischen mechanischen Last kommt es zum gegenseitigen Abgleiten der Verknüpfungspunkte zwischen den Molekülen, den sog. *Verschlaufungen.*[32] Man spricht auch vom *plastischen Fließen*. Dieser Verformungsmechanismus entspricht dem einer Flüssigkeit. Für sich alleine betrachtet ist das Fließen vollständig irreversibel, die bestimmende Materialgröße ist die Viskosität (vgl. auch Unterunterabschnitt 3.1.5.3). Tritt Fließen ein, verbleibt eine endliche Restverformung nach Entlastung.

Die Beweglichkeit der Moleküle hängt stark von der Temperatur ab. Somit ist leicht einzusehen, dass der viskoelastische Anteil der Verformung sich bei höheren Temperaturen schneller entwickelt, als in der Kälte. Diese Temperaturabhängigkeit lässt sich für komplexe Systeme wie Polymere nicht exakt analytisch darstellen. Für praktische Belange wird daher der Kriechversuch typischerweise bei unterschiedlichen Temperaturen durchgeführt. Daraus lässt sich in begrenztem Rahmen und mit „moderater" Genauigkeit das Kriechverhalten bei weiteren, höheren Temperaturen bzw. bei längeren Belastungszeiten abschätzen. Eine quantitative (vertrauenswürdige) Extrapolation gelingt jedoch in der Regel nur im sog. linear-viskoelastischen Bereich (vgl. Unterunterabschnitt 3.1.5.4).

3.1.5.2 Entspannen – Relaxieren

Eine weitere Möglichkeit, um das viskoelastische Verhalten zu charakterisieren, ist der sog. *Spann-* oder *Relaxationsversuch*. In dieser Anordnung wird zum Zeitpunkt $t = 0$ statt einer zeitlich konstanten Spannung eine konstante Deformation vorgegeben und der zeitliche Verlauf der Spannung gemessen, wie Bild 3.30 illustriert.

Die praktische Relevanz dieser Anordnung kann leicht eingesehen werden, wenn wir an Schnapp-, Klemm- oder Schraubenverbindungen denken, bei denen die Verbindungspartner eine zeitlich unveränderliche Geometrie bzw. Deformation einnehmen.

Zum Zeitpunkt des Verbindens wird sich im Material eine mechanische Spannung σ gemäß der Deformation und dem E-Modul einstellen (Bild 3.30 unten). Auch hier sollen etwaige Einschwingvorgänge vernachlässigt werden. Die (instantane) Spannungsantwort kommt also alleine von der elastischen Deformation.

Im Gegensatz zum Kriechversuch (Bild 3.27) bewirkt die einsetzende zeitverzögerte Deformation der Moleküle jedoch einen kontinuierlichen Abfall der Spannung.

32 Bei Molekülen, die untereinander chemisch vernetzt sind (z. B. bei Duroplasten), ist ein Abgleiten nur in einem vergleichsweise geringen Maß möglich. Allerdings kann das Fließen bei diesen Materialien auch nicht unter allen Umständen vernachlässigt werden.

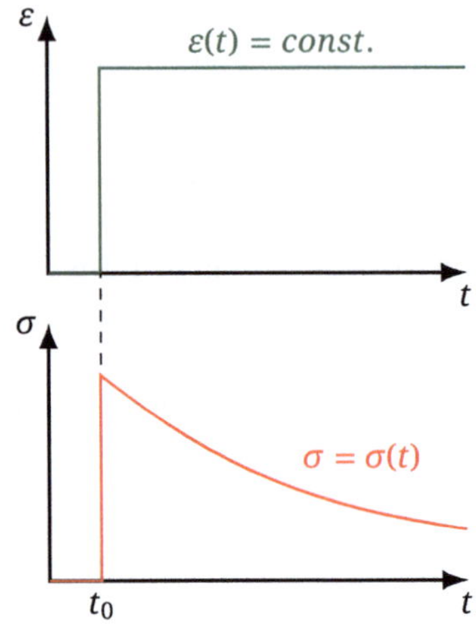

Bild 3.30 Schematische Darstellung des Relaxationsversuchs

Die Ursache für den Abfall der Spannung finden wir wiederum in der Umlagerung von Molekülsegmenten. Wenn es darüber hinaus zu Verschiebungen von Verschlaufungen kommt, kann die Spannung nach hinreichend langer Zeit auf null abfallen. Ist dies nicht der Fall, bleibt zumindest ein gewisser Anteil der Spannung so lange erhalten, bis die aufgeprägte Deformation wieder weggenommen wird. Je weniger Fließen stattfindet, umso größer ist die „Restspannung“ nach langer Zeit.

Es sollte erwähnt werden, dass die Durchführung des Relaxationsversuchs im Gegensatz zum Kriechversuch ungleich schwieriger ist. Daher wird dieser Versuch in der Praxis auch selten durchgeführt. Ersatzweise versucht man, das Ausmaß des Relaxierens aus dem Kriechverhalten zumindest qualitativ abzuleiten.

3.1.5.3 Kriechkurve

Bei einachsiger Belastung wird der elastische Anteil beschrieben durch:

$$\varepsilon_{el} = \frac{\sigma}{E_{el}} \tag{3.32}$$

Der Verformungsanteil, der vollständig irreversibel ist, wird durch die Viskosität η charakterisiert:

$$\varepsilon_{visk} = \sigma \frac{t}{\eta} \tag{3.33}$$

Dabei ist η die Viskosität. Für $T < T_G$ gilt bei Festkörpern $\eta \to \infty$ und daher $\varepsilon_{visk} \to 0$. Dies bedeutet, dass die Deformation für $t \to \infty$ gegen einen konstanten Wert läuft.

Die Gesamtdeformation setzt sich dann aus den Anteilen nach Formel 3.32 und Formel 3.33 sowie dem zeitverzögerten Anteil additiv zusammen. Letzterer lässt sich in der Regel nicht analytisch darstellen. Er kann jedoch aus Messdaten durch Subtraktion des elastischen und des viskosen Anteils von der Gesamtdeformation $\varepsilon(t)$ gewonnen werden. Eine alternative Möglichkeit zur Darstellung des viskoelastischen Anteils ist die Modellierung mittels mechanischer Ersatzmodelle, wie in Unterunterabschnitt 3.1.5.5 gezeigt wird.

Bild 3.31 zeigt die sog. *Kriechkurve*. In ihr sind die drei Anteile der Deformation durch gestrichelte Linien voneinander getrennt. An der Ordinate ist neben der Deformation ε noch eine weitere Größe angetragen, die sog. *Kriechnachgiebigkeit* $J(t)$ [3.12], häufig auch als *Kriechfunktion* bezeichnet.

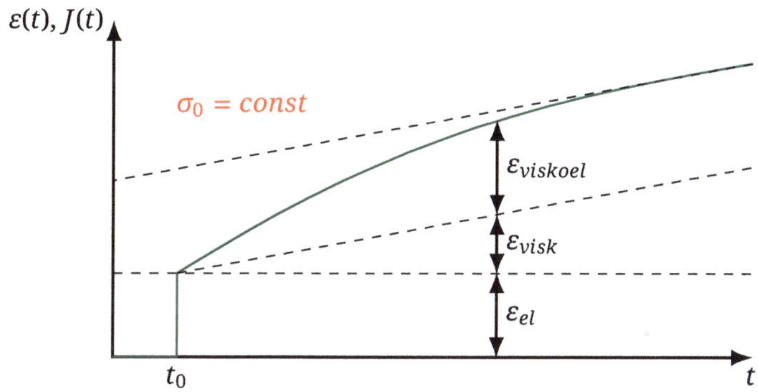

Bild 3.31 Kriechkurve

Sie ist definiert als

$$J(t) = \frac{\varepsilon(t)}{\sigma_0} \tag{3.34}$$

wobei σ_0 eine zeitlich konstante Spannung darstellt. Die Kriechnachgiebigkeit hat die Dimension eines inversen Moduls. Für den Wertebereich der Kriechfunktion lässt sich festhalten, dass sie positiv und monoton wachsend ist [3.15], also:

$$\left.\begin{aligned} J(t) &> 0 \\ \dot{J}(t) &\geq 0 \end{aligned}\right\} \text{ für } 0 \leq t < \infty \tag{3.35}$$

Nähern wir uns von rechts dem Zeitpunkt t_0, erhalten wir den sog. *Momentanwert* J_0 der Kriechnachgiebigkeit

$$J_0 = \lim_{t \longrightarrow +t_0} J(t) \tag{3.36}$$

Die Größe J_0 stellt also einen materialspezifischen, zeitunabhängigen Wert dar. Da $J(t) > 0$, folgt, dass $J_0 > 0$, d.h. jeder Körper weist eine endliche Anfangsnachgiebigkeit auf, die ohne Zeitverzögerung eintritt.

Der Momentanwert der Kriechnachgiebigkeit lässt sich experimentell nicht ermitteln, da das Materialverhalten zum Zeitpunkt t_0 von Einschwingvorgängen dominiert wird, die erst nach einer gewissen Zeit hinreichend abgeklungen sind. Auch eine Extrapolation führt in der Regel nicht zum Erfolg.

Die vollständige Kriechfunktion lässt sich formal folgendermaßen darstellen:

$$J(T) = J_0 + \Psi(t) + \frac{t}{\eta_0} \tag{3.37}$$

Die neu eingeführte Größe $\Psi(t)$ repräsentiert den zeitverzögerten, vollständig reversiblen Anteil der Deformation, der Term t/η_0 den vollständig irreversiblen aus Formel 3.33. Aus mathematischen Überlegungen, die an dieser Stelle nicht näher diskutiert werden sollen (s. hierzu [3.15] und Unterunterabschnitt 3.1.5.5), kann die verzögerte Nachgiebigkeit mittels des Integrals

$$\Psi(t) = \int_0^\infty f(\tau)(1 - e^{-t/\tau})d\tau \tag{3.38}$$

ausgedrückt werden. Die Zeit τ entspricht dabei einer sog. *Retardationszeit* und die Funktion $f(\tau)$ einem sog. *Retardationsspektrum*, also einer (kontinuierlichen) Verteilung der Retardationszeiten. Diese Zeiten drücken das Ausmaß der zeitlichen Verzögerung der Verformung aus. Eine pragmatische Sichtweise ist es, jedem Molekül oder Molekülabschnitt, eine eigene Retardationszeit zuzuordnen, die auf die jeweilige Länge, die Orientierung zur Belastungsrichtung, die Behinderung durch andere Moleküle bzw. Abschnitte, etc., zurückzuführen ist. Mit Hilfe dieser einzelnen „Elemente" und ihrer charakteristischen Zeiten, können wir dann versuchen, den zeitverzögerten, reversiblen Anteil modellhaft zu erfassen. Näheres dazu erfolgt in Unterunterabschnitt 3.1.5.5.

Analog zur Kriechnachgiebigkeit wird der sog. *Relaxationsmodul* $E_r(t)$[33] gemäß

$$E_r(t) = \frac{\sigma(t)}{\varepsilon_0} \tag{3.39}$$

aus dem Spannversuch gewonnen, wenn ε_0 eine vorgegebene konstante Deformation ist [3.15]. Für den Relaxationsmodul können wir festhalten:

$$\left.\begin{array}{l} E_r(t) \geq 0 \\ \dot{E}_r(t) \leq 0 \end{array}\right\} \text{für } 0 \leq t < \infty \tag{3.40}$$

33 Hierbei sollte der Index „r" (für Relaxation) nicht vergessen werden, um eine Verwechslung mit dem zeitunabhängigen Elastizitätsmodul E auszuschließen.

$E_r(t)$ ist also eine monoton abnehmende Funktion, die ihren Maximalwert zum Zeitpunkt t_0 annimmt, also in dem Moment, in dem die Deformation aufgebracht wird (vgl. Bild 3.30). Der Grenzwert des Relaxationsmoduls am Zeitpunkt t_0 wird als *Momentanwert* des Moduls $E_{r,0}$ bezeichnet:

$$E_{r,0} = \lim_{t \to +t_0} E_r(t) \tag{3.41}$$

Sowohl der Relaxationsmodul als auch die Kriechnachgiebigkeit folgen unter den beschriebenen Bedingungen der jeweiligen Antwortfunktion aus dem Spann- bzw. Kriechversuch, da sie ja lediglich durch einen zeitlich konstanten Wert geteilt werden. Die Motivation zur Bildung der beiden Funktionen $J(t)$ und $E_r(t)$ ist eine von der Geometrie des Prüfkörpers und der Höhe der Belastung unabhängige Darstellung des Materialverhaltens.

3.1.5.4 Lineare Viskoelastizität

Die in Unterunterabschnitt 3.1.5.2 beschriebenen Versuche lassen sich generell für jede beliebige vorgegebene Deformation respektive Spannung durchführen. In der Regel ist eine analytische Beschreibung jedoch nur im Bereich kleiner Deformationen möglich, im Bereich der sog. *linearen Viskoelastizität*. Der Begriff „linear" bezieht sich hierbei auf den Umstand, dass in diesem Bereich die zeitverzögerte Deformation im Kriechversuch bzw. die zeitverzögerte Relaxation im Spannversuch jeweils mit ihrer Vorgabe skalieren. Bild 3.32a und Bild 3.32b verdeutlichen die Zusammenhänge zwischen Vorgabe und Antwort.

Wie bereits erwähnt ist dieses Verhalten auf einen sehr kleinen Bereich beschränkt. Typischerweise liegen die maximalen Deformationen, bei denen linear-viskoelastisches Verhalten vorliegt, unter 1 %. In vielen Anwendungsfällen werden diese Deformationen aber nicht überschritten, sodass die praktische Relevanz nicht zu vernachlässigen ist. Insbesondere lässt sich im Bereich der linearen Viskoelastizität das sog. BOLTZMANNsche Superpositionsprinzip anwenden, das in Unterunterabschnitt 3.1.5.6 näher erläutert wird.

3.1.5.5 Viskoelastische Modelle – Ersatzschaltbilder

Ersatzschaltbilder werden in der Physik und der Technik vielfältig dazu verwendet, mehr oder weniger abstrakte Umstände zu verdeutlichen, Zusammenhänge zwischen unterschiedlichen physikalischen Domänen herzustellen und nicht zuletzt, um die Modellbildung zu visualisieren und damit zu vereinfachen.

In Unterunterabschnitt 3.1.5.3 haben wir herausgearbeitet, dass sich die Deformation bzw. die Kriechnachgiebigkeit eines viskoelastischen Materials formal in drei Anteile zerlegen lässt: einen vollständig reversiblen, zeitlich unabhängigen Anteil, einen

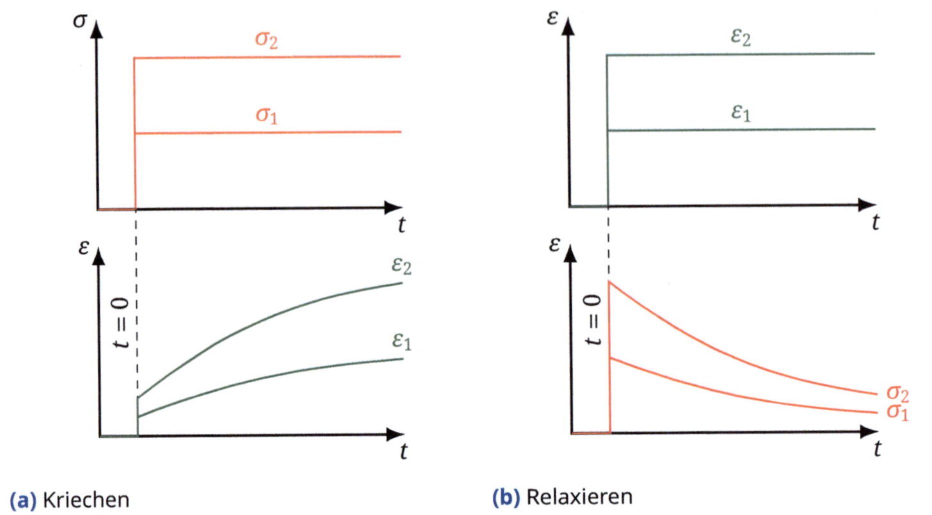

Bild 3.32 Vorgabe und Antwort im Bereich der linearen Viskoelastizität

vollständig irreversiblen, zeitlich abhängigen Anteil und einen reversiblen, zeitlich verzögerten Anteil.

Bei der Verwendung von Ersatzschaltbildern wird der reversible Anteil durch eine lineare Feder, das sog. HOOKE-Element (Bild 3.33a), symbolisiert, die der einfachen Differentialgleichung (vgl. auch Formel 3.1 in Unterabschnitt 3.1.1)

$$F = c\,x \tag{3.42}$$

folgt, bei der c die Federsteifigkeit, x den Federweg und F die Federkraft darstellen.

Der viskose, irreversible Anteil wird durch einen Dämpfer (NEWTON-Element) (Bild 3.33b) dargestellt. Die zugehörige Differentialgleichung lautet

$$F = \eta\,\dot{x} \tag{3.43}$$

Die Größe η steht hier für den charakteristischen Reib- bzw. Fließwiderstand. des Dämpfers, $\dot{x}$ ist die Verformungs- bzw. Fließgeschwindigkeit.[34)]

Diese beiden Modelle sind dazu geeignet, ideal elastisches bzw. ideal viskoses Verhalten zu beschreiben. Für viskoelastisches Materialverhalten existiert kein elementares

34 Der Reibwiderstand wird hier als konstant angenommen. In realen Stoffen kann sich der Fließwiderstand mit der Zeit oder der Fließgeschwindigkeit verändern.

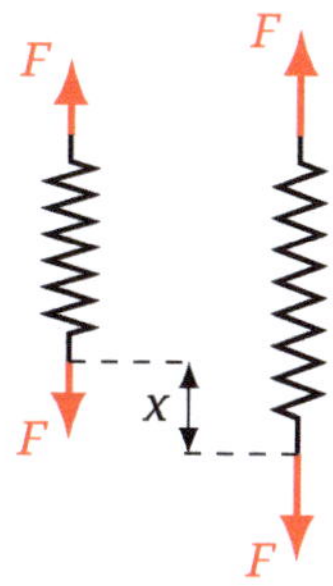

(a) HOOKE-Element

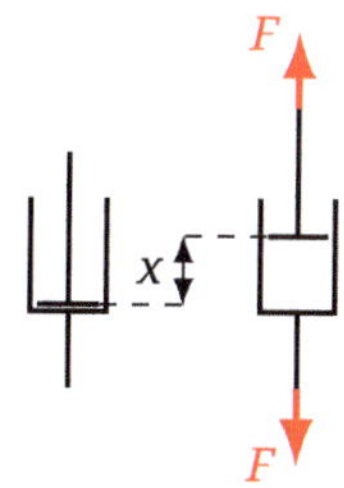

(b) NEWTON-Element

Bild 3.33 Elementare Ersatzschaltbilder

Ersatzschaltbild. Durch Kombination von Feder und Dämpfer gelingt jedoch auch die Darstellung und damit die Modellierung und Quantifizierung zeitverzögerter elastischer Deformationsanteile. Grundsätzlich lassen sich beliebig viele Federn und Dämpfer miteinander kombinieren. Zunächst wollen wir aber zwei grundlegende Fälle betrachten, nämlich die Parallel- und die Reihenschaltung einer Feder mit einem Dämpfer.[35)]

1. Reihenschaltung: MAXWELL-Element

   Bild 3.34 zeigt die Reihenschaltung einer Feder und eines Dämpfers, wie sie oben beschrieben wurden. Dieses grundlegende Modell heißt MAXWELL-Element oder auch MAXWELL-Körper.

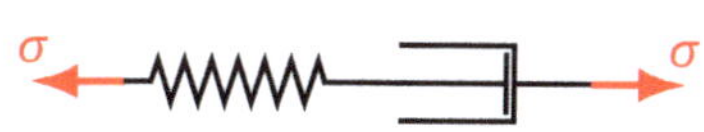

Bild 3.34 MAXWELL-Element

   Wir ersetzen die Kraft F hier durch die Zugspannung σ, die auf den MAXWELL-Körper wirkt, die Längenänderung x durch die lineare Dehnung ε und die Geschwindigkeit $\dot{x}$ durch die Dehnrate $\dot{\varepsilon}$. Sei die aufgeprägte Spannung σ für $t < t_0$ gleich null, für $t_0 \leq t < t_1$ gleich einer konstanten Spannung σ_0 und für $t > t_1$ wiederum gleich null. Dann erhalten wir den korrespondierenden Dehnungsverlauf in Bild 3.35.

   Zum Zeitpunkt t_0 verlängert sich die Feder instantan[36)] um den Betrag ε_0, daran schließt sich ein linearer Anstieg der Deformation an. Wird die Spannung bei t_1

35) Es sollte nicht unerwähnt bleiben, dass noch ein weiteres Grundmodell zur Modellierung des mechanischen Verhaltens existiert: das sog. ST. VENANT-Element, das den Übergang von Haft- zu Gleitreibung charakterisiert. In der Beschreibung der Viskoelastizität der Polymere findet es jedoch in der Regel keine Verwendung.

36) Einschwingvorgänge, wie sie in der Realität auftreten, sollen wiederum nicht berücksichtigt werden.

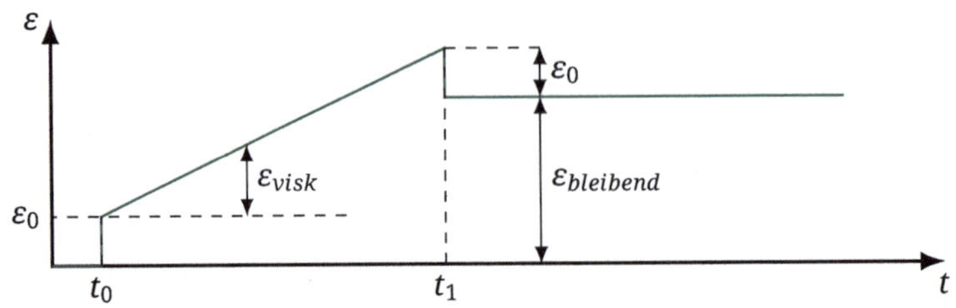

Bild 3.35 Kriecherholung des MAXWELL-Körpers

wieder weggenommen, bildet sich der elastische Verformungsanteil unmittelbar zurück, der bis dahin entstandene viskose Anteil ε_{visk} bleibt vollständig erhalten.

Für die mathematische Beschreibung dieser Anordnung halten wir fest, dass die Spannung σ in allen drei Bereichen entweder Null oder zeitlich konstant ($\sigma = \sigma_0$) ist und die Feder dem HOOKschen Gesetz $\varepsilon_0 = \sigma / E$ gehorcht.

Für die Dehngeschwindigkeit $\dot{\varepsilon}_{visk}$ des Dämpfers für $t_0 \leq t < t_1$ folgt aus Formel 3.43:

$$\dot{\varepsilon}_{visk} = \frac{\sigma_0}{\eta} \tag{3.44}$$

Die Gesamtdeformation des MAXWELL-Körpers während $t_0 \leq t < t_1$ ist die Summe der Einzeldeformationen, also:

$$\varepsilon_{gesamt} = \varepsilon_0 + \varepsilon_{visk} = \frac{\sigma_0}{E} + \sigma_0 \int_{t_0}^{t} \frac{1}{\eta}\, dt \tag{3.45}$$

Falls η nicht von der Zeit abhängt, vereinfacht sich Formel 3.45 zu

$$\varepsilon_{gesamt} = \sigma_0 \left(\frac{1}{E} + \frac{t - t_0}{\eta} \right) \tag{3.46}$$

Die verbleibende Deformation nach Wegnahme der Spannung, also für $t > t_1$, ist dann:

$$\varepsilon_{bleibend} = \sigma_0 \frac{t_1 - t_0}{\eta} \tag{3.47}$$

2. Parallelschaltung: KELVIN-Element

   Das KELVIN-Element besteht aus einer Feder und einem Dämpfer, die parallel miteinander verbunden sind (s. Bild 3.36).

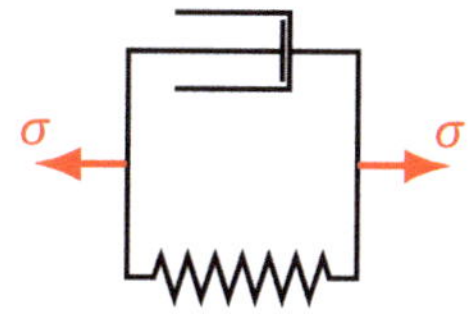

Bild 3.36 KELVIN-Element

Auch für diesen Körper wollen wir den Zusammenhang zwischen Deformation und Spannung in Abhängigkeit von der Zeit diskutieren. Die Deformationen der Feder und des Dämpfers sind identisch. Sei auch in diesem Fall die aufgeprägte Spannung für $t < t_0$ gleich null und für $t_0 \leq t$ gleich σ_0. Dann gilt für die Gesamtspannung ab dem Zeitpunkt t_0:

$$\sigma_{gesamt} = \sigma_{Feder} + \sigma_{Dämpfer} = \sigma_0 \tag{3.48}$$

Die Spannung in der Feder können wir mit dem HOOKEschen Gesetz beschreiben:

$$\sigma_{Feder}(t) = E\,\varepsilon(t) \tag{3.49}$$

Für den Dämpfer erhalten wir aus Formel 3.43

$$\sigma_{Dämpfer}(t) = \eta\,\dot{\varepsilon} \tag{3.50}$$

Hierbei wollen wir die Viskosität η wiederum als konstant betrachten.

Setzen wir Formel 3.49 und Formel 3.50 in Formel 3.48 ein, dann ergibt sich also:

$$\sigma_0 = E\,\varepsilon(t) + \eta\,\dot{\varepsilon} \tag{3.51}$$

Die Deformationsgeschwindigkeit des KELVIN-Körpers hängt von der Viskosität und dem E-Modul ab. Anhand dieser Größen kann eine charakteristische Zeit τ definiert werden:

$$\tau = \frac{\eta}{E}. \tag{3.52}$$

Die Größe τ wird als *Retardationszeit* bezeichnet (s. Unterunterabschnitt 3.1.5.3). Verwenden wir τ, um die Viskosität in Formel 3.50 zu ersetzen, folgt für die Gesamtspannung:

$$\sigma_0 = E\varepsilon + \tau\,E\,\dot{\varepsilon} = E(\varepsilon + \tau\dot{\varepsilon}) \text{ bzw. } \frac{\sigma_0}{E} = \varepsilon + \tau\dot{\varepsilon} \tag{3.53}$$

Bei dieser Beziehung handelt es sich um eine inhomogene Differentialgleichung 1. Ordnung mit dem allgemeinen Lösungsansatz $\varepsilon = \varepsilon_{hom} + \varepsilon_{part}$ (z. B. [3.3]), wobei ε_{hom} der Lösung der homogenen Differentialgleichung entspricht und ε_{part} einer partikulären Lösung.

Die Lösung lautet:

$$\varepsilon = \underbrace{C\,e^{-(t-t_0)/\tau}}_{\varepsilon_{hom}} + \underbrace{\frac{\sigma_0}{E}}_{\varepsilon_{part}} \tag{3.54}$$

Die Konstante C bestimmen wir aus der Anfangsbedingung $\varepsilon(t = t_0) = 0$ zu $C = -\frac{\sigma_0}{E}$. Damit lautet die vollständige Lösung:

$$\varepsilon = \frac{\sigma_0}{E}\left(1 - e^{-(t-t_0)/\tau}\right) \tag{3.55}$$

Bild 3.37 Deformation des KELVIN-Körpers bei konstanter Spannung

Da der Wert der Exponentialfunktion für $t \to \infty$ null wird, strebt die Deformation bei langen Zeiten einem Grenzwert entgegen, der gerade der HOOKEschen Dehnung der Feder σ_0/E entspricht (vgl. Bild 3.37).

Wir wollen nun im nächsten Schritt überlegen, was geschieht, wenn wir die aufgeprägte Spannung σ_0 zu einem Zeitpunkt $t_1 > t_0$ wieder wegnehmen. Die Betrachtung von Bild 3.36 legt nahe, dass die Deformation des Elements mit zeitlicher Verzögerung wieder vollständig zurückgehen wird. Das Ausmaß der Verzögerung hängt wiederum von den charakteristischen Kennwerten der Feder und des Dämpfers ab und kann daher wieder über die Retardationszeit τ beschrieben werden.

Wir beginnen ausgehend von Formel 3.48 und setzen die linke Seite gleich null:

$$0 = \sigma_{Feder} + \sigma_{Dämpfer} \tag{3.56}$$

Es gilt also $\sigma_{Feder} = -\sigma_{Dämpfer}$, d. h. während der Rückdeformation kompensieren sich die beiden Spannungsanteile: In der Feder herrscht Zug und im Dämpfer Druck.

Wir können dann die homogene Lösung der Differentialgleichung 3.53 verwenden, um die Deformation zu beschreiben. Zum Zeitpunkt $t = t_1$ entspricht die Dehnung $\varepsilon(t_1) = \sigma(t_1)/E$, somit lautet die Formel für die Rückdeformation

$$\varepsilon_{rück} = \frac{\sigma(t_1)}{E} e^{-(t-t_1)/\tau} \tag{3.57}$$

Bild 3.38 Rückdeformation des KELVIN-Körpers

Der Verlauf der Rückdeformation ist in Bild 3.38 dargestellt. Start ist der Zeitpunkt t_1, zu dem das KELVIN-Element eine endliche Dehnung aus der vorangegangenen Belastung aufweist. Anschließend nähert sich die Deformation gemäß Formel 3.57 asymptotisch dem Wert null.

Das MAXWELL- und das KELVIN-Element für sich genommen, können beide nicht vollständig den experimentell beobachteten Verlauf aus Bild 3.27 beschreiben. Kombinieren wir aber beispielsweise das KELVIN-Element mit einer in Reihe geschalteten Feder, erhalten wir das Ersatzmodell in Bild 3.39.

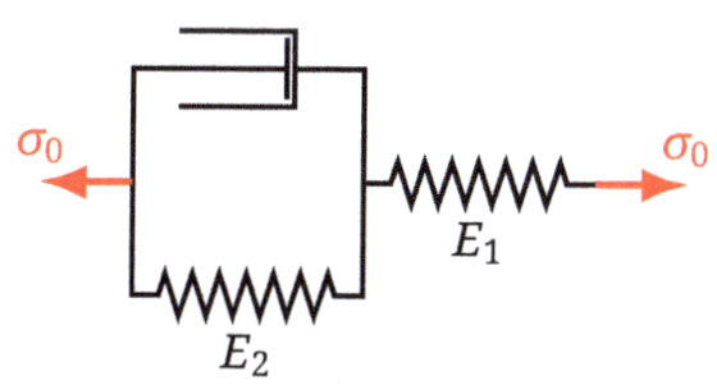

Bild 3.39 KELVIN-Element mit in Reihe geschalteter Feder

Die Feder in Reihe soll den E-Modul E_1 aufweisen, die Feder im KELVIN-Körper den Modul E_2. Mit $\tau = \eta/E_2$ erhalten wir dann für die Gesamtdeformation ε_{ges} zu Zeiten $t \geq t_0$:

$$\varepsilon_{ges} = \varepsilon_{Feder\,1} + \varepsilon_{\text{KELVIN}} = \sigma_0 \left[\frac{1}{E_1} + \frac{1}{E_2}\left(1 - e^{-(t-t_0)/\tau}\right)\right] \tag{3.58}$$

Der zugehörige Verlauf für $0 < t < \infty$ findet sich in Bild 3.40.

Offensichtlich trifft dieses einfache Ersatzmodell zumindest qualitativ den im Kriechexperiment beobachteten Verlauf, der in Unterunterabschnitt 3.1.5.3 diskutiert wurde.

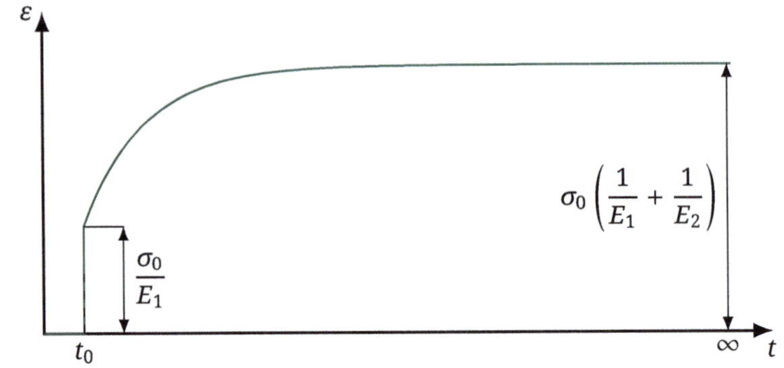

Bild 3.40 Deformation des KELVIN-Körpers mit in Reihe geschalteter Feder bei konstanter Spannung

Durch weitere Kombinationen von Elementen und Körpern können vielfältige Varianten des mechanischen Materialverhaltens modelliert werden. Beispielsweise hätte ein in Reihe geschalteter Dämpfer in Bild 3.40 einen irreversiblen Deformationsanteil zur Folge.[37)] Ein derartiges Modell wäre in der Lage, das Verhalten einer Polymerschmelze zu beschreiben, die neben rein viskoser Deformation auch eine gewisse Elastizität aufweist.

Soll reales Verhalten beschrieben werden, sind jedoch eine Vielzahl von unterschiedlichen Federn, Dämpfern und deren Kombinationen notwendig und demzufolge eine Vielzahl an Moduli und Viskositäten bzw. charakteristischen Zeiten. Die Bestimmung dieser Werte ist mit einem hohen experimentellen Aufwand verbunden. Außerdem kann in realen Systemen nicht davon ausgegangen werden, dass die linearen Zusammenhänge für den Dämpfer und die Feder (Formel 3.42 und Formel 3.43) über die gesamte Deformation gültig sind (vgl. auch Bild 3.4 in Unterabschnitt 3.1.1). Somit gelingt eine exakte Abbildung des realen Materialverhaltens mithilfe der Ersatzmodelle nur in seltenen Fällen und insbesondere nur im linear-viskoelastischen Bereich (vgl. Unterunterabschnitt 3.1.5.4), der durch verhältnismäßige kleine Deformationen gekennzeichnet ist. Für grundsätzliche Fragestellungen und insbesondere für die Simulation sind die Ersatzmodelle jedoch häufig im Einsatz, vor allem wegen ihrer Anschaulichkeit und der verhältnismäßig einfachen mathematischen Zusammenhänge.

3.1.5.6 Superposition

Im linear-viskoelastischen Bereich gilt das sog. BOLTZMANNsche *Superpositionsprinzip*.[38)] Es besagt in Worten, dass eine Sequenz von n unterschiedlich großen zeitabhängigen Spannungen σ_i, die auf einen Probekörper wirken, eine Gesamtdeformation

37 Das erhaltene Modell entspricht dann der Kombination von einem MAXWELL- mit einem KELVIN-Modell.

38 Das Prinzip wurde von Ludwig Boltzmann im Jahre 1874 aufgestellt [3.15].

ε_{ges} hervorrufen, die der Summe der Einzeldeformationen ε_i entspricht, die durch die einzelnen Spannungen für sich entstanden wären. Anders formuliert, ist der Deformationsbeitrag, der durch eine momentane Last hervorgerufen wird, nicht von der vorangegangen Beanspruchung abhängig. In mathematischer Schreibweise ist die Darstellung wie folgt:

$$\left.\begin{array}{c}\sigma_1(t) \longrightarrow \varepsilon_1(t)\\ \sigma_2(t) \longrightarrow \varepsilon_2(t)\\ \vdots \\ \sigma_n(t) \longrightarrow \varepsilon_n(t)\end{array}\right\} \Rightarrow \sum_{i=1}^{n} \sigma_i(t) \longrightarrow \sum_{i=1}^{n} \varepsilon_i(t) = \varepsilon_{ges}(t) \tag{3.59}$$

Gehen wir zunächst davon aus, dass sich die Spannung σ zu diskreten Zeitpunkten $t_i < t$ sprunghaft ändert mit $i = 0,1,2,\ldots$ und $\sigma(t_i) = \sigma_i$. Dann erhalten wir für die Deformation zum Zeitpunkt t [3.14]:

$$\varepsilon(t) = \sigma_0 J(t - t_0) + (\sigma_1 - \sigma_0)J(t - t_1) + \ldots + (\sigma_i - \sigma_{i-1})J(t - t_i) + \ldots \tag{3.60}$$

Dabei entspricht J der Kriechfunktion (vgl. Unterunterabschnitt 3.1.5.3), d. h. einem inversen, zeitabhängigen Modul. Die jeweiligen Deformationsbeiträge ergeben sich also aus dem Produkt des aktuellen Spannungsbeitrags mit dem momentanen Wert der Kriechfunktion.

Für den allgemeinen Fall einer stückweise stetigen Spannungsfunktion $\sigma(t')$ mit $-\infty < t' < t$ folgt in Integralschreibweise:

$$\varepsilon(t) = \int\limits_{\sigma(-\infty)}^{\sigma(t)} J(t - t')d\sigma(t') \tag{3.61}$$

Die untere Grenze ist ein Zeitpunkt, der unendlich weit in der Vergangenheit liegt, und zu dem alle Belastungen verschwinden. Damit ist sichergestellt, dass die vollständige Belastungshistorie berücksichtigt wird.

Ersetzen wir $d\sigma(t')$ mit $dt'\,\dot{\sigma}(t')$, erhalten wir alternativ:

$$\varepsilon(t) = \int\limits_{-\infty}^{t} J(t - t')\dot{\sigma}(t')dt' \tag{3.62}$$

Dabei ist $\dot{\sigma}(t')$ die Ableitung nach t'. Durch partielle Integration (siehe z. B. [3.3]) wird aus Formel 3.62:

$$\varepsilon(t) = J_0\sigma(t) + \int_{-\infty}^{t} \dot{J}(t-t')\sigma(t')dt' \tag{3.63}$$

Die Größe J_0 steht dabei für den Momentanwert der Kriechnachgiebigkeit (vgl. Unterunterabschnitt 3.1.5.3).

Für eine bildliche Darstellung des Superpositionsprinzips greifen wir wieder auf eine idealisiert stufenförmig erhöhte Spannung zurück, die an dem KELVIN-Modell mit nachgeschalteter Feder aus Bild 3.39 anliegt.

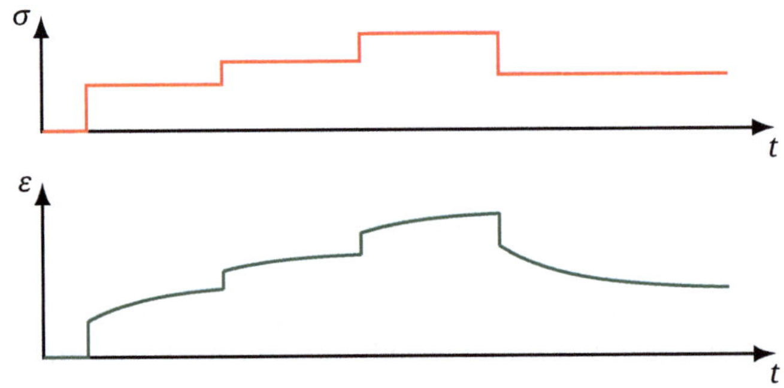

Bild 3.41 Darstellung des BOLTZMANNschen Superpositionsprinzips am Beispiel eines KELVIN-Körpers mit nachgeschalteter Feder

Jeder Sprung in der Spannung in Bild 3.41 zieht einen weiteren instantanen (elastischen) und einen zeitverzögerten Deformationsanteil nach sich. Wird die Spannung gegenüber der vorangegangenen Stufe erniedrigt, erfolgt dementsprechend eine Rückdeformation.

Analog zu den Überlegungen für die Deformation lässt sich die zeitlich veränderliche Spannung zu einem gegebenen Deformationsverlauf folgendermaßen formulieren:

$$\sigma(t) = E_{r,0}\,\varepsilon(t) + \int_{-\infty}^{t} \dot{E}_r(t-t')\varepsilon(t')dt' \tag{3.64}$$

3.1.5.7 Viskoelastisches Verhalten unter dynamischer Belastung

Vielfach ist die reale Last nicht statisch oder tritt in Form diskreter Sprünge auf, sondern folgt einem[39] periodischen Verlauf (s. auch Unterunterabschnitt 3.1.3.2).

39 ...mehr oder weniger...

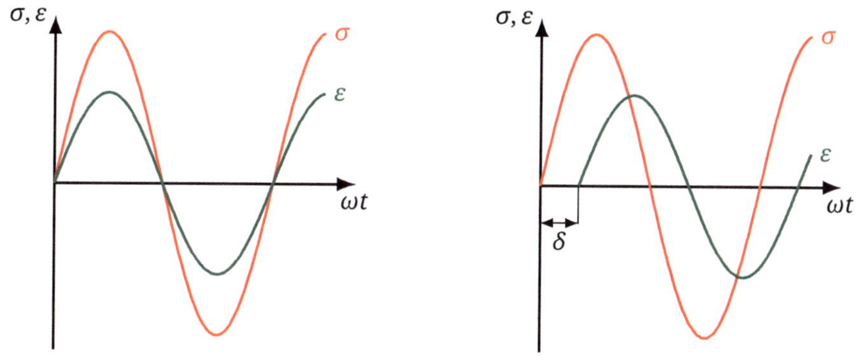

(a) Linear-elastischer Festkörper **(b)** Linear-viskoelastischer Festkörper

Bild 3.42 Spannungs- und Deformationsverlauf bei sinusförmiger Anregung

Gehen wir von einer erzwungenen Schwingung mit vorgegebener Spannung aus. Bei einem linear-elastischen Festkörper beobachten wir dann zu einem sinusförmigen Spannungsverlauf mit der Amplitude σ_{max} und der Kreisfrequenz ω einen Deformationsverlauf, der in Phase schwingt (Bild 3.42a). Dieses Verhalten finden wir bei einem ideal elastischen Material, da die Deformation ohne zeitliche Verzögerung der Vorgabe folgt.

Das Verhalten eines viskoelastischen Materials unter den o. g. Bedingungen ist in Bild 3.42b dargestellt. Die Deformation folgt der Spannung mit einer zeitlichen Verzögerung, die wir über den *Phasenwinkel* δ[40] ausdrücken.

Die Amplitude ε_{max} der Deformation ist mit σ_{max} über die Beziehung

$$|E^*| = \frac{\sigma_{max}}{\varepsilon_{max}} \tag{3.65}$$

verknüpft. Im rein elastischen Fall entspricht E^* dem HOOKEschen E-Modul, d. h. zu jedem Zeitpunkt ist das Verhältnis zwischen Spannung und Deformation gleich groß.

Im viskoelastischen Fall bezeichnet E^* den *komplexen Modul*. Er setzt sich aus einem *Speicheranteil* E' und einem *Verlustanteil* E'' zusammen:

$$E^* = E' + i\,E'' \tag{3.66}$$

wobei $E'(\omega) = |E^*| \cos\delta$ und $E''(\omega) = |E^*| \sin\delta$ entspricht. Weiterhin gilt:

$$\tan\delta = \frac{E''(\omega)}{E'(\omega)} \tag{3.67}$$

40 Teilen wir δ durch ω, erhalten wir die zeitliche Verzögerung zwischen den beiden Signalen.

Der Speichermodul repräsentiert den elastischen Anteil bzw. die Steifigkeit eines viskoelastischen Materials, während der Verlustmodul den viskosen Anteil darstellt, also ein Maß für die durch Erhöhung der inneren Energie dissipierte Arbeit bei der dynamischen Verformung. Die Größe tan δ wird als *Verlustfaktor* bezeichnet. Je höher tan δ, umso größer sind die Phasenverschiebung und der nicht-elastische Verformungsanteil.

Trägt man für einen amorphen Thermoplasten die beiden Anteile des komplexen Moduls, sowie den Verlustfaktor zusammen als Funktion von $1/\omega$ auf, so erhält man schematisch die Darstellung in Bild 3.43.

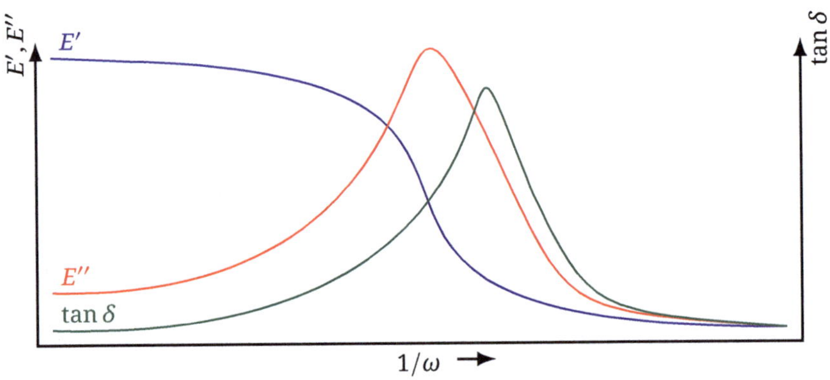

Bild 3.43 Schematischer Verlauf der Speicher- und Verlustmoduli E' und E'', sowie des Verlustfaktors tan δ als Funktion der reziproken Frequenz für einen amorphen Thermoplasten

Betrachten wir zunächst die Form der Kurve für E', so fällt auf, dass sie (qualitativ) der Form des E-Moduls als Funktion der Temperatur entspricht (vgl. Bild 3.26), d. h. an einen moderat fallenden Verlauf im Bereich kleiner reziproker Frequenzen, schließt sich ein steiler Abfall an, gefolgt von einem wiederum mehr oder weniger konstanten Verlauf. Offensichtlich lässt sich also die Temperaturabhängigkeit über die Variation der Belastungsfrequenz[41)] darstellen. Diesen Umstand betrachten wir in Unterunterabschnitt 3.1.5.8 im Detail, wir können jedoch an dieser Stelle festhalten, dass der steile Abfall des Moduls im mittleren Bereich dem Glasübergang zuzuordnen ist.

Für E'' finden wir bei kleinem $1/\omega$ (also bei hohen Frequenzen) einen niedrigen, zunächst konstanten, Verlauf, der ein Maximum im Bereich des Glasübergangs aufweist. Diese charakteristische Kurve ist zu verstehen, wenn wir uns vergegenwärtigen, dass die Molekülsegmente aufgrund ihrer Trägheit nicht in der Lage sind, der von außen aufgeprägten hochfrequenten Oszillation zu folgen. Bei sehr niedrigen Frequenzen

41 Bilden wir den Kehrwert der Frequenz, so lassen sich die Kurven in Bild 3.43 auch als Funktion der Zeit interpretieren.

(also hohem $1/\omega$) wiederum sind die Umlagerungen pro Zeit so selten, dass die Verluste durch innere Reibung und damit der Verlustmodul gering sind. Wir erhalten demnach ein Maximum bei mittleren Frequenzen.

Der Verlustfaktor $\tan\delta$, der ja dem Quotienten aus E'' und E' entspricht, weist einen ähnlichen Verlauf wie E'' auf. Sein Maximum erscheint aber bei kleineren Frequenzen, da der Abfall des Speichermoduls den Anstieg von E'' zunächst überkompensiert.

Wir wollen nun noch auf die Beobachtung eingehen, dass wir insbesondere für den Speichermodul als Funktion der reziproken Frequenz einen analogen Verlauf finden, wie für seine Abhängigkeit von der Temperatur. Dies können wir so interpretieren, dass eine vergleichsweise kurze Belastung bei erhöhter Temperatur eine lange Belastung bei niedriger Temperatur „ersetzen" kann. Eine quantitative Betrachtung dazu erfolgt in Unterunterabschnitt 3.1.5.8.

Auf die Kurven von teilkristallinen Polymeren wollen wir an dieser Stelle nicht weiter eingehen. Es lässt sich jedoch konstatieren, dass eine weitere strukturelle Veränderung, also das Auflösen der Kristallite, aus den gleichen Gründen wie beim Glasübergang zu einem weiteren Maximum im Verlustfaktor führt. Jedoch muss natürlich in diesem Fall auch die eingetragene Energie hoch genug sein, damit die intermolekularen Bindungen gelöst werden können.

Zum Abschluss dieses Abschnitts soll noch auf die Bedeutung der dynamischen Belastung für die Charakterisierung des mechanischen Verhaltens hingewiesen werden. Wenn wir uns vergegenwärtigen, dass je nach Polymer und Temperatur Kriechvorgänge nur sehr langsam vonstatten gehen, und somit bei statischen Versuchen sehr lange Messzeiten resultieren können, bieten dynamische Messungen den Vorteil, dass lange Belastungszeiten durch niedrige Frequenzen abgebildet werden können und umgekehrt. Sehr kurze Zeiten können in der Praxis ebenfalls nur schwer abgebildet werden. Diese werden in der dynamischen Messung durch hohe Frequenzen repräsentiert. In der Regel führt man also eine sog. *Dynamisch-Mechanische Analyse* (kurz DMA) durch, um innerhalb moderater Messzeiten einen möglichst großen Teil der Kriechkurve zu erfassen. Der experimentelle Aufwand ist zwar vergleichsweise hoch, aber es existieren eine Reihe kommerzieller Messapparaturen, die neben der Variation der Frequenz auch die Möglichkeit der Temperierung der Prüfkörper bieten (vgl. auch Bild 3.23).

3.1.5.8 Zeit-Temperatur-Verschiebung

In Unterabschnitt 3.1.4 wurde die Temperaturabhängigkeit des elastischen Moduls insbesondere bei polymeren Werkstoffen diskutiert. Diese ist qualitativ leicht einzusehen, da die Beweglichkeit der Molekülabschnitte erst oberhalb der Glasübergangstemperatur möglich ist, und die innere Energie, die ja wiederum mit der thermisch induzierten Bewegung verknüpft ist, mit steigender Temperatur zunimmt. Weiterhin zeigt Unterunterabschnitt 3.1.5.7, dass die Abhängigkeit des E-Moduls von der Temperatur und von der reziproken Frequenz zu identischen Kurvenformen führen. Es liegt also der Schluss nahe, dass (Kriech-)Vorgänge bei langen Zeiten (bzw. niedrigen Frequenzen) durch Erhöhung der Temperatur zu kürzeren Zeiten (bzw. höheren Frequenzen) verschoben werden können.

Betrachten wir anstelle des E-Moduls die Kriechnachgiebigkeit $J(t)$ (s. Unterunterabschnitt 3.1.5.3), erhalten wir unter noch zu diskutierenden Bedingungen für zwei unterschiedliche Temperaturen T_0 und T die Kriechkurven in Bild 3.44. Der Anstieg der Kurven ist beispielsweise dem Glasübergang zuzuordnen.[42]

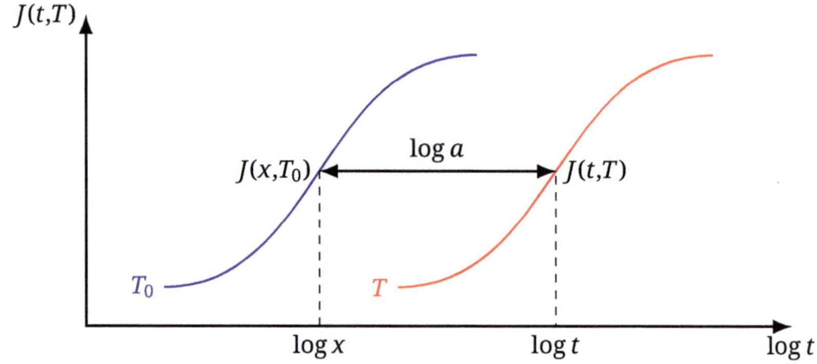

Bild 3.44 Kriechkurven bei zwei unterschiedlichen Temperaturen $T < T_0$ (schematisch nach [3.15])

Wir beobachten, dass die Kurve $J(t,T)$, welche die Zeitabhängigkeit bei der Temperatur T beschreibt, zur Kurve $J(x,T_0)$ bei der Temperatur T_0 parallel verschoben ist. Die Größen x und t sind hierbei die zu den jeweiligen Funktionen gehörigen Zeitvariablen.

Kennen wir also die Zeitabhängigkeit der Funktionen $J(T_0)$ und $J(T)$, können wir daraus die sog. *Zeit-Temperatur-Verschiebungsfunktion* $\log a$ bestimmen. Da $J(t,T) = J(x,T_0)$ ist, lautet die mathematische Beschreibung des Verschiebungsfaktors a:

$$\log a(T,T_0) = \log t - \log x \text{ bzw. } x = \frac{t}{a(T,T_0)} \tag{3.68}$$

Da die Größe x durch die Division der Zeit durch den Verschiebungsfaktor a entsteht, spricht man auch von einer *reduzierten Zeit* und bei der Funktion $J(x, T_0)$ von der *reduzierten Kriechfunktion.*

Analog lässt sich für den dynamischen Fall (vgl. Unterunterabschnitt 3.1.5.7) die reduzierte Frequenz y aus der Kreisfrequenz ω als

$$y = \omega\, a(T,T_0) \tag{3.69}$$

42 Ein analoges Bild würden wir aber auch für den Kristallitschmelzbereich bekommen und für andere Zustandsänderungen, auf die wir im Rahmen dieses Buches nicht eingehen.

definieren.

Das Vorzeichen der Verschiebung ergibt sich aus dem Verhältnis der Temperaturen: Für $T > T_0$ ist $t < x$ und damit ist $\log a < 0$ bzw. $a < 1$.

Aus dem BOLTZMANNschen Superpositionsprinzip folgt, dass die Zeit-Temperatur-Verschiebung neben der Kriechfunktion auch auf Speicher- und Verlustmodul anwendbar ist.

Die oben beschriebene Verschiebung ist nicht uneingeschränkt durchführbar, sondern immer nur für einen bestimmten Relaxationsmechanismus. Beispiele für Relaxationsmechanismen sind die bereits beschriebenen Umlagerungen von Molekülsegmenten oberhalb der Glasübergangstemperatur oder das Aufschmelzen der Kristallite bei teilkristallinen Thermoplasten. Für den letzteren Fall muss zumindest von einer anderen Verschiebungsfunktion ausgegangen werden als für den Glasübergang. Folgt ein Material aber der Zeit-Temperatur-Verschiebung in der dargestellten Weise, spricht man von *thermo-rheologisch einfachem Verhalten.*

Auch bei Polymermischungen oder seitlichen Verzweigungen der Molekülketten lässt sich die Zeit-Temperatur-Verschiebung in der Regel nicht in dieser einfachen Weise anwenden. In derartigen Fällen ist möglicherweise auch eine vertikale Verschiebung notwendig, um das Verhalten bei unterschiedlichen Temperaturen abzubilden.

Es sollte auch nicht verschwiegen werden, dass Bild 3.44 eine Idealisierung darstellt, und dass in der Regel nicht von einer vollständigen Deckungsgleichheit der parallel verschobenen Kurven ausgegangen werden kann.

Für unterschiedliche Zustandsübergänge[43)] sind in der Literatur unterschiedliche empirische Ansätze zur Berechnung der Verschiebungsfunktion beschrieben. Auf diese soll hier im Einzelnen nicht eingegangen werden. Es sei an dieser Stelle lediglich auf die sog. *W.L.F.-Gleichung*[44)] hingewiesen [3.16], die für den Glasübergang amorpher Thermoplaste eine vereinheitlichte Form darstellt und durch die Verwendung materialspezifischer Konstanten für eine große Anzahl von Materialien Gültigkeit besitzt. Nähere Informationen dazu finden sich z. B. in [3.15].

3.2 Vergleich von Kenngrößen

In verschiedenen Abschnitten dieses Buches wurden bereits Materialkennwerte wie z. B. der Elastizitätsmodul oder die Festigkeit beschrieben, die man aus Prüfverfahren direkt oder indirekt ableiten kann. In diesem Zusammenhang sollte nicht unerwähnt bleiben, dass Kennwerte aus unterschiedlichen Prüfmethoden nur unter Vorbehalt

43 Man spricht in diesem Zusammenhang auch von sog. *Dispersionsgebieten.*

44 W.L.F. steht für William, Landel, Ferry

miteinander vergleichbar sind. Hierbei gibt es insbesondere zwei Aspekte zu beachten:

1. Unterschiedliche Prüfverfahren für die gleiche Belastungsart liefern in der Regel nicht die zahlenmäßig gleichen Materialkennwerte. Selbst wenn Verfahren A und Verfahren B nominell beispielsweise beide die Bestimmung des Zug-E-Moduls erlauben, ist nicht davon auszugehen, dass man (im Rahmen einer gewissen Abweichung) den gleichen Zahlenwert erhält. Die Gründe dafür sind vielfältig:

   - Die Geometrie der Prüfkörper hat in der Regel einen Einfluss auf die Ergebnisse.

     - Einachsige Belastungsfälle können streng genommen nur über eindimensionale Prüfkörper abgebildet werden, da auftretende Querverformungen und -spannungen die in Längsrichtung gemessenen Werte beeinflussen können. Naturgemäß existieren keine eindimensionalen Objekte, d. h. die Prüfkörperdimensionen werden so gewählt, dass die Einflüsse der Querverformung möglichst gering sind (z. B. schlanke Stäbe mit großem Länge/Dicke-Verhältnis im Zugversuch).

     - Im Zugversuch können beispielsweise am Ort der Einspannung Spannungsüberhöhungen auftreten. Der Probekörper muss also so gestaltet sein, dass das Versagen nicht im Bereich der Einspannung auftritt. Aus diesem Grund wird im Zugversuch kein gerader Stab, sondern ein sog. „Schulterstab“ verwendet (vgl. Unterunterabschnitt 3.1.2.1). Die exakte Form und die Art und Weise der Herstellung solcher Stäbe ist für die unterschiedlichen Materialgruppen in den einschlägigen Normen geregelt. Wenn Prüfkörper aus fertigen Bauteilen entnommen werden (müssen), kann vielfach die Normgeometrie nicht eingehalten werden, und somit ist davon auszugehen, dass parasitäre Effekte das Ergebnis beeinflussen.

     - Als weiteres Beispiel sei der Schubversuch aus Unterunterabschnitt 3.1.2.2 (Bild 3.13) genannt. Durch die endliche Dicke des Prüfkörpers entsteht ein Moment, wenn eine Kraft an der oberen Platte anliegt. Somit handelt es sich bei der Belastung nicht um reinen Schub, sondern eine Überlagerung unterschiedlicher Belastungsformen. Zur Bestimmung der Schubeigenschaften müssen also andere Verfahren angewendet werden, bei denen entweder die Probendicke verschwindet, oder eine andere Belastungsart des Prüfkörpers vorliegt (z. B. Torsion, vgl. Unterunterabschnitt 3.1.2.3).

   - Außerdem kann das Herstellverfahren der Prüfkörper einen signifikanten Einfluss auf die gemessenen (mechanischen) Eigenschaften haben. Als Beispiel sei hier die Orientierung der Moleküle in Kunststoffen genannt, die im Extrusions- oder Spritzgussprozess in Fließrichtung zeigt. Damit weisen derart hergestellte Prüfkörper unterschiedliche Eigenschaften längs und quer zur Fließrichtung auf. Analoges findet man bei metallischen Prüfkörpern, die aus gewalztem oder gezogenem Halbzeug hergestellt werden. Für eine vollständige Charakterisierung muss der Einfluss solcher Anisotropien in der Weise berücksichtigt werden, dass Prüfkörper hergestellt und untersucht werden, die unter unterschiedlichen Winkeln zur Herstellrichtung liegen. Dieser Aspekt kommt insbesondere bei faserverstärkten Werkstoffen zum Tragen, die aufgrund ihres Aufbaus grundsätzlich kein „ideal-isotropes" Verhalten zeigen.

- Wie in Unterabschnitt 3.1.5 ausgeführt, ist insbesondere bei polymeren Materialien die Zeitabhängigkeit des mechanischen Verhaltens und damit die Belastungsgeschwindigkeit zu beachten.
- Zu guter Letzt sei darauf hingewiesen, dass es zur Bestimmung bestimmter Werkstoffkennwerte unterschiedlichste physikalische Prinzipien geben kann, die mehr oder weniger stark von den o. g. Parametern beeinflusst werden. So kann beispielsweise der E-Modul mithilfe der bereits beschriebenen mechanischen Prüfverfahren ermittelt werden, aber auch durch Messung der Schallgeschwindigkeit im Festkörper. Im letzteren Fall spielt die Geometrie des Prüfkörpers eine untergeordnete Rolle, dafür können innere Fehlstellen hier einen maßgeblichen Einfluss haben.

2. Unterschiedliche Belastungsarten liefern generell unterschiedliche Kennwerte, d. h. der Schubmodul G, der aus einem Scher- oder Torsionsversuch resultiert, hat grundsätzlich einen anderen Wert als ein Zug-E-Modul. Analoges gilt für Zug-, Schub-, Torsions- und Biegefestigkeit. Eine Umrechnung gelingt nur in Ausnahmefällen,[45] d. h. für eine genaue Werkstoffcharakterisierung ist die Bestimmung der mechanischen Kennwerte fast ausnahmslos mit Versuchen durchzuführen, die den tatsächlichen Belastungsfall widerspiegeln.

Die eben gemachten Aussagen teilweise relativierend, soll abschließend angemerkt werden, dass eine gewisse Übertragbarkeit von Kennwerten aber häufig gegeben ist. Wenn also beispielsweise für zwei bestimmte Materialien der gleichen Werkstoffgruppe die Zugeigenschaften in Form von Datenblattwerten oder aus Messungen bekannt sind, können die Unterschiede häufig qualitativ auch auf Schub oder Torsion übertragen werden, um einen Vergleich zur Vorabauswahl vorzunehmen. Für Berechnungs- und Dimensionierungszwecke ist aber – wie bereits erwähnt – eine Messung der relevanten Eigenschaften mit geeigneten Prüfmethoden in der Regel unabdingbar.

3.3 Faser-Matrix-Grenzschicht

In Abschnitt 4.2 und in weiteren Abschnitten dieses Buches werden die Eigenschaften und die Besonderheiten der Faserverbundwerkstoffe intensiv beschrieben und disku-

45 Beispielsweise kann der Schubmodul G aus dem Zugmodul E bei reinen, isotropen Metallen über einen einfachen linearen Zusammenhang berechnet werden.

tiert. Neben den Eigenschaften der eingesetzten Ausgangswerkstoffe kommt der Kopplung des Matrixmaterials an die Fasern eine besondere Bedeutung zu. Häufig stellt diese Grenzschicht, auch *Interphase* genannt [3.13], die kritische Stelle im Faser-Matrix-Verbund dar: Ein Versagen an der Grenzschicht kommt einem Versagen des Verbundes gleich.

Die Lastübertragung der Matrix auf die Faser entspricht einer Schubbelastung in einer sehr dünnen Schicht. Im Idealfall herrscht auf der gesamten Oberfläche eine vollflächige Haftung zwischen Faser und Matrix. In diesem Buch liegt der Fokus zwar nicht auf der chemischen Zusammensetzung und der Interaktion zwischen den unterschiedlich zusammengesetzten Ausgangswerkstoffen, aber dennoch müssen wir uns an dieser Stelle mit einigen Details auseinandersetzen, um zu verstehen, wie die erwähnte vollflächige Haftung zustande kommt und sichergestellt werden kann.

Die meisten Kunststoffe verfügen über eine niedrige *Oberflächenspannung*[46], da sie kovalent gebunden sind und das elektrische Dipolmoment der Kohlenstoff-Wasserstoff-Bindung verhältnismäßig schwach ist. Anders ausgedrückt, verfügen Polymere über wenig reaktive Gruppen und neigen verhältnismäßig wenig dazu, mit umgebenden Medien chemische oder physikalische Bindungen einzugehen. Die Oberflächenspannung gilt als Maß für die Reaktivität der Oberfläche, also das Bestreben, Bindungen mit dem umgebenden Medium einzugehen. Typischerweise weisen Kunststoffe Oberflächenspannungen von $\gamma = 20...60\,\mathrm{mN/m}$ auf, im Vergleich dazu liegen Metalle mit $\gamma = 1000...5000\,\mathrm{mN/m}$ um Größenordnungen höher [3.8].

Das Bestreben der Kunststoffe, welche die Matrix bilden, eine feste Bindung mit den Fasern einzugehen, ist demnach gering. Um dennoch eine hohe Haftfestigkeit zwischen Faser und Matrix zu gewährleisten, werden die eingesetzten Fasern in der Praxis mit sog. *Haftvermittlern* ausgerüstet. Dabei handelt es sich um Substanzen, die in den meisten Fällen eine chemische, d. h. kovalente Bindung zwischen Faser und Matrix ermöglichen. Bekanntestes Beispiel sind die sog. *Silane*, die vor allem bei der Verstärkung mit Glasfasern zum Einsatz kommen.

Bild 3.45 zeigt schematisch anhand des Beispielsystems Duroplast – Glasfaser, wie Haftvermittler wirken können. Vereinfacht ausgedrückt handelt es sich um Moleküle, die durch geeignete Maßnahmen in einen reaktiven Zustand versetzt werden, um dann mit jeweils einer speziell angepassten funktionellen Gruppe mit dem Matrixmaterial und mit der Faser eine chemische Bindung einzugehen. Im Beispiel in Bild 3.45a handelt es sich um ein siliziumorganisches Molekül, wie es in duroplastischen Materialien zum Einsatz kommt. *R* steht für einen organischen Rest, *Y* für eine funktionelle Grup-

46 Tatsächlich handelt es sich bei der physikalischen Größe „Oberflächenspannung“ um einen flächenbezogenen Energiebetrag, der aufgewendet werden muss, um im Inneren des Materials einen neue Grenzfläche (z. B. einen Riss) zu erzeugen. Richtigerweise müssten wir also den Begriff *Grenzflächenenergie* verwenden.

pe, die auf das jeweilige Matrixmaterial abgestimmt ist. Durch Hydrolyse werden die organischen Reste durch Wasserstoffatome ersetzt.

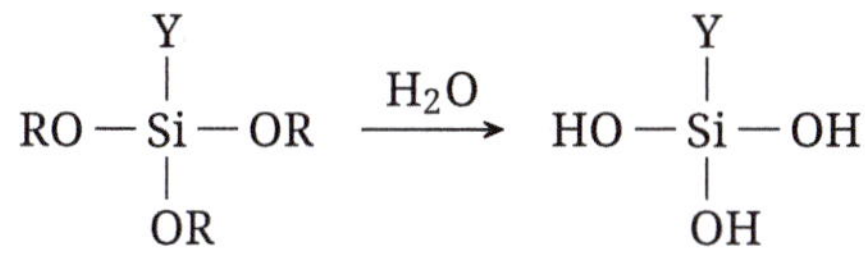

(a) Hydrolyse des Haftvermittlers

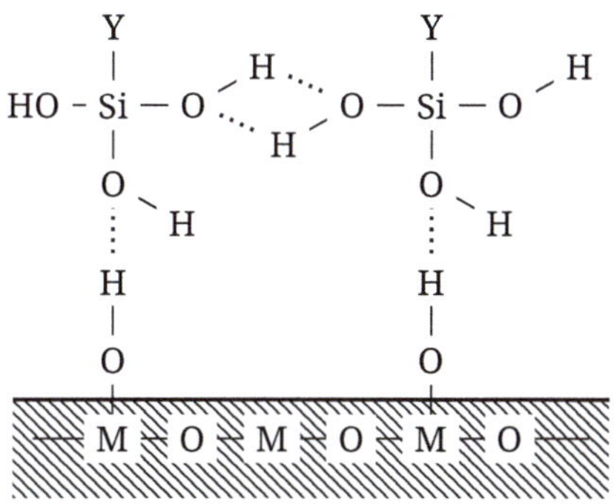

(b) Adsorption des Haftvermittlers an der Faseroberfläche

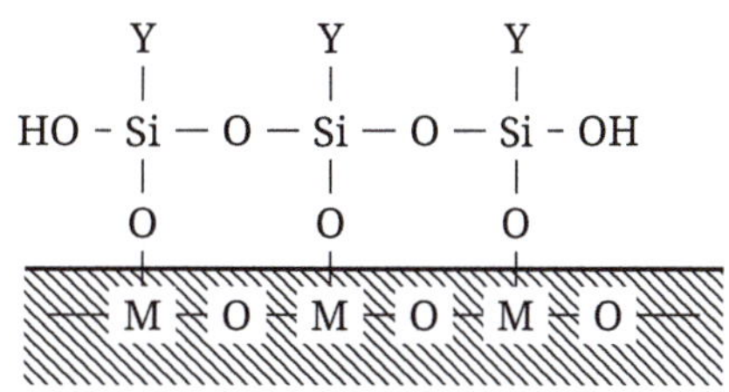

(c) Polykondensation an der Faseroberfläche: Ausbildung kovalenter Bindungen

Bild 3.45 Schematische Darstellung der Wirkungsweise eines Haftvermittlers [3.13]

Auf der Faseroberfläche werden durch geeignete Verfahren[47)] reaktive Gruppen erzeugt. Typischerweise handelt es sich dabei um *–COOH*, *–CO* und/oder *–OH*-Gruppen. Durch Wasserstoffbrückenbindungen werden die Haftvermittlermoleküle dann an der Faseroberfläche adsorbiert (Bild 3.45b). Daran schließt sich im Beispiel eine Polykondensation an, d. h. Wasser wird abgespalten und es entsteht eine kovalente Bindung zwischen Haftvermittler und Faseroberfläche (Bild 3.45c). Das Matrixmaterial reagiert dann mit der nach „oben stehenden" Gruppe *Y*, die Haftung zwischen Matrix und Faser ist hergestellt. Das Wesen der Wechselwirkung zwischen Haftvermittler und Matrix hängt natürlich essenziell von den eingesetzten Materialien ab. In Frage kommen hier praktisch alle chemischen und physikalischen Bindungsformen. In der Regel ist die genaue Zusammensetzung der haftvermittelnden Komponente Know-How des Herstellers, d. h detaillierte Informationen können hier nicht bereitgestellt werden. Grundsätzlich ist aber davon auszugehen, dass die Haftvermittlerschicht eine endliche Dicke aufweist. Somit spielt diese *Interphase* für die mechanischen Eigenschaften des Verbundes eine nicht zu vernachlässigende Rolle.

47 z. B. Nass- oder Trockenoxidation oder Plasmabehandlung

Es soll nochmals explizit darauf hingewiesen werden, dass der in Bild 3.45 illustrierte Mechanismus lediglich stellvertretend für das System Duroplast – Glasfaser und ähnliche zu verstehen ist. Bei thermoplastischen Materialien in Verbindung mit (teil-)kristallinen Fasern kann beispielsweise auch die sog. *Transkristallisation* einsetzen und entscheidend zur Faser-Matrix-Haftung beitragen. Näheres dazu findet sich z. B. in [3.13].

Literatur

[3.1] N. N.: *ASTM D2236 – Standard Method of Test for Dynamic Mechanical Properties of Plastics by Means of a Torsional Pendulum.* ASTM International

[3.2] N. N.: *ASTM D 2344/D 2344 M (2016) – Standard Test Method for Short-Beam Strength of Polymer Matrix Composite Materials and their Laminates.* ASTM International

[3.3] Bronstein, I. N.; Semendjajew, K. A.: *Taschenbuch der Mathematik.* 25. Auflage, B. G. Teubner Verlagsgesellschaft, Stuttgart – Leipzig, 1991

[3.4] Ilschner, B.; Singer, R.: *Werkstoffwissenschaften und Fertigungstechnik* 6. Auflage, Springer Verlag Berlin Heidelberg, 2016

[3.5] N. N.: *DIN EN ISO 527 – Kunststoffe – Bestimmung der Zugeigenschaften.* Beuth-Verlag

[3.6] N. N.: *DIN EN ISO 6721-1 – Kunststoffe – Bestimmung dynamisch-mechanischer Eigenschaften – Teil 1: Allgemeine Grundlagen.* Beuth-Verlag

[3.7] N. N.: *DIN EN ISO 14130 (1998-02) – Faserverstärkte Kunststoffe – Bestimmung der scheinbaren interlaminaren Scherfestigkeit nach dem Dreipunktverfahren mit kurzem Balken.* Beuth-Verlang, 1998

[3.8] Ehrenstein, G. W.: *Strukturverhalten – Struktur und Eigenschaften von Kunststoffen, Oberflächenspannung, Spannungsrisse.* 1. Auflage, Carl Hanser Verlag, München, 2021

[3.9] Grellmann; W. Seidler S. (Herausg.): *Kunststoffprüfung* 3. Auflage, Carl Hanser Verlag, München, 2015

[3.10] Gross, D.; Hauger, W.; Schröder, J.; Wall, W.: *Technische Mechanik 2: Elastostatik.* 12. Auflage, Springer Vieweg, Berlin, Heidelberg, 2014

[3.11] N. N.: *ISO 179 – Kunststoffe – Bestimmung der Charpy-Schlageigenschaften.* Beuth Verlag

[3.12] Münstedt, H.: *Elastic Behavior of Polymer Melts.* 1. Auflage, Carl Hanser Verlag, München, 2019

[3.13] Neitzel, M.; Mitschang, P.; Breuer, U.: *Handbuch Verbundwerkstoffe – Werkstoffe, Verarbeitung, Anwendung.* 2. Auflage, Carl Hanser Verlag, München, 2014

[3.14] Osswald, T. A.; Menges, G.: *Materials Science of Polymers for Engineers.* 3rd Edition, Hanser Publishers, Munich, 2012

[3.15] Schwarzl, F. R. *Polymermechanik* 1. Auflage, Springer Verlag Berlin, Heidelberg, 1990

[3.16] Williams, M. L.; Landel, R. F.; Ferry, J. D.: *The Temperature Dependence of Relaxation Mechanisms in Amorphous Polymers and Other Glass-forming Liquids.* Journal of the American Chemical Society, 1955

4 Ausgangswerkstoffe

Armin Merten

In diesem Kapitel wollen wir uns näher mit den unterschiedlichen Materialien beschäftigen, die in faserverstärkten Werkstoffen zum Einsatz kommen. Wir werden uns weiterhin auf polymere Matrixsysteme fokussieren, zum einen, weil durch Faserverstärkung hier die größten Effekte erzielt werden. Zum anderen wollen wir den Aspekt „Leichtbau“ ja besonders hervorheben, und polymere Stoffe verfügen nun mal über eine vergleichsweise niedrige Dichte von typischerweise $\varrho \approx 1\,\text{g}\,\text{cm}^{-3}$. Im Vergleich dazu liegt Stahl bei $\varrho_{Stahl} = 7{,}8\,\text{g}\,\text{cm}^{-3}$ und Aluminium bei $\varrho_{Al} = 2{,}6\,\text{g}\,\text{cm}^{-3}$.

Dieser enorme „Dichtevorteil“ wird zwar je nach Faserwerkstoff zumindest teilweise relativiert, die Vorteile hinsichtlich der gewichtsbezogenen mechanischen Eigenschaften sind jedoch im Vergleich zu beispielsweise unverstärkten Metallen evident (mehr dazu in Abschnitt 4.1).

4.1 Wirkungsprinzip der Faserverstärkung

Betrachten wir einleitend die mechanischen Eigenschaften des Kunststoffes Polyetheretherketon (kurz *PEEK*) in drei Varianten: unverstärkt, mit einer Verstärkung mit 25 Vol.-% ungerichteter Kurzfasern und einer Verstärkung mit 60 Vol.-% Unidirektionalfasern.[1] In Bild 4.1 wird die Steigerung der Festigkeit und des Moduls durch die Zugabe der Fasern deutlich. Bereits bei einer Beimischung von 25 Vol.-% ungerichteter Kurzfasern[2] steigt die Festigkeit um 150% von 100 MPa auf 250 MPa. Bei

1 *Unidirektional* bedeutet in diesem Zusammenhang, dass alle Fasern parallel liegen. Die Eigenschaften werden in Faserrichtung betrachtet.

2 Dem Unterschied zwischen Kurz-, Lang- und Endlosfasern werden wir uns im Folgenden noch zuwenden.

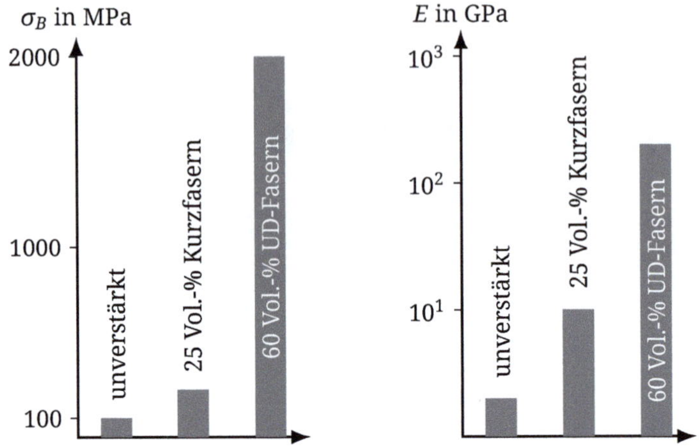

Bild 4.1 Veränderung der Festigkeit und des Elastizitätsmoduls von PEEK mit der Verstärkung durch Kohlefasern [4.21]

einer Verstärkung mit parallel orientierten Endlosfasern wird sogar eine Steigerung um den Faktor 20 erzielt. Ähnliches finden wir für den Elastizitätsmodul. Dieser wird von 300 MPa auf 1,1 GPa bzw. 250 GPa gesteigert. Vergleicht man diese Werte mit den „konventionellen" Konstruktionswerkstoffen Stahl oder Aluminium, tritt das Potenzial der Faserverbundwerkstoffe besonders zutage: Mit einer Dichte von ca. 7,8 g cm^{-3} weist niedrig legierter Stahl einen E-Modul von 210 GPa und eine Festigkeit von typischerweise 300 MPa...500 MPa auf. Die Dichte von PEEK (ca. 1,3 g cm^{-3}) wird durch die Kohlefaserverstärkung je nach Füllgrad sogar noch deutlich verringert, dennoch ist der E-Modul bei einem Fasergehalt von 60 Vol.-% signifikant höher als der von Stahl. Die Dichte von reinem Aluminium beträgt etwa 2,6 g cm^{-3}, der E-Modul ca. 70 GPa und die Festigkeit ca. 70 MPa.[3] Der Dichtevorteil von verstärktem PEEK ist also gegenüber Aluminium nicht ganz so groß, dafür sind die erreichbaren mechanischen Kennwerte um ein Vielfaches höher.

Es sollte angemerkt werden, dass die hier beschriebenen Steigerungen der mechanischen Eigenschaften nicht bei allen faserverstärkten Kunststoffen in diesem Ausmaß erreicht werden. Wir werden später noch verschiedene Systeme im Vergleich sehen.

4.1.1 Besonderheiten der Faserverstärkung

Im Folgenden wollen wir uns mit der Frage beschäftigen, warum eingebettete Fasern überhaupt zu einer Verstärkung führen, und warum ausgerechnet die Faserform die

3 Durch Legieren und Wärmebehandlung lassen sich die Festigkeiten sowohl von Stahl als auch von Aluminium um ein Vielfaches steigern.

beschriebenen bemerkenswerten Steigerungen ermöglicht und andere Füllstoffgeometrien, wie z. B. Kugeln, nur in einem vergleichsweise geringen Maß.

Die erste Frage ist relativ leicht beantwortet: Die Beigabe einer festen Komponente zu einer weichen ergibt eine Festigkeit des Verbundes, die „irgendwo" dazwischen liegt, vorausgesetzt, die Haftung zwischen Matrix und Füllstoff ist möglichst vollflächig, damit die von außen auf den Verbund wirkenden Lasten auch vom Füllstoff aufgenommen werden können.

Ein nicht ganz so trivialer Effekt ist jedoch, dass die Festigkeit der Verstärkungsfasern signifikant mit geringer werdendem Faserdurchmesser zunimmt, wie Bild 4.2 eindrucksvoll demonstriert.

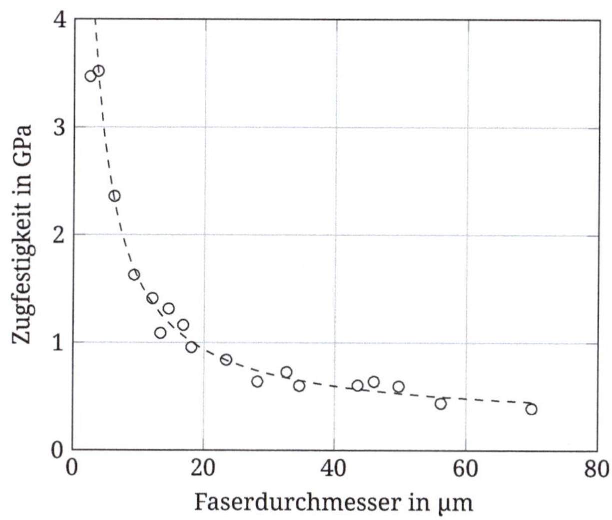

Bild 4.2 Festigkeit von Glasfasern in Abhängigkeit vom Faserdurchmesser [4.9]

Auch wenn die abgebildete Kurve nicht in quantitativer Hinsicht auf jede beliebige Faser übertragbar ist, ist der qualitative Verlauf dennoch bei praktisch jedem Fasermaterial zu beobachten. Für die hier betrachtete Glasfaser können wir zunächst konstatieren, dass oberhalb eines Durchmessers von ca. 40 µm keine nennenswerte weitere Verringerung der Festigkeit mehr zu beobachten ist, d. h. das Material verhält sich in mechanischer Hinsicht wie Glas in kompakter Form. Bei Durchmessern kleiner als 20 µm steigt die Festigkeit jedoch sehr steil an. Eine Faser mit einem Durchmesser von 2 µm hätte demnach eine etwa siebenmal so hohe Festigkeit wie eine Faser mit 60 µm. Der Kurvenverlauf legt darüber hinaus den Schluss nahe, dass eine Verringerung der Dicke die Festigkeit exponentiell ansteigen lässt. Dazu muss angemerkt werden, dass Fasern zum einen aus prozesstechnischen Gründen nicht beliebig dünn hergestellt werden können.[4] Zum anderen gelten Partikel und Fasern mit einem Durchmesser kleiner als 5 µm als lungengängig und stehen damit unter Verdacht, Krebserkrankungen der Atemwege auszulösen. Somit ergibt sich ein Durchmesserbereich zwischen 5 und 35 µm, in dem einerseits die Verstärkungswirkung noch messbar und andererseits der Gesundheitsschutz gewährleistet ist.

Wir rufen uns in Erinnerung, dass die mechanische Festigkeit das Verhältnis zwischen maximal übertragener Kraft und (Faser-)Querschnitt ist. Der Kennwert *Festigkeit* ist somit eine „geometriebefreite" Größe und sollte demnach eigentlich für alle Faserdurchmesser gleich sein. Die Abweichung von diesem erwarteten Verhalten wird in den vier *Paradoxa der festen Werkstoffe* (z. B. [4.9]) ausgedrückt, die zunächst rein phänomenologischer Natur sind:

1. **Paradoxon des festen Werkstoffes:**
   Die wirkliche Festigkeit eines Werkstoffes ist viel niedriger als die theoretisch berechnete (F. Zwicky) [4.22].

   Dieser Umstand lässt sich anhand von Tabelle 4.1 belegen. Dort sind für verschiedene Werkstoffe sowohl der E-Modul als auch die Zugfestigkeit dargestellt, die jeweils für die kompakte und die Faserform bestimmt wurden. Jeweils vorangestellt ist der theoretisch maximale Wert, der aufgrund der Werkstoffstruktur und der Bindungsenergien berechnet wurde. Wir wollen uns hier im ersten Schritt auf die Festigkeit fokussieren. Zunächst fällt auf, dass die theoretisch möglichen Festigkeiten von den experimentell bestimmten Ergebnissen der kompakten Werkstoffe um Größenordnungen unterschritten werden. Dieses Phänomen kann leicht eingesehen werden, wenn wir uns vor Augen halten, dass reale Werkstoffe grundsätzlich Fehlstellen enthalten. Art, Anzahl und Einfluss dieser Fehlstellen sind je nach Werkstoff unterschiedlich. Es ist aber immer davon auszugehen, dass am Ort der Fehlstelle der tragende Bauteilquerschnitt geringer ist, als der nominelle und der Kraftfluss unterbrochen wird. Des Weiteren können innere Defekte je nach Form und Lage als *Kerben* wirken und zu signifikanten lokalen Spannungsüberhöhungen führen. Die im Inneren des Bauteils wirkenden mechanischen Spannungen sind also in der Regel wesentlich höher, als die von außen aufgeprägten, und darüber hinaus sind sie inhomogen verteilt.

2. **Paradoxon der Faserform:**
   Ein Werkstoff in Faserform hat eine vielfach höhere Festigkeit als das gleiche Material in kompakter Form, und je dünner die Faser ist, umso größer ist ihre Festigkeit (A. A. Griffith) [4.12].

   Auch hierzu betrachten wir Tabelle 4.1. Die Zugfestigkeiten der Fasern sind zwar immer noch signifikant geringer als die laut Berechnung möglichen, aber dennoch um bis zu 50mal höher als die des gleichen Werkstoffs in kompakter Form. Rufen

4 Zumindest nicht in wirtschaftlicher Hinsicht.

wir uns Bild 4.2 in Erinnerung, nimmt die Steigerung der Festigkeit überdies mit kleineren Faserdurchmessern zu. Auch hier spielen wiederum die inneren Fehlstellen eine Rolle, d. h. vielmehr die Fehlstellendichte. Stellen wir uns der Einfachheit halber vor, dass die Fehlstellen gleichmäßig im Material verteilt sind. Dann können für eine gegebene Fehlstellendichte ein defektfreies Volumen und eine defektfreie Länge berechnet werden. Je dünner nun die Faser ist, umso geringer ist ihr Volumen (bei gleichbleibender Länge), und umso geringer ist dann die absolute Fehlstellenanzahl in der Faser. Weniger Defekte bedeutet aber im Sinne des oben Diskutierten, dass die Spannungsüberhöhungen im Inneren weniger signifikant ausfallen.[5)]

3. **Paradoxon der Einspannlänge:**
   Je kleiner die Einspannlänge, umso größer ist die gemessene Festigkeit der Einzelfaser.

   Wir können zur Erklärung dieses Paradoxons wieder auf obige Argumentation zurückgreifen: In einer dünnen Faser sind ohnehin schon weniger Fehlstellen vorhanden, als in einem kompakten Materialblock. Je kürzer dann der betrachtete bzw. untersuchte Faserabschnitt ist, umso unwahrscheinlicher ist es, dass er einen Defekt enthält, der eine mechanische Schwächung hervorruft. Bei den hier betrachteten Faserverbundwerkstoffen herrscht im Idealfall vollflächige Haftung zwischen Matrix und Faser. Das bedeutet, dass die Einspannlänge, d. h. die Distanz zwischen zwei Punkten, an denen die Kraft in die Faser eingeleitet wird, gegen null geht.

4. **Paradoxon der Verbundwerkstoffe:**
   Ein Verbundwerkstoff kann als Ganzes Spannungen aufnehmen, die die schwächere Komponente zerbrechen würden. Dabei kann von der stärkeren Komponente im Verbund ein höherer Anteil seiner theoretischen Festigkeit übernommen werden, als wenn sie alleine belastet würde (G. Slayter[6)]).

   Dieses Paradoxon ist in gewisser Weise mit dem Paradoxon der Einspannlänge verwoben: Werden einzelne Fasern oder Faserbündel einer Zugbelastung unterworfen, erreichen sie aus den genannten Gründen, d. h. aufgrund der immer noch von null verschiedenen Fehlstellendichte, nicht die theoretische Festigkeit des Materials. Aufgrund der sehr geringen Einspannlänge, kommt es im Verbund aber im Zweifelsfall nur an wenigen, lokal sehr begrenzten Stellen zum Versagen. Der restliche intakte Verbund übernimmt weiterhin die mechanische Tragfähigkeit des Bauteils.

5 Hier kommt insbesondere beim Faserspinnen noch ein prozesstechnischer Aspekt ins Spiel: das schmelzflüssige Material wird beim Spinnen auf schnell rotierende Walzen gewickelt und erfährt dabei eine Zugkraft. Fasern, die zu viele Defekte (z. B. in Form von Luftblasen) enthalten, reißen dann schon im Herstellprozess und tauchen im fertigen Produkt somit nicht auf.

6 Russel Games Slayter, US-amerikanischer Ingenieur und Erfinder, der sich insbesondere mit der Entwicklung von Glasfasern beschäftigte.

Tabelle 4.1 Gegenüberstellung von Werkstoffkennwerten in kompakten Materialien und in Faserform [4.9]

	E-Modul in MPa			Zugfestigkeit in MPa		
	theoretisch	experimentell		theoretisch	experimentell	
Material		Faser	kompakt		Faser	kompakt
Polyethylen	300.000	100.000	1.000	27.000	1.500	30
Polypropylen	50.000	20.000	1.600	16.000	1.300	38
Polyamid	160.000	5.000	2.000	27.000	1.700	50
Glas	80.000	80.000	70.000	11.000	4.000	55
Stahl	210.000	210.000	210.000	21.000	4.000	1.400
Aluminium	76.000	76.000	76.000	7.600	800	600

Auch wenn der folgende Umstand streng genommen nicht Inhalt des Paradoxons ist, sind reale Bauteile natürlich nicht nur Zugbelastungen ausgesetzt. Fasern können für sich alleine aufgrund ihrer Geometrie nur Zug-, aber keine Druckkräfte aufnehmen, da sie unweigerlich ausknicken würden. Im Verbund verhindert die Matrix das Knicken und liefert außerdem selbst einen Beitrag zur Druckfestigkeit. Die Druckfestigkeit des Verbunds ist also sicherlich um ein Vielfaches höher, als die der Faser. Wird ein Unidirektionalverbund quer zur Faserrichtung belastet, liefert die Faser in der Regel keinen Beitrag zur Festigkeit, d. h. die Biegefestigkeit des Verbunds entspricht derjenigen der Matrix.[7)]

4.1.2 Kennwerte des Unidirektionalverbunds

In Unterabschnitt 4.1.1 haben wir diskutiert, dass es durch die Einbettung von Fasern in eine vergleichsweise weiche Kunststoffmatrix zu einer erheblichen Erhöhung der mechanischen Kennwerte kommen kann. Im Folgenden werden wir anhand des E-Moduls eine Quantifizierung der Verstärkungswirkung vornehmen.

Wir betrachten dazu eine einzelne Faser, die in einer Matrix eingebettet ist, wie in Bild 4.3 dargestellt. Die Haftung der Matrix auf der Faseroberfläche soll vollflächig sein. Der Verbund weise keine Fehlstellen auf.

Im unbelasteten Zustand beträgt die Länge von Faser und Matrix l_0. Wird mit der Kraft F in der eingezeichneten Richtung an dem Verbund gezogen, erfahren sowohl die Matrix als auch die Faser die gleiche Verlängerung Δl. Die Querkontraktion der Faser und

7 In ungünstigen Fällen kann der Verbund in Querrichtung aufgrund der Kerbwirkung sogar schwächer sein, als das reine Matrixmaterial.

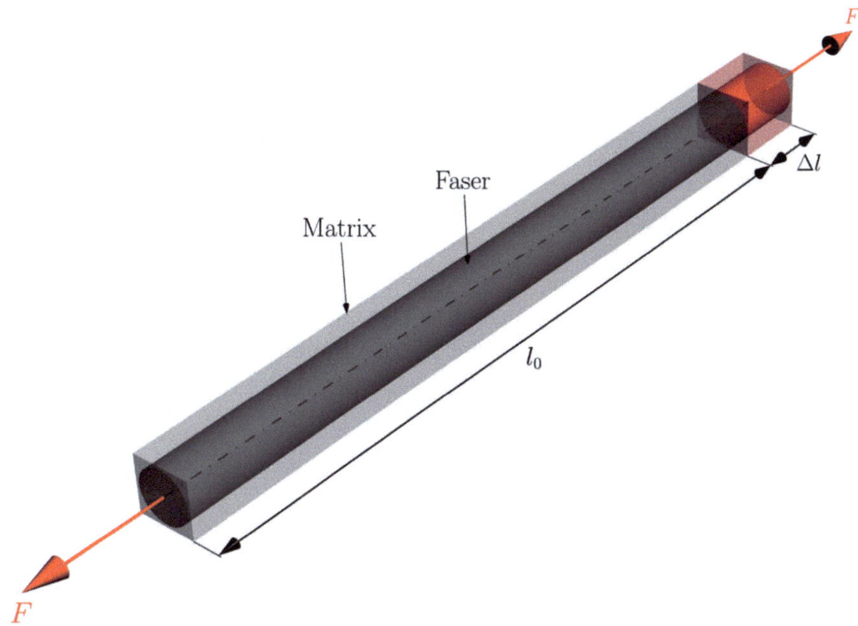

Bild 4.3 Einzelne Faser in einer Kunststoffmatrix

der Matrix wollen wir an dieser Stelle vernachlässigen. Wir können das System also als Parallelschaltung zweier linearer Federn betrachten. Für die Kraft bedeutet dies:

$$F = \sigma_F \cdot A_F + \sigma_M \cdot A_M = \sigma_V \cdot A_V \tag{4.1}$$

Dabei stehen die Indizes F für die Faser, M für die Matrix und V für den Verbund. A bezeichnet die Querschnittsfläche und σ die Zugspannung.

Wenn die Deformation klein und rein elastisch ist, gilt für Faser und Matrix das einachsige HOOKEsche Gesetz mit dem Elastizitätsmodul E:

$$\sigma_F = E_F \cdot \varepsilon_F \text{ und } \sigma_M = E_M \cdot \varepsilon_M \tag{4.2}$$

Da in einer Parallelschaltung ε_F genauso groß ist wie ε_M, gilt:

$$\frac{\sigma_F}{E_F} = \frac{\sigma_M}{E_M} \tag{4.3}$$

Der Verbund muss die gleiche Deformation wie die beiden Komponenten aufweisen, d. h. $\varepsilon_V = \varepsilon_M = \varepsilon_F$. Die anliegende Kraft F kann dann dargestellt werden über:

$$F = E_V \cdot \varepsilon_V \cdot A_V = \sigma_V \cdot A_V \tag{4.4}$$

Die Spannung σ_V können wir ersetzen durch die Summe der beiden Einzelspannungen (Formel 4.2). Damit wird aus Formel 4.4:

$$E_V \cdot \varepsilon_V \cdot A_V = (E_F \cdot A_F + E_M \cdot A_M)\,\varepsilon_V \tag{4.5}$$

Kürzen von ε_V und Umstellen nach E_V liefert einen Ausdruck für den Elastizitätsmodul E_V des Verbunds:

$$E_V = \frac{E_F \cdot A_F + E_M \cdot A_M}{A_V} \tag{4.6}$$

Im Unidirektionalverbund ist das Verhältnis zwischen Faserquerschnitt und Gesamtquerschnittsfläche genauso groß wie der Faservolumengehalt φ_F. Wir können Formel 4.6 somit auch schreiben als:

$$E_V = E_F \cdot c_F + E_M \cdot (1 - \varphi_F) \tag{4.7}$$

Wir erhalten also eine einfache Mischungsregel und können bei bekannten Moduln der Matrix und der Faser den Modul des Verbundes leicht ausrechnen. Weiterhin können wir anhand von Formel 4.3 aus dem Verhältnis von E_M zu E_F die Verteilung der von außen angelegten Spannung auf die Faser und die Matrix berechnen.

Anhand von Bild 4.4 lässt sich darüber hinaus noch der maximale Faservolumengehalt im UD-Verbund bestimmen. Es zeigt die dichtest mögliche Packung. Die Dicke der in Abschnitt 3.3 beschriebenen Interphase soll vernachlässigt werden.

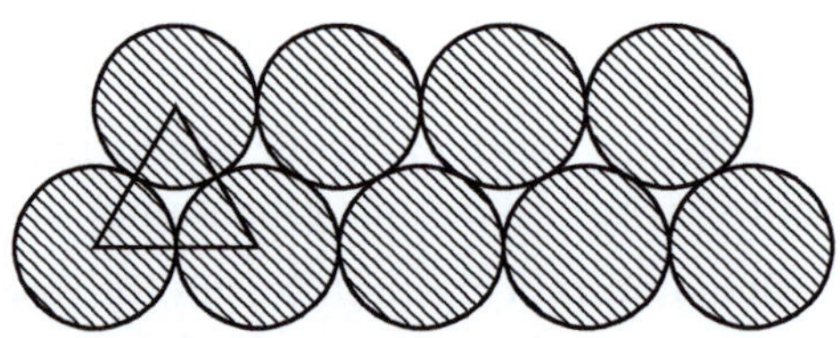

Bild 4.4 Unidirektionalverbund im Querschnitt (dichtest mögliche Packung)

Die kleinste wiederkehrende Einheit, die den Aufbau repräsentiert, ist das gleichseitige Dreick, das in Bild 4.4 eingezeichnet ist. Seine Seitenlänge ist $b = 2r$, wobei r dem Faserradius entspricht. Der mit Fasern belegte Anteil des Dreiecks entspricht drei Sechstelkreisen. Demnach ist der maximale Faservolumenanteil

$$\varphi_F = \frac{\pi}{4 \sin 60°} \approx 0{,}91 \tag{4.8}$$

Theoretisch wäre es also möglich, einen Unidirektionalverbund mit einem Faservolumenanteil von mehr als 90 % herzustellen. In der Praxis ist φ_F jedoch auf etwa 60 % limitiert. Zum einen ist nicht davon auszugehen, dass sich die Fasern über große Bereiche in der gezeigten, regelmäßigen Weise anordnen. Realistischer ist es, dass die tatsächlichen Faserzwischenräume im Mittel größer sind. Zum anderen ist bei Faservolumenkonzentrationen größer als 60 % die homogene Benetzung bzw. Bedeckung aller Fasern mit dem Matrixmaterial nicht mehr gewährleistet.

Abschließend sollte noch erwähnt werden, dass der Unidirektionalverbund lediglich einen Spezialfall darstellt. Häufiger werden sog. multidirektionale Laminate, also Verbunde, in denen die Fasern z. B. schichtweise in unterschiedlichen Richtungen orientiert sind, verwendet (s. Bild 4.5). Diese bieten den Vorteil, dass die Verstärkungswirkung nicht nur auf eine Richtung beschränkt ist.

Bild 4.5 0°- und 30°-Lage eines Mehrschichtlaminats

Andererseits sind die erreichbaren Steigerungen des Moduls und der Festigkeit geringer, da natürlich nicht alle Faserschichten günstig zur jeweiligen Belastungsrichtung liegen.

Die Berechnung der Kennwerte ist für solche Laminate ungleich aufwendiger.

4.2 Faserwerkstoffe

Verschiedentlich ist in diesem Buch bereits angeklungen, welche Fasern zur Verstärkung polymerer Werkstoffe infrage kommen. Die bekanntesten Vertreter sind sicherlich Glas- und Kohlenstofffasern. Erstere, weil sie den größten Marktanteil haben und Letztere, weil die erzielbaren Steigerungen des Moduls und der Festigkeit am stärksten sind. Neben den genannten beiden Vertretern existiert jedoch noch ein große Anzahl weiterer Fasern.[8] Im Folgenden wollen wir uns näher mit den wichtigsten Fasermaterialien und -typen beschäftigen.

8 Prinzipiell lassen sich aus nahezu jedem festen Material Fasern herstellen.

4.2.1 Terminologie

Wie bereits oben angedeutet, spielen Glas- und Kohlenstofffasern eine dominante Rolle in der Technik. Weitere wichtige Vertreter sind Aramid-, Polymer- und Naturfasern. Nicht unerwähnt bleiben sollen Basaltfasern, die von ihrer Zusammensetzung den Glasfasern ähnlich sind, aber in mechanischer und elektrischer Hinsicht überlegen sein können.

Bild 4.6 zeigt für einige ausgewählte Fasertypen die Spannungs-Dehnungs-Diagramme und damit den Elastizitätsmodul und die Festigkeit. Das mechanische Verhalten ist der Einfachheit halber für alle Fasern als ideal-elastisch angenommen. Es ist offensichtlich, dass es signifikante Unterschiede in den mechanischen Eigenschaften der unterschiedlichen Fasern gibt, nicht nur zwischen den verschiedenen Basismaterialien, sondern auch innerhalb der Gruppe der Kohlenstoff(C)-Fasern und der Glasfasern. Wir werden also innerhalb dieser Gruppen wiederum Unterscheidungen treffen. Die Bezeichnungen, die zur Unterscheidung verwendet werden, sind unglücklicherweise nicht immer selbsterklärend und werden nicht einheitlich verwendet. Daher folgt eine kleine Übersicht für die wichtigsten Fasermaterialien.

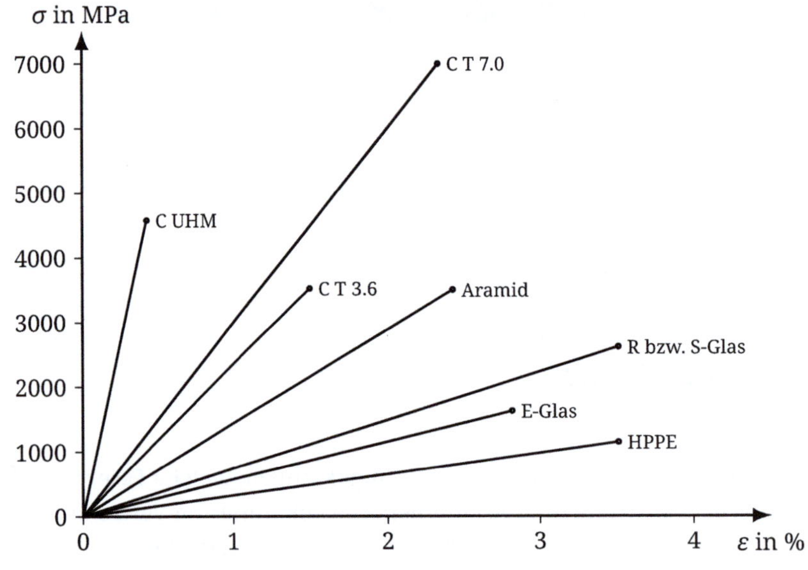

Bild 4.6 Kennwerte verschiedener Fasertypen [4.17]

4.2.2 Glasfasern

Die Eigenschaften der unterschiedlichen Glasfasertypen sind vor allem auf ihre chemische Zusammensetzung zurückzuführen, die Struktur des Glasnetzwerks unterscheidet sich in der Regel nicht vom kompakten Werkstoff. Glasfasern verhalten sich grundsätzlich isotrop.

Bild 4.7 zeigt einen Ausschnitt des Netzwerks, aus dem beispielsweise eine E-Glasfaser aufgebaut ist. Es handelt sich um eine stark vereinfachte Darstellung, die jedoch die wesentlichen Aspekte der Glasstruktur wiedergibt. Für weiterführendes Studium zum Thema Glas sei auf die Fachliteratur verwiesen (z. B. [4.20]).

Die Grundeinheiten sind sog. SiO_4^{4-}-Tetraeder, d. h. an ein zentrales Silizium- oder Germaniumatom (Koordinationszahl 4) sind vier Sauerstoffatome gebunden.[9] Da die Silizium-Sauerstoff-Bindung einen relativ starken polaren Anteil hat, tragen die Sauerstoffatome eine negative Partialladung. In der Darstellung „teilen" sich je zwei Tetraeder ein Sauerstoffatom, das jeweils folgende Tetraeder ist in der Regel gegenüber dem vorangehenden verkippt, d. h. es bildet sich kein streng regelmäßiges Netzwerk aus. Der Werkstoff *Glas* ist also in der Regel amorph.[10] Zwei benachbarte, aber nicht aneinander gebundene Tetraeder können nun außerdem an ihren „negativ geladenen Ecken" mittels eines positiv geladenen Ions (z. B. Na^+ oder Ca^{++}) elektrostatisch gekoppelt sein. An dieser Stelle liegt dann eine relativ schwache Bindung vor, d. h. die Segmente können verhältnismäßig leicht gegeneinander verschoben werden. Die Elemente, die das Netzwerk auf diese Weise unterbrechen, nennt man *Netzwerkwandler*, die zentralen vierbindigen Atome, an denen die Sauerstoffatome gemischt kovalent/polar gebunden sind, *Netzwerkbildner*. Über Art und Konzentration der Netzwerkwandler können beispielsweise die mechanischen Eigenschaften gezielt beeinflusst werden.

Die übliche Nomenklatur zur Bezeichnung von Glasfasern findet sich in der ASTM D578 [4.1] bzw. der DIN 1259-1 [4.3]. Grundsätzlich ist dort auch die chemische Komposition der Faser beschrieben, jedoch sind die Spannweiten für die jeweiligen Konzentrationen der Komponenten sehr groß. Somit kann sich die individuelle Zusammensetzung eines Glasfasertypen je nach Hersteller signifikant von der eines anderen unterscheiden, auch wenn beide die gleiche Bezeichnung aufweisen und sich auf die gleiche Spezifikation beziehen. Es gibt jedoch für gewisse Typen Einschränkungen in der Zusammensetzung, insbesondere hinsichtlich des Borgehalts.[11]

- *E-Glas* (*E* für *Elektro-* oder *Electric*): Dieses Material ist mit ca. 90% Anteil der am Glasfasermarkt dominierende Vertreter. Wie der Name vermuten lässt, ist es vor al-

9 Wir erinnern uns an dieser Stelle an den Aufbau der Polymere in Bild 3.6. Auch hier ordnen sich die Bindungspartner tetraedrisch um das „zentrale" Kohlenstoffatom an.

10 Der Begriff „Kristallines Glas", wie man ihm mitunter begegnet, ist streng genommen ein Widerspruch in sich, da „Glas" im thermodynamischen Sinn ein festes, amorphes – also nicht-kristallines – Material bezeichnet.

11 Bor kann als dreibindiger (!) Netzwerkbildner eine Reihe von Eigenschaften signifikant beeinflussen. Insbesondere senkt es den Fließwiderstand der Glasschmelze und erhöht die Bruchdehnung des festen Glases. Allerdings steht es im Verdacht, potenziell gesundheitsschädlich zu sein, und wird im Produktionsprozess freigesetzt.

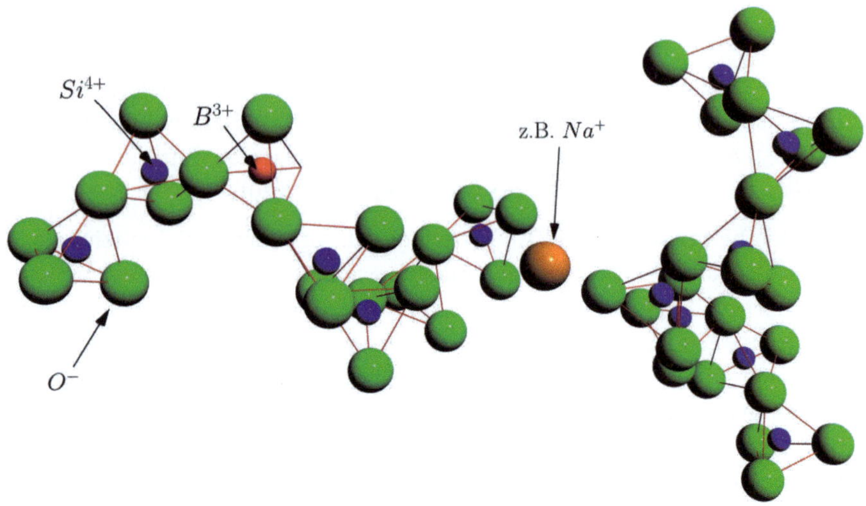

Bild 4.7 Ausschnitt des Glasnetzwerks (vereinfachte Darstellung)

lem für elektrische bzw. elektrotechnische Anwendungen designt, d. h. es verfügt über ein hohes elektrisches Isolationsvermögen. Aufgrund seiner hohen Verfügbarkeit und des dementsprechend niedrigen Preises ist es aber auch das Standardmaterial für vorwiegende mechanische Beanspruchungsfälle, wenn keine besonderen Ansprüche an die Festigkeit oder den Modul der Faser gestellt werden.

- *C-Glas*: *C* steht für *chemisch beständig* oder *chemical resistant*. Bei dieser Art muss durch die Zusammensetzung eine bestimmte Chemikalien- bzw. insbesondere Säurebeständigkeit gewährleistet sein.
- *ECR-Glas*: Bei dieser Sorte handelt es sich um ein borfreies E-Glas, das eine vergleichsweise hohe Medien- und Korrosionsbeständigkeit aufweist. Die Buchstabenkombination *CR* steht hier für *corrosion resistant*.
- *S-Glas*: Die Zusammensetzung ist bei diesem Typen hinsichtlich hoher mechanischer Eigenschaften optimiert. *S* steht für *strength*.
- *R-Glas*: Der Buchstabe *R* steht wiederum für *resistant*. Allerdings ist hier der mechanische Widerstand gemeint, der laut Definition signifikant höher ist, als bei E-Glas. R-Glas ist wie ECR-Glas borfrei.
- *AR-Glas*: Dieses Material ist mit Zirkon angereichert und verfügt über eine vergleichsweise hohe Beständigkeit gegen Alkalien. Es eignet sich daher z. B. besonders gut für die Verstärkung von Beton (*AR* bedeutet *alkaline resistant*).
- *D-Glas*: Dielektrisches (*D*) Glas unterscheidet sich vor allem durch seine niedrige elektrische Permittivität von den anderen Glassorten. Das klassische Einsatzgebiet sind Antennen oder Radome.

Es existieren sicherlich noch eine Reihe weiterer, nicht-standardisierter, Spezialfasern. Hinsichtlich ihrer wirtschaftlichen Bedeutung sind diese aber untergeordnet, da, wie bereits erwähnt, der Markt vom E-Glas dominiert wird. Möglicherweise sind auch nicht (mehr) alle oben beschriebenen Fasertypen kommerziell erhältlich.

4.2.3 Kohlenstofffasern

Die Einteilung der Kohlenstofffasern (C-Fasern) folgt einer Terminologie, die in der DIN EN ISO 13002 [4.4] geregelt ist. Eine Systematik, die sich, wie bei den Glasfasern, an der chemischen Zusammensetzung orientiert, ist hier nicht sinnvoll, da die unterschiedlichen Eigenschaften der Kohlenstofffasern nicht auf verschiedene Zusammensetzungen, sondern auf strukturelle Unterschiede zurückzuführen sind.

Hierzu muss zunächst angemerkt werden, dass Kohlenstoff in vielen verschiedenen *allotropen* Formen vorkommt. Der Grund dafür ist die sog. *Hybridisierung*, also vereinfacht ausgedrückt, eine Umorganisation der Valenzorbitale je nach Umgebungs- bzw. Reaktionsbedingungen und Bindungspartner. Tritt der Kohlenstoff als Diamant oder in Polymeren in Erscheinung, ist er sp^3-hybridisiert, d. h. aus einem 3s- und drei 3p-Orbitalen werden vier sp^3-Orbitale. In Folge kann der Kohlenstoff vier gleichberechtigte Bindungen eingehen, an denen alle Valenzelektronen beteiligt sind.

In C-Fasern hingegen ist der Kohlenstoff sp^2-hybridisiert[12)], er kann nur mit drei Partnern eine kovalente Bindung eingehen. Die Bindungspartner liegen dabei alle in einer Ebene. In ausschließlich sp^2-hybridisierten Kohlenstoffmaterialien bilden sich Schichten aus Kohlenstoffsechserringen aus, wie in Bild 4.8 dargestellt. Die einzelnen Schichten werden als *Grafene* bezeichnet.

Eine Besonderheit dieser Schichten ist, dass nur drei Valenzelektronen je C-Atom an einer Bindung beteiligt sind, die übrigen befinden sich als sog. *delokalisierte*, also bewegliche, Elektronen in der Sechseckebene. Es bildet sich somit eine negative Ladungskonzentration im Inneren des Rings aus. Die Kohlenstoffatome tragen im Vergleich dazu eine positive Ladung. Im Feststoff ordnen sich in Folge zwei benachbarte Schichten parallel an, wobei ein Kohlenstoffatom jeweils elektrostatisch an die freien Elektronen der Nachbarschicht gebunden wird. Diese elektrostatischen Bindungen sind in Bild 4.8 durch die gepunkteten Linien angedeutet. Die Anordnung vieler solcher Schichten heißt Grafit.

Aufgrund der vergleichsweise schwachen elektrostatischen Wechselwirkung lassen sich die Schichten relativ leicht voneinander trennen. Als klassisches Beispiel sei der Bleistift genannt, bei dem durch geringe mechanische Einwirkung bereits Abrieb entsteht. Die Bindung zwischen den Kohlenstoffatomen ist homöopolar und wesentlich stärker als die Bindung zwischen den Schichten.

12 Die physikalischen Grundlagen der Hybridisierung werden wir hier nicht weiter vertiefen.

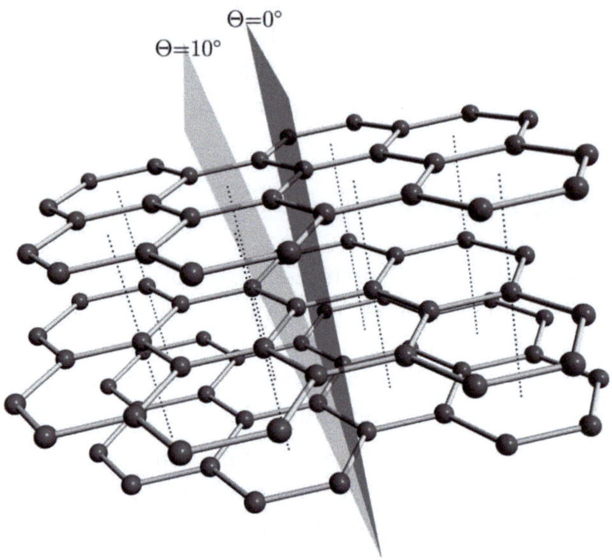

Bild 4.8 Grafitschichten mit zwei unterschiedlichen Schnittebenen, die Faserlängsrichtung soll jeweils senkrecht auf den eingezeichneten Schnittebenen stehen

Daraus ergibt sich zwanglos die Tatsache, dass Kohlenstofffasern – im Gegensatz zu Glasfasern – anisotrop sind: Längs einer Schichten beträgt der theoretische E-Modul rund 1000 GPa, quer dazu lediglich 357 GPa [4.19], da in dieser Richtung die kovalente Bindung nicht wirkt.[13)] Durch Variation des Winkels der Schichtebene zur Faserlängsachse ist es also möglich, die mechanischen Eigenschaften der Fasern einzustellen, wie Bild 4.9 anhand des E-Moduls illustriert. Der Orientierungswinkel Θ entspricht dem Winkel der Schnittebenen aus Bild 4.8.

Die Einteilung der Kohlenstofffasern erfolgt nun typischerweise anhand ihrer Festigkeit bzw. ihres Moduls (z. B. [4.14]). Die Kurzzeichen sind dabei von den jeweiligen englischen Bezeichnungen abgleitet:

- HT bzw. HS: High-Tenacity/Strength
- UHT bzw. UTS-Fasern: Ultra-High-Tenacity/Strength
- AM: Advanced-Modulus
- IM: Intermediate-Modulus
- HM: High-Modulus
- UHM: Ultra-High-Modulus

13 Auch hier gilt, dass die theoretischen Werte aufgrund der in allen Materialien vorhandenen Imperfektionen in der Realität nicht erreicht werden (vgl. Tabelle 4.1)

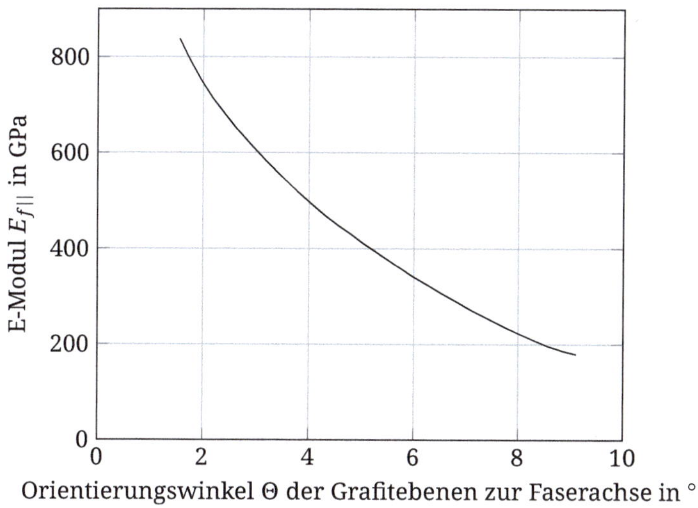

Bild 4.9 E-Modul $E_{f||}$ von Kohlefasern in Längsrichtung in Abhängigkeit vom Orientierungswinkel der Grafitschichten zur Faserrichtung [4.19]

- UMS: Ultra-Modulus-Strength
- HMS: High-Modulus-Strength

Diese Kürzel finden sich vielfach auch in den Herstellerbezeichnungen wieder, jedoch sind die tatsächlichen Kennwerte nicht unmittelbar aus der Faserbezeichnung ersichtlich. Tabelle 4.2 soll als ungefähre (herstellerunabhängige) Übersicht für Faserkennwerte dienen.

Tabelle 4.2 Kennwerte unterschiedlicher Kohlefasertypen [4.14]

Modul	Kurzzeichen	Zugfestigkeit	Zug-E-Modul	Bruchdehnung
		[MPa]	[GPa]	[%]
Standard	HT, HS	4100–5100	230–280	1,77–1,79
Intermediate	IM	4500–7000	270–310	1,73–1,79
High	HMS, UMS	3300–4700	350–440	1,00–1,79

Zum Vergleich soll nochmals auf Tabelle 4.1 verwiesen werden. Insbesondere die Festigkeiten der C-Fasern sind in der Regel um ein Vielfaches höher, als die der kompakten Materialien, die als Matrixwerkstoffe infrage kommen.

4.2.4 Aramidfasern

Aramidfasern bestehen aus linearen Polymerketten, die untereinander über Wasserstoffbrückenbindungen verbunden sind. Die Bezeichnung *Aramid* leitet sich aus dem Begriff „*ar*omatische *Amide*“ ab. Bild 4.10 zeigt einen Ausschnitt der Hauptkette.

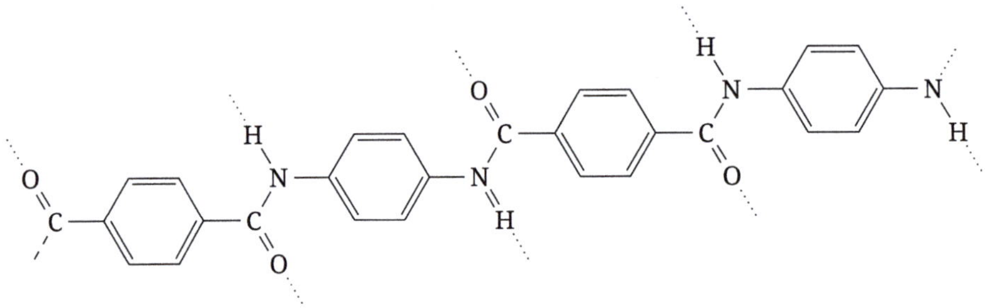

Bild 4.10 Hauptkette einer Aramidfaser, die gepunkteten Linien stehen für Wasserstoffbrücken zu den benachbarten Molekülen

Durch die Ringe in der Hauptkette weist das Molekül eine hohe Steifigkeit und damit eingeschränkte Drehbarkeit um die Längsachse auf. Die Moleküle sind linear und ordnen sich parallel zu ihren Nachbarn an. Daraus ergibt sich ein vergleichsweise hoher Kristallinitätsgrad. Die theoretische Festigkeit des Materials liegt mit ca. 200 000 MPa sehr hoch [4.9].

Ähnlich wie bei den Kohlenstofffasern, werden die Aramidfasern gemäß ihrer mechanischen Eigenschaften klassifiziert. Tabelle 4.3 gibt hierzu einen kleinen Überblick.

Tabelle 4.3 Mechanische Kennwerte von Aramidfasern mit einem Durchmesser von 12 µm [4.9]

Bezeichung	Dichte	Zug-E-Modul	Zugfestigkeit	Bruchdehnung
	[g cm^{-3}]	[GPa]	[MPa]	[%]
hochzäh	1,45	80	3600	4,0
hochsteif	1,45	131	3800	2,7
extrem steif	1,45	186	3400	2,0

Zieht man einen Vergleich zu den entsprechenden Werten der C-Fasern in Tabelle 4.2, fällt auf, dass die Zugfestigkeiten und der E-Modul der Aramidfasern grundsätzlich geringer sind. Die Bruchdehnung ist je nach Fasertyp jedoch mehr als doppelt so hoch. Dieser Umstand spiegelt sich in der hohen Zähigkeit des Aramids wieder. Anders ausgedrückt eignet sich das Material für Anwendungen, in denen Energie absorbiert werden soll, in besonderer Weise. Bekanntestes Beispiel ist sicherlich die schusssichere Schutzausrüstung bei Militär und Polizei.

4.2.5 Naturfasern

Es gibt eine Reihe natürlich vorkommender Fasermaterialien, die sich für die Verstärkung von Kunststoffen eignen. Die bekanntesten Beispiele sind Hanf, Jute, Sisal und Flachs. Die mechanischen Eigenschaften sind im Vergleich mit den anderen Fasertypen in der Regel niedriger (s. Tabelle 4.4), jedoch nicht um Größenordnungen, und somit für eine Reihe von Anwendungen durchaus ausreichend. Besonderes Augenmerk muss bei den Naturfasern auf die Wasseraufnahme, die möglicherweise eingeschränkte Temperaturstabilität und ggf. auf mangelnde Kompatibilität zum Matrixwerkstoff gelegt werden.

4.2.6 Fasertypen im Vergleich

Abschließend wollen wir noch ausgewählte Kennwerte unterschiedlicher Fasern miteinander vergleichen. Tabelle 4.4 vermittelt einen Eindruck über die Bandbreite hinsichtlich der mechanischen Eigenschaften.

Tabelle 4.4 Faserkennwerte im Vergleich [4.15]

Faser	Zug-E-Modul [GPa]	Zugfestigkeit [MPa]	Bruchdehnung [%]	Dichte [g cm^{-3}]
E-Glas	80	3500	4,0	2,54
C-Faser HT	240	3750	1,6	1,78
C-Faser HM	400	2450	0,7	1,85
Aramid HM	185	3400	2,0	1,47
Hanf	70	600	1,6	1,45
Flachs	30	750	2,0	1,48
Jute	55	550	2,0	1,3–1,5
Sisal	20	600	2,0	1,45

Bei dieser Betrachtung darf jedoch nicht außer Acht gelassen werden, dass insbesondere die Festigkeit signifikant vom Faserdurchmesser abhängt (vgl. Bild 4.2). Diese ist jedoch nicht bei allen hier aufgeführten Typen identisch.

4.2.7 Faserschlichte

Ein wichtiger, wenn auch schwierig im Detail zu beschreibender Bestandteil der Fasern, ist die sog. *Faserschlichte.*[14] Alle Fasern werden im Laufe ihres Produktionsprozesses mit einer Schicht ausgerüstet, die verschiedene Aufgaben erfüllt:

- Schutz vor Medienangriff
- Vermeiden von Verkleben der Fasern untereinander
- Haftvermittlung zum Matrixmaterial
- Verbesserung der Verarbeitbarkeit

Die Zusammensetzung der Schlichte ist auf das jeweilige Faser-Matrix-System abgestimmt. Es existieren zwar Basisrezepturen, die bekannt sind, aber die genaue Komposition ist in aller Regel spezifisches Know-How der Faserhersteller.

4.2.8 Faserauswahl

Die Auswahl einer Faser für eine bestimmte Anwendung ist immer anhand der spezifischen Anforderungen zu treffen. Während wir uns in diesem Buch im Wesentlichen auf die mechanischen Eigenschaften der Werkstoffe fokussieren, darf nicht vergessen werden, dass beispielsweise die elektrische Leitfähigkeit, die thermische Isolationsfähigkeit, der optische Eindruck, die Recyclingfähigkeit und nicht zuletzt der Preis auch eine entscheidende Rolle spielen können. Versucht man alle Anforderungen miteinander in Einklang zu bekommen, wird man in der Regel Kompromisse eingehen müssen. Darüber hinaus kann eine Entscheidung nur unter Miteinbeziehung des Matrixsystems getroffen werden.

Wenden wir uns wieder den mechanischen Kennwerten E-Modul und Zugfestigkeit zu. Bild 4.11 vermag einen Einblick zu vermitteln, wie die Berücksichtigung mehrerer Aspekte systematisch erfolgen kann.

In Bild 4.11a sehen wir zunächst die Zugfestigkeit gegen den E-Modul unterschiedlicher Fasern aufgetragen. Alle Fasern sind jeweils in ein Epoxidharz eingebettet. Da es – wie bereits diskutiert – bei jedem Fasermaterial unterschiedliche Varianten gibt (vgl. Unterabschnitt 4.2.2–Unterabschnitt 4.2.5), erstrecken sich die Werte jeweils über mehr oder weniger große Bereiche. Bei den Kohlenstofffasern ist die Aufspreizung des möglichen Festigkeits-Modul-Bereiches besonders groß. Die Angabe von ε_F in Bild 4.11a steht für die Reißdehnung. Zusätzlich sind die Kennwerte dreier wichtiger Metalle (Stahl, legiertes Aluminium und Titan) eingetragen, um einen Vergleich zu „traditionellen“ Konstruktionswerkstoffen ziehen zu können.

14 Mitunter wird die Schlichte auch *Avivage* genannt.

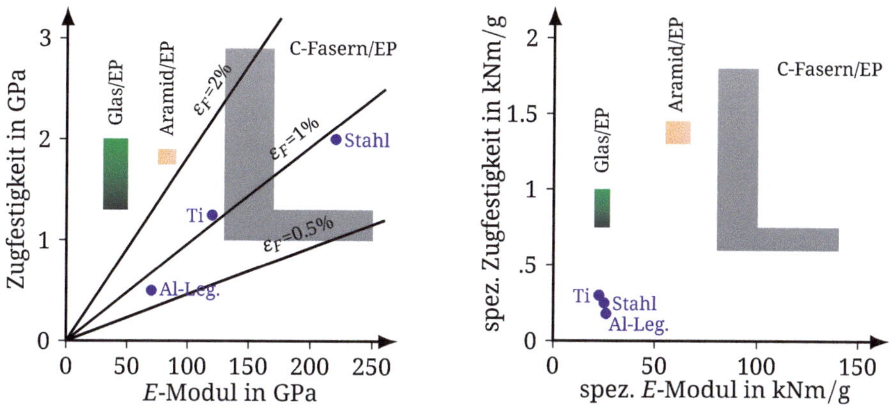

(a) Ohne Dichtebereinigung

(b) Mit Dichtebereinigung

Bild 4.11 Mechanische Kennwerte verschiedener Faser-Kunststoff-Verbunde [4.9]

Zum einen können wir relativ klar ablesen, welches Material hinsichtlich welcher Eigenschaft Vor- bzw. Nachteile gegenüber den anderen bietet. Beispielsweise weisen die Glasfaserlaminate durchweg den geringsten *E*-Modul auf, bei allerdings vergleichbarer Festigkeit mit den Aramidlaminaten oder auch mit Stahl. Zum anderen reicht diese Grafik aber nicht aus, um eine vollständige Beurteilung der Eignung eines bestimmten Fasertyps zu treffen.

Bild 4.11b liefert einen weiteren Aspekt. Hier sind die Kennwerte der Materialien durch Division durch ihre jeweilige Dichte „dichtebereinigt“ worden. In dieser Darstellung erscheinen die Aramidlaminate den Glasfaserlaminaten sowohl hinsichtlich der Festigkeit als auch der Steifigkeit überlegen. Spielt also das Material- bzw. das Bauteilgewicht eine signifikante Rolle, kann Bild 4.11b eher als Entscheidungshilfe dienen, als Bild 4.11a. Ein interessanter Nebenaspekt dieser Darstellung ist, dass die drei metallischen Vertreter durch die Normierung mehr oder weniger auf einem gemeinsamen Fleck landen und sämtlichen faserverstärkten Kunststoffen im Hinblick auf ihre mechanische Leistungsfähigkeit deutlich unterlegen sind.

In ähnlicher Weise werden beispielsweise auch kostenbezogene Diagramme erstellt. Auch wenn wir auf die nähere Diskussion dazu verzichten wollen, muss davon ausgegangen werden, dass aramid- und kohlenstofffaserverstärkte Laminate in diesem Kontext deutlich „schlechter“ abschneiden, als wenn nur die rein technischen Eigenschaften betrachtet werden.

Die Aussagekraft der Darstellungen in Bild 4.11 ist begrenzt, da in der Regel nicht alle wichtigen Aspekte in einem einzigen Diagramm untergebracht werden können. Hilfestellung mögen hierbei beispielsweise Netzdiagramme oder ähnliche Darstellungen geben.

4.3 Matrixwerkstoffe

In diesem Abschnitt wollen wir uns den unterschiedlichen Matrixsystemen zuwenden, die üblicherweise für die Faserverstärkung zum Einsatz kommen. Die folgende Aufzählung erhebt keinen Anspruch auf Vollständigkeit, deckt aber sicherlich die wichtigsten Vertreter ab.

4.3.1 Prinzipieller Aufbau faserverstärkter Kunststoffe

Der grundsätzliche Aufbau ist bereits anhand Bild 4.5, Bild 4.3 und Bild 3.45 beschrieben worden. Bild 4.12 soll lediglich als kleine Erinnerungshilfe dienen.

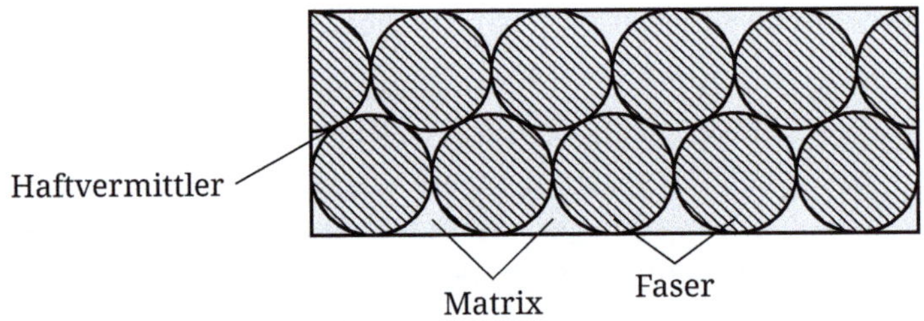

Bild 4.12 Laminataufbau im Querschnitt

Die Anordnung der Fasern spielt eine entscheidende Rolle für die mechanischen (und auch weitere) Eigenschaften des Laminats. Liegen alle Fasern wie hier dargestellt, parallel nebeneinander, spricht man von einem sog. Unidirektionalaufbau. Möglich sind aber auch schichtweise wechselnde Faserrichtungen bzw. sog. *Wirrfaserlaminate*, in denen es keine Ordnung der Fasern gibt. Insbesondere für den Einfluss der Faserrichtung auf die mechanischen Kennwerte der Laminate sei auf Kapitel 6 und Kapitel 7 verwiesen.

Allen Möglichkeiten gemein ist jedoch, dass die Matrix dafür sorgt, dass die Fasern in Position gehalten und die von außen aufgeprägten Lasten in die Fasern eingeleitet werden. Daher werden wir im Folgenden die Aufgaben der Matrix im Verbund und die Eigenschaften der Matrixmaterialien genauer beleuchten.

4.3.2 Funktionen der Matrixwerkstoffe

Zunächst wollen wir uns über die Funktionen der Matrix Gedanken machen. Einige Aspekte sind in anderen Abschnitten dieses Buches schon genannt worden, aber eine systematische Übersicht ist bisher ausgeblieben.

- Krafteinleitung: Eine der wichtigsten Aufgaben der Matrix ist es sicherlich, die Lasten, die von außen auf ein Bauteil wirken, auf die Fasern zu übertragen (vgl. auch Unterabschnitt 4.1.2). Um diese Funktion zu erfüllen, sollte die Haftung der Matrix auf der Faser idealerweise lückenlos bzw. vollflächig sein. Damit wird die Einspannlänge minimiert (vgl. Unterabschnitt 4.1.1). Des Weiteren sollte die Matrix selbst auch möglichst wenig Fehlstellen enthalten, die z. B. durch Kerbwirkung ein frühzeitiges Versagen verursachen könnten.
- Schutz der Faser vor Ausknicken: Aufgrund ihres sehr geringen Durchmessers[15)] können die Fasern alleine praktisch keine Druckkräfte aufnehmen, ohne auszuknicken. Die Matrix stützt die Faser entlang ihrer kompletten Länge. Somit kann die Faser gemäß der Drucksteifigkeit des Materials, aus dem sie hergestellt wurde, auch Drucklasten übertragen.
- Mechanische Dämpfung: Bei den Matrixmaterialien handelt es sich in der Regel um polymere Materialien, die im Vergleich zu anderen Werkstoffgruppen eine hohe mechanische Dämpfung mitbringen. Hier existieren zwar erhebliche Unterschiede zwischen den einzelnen Kunststoffen. Generell kann jedoch davon ausgegangen werden, dass die Dämpfung höher ist als bei Glas- oder Kohlenstofffasern.
- Schutz der Fasern vor Umwelteinflüssen: Trotz der Schutzschicht, die während der Produktion auf die Fasern aufgebracht wird (Unterabschnitt 4.2.7), muss für die Lebensdauer der faserverstärkten Bauteile sichergestellt werden, dass die Fasern nicht durch Medien oder UV-Strahlung angegriffen werden. Die meisten Matrixmaterialien weisen eine vergleichsweise gute Medienbeständigkeit auf und können somit unter „normalen" Umgebungsbedingungen die Fasern für eine lange Zeit vor einem chemischen Angriff schützen. Unter besonderen Bedingungen wie Seewassernähe oder in einem Umfeld mit aggressiven Säuren oder Basen muss im Einzelfall die Eignung des Matrixwerkstoffs geprüft werden. Die UV-Beständigkeit der Kunststoffe ist bis auf wenige Ausnahmen mäßig bis schlecht. Aus diesem Grund muss das Matrixmaterial selbst gegen UV-Strahlung in angemessener Weise geschützt werden, da es sonst zumindest in Freiluftanwendungen nach relativ kurzer Zeit seine Aufgaben nicht mehr erfüllen kann.
- Dichtereduzierung: Nicht zuletzt soll an dieser Stelle nochmals auf einen der Hauptaspekte der faserverstärkten Kunststoffe eingegangen werden. Die Dichte der meisten Kunststoffe, die ja vorwiegend als Matrixmaterialien eingesetzt werden, liegt bei $0{,}9\,\mathrm{g\,cm^{-3}} \ldots 1{,}5\,\mathrm{g\,cm^{-3}}$, die der Fasermaterialien in einem vergleichbaren Bereich. Durch die Wahl des Matrixmaterials kann also die Gesamtdichte des Werkstoffs entscheidend beeinflusst werden, wenn auch andere Aspekte wie Verträglichkeit, Beständigkeit oder der Preis im Einzelnen eine übergeordnete Rolle spielen können.

15 Genauer gesagt ist hier das Verhältnis zwischen Länge und Durchmesser entscheidend.

4.3.3 Mechanisches Verhalten der Kunststoffe

Bei allen Werkstoffgruppen wird zunächst – wie bereits anhand von Bild 3.8 beschrieben – zwischen spröden und duktilen Materialien unterschieden.

Sprödes Verhalten ist im Spannungs-Dehnungs-Diagramm durch einen linearen Anstieg bis zum Bruch gekennzeichnet, d. h. die Zugfestigkeit und die Bruchspannung sind identisch. Die Dehnung beim Bruch beträgt typischerweise weniger als 1 %. Im idealisierten Fall ist die Steigung der $\sigma - \varepsilon$-Kurve konstant, d.h. die Verformung ist linear-elastisch. Typische Vertreter mit rein sprödem Verhalten sind kristalline, keramische Materialien und Silikatgläser, wie sie für die industrielle Faserverstärkung verwendet werden. Aber auch viele Kunststoffe verhalten sich bei Raumtemperatur näherungsweise linear-elastisch.

Plastisch verformbare, also duktile Materialien weisen ebenso bei kleinen Deformationen bzw. Spannungen einen linear-elastischen Bereich auf. Im Anschluss jedoch zeigt sich ein Abfall der Steigung der Spannungs-Dehnungs-Kurve, häufig gefolgt von einem Maximum, bevor es zum Versagen kommt. Bei polymeren Werkstoffen ist die plastische Verformung auf eine irreversible relative Verschiebung der Moleküle gegeneinander zurückzuführen.

Kunststoffe zeigen im Vergleich zu anderen Werkstoffgruppen Besonderheiten. Diese sollen hier besonders in den Vordergrund gestellt werden, da es sich in aller Regel bei den in Faserverbundwerkstoffen eingesetzten Matrixmaterialien um Kunststoffe handelt.

Vor allem bei teilkristallinen Thermoplasten äußert sich plastisches Verhalten durch das Auftreten einer sog. Streckgrenze σ_S (Bild 4.13), an die sich ein Bereich konstanter Spannung anschließt. Dieser konstante Bereich ist auf die sog. Kaltverstreckung zurückzuführen. Während der Kaltverstreckung findet eine Orientierung der Makromoleküle in Richtung der Belastung statt. Da die Moleküle im unbelasteten Zustand in einer mäanderförmigen Struktur „gefaltet" sind, erstreckt sich die vollständige Orientierung über einen sehr großen Deformationsbereich. Die Bruchdehnung kann daher mehrere 100 % betragen.

Elastomere Materialien zeichnen sich durch vollständig reversible Deformation auch bei sehr hohen Verformungsgraden aus (Bild 4.14). Im Gegensatz zu einem linear-elastischen Material ist hier jedoch kein linearer Anstieg zu Beginn der Spannungs-Dehnungs-Kurve zu finden. Der Mechanismus, der zu dem beobachteten Verhalten führt, ist auch grundlegend von dem bei „klassischen" linear-elastischen Materialien zu unterscheiden: Elastomere verhalten sich überwiegend *entropieelastisch* (vgl. Unterabschnitt 3.1.1), d. h. durch die äußere Last werden die Molekülknäuel durch Umlagerung einzelner Kettensegmente deformiert. Bei Wegnahme der äußeren Last, streben die Moleküle wiederum die Knäuelform an.

Elastomere werden typischerweise nicht anhand ihres Elastizitätsmoduls charakterisiert, da dessen Definition auf der Deformation der interatomaren Bindung beruht,

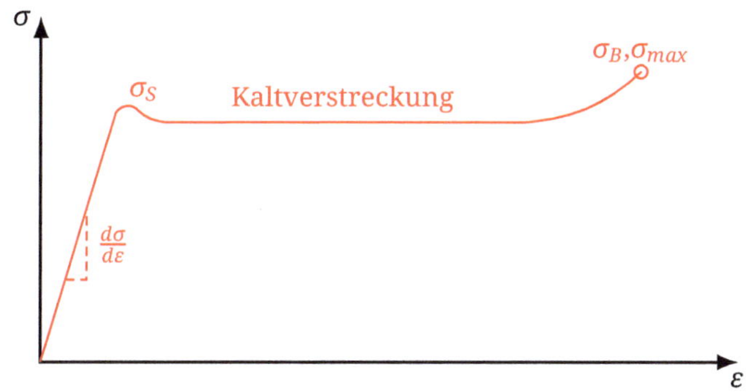

Bild 4.13 Spannungs-Dehnungs-Diagramm mit Streckgrenze und Kaltverstreckung

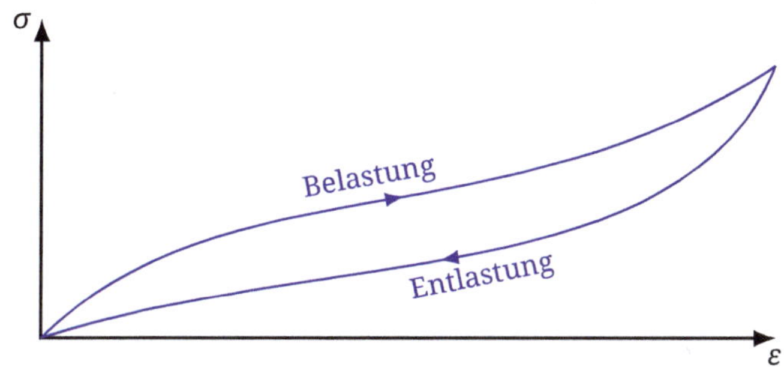

Bild 4.14 Spannungs-Dehnungs-Diagramm eines Elastomeren

und diese ist im Gegensatz zum entropieelastischen Anteil vergleichsweise klein. Im Zugversuch ist der *E*-Modul bei diesen Materialien nur mit sehr hohem Aufwand bestimmbar, da der lineare Anstieg bei kleinen Dehnungen praktisch nicht vorhanden ist. Stattdessen wird als Vergleichswert die Spannung $\sigma_{0,5}$ bei einer Deformation von $\varepsilon = 0{,}5\,\%$ angegeben.[16] Für die Anwendung sind aber eher technische Kennwerte wie der Druckverformungsrest oder die Reißdehnung relevant.

Des Weiteren zeigen diese Werkstoffe eine ausgeprägte Hysterese, d. h. bei *Ent*lastung ist das Spannungsniveau niedriger als während der *Be*lastung. Auch hier spielt das entropieelastische Verhalten eine entscheidende Rolle, da es bei der Umlagerung der Ketten zu innerer Reibung kommt.

Bei polymeren Matrixwerkstoffen finden sich bei Raumtemperatur alle beschriebenen Formen:

- Linear-elastisches Verhalten mit kleinen Bruchdehnungen ist typisch für duroplastische Materialien (ungesättigte Polyesterharze, Epoxidharze, Phenolharze) und

16 Der *E*-Modul ist nach ISO 527 in einem Deformationsbereich von 0,005-0,025 % zu bestimmen, also bei wesentlich kleineren Verformungen.

amorphe Thermoplaste weit unter ihrer Glasübergangstemperatur[17] T_G (Polystyrol, Polycarbonat, Polymethylmethacrylat).

- Duktiles Verhalten findet sich vor allem bei teilkristallinen Thermoplasten (Polyethylen, Polyamid, Polyethylenterephtalat) und bei amorphen Thermoplasten nahe T_G.
- Die bekanntesten Vertreter der Elastomere sind Naturkautschuk (NR), Chloroprenkautschuk (CR) und Silikonkautschuk (SIR). Mittlerweile existieren aber auch sog. thermoplastische Elastomere (TPE), die ein vergleichbares mechanisches Verhalten zeigen.

Es soll festgehalten werden, dass die thermoplastischen, also die schmelzbaren, Materialien sich je nach Temperatur sowohl spröde als auch duktil verhalten können und, wie am Beispiel der TPEs bereits erwähnt, mitunter auch wie Elastomere.

Bei polymeren Werkstoffen, also den Matrixmaterialien, ist der Geschwindigkeitseinfluss mitunter signifikant, namentlich bei den „weichen" teilkristallinen Thermoplasten bei Raumtemperatur.

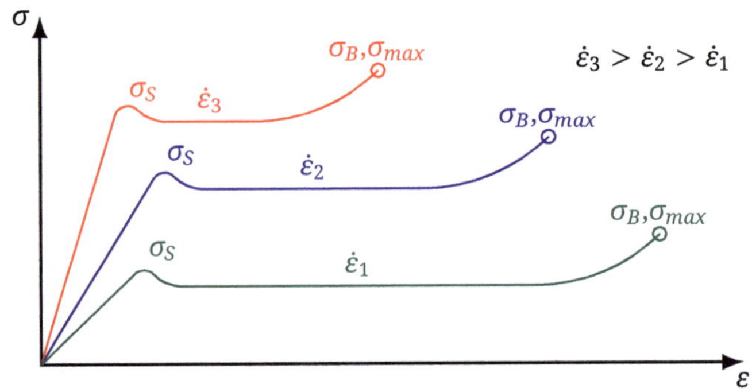

Bild 4.15 Spannungs-Dehnungs-Diagramm mit Streckgrenze und Kaltverstreckung

Bild 4.15 illustriert schematisch den Einfluss der Deformationsgeschwindigkeit auf die mechanischen Kennwerte polymerer Werkstoffe. Sowohl E-Modul, als auch Streckgrenze steigen signifikant mit zunehmender Verformungsgeschwindigkeit, die Bruchdehnung nimmt merklich ab. Das Materialverhalten ändert sich also von duktil zu spröde. Die für die einzelnen Polymerklassen charakteristischen Spannungs-Dehnungs-Kurven müssen demnach immer unter Angabe der Deformationsgeschwindigkeit betrachtet werden. Aber auch im praktischen Einsatz macht sich dieser Einfluss natürlich bemerkbar. Eine schlagartige Beanspruchung kann zu einer mehr oder weniger linear-elastischen Antwort führen, während eine statische Last irreversible Verformungen zur Folge haben kann (s. Unterunterabschnitt 3.1.3.3 und Unterabschnitt 3.1.5).

17 vgl. Unterabschnitt 3.1.4.

In der Konsequenz bleibt an dieser Stelle festzuhalten, dass Materialwerte für polymere Werkstoffe, wie man sie aus technischen Datenblättern der Hersteller erhält, in vielen Fällen nicht das mechanische Verhalten im Einsatz widerspiegeln, sondern zunächst als Vergleichswert zu verstehen sind. Gerade im Fall hoher statischer Lasten bzw. bei sehr schneller schlagartiger Beanspruchung ist in vielen Fällen eine gesonderte Prüfung angeraten, die den Belastungsfall nachstellt, wie in Kapitel 3 beschrieben.

4.3.4 Thermoplaste

Thermoplastische (unvernetzte) Kunststoffe sind vor allem dadurch gekennzeichnet, dass sie bei einer charakteristischen Temperatur schmelzen und bei Abkühlung wieder erstarren. Dieser Vorgang kann im Prinzip beliebig oft wiederholt werden, wenngleich damit zu rechnen ist, dass es aufgrund der thermischen Belastung zu einem Abbau der Kettenlängen kommt und sich somit die Eigenschaften verändern können. Man spricht dann von thermisch induzierter Degradation.

Thermoplaste können sowohl in rein amorpher als auch in teilkristalliner Form vorkommen. In der Regel sind die amorphen Vertreter wie z. B. Polystyrol (PS) oder Polymethylmethacrylat (PMMA) bei Raumtemperatur glashart, da sich ihre Glasübergangstemperatur weit oberhalb der Raumtemperatur befindet.

Die Viskosität von Thermoplastschmelzen ist sehr hoch, insbesondere im Vergleich zu den Duroplasten vor der Vernetzung (vgl. Unterabschnitt 4.3.5). Ihre Verarbeitung bzw. die Formgebung erfordert daher in der Regel einen hohen Prozessdruck und/oder hohe Temperaturen. Außerdem ist vollständige Benetzung von Fasern vergleichsweise schwierig zu gewährleisten.

4.3.4.1 Polypropylen (PP)

Polypropylen (PP) zählt zu den Polyolefinen. Diese entstehen aus gesättigten Kohlenwasserstoffverbindungen, wie z. B. Propylen, durch Aufbrechen der Doppelbindung und anschließender Polymerisation zu langkettigen Molekülen. Im Gegensatz zu Polyethylen ist eines der Wasserstoffatome in der Wiederholeinheit durch eine Methylgruppe (CH_3) substituiert.

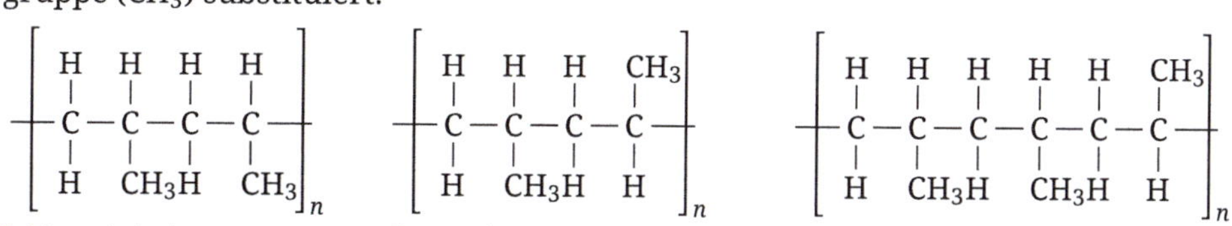

(a) isotaktisch (b) syndiotaktisch (c) ataktisch

Bild 4.16 Wiederholeinheiten von Polypropylen

Je nach Stellung der Methylgruppe wird zwischen ataktischem, syndiotaktischem und isotaktischem Polypropylen unterschieden (Bild 4.16). Der Kristallinitätsgrad ist bei isotaktischem PP am höchsten, ataktisches Propylen ist grundsätzlich amorph. In der Folge sind weitere Eigenschaften der unterschiedlichen Typen zum Teil signifikant voneinander verschieden. Tabelle 4.5 gibt einen Überblick über die wichtigsten Kennwerte von isotaktischem Polypropylen.

Tabelle 4.5 Kennwerte von isotaktischem Polypropylen [4.18]

Eigenschaft	Kennwert
Dichte	$0{,}90\,g\,cm^{-3}...0{,}91\,g\,cm^{-3}$
E-Modul	1300 MPa...1800 MPa
Streckspannung	25 MPa...40 MPa
Glasübergangstemperatur	0 °C...20 °C
Schmelztemperatur	162 °C...168 °C
Formbeständigkeitstemperatur HDT/A 1,8 MPa	55 °C...65 °C

Wie alle Thermoplasten verzeichnet PP einen signifikanten Abfall der mechanischen Eigenschaften bei Überschreiten der Glasübergangstemperatur, die allerdings meist unter Raumtemperatur liegt. Polypropylen befindet sich somit im Einsatz im *gummielastischen* bzw. *lederartigen* Zustand (vgl. Unterabschnitt 3.1.4). Da T_G ca. 0 °C...20 °C beträgt, kann es im Bereich „normaler" Einsatztemperaturen von typischerweise −30 °C...50 °C zu einem Phasenübergang kommen.

4.3.4.2 Polyamid (PA)

Polyamid ist ein Überbegriff für eine Reihe von Polymeren, denen eine Amidgruppe ($-N - R-$, R: organischer Rest) in der Hauptkette gemeinsam ist. Bild 4.17 zeigt exemplarisch die Wiederholeinheit von Homopolyamiden. Je nach Anzahl m der CH_2-Gruppen[18] in der Hauptkette stellen sich unterschiedliche Varianten ein, die sich in mehreren Eigenschaften unterscheiden können.

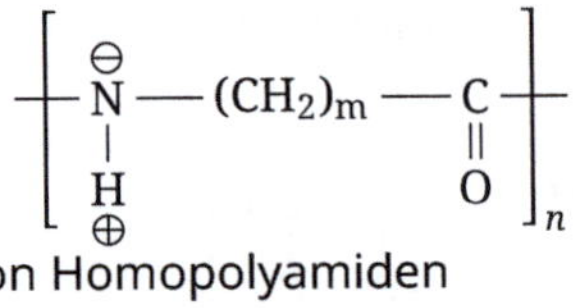

Bild 4.17 Wiederholeinheit von Homopolyamiden

Polyamide sind grundsätzlich teilkristallin und weisen eine vergleichsweise hohe Einsatztemperatur auf. Die Wasseraufnahme ist aufgrund des stark polaren Charak-

18 Rest der Dicarbonsäure, die als Ausgangsstoff bei der Herstellung eingesetzt wird.

ters der Stickstoffverbindungen verhältnismäßig hoch, teilweise beträgt sie mehr als 10 Gew.-%.

Polyamide verfügen über relativ hohe Dauergebrauchstemperaturen und – je nach Wassergehalt – über einen hohen E-Modul. Sie eignen sich daher schon in unverstärkter Form für konstruktive Zwecke. Kurzfaserverstärkte Polyamide werden häufig im Spritzgussverfahren zu Gehäusen verarbeitet, die man in elektrischen Anwendungen und im Motorraum von Fahrzeugen findet.

Tabelle 4.6 Kennwerte von Polyamid 6 [4.18]

Eigenschaft	Kennwert	
	trocken	luftfeucht
Dichte	1,12 g cm^{-3}...1,15 g cm^{-3}	
E-Modul	2600 MPa...3200 MPa	750 MPa...1500 MPa
Streckspannung	70 MPa...90 MPa	30 MPa...60 MPa
Glasübergangstemperatur [4.16]	53 °C	−11 °C
Schmelztemperatur	200 °C...225 °C	
HDT/A 1,8 MPa	190 °C...215 °C	

4.3.4.3 Polycarbonat (PC)

Bei Polycarbonat handelt es sich um einen amorphen Thermoplasten, der sich vor allem durch seine Transparenz auszeichnet. Darüber hinaus verfügt er über eine vergleichsweise hohe Zähigkeit. Typische Anwendungen sind aufgrund dieser Eigenschaftskombination Scheinwerferabdeckungen, Visiere für Motorradhelme oder Brillengläser. Wird PC mit Fasern verstärkt, verliert es seine Transparenz weitgehend, wird aber wegen der guten Schweißbarkeit und der hohen Wärmeformbeständigkeit beispielsweise im Maschinenbau eingesetzt.

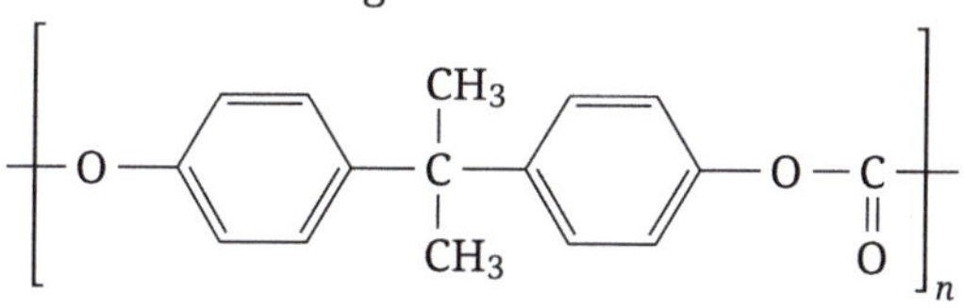

Bild 4.18 Wiederholeinheit von Polycarbonat

Hervorzuheben ist, dass Polycarbonat häufig mit Acrylnitrilstyrol (ABS) gemischt wird. Dadurch wird vor allem die Fließfähigkeit bei der Verarbeitung verbessert und die Kältezähigkeit erhöht, die Wärmeformbeständigkeit jedoch herabgesetzt.

Tabelle 4.7 Kennwerte von Polycarbonat [4.18]

Eigenschaft	Kennwert
Dichte	1,2 g cm^{-3}
E-Modul	2350 MPa...2400 MPa
Streckspannung (50 mm/min)	60 MPa...68 MPa
Glasübergangstemperatur [4.10]	145 °C
Formbeständigkeitstemperatur HDT/A 1,8 MPa	120 °C...130 °C

4.3.4.4 Polyetheretherketon (PEEK)

Bei Polyetheretherketon handelt es sich um einen Vertreter aus der Reihe der sog. *Polyaryletherketone*. Diesen ist gemeinsam, dass sie über eine Ethergruppe (–C – O – C–) und eine Ketongruppe (C = O) in der Hauptkette verfügen. Bei PEEK folgt eine Ketongruppe auf zwei Ethergruppen (Bild 4.19).[19]

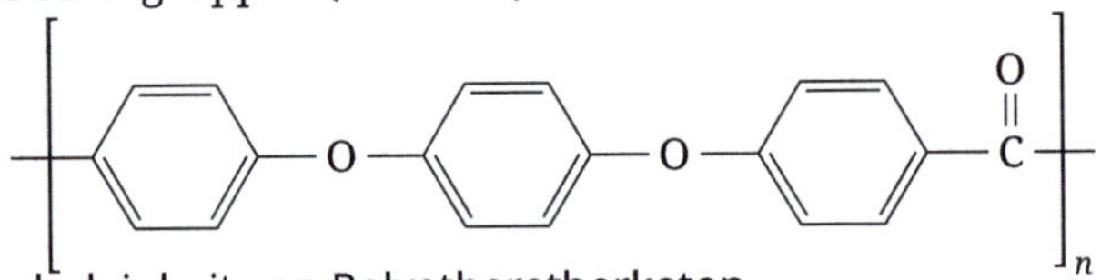

Bild 4.19 Wiederholeinheit von Polyetheretherketon

Es handelt sich um teilkristalline Kunststoffe, die zum einen über eine vergleichsweise hohe Glasübergangstemperatur verfügen, und zum anderen bereits unverstärkt recht hohe mechanische Eigenschaften aufweisen (vgl. auch Abschnitt 4.1 und Tabelle 4.8).

Tabelle 4.8 Kennwerte von Polyetheretherketon [4.18]

Eigenschaft	Kennwert
Dichte	1,3 g cm^{-3}
E-Modul	3700 MPa
Zugfestigkeit	100 MPa
Glasübergangstemperatur	141 °C
Schmelztemperatur	335 °C
Formbeständigkeitstemperatur HDT/A 1,8 MPa	152 °C
Dauergebrauchstemperatur	240 °C

Wegen der hohen Glasübergangs- und Schmelztemperaturen werden die Polyaryletherketone den Hochtemperaturthermoplasten zugerechnet. Grundsätzlich lässt sich

19 Bei PEK folgt demnach eine Keton- auf eine Ethergruppe, bei PEKEKK folgen zwei Keton- auf eine Ether-, eine Keton- und eine weitere Ethergruppe.

feststellen, dass die Übergangstemperaturen mit dem Anteil der Ketongruppen ansteigen, da diese maßgeblich zur Versteifung der Hauptkette beitragen. Naturgemäß führt die hohe Kristallitschmelztemperatur dazu, dass die Verarbeitung dieser Materialien mit einem relativ hohen Energieaufwand verbunden ist. So liegt die Verarbeitungstemperatur typischerweise jenseits von 350 °C.

4.3.4.5 Polyphenylensulfid (PPS)

Polyphenylensulfid zählt wie PEEK zu den Hochtemperaturthermoplasten. Der chemische Aufbau ist durch sich mit Schwefel abwechselnde Aromaten in der Hauptkette gekennzeichnet (Bild 4.20). PPS liegt in den meisten Fällen als lineares Molekül in teilkristalliner Form vor. Weist es jedoch Verzweigungen auf, können physikalische Vernetzungen entstehen.

Besonders hervorzuheben ist die inhärente Flammwidrigkeit und die sehr gute Chemikalienbeständigkeit von PPS. In Faserform wird Polyphenylensulfid typischerweise nicht als Verstärkungskomponente in mechanisch beanspruchten Bauteilen verwendet, sondern vorwiegend in Filteranlagen, in denen hohe Temperaturen und/oder feuchte Atmosphären eine Rolle spielen.

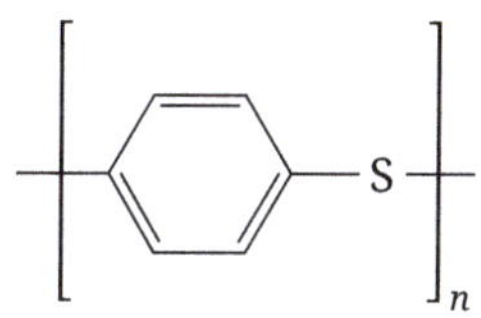

Bild 4.20 Wiederholeinheit von Polyphenylensulfid

Tabelle 4.9 Kennwerte von Polyphenylensulfid [4.10]

Eigenschaft	Kennwert
Dichte	1,34 g cm^{-3}...1,36 g cm^{-3}
E-Modul	3700 MPa
Streckgrenze	75 MPa
Glasübergangstemperatur	85 °C...95 °C
Schmelztemperatur	285 °C...290 °C
Dauergebrauchstemperatur	200 °C...240 °C

4.3.5 Duroplaste

Duroplaste unterscheiden sich von thermoplastischen Kunststoffen durch eine engmaschige chemische Vernetzung zwischen den langkettigen Molekülen. Die thermische Öffnung dieser Vernetzungsbrücken kommt einer Zerstörung des Materials gleich. Sie sind daher im Gegensatz zu den Thermoplasten nicht schmelzbar. Die Formgebung muss aus diesem Grund (in der Regel) vor dem Aushärteprozess erfolgen.

In aller Regel werden diese Materialien über Mischung einer Harz- und einer Härterkomponente hergestellt. Dabei handelt es sich jeweils um organische Stoffe. Die Harzkomponente kann bereits polymeren Charakter besitzen, d. h. über eine entsprechend hohe Molmasse verfügen. Die Vernetzung kommt dann über eine chemische Reaktion von Harz und Härter zustande. Das Mischungsverhältnis der beiden Komponenten ist mitbestimmend für die Eigenschaften des Endprodukts. Insbesondere bei den Epoxidharzen muss es genau eingehalten werden, da sonst in der Regel nicht die gewünschten Materialkennwerte erreicht werden. Der Härteprozess wird in Unterunterabschnitt 4.3.5.6 beschrieben.

Duroplaste werden vor allem eingesetzt, wenn eine hohe thermische und/oder elektrische Stabilität gefordert ist, z. B. als Leiterplattenmaterial oder in der Hochspannungsisolation. Aber auch bei den meisten Klebstoffen handelt es sich um Reaktionsharzsysteme. Nicht zuletzt spielen die Duroplasten eine dominante Rolle im Einsatz als faserverstärkte Kunststoffe. Dies hängt mit den bereits erwähnten Vorteilen gegenüber anderen Kunststoffen zusammen. Darüber hinaus sind die Ausgangskomponenten in der Regel leicht fließend, wodurch die Benetzung der Fasern und damit die Haftung zwischen Fasern und Matrix gewährleistet werden kann. Fasergewebe und -gelege können leicht durchdrungen und im Anschluss ausgehärtet werden. Dies ermöglicht vergleichsweise komplexe Geometrien. Auf die Herstellverfahren wird in Kapitel 5 eingegangen.

Es sollte erwähnt werden, dass – anders als bei den Thermoplasten – unter den Bezeichnungen der Harztypen in der Regel eine Reihe unterschiedlicher Molekülstrukturen zu verstehen sind, die aus verschiedenen, aber ähnlichen Ausgangsprodukten entstehen. Darüber hinaus werden manche Harzytpen nur in Verbindungen mit Füllstoffen geliefert (z. B. Phenolharzmassen), die naturgemäß die Eigenschaften beeinflussen. Die im Folgenden angegebenen Eigenschaften sind daher nur exemplarisch zu verstehen.

4.3.5.1 Eigenschaften

Duroplastische Materialien zeichnen sich in der Regel durch elastisches Materialverhalten aus, d. h. die plastische Verformbarkeit ist praktisch häufig vernachlässigbar. Die Bruchdehnung liegt im Bereich von wenigen Prozent. Die Kriechneigung ist verhältnismäßig gering, da die Vernetzungspunkte die Umlagerung von Molekülsegmenten oder das Abgleiten der Ketten aneinander weitgehend verhindern.

Das Einsatzgebiet von Duroplasten ist vielfältig. Typischerweise kommen sie in Anwendungen zum Einsatz, in denen hohe Temperaturbeständigkeit und hohe elektrische Festigkeiten gefragt sind. Beispiele hierfür sind Klebstoffe und elektrisch isolierende Bauteile wie Leiterplatten.

4.3.5.2 Epoxidharze (EP)

Der Begriff *Epoxidharz* steht für eine Reihe von Verbindungen, die über reaktionsfähige Epoxid- und Hydroxylgruppen verfügen. Die technisch häufigsten Vertreter[20] werden aus Bisphenol-A (Bild 4.21a) und Epichlorhydrin (Bild 4.21b) zu einer Glycidetherverbindung umgesetzt (Bild 4.22).

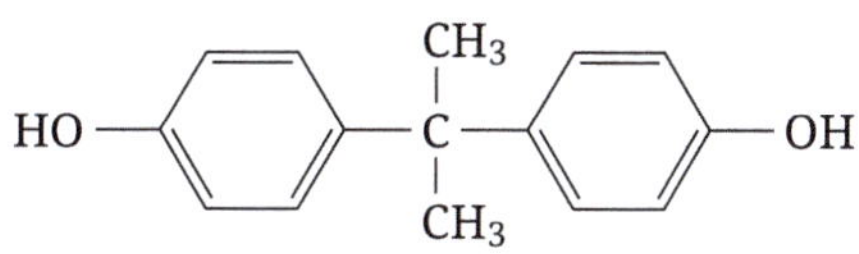

(a) Bisphenol A

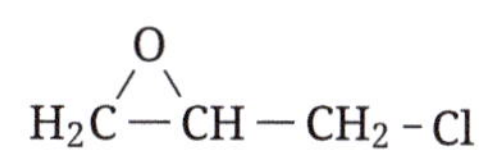

(b) Epichlorhydrin

Bild 4.21 Ausgangsprodukte der meisten Epoxidharze

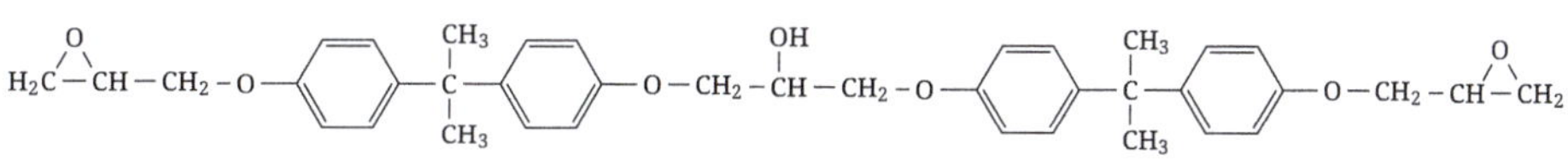

Bild 4.22 Linearer Polyether [4.8]

Daneben existiert noch eine ganze Reihe Varianten, für die auf die weiterführende Literatur (z. B. [4.18]) verwiesen sei.

Die Härtung erfolgt in vielen Fällen mithilfe mehrwertiger Amine. Dabei werden die endständigen Epoxidgruppen[21] geöffnet und durch die Amine miteinander verknüpft. Da es sich bei der Vernetzung um eine Polyaddition handelt, muss das Verhältnis zwischen Harz und Härter genau eingehalten werden, da andernfalls unvernetzte Harz- oder Härtermoleküle im Feststoff verbleiben, die das Endprodukt mechanisch schwächen.

Epoxidharze zeichnen sich durch eine hohe Temperatur- und Korrosionsbeständigkeit, einen geringen Schwund beim Aushärten und eine hohe Haftfestigkeit auf den meisten anderen festen Werkstoffen aus. Neben der Anwendung als Matrixwerkstoff werden sie als Klebestoffe, Lacke oder in elektrischen Anwendungen als Isolationsmaterial verwendet.

Die Vernetzung startet bei diesen Systemen in der Regel unmittelbar nach dem Mischen von Harz und Härter. Daher werden EP-Harze typischerweise als Zweikompo-

20 Für weitere Beispiele siehe z. B. [4.8].

21 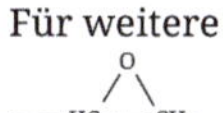

Tabelle 4.10 Kennwerte von Epoxidharzen [4.15][22]

Eigenschaft	Kennwert
Dichte	$>1{,}16\,g\,cm^{-3}$
Zug-E-Modul	2800 MPa...3400 MPa
Festigkeit	45 MPa...85 MPa
Bruchdehnung	1,3 %...5,0 %
Formbeständigkeitstemperatur HDT/A 1,8 MPa	50 °C...175 °C

nentensysteme geliefert und verarbeitet. Einkomponentige Systeme sind vorgemischte Harz-Härter-Kombinationen, die einen Inhibitor enthalten. In diesem Fall muss die Reaktion mittels z. B. Wärme oder UV-Licht initiiert werden.

4.3.5.3 Phenolharze (PF)

Phenolharze gehören zu den Formaldehydformmassen. Sie entstehen aus der Polykondensation von Phenolen und Aldehyden in wässriger Lösung. Je nach Mengenverhältnis entstehen dabei Resole oder Novolake. In beiden Fällen wird Wasser abgespalten (Bild 4.23).

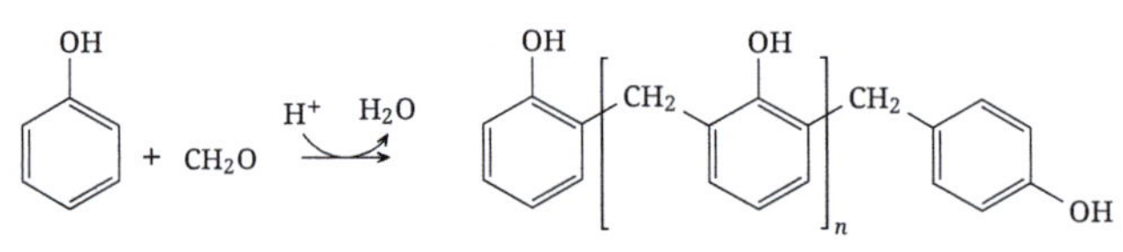

(a) Novolak

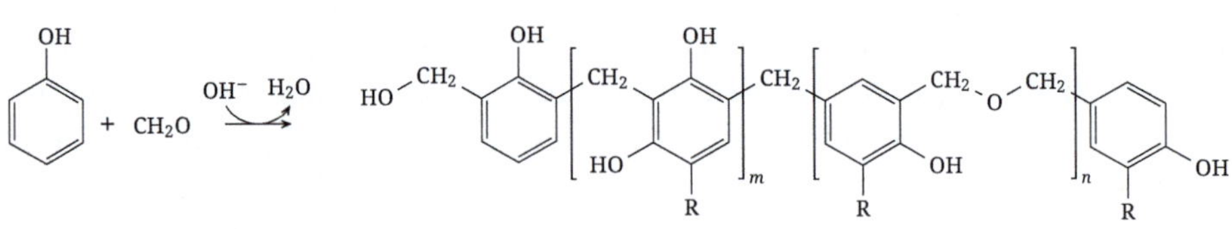

(b) Resol (R = H und/oder CH_2OH)

Bild 4.23 Synthese der Phenolharze [4.8]

Die Resole und Novolake können nun mit weiteren Komponenten wie Epichlorhydrin oder Aminen funktionalisiert und dann vernetzt werden.

22 Aufgrund der großen Varianz der Epoxidharze hinsichtlich ihres chemischen Aufbaus, sind die angegebenen Werte allenfalls als Hinweis zu verstehen. Im Einzelfall müssen die individuellen Werte den Datenblättern entnommen werden.

23 Es handelt sich hierbei um Bakelit® PF31.

Tabelle 4.11 Kennwerte von organisch gefülltem Phenolharz [4.8][23)]

Eigenschaft	Kennwert
Dichte	$1{,}42\,g\,cm^{-3}$
Zug-E-Modul	7861 MPa...8442 MPa
Zugfestigkeit	44 MPa...59 MPa
Bruchdehnung	<1 %
Formbeständigkeitstemperatur HDT-C 8 MPa	120 °C

Die Anwendungen für Phenolharze sind sehr vielfältig. Neben der Verwendung in Faserverbundwerkstoffen kommen sie als Lacke, Klebstoffe und als Material für elektrisch und thermisch beanspruchte Bauteile zum Einsatz.

Phenolharze sind grundsätzlich flammwidrig und müssen in der Regel nicht mit Flammschutzmitteln ausgerüstet werden.

4.3.5.4 Ungesättigte Polyesterharze (UP)

Bei den ungesättigten Polyesterharzen handelt es sich um oligomere lineare Moleküle, die über Doppelbindungen verfügen. Die Oligomere werden in der Regel in Styrol gelöst. Zur Härtung der Materialien kann ebendieses Styrol verwendet werden, es sind aber auch andere Comonomere im Einsatz. Beispielhaft wird dieser Prozess anhand von Bild 4.24 verdeutlicht.

Wie bei den anderen Harztypen, können die Struktur und damit die Eigenschaften der UP-Harze durch Variation der Ausgangsstoffe stark beeinflusst werden. So hängt beispielsweise die Reaktionsfähigkeit und damit der Vernetzungsgrad stark von der Anzahl der Doppelbindungen bei den Ausgangsprodukten ab, da die Vernetzungsbrücken eben gerade an den geöffneten Doppelbindungen entstehen (vgl. Bild 4.24). Durch Variation der Oligomere können also dichtere oder weniger dichte Netzwerke entstehen mit entsprechend unterschiedlichen mechanischen (und auch anderen) Eigenschaften.

In der Regel verbleiben im ausgehärteten Produkt Lösungsmittelreste (meist Styrol). Dies vermindert zum einen die Festigkeit, zum anderen reagiert ein Teil des Styrols bei hinreichend hohen Temperaturen mit verbliebenen Doppelbindungen, d. h. das Material kann im Betrieb *altern*.[24)] Zum Teil entweicht das Lösungsmittel in die Umgebung. Daher müssen ggf. geeignete Schutzmaßnahmen getroffen werden.

24 Unter dem Begriff „Altern" verstehen wir grundsätzlich die langsam voranschreitenden Änderungen von Materialeigenschaften, die durch physikalische oder chemische Prozesse bedingt werden. Das Altern wird typischerweise durch erhöhte Temperaturen beschleunigt. Altern ist nicht auf ungesättigte Polyesterharze beschränkt. Es ist beispielsweise auch bei den Autoren dieses Buches zu beobachten.

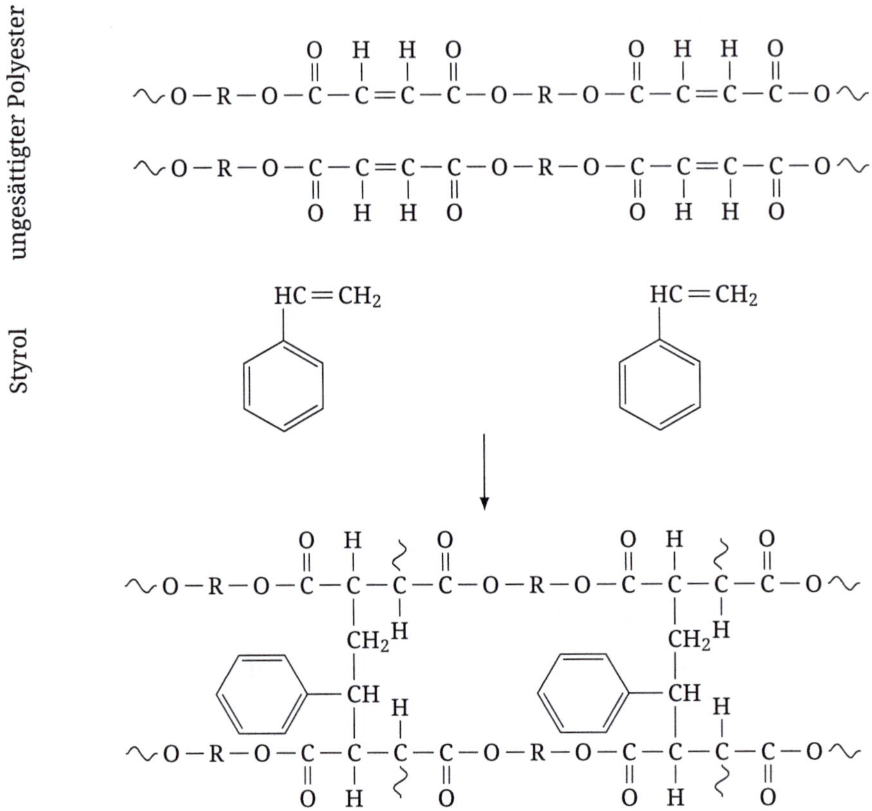

Bild 4.24 Ausgangsstoffe und Reaktion ungesättigter Polyesterharze [4.9]

Tabelle 4.12 Kennwerte ungesättigter Polyesterharze [4.15]

Eigenschaft	Kennwert
Dichte	1,25 g cm^{-3}...1,30 g cm^{-3}
Zug-E-Modul	2800 MPa...3500 MPa
Festigkeit	40 MPa...75 MPa
Bruchdehnung	1,3 %...3,3 %
Formbeständigkeitstemperatur HDT-A 1,8 MPa	80 °C...140 °C

Neben den bereits erwähnten Merkmalen, sollte darauf hingewiesen werden, dass ungefüllte UP-Harze eine vergleichsweise hohe Schwindung von 6 %...9 % beim Härten aufweisen.

Die Härtung bzw. Vernetzungsreaktion ist bei den UP-Harzen in der Regel radikalisch. Sie wird durch Zugabe von beispielsweise Peroxiden ausgelöst. Um zu verhindern, dass die Reaktion bereits während der Lagerung in Gang kommt, müssen Inhibitoren zugegeben werden, welche die Radikale abfangen. Die Härtung wird bei erhöhten Temperaturen durchgeführt, bei denen die Bildungsrate der Radikale so groß ist, dass die Inhibitoren nicht mehr in der Lage sind, alle zu neutralisieren.

4.3.5.5 Vinylesterharze (VE)

Vinylesterharze entstehen durch Reaktion von Epoxidharzen mit Acrylsäure oder Methacrylsäure. Bei den Epoxiden kann es sich um Bisphenol-A-diglycidether handeln (vgl. Bild 4.22) oder um Novolak-Epoxidharze (Bild 4.23). Im Unterschied zu den UP-Harzen findet Vernetzung nur an den endständigen Methacrylatgruppen (= Ester) durch Öffnung der Doppelbindung statt. Dies führt zu einer im Allgemeinen höheren Zähigkeit bzw. Bruchdehnung im Vergleich zu den anderen Harztypen.

Tabelle 4.13 Kennwerte von Vinylesterharzen [4.15]

Eigenschaft	Kennwert
Dichte	$\approx$1,1 g cm^{-3}
Zug-E-Modul	2900 MPa...3100 MPa
Zugfestigkeit	$\approx$80 MPa
Bruchdehnung	3,5 %...5,5 %
Formbeständigkeitstemperatur HDT-A 1,8 MPa	100 °C...150 °C

Da die reaktiven Gruppen in geringerer Zahl vorhanden sind, als bei den UP-Harzen, weisen die VE-Harze eine höhere Chemikalienbeständigkeit auf. Sie kommen daher vielfach in Anwendungen zum Einsatz, bei denen aggressive Medien bei erhöhten Temperaturen zugegen sind.

4.3.5.6 Aushärteprozess

Bei allen beschriebenen Harztypen erfolgt die Vernetzung durch Bildung chemischer Bindungen. Diese Reaktionen sind grundsätzlich exotherm, d. h. im Verlauf der Härtung wird Wärme freigesetzt. Die Temperatur des Systems ist daher ein Maß für den Verlauf der Härtung.

Bild 4.25 zeigt den Verlauf der Temperatur, wie er typischerweise bei allen Reaktionsharzen zu beobachten ist, nachdem die Reaktion in Gang gekommen ist.[25)]

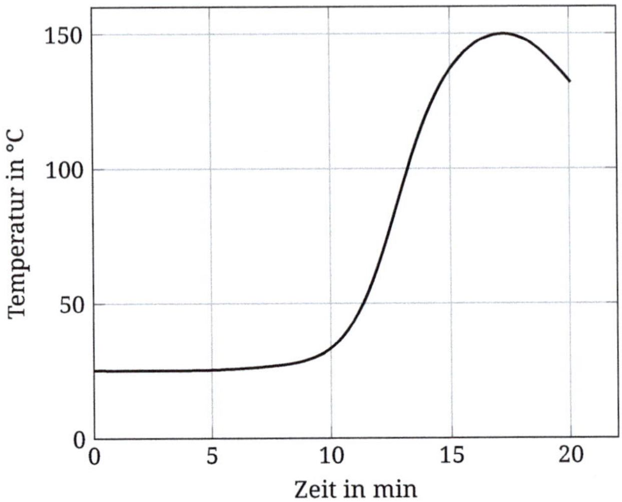

Bild 4.25 Temperaturverlauf nach DIN 16945 [4.5] bei der Härtung eines UP-Reaktionsharzes [4.9]

Zunächst beobachtet man eine mehr oder weniger lange Phase konstanter Temperatur, insbesondere wenn in der Mischung Inhibitoren vorhanden sind, die während der Lagerung die Polymerisation unterdrücken sollen. Der sich anschließende Anstieg der Temperatur ist auf die fortschreitende exotherme Bildung chemischer Bindungen zurückzuführen. Je mehr Bindungen vorhanden sind, umso unbeweglicher wird das duroplastische Netzwerk und umso geringer ist die verbleibende freie Härtermenge. Daher sinkt die Wahrscheinlichkeit für die Bildung neuer Bindungen, die im Inneren freigesetzte Wärme pro Zeit wird geringer und die Temperatur sinkt. Im Sinne einer quantitativen Beurteilung des Härtungsverlaufs, muss eine derartige Messung unter Normbedingungen durchgeführt werden (z. B. [4.5]).

Für praktische Belange muss bedacht werden, dass die Temperaturverteilung in einem Bauteil in der Regel nicht homogen sein wird. Dadurch können Eigenspannungen entstehen und als Folge kann sich das Bauteil verziehen. Bei dickwandigen Bauteilen wird die Reaktionswärme aufgrund der niedrigen Wärmeleitung polymerer Materialien nur sehr langsam nach außen abgeführt. Im Extremfall kann dann im Inneren ein starker Anstieg der Temperatur zu einer Zersetzung des Matrixmaterials führen. Eine kontrollierte, homogene Temperaturführung gelingt allenfalls bei dünnwandigen Teilen.

25 Je nach System kann dies unmittelbar nach Mischung der Komponenten inkl. von Reaktionsinitiatoren geschehen oder nach Zuführung von Wärme oder anderen Energieformen wie z. B. UV-Licht.

Es sei nochmals darauf hingewiesen, dass die Reaktion typischerweise zunächst nicht vollständig abläuft. Bei Additionssystemen wie den Epoxidharzen liegt zwar ein stöchiometrisches Verhältnis zwischen Harz und Härter vor. Durch die Verfestigung des Materials wird die immer stärker eingeschränkte Beweglichkeit der Moleküle die Bildung weiterer Vernetzungspunkte zunehmend erschweren. Wird nach Durchlaufen des Temperaturmaximums in Bild 4.25 wieder Wärme zugeführt, kommt es daher zur sog. *Nachvernetzung*, weil die Beweglichkeit bzw. die Diffusion der noch unvernetzten Komponenten wieder zunimmt. Diese hat zum Teil signifikante Veränderungen der (mechanischen) Eigenschaften zur Folge. Insbesondere ist häufig eine Versprödung, d. h. eine Abnahme der Bruchdehnung, zu beobachten. Die Nachvernetzung kann auch unter „normalen" Betriebsbedingungen auftreten, wenngleich auch langsamer.

Die Veränderung der Temperatur während der Härtung bringt auch eine zeitliche Veränderung der Viskosität des Harz-Härter-Gemisches mit sich. Grundsätzlich steigt die Beweglichkeit der Moleküle mit der Temperatur, die Viskosität sinkt also, wenn die Reaktionswärme nicht abgeführt wird. Die dreidimensionale Vernetzung bewirkt jedoch eine Abnahme der Beweglichkeit und somit eine Erhöhung der Viskosität. Solange sich diese beiden Mechanismen nicht gerade kompensieren, muss sich die Viskosität mit der Aushärtedauer verändern. Da am Anfang die Temperaturerhöhung das Geschehen dominiert und später die Verringerung der Mobilität, durchläuft die Viskosität im nicht-isothermen Fall ein Minimum. Bild 4.26 zeigt schematisch den Viskositätsverlauf für den isothermen und den nicht-isothermen Fall.

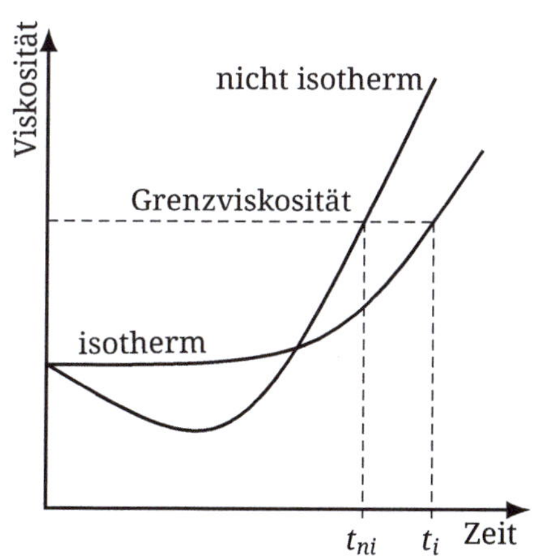

Bild 4.26 Viskositätsverlauf am Beispiel eines Epoxidharzes

Ganz offensichtlich spielt die Viskosität eine entscheidende Rolle bei der Verarbeitung. Zum einen können aus technischen Gründen nicht beliebig dünnflüssige oder beliebig zähe Massen verarbeitet werden. Zum anderen verändert sich die Durchdringung von

Faseraufbauten und folglich die Benetzung der Fasern mit der Viskosität. Somit ist der Zeitraum, der zur Verarbeitung der Harze genutzt werden kann, begrenzt.

Zur Quantifizierung dieses Verarbeitungsfensters werden die sog. *Gelzeit* und/oder *Topfzeit* herangezogen (Werte t_i bzw. t_{ni} in Bild 4.26). Beide Werte zielen darauf ab, herauszufinden, nach welcher Zeit eine bestimmte Grenzviskosität überschritten wird. Für Epoxidharze existiert ein in der DIN 16945 ([4.5]) genormtes Verfahren zur Bestimmung der Gelzeit t_i mit einer kleinen Probenmenge und einem näherungsweise isothermen Härteverlauf. Die Topfzeit t_{ni} hingegen wird mit größeren Probenvolumina und ohne aktive Probentemperierung bestimmt (z. B. [4.7]) und ist somit eine praxisnähere Größe.

Eine weitere, eher akademische Variante zur Darstellung des Aushärtezustands ist das sog. *Time-Temperature-Transition*-Diagramm (kurz TTT-Diagramm) in Bild 4.27. Der grundlegende Gedanke dieser Darstellung ist es, die unterschiedlichen Zustände bzw. Phasen des Harz-Härter-Gemisches während des Aushärtevorgangs abzubilden. Der Begriff *Sol* bezeichnet hierbei eine Flüssigkeit,[26)] bei der alle Komponenten vollständig in Lösung vorliegen. *Sol-Gel* ist eine Zwischenstufe, in der bereits ausgehärtete, unlösliche Anteile vorhanden sind. Der Ausdruck *Gel* steht hier für einen vollständig unlöslichen Stoff, d. h. die Aushärtung hat ihre maximale Ausprägung erreicht.

Gehen wir von einem isothermen Härteverlauf aus, bewegen wir uns auf einer Horizontalen von links nach rechts. Mit der Zeit werden die eingezeichneten Linien überschritten, und das System durchläuft je nach Temperatur unterschiedliche Phasenübergänge. Wenn $T_{G,0}$ die Glasübergangstemperatur des Systems im Sol-Zustand ist, findet unterhalb keine Aushärtung statt, da die Beweglichkeit der Komponenten zu gering ist und somit praktisch keine Diffusion möglich ist. Dieser Zustand wird als *glasartiges Sol* bezeichnet.

Oberhalb von $T_{G,0}$ ist das System fließfähig. Ist die Temperatur jedoch zu niedrig, d. h. unterhalb von $T_{G,gel}$, ist die Anzahl der sich bildenden Vernetzungspunkte pro Zeit sehr gering. Dennoch erhöht sich dadurch die Glasübergangstemperatur des Systems. Wenn diese die (konstantgehaltene) Prozesstemperatur überschreitet, also die Isotherme die Verglasungslinie schneidet, wird das Gemisch wieder fest, da die Beweglichkeit immer stärker eingeschränkt wird. Man spricht in diesem Zusammenhang von der *Verglasung* oder *Vitrifikation* des Systems.[27)] In diesem Stadium entsprechen die Kennwerte des Materials natürlich noch nicht denen des dreidimensional vernetzten Zustands. Jedoch bleibt die Beschaffenheit des Systems im Prinzip unendlich lange

26 Hierbei muss beachtet werden, dass jedes ungeordnete System im thermodynamischen Sinn eine Flüssigkeit ist, deren Viskosität aber beliebig hoch sein kann. Bei eingefrorenen Flüssigkeiten wird häufig auch der Begriff *Glas* verwendet.

27 Die Verglasung bzw. das Auftauen von Materialien ist bereits in Unterabschnitt 3.1.1 beschrieben worden. Dort sind wir allerdings davon ausgegangen, dass T_G eine konstante und die Temperatur eine veränderliche Größe ist.

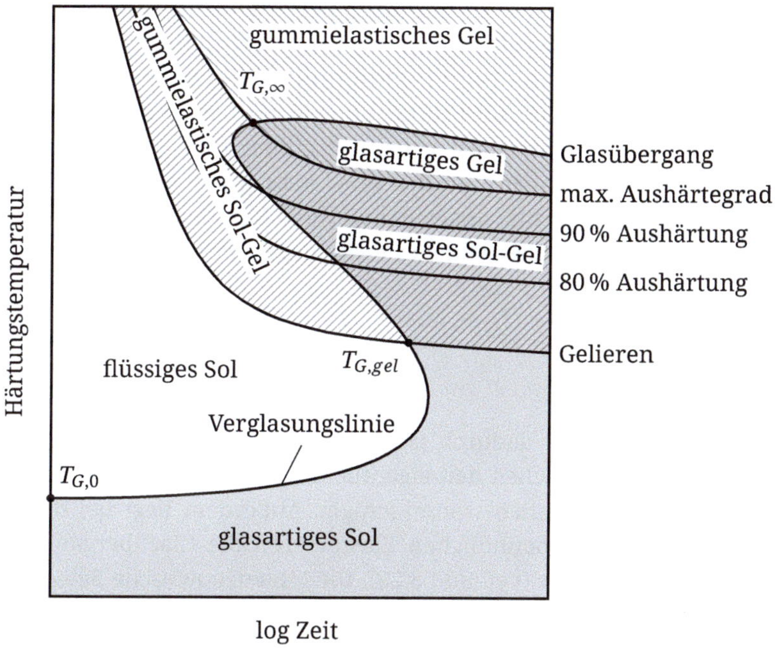

Bild 4.27 Time-Temperature-Transition-Diagramm in Anlehnung an [4.9]

erhalten und die Beweglichkeit und damit die Verarbeitbarkeit kann durch Temperaturerhöhung zu einem beliebigen Zeitpunkt wiederhergestellt werden. Diesen Umstand kann man sich bei der Verwendung sog. *Prepregs* zunutze machen (vgl. Unterabschnitt 4.4.5).

Liegt die Härtungstemperatur oberhalb von $T_{G,gel}$, schneidet die Isotherme die *Gelierlinie*. Nach deren Überschreiten ist das System nicht mehr fließfähig, weil sich bis dahin bereits ein dreidimensionales Netzwerk gebildet hat. Das Harz-Härter-Gemisch friert also wiederum ein, d. h. es verglast und wird zu einem *glasartigen Sol-Gel*. Dies ist vor allem dadurch gekennzeichnet, dass die Vernetzung bzw. Härtung nicht vollständig verlaufen ist, aber auch nicht weiter fortschreiten kann, da das Netzwerk unbeweglich ist, und die Temperatur zu niedrig, um die Diffusion der verbleibenden unvernetzten Komponenten zu gewährleisten.

Ist die Temperatur so gewählt, dass die Mischung in den Zustand eines *glasartigen Gels* gerät, kann es zu einer vollständigen Härtung kommen, da die Diffusion vergleichsweise stark ausgeprägt ist. Bei Temperaturen größer als $T_{G,\infty}$ bzw. Überschreiten der Linie „max. Aushärtegrad" kann (idealisiert) von einer vollständigen Vernetzung ausgegangen werden.

Das TTT-Diagramm kann also Aufschluss über den Zustand eines Harz-Härter-Gemisches geben, wenn die Härtung isotherm verläuft. Somit ist es ein nützliches Werkzeug, um Reaktionsharzsysteme zu charakterisieren und unterschiedliche Gemische voneinander zu unterscheiden. Die Erstellung eines solchen Diagramms erfolgt jedoch unter Laborbedingungen, in der Regel mit einem sehr großen Aufwand. Für praktische Zwecke ist immer zu bedenken, dass die Reaktion vielfach nicht isotherm verläuft, und dass die betrachteten Volumina sicher deutlich größer sind, als in den Laborexperimenten. Darüber hinaus können zunächst keine Aussagen über den zeitlichen Verlauf des Umsatzes und der Viskosität abgeleitet werden. Dazu bedarf es weiterer Darstellungen, auf die im Rahmen dieses Buches nicht eingegangen wird.

4.3.6 Elastomere

Elastomere sind strukturell dadurch gekennzeichnet, dass sie ähnlich wie die Duroplaste Vernetzungen zwischen den eigentlichen polymeren Ketten aufweisen. Das Netzwerk ist jedoch wesentlich weitmaschiger. Außerdem liegt bei den typischerweise in der Anwendung befindlichen Elastomeren die Glasübergangstemperatur weit unter Raumtemperatur (vgl. Bild 3.26). Die MIKROBROWNsche Bewegung ist also vollständig aufgetaut, und die Kettensegmente können einem äußeren Zwang durch Umlagerung ausweichen, wie Bild 4.28 illustriert.

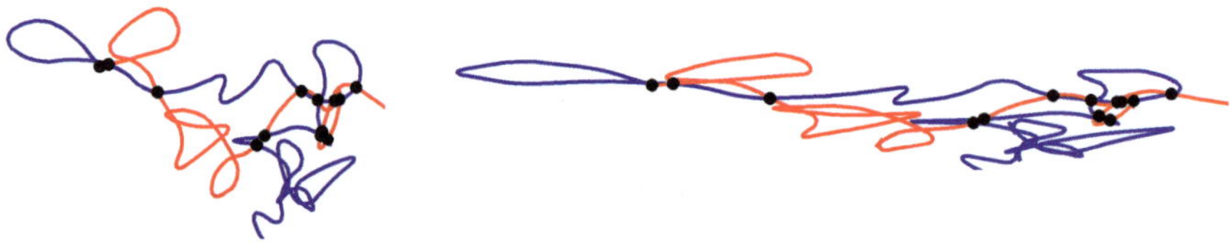

Bild 4.28 Verformung eines Elastomernetzwerks

Die Vernetzungspunkte verhindern ein Abgleiten der Ketten aneinander, d.h im Grenzfall kommt die Verformung zum Erliegen, wenn alle Verknüpfungspunkte entlang der Kraftrichtung ausgerichtet sind. Eine weitere Belastung würde zum Versagen des Materials führen. Bei Entlastung jedoch werden die deformierten und umgelagerten Kettensegmente größtenteils entropiegetrieben (s. Unterabschnitt 3.1.1)[28] wiederum die (mehr oder weniger) gleiche Gestalt annehmen, wie vor der Belastung. Elastomere können also wie ein nicht plastisch verformbares Netzwerk betrachtet werden, bei dem aber aufgrund der großen freien Kettenlänge zwischen den Vernetzungspunkten, sehr große Verformungsgrade möglich sind. Tatsächlich weisen gängige elastomere Werkstoffe wie Natur- oder Silikonkautschuk Reißdehnungen von mehreren 100 % auf.

28 Es existiert natürlich auch ein energieelastischer Verformungsanteil. Dieser ist jedoch verhältnismäßig klein.

Im Rahmen der faserverstärkten Werkstoffe spielen die Elastomere eine eher untergeordnete Rolle. Hauptanwendungsgebiet faserverstärkter Elastomere sind Keil- oder Zahnriemen.

4.3.7 Matrixauswahl

Es mag wenig überraschen, dass wir eine pauschale Aussage, welches Matrixmaterial „am besten" ist, nicht treffen können. Die Auswahl der Matrix und der Faser kann immer nur im Kontext der jeweiligen Anwendung und der spezifischen Anforderungen an das Endprodukt erfolgen. Anhand der bereits diskutierten Aufgaben der Matrix (Unterabschnitt 4.3.2) können aber ein paar generelle Punkte genannt werden, die bei der Auswahl der Matrix hilfreich sein können:

- Kompatibilität zur Faseroberfläche: Hinter diesem Punkt versteckt sich vor allem die Frage, ob eine vollflächige Haftung zwischen Matrix und Faser erreicht werden kann. Nur dann kommen alle Vorteile der faserverstärkten Materialien vollständig zum Tragen. In den meisten Fällen sind allerdings die Verstärkungsfasern mit entsprechenden Beschichtungen ausgerüstet, die die Haftung sicherstellen können. Darüber hinaus gibt es „bewährte" Faser-Matrix-Paarungen, auf die in vielen Fällen zurückgegriffen werden kann.
- Fließfähigkeit: Es ist bereits angeklungen, dass das Umschließen der Faser durch die Matrix von elementarer Bedeutung für den Erfolg der Verstärkungsmaßnahme ist. Dazu muss die Matrix aber an die Faseroberfläche gelangen können. Werden komplexe Faseraufbauten wie Matten oder Gewebe verwendet, kann die Imprägnierung realistischerweise nur mit niederviskosen Flüssigkeiten erfolgen. Thermoplastschmelzen scheiden in solchen Fällen in der Regel aus.
- Beständigkeit gegen Medien und Umwelteinflüsse: Insbesondere im Außeneinsatz oder in einem Umfeld mit aggressiven Medien muss genau geprüft werden, ob und wie lange ein Matrixmaterial in der Anwendung seine Funktion gewährleisten kann. Auch nicht unerwähnt bleiben sollte in diesem Zusammenhang die Flammwidrigkeit, die insbesondere im öffentlichen Raum und in Verkehrsmitteln nachgewiesen werden muss.
- Verarbeitbarkeit: Wie überall in der Produktentwicklung muss die Entscheidung für oder gegen ein bestimmtes Material vor dem Hintergrund der zur Verfügung stehenden Fertigungsverfahren stehen. Diese wiederum sind eng mit der Frage der angestrebten Stückzahlen und somit mit dem Stückpreis verknüpft. Nicht zuletzt müssen ggf. Investitionen getätigt werden. Thermoplastische Verarbeitungsverfahren haben typischerweise kurze Taktzeiten. Je nach Produkt kann möglicherweise sogar kontinuierlich gefertigt werden. Die meisten Duroplastverfahren hingegen sind diskontinuierlich und somit zeitlich und häufig auch apparativ aufwendiger.

Der Aushärteschritt trägt darüber hinaus zu langen Zykluszeiten bei. Natürlich ist nicht jedes Bauteildesign mit jedem Verarbeitungsverfahren in Einklang zu bringen. Nichtsdestotrotz sollte die Frage nach dem Prozess bereits frühzeitig mit in die Überlegungen einbezogen werden.

- Wiederverwendbarkeit bzw. Rezyklierbarkeit: Kunststoffe im Allgemeinen und Faserverbundwerkstoffe im Besonderen gelten als schlecht bis gar nicht wiederverwendbar. Das mag auch damit zusammenhängen, dass die Kosten für Rezyklierung in keinem Verhältnis zur Verwendung von Neuware stehen. Bei thermoplastischen Materialien kann zumindest durch Schmelzen der Matrix und einer nachgeschalteten Trennung der Fasern von der Schmelze technisch gesehen eine Rückgewinnung der Komponenten erfolgen. Duroplastische Matrixwerkstoffe können allenfalls „thermisch verwertet" werden, wobei eine Gegenüberstellung von Aufwand und Nutzen möglicherweise nicht für die Verbrennung spricht. Neben der nicht immer befriedigenden thermischen Ausbeute sind giftige und/oder korrosive Emissionen nicht auszuschließen. Das Deponieren von Faserverbunden und anderen Kunststoffen ist angesichts der anfallenden großen Mengen leider auch keine befriedigende Lösung, insbesondere wenn die Deponierung nicht sachgemäß erfolgt.
- Umwelt- und Arbeitsschutz: Bei der Herstellung von Faserverbundwerkstoffen werden große Energie-, Wasser- und Luftmengen „verbraucht". Diese Aufwände werden in vielen Anwendungen vor dem Hintergrund des geringeren Bauteilgewichts, insbesondere in mobilen Anwendungen, relativiert. Die Entscheidung, ein konstruktives Teil beispielsweise in einem Fahrzeug aus einem Faserverbundwerkstoff anstatt aus Stahl zu fertigen, mag also bereits einen Beitrag zum Umweltschutz darstellen. Demgegenüber müssen allerdings viele weitere Aspekte, wie Lebensdauer und die erwähnte Rezyklierbarkeit, betrachtet werden. An dieser Stelle wollen wir dieses sehr weitläufige Thema nicht vertiefen. In [4.13] und [4.11] finden sich grundlegende Betrachtungen und teilweise überraschende Ergebnisse, die es wert sind, sich damit zu beschäftigen.

  Die Maßnahmen zum Arbeitsschutz sind häufig leichter greifbar, da es zu (vermutlich) allen kommerziell erhältlichen und synthetisch hergestellten Substanzen Sicherheitsdatenblätter gibt, die Aufschluss über die notwendigen Schutzmaßnahmen geben. Solche Maßnahmen können aber im Einzelfall sehr aufwendig und sehr teuer sein und im Extremfall ein Produkt so stark verteuern, dass es nicht mehr rentabel ist. Insofern sollten auch Arbeitsschutzaspekte frühzeitig mit in die Planung und damit in die Materialauswahl mit einbezogen werden.

4.4 Halbzeuge

Bei der Herstellung von Faserverbundbauteilen werden die Fasern nicht einzeln verarbeitet, sondern ausschließlich in Form von Halbzeugen, die unter Umständen bereits vorimprägniert sind. Aus dem Alltag bekannt sind beispielsweise Glasfasermatten und -gewebe für den Heimwerkerbedarf. Die Halbzeuge sind wesentlich leichter handzuhaben als Einzelfasern und werden im Prinzip mit den gleichen Anlagen produziert, wie sie auch bei der Herstellung von Kleidung zum Einsatz kommen.[29)]

4.4.1 Garne und Rovings

Zur Herstellung der im Folgenden beschriebenen textilen Halbzeuge wird zunächst ein Zwischenprodukt benötigt, das industriell weiterverarbeitet werden kann. Mit einzelnen Fasern ist dies praktisch nicht möglich und auch nicht effizient. Stattdessen kommen Faserbündel, sog. *Rovings*, zum Einsatz, die auch als Garne bezeichnet werden.[30)] Die Lieferformen solcher Rovings sind sehr vielfältig. Allen gemeinsam ist jedoch, dass es sich in der Regel um Endlosstränge handelt, die aus vielen parallelen Einzelfasern bestehen. Die einzelnen Filamente haften dabei zum einen durch die Faserschlichte aneinander, zum anderen können die Rovings bei der Herstellung in regelmäßigen Abständen einen sog. *Twist* erhalten, also eine Drehung um ihre Längsachse.

Man nennt einen Roving, bei dem während des Zieh- bzw. Spinnvorgangs die Filamente direkt auf die Zielstärke gebündelt werden, *Direktroving*. Werden zunächst kleinere bzw. dünnere Stränge in einem weiteren Arbeitsschritt zu einem größeren Strang vereinigt, nennt man diesen Vorgang *assemblieren*, das Ergebnis ist ein *assemblierter Roving*. Die beiden Typen verhalten sich im Verarbeitungsprozess unterschiedlich, insbesondere fächern assemblierte Rovings stärker auf, weil zwischen den Einzelsträngen eine relativ geringe Haftung herrscht.

Die Durchmesser der Einzelfasern liegen typischerweise zwischen 5 µm...30 µm (vgl. auch Unterabschnitt 4.1.1). Rovings können einen runden, einen rechteckigen oder einen elliptischen Querschnitt aufweisen. Neben dem Filamentdurchmesser werden die Rovings über ihr Längengewicht, die sog. *Tex*-Zahl, charakterisiert. Dabei entspricht der jeweilige Wert dem Gewicht eines Roving-Strangs von einem Kilometer Länge in Kilogramm. Die Angabe 2400 tex bedeutet also, dass ein Kilometer ein Gewicht von 2,4 kg aufweist. Rovings werden auf Spulen aufgewickelt und ausgeliefert. Das Gewicht einer Spule beträgt bis zu 40 kg, d. h. auf einer einzelnen Spule befinden sich mehrere Kilometer Roving.

29 Im Detail unterscheiden sich die Maschinen für FVK-Halbzeuge jedoch in der Fadenspannung und der Abrasionsbeständigkeit.

30 Die Verwendung bzw. die Abgrenzung der Begriffe *Garn* und *Roving* ist in der Literatur nicht unbedingt einheitlich.

Verfahren, in denen Rovings ohne weitere Zwischenschritte[31)] zu einem Faserverbundbauteil verarbeitet werden, sind die Pultrusion und Wickelprozesse (vgl. Kapitel 5).

Rovings können außerdem in Hybridform hergestellt werden, also als Mischung von beispielsweise hochfesten Carbon- mit zähen Aramidfasern, um entsprechende Synergien zu erzielen.

4.4.2 Gewebe

In der DIN 60000 [4.6] sind die unterschiedlichen Arten von textilen Flächengebilden beschrieben und die Begriffe definiert. Wir wollen an dieser Stelle darauf verzichten, alle fachspezifischen Vokabeln zu erklären, sondern uns auf ein paar wenige wichtige Begriffe beschränken.

Vor allem für flächige Bauteile ist es sinnvoll, vorgefertigte Flächengebilde, wie das in Bild 4.29 dargestellte Gewebe, zu verwenden. Die Herstellung erfolgt mittels Webmaschinen. Sogenannte Kett- und Schussfäden, die unter 90° zueinander orientiert sind, werden miteinander in der abgebildeten Weise verkreuzt. Die Art der Verkreuzung, die sog. *Bindung*, kann dabei variiert werden, um beispielsweise die Verschiebefestigkeit des Gewebes zu verändern. Hier abgebildet ist die *Leinwandbindung*, die eine hohe Verschiebefestigkeit aufweist.

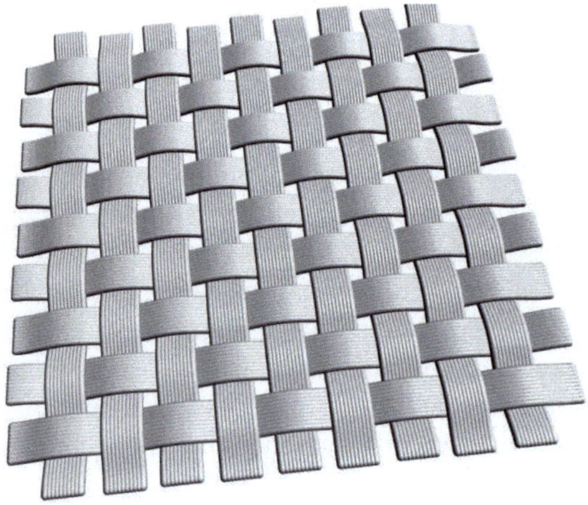

Bild 4.29 Gewebe aus Faserrovings mit Leinwandbindung

Andere Bindungsarten sind die Körper- bzw. Atlasbindung (s. beispielsweise [4.2]), die über weniger Kreuzungspunkte je Rovinglänge und damit eine geringere Sicherheit

31 Abgesehen von der Imprägnierung.

gegen die Verschiebung der Rovings zueinander aufweisen. Damit sind sie aber besser drapierbar und neigen weniger zur Faltenbildung im Vergleich zu Gewebe mit Leinwandbindung.

Für spezielle Anwendungen lassen sich auch unidirektionale Gewebe herstellen, die nur einen geringen Anteil an Schussfäden aufweisen. Letztere halten dann nur die Kettfäden in Position, welche die eigentliche Verstärkungsfunktion übernehmen.

Auch hier ist die Verwendung unterschiedlicher Faser- bzw. Rovingarten möglich, um Hybridgewebe herzustellen.

4.4.3 Multiaxialgelege

Im Gegensatz zu den Geweben liegen die Fasern bei den Gelegen parallel gestreckt vor und nicht wellenförmig. Somit kommt eine einzelne Lage eines Geleges (vgl. Bild 4.30) einer Unidirektionalverstärkung gleich. Mehrere Lagen eines Geleges werden über sog. Maschen miteinander verbunden und somit gegen Verschiebung gesichert. Über die Spur der Fixierungsfäden kann die Drapierbarkeit gezielt beeinflusst werden. Auch dreidimensionale Gelege sind bei entsprechender Drapierung und Vernähung realisierbar (s. [4.2]).

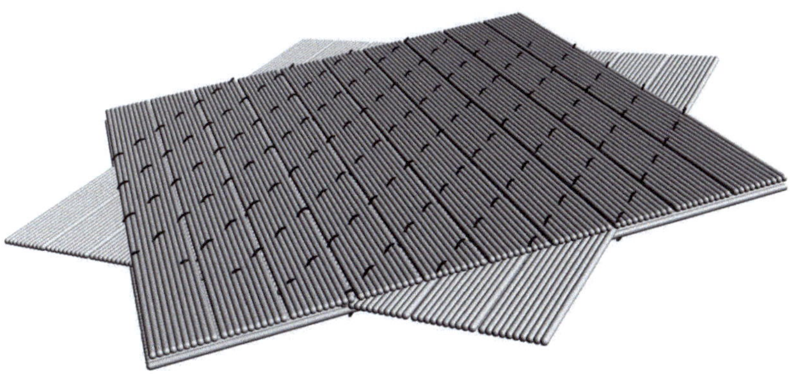

Bild 4.30 Multiaxialgelege aus je einer 0°-, 45°- und 90°-Lage

Durch Variation der Orientierung der einzelnen Lagen eines Geleges entstehen sog. *Multiaxialgelege* (kurz: MAG). Diese bieten den Vorteil, dass die Verstärkung individuell an die jeweilige Belastung eines Bauteils angepasst werden kann. Je nach dem, wie viele unterschiedliche Faserwinkel in einem MAG vorliegen, spricht man von bi-, tri- oder quadraxialem Gelege. Die Verstärkungswirkung für eine bestimme Richtung wird jedoch immer geringer, je mehr unterschiedliche Orientierungen vorliegen.

Bild 4.31 illustriert schematisch die Veränderung der Zugfestigkeit in Abhängigkeit vom Orientierungswinkel der Fasern zur Kraftrichtung. Die maximale Verstärkung

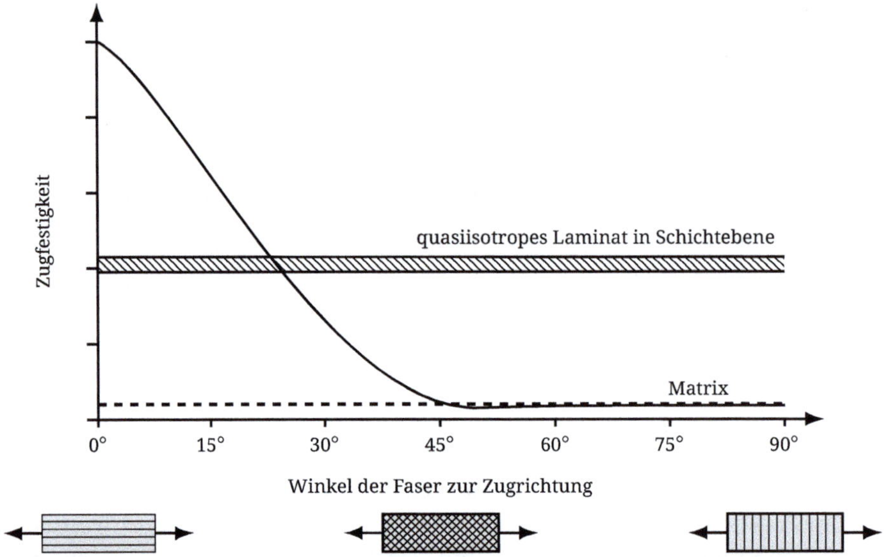

Bild 4.31 Auswirkung der Faserorientierung auf die Laminatfestigkeit [4.9]

wird erzielt, wenn alle Fasern in Belastungsrichtung zeigen. Liegen alle Fasern quer zur Kraftrichtung, tragen sie praktisch nichts zur Festigkeit bei, d. h. die Laminatfestigkeit entspricht der Matrixfestigkeit. Bereits bei einem Winkel von 45° wird die äußere Last vollständig in Form von Schub auf die Matrix übertragen. Die Festigkeit des Laminats kann dann sogar geringfügig geringer sein als die der Matrix, da die Fasern eine Kerbwirkung ausüben können.

Ein Laminat mit mehreren unterschiedlichen Faserorientierungen wird also Schichten aufweisen, die bei einer gegebenen äußeren Last verstärkend wirken, während andere möglicherweise eine Schwächung hervorrufen. Das Resultat ist ein sog. *quasiisotropes Laminat*, das in „allen" Richtungen die gleichen mechanischen Eigenschaften aufweist, die jedoch nicht so hoch sind wie in einem Unidirektionalverbund aus den gleichen Komponenten in Faserrichtung.

Die Anordnung der Schichten unterliegt gewissen Regeln (vgl. [4.9]):

- Nach Möglichkeit sollte der Lagenaufbau symmetrisch um eine Mittellage sein (z. B. 90°/45°/0°/−45°/90°). Dadurch werden Verwölbungen des Laminats vermieden, wenn sich beim Aushärten in den einzelnen Schichten Eigenspannungen ausbilden.
- Im günstigsten Fall bestehen alle Lagen aus den gleichen Komponenten und haben die gleiche Dicke.
- Benachbarte Lagen sollten unterschiedliche Orientierungen aufweisen. Günstig ist es, beim Lagenwechsel den Winkel „graduell" zu verändern (z. B. 0° → 45° → 90°).

- Zu jeder „positiven" Winkellage sollte es es eine „negative" geben. Die erwähnte Symmetrie des Gesamtaufbaus sollte dabei erhalten bleiben.
- Mindestens 10 % der Lagen sollten in die vier *Hauptrichtungen* ausgerichtet sein (0°, 45°, −45°, 90°). Dadurch wird sichergestellt, dass die Matrix nicht zu stark beansprucht wird.

4.4.4 Matten und Vliese

Bei Matten und Vliesen handelt es sich wiederum um flächige Gebilde, in denen im Gegensatz zu Geweben und Gelegen die Fasern keine ausgezeichnete Richtung haben und somit auch kein regelmäßiges Muster bilden (Bild 4.32). Man spricht daher auch von sog. *Non-Wovens*. Sie können aus Endlos- oder Kurzfasern hergestellt sein.[32)]

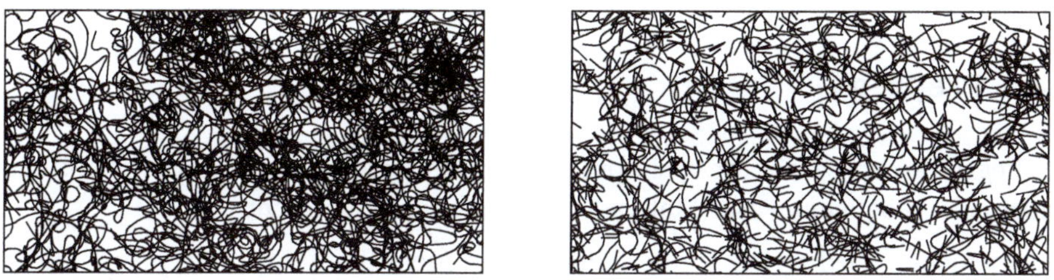

(a) Endlosfasern   **(b)** Kurz- bzw. Schnittfasern

Bild 4.32 Wirrfasermatten

Die Verstärkungswirkung ist bei diesen Fasergebilden eher gering, da zum einen die Fasern keine Vorzugsrichtung aufweisen und zum anderen der Faseranteil mit typischerweise 30 %...40 % [4.15] klein ist. Sie können jedoch leicht durchtränkt werden und haben somit eine gewisse Bedeutung z. B. bei SMC-Halbzeugen (vgl. Unterabschnitt 4.4.6). Ein weiterer Anwendungsfall sind Deckschichten zur Verbesserung der Oberflächenqualität von Faserverbundbauteilen. Diesen Decklagen erfüllen in vielen Fällen auch eine Schutzfunktion, da sie die darunterliegenden tragenden Schichten vor Medien- und/oder UV-Angriff bewahren können.

Um den Zusammenhalt der Fasern und damit die mechanischen Eigenschaften der Vliese sicherzustellen, gibt es verschiedene Möglichkeiten [4.2]:

- Mechanische Verfestigung: Bei der *Wasserstrahlverfestigung* werden die zunächst lose abgelegten Fasern miteinander verschlauft, also umeinander geschlungen. Ei-

32 Kurzfasern können als Verschnitt bei der Herstellung von Geweben und Gelegen anfallen, oder gezielt durch Schneiden von (typischerweise assemblierten) Rovings. Eine Kurzfaser weist eine Länge von 1 mm...5 mm auf.

ne andere Möglichkeit ist das sog. *Vernadeln*. Hierbei werden Nadeln mit Widerhaken senkrecht zur Mattenoberfläche durch die Vliese gestochen. Beim Herausziehen der Nadeln kommt es wiederum zu einer Verschlingung der Fasern.

Vorteile der mechanischen Verfestigung sind relativ hohe erzielbare Festigkeiten der Vliese und der Verzicht auf Zusatzstoffe wie Bindemittel.

- Chemische Bindung: Die Fasern werden mit einem geeigneten Klebstoff getränkt oder besprüht. Bei dem Klebstoff handelt es sich in der Regel um eine polymere Substanz, der noch weitere Bestandteile zugesetzt sein können, um weitere Eigenschaften zu beeinflussen.
- Thermische Bindung: Bei polymeren Fasern kann die Bindung auch dadurch erfolgen, dass schmelzbare Bindefasern aus dem gleichen oder einem kompatiblen Material wie die eigentliche Vliesfaser zugegeben und aufgeschmolzen werden. Im flüssigen Zustand erfolgt dann die Ankopplung der Bindefaser an die Mattenfaser.

4.4.5 Prepregs

Der Begriff *Prepreg* steht für vorimprägnierte[33)] Faserhalbzeuge. Hierbei kommen im Prinzip alle möglichen Faser-Matrix-Kombinationen in Betracht.

Unterschieden wird zwischen fließfähigen und nicht-fließfähigen Prepregs. Die wirtschaftlich größte Bedeutung haben die Duroplastprepregs. Es existieren aber auch sog. *Organobleche*. Dabei handelt es sich um Fasergelege oder -gewebe, die in eine Thermoplastmatrix eingebettet sind. Diese „Bleche" erweichen bei Erwärmung und können dann ähnlich wie metallische Bleche umgeformt werden.

4.4.6 SMC- und BMC-Formmassen

Die Abkürzung SMC steht für *Sheet-Moulding-Compound*. Diese Produkte zählen zu den fließfähigen Duroplastprepregs. Bei dem Trägergebilde handelt es sich um Glasfasermatten, die Matrix ist in den meisten Fällen ein ungesättigtes Polyesterharz oder ein Vinylesterharz [4.2]. Darüber hinaus enthalten SMC-Formmassen häufig Inhibitoren, um die Lagerstabilität zu gewährleisten, Flammschutzmittel, Pigmente, Peroxide zum Start bzw. zur Steuerung des Härtevorgangs und andere Additive und/oder Füllstoffe.

Das flächige Halbzeug kann aufgrund seiner flexiblen bzw. fließfähigen Konsistenz zu komplexen Geometrien geformt werden. Je nach Formgebungsverfahren (s. Kapitel 5) können auch Hinterschneidungen realisiert werden. Größere Wanddicken werden durch Aufeinanderlegen mehrerer SMC-Schichten erzielt.

33 *preimpregnated*: vorimprägniert

BMC bedeutet *Bulk-Moulding-Compound*. Der wesentliche Unterschied zu SMC besteht darin, dass die Fasern nicht als Matte oder Gewebe vorliegen, sondern lediglich als lose Kurzfasern, die mit dem Harz vermischt werden. BMC ist demnach eine formlose Masse, die in der Regel verdickt wird. BMC kann im Spritzverfahren verarbeitet oder durch Pressen in Form gebracht werden (vgl. auch Kapitel 5).

4.4.7 Duroplasttapes

Bei Duroplasttapes handelt es sich um unidirektional verstärkte Prepregs, wie sie beispielsweise in der Luft- und Raumfahrt Verwendung finden [4.15]. Die Imprägnierung der orientierten Fasern erfolgt mit einem Harz-Härter-Gemisch, das mit einem geeigneten Lösungsmittel versetzt ist. Das Lösungsmittel wird durch einen nachgeschalteten Trocknungsschritt ausgetrieben, wodurch die Viskosität des Reaktionsharzsystems zunimmt und eine gewisse Klebrigkeit erzielt wird. Der Pregpreg befindet sich zur Lagerung (ähnlich wie doppelseitiges Klebeband) zwischen Schichten von Schutzpapieren.

Die Härtung setzt häufig bereits bei Raumtemperatur ein, weshalb die Lagerstabilität der Tapes begrenzt ist. Die eigentliche Härtung erfolgt nach der Formgebung bei erhöhten Temperaturen.

Literatur

[4.1] N. N.: *ASTM D578-05 – Standard Specification of Glass Fiber Strands.* ASTM International

[4.2] AVK – Industrievereinigung Verstärkte Kunststoffe e. V. (Herausg.): *Handbuch Faserverbundkunststoffe/Composites.* 4. Auflage, Springer Fachmedien, Wiesbaden, 2014

[4.3] N. N.: *DIN 1259-1 – Glas – Teil 1: Begriffe für Glasarten und Glasgruppen.* Beuth Verlag

[4.4] N. N.: *DIN EN ISO 13002 – Kohlenstofffasern – Bezeichnungssystem für Filamentgarne.* Beuth Verlag

[4.5] N. N.: *DIN 16945 – Reaktionsharze, Reaktionsmittel und Reaktionsharzmassen; Prüfverfahren.* Beuth Verlag

[4.6] N. N.: *DIN 60000 – Textilien; Grundbegriffe.* Beuth Verlag

[4.7] N. N.: *DIN EN ISO 9514 – Beschichtungsstoffe – Bestimmung der Verarbeitungszeit von Mehrkomponenten-Beschichtungssystemen – Vorbereitung und Konditionierung von Proben und Anleitung für die Prüfung.* Beuth Verlag

[4.8] Domininghaus, H.; Elsner, P.; Eyerer, P.; Hirth, T.: *Kunststoffe – Eigenschaften und Anwendungen.* 8. Auflage, Springer, Heidelberg, Dordrecht, London, New York, 2012

[4.9] Ehrenstein, G. W.: *Faserverbund-Kunststoffe. Werkstoffe – Verarbeitung – Eigenschaften.* 2. Auflage Carl Hanser Verlag, 2006

[4.10] Ehrenstein, G. W.: *Polymer Werkstoffe.* 3. Auflage, Carl Hanser Verlag, München, 2011

[4.11] Fussler, C.; Krummenacher, B.: *Ecobalances: a key to better environmental material choices in automobile design.* Materials & Design, vol. 12, no. 3, 1991, Seiten 123–128

[4.12] GRIFFITH, A. A. *The Phenomena of Rupture and Flow in Solids.* Philosophical Transactions of the Royal Society of London Series A, 221, 163–198, *https://doi.org/10.1098/rsta.1921.0006 https://mbarkey.eng.ua.edu/courses/AEM644/Griffith1921fracture.pdf*

[4.13] HORNBOGEN, E.; BODE, R.; DONNER, P.:, *Recycling – Materialwissenschaftliche Aspekte.* Springer Verlag, 1993, Berlin, Heidelberg

[4.14] LENGSFELD, H.; MAINKA, H.; ALTSTÄDT, V.: *Carbonfasern: Herstellung, Anwendung, Verarbeitung.* 1. Auflage, Carl Hanser Verlag, 2019

[4.15] NEITZEL, M.; MITSCHANG, P.; BREUER, U.: *Handbuch Verbundwerkstoffe – Werkstoffe, Verarbeitung, Anwendung.* 2. Auflage, Carl Hanser Verlag, München, 2014

[4.16] STRASSER, D.; SCHMÖLZER, S. *Application note: Trocken. Feucht. Nass. Polyamid und Wasser.* Netzsch Gerätebau GmbH

[4.17] NIEDERSTADT, G.: *Ökonomischer und ökologischer Leichtbau mit faserverstärkten Polymeren.* 2. Auflage, expert Verlag, 1997

[4.18] BAUR, E.; BRINKMANN, S.; OSSWALD, T.; RUDOLPH, N.; SCHMACHTENBERG, E.: *Saechtling Kunststoff-Taschenbuch.* 31. Ausgabe, Carl Hanser Verlag, München, 2013

[4.19] SCHÜRMANN, H.: *Konstruieren mit Faser-Kunststoff-Verbunden.* 2. Auflage, Springer, Berlin, Heidelberg, New York, 2007

[4.20] TESCHNER, R.: *Glasfasern.* 1. Auflage, Springer-Verlag, Berlin, Heidelberg, 2013

[4.21] ZEPF, H. P.: *Faserverbundwerkstoffe mit thermoplastischer Matrix.* 1. Auflage, expert Verlag, 1997

[4.22] ZWICKY, F.: *On the Imperfections of Crystals.* Proceedings of the National Academy of Sciences, Vol. 15, 253–259 und 816–822, 1929

5 Ausgewählte Fertigungsverfahren

Armin Merten

Es existiert eine Reihe an Fertigungsverfahren für faserverstärkte Bauteile. Aufgrund des relativ geringen Marktanteils der Faserverbundwerkstoffe im Vergleich zu metallischen Werkstoffen oder Thermoplasten, sind diese Verfahren nicht standardisiert und die Anlagen in vielen Fällen gar nicht oder nur schwer kommerziell zu beschaffen. Es haben sich zwar gewisse grundsätzliche Vorgehensweisen etabliert, von denen einige im Folgenden beschrieben werden. Im Detail ist die Varianz bei einzelnen Prozessschritten jedoch sehr groß, da – plakativ ausgedrückt – jeder Anlagenhersteller und jeder Verarbeiter individuelle Optimierungen vornimmt bis hin zur Entwicklung eigener Verfahren.

5.1 Hand-/Nasslaminierverfahren

Das Handlaminieren ist das „einfachste", aber möglicherweise auch das flexibelste Herstellverfahren für faserverstärkte Kunststoffe. Es werden grundsätzliche offene Werkzeuge verwendet, die das Negativ des herzustellenden Formteils darstellen [5.1], wie Bild 5.1 anhand einer einfachen Formteilgeometrie veranschaulicht.

Die Fasern werden in Form von Matten, Gelegen oder Geweben in die Form eingelegt. Die Tränkung erfolgt nach der Drapierung der Fasern in der Form, indem das vorgemischte Harz-Härter-System auf den Faseraufbau gegossen wird. Dabei ist es typischerweise nicht zu vermeiden, dass Luft eingeschlossen wird. Diese muss im Anschluss durch geeignete Prozessschritte weitestgehend entfernt werden, im einfachsten Fall durch eine sog. *Entlüftungswalze*, mit der das Laminat verdichtet und die Luft ausgestrichen wird.

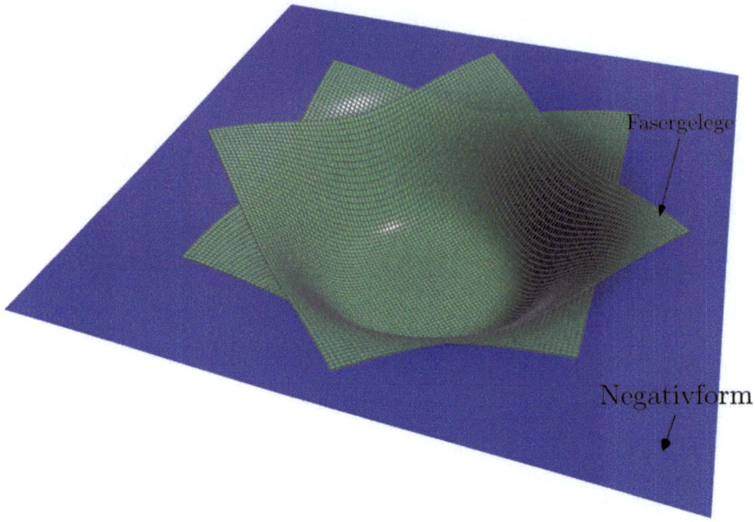

Bild 5.1 Handlaminieren

Handlaminate sind lagenweise aufgebaut, eine Verbindung in Normalenrichtung der Lagen ist in der Regel nicht möglich. Neben den eigentlichen Verstärkungslagen, können Fasermatten als Decklagen zum Einsatz kommen, die sowohl eine Schutzfunktion als auch dekorative Zwecke erfüllen können.

Das Handlaminieren bietet eine hohe Flexibilität, insbesondere bei großen Bauteilen mit geringen Stückzahlen oder im Prototypenbau. Die Werkzeugkosten sind vergleichsweise gering. Werden die Werkzeuge teilbar gestaltet, können auch Hinterschneidungen realisiert werden. Die Fertigung ist jedoch mit einem hohem Personalaufwand verbunden. Aufgrund der mangelnden Automatisierbarkeit muss das Personal über eine entsprechende Qualifikation verfügen. Es handelt sich um einen offenen und weitgehend manuellen Prozess. Daher ist ein besonderes Augenmerk auf den Arbeitsschutz zu legen, da je nach Matrixsystem flüchtige Stoffe freigesetzt werden (z. B. Styrol bei UP-Harzen, vgl. Unterunterabschnitt 4.3.5.4).

5.2 Faser-Harz-Spritzen

Beim Faser-Harz-Spritzen handelt es sich um eine Variante des Handlaminierens. Es werden hierbei grundsätzlich die gleichen Werkzeuge verwendet. Das Aufbringen der Fasern, des Harzes, des Härters und eines etwaigen Beschleunigers erfolgen jedoch teilautomatisiert. Der Aufbau einer Anlage zum Faser-Harz-Spritzen ist in Bild 5.2 schematisch dargestellt.

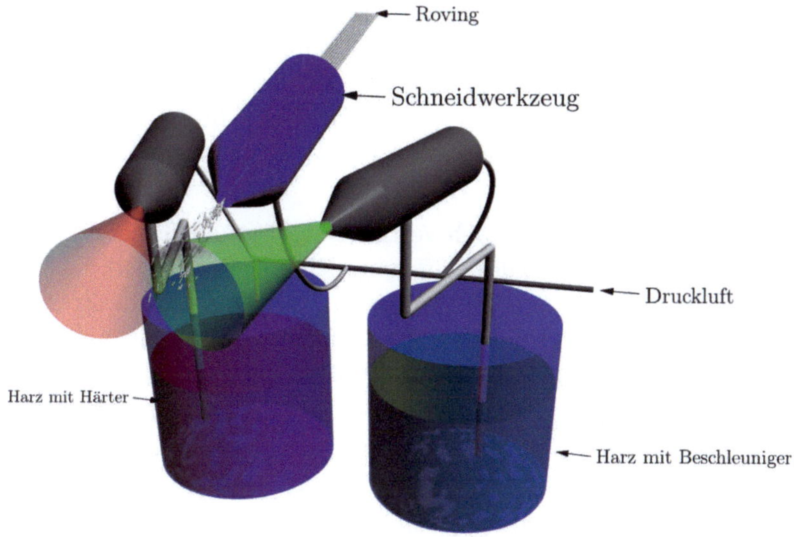

Bild 5.2 Schematische Darstellung einer Anlage zum Faser-Harz-Spritzen

Vereinfacht dargestellt werden Vormischungen von Harz und Härter zusammen mit etwaigem Beschleuniger mittels druckluftbetriebener Spritzpistolen auf die Werkzeugfläche gesprüht. Im gleichen Arbeitsgang wird ein Roving einem Schneidwerkzeug zugeführt, darin zu Kurzfasern zerschnitten und ebenfalls per Druckluft in die Sprühkegel geblasen.

Verfahrensbedingt weist das Harz-Härter-Faser-Gemisch einen hohen Luftanteil auf, der wie beim Handlaminieren mittels einer Entlüftungsrolle lagenweise minimiert werden muss. Die Faserlängen liegen typischerweise zwischen 12 mm...25 mm. Damit ist die Verstärkungswirkung im Vergleich zu Lang- oder Endlosfasern relativ gering, vor allem wenn man bedenkt, dass die Orientierung der Fasern im Laminat nicht einheitlich ist. Um höhere Festigkeiten zu erzielen, werden daher auch Mischlaminate hergestellt, indem Zwischenlagen aus Geweben oder Gelegen eingelegt werden.

5.3 Pultrusion

Die Pultrusion (auch *Strangziehen* genannt) ist ein kontinuierliches Verfahren zur Herstellung von Platten, Rohren oder sonstigen Profilen.

Vereinfacht ausgedrückt werden dabei parallel geführte Rovings zunächst in einer Tränkwanne mit dem noch flüssigen Reaktionsharzgemisch imprägniert. Dabei werden die Fasern in der Regel über eine oder mehrere Walzen und Schikanen geleitet, um eine ausreichende Fadenspannung aufrechtzuerhalten und die Schlichte aufzubrechen und die Fasern nach Möglichkeit zu vereinzeln, damit jedes einzelne Filament mit Harz umschlossen werden kann. Der Ausgang der Wanne kann so gestaltet sein, dass er den Strang bereits in die gewünschte Profilform bringt. Möglich ist auch eine direkte Injektion des Harzgemisches in das Werkzeug, dann entfallen die Tränkwanne und die Umlenkrollen.

Die getränkten Fasern werden nach Verlassen des Tränkbades durch ein beheiztes Werkzeug gezogen. Innerhalb des Werkzeugs schreitet die Vernetzung zumindest so weit fort, dass das Produkt nach Verlassen formstabil genug ist, um abgezogen zu werden. In Bild 5.3 wird das Abziehen über rotierende Walzen realisiert, es sind aber auch Raupenabzüge oder alternierende Greifer im Einsatz.

In den meisten Fällen schließt sich an die Abzieheinheit eine Vorrichtung zum Ablängen an, die hier nicht eingezeichnet ist. Diese ist in Pultrusionsrichtung mit der Vorschubgeschwindigkeit des Pultrudats verfahrbar, so dass das Trennen ohne Unterbrechung der Produktion stattfinden kann.

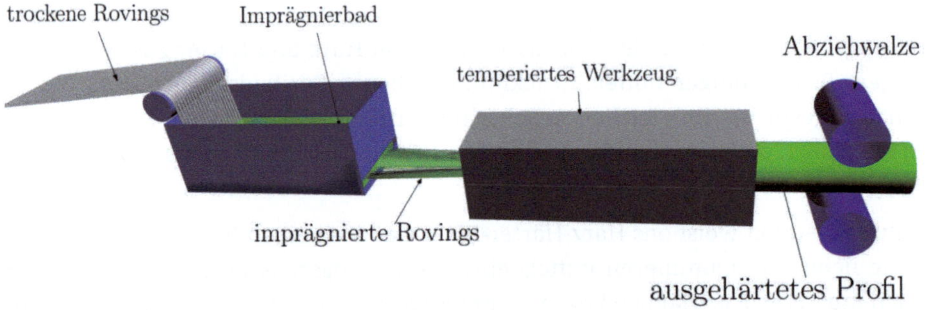

Bild 5.3 Pultrusion

Typischerweise werden vor dem Werkzeug noch Vliese bzw. Wirrfasermatten zugeführt, um die Oberflächenbeschaffenheit des gezogenen Profils zu verbessern und ggf. eine Schutzschicht gegen Medien- und/oder UV-Angriff bereitzustellen.

Die Verstärkung ist bei pultrudierten Produkten verfahrensbedingt unidirektional. Grundsätzlich lassen sich aber auch zwei- (z. B. Gewebe) oder dreidimensionale (z. B. gestrickte Schläuche) Fasergebilde im Pultrusionsverfahren verarbeiten.

Pultrusion kann auch mit thermoplastischen Matrixmaterialien erfolgen [5.4]. Hierbei wird zwischen der reaktiven und der nicht-reaktiven Thermoplast-Pultrusion unterschieden. Bei der reaktiven Variante werden die Rovings mit den flüssigen Monomeren getränkt und die Polymerisation erfolgt dann im beheizten Werkzeug. Bei der nicht-reaktiven Pultrusion werden vorimprägnierte Faserhalbzeuge verwendet. Der Prozessschritt der Tränkung entfällt dann. An seine Stelle tritt das Erweichen und Aufschmelzen der Thermoplastmatrix durch geeignete Wärmelieferanten (Infrarot, Heißluft, Kontaktheizelemente, etc.).

5.4 Wickelverfahren

Beim Faserwickeln werden Endlosfasern nach bestimmten Mustern auf einem Kern abgelegt. Die Imprägnierung der Fasern erfolgt in der Regel mittels einer Tränkwanne, wie sie in Abschnitt 5.3 bei der Pultrusion beschrieben ist.

Im einfachsten Fall handelt es sich bei dem Kern um einen Zylinder (Bild 5.4), das fertige Produkt ist dann ein Rohr. Beim Rohrwickeln rotiert der Kern immer in die gleiche Richtung um seine Längsachse, während die Fasern typischerweise in Form von mehreren parallel geführten Rovings im Kreuzmuster auf dem Zylinder abgelegt werden. Der Wickelwinkel wird durch Abstimmung der Rotation des Kerns und des Vorschubs des Faserbündels eingestellt.

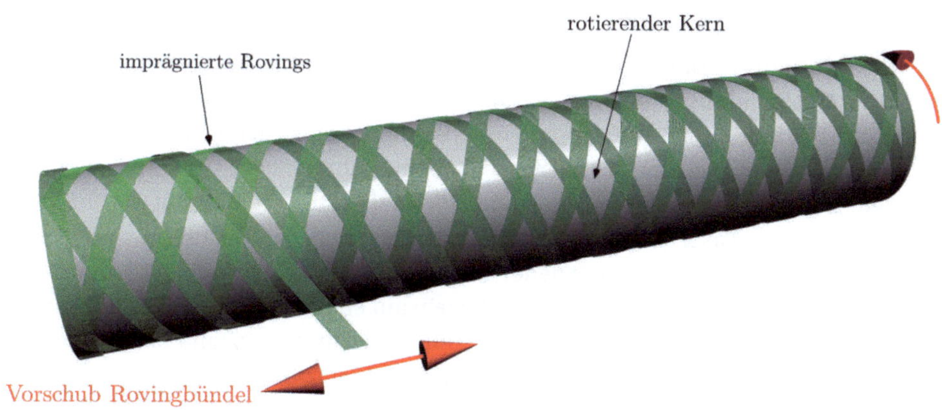

Bild 5.4 Faserwickeln auf einem zylindrischen Kern

Wenn das Rovingbündel am Ende des Kerns angekommen ist, muss durch geeignete Maßnahmen sichergestellt werden, dass beim Umkehren des Vorschubs die bereits aufgewickelten Fasern nicht wieder abgezogen werden. Je nach Wickelwinkel, kann es ausreichend sein, am Ende des Kerns ein- oder mehrere Male in Umfangsrichtung zu wickeln, wie in Bild 5.4 dargestellt. Gegebenenfalls müssen die Fasern aber an den Enden beispielsweise um feststehende Haken geführt werden, die das Verrutschen verhindern.

Nach dem Umkehren muss sichergestellt werden, dass der Rovingstrang gegenüber der vorangegangenen Lage in Längsrichtung versetzt weiter gewickelt wird, damit nach einer endlichen Anzahl von Lagen eine vollständige Bedeckung des Kerns resultiert. Es ist auch denkbar, den Wickelwinkel von Lage zu Lage zu variieren, um verschiedene Verstärkungsrichtungen abzudecken. Dabei sollten jedoch die grundsätzlichen Regeln zur Laminatgestaltung beachtet werden (s. Unterabschnitt 4.4.3).

Auch beim Wickeln werden in vielen Fällen Vliese auf der Innen- und der Außenseite zur Verbesserung der Oberflächenbeschaffenheit und zum Schutz vor äußeren Einflüssen verwendet.

Im Anschluss an den Wickelvorgang wird der Kern mit dem kompletten Faser-Harz-Aufbau in einen Ofen verbracht (zumindest bei warmhärtenden Systemen). Dort wird das Harz teilweise in mehreren unterschiedlichen Temperaturstufen ausgehärtet. Während dieses Vorgangs ist darauf zu achten, dass es nicht aufgrund der initialen Viskositätsverringerung des Harzes zum verstärkten Abtropfen kommt. Des Weiteren kann eine Verformung des noch nicht gehärteten Faser-Harz-Systems aufgrund seines Eigengewichtes eintreten. Daher ist es in der Regel angeraten, den Kern während des Härtens in Bewegung (hier in Rotation) zu halten.

Nach dem Aushärten muss der Kern entfernt werden. Beim Rohrwickeln erfolgt dies durch Herausziehen mit einer geeigneten Abziehbank. Hilfreich ist es hierbei, wenn der Kern eine leichte Konizität aufweist.

Im Wickelverfahren können jedoch auch komplexere Bauteile hergestellt werden, die auch Hinterschneidungen aufweisen können (z. B. Gastanks). In solchen Fällen kann die Ablage der Rovings mithilfe von mehrachsigen Robotern erfolgen. Die Entfernung des Kerns ist dann ungleich schwieriger als beim Rohrwickeln. Je nach Anwendung kann ein Auftrennen des Bauteils nach dem Wickeln erfolgen. Dies hat natürlich den Nachteil, dass die Faserverstärkung unterbrochen wird. Ein nachträgliches Zusammenfügen der Hälften wird nicht wieder zu den gleichen mechanischen Eigenschaften führen. Eine weitere Möglichkeit ist das Wickeln auf einen verlorenen Kern. Dieser besteht z. B. aus einer niedrigschmelzenden Metalllegierung. Aufgrund der hohen Wärmeleitfähigkeit der Metalle und der moderaten Schmelztemperaturen, kann der im gewickelten und ausgehärteten FVK-Bauteil noch befindliche Metallkern dann aufgeschmolzen werden und über eine geeignete Öffnung abfließen, ohne dass es zu einer signifikanten thermischen Schädigung des Laminats kommt.

Anstatt nass imprägnierter Rovings können auch sog. *Tapes* im Wickelverfahren verarbeitet werden, wie sie in Unterabschnitt 4.4.7 beschrieben sind. Man spricht in diesem Zusammenhang auch vom *Tapelegen* [5.4].

Des Weiteren ist das Wickeln auch mit thermoplastischer Matrix möglich. In diesem Fall entfällt das Tränkbad. Stattdessen werden vorimprägnierte Rovings mittels einer geeigneten Wärmequelle (z. B. Infrarotheizung) erweicht und dann auf einen temperierten Kern gewickelt. Die aufeinanderliegenden Lagen verschmelzen bei hinreichend hoher Temperatur miteinander. Um eine möglichst geringe Fehlstellenkonzentration zu sicherzustellen, müssen die Lagen in vielen Fällen noch mittels einer Andruckrolle von außen verdichtet werden.

5.5 Harzinjektionsverfahren – Resin Transfer Moulding (RTM)

Im Gegensatz zu den in den Abschnitt 5.1 und Abschnitt 5.2 vorgestellten Verfahren, findet die Harzinjektion immer in geschlossenen Werkzeugen statt. Wie in Bild 5.5 dargestellt, sind die Werkzeuge geteilt. Zwischen die geöffneten Hälften werden trockene, also nicht-imprägnierte, Vorformlinge gelegt, z. B. Matten oder Gelege oder Gewebe, die in geeigneter Weise drapiert sind.

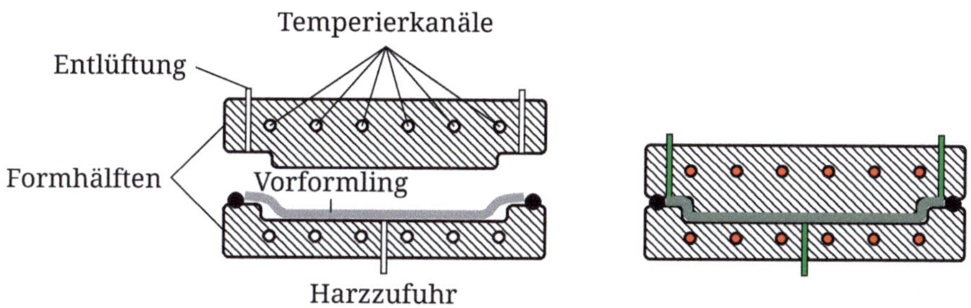

Bild 5.5 Schematische Darstellung des RTM-Prozesses

Das Werkzeug enthält eine Kavität, die der gewünschten Bauteilform entspricht. Nach dem Schließen der Formhälften wird in der Regel entgegen der Schwerkraft das reaktionsfähige Harz-Härter-Gemisch eingespritzt und der Vorformling imprägniert. Etwaige Luft kann zusammen mit überschüssigem Harz über die Entlüftungskanäle entweichen. Wenn keine Luftblasen mehr aufsteigen, werden die Entlüftungsbohrungen verschlossen. Die Aushärtung wird durch Beheizen der Formhälften in Gang gesetzt. Die Beheizung kann elektrisch erfolgen oder mittels temperierter Flüssigkeiten, die durch entsprechende Bohrungen durch die Werkzeughälfte geleitet werden. Je nach Harzsystem kann es sinnvoll oder notwendig sein, während des Aushärtevorgangs von außen Harz nachzudrücken, insbesondere wenn die Reaktionsschwindung wie z. B. bei den ungesättigten Polyesterharzen, groß ist. Ist das Bauteil vollständig ausgehärtet, kann es aus der Form entnommen werden. Typischerweise muss an den Anguss- und Entlüftungspositionen im Anschluss manuell nachgearbeitet werden.

5.6 Prepreg-Technologie

Bei vorimprägnierten Systemen (vgl. Unterabschnitt 4.4.6) kommen je nach Form unterschiedliche Verfahren in Betracht.

5.6.1 Spritzguss

BMC (Bulk Moulding Compound) zeichnet sich durch eine verhältnismäßig gute Fließfähigkeit aus, da nur Kurzfasern enthalten sind und die Viskosität des Gemisches in gewissen Grenzen eingestellt werden kann. BMC kann daher (ähnlich wie unverstärkte thermoplastische Kunststoffe) im sog. *Spritzgussverfahren* verarbeitet werden[1]. Beim Spritzguss wird die flüssige Masse in ein geschlossenes Werkzeug (ähnlich wie in Bild 5.5) eingespritzt. Analog zum RTM-Prozess wird der Härteprozess typischerweise über die Beheizung des Werkzeugs initiiert, jedoch erfährt die Masse bereits beim Einspritzen aufgrund des Druckverlusts beim Düsendurchtritt eine gewisse dissipative Erwärmung. Auch hier kann es angezeigt sein, während der Härtung nachzudrücken, um der Schwindung entgegenzuwirken.

5.6.2 Heißpressen

Beim Heißpressen wird ähnlich vorgegangen wie beim RTM-Verfahren. Ein wesentlicher Unterschied liegt in den verwendeten Halbzeugen, d. h. es kommen keine Matten, Gewebe oder Gelege, sondern Prepregs (in der Regel SMC, aber auch BMC) zum Einsatz. Diese werden nicht vorab drapiert oder anderweitig in die gewünschte Form gebracht. Die Formgebung findet stattdessen während des Pressvorgangs mit bis zu 140 bar durch das Fließen des verwendeten Halbzeuges statt. Die einzulegende Halbzeugmenge richtet sich nach der gewünschten Verdichtung und den Fließwegen, die während des Pressvorgangs zurückgelegt werden müssen [5.2]. Die Verwendung mehrerer Lagen übereinander ist dabei möglich. Die Fließwege sollten so gestaltet sein, dass die Fasern während des Pressvorgangs nicht zerstört werden, die Viskosität des Harzes muss in einem Bereich liegen, dass sichergestellt ist, dass die Fasern mit transportiert werden.[2]

Das Wärmemanagement im Werkzeug ist vor allem bei dickwandigen Bauteilen bzw. Masseanhäufungen (Versteifungsrippen etc.) nicht trivial. Zum einen entsteht Wärme

1 Im Detail unterscheiden sich die Prozesse für die unterschiedlichen Materialien hinsichtlich der Drücke und Temperaturen. Des weiteren entfällt beim BMC-Spritzguss naturgemäß das Aufschmelzen der Masse.

2 Insbesondere, wenn es sich wie bei BMC um Kurzfasern handelt.

beim Fließen des Halbzeugs, zum anderen sorgt die Exothermie bei der Vernetzung für ein Aufheizen der Formmassen (vgl. Unterunterabschnitt 4.3.5.6). Die Werkzeugtemperatur ist nicht identisch mit der Massetemperatur, da die Wärmeleitung der Materialien vergleichsweise schlecht ist. Aus denselben Gründen kann nicht davon ausgegangen werden, dass die Temperatur innerhalb des Werkzeugs homogen ist. Dies wirkt sich wiederum auf das lokale Fließverhalten und den lokalen Aushärtegrad aus. Die optimalen Prozessparameter müssen also intensiv erprobt werden. Fließsimulationen können bei der Prozessoptimierung unterstützen.

5.6.3 Vakuumsackverfahren

Beim sog. *Vakuumsackverfahren* wird ein vorimprägniertes Halbzeug ähnlich wie beim Handlaminieren (Abschnitt 5.1) in ein offenes Werkzeug eingelegt (Bild 5.6). Auf das Halbzeug wird eine Trennfolie aufgebracht, und in vielen Fällen wird ein Sauggewebe darüber gelegt. Der ganze Aufbau wird dann von einer Vakuumfolie umschlossen, die mithilfe eines geeigneten Spannrahmens gegenüber dem Werkzeug abgedichtet wird.

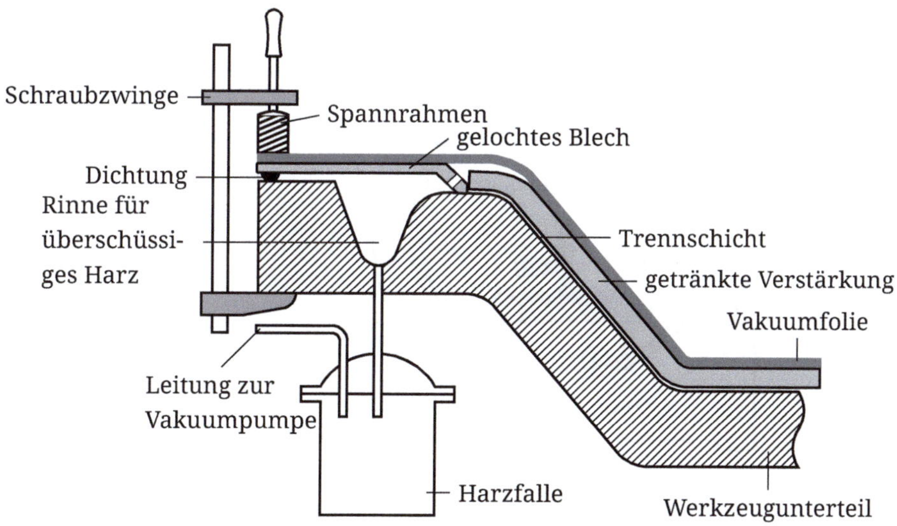

Bild 5.6 Schematischer Aufbau des Vakuumsackverfahrens (Ausschnitt) [5.3]

Mittels einer Vakuumpumpe wird das getränkte Halbzeug entgast und der Umgebungsdruck bewirkt eine Verdichtung des Laminats. Überschüssiges Harz wird durch den Unterdruck in das Sauggewebe und in eine Überlaufrinne transportiert. Die Viskosität des Harz-Härter-Systems sollte nicht zu niedrig eingestellt werden, um zu verhindern, dass zu viel Flüssigkeit herausgesaugt wird.

Eine Variante des Vakuumsackverfahrens ist das sog. *Drucksackverfahren*. Hierbei wird auf die Vakuumfolie ein geeigneter stabiler und druckdichter Deckel gespannt. Zwischen Deckel und Folie wird dann ein Überdruck erzeugt. Überschüssiges Harz kann wiederum über die Überlaufrinne abgeführt werden. Der wesentliche Unterschied gegenüber der Vakuumsackmethode ist, dass höhere Drücke realisiert werden können. In der Regel sind aber die Werkzeugkosten höher, da die verwendeten Bauteile höheren Lasten standhalten müssen.

5.6.4 Autoklavverfahren

Werden an das zu fertigende Bauteil besonders hohe Anforderungen gestellt, kommt das Autoklavverfahren zum Einsatz.[3] Dabei wird das von einem Vakuumsack umschlossene Laminat (vgl. Unterabschnitt 5.6.3) in einen verschließ- und heizbaren Stahlbehälter verbracht (Bild 5.7). Neben dem Vakuum, das mittels einer nach außen geführten Leitung im Vakuumsack erzeugt wird, kann der Behälter unter Druck gesetzt werden. Dadurch wird sichergestellt, dass Poren und Lufteinschlüsse im Laminat geschlossen werden. Darüber hinaus werden Welligkeiten der Fasern minimiert.

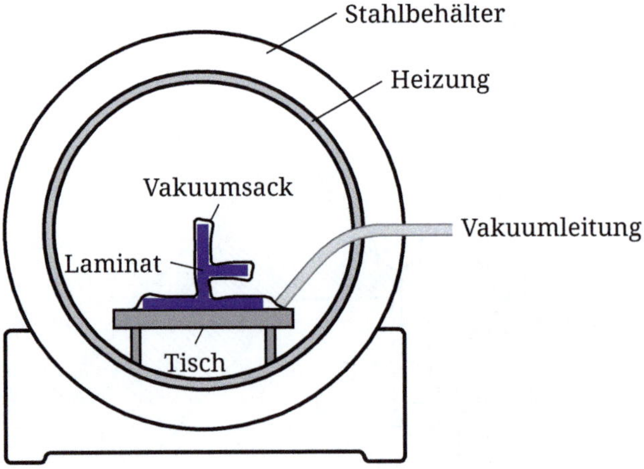

Bild 5.7 Schematische Darstellung eines Autoklaven, angelehnt an [5.5]

Der Druck im Stahlbehälter kann bis zu 10 bar betragen. Sind Stützstrukturen aus beispielsweise Schaumstoff enthalten, muss der Außendruck gegebenenfalls reduziert werden, damit diese nicht zusammenfallen.

3 Autoklaven findet man auch in anderen Anwendungsbereichen, und zwar immer dann, wenn ein hoher Druck in Kombination mit einer hohen Temperatur benötigt wird. Beispiele sind die Polymersynthese, die Sterilisation von medizinischem Gerät und von Lebensmitteln, die Vulkanisation von Kautschukprodukten.

Weist das auszuhärtende Laminat eine flache, gleichmäßig hohe Geometrie auf, kann der Druck auch mithilfe einer beheizbaren hydraulischen Presse aufgebracht werden.

5.6.5 Prepregtapelegen

Vorimprägnierte Tapes (engl.: Bänder) wurden bereits in Unterabschnitt 4.4.7 eingeführt. Wie der Name vermuten lässt, werden bei dieser Herstellungsmethode Bänder aus duroplastischen (oder seltener auch thermoplastischen) Prepregs nach einem bestimmten Muster in einem Werkzeug bzw. auf einem Kern abgelegt. Grundsätzlich bestehen demnach Parallelen zum Handlaminieren (Abschnitt 5.1) und zum Wickeln (Abschnitt 5.4).

Typischerweise werden mit dem Tapelegen gekrümmte, flächige Geometrien realisiert. Als klassisches Beispiel sind hier Tragflächen von Flugzeugen zu nennen. Durch Optimierung des Ablegemusters und damit der Faserorientierung können die Verbunde mit vergleichsweise geringer Wandstärke und folglich geringem Gewicht hergestellt werden.

Durch die moderne Robotertechnik lässt sich das Tapelegen heutzutage weitgehend automatisieren. Daraus resultiert eine hohe Wiederholgenauigkeit der Ablage und damit eine hohe Zuverlässigkeit der Bauteile hinsichtlich ihrer Geometrie und ihrer mechanischen Eigenschaften.

Die Aushärtung kann bereits während des Fertigungsprozesses initiiert werden, indem das Werkzeug vorgewärmt wird oder Wärme durch Infrarotstrahlung zugeführt wird. In vielen Fällen erfolgt das Aushärten aber im Autoklaven (vgl. Unterabschnitt 5.6.4).

Wegen der endlichen Breite der Tapes lassen sich nicht beliebig kleine und beliebig komplexe Bauteile fertigen. Zudem ist die Anlagentechnik verhältnismäßig aufwendig und kostenintensiv. Daher eignet sich das Verfahren vor allem für Produkte mit hohen Stückzahlen und hohen Anforderungen.

Literatur

[5.1] AVK – Industrievereinigung Verstärkte Kunststoffe e. V. (Herausg.): *Handbuch Faserverbundkunststoffe/Composites.* 4. Auflage, Springer Fachmedien, Wiesbaden, 2014

[5.2] Ehrenstein, G. W.: *Faserverbund-Kunststoffe. Werkstoffe – Verarbeitung – Eigenschaften.* 2. Auflage, Carl Hanser Verlag, 2006

[5.3] Flemming, M.; Ziegmann G.; Roth S.: *Faserverbundbauweisen.* 1. Auflage, Springer, Berlin, Heidelberg, New York, 1999

[5.4] Neitzel, M.; Mitschang, P.; Breuer, U.: *Handbuch Verbundwerkstoffe – Werkstoffe, Verarbeitung, Anwendung.* 2. Auflage, Carl Hanser Verlag, München, 2014

[5.5] SCHÜRMANN, H.: *Konstruieren mit Faser-Kunststoff-Verbunden.* 2. Auflage, Springer Berlin Heidelberg New York, 2007

Teil 2

Berechnungs-verfahren

6 Unidirektionale Einzelschicht (UD-ES)

Ingo Ehrlich

Ein faserverstärkter Kunststoff besteht im Falle einer unidirektionalen Einzelschicht (UD-ES) aus quasi endlos langen Fasern, die alle parallel in eine Richtung in einer Einzelschicht verlaufen. Dabei sind in Faserlängsrichtung faserdominierende Materialeigenschaften zu beobachten. Quer zur Faserlängsrichtung liegen matrixdominierende Materialeigenschaften in der Einzelschicht vor. Diese Modellbeschreibung entspricht damit weitestgehend der Vorstellung von dem Aufbau einer Prepreg-Einzellage, wie sie im Unterabschnitt 4.4.5 als Faserverbundhalbzeug vorgestellt worden ist.

Eine solche idealisierte Vorstellung einer unidirektionalen Einzelschicht gibt das Bild 1.8 wieder. Legt man ein lokales 1-2-3-Koordinatensystem so in eine solche Einzellage, dass dabei eine Koordinatenachse parallel zur Faserlängsrichtung verläuft (hier die 1-Achse), dann sind die lokal zu beschreibenden Materialeigenschaften bzw. ist die Materialsymmetrie der unidirektionalen Einzelschicht als transversalisotrop zu bezeichnen.

Wie in Unterabschnitt 1.2.2 erläutert, sind zur Beschreibung der mechanischen Materialeigenschaften eines transversalisotropen Materials fünf unabhängige Materialkennwerte erforderlich. Im Fall der lokalen Beschreibung der unidirektionalen Einzellage, wie sie in Bild 1.8 dargestellt ist, liegt Quasi-Isotropie in der 2-3-Ebene vor. Damit sind die Materialkennwerte

E_1	Elastizitätsmodul bzw. Dehnsteifigkeit in Faserlängsrichtung,
$E_2 = E_3$	Elastizitätsmodul bzw. Dehnsteifigkeit quer zur Faserlängsrichtung,
$\nu_{12} = \nu_{13}$	Querkontraktionszahl in der 1-2- bzw. 1-3-Ebene,
$G_{12} = G_{13}$	Schubmodul bzw. Schubsteifigkeit in der 1-2- bzw. 1-3-Ebene und
$G_{23} = \frac{E_2}{2(1+\nu_{23})}$	Schubmodul bzw. Schubsteifigkeit in der 2-3-Ebene

zur Beschreibung des mechanischen Verhaltens der UD-Einzelschicht erforderlich.

6.1 Faserorientierung

Während der Fertigung werden mehrere unterschiedlich orientierte Einzellagen (engl.: *lamina*) aufeinanderlaminiert und bilden den sogenannten (Mehr-)Schichtverbund bzw. das Laminat (engl.: *laminate*). Ein solches n-schichtiges Laminat ist in Bild 6.1 (a) vereinfacht dargestellt. Ein globales x-y-z-Laminatkoordinatensystem dient dabei zur Beschreibung der richtungsabhängigen Eigenschaften des Mehrschichtverbundes.

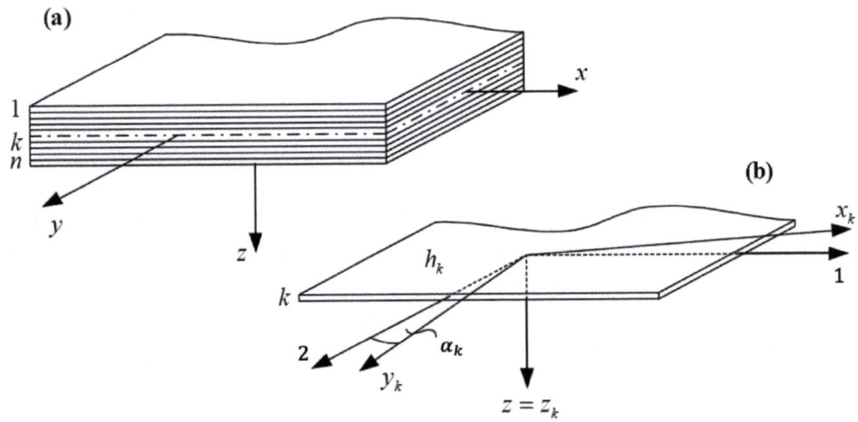

Bild 6.1 Links: Schematische Darstellung der Faserverteilung. Rechts: Separierung von Faser und Matrix im Kontrollvolumen

Jede Einzelschicht besitzt ein eigenes lokales, faserorientiertes 1-2-3-Koordinatensystem, wie es beispielsweise in Bild 1.8 und Bild 6.1 (b) schematisch dargestellt ist. Im Falle unidirektionaler Einzellagen ist jede Einzelschicht bezüglich ihres lokalen Koordinatensystems transversalisotrop (siehe Unterabschnitt 1.2.2).

Die relative Lagenorientierung der Einzelschichten wird dann in Bezug auf das globale x-y-z-Koordinatensystem des Laminats beschrieben (siehe Bild 6.1 (b)). Bezüglich des globalen Koordinatensystems zeigt jede Einzelschicht allgemein Eigenschaften einer monotropen Materialsymmetrie, wie sie auch in Unterabschnitt 1.2.4 beschrieben sind. Lediglich bei 0°- und 90°-Lagen sind die unidirektionalen Einzellagen sowohl lokal als auch global transversalisotrop. Eine Überführung der Einzelschichteigenschaften vom lokalen ins globale Koordinatensystem – die sogenannte Transformation – wird in Formel 6.6.1 hergeleitet.

6.2 Faservolumengehalt und Fasergewichtsgehalt

Die Einzelkomponenten und ihre Bedeutung bei einem faserverstärkten Kunststoff wurden bereits erwähnt. Hierbei wurden insbesondere die Aufgaben der beiden Hauptkomponenten, Faser und Matrix, thematisiert. An dieser Stelle sei nochmal hervorgehoben, dass die Faser das wesentliche lasttragende Element im Verbund darstellt. Daher liegt es nahe, dass es im Interesse des Konstrukteurs und des Fertigers ist, möglichst viele Fasern im Verbund aufzunehmen, um eine hohe Lasttragfähigkeit zu realisieren. Fraglich ist nun, wie viele Fasern sind „gut" oder auch realisierbar und wie kann der enthaltene Faseranteil beschrieben werden.

Bild 6.2 zeigt links die schematische Querschnittsdarstellung einer Einzelschicht mit einer zufälligen Verteilung der Einzelfasern. Um ein Verständnis davon zu bekommen, wie groß der Anteil der Fasern am gewählten Kontrollvolumen ist, sind in Bild 6.2 rechts die Faser- und Matrixanteile separiert dargestellt worden. Die Anteiligkeit der Fasern bzw. der Matrix am Kontrollvolumen ist dann ein Relativmaß für die enthaltenen Komponenten.

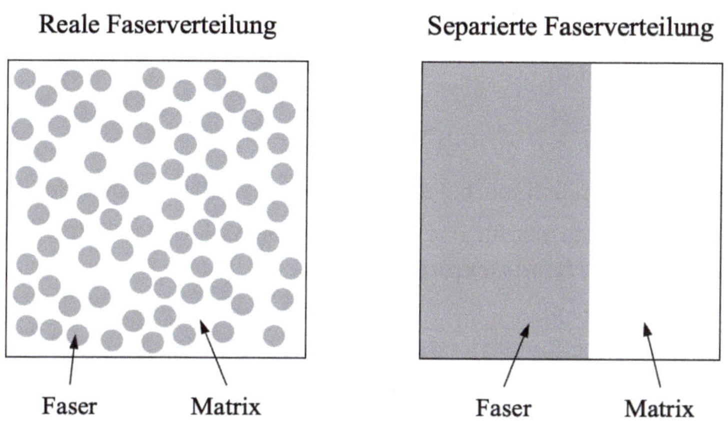

Bild 6.2 Links: Schematische Darstellung der Faserverteilung im realen Laminat; rechts: Separierung von Faser und Matrix im Kontrollvolumen

Der Volumenanteil der Fasern am betrachteten Kontroll- bzw. Gesamtvolumen wird als ***Faservolumenanteil***

$$\varphi_F = \frac{V_F}{V_{ges}} = \frac{A_F\, l}{A_F\, l + A_M\, l} = \frac{A_F}{A_F + A_M} \tag{6.1}$$

bezeichnet. Dabei wird das Volumenverhältnis vom Faservolumen V_F zum Gesamtvolumen V_{ges} betrachtet. Bei einer als konstant anzunehmenden Länge l des Kontroll- bzw. Gesamtvolumens ergibt sich daraus das Verhältnis der Faserstirnfläche A_F und der Gesamtstirnfläche A_{ges}, bestehend aus Faserstirnfläche A_F und Matrixstirnfläche A_M.

In Analogie zum Faservolumenanteil in Formel 6.1 kann auch ein ***Matrixvolumenanteil*** φ_M angegeben werden. Hierbei wird in gleicher Vorgehensweise das Matrixvolumen V_M ins Verhältnis zum Gesamtvolumen bzw. deren Flächenverhältnisse aufgestellt:

$$\varphi_M = \frac{V_M}{V_{ges}} = \frac{A_M\, l}{A_F\, l + A_M\, l} = \frac{A_M}{A_F + A_M} \tag{6.2}$$

Die Summe von Faservolumenanteil φ_F und Matrixvolumenanteil φ_M ist – unter Vernachlässigung sonstiger Verbundkomponenten wie Füller, Additive, Poren etc. – eins:

$$\varphi_F + \varphi_M = 1 \tag{6.3}$$

Die für die Dimensionierung und Auslegung eines Verbundes wichtige geometrische Angabe eines Faservolumenanteils φ_F stellt sich in der Fertigungspraxis als ungeeignet heraus. In der Fertigung und auch bei der nachträglichen Bestimmung des Faseranteils (z. B. durch Veraschung) werden die Komponenten gewogen, weswegen gewichtsbezogene Angaben zu bevorzugen sind. Aus dieser Notwendigkeit heraus wird im Sinne von Formel 6.1 das Verhältnis der Fasermasse m_F zur Gesamtmasse m_{ges} als sogenannter ***Fasermassenanteil*** ψ_F

$$\psi_F = \frac{m_F}{m_{ges}} = \frac{A_F\, l\, \rho_F}{A_F\, l\, \rho_F + A_M\, l\, \rho_M} = \frac{A_F\, \rho_F}{A_F\, \rho_F + A_M\, \rho_M} \tag{6.4}$$

betrachtet. ρ_F und ρ_M geben hierbei die Dichte von Faser und Matrix an.

Ein vergleichbarer Ausdruck für das Verhältnis von Matrixmasse und Gesamtmasse lässt sich mit dem ***Matrixmassenanteil*** ψ_M

$$\psi_M = \frac{m_M}{m_{ges}} = \frac{A_M\, l\, \rho_M}{A_F\, l\, \rho_F + A_M\, l\, \rho_M} = \frac{A_M\, \rho_M}{A_F\, \rho_F + A_M\, \rho_M} \tag{6.5}$$

angeben.

Formel 6.4 und Formel 6.5 ermöglichen die Angabe des Faser- bzw. Matrixmassenanteils bei Kenntnis des Faservolumenanteils. Um aber auch aus den gewichtsbezogenen Angaben eines Verbundes eine geometrische Dimensionierung in Form eines Faservolumenanteils angeben zu können, ist die Herleitung einer Umrechnung erforderlich. Ausgehend von Formel 6.4 kann formuliert werden:

$$\begin{aligned}
& \psi_F = \frac{A_F\, \rho_F}{A_F\, \rho_F + A_M\, \rho_M} \\
\Leftrightarrow\quad & \psi_F\, A_F\, \rho_F + \psi_F\, A_M\, \rho_M = A_F\, \rho_F \\
\Leftrightarrow\quad & \psi_F\, A_M\, \rho_M = A_F\, \rho_F - \psi_F\, A_F\, \rho_F = \left(1 - \psi_F\right)\, A_F\, \rho_F \\
\Leftrightarrow\quad & A_M = \frac{\left(1 - \psi_F\right)\, A_F\, \rho_F}{\psi_F\, \rho_M}
\end{aligned} \tag{6.6}$$

Durch Einsetzen von Formel 6.6 in Formel 6.1 folgt die gesuchte Beziehung

$$\varphi_F = \frac{A_F}{A_F + \left(\frac{(1-\psi_F)\, A_F\, \rho_F}{\psi_F\, \rho_M}\right)} = \frac{1}{1 + \left(\frac{(1-\psi_F)\, \rho_F}{\psi_F\, \rho_M}\right)} = \frac{1}{1 + \frac{\rho_F}{\rho_M}\left(\frac{1}{\psi_F} - 1\right)} \tag{6.7}$$

zwischen dem Faservolumenanteil φ_F und dem Fasermassenanteil ψ_F. Durch Umstellung von Formel 6.7 erhält man die Beziehung

$$\psi_F = \frac{1}{1 + \frac{\rho_M}{\rho_F}\left(\frac{1}{\varphi_F} - 1\right)} \tag{6.8}$$

für den Zusammenhang zwischen dem Fasermassenanteil ψ_F und dem Faservolumenanteil φ_F. In analoger Vorgehensweise zu der obigen Herleitung kann der Zusammenhang zwischen dem Matrixvolumenanteil φ_M und dem Matrixmassenanteil ψ_M zu

$$\varphi_M = \frac{1}{1 + \frac{\rho_M}{\rho_F}\left(\frac{1}{\psi_M} - 1\right)} \tag{6.9}$$

hergestellt werden. Auch an dieser Stelle kann durch Umformen von Formel 6.9 zu

$$\psi_M = \frac{1}{1 + \frac{\rho_F}{\rho_M}\left(\frac{1}{\varphi_M} - 1\right)} \tag{6.10}$$

umgekehrt der Zusammenhang zwischen dem Matrixmassenanteil ψ_M und dem Matrixvolumenanteil φ_M formuliert werden.

Maximal erreichbare Faservolumengehalte

Da der Faservolumengehalt φ_F unmittelbaren Einfluss auf die Steifigkeit und Festigkeit des Laminats hat, stellt sich die Frage, was der maximal erreichbare Faservolumenanteil ist. Hierzu seien zunächst zwei theoretische Überlegungen zu verfolgen.

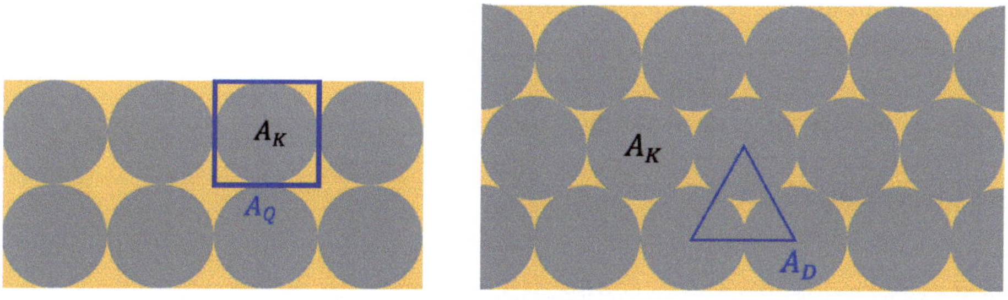

Bild 6.3 Links: Quadratisch dichteste Packung (qdP) mit Bezugsquadrat A_Q; rechts: Hexagonal dichteste Packung (hdP) mit Bezugsdreieck A_D

Modellhaft können die Fasern als Zylinder in einem Volumenelement aufgefasst werden. Davon ausgehend, dass sich in Faserlängsrichtung keine Änderungen ergeben, reicht es für die weiteren Überlegungen die Laminatstirnfläche zu betrachten. Bild 6.3 zeigt beispielhaft links eine Faserstapelung in quadratisch dichtester Packung (qdP) und rechts in hexagonal dichtester Packung (hdP). Von diesen beiden Faserstapelungen ausgehend, soll nachfolgend der theoretische Faservolumengehalt ermittelt werden.

In Bild 6.3 links ist für eine Faseranordnung mit quadratisch dichtester Packung eine blaue, quadratische Kontrollgrenze eingezeichnet. Die Fläche A_Q des blauen Quadrats ist

$$A_\mathrm{Q} = (2r)^2 \tag{6.11}$$

Die Querschnittsfläche A_K der Einzelfaser beträgt

$$A_\mathrm{K} = r^2\,\pi \tag{6.12}$$

Der Faservolumengehalt $\varphi_\mathrm{F,qdP}$ einer quadratisch dichtesten Packung ergibt sich dann durch das Verhältnis von Faser- zur Gesamtfläche:

$$\varphi_\mathrm{F,qdP} = \frac{A_\mathrm{K}}{A_\mathrm{Q}} = \frac{r^2\,\pi}{(2r)^2} = \frac{\pi}{4} \approx 78{,}5\,\% \tag{6.13}$$

In gleicher Vorgehensweise kann der Faservolumengehalt $\varphi_\mathrm{F,hdP}$ als das Verhältnis der Faserkreisfläche A_K und einer dreieckigen Referenzfläche A_D, wie sie in Bild 6.3 rechts dargestellt ist, hergeleitet werden. Die blaue Referenzfläche A_D stellt ein gleichseitiges Dreieck mit den Seitenlängen $2\,r$ dar, dessen doppelte Fläche sich aus der Höhe h und der Länge $2\,r$ der Grundseite zu

$$A_\mathrm{D} = \frac{1}{2}\,h\,(2\,r) = h \cdot r = (\sqrt{3}\,r)\,r = \sqrt{3}\,r^2 \tag{6.14}$$

berechnen lässt. In der dreieckigen Referenzfläche A_D wird dabei nur die Hälfte der Kreisfläche A_K erfasst, sodass sich der Faservolumenanteil einer hexagonal dichtesten Packung in dieser Weise als das Verhältnis einer Kreisflächenhälfte $\frac{1}{2}\,A_\mathrm{K}$ und einer Dreiecksfläche A_D zu

$$\varphi_\mathrm{F,hdP} = \frac{\frac{1}{2}\,A_\mathrm{K}}{A_\mathrm{D}} = \frac{\frac{1}{2}\,r^2\,\pi}{\sqrt{3}\,r^2} = \frac{\pi}{2\sqrt{3}} \approx 90{,}7\,\% \tag{6.15}$$

bestimmen lässt.

Ideale und typische Faservolumengehalte

Die im vorigen Abschnitt theoretisch ermittelten maximal erreichbaren Faservolumengehalte werden in der Praxis bei Gutbauteilen nicht realisiert bzw. sind auch nicht gewollt. Bild 6.3 zeigt in ihrer schematischen Darstellung bereits die dabei entstehende Problematik auf. Für eine so hohe Packungsdichte, wie sie hier dargestellt wird, ist es erforderlich, dass die Fasern sehr eng beeinander liegen oder sich sogar berühren. Die Folge ist, dass die Matrixdicken zwischen den Fasern nicht ausreichend ausgebildet werden können. Da die Matrix als „Klebstoff" zwischen den Einzelfasern wirkt, fehlt die notwendige Klebdicke und damit die hinreichende stoffliche Verbindung zwischen den Fasern. Damit ist eine Übertragung von Lasten bei zu hohem Faservolumenanteil φ_F nicht mehr ausreichend gegeben. Laminate mit sehr hohen Faservolumengehalten, die an die theoretisch maximal erreichbaren Werte herankommen, sind in der Folge sehr spröde und eignen sich daher nicht als Strukturwerkstoff. Die durch die uneinheitlichen stofflichen Verbindungen zwischen den Fasern entstehenden Dichtesprünge bzw. Ungänzen führen weiter dazu, dass solche Laminate nur sehr schlecht oder gar nicht mit dem Ultraschallverfahren zu prüfen sind.

Zwischen dem einen Extrem, einer nicht ausreichenden Verstärkung des Verbundes aufgrund eines zu geringen Faservolumengehalts, und dem andern Extrem, einer zu hohen Sprödigkeit aufgrund eines zu hohen Faservolumenanteils, ist in der Praxis ein Idealwert zu finden. Für unidirektionales Prepregmaterial liegt dieser Idealwert bei ca. $\varphi_{F,UD,ideal} = 60\,\%$. Faservolumengehalte bis ca. $\varphi_{F,UD} = 65\,\%$ können technisch noch als akzeptabel angesehen werden. Darüber hinaus verschlechtern sich die Laminateigenschaften durch die ansteigende Sprödigkeit des Werkstoffs.

Bei einem Gewebe liegt der Idealwert bei ca. $\varphi_{\mathrm{F,Gewebe,ideal}} = 55\,\%$. Ursache hierfür sind die Kreuzungspunkte von Kett- und Schussfäden. In diesem Bereich entstehen lokale Harzhäufungen, da die sich kreuzenden Fasern als Dach wirken. Wenn man die Mindestabstände der Fasern nicht unterschreitet, so ergibt sich durch diese Bereiche der Harzansammlungen ein insgesamt niedrigerer idealer Faservolumengehalt.

Der Faservolumengehalt ist dabei nicht nur vom Halbzeug, sondern auch von dem jeweiligen Fertigungsverfahren abhängig. Bild 6.4 zeigt eine vereinfachte Übersicht über die typischen Faservolumengehalte der einzelnen Verfahren. Blau gekennzeichnet sind dabei Fertigungsverfahren unter der Verwendung von endlos langen Fasern. Verfahren, die Lang- und Kurzfasern verwenden, sind grün markiert. Der Bereich grenzwertig hoher Faservolumengehalte $\varphi \approx 60\,\%$, wie es oben diskutiert wurde, ist als roter Balken hinterlegt.

Faservolumengehalt

Es ist offensichtlich, dass (praktisch) alle technischen Eigenschaften eines faserverstärkten Werkstoff von der Höhe des Faseranteils abhängen. Als Beispiel sei der E-Modul eines Unidirektionalverbundes genannt, der in Unterabschnitt 4.1.2 betrachtet wurde.

Zur Charakterisierung gehört also die Angabe des Faservolumengehalts φ bzw. des Fasergewichtsanteils ψ_M.

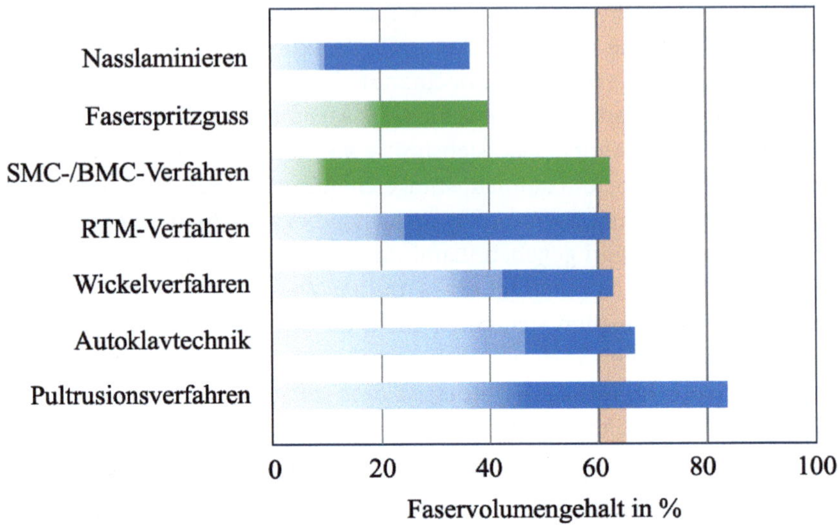

Bild 6.4 Typische Faservolumengehalte verschiedener Fertigungsverfahren: in Blau Fertigungsverfahren mit endlos langen Fasern; in Grün die Verfahren mit Lang- und Kurzfasern

Der Fasergewichtsanteil lässt sich aus dem Verhältnis der Fasermasse m_F zur Gesamtmasse m_0 leicht zu $\psi_M = m_F/m_0$ berechnen. Bei bekannten Dichten der Matrix (ϱ_M) und des Verbundwerkstoffs (ϱ_{FVK}) kann der Faservolumengehalt

$$\varphi = 1 - (1 - \psi_M)\frac{\varrho_{FVK}}{\varrho_M} - \varphi_{Luft} \tag{6.16}$$

berechnet werden, wobei φ_{Luft} einen ggf. zu bestimmenden Gehalt an Luftblasen bezeichnet.

Die Bestimmung der Fasermasse kann nach unterschiedlichen Verfahren erfolgen. Bei glasfaserverstärkten Kunststoffen ist die sog. Veraschung nach DIN EN ISO 1172 [6.6] die Methode der Wahl. Dabei wird die betreffende Probe in einem Tiegel in einen Muffel- oder Mikrowellenofen verbracht und für eine halbe Stunde einer Temperatur von 625 °C ausgesetzt. Die polymere Matrix wird dabei thermisch zersetzt und vergast. Als Rückstand verbleiben die Fasern, die dann gewogen werden können.

Für organische Fasermaterialien ist diese Methode jedoch ungeeignet, weil sie sich bei Temperaturen größer 500 °C ebenfalls zersetzen können. In diesen Fällen kann versucht werden, das Matrixmaterial mittels geeigneter Lösungsmittel aufzulösen. Dabei muss natürlich beachtet werden, dass die Fasern durch die verwendeten Chemikalien nicht angegriffen werden, das jeweilige Matrixmaterial aber vollständig gelöst wird. Häufig kommen stark oxidierende, hochkonzentrierte Säuren wie Schwefelsäure oder Salpetersäure zum Einsatz. Der Lösungsvorgang kann mehrere Stunden dauern und wird in der Regel bei erhöhten Temperaturen durchgeführt. Der dabei entstehende Rückstand muss mit destilliertem Wasser gewaschen und dann getrocknet werden. Er sollte bei korrekter Durchführung des Prozesses nur noch Fasermaterial enthalten, das dann gewogen wird. Weitere Einzelheiten zu diesem Verfahren finden sich z. B. in ASTM D 3171 A [6.2].

Um den Gehalt von Kohlenstofffasern zu bestimmen, kann auch die Thermogravimetrie angewendet werden. Dieses Verfahren erlaubt die Messung der Änderung der Masse einer polymeren Werkstoffprobe in Abhängigkeit von der Temperatur bzw. der Zeit. Setzt man das Prüfstück einer Inertgasatmosphäre aus, zersetzen sich die C-Fasern erst oberhalb von 600 °C, während die Zersetzung der Matrix bereits bei niedrigeren Temperaturen einsetzt. Diese Methode kann aber je nach Werkstoffzusammensetzung relativ hohe Unsicherheiten aufweisen, insbesondere wenn die Zersetzungstemperaturen der Matrix und der Faser nahe beieinander liegen. Details zur Thermogravimetrie sind in der DIN EN ISO 11358 [6.7] beschrieben.

6.3 Allgemeine Betrachtungsebenen faserverstärkter Kunststoffe

Für die weiteren mechanisch-theoretischen Berechnungen der Eigenschaften der Faserverbundkunststoffe ist es von Wichtigkeit, sich der jeweiligen Betrachtungsebenen bewusst zu sein. Hierbei werden, wie in Bild 6.5 illustriert, drei Betrachtungsebenen unterschieden: die Mikromechanik, die Mesomechanik und die Makromechanik.

Bei der ***Mikromechanik*** werden die mechanischen Eigenschaften der Einzelfasern und der Matrix betrachtet. Dabei werden sowohl die linear-elastischen als auch die hygrothermalen Kennwerte von Faser und Matrix analysiert und in die weiteren Berechnungen einbezogen.

Führt man bei der theoretischen Betrachtung Fasern und Matrix zusammen, wie sie in der Praxis im Fertigungsverfahren zu einem Faserverbund verarbeitet werden, dann soll von den Eigenschaften der Einzelkomponenten auf die Eigenschaften der Einzelschicht geschlossen werden. In diesem Berechnungsschritt, der Gegenstand von Abschnitt 6.4 ist, gehen dann die anfänglich vorhandenen Informationen über die Fasern und die Matrix verloren. In dieser Einzelschichtebene, der sogenannten ***Mesomechanik***, stehen die einheitlichen Schichteigenschaften im Vordergrund. Die Kennwerte der Einzelfasern und der Matrix sind rechnerisch „verschmiert“ bzw. homogenisiert worden. Die für diesen Berechnungsschritt erforderlichen Theorien werden daher auch als Mischungs- oder Homogenisierungsregeln bezeichnet.

Durch das Laminieren von mehreren Einzelschichten entsteht ein Mehrschichtverbund – das Laminat. Die ***Makromechanik*** hat den Fokus auf der theoretischen Beschreibung auf der Ebene von Laminaten, Komponenten und Bauteilen. Kapitel 7

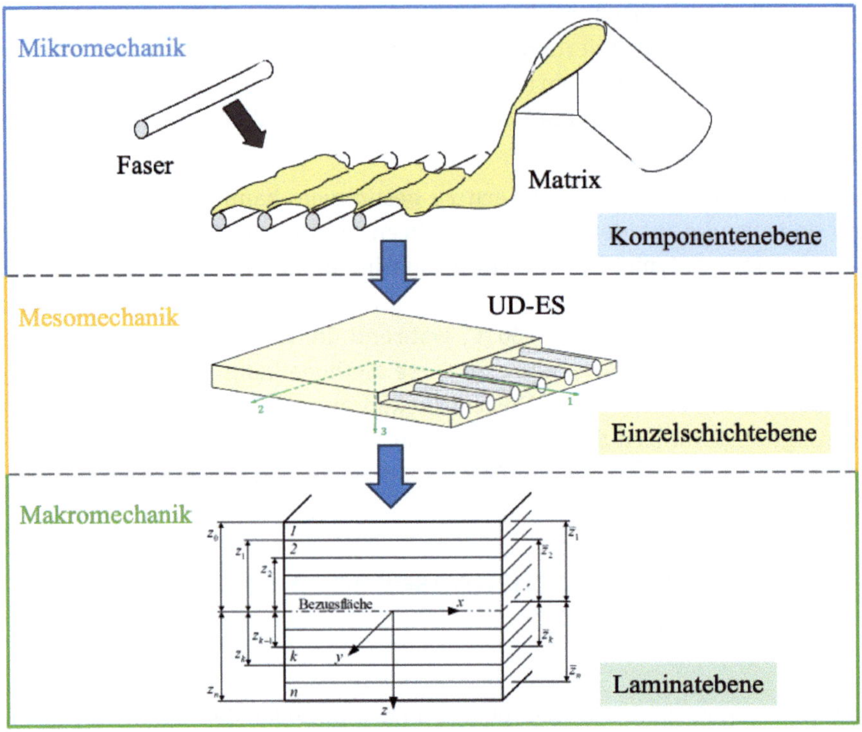

Bild 6.5 Allgemeine Betrachtungsebenen bei der Berechnung faserverstärkter Kunststoffe

„Klassische Laminattheorie" befasst sich mit der mechanisch-theoretischen Beschreibung eines Mehrschichtverbundes und ist daher im Gebiet der Makromechanik anzusiedeln.

6.4 Mikromechanik – Homogenisierung

Für die Herleitung der später folgenden Theorien zur Beschreibung der Schichtverbundeigenschaften ist eine geeignete Berücksichtigung der Einzelschichteigenschaften Voraussetzung. Da aber eine getrennte Betrachtung der Eigenschaften von Einzelfasern und Matrix in einer unidirektionalen Einzelschicht zu unwirtschaftlich ist, wird es erforderlich, diese Eigenschaften als Ganzes in einer UD-Schicht zu erfassen.

Deshalb wählt man den Ansatz, die mechanischen Eigenschaften der Einzelkomponenten zu „verschmieren", das heißt zu homogenisieren. Hierfür werden geeignete Homogenisierungs- bzw. Mischungsmodelle benötigt. In der Literatur finden sich hierzu zahlreiche Vorschläge, die eingeteilt werden können in

- aus dem Versuch abgeleitete Modelle (empirische Modelle),
- mechanische Modelle (analytische Modelle) und
- eine Kombination von analytischen und empirischen Modellen (semianalytische Modelle).

Empirische Modelle

Das sich in den Versuchen zeigende Antwortverhalten des Werkstoffs wird nach den jeweiligen Versuchsparametern analysiert. Dabei wird der Versuchsaufbau so gewählt, dass der Werkstoff unter definierten Bedingungen belastet wird. Eine Wiederholung desselben Versuchsablaufs soll die Reproduzierbarkeit des beobachteten Verhaltens belegen.

Der Versuchsaufbau und die Durchführung eines Versuchs werden durch zahlreiche Parameter beeinflusst. Zu diesen Versuchsparametern gehören z. B. die eingeprägte Belastung oder Verschiebung, die Einspannung und die Umgebungstemperatur. Um durch die Versuchsdurchführung den Einfluss der einzelnen Parameter bestimmen zu können, ist es entscheidend, für eine Versuchsreihe nur einen Parameter zu variieren und alle anderen Einflussfaktoren zu fixieren. Oftmals sind am Anfang nicht alle Einflussgrößen und deren Zusammenhänge bekannt.

Sind alle relevanten Parameter identifiziert und deren Einfluss auf das zu untersuchende Ergebnis bekannt, dann können diese Zusammenhänge in einen Gleichungszusammenhang gebracht werden. Mittels dieser Gleichung ist es dann möglich, zwischen den vorher getesteten Einzelversuchspunkten zu interpolieren und mit größerer Unsicherheit außerhalb der bisherigen Versuchspunkte zu extrapolieren. Durch diesen aus Einzelversuchen abgeleiteten Zusammenhang erhält man ein empirisches Modell, das einem verlässliche Aussagen über das Materialverhalten innerhalb der Modellgrenzen erlaubt. Eine empirisch gefundene Modellgleichung gibt einem aber im Allgemeinen keinen Einblick in die physikalischen Zusammenhänge der Materialeigenschaften. Ein vertieftes Verständnis über die wirkenden Mechanismen lässt sich hieraus nur eingeschränkt oder gar nicht ableiten. Das aus den Versuchen abgeleitete Modell ist dabei auch nur für die getestete Materialkombination gültig und lässt sich gegebenenfalls nur bedingt auf andere Faser-Matrix-Verbunde übertragen.

Analytische Modelle

Um ein Verständnis über die im Werkstoff wirkenden Mechanismen zu erhalten, ist es hilfreich, aus physikalischen Einzelvorstellungen ein analytisches Gesamtmodell abzuleiten. Bei der Herleitung analytischer Modelle wird der Werkstoff in unterschiedlicher Weise idealisiert. Hierfür ist es notwendig, die gefundenen Vorstellungen über das Materialverhalten durch vereinfachende Annahmen mathematisch „greifbar" zu machen. Dabei kommen zum Beispiel Einzelelemente wie idealisierte Federn und Dämpfer zum Tragen, deren mechanisches Einzelverhalten aus der Physik bekannt und analytisch beschrieben ist. Über verschiedene Methoden werden in einigen Fällen zusätzlich die bestimmenden Geometrieeigenschaften approximiert. Die aus diesem Vorgehen entstehende analytische Beschreibung des Werkstoffverhaltens, die im Wesentlichen auf den physikalischen Kenntnissen der wirkenden Einzelelemente fußt, wird dann zu einem Gesamtmodell kombiniert, das die Eigenschaften des Werkstoffs hinreichend genau wiedergeben soll. Das Ergebnis ist eine sogenannte analytische Modellbeschreibung des Werkstoffs.

Allerdings führt die Erstellung eines analytischen Modells nicht in jedem Fall zu zufriedenstellenden Voraussagen des Materialverhaltens. Eine Korrektur des analytischen Modells mit „Fitting-Faktoren" oder eine aus der Versuchsbeobachtung abgeleitete Variation des Modells führen dann zu semianalytischen Modellen.

Semianalytische Modelle

Wie oben beschrieben, können empirische Modelle durchaus genau das Antwortverhalten von Materialien wiedergeben. Die Modellbildung lässt aber nur einen unzureichenden Einblick in das grundsätzliche Wirken der Einzelkomponenten zu. Ein vertieftes Verständnis der wirkenden Grundprinzipien bleibt im Allgemeinen aus.

Demgegenüber nähern sich analytische Modelle der Materialbeschreibung durch ein aus der Überlegung und Betrachtung abgeleitetes Verständnis des Zusammenwirkens von bekannten physikalischen Einzelkomponenten an. Diese Vorgehensweise erlaubt ein tiefergehendes Verständnis über das Verhalten des Werkstoffs. Allerdings führen die getroffenen, vereinfachenden Annahmen bei der Modellbildung auch zu teilweise unzureichenden Vorhersagen.

Abhilfe kann hier die Kombination von empirisch und analytisch gewonnenen Modellen sein. Ein anfänglich analytisch erstelltes Modell liefert die physikalisch begründete Modellbasis, die Rückschlüsse auf die wirkenden Prinzipien des zu betrachtenden Werkstoffs erlaubt. Die im Versuch sich zeigenden komplexeren Materialantworten, die durch das analytische Modell nicht hinreichend genau wiedergegeben werden, ergänzen und korrigieren anschließend das bestehende analytische Modell. Damit bleibt das Verständnis über die Wirkprinzipien im Werkstoff erhalten. Die integrierten empirischen Anteile führen zu einem aussagefähigeren Modell. Das Ergebnis ist ein semiempirisches bzw. semianalytisches Materialmodell.

Anmerkungen zur Homogenisierung

Der Sinn und Zweck der Homogenisierung einer Faserverbundeinzelschicht sowie die Formen der Modelle wurden bereits weiter oben beschrieben. Da Modelle eine eingeschränkte Beschreibung der Realität darstellen, ist es wichtig, die Grenzen der Modelle zu kennen. Die in der Modellherleitung getroffenen Annahmen stellen in aller Regel diese Grenzen dar, innerhalb derer eine auf dem Modell beruhende Aussage getroffen werden kann. Die Beschreibung eines Werkstoffverhaltens außerhalb der Modellgrenzen führt auf mathematische Ergebnisse, die nicht oder nur sehr unzureichend mit der Realität korrelieren. Für die Homogenisierung von Faserverbundeinzelschichten können folgende Anmerkungen getroffen werden:

- Für die Homogenisierung wird ein linear-elastisches Materialverhalten angenommen.
- Eine Homogenisierung der Festigkeiten muss gesondert betrachtet werden.
- Im Fall der Homogenisierung gehen die Informationen über die Einzelkomponenten der Einzelschicht verloren.
- Die Modelle gelten im strengen Sinne nur für Zug- und Schubbeanspruchungen.
- Für Druckbelastungen sind gesonderte Versuche zur Absicherung der Aussagefähigkeit der Modelle erforderlich.
- Die meisten Homogenisierungs- bzw. Mischungsregeln ergeben sich als Modifikation der analytischen Regeln. Die Modifikationen sind Anpassungen an das im Versuch beobachtete Materialverhalten.
- Die Faserlängssteifigkeit E_{F} hat einen dominierenden Einfluss auf die lokale Einzelschichtsteifigkeit E_1 in Faserlängsrichtung.
- Die Matrixsteifigkeit E_{M} hat einen dominierenden Einfluss auf die lokale Einzelschichtsteifigkeit E_2 quer zur Faserlängsrichtung.
- Die Steifigkeitswerte (E_1-Moduli) in Faserlängsrichtung der Einzelschicht schwanken zwischen den einzelnen Modellen kaum.
- Die Steifigkeitswerte (E_2-Moduli) quer zur Faserlängsrichtung und die Schubmoduli (G_{12}-Moduli) streuen stark zwischen den einzelnen Mischungsregeln.

Bei der Homogenisierung sind als Materialkennwerte der ***isotropen Fasern*** (z. B. Glasfasern, Basaltfasern)

- die Fasersteifigkeit E_{F}
- und die Querkontraktionszahl ν_F

gegeben. Für die Homogenisierung mit ***transversalisotropen Fasern*** (z. B. Kohlenstofffasern) sind

- die Faserlängssteifigkeit $E_{1,\mathrm{F}}$,

- die Faserquersteifigkeit $E_{2,F} = E_{3,F}$,
- die Längs-Querkontraktionszahl $\nu_{12,F} = \nu_{13,F}$ der Faser,
- die Quer-Querkontraktionszahl $\nu_{23,F}$ der Faser,
- die Längs-Querschubsteifigkeit $G_{12,F} = G_{13,F}$ der Faser und
- die Quer-Querkontraktionszahl $G_{23,F} = \frac{E_{2,F}}{2\,(1+\nu_{23,F})}$ der Faser

einzubeziehen. Für die ***isotrope Matrix*** werden

- die Matrixsteifigkeit E_M
- und die Querkontraktionszahl ν_M

berücksichtigt. Ziel der Homogenisierung bzw. der Anwendung der Mischungsregeln ist die Ermittlung der ***transversalisotropen Eigenschaften der unidirektionalen Einzelschicht im lokalen, faserorientierten Koordinatensystem***. Dabei werden

- die Schichtsteifigkeit E_1 in Faserlängsrichtung,
- die Quersteifigkeit $E_2 = E_3$ zur Faserlängsrichtung,
- die Längs-Querkontraktionszahl $\nu_{12} = \nu_{13}$,
- die Quer-Querkontraktionszahl ν_{23},
- die Längs-Quer-Schubmoduli $G_{12} = G_{13}$ sowie
- der Quer-Quer-Schubmodul $G_{23} = \frac{E_2}{2\,(1+\nu_{23})}$

als Ingenieurskonstanten berechnet.

6.4.1 Längselastizitätsmodul E_1

Zur Berechnung der Längssteifigkeit E_1 einer unidirektionalen Einzelschicht wird angenommen, dass die Einzelfasern mit ihrer Faserlängssteifigkeit E_F quasi endlos lang und ideal parallel in der Matrix mit ihrer Matrixsteifigkeit E_M eingebettet sind. Die Anbindung zwischen Fasern und Matrix sei fehlerfrei.

Eine solche schematisch idealisierte Einzelschicht findet sich in Bild 6.6 oben. Dabei wird die Einzelschicht in Faserlängsrichtung, der lokalen 1-Richtung, mit der äußeren eingeprägten Kraft F_1 belastet. Um einen Ausdruck für die Einzelschichtsteifigkeit E_1 zu finden, der sich aus der Faser(längs)steifigkeit E_F und der Matrixsteifigkeit E_M ableiten lässt, werden die Einzelsteifigkeiten in ein Federersatzmodell (siehe Bild 6.6 unten) überführt.

Da die Kraft F_1 parallel die Einzelschichtkomponenten Faser und Matrix belastet, werden die Steifigkeiten von Faser und Matrix als eine Parallelschaltung von Federn schematisiert. Diese Form der Modellbildung kann allerdings die Effekte aus der Querkontraktion nicht abbilden.

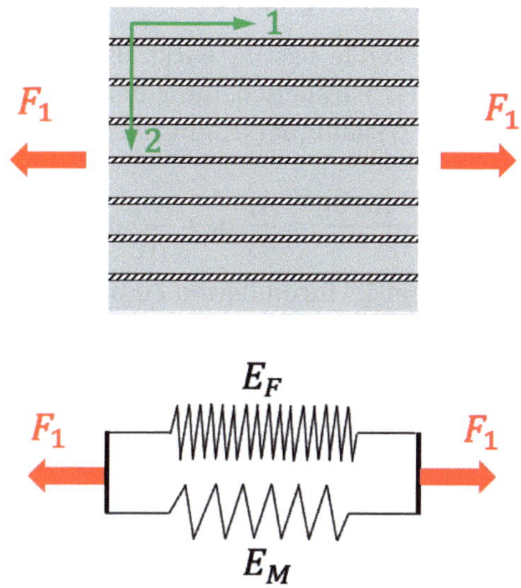

Bild 6.6 Oben: In 1-Richtung (in Faserlängsrichtung) belastete unidirektionale Einzelschicht; unten: Federersatzmodell in Parallelschaltung

Die Einzelkraft F_1 greift an der Stirnfläche A_1 senkrecht zur 1-Richtung an. Dabei wird vereinfachend eine gleichmäßige Verformung von Fasern und Matrix in Lastrichtung angenommen. Die Stirnfläche A_1 wird als die Summe der Stirnflächen von Fasern A_F und Matrix A_M verstanden.

Annahmen zur Homogenisierung von E_1

Die Annahmen für die Werkstoffmodellbildung bei der Homogenisierung von E_1 mittels eines Federersatzmodells sind zusammenfassend:

- Gleichmaßdehnung von Fasern und Matrix bei Zug- und Druckbeanspruchung

$$\varepsilon_1 = \varepsilon_\mathrm{F} = \varepsilon_\mathrm{M} \tag{6.17}$$

- Parallelschaltung der Werkstoffsteifigkeiten im Federersatzmodell

$$F_1 = F_F + F_M \tag{6.18}$$

- Gesamtquerschnittsfläche als Summe der Querschnittsflächen von Fasern und Matrix

$$A_{ges} = A_1 = A_\mathrm{F} + A_\mathrm{M} \tag{6.19}$$

Herleitung zur Homogenisierung von E_1

Die auf die Stirnfläche A_1 wirkende Last F_1 wirkt als Spannung σ_1 auf die Einzelschicht. Unter Einbeziehung der Parallelschaltung der Werkstoffeigenschaften (Formel 6.18) und der Bildung der Gesamtquerschnittsfläche (Formel 6.19) lässt sich sukzessive schreiben:

$$\sigma_1 = \frac{F_1}{A_1} = \frac{F_F + F_M}{A_1} = \frac{A_F\,\sigma_F + A_M\,\sigma_F}{A_1} = \frac{A_F}{A_1}\,\sigma_F + \frac{A_M}{A_1}\,\sigma_M \tag{6.20}$$

Mit den in Formel 6.1 bis Formel 6.3 formulierten Zusammenhängen

$$\varphi_F = \frac{A_F}{A_1} \quad \text{und} \quad \varphi_M = \frac{A_M}{A_1} = 1 - \varphi_F \tag{6.21}$$

folgt aus Formel 6.20 weiter

$$\begin{aligned}\sigma_1 &= \varphi_F\,\sigma_F + \varphi_M\,\sigma_M \\ &= \varphi_F\,\sigma_F + \left(1 - \varphi_F\right)\sigma_M\end{aligned} \tag{6.22}$$

Unter Zugrundelegung der HOOKEschen Beziehungen[1)] für Faser und Matrix,

$$\sigma_F = E_F\,\varepsilon_F \quad \text{und} \quad \sigma_M = E_M\,\varepsilon_M \tag{6.23}$$

folgt aus Formel 6.22 weiter

$$\sigma_1 = \varphi_F\,E_F\,\varepsilon_F + \left(1 - \varphi_F\right)E_M\,\varepsilon_M \tag{6.24}$$

Auch für die Gesamtsteifigkeit E_1 der Einzelschicht in Faserlängsrichtung wird das HOOKEsche Materialverhalten angenommen:

$$\sigma_1 = E_1\,\varepsilon_1 \tag{6.25}$$

Mit der Annahme der Gleichmaßdehnung Formel 6.17 folgt aus dem Zusammenhang Formel 6.24 weiter

$$\sigma_1 = \underbrace{\left[\varphi_F\,E_F + \left(1 - \varphi_F\right)E_M\right]}_{E_1}\,\varepsilon_1 \tag{6.26}$$

wobei unter Berücksichtigung von Formel 6.25 der Klammerausdruck als die Längssteifigkeit E_1 der unidirektionalen Einzelschicht in Faserlängsrichtung identifiziert werden kann:

$$\boxed{E_1 = \varphi_F\,E_F + \left(1 - \varphi_F\right)E_M} \tag{6.27}$$

Dieser Zusammenhang für die Homogenisierung von E_1 findet sich in der Literatur auch unter den Begriffen ***Kettenregel***, ***Federgesetz*** oder ***Gesetz nach JONES*** [6.13]. Als weitere Bespiele zur Homogenisierung der Einzelschichteigenschaften in Faserlängsrichtung sei unter anderem auf EKVALL [6.8] und MOSER [6.19] verwiesen, die durch ihre Formulierungen die Effekte aus der Querkontraktion einfließen lassen.

1 Die HOOKEsche Beziehung nimmt linear-elastisches Materialverhalten an.

Anmerkungen zur Homogenisierung von E_1

Aufgrund der für die Homogenisierung von E_1 getroffenen Annahmen sind abschließend noch ergänzende Anmerkungen zu dem gefundenen Zusammenhang zu machen:

- Die mit dieser einfachen Beziehung berechneten Steifigkeiten sind im Vergleich zur Realität zu klein.
- Ursache für diese zu kleinen Berechnungsergebnisse der Steifigkeit – beziehungsweise einer etwas zu großen Nachgiebigkeit der Einzelschicht – ist die fehlende Berücksichtigung der Querkontraktionseffekte bei der Modellbildung.
- Die Matrix besitzt eine höhere Bruchdehnung als die Faser. Der Verbund als Ganzes versagt, wenn die Bruchdehnung der Matrix erreicht ist, sodass die Versagenslast des Verbundes gleich der Versagenslast der Fasern ist: $R^z_{11} \approx R^z_{11,\mathrm{F}} \cdot \varphi_\mathrm{F}$, wobei diese Schlussfolgerung nur für Zuglasten Gültigkeit besitzt.

Schlussfolgerungen zur Homogenisierung von E_1

Die hier theoretisch hergeleitete Mischungs- bzw. Homogenisierungsregel für die Berechnung der Einzelschichtlängssteifigkeit E_1 aus den Komponentensteifigkeiten von Faser und Matrix ist ein einfaches, aber robustes Modell. Trotz der Vernachlässigung der Querkontraktionseffekte und der damit zu geringen Steifigkeit der Einzelschicht zeigen Vergleiche von berechneten respektive homogenisierten Werten mit den Versuchsergebnissen gute Übereinstimmungen.

Beispiel 6.4.1-1

Gegeben sind die gemessenen elastischen Materialkennwerte[2)] eines glasfaserverstärkten Kunststoffs aus E-Glasfasern und einer Epoxidharzmatrix mit

$E_1 = 34.820$ MPa	$E_2 = 10.550$ MPa
$E_\mathrm{F} = 72.400$ MPa	$\nu_\mathrm{F} = 0{,}45$
$E_\mathrm{M} = 3.790$ MPa	$\nu_\mathrm{M} = 0{,}31$

Gesucht ist der Faservolumengehalt der unidirektionalen Einzelschicht für die gegebenen Werte. Hierfür soll die Bestimmung mithilfe von Formel 6.27 erfolgen.

Lösung: Nach Formel 6.27 kann die Längssteifigkeit der unidirektionalen Einzelschicht zu

$$E_1 = \varphi_\mathrm{F}\, E_\mathrm{F} + (1 - \varphi_\mathrm{F})\, E_\mathrm{M}$$

2 Die Materialkennwerte sind aus Gibson et al. [6.11] entnommen, wobei der Wert für die Querkontraktionszahl ν_M der Matrix angepasst worden ist.

berechnet werden. Durch Umformen bestimmt sich der gesuchte Faservolumenanteil zu

$$\varphi_F = \frac{E_1 - E_M}{E_F - E_M} = 45{,}2\,\% \tag{6.28}$$

6.4.2 Querelastizitätsmodul E_2

Analog zu Unterabschnitt 6.4.1 wird zur Homogenisierung der Einzelsteifigkeiten E_F der Faser und E_M der Matrix zur Quersteifigkeit E_2 in Faserquerrichtung der unidirektionalen Einzelschicht eine auf die Stirnfläche A_2 angreifende Kraft F_2 betrachtet (siehe Bild 6.7 links). Auch hier wird die Einzelsteifigkeit von Faser und Matrix als eine Federsteifigkeit modelliert. Dabei sind die Federsteifigkeiten von Faser und Matrix in ihrer Wirkung seriell, also nacheinander, angeordnet. Das daraus abgeleitete Federersatzmodell, wie es in Bild 6.7 rechts dargestellt ist, bildet eine Serien- bzw. Reihenschaltung.

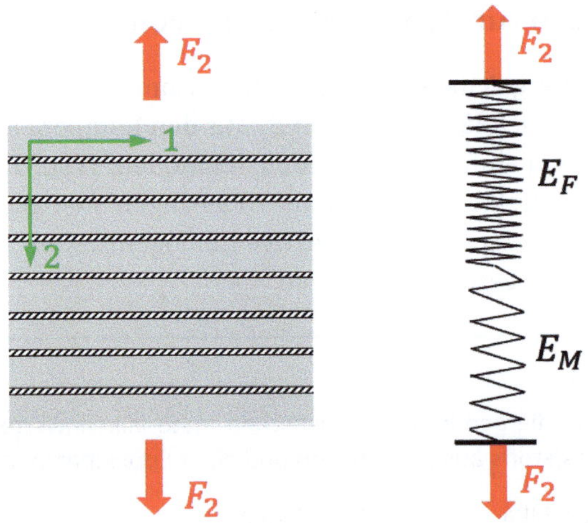

Bild 6.7 Links: In 2-Richtung (quer zur Faserlängsrichtung) belastete unidirektionale Einzelschicht; rechts: Federersatzmodell in Serienschaltung

Aus der modellierten Reihenschaltung der Federelemente resultiert, dass zur Ermittlung der Gesamtsteifigkeit zunächst die Nachgiebigkeiten der Einzelelemente aufsummiert werden.

Annahmen zur Homogenisierung von E_2

Die Idealisierung der Faserverbundeinzelschicht als Reihenschaltung von Ersatzfederelementen, die die Werkstoffsteifigkeit von Faser E_F und Matrix E_M repräsentieren, führt zu den zu treffenden Annahmen der Modellbildung:

- Die Verschiebung u_2 in 2-Richtung als Gesamtverschiebung u_{ges} der Einzelkomponenten ist die Addition der Verschiebungen der Fasern u_F und der Matrix u_M:

$$u_2 = u_{ges} = u_F + u_M \tag{6.29}$$

- Die äußere eingeprägte Last wird durch die Reihenschaltung von jedem Einzelelement getragen:

$$F_2 = F_F + F_M \tag{6.30}$$

- Die äußere eingeprägte Last wirkt auf gleich große Flächen der Einzelschicht A_2, der Faser A_F und der Matrix A_M:

$$A_2 = A_F = A_\mathrm{M} \tag{6.31}$$

- In 2-Richtung besitzt die Einzelschicht eine Ausgangslänge l_0. Der Faseranteil kann in 2-Richtung als die Länge l_F und die der Matrix als l_M verstanden werden. Dann stellt sich der Faservolumenanteil φ_F als das Verhältnis der Teillängen in 2-Richtung der Einzelschicht dar:

$$\varphi_\mathrm{F} = \frac{l_F}{l_F + l_M} = \frac{l_F}{l_0} \tag{6.32}$$

Herleitung zur Homogenisierung von E_2:

Ausgehend von dem HOOKEschen Gesetz für die Faserverbundeinzelschicht in 2-Richtung,

$$\sigma_2 = E_2\,\varepsilon_2 \tag{6.33}$$

das ein linear-elastisches Materialverhalten voraussetzt, sowie den allgemeinen Beziehungen,

$$\sigma = \frac{F}{A} \quad \text{und} \quad \varepsilon = \frac{l - l_0}{l_0} = \frac{u}{l_0} \tag{6.34}$$

folgt zunächst der allgemeine Zusammenhang

$$\frac{F}{A} = E\,\frac{u}{l_0} \tag{6.35}$$

beziehungsweise umgestellt zur Verschiebung

$$u = \frac{F}{A}\,\frac{l_0}{E} \tag{6.36}$$

Für die Längen und Teillängen können die Zusammenhänge

$$l_0 = l_F + l_M \tag{6.37}$$

sowie mit

$$l_F = \varphi_F\, l_0 \tag{6.38}$$

die Beziehung

$$l_M = \varphi_M\, l_0 = \left(1 - \varphi_F\right)\, l_0 \tag{6.39}$$

notiert werden.

Aus Formel 6.29 folgt dann mit Formel 6.30 und Formel 6.36 bis Formel 6.39:

$$\begin{aligned}
\Leftrightarrow \quad & \frac{F_2}{A_2}\frac{l_0}{E_2} = \frac{F_2}{A_2}\frac{\varphi_F\, l_0}{E_F} + \frac{F_2}{A_2}\frac{\varphi_M\, l_0}{E_M} \\
\Leftrightarrow \quad & \frac{1}{E_2} = \frac{\varphi_F}{E_F} + \frac{\varphi_M}{E_M} \\
\Leftrightarrow \quad & \frac{1}{E_2} = \frac{\varphi_F\, E_M + \varphi_M\, E_F}{E_F\, E_M}
\end{aligned} \tag{6.40}$$

Durch Invertieren von Formel 6.40 unter Einbeziehung von Formel 6.39 folgt dann der gesuchte Zusammenhang

$$\boxed{E_2 = \frac{E_F\, E_M}{\varphi_F\, E_M + \left(1 - \varphi_F\right)\, E_F}} \tag{6.41}$$

zur Berechnung der Quersteifigkeit der Einzelschicht, die in der Literatur auch unter den Begriffen ***Kettenregel***, ***Federgesetz*** oder ***Gesetz nach Jones*** [6.13] zu finden ist.

Anmerkungen zur Homogenisierung von E_2

Während in Unterabschnitt 6.4.1 zur Bestimmung der Einzelschichteigenschaften in 1-Richtung die Fasereigenschaften dominierten, ist bei der Quersteifigkeitsberechnung in 2-Richtung die Nachgiebigkeit der Matrix maßgebend. Die hier hergeleitete Berechnung zur Bestimmung der Quersteifigkeit E_2 der unidirektionalen Einzelschicht ist ohne Berücksichtigung der Querkontraktionseffekte erfolgt:

- Die mit dieser einfachen Beziehung berechneten Steifigkeiten sind im Vergleich zur Realität zu klein.
- Ursache für diese zu kleinen Berechnungsergebnisse der Steifigkeit ist die bereits erwähnte fehlende Berücksichtigung der Querkontraktionseffekte.

Schlussfolgerungen zur Homogenisierung von E_2

Die Berechnung von E_2 mit der Homogenisierungsregel nach ***Jones*** [6.13] ist im Vergleich zu den Messwerten zu nachgiebig. Sie kann aber als untere Steifigkeitsgrenze im Rahmen der Homogenisierung angesehen werden und ist daher für eine Grenzabschätzung geeignet.

Weiterführende Mischungs- bzw. Homogenisierungsregeln finden sich bei EKVALL [6.8], KEHL [6.14] [6.12], im Handbuch Strukturberechnung (HSB) [6.18], bei STELLBRINK, HASHIN, CHAMIS [6.4], PUCK [6.20], FÖRSTER und KNAPPE [6.9], SCHNEIDER [6.22] und bei TSAI [6.25].

Homogenisierungsregel für E_2 nach CHAMIS

Eine der kompaktesten Gleichungen, die aber die Versuchsergebnisse hinreichend genau wiedergibt, ist die Homogenisierungsregel nach CHAMIS [6.4]:

$$E_2 = \frac{E_\mathrm{M}}{1 - \sqrt{\varphi_\mathrm{F}}\left(1 - \frac{E_\mathrm{M}}{E_{F,2}}\right)} \tag{6.42}$$

Über eine Herleitung, mit der CHAMIS seine Gleichung aufstellte, finden sich in [6.4] nur allgemeine Informationen und eine im Anhang aufgeführte umfangreiche Zusammenfassung der gefundenen Beziehungen.

Beispiel 6.4.2-1

Gegeben sind die in Beispiel 6.4.1-1 gegebenen Materialkennwerte.

Aufgabe: In Beispiel 6.4.1-1 wurde der Faservolumenanteil mithilfe der Homogenisierungsgleichung Formel 6.27 ermittelt. Der berechnete Faservolumenanteil soll mit den Bestimmungsgleichungen für die Quersteifigkeit E_2 überprüft werden.

***Lösung*:** In Unterabschnitt 6.4.2 wurden zwei Gleichungen zur Bestimmung des Querelastizitätsmoduls E_2 eingeführt.

Zunächst soll der Faservolumengehalt mit dem ***Gesetz nach JONES*** Formel 6.41 bestimmt werden. Hierfür wird die Gleichung nach dem gesuchten Faservolumenanteil umgestellt und die gegebenen Materialkennwerte eingesetzt. Daraus ergibt sich der Faservolumengehalt zu

$$\varphi_\mathrm{F,JONES} = \frac{E_\mathrm{F}\,(E_\mathrm{M} - E_2)}{E_2\,(E_\mathrm{M} - E_\mathrm{F})} = 67{,}6\,\% \tag{6.43}$$

Im Vergleich zum Ergebnis Formel 6.28 ist der Faservolumengehalt aus Lösung Formel 6.43 deutlich höher. Ursache hierfür ist, dass die Homogenisierungsgleichung nach JONES Formel 6.41, wie bereits oben erwähnt, zu weich im Vergleich zu den Messergebnissen ist. Umgekehrt bedeutet das, dass die Rückrechnung des Faservolumengehalts den Wert überschätzt. Mit $\varphi_\mathrm{F,JONES} = 67{,}6\,\%$ ist das Berechnungsergebnis unrealistisch hoch. Hier sei nochmal auf die Diskussion zu den maximal erreichbaren Faservolumengehalten in Abschnitt 6.2 verwiesen.

Bei der Einbeziehung der Homogenisierungsgleichung nach ***Chamis*** gelangt man nach dem Umstellen von Formel 6.41 nach dem Faservolumenanteil und dem anschließenden Einsetzen der gegebenen Werte zu dem Ergebnis

$$\varphi_{\mathrm{F,Chamis}} = \left(\frac{1 - \frac{E_M}{E_2}}{1 - \frac{E_M}{E_F}} \right)^2 = 45{,}7\,\% \tag{6.44}$$

was mit dem Ergebnis Formel 6.28 gut korreliert.

6.4.3 Längs-Querkontraktionszahl ν_{12}

Für die Herleitung der Längs-Querkontraktionszahl ν_{12} sei zunächst auf die Definition und auf das in diesem Buch verwendete Indizierungsprinzip *Ursache-Wirkung* nach Formel 1.71 hingewiesen.

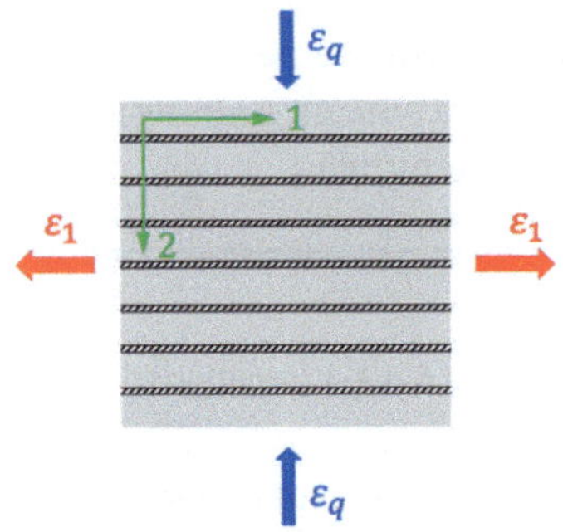

Bild 6.8 Einzelschicht unter Längsdehnung $\varepsilon_L = \varepsilon_1$ (Ursache, rot) mit sich einstellender Querkontraktion $\varepsilon_q = \varepsilon_2$ (Reaktion, blau)

Die Längs-Querkontraktionszahl ν_{12} beschreibt folglich die aufgrund einer Längsbeanspruchung $\varepsilon_{\mathrm{L}} = \varepsilon_1$ in 1-Richtung sich einstellende Querkontraktion $\varepsilon_{\mathrm{q}} = \varepsilon_2$ in 2-Richtung der Einzelschicht (siehe Bild 6.8). Somit ist $\varepsilon_{\mathrm{L}} = \varepsilon_1$ die Ursache (rot dargestellt) und $\varepsilon_{\mathrm{L}} = \varepsilon_2$ die sich einstellende Wirkung (blau dargestellt). Dabei ist nach Formel 1.72 zu beachten, dass $\nu_{ij} \neq \nu_{ji}$ gilt.

Ist die Ursache eine Dehnung $\varepsilon_{\mathrm{L}} = \varepsilon_1 > 0$, so spricht man, wie oben geschehen, von einer *Querkontraktion* $\varepsilon_{\mathrm{q}} = \varepsilon_2 < 0$. Ist dagegen die ursächliche Belastung eine Längsstauchung $\varepsilon_{\mathrm{L}} = \varepsilon_1 < 0$, so ist die sich in der Wirkung einstellende Reaktion eine *Querdehnung* $\varepsilon_{\mathrm{q}} = \varepsilon_2 > 0$. Allgemein kann man auch von Längsverzerrung ε_{L} und Querverzerrung ε_{q} sprechen, wobei stets gilt:

$$\varepsilon_{\mathrm{q}} \lesseqgtr 0 \quad \text{für} \quad \varepsilon_{\mathrm{L}} \gtreqless 0 \tag{6.45}$$

Annahmen zur Homogenisierung der Längs-Querkontraktionszahl ν_{12}

Die für die Herleitung der Homogenisierungs- bzw. Mischungsregeln für die Längs-Querkontraktionszahl ν_{12} zu treffenden Annahmen sind:

- Zugbelastung in 1-Richtung, resultierende Querkontraktion in 2-Richtung bzw. Druckbelastung in 1-Richtung, resultierende Querdehnung in 2-Richtung,
- nebeneinanderliegende, fest verbundene Faser- und Matrixbereiche und
- Gleichmaßdehnung von Fasern und Matrix bei Zug- und Druckbeanspruchung

$$\varepsilon_1 = \varepsilon_\mathrm{F} = \varepsilon_\mathrm{M} \tag{6.46}$$

Herleitung zur Homogenisierung der Längs-Querkontraktionszahl ν_{12}

Die Querverzerrung $\varepsilon_q = \varepsilon_2$ in 2-Richtung setzt sich aus den Verzerrungsanteilen von Faser $\varepsilon_{2,\mathrm{F}}$ und Matrix $\varepsilon_{2,\mathrm{M}}$

$$\varepsilon_2 = \varphi_\mathrm{F}\, \varepsilon_{2,\mathrm{F}} + \left(1 - \varphi_\mathrm{F}\right)\, \varepsilon_{2,\mathrm{M}} \tag{6.47}$$

zusammen. Dabei bestimmt der Faser- bzw. der Matrixvolumengehalt die Gewichtung der Verzerrungsanteile von Faser und Matrix.

Mit Formel 1.71 folgt allgemein für die 1-2-Richtung

$$\varepsilon_2 = -\nu_{12}\, \varepsilon_1 \tag{6.48}$$

bzw. speziell für die Faser und Matrix

$$\varepsilon_{2,\mathrm{F}} = -\nu_{12,\mathrm{F}}\, \varepsilon_{1,\mathrm{F}} \quad \text{und} \quad \varepsilon_{2,\mathrm{M}} = -\nu_\mathrm{M}\, \varepsilon_{1,\mathrm{M}} \tag{6.49}$$

Durch Einsetzen von Formel 6.49 in Formel 6.47

$$\Rightarrow \varepsilon_2 = -\varphi_\mathrm{F}\, \nu_{12,\mathrm{F}}\, \varepsilon_{1,\mathrm{F}} - \left(1 - \varphi_\mathrm{F}\right)\, \nu_\mathrm{M}\, \varepsilon_{1,\mathrm{M}} \tag{6.50}$$

folgt unter Berücksichtigung der Annahme der Gleichmaßdehnung in Formel 6.45 in 1-Richtung der Zusammenhang:

$$\Rightarrow \varepsilon_2 = -\underbrace{\left[\varphi_\mathrm{F}\, \nu_{12,\mathrm{F}} + \left(1 - \varphi_\mathrm{F}\right)\, \nu_\mathrm{M}\right]}_{\nu_{12}}\, \varepsilon_1 \tag{6.51}$$

Hierbei kann der eckige Klammerausdruck in Formel 6.51 als die Längs-Querkontraktionszahl ν_{12} der Einzelschicht interpretiert werden, sodass

$$\boxed{\nu_{12} = \varphi_\mathrm{F}\, \nu_{12,\mathrm{F}} + \left(1 - \varphi_\mathrm{F}\right)\, \nu_\mathrm{M}} \tag{6.52}$$

geschrieben werden kann.

Anmerkungen zur Homogenisierung der Längs-Querkontraktionszahl ν_{12}

Obwohl der theoretisch formulierte Zusammenhang für die Längs-Querkontraktionszahl ν_{12} von vereinfachenden Annahmen ausgeht, sind die berechneten Werte der Messergebnisse in der Praxis hinreichend genau.

Beispiel 6.4.3-1

Gegeben sind die in Beispiel 6.4.1-1 gegebenen Materialkennwerte.

Gesucht ist die Längs-Querkontraktionszahl ν_{12} für den in Formel 6.28 und Formel 6.44 gefundenen Faservolumenanteil von $\varphi_F \approx 45\,\%$.

Lösung: mithilfe der Homogenisierungsgleichung Formel 6.52 und den gegebenen Werten erhält man

$$\nu_{12} = 0{,}373$$

6.4.4 Längs-Quer-Schubmodul G_{12}

Für die theoretische Herleitung des Längs-Quer-Schubmoduls G_{12} wird zunächst ein allgemeines Volumenelement nach Bild 6.9 links betrachtet. Unter den äußeren eingeprägten Tangentialkräften T, die auf die Stirnflächen A_0 wirken, verzerrt sich der Körper in Form einer Gleitung γ.

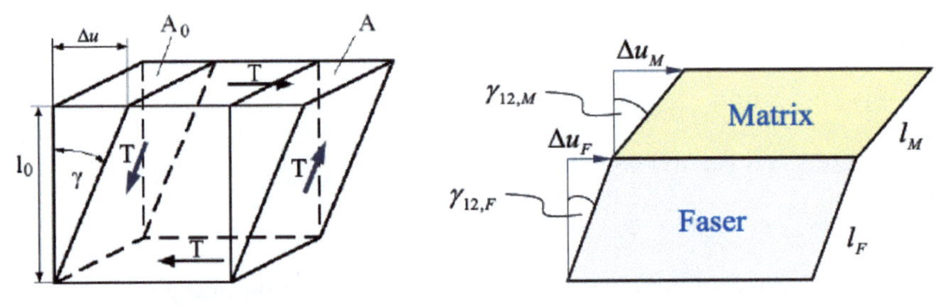

Bild 6.9 Links: Schubverformung γ an einem allgemeinen Volumenelement; rechts: Schubverformungen $\gamma_{12,F}$ und $\gamma_{12,M}$ am Faser-Matrix-Element

Um auf die Eigenschaften einer Einzelschicht zu schließen, die sich aus Fasern und Matrix zusammensetzt, wird davon ausgegangen, dass man in einem Kontrollvolumen separat das Verformungsverhalten der Faseranteile und der Matrixanteile unter Schubbelastung verfolgen kann. Dieser Gedankengang ist in Bild 6.9 rechts illustriert worden. Wie in Bild 6.2 reicht es, die Verformung der Stirnfläche zu beobachten. Unter der äußeren eingeprägten Tangentialkraft T bzw. der korrespondierenden Schubspannung τ stellt sich eine Gleitung der Teilkörper ein. Der Faseranteil mit einer Teilhöhe von $l_{\mathrm{F}} = \varphi_{\mathrm{F}}\, l_0$ erfährt infolge der äußeren Last eine Gleitung $\gamma_{12,\mathrm{F}}$, während sich bei dem Matrixanteil mit einer Teilhöhe von $l_{\mathrm{M}} = (1 - \varphi_{\mathrm{F}})\, l_0$ eine Gleitung $\gamma_{12,\mathrm{M}}$ einstellt. Die jeweiligen Ecken der Flächen verschieben sich bei dem Faseranteil um Δu_{F} und bei dem Matrixanteil um Δu_{M} zur Gesamtverschiebung Δu.

In diesem Zusammenhang sei darauf hingewiesen, dass sich die Gesamtgleitung γ_{12} nicht aus den Teilgleitungen zusammensetzt:

$$\gamma_{12} \neq \gamma_{12,\mathrm{F}} + \gamma_{12,\mathrm{M}} \tag{6.53}$$

Annahmen zur Homogenisierung des Längs-Quer-Schubmoduls G_{12}

Die für die Herleitung des Längs-Quer-Schubmoduls G_{12} zu treffenden Annahmen sind:

- Die Gesamtverschiebung Δu ergibt sich, wie in Bild 6.9 dargestellt, als Addition der Teilverschiebungen Δu_F des Faseranteils und Δu_M des Matrixanteils:

$$\Delta u = \Delta u_F + \Delta u_M \tag{6.54}$$

- Für kleine Gleitungswinkel γ_{12} kann der Tangens des Winkels gleich seinem Argument genommen werden:

$$\tan \gamma_{12} = \frac{\Delta u}{l_0} = \frac{\Delta u_F + \Delta u_M}{l_0} \approx \gamma_{12} \tag{6.55}$$

- Die Schubbelastung wirkt auf das Kontrollvolumen und damit in gleicher Größe auch auf die Faser- und Matrixanteile:

$$\tau_{12} = \tau_{12,\mathrm{F}} = \tau_{12,\mathrm{M}} \tag{6.56}$$

- Die in Bild 6.9 rechts dargestellten Teilhöhen l_F der Faser und l_M der Matrix lassen sich mit dem Faser- und Matrixvolumenanteil in Beziehung setzen:

$$l_F = \varphi_{\mathrm{F}}\, l_0 \quad \textit{und} \quad l_M = \varphi_{\mathrm{M}}\, l_0 = (1 - \varphi_{\mathrm{F}})\, l_0 \tag{6.57}$$

Herleitung zur Homogenisierung des Längs-Quer-Schubmoduls G_{12}

Für die Herleitung der Homogenisierungsbeziehung des Längs-Quer-Schubmoduls G_{12} wird zunächst die HOOKEsche Gleichung für linear-elastisches Materialverhalten der unidirektionalen Einzelschicht unter Schubbeanspruchung und unter Hinzuziehung der Annahmen aus Formel 6.54 und Formel 6.55 notiert:

$$\tau_{12} = G_{12}\, \gamma_{12} = G_{12}\, \frac{\Delta u}{l_0} \tag{6.58}$$

$$\Leftrightarrow \quad \frac{\tau_{12}}{G_{12}}\, l_0 = \Delta u = \Delta u_F + \Delta u_M \tag{6.59}$$

Hierbei können die Teilverschiebungen Δu_F und Δu_M von Faser und Matrix als

$$\Delta u_F = \frac{\tau_{12}}{G_{12,\mathrm{F}}}\, l_F = \frac{\tau_{12}}{G_{12,\mathrm{F}}}\, \varphi_\mathrm{F}\, l_0 \tag{6.60}$$

und

$$\Delta u_M = \frac{\tau_{12}}{G_\mathrm{M}}\, l_M = \frac{\tau_{12}}{G_\mathrm{M}}\, \varphi_\mathrm{M}\, l_0 \tag{6.61}$$

in Abhängigkeit vom Faservolumengehalt φ_F und vom Matrixvolumenanteil φ_M gemäß Formel 6.57 formuliert werden, woraus mit Formel 6.59 weiter die Beziehung

$$\Rightarrow \quad \frac{\tau_{12}}{G_{12}}\, l_0 = \frac{\tau_{12}}{G_{12,\mathrm{F}}}\, \varphi_\mathrm{F}\, l_0 + \frac{\tau_{12}}{G_\mathrm{M}}\, \varphi_\mathrm{M}\, l_0 \tag{6.62}$$

$$\Leftrightarrow \quad \frac{1}{G_{12}} = \frac{1}{G_{12,\mathrm{F}}}\, \varphi_\mathrm{F} + \frac{1}{G_\mathrm{M}}\, \varphi_\mathrm{M} \tag{6.63}$$

$$= \frac{\varphi_\mathrm{F}\, G_\mathrm{M} + \varphi_\mathrm{M}\, G_{12,\mathrm{F}}}{G_{12,\mathrm{F}}\, G_\mathrm{M}} \tag{6.64}$$

folgt. Durch anschließendes Invertieren Formel 6.64 zu

$$\boxed{G_{12} = \frac{G_{12,\mathrm{F}}\, G_\mathrm{M}}{\varphi_\mathrm{F}\, G_\mathrm{M} + \left(1 - \varphi_\mathrm{F}\right)\, G_{12,\mathrm{F}}}} \tag{6.65}$$

ergibt sich die gesuchte Mischungsregel für den Längs-Quer-Schubmodul G_{12}. Aufgrund der Herleitung finden sich auch die Bezeichnungen als ***Kettenregel***, ***Federgesetz*** oder ***Gesetz nach Jones***.

Anmerkungen zur Homogenisierung des Längs-Quer-Schubmoduls G_{12}

- Ähnlich wie bei der Homogenisierung von E_2 mit der Regel nach Jones sind die mit dieser einfachen Beziehung berechneten Schubsteifigkeiten im Vergleich zur Realität zu klein.
- Ursache für diese zu kleinen Berechnungsergebnisse der Schubsteifigkeiten G_{12} ist die fehlende Berücksichtigung der gegenseitigen Behinderung von Faser und Matrix.

Schlussfolgerungen zur Homogenisierung des Längs-Quer-Schubmoduls G_{12}

Durch die fehlende Berücksichtigung der Verformungsbehinderungen von Faser und Matrix ist die hier gefundene Mischungsregel zu weich. Dennoch eignet sie sich für eine untere Kennwertabschätzung.

Weitere Vorschläge zur Homogenisierung des Längs-Quer-Schubmoduls G_{12} finden sich zum Beispiel bei Chamis [6.4], Förster und Knappe [6.9], im Handbuch Strukturberechnung (HSB) [6.18], bei Hashin [6.12], Kehl [6.14], Moser [6.19], Puck [6.20], Schneider [6.22], Sendeckyj [6.23] und Tsai [6.25].

Homogenisierungsregel für G_{12} nach CHAMIS

Eine in Bezug auf Formel 6.65 bessere Vergleichbarkeit von berechneten und gemessenen Materialkennwerten bietet die Homogenisierungsregel nach CHAMIS [6.4]:

$$G_{12} = \frac{G_M}{1 - \sqrt{\varphi_F}\left(1 - \frac{G_M}{G_{12,F}}\right)} \tag{6.66}$$

Die mit dieser Mischungsregel berechneten Kennwerte bilden hinreichend genau die Versuchswerte ab.

Beispiel 6.4.4-1

Gegeben sei eine unidirektionale Einzelschicht aus kohlenstofffaserverstärktem Kunststoff. Die Schubsteifigkeit der Kohlenstofffaser ist mit

$$G_{12,F} = 28\,\text{GPa}$$

angegeben. Für die Kunststoffmatrix sind die Matrixsteifigkeit und die Querkontraktionszahl mit

$$E_M = 3{,}45\,\text{GPa} \quad \text{und} \quad \nu_M = 0{,}3$$

bekannt.

Gesucht ist die Einzelschichtschubsteifigkeit G_{12} bei einem gegebenen Faservolumenanteil von $\varphi_F = 55\,\%$.

Lösung: Mit Formel 1.39

$$G_M = \frac{E_M}{2\,(1 + \nu_M)} = 1.327\,\text{MPa}$$

für isotrope Materialien, der Homogenisierungsgleichung Formel 6.65 und den gegebenen Kennwerten der Aufgabenstellung berechnet sich der Längs-Quer-Schubmodul G_{12} zu

$$G_{12,\text{JONES}} = 2.787\,\text{MPa} \tag{6.67}$$

Mit der Homogenisierungsregel Formel 6.66 nach CHAMIS ergibt sich bei gleichen Ausgangswerten:

$$G_{12,\text{CHAMIS}} = 4.521\,\text{MPa} \tag{6.68}$$

Der Vergleich der Ergebnisse Formel 6.67 und Formel 6.68 zeigt die zu nachgiebigen Ergebnisse aus der Kettenregel im Vergleich zur Regel nach CHAMIS.

6.4.5 Quer-Quer-Schubmodul G_{23}

Obwohl der Quer-Quer-Schubmodul G_{23} nicht Teil der Klassischen Laminattheorie ist, soll in diesem Abschnitt die Mischungsregel für die Schubsteifigkeit in der 2-3-Richtung betrachtet werden. Grund dafür ist, dass einerseits die Transversalisotropie fünf unabhängige, mechanisch-elastische Kennwerte kennt und andererseits weiterführende Theorien, wie zum Beispiel die erweiterte Laminattheorie oder die Schubdeformationstheorie 1. Ordnung, Schubkennwerte senkrecht zur Faserlängsrichtung benötigen.

Im einfachsten Modell wird die unidirektionale Einzelschicht als „querisotrop“ betrachtet, d. h. sie weist in einer Ebene senkrecht zur Faserrichtung isotrope Eigenschaften auf. Somit kann für den Schubmodul G_{23} in Analogie zu Formel 1.39 der Zusammenhang

$$G_{\perp\perp} = \frac{E_\perp}{2\,(1+\nu_{\perp\perp})} \tag{6.69}$$

beziehungsweise

$$G_{23} = \frac{E_2}{2\,(1+\nu_{23})} = \frac{E_3}{2\,(1+\nu_{23})} \tag{6.70}$$

formuliert werden.

Nach CHAMIS [6.4] kann eine Gleichung mit

$$G_{23} = \frac{G_M}{1-\sqrt{\varphi_\mathrm{F}}\left(1-\frac{G_M}{G_{23,\mathrm{F}}}\right)} \tag{6.71}$$

angegeben werden, die von der Form her auch sehr einfach ist und dennoch hinreichend genau die Versuchsergebnisse abbildet.

Weitere Vorschläge in der Literatur zur Homogenisierung des Quer-Quer-Schubmoduls G_{23} finden sich unter anderem im Handbuch Strukturberechnung (HSB) [6.18], bei HASHIN [6.12] und bei TSAI [6.25].

6.4.6 Quer-Querkontraktionszahl ν_{23}

Davon ausgehend, dass bei einer unidirektionalen Einzelschicht in der 2-3-Richtung Quasiisotropie angenommen wird, kann die Quer-Querkontraktionszahl ν_{23} durch Umformung aus Formel 6.70 zu

$$\nu_{\perp\perp} = \frac{E_\perp}{2\,G_{\perp\perp}} - 1 \tag{6.72}$$

beziehungsweise

$$\nu_{23} = \frac{E_2}{2\,G_{23}} - 1 = \frac{E_3}{2\,G_{23}} - 1 \tag{6.73}$$

umgeformt werden.

6.4.7 Übungen zur Homogenisierung

Übung 6.4.7-1

Aus Messungen sind die Werkstoffkennwerte einer UD-Schicht eines E-Glas-Epoxydharz-Verbundes mit einem Faservolumenanteil von 60 % bekannt:

$E_1 = 45.200\,\text{MPa}$ $\quad G_{12} = 3.300\,\text{MPa}$
$E_2 = 8.163\,\text{MPa}$ $\quad \nu_{12} = 0{,}268$

Ferner liegen die Materialdaten der Epoxydharz-Matrix vor:

$E_M = 3.500\,\text{MPa}$ $\quad \nu_M = 0{,}22$

Gesucht sind die Werkstoffkennwerte einer UD-Schicht mit einem Faservolumenanteil von 55 % mithilfe der Homogenisierungsbeziehungen nach Jones.

Lösung: Durch Umformen von Formel 6.27 und nach Einsetzen der gegebenen Kennwerte erhält man zunächst die noch unbekannte Fasersteifigkeit E_F:

$$E_F = \frac{1}{\varphi_F}\left[E_1 - E_M\left(1 - \varphi_F\right)\right] = 73.000\,\text{MPa} \tag{6.74}$$

Setzt man die nun bekannte Fasersteifigkeit E_F und den gesuchten Faservolumenanteil $\varphi_F = 55\,\%$ in die Homogenisierungsbeziehung Formel 6.27 ein, so erhält man mit

$$E_{1,\varphi_F=55\,\%} = 41.725\,\text{MPa} \tag{6.75}$$

die Längssteifigkeit der unidirektionalen Einzelschicht. Die Werte für die Fasersteifigkeit und den Faservolumenanteil in die Gleichung nach Jones Formel 6.41 eingesetzt,

$$E_{2,\varphi_F=55\,\%} = 7.347\,\text{MPa} \tag{6.76}$$

liefern die Quersteifigkeit der unidirektionalen Einzelschicht. Für die Berechnung der Längs-Querkontraktionszahl ν_{12} ist es zunächst erforderlich, die fehlende Querkontraktionszahl ν_F der Faser zu berechnen. Hierfür wird unter Verwendung der gegebenen Kennwerte für einen Faservolumengehalt von $\varphi = 60\,\%$ Formel 6.52 zu

$$\nu_F = \frac{1}{\varphi_F}\left[\nu_{12} - \nu_M\left(1 - \varphi_F\right)\right] = 0{,}3 \tag{6.77}$$

umgestellt. Durch Einsetzen der Kennwerte und des neuen Faservolumengehalts in Formel 6.52 folgt mit

$$\nu_{12,\varphi_F=55\,\%} = 0{,}264 \tag{6.78}$$

die gesuchte Querkontraktionszahl. Zur Berechnung des neuen Längs-Quer-Schubmoduls $G_{12,\varphi_F=55\,\%}$ wird zunächst durch Umstellen von Formel 6.65 zu

$$G_F = \frac{\varphi_F\, G_M}{\frac{G_M}{G_{12}} + \varphi_F - 1} = 27.981\ \text{MPa} \tag{6.79}$$

der Faserschubmodul G_F berechnet. Mit den nun bekannten Materialkennwerten und dem neuen Faservolumenanteil berechnet sich dann mit Formel 6.65

$$G_{12,\varphi_F=55\,\%} = 2.999\ \text{MPa} \tag{6.80}$$

der Längs-Quer-Schubmodul der unidirektionalen Einzelschicht.

6.5 Transformation der Spannungen und Verzerrungen einer unidirektionalen Einzelschicht

Die unidirektionale Einzelschicht wurde als Einzelelement eines Mehrschichtverbundes eingeführt und in seinen lokalen Eigenschaften beschrieben. In dem lokalen 1-2-3-Koordinatensystem der unidirektionalen Einzelschicht können die mechanischen Eigenschaften als **transversalisotrop** bezeichnet werden. Für Laminate, die ausschließlich aus 0°-Lagen bestehen, verändert sich im Vergleich zur Einzelschicht lediglich die Schichtdicke.

In der praktischen Anwendung sind aber Schichtaufbauten erforderlich, die verschiedene Lastrichtungen berücksichtigen. Daraus folgt, dass die meisten Laminate einen **mehrdirektionalen Schichtaufbau** besitzen. Dies führt zu der Notwendigkeit, sowohl das Laminat als auch die Einzelschichten von ihrem mechanischen Verhalten her beschreiben zu können. Hierzu wird für das Laminat ein globales x-y-z-Koordinatensystem eingeführt, dessen x-y-Ebene parallel zur Laminatebene angeordnet ist. Die globale z-Achse zeigt dabei in Laminatdickenrichtung.

Um das mechanische Verhalten der Einzelschichten in Bezug auf das Laminatkoordinatensystem zu beschreiben, ist es erforderlich, die jeweilige Richtungsorientierung der Einzellage zu berücksichtigen. Die aus der Hinführung bekannten mechanischen Einzelschichteigenschaften, deren Beschreibung sich auf das lokale Einzelschichtkoordinatensystem bezieht, sind in Abhängigkeit von der jeweiligen Schichtorientierung in das globale Laminatkoordinatensystem zu „übersetzen". Diese Übersetzung erfolgt mit der **Transformation** der Einzelschichteigenschaften. Hierbei muss zwischen den Transformationsbeziehungen für die Spannungen und die Verzerrungen unterschieden werden.

6.5.1 Transformation der Spannungen

Für die Herleitung der Transformationsbeziehungen der Spannungen wird zunächst ein Laminat im globalen x-y-z-Koordinatensystem betrachtet. Die i-te Lage des Laminats ist dazu um den Winkel α_i gedreht, wie es in Bild 6.10 schematisch dargestellt ist.

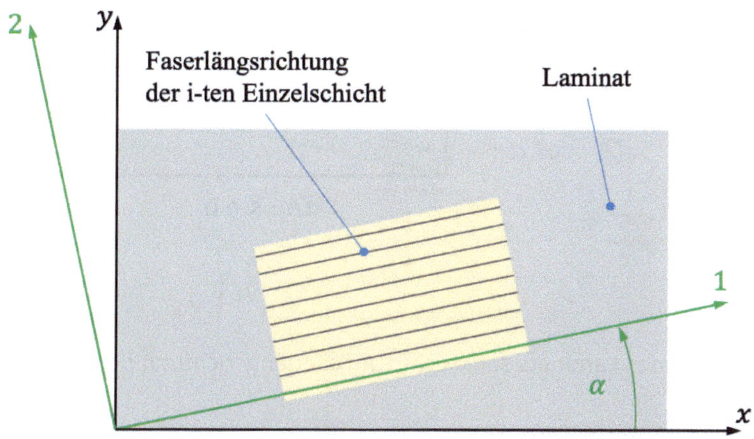

Bild 6.10 Transformationsrichtung vom globalen x-y-z-Koordinatensystem in das lokale, faserorientierte 1-2-3-Koordinatensystem der i-ten Einzelschicht

Wichtig ist an dieser Stelle, darauf hinzuweisen, dass die Drehrichtung und damit die Transformationsrichtung vom globalen in das lokale Koordinatensystem erfolgt. In der Literatur findet man auch die Herleitung der Transformationsbeziehungen in umgekehrter Richtung. Allerdings sind die Gleichungen, die eine solche Transformation beschreiben, verschieden von den hier abgeleiteten Zusammenhängen, was bei dem Vergleich von verschiedenen Berechnungen beachtet werden muss. Das Berechnungsergebnis muss am Ende der Ausführungen aber immer dasselbe sein.

In einem ersten Schritt wird das Laminat senkrecht zur Faserlängsrichtung der i-ten Einzellage geschnitten und die Spannungen an den Rändern des Laminatelements, wie in Bild 6.11 dargestellt, eingetragen.

Durch Kräftegleichgewicht in lokaler 1-Richtung,

$$\sigma_1 \cdot dA - \cos\alpha \cdot \sigma_x \cdot (\cos\alpha \cdot dA) - \sin\alpha \cdot \tau_{xy} \cdot (\cos\alpha \cdot dA) - \\ - \sin\alpha \cdot \sigma_y \cdot (\sin\alpha \cdot dA) - \cos\alpha \cdot \tau_{yx} \cdot (\sin\alpha \cdot dA) = 0 \tag{6.81}$$

und unter Berücksichtigung der Beziehung

$$\tau_{xy} = \tau_{yx} \tag{6.82}$$

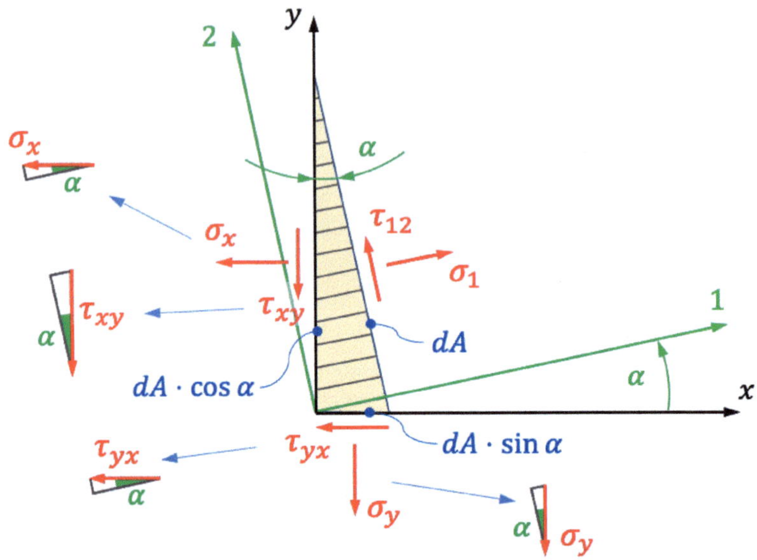

Bild 6.11 Schnitt des Laminats senkrecht zur Faserlängsrichtung der *i*-ten Einzellage

folgt nach dem Umformen der Zusammenhang

$$\sigma_1 = \cos^2\alpha \cdot \sigma_x + \sin^2\alpha \cdot \sigma_y + 2 \cdot \sin\alpha \cdot \cos\alpha \cdot \tau_{xy} \tag{6.83}$$

Durch Bildung des Kräftegleichgewichts in 2-Richtung folgt zunächst

$$\begin{aligned}\tau_{12} \cdot dA + \sin\alpha \cdot \sigma_x \cdot (\cos\alpha \cdot dA) - \cos\alpha \cdot \tau_{xy} \cdot (\cos\alpha \cdot dA) -\\ - \cos\alpha \cdot \sigma_y \cdot (\sin\alpha \cdot dA) + \sin\alpha \cdot \tau_{yx} \cdot (\sin\alpha \cdot dA) = 0\end{aligned} \tag{6.84}$$

und damit weiter:

$$\tau_{12} = -\sin\alpha \cdot \cos\alpha \cdot \sigma_x + \sin\alpha \cdot \cos\alpha \cdot \sigma_y + \left(\cos^2\alpha - \sin^2\alpha\right)\tau_{xy} \tag{6.85}$$

An einem erneuten Schnitt des Laminats parallel zur Faserlängsrichtung der *i*-ten Lage, wie er in Bild 6.12 ausgeführt ist, werden die Schnittkräfte an den Rändern des Laminatelements eingetragen.

Das Kräftegleichgewicht in 1-Richtung liefert den schon bekannten Zusammenhang in Formel 6.85. Durch Bildung des Kräftegleichgewichts in 2-Richtung

$$\begin{aligned}\sigma_2 \cdot dA - \cos\alpha \cdot \sigma_y \cdot (\cos\alpha \cdot dA) + \sin\alpha \cdot \tau_{yx} \cdot (\cos\alpha \cdot dA) -\\ - \sin\alpha \cdot \sigma_x \cdot (\sin\alpha \cdot dA) + \cos\alpha \cdot \tau_{xy} \cdot (\sin\alpha \cdot dA) = 0\end{aligned} \tag{6.86}$$

und anschließendes Umformen folgt

$$\sigma_2 = \sin^2\alpha \cdot \sigma_x + \cos^2\alpha \cdot \sigma_y - 2 \cdot \sin\alpha \cdot \cos\alpha \cdot \tau_{xy} \tag{6.87}$$

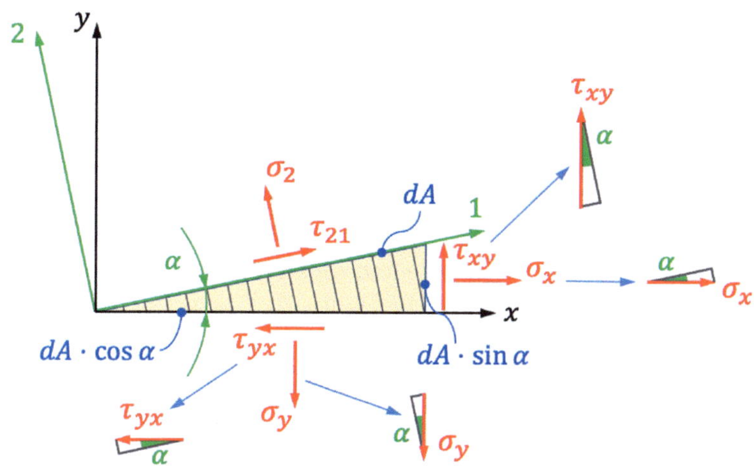

Bild 6.12 Schnitt des Laminats parallel zur Faserlängsrichtung der *i*-ten Einzellage

Mit Formel 6.83, Formel 6.85 und Formel 6.87 stehen für die gesuchten Transformationsbeziehungen der drei globalen Spannungen, σ_x, σ_y und τ_{xy}, und der drei lokalen Spannungen, σ_1, σ_2 und τ_{12}, drei Bestimmungsgleichungen zur Verfügung. Diese lassen sich matriziell in der Form

$$\begin{Bmatrix} \sigma_1 \\ \sigma_2 \\ \tau_{12} \end{Bmatrix} = \begin{bmatrix} \cos^2\alpha & \sin^2\alpha & 2\sin\alpha\cos\alpha \\ \sin^2\alpha & \cos^2\alpha & -2\sin\alpha\cos\alpha \\ -\sin\alpha\cos\alpha & \sin\alpha\cos\alpha & \cos^2\alpha - \sin^2\alpha \end{bmatrix} \begin{Bmatrix} \sigma_x \\ \sigma_y \\ \tau_{xy} \end{Bmatrix} \tag{6.88}$$

bzw. in Kurzschreibweise

$$\{\sigma_{12}\} = [T_\sigma]\,\{\sigma_{xy}\} \tag{6.89}$$

schreiben. Formel 6.89 stellt dabei – um dies nochmal herauszustellen – die Transformation der Spannungen vom globalen ins lokale Koordinatensystem dar.

Durch Umstellen der Gleichung

$$\{\sigma_{xy}\} = [T_\sigma]^{-1}\,\{\sigma_{12}\} \tag{6.90}$$

wird die Transformationsbeziehung der Spannungen

$$\begin{Bmatrix} \sigma_x \\ \sigma_y \\ \tau_{xy} \end{Bmatrix} = \begin{bmatrix} \cos^2\alpha & \sin^2\alpha & -2\sin\alpha\cos\alpha \\ \sin^2\alpha & \cos^2\alpha & 2\sin\alpha\cos\alpha \\ \sin\alpha\cos\alpha & -\sin\alpha\cos\alpha & \cos^2\alpha - \sin^2\alpha \end{bmatrix} \begin{Bmatrix} \sigma_1 \\ \sigma_2 \\ \tau_{12} \end{Bmatrix} \tag{6.91}$$

vom lokalen in das globale Koordinatensystem formuliert.

Die Transformationsmatrix der Spannungen ist dabei eine Funktion des Transformationswinkels α:

$$[T_\sigma] = [T_\sigma(\alpha)] \tag{6.92}$$

Wenn eine Transformation der Spannungen in positiver Drehrichtung ($\alpha > 0$) eine Transformation vom globalen in das lokale Koordinatensystem darstellt, dann kann man eine negative Transformationsrichtung ($\alpha < 0$) auch als eine Transformation der Spannungen vom lokalen in das globale Koordinatensystem verstehen. Folglich lässt sich der Zusammenhang

$$[T_\sigma(-\alpha)] = [T_\sigma(\alpha)]^{-1} \tag{6.93}$$

bzw.

$$\{\sigma_{xy}\} = [T_\sigma(-\alpha)]\ \{\sigma_{12}\} \tag{6.94}$$

formulieren.

Beispiel 6.5.1-1

Gesucht ist die Transformationsmatrix $[T_\sigma]$ der Spannungen vom globalen ins lokale Schichtkoordinatensystem für eine um 45° zum Hauptachsensystem gedrehte Einzelschicht.

Gegeben ist für diese Transformationsrichtung die Transformationsmatrix der Spannungen nach Formel 6.88 für einen beliebigen Winkel α.

Lösung: Durch Einsetzen des Winkels $\alpha = 45°$ in Formel 6.88 folgt:

$$[T_\sigma(\alpha = 45°)] = \begin{bmatrix} 0{,}5 & 0{,}5 & 1 \\ 0{,}5 & 0{,}5 & -1 \\ -0{,}5 & 0{,}5\,. & 0 \end{bmatrix}$$

Übung 6.5.1-2

Gesucht ist die Transformationsmatrix $[T_\sigma]$ der Spannungen vom lokalen ins globale Schichtkoordinatensystem für eine um 30° zum Hauptachsensystem gedrehte Einzelschicht.

Lösung: Siehe Anhang G *Lösungen*. ◄

► Übung 6.5.1-3

Gegeben ist ein gewickelter, faserverstärkter Druckbehälter, wie er in Bild 6.13 schematisch dargestellt ist [6.10]. Der Druckbehälter hat einen Durchmesser von $d = 1$ m

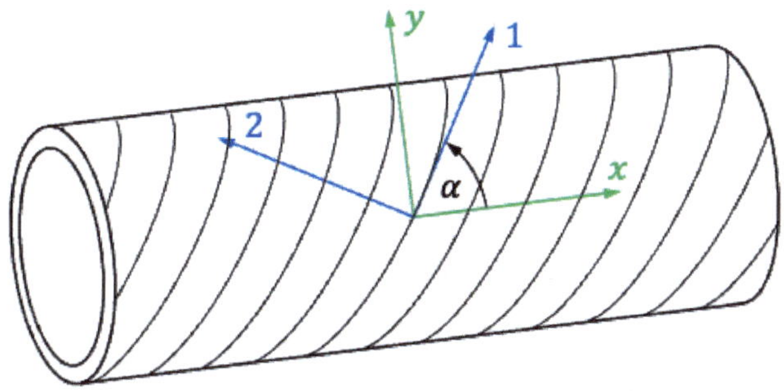

Bild 6.13 Gewickelter Druckbehälter

und eine Wandstärke von $t = 20$ mm. Um die Berechnung zu vereinfachen, wird angenommen, dass lediglich eine Wickellage abgelegt worden ist. Der Faserwickelwinkel bezogen auf die Längsachse des Rohres beträgt $\alpha = 53{,}1°$. Als Werkstoff wurde ein glasfaserverstärkter Kunststoff mit den Materialkennwerten

$$E_1 = 40\,\text{GPa} \qquad E_2 = 10\,\text{GPa}$$
$$G_{12} = 3{,}5\,\text{GPa} \qquad \nu_{12} = 0{,}25$$

verwendet.

Der Druckbehälter wird mit einem Druck p belastet. Ein auf dem Druckbehälter in Faserlängsrichtung applizierter Dehnmessstreifen zeichnet eine Dehnung von $\varepsilon_1 = 0{,}001$ auf.

Gesucht wird der im Behälter vorherrschende Druck p.

Lösung: Siehe Anhang G *Lösungen*.

6.5.2 Transformation der Verzerrungen

In Unterabschnitt 6.5.1 sind die Transformationsbeziehungen der Spannungen hergeleitet worden. Für die Transformation der Verzerrungen ist es erforderlich, eigene Beziehungen zu finden. Beiden Transformationen gemein ist, dass die positive Transformationsrichtung vom globalen Laminatkoordinatensystem zum lokalen Einzelschichtkoordinatensystem definiert ist.

In Bild 6.14 sind schematisch die Zusammenhänge der infinitesimalen Längen dx und dy des Laminats im Bezugskoordinatensystem in Grün sowie die infinitesimalen Längen $d_{\parallel}$ und $d_{\perp}$ der Einzelschicht im faserorientierten Koordinatensystem in Blau dargestellt. Die Orientierung der inkrementellen Längen orientiert sich dabei an der po-

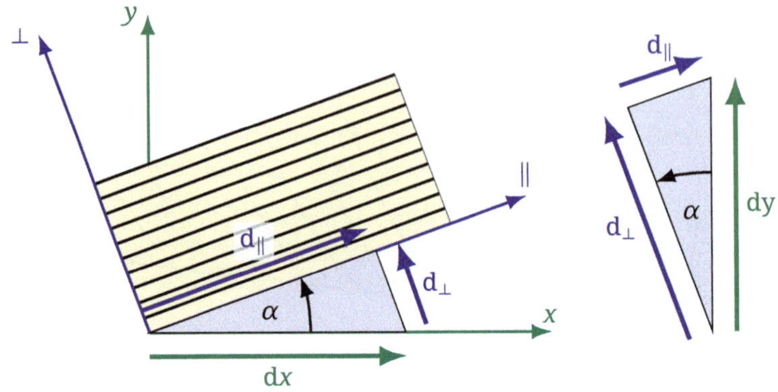

Bild 6.14 Beziehungen der infinitesimalen Längen von Laminat und Einzelschicht.

sitiven Richtung des jeweiligen Koordinatensystems. Aus der Darstellung in Bild 6.14 können die trigonometrischen Zusammenhänge

$$d_{||} = dx \cdot \cos\alpha \tag{6.96}$$

$$d_\perp = -dx \cdot \sin\alpha \tag{6.97}$$

$$d_{||} = dy \cdot \sin\alpha \tag{6.98}$$

$$d_\perp = dy \cdot \cos\alpha \tag{6.99}$$

der inkrementellen Längen abgelesen werden.

Die Beziehungen zwischen den Laminat- und Einzelschichtverschiebungen sind in Bild 6.15 dargestellt. Die allgemeine Verschiebung U (rot) kann sowohl im globalen Bezugskoordinatensystem (blaue Verschiebungen u und v) als auch im lokalen, faserorientierten Koordinatensystem (grüne Verschiebungen $u_{||}$ und $v_\perp$) dargestellt werden. Daraus sind die Beziehungen

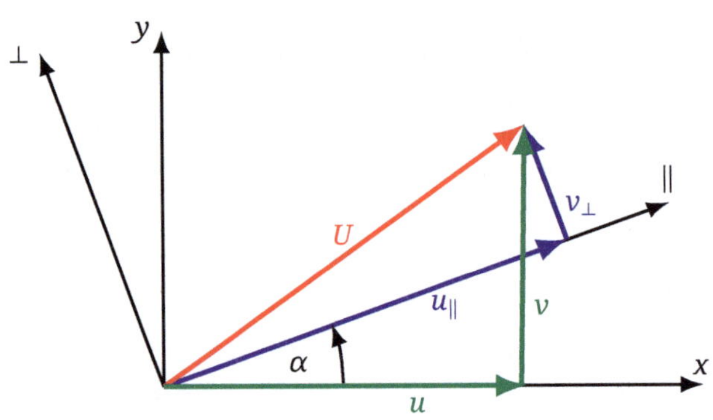

Bild 6.15 Beziehungen der Laminat- und Einzelschichtverschiebungen

$$u = u_{\parallel} \cdot \cos\alpha - v_{\perp} \cdot \sin\alpha \tag{6.100}$$

$$v = u_{\parallel} \cdot \sin\alpha + v_{\perp} \cdot \cos\alpha \tag{6.101}$$

$$u_{\parallel} = \quad u \cdot \cos\alpha + v \cdot \sin\alpha \tag{6.102}$$

$$v_{\perp} = -u \cdot \sin\alpha + v \cdot \cos\alpha \tag{6.103}$$

erkennbar.

Aus Unterabschnitt 1.1.1 sind die allgemeinen globalen Verzerrungs-Verschiebungs-Beziehungen,

$$\varepsilon_x = \frac{\partial u}{\partial x} \qquad \varepsilon_y = \frac{\partial v}{\partial y} \qquad \gamma_{xy} = \frac{\partial u}{\partial y} + \frac{\partial v}{\partial x} \tag{6.104}$$

beziehungsweise die lokalen Verzerrungs-Verschiebungs-Beziehungen der Einzelschicht,

$$\varepsilon_{\parallel} = \frac{\partial u_{\parallel}}{\partial_{\parallel}} \qquad \varepsilon_{\perp} = \frac{\partial v_{\perp}}{\partial \perp} \qquad \gamma_{\#} = \frac{\partial u_{\parallel}}{\partial \perp} + \frac{\partial v_{\perp}}{\partial_{\parallel}} \tag{6.105}$$

für den ebenen Verzerrrungszustand bekannt.

Für die Laminatlängsverzerrung ε_x folgt aus Formel 6.104 unter Berücksichtigung des totalen Differentials[3)] zunächst

$$\varepsilon_x = \frac{\partial u}{\partial x} = \frac{\partial u}{\partial_{\parallel}} \frac{\partial_{\parallel}}{\partial x} + \frac{\partial u}{\partial_{\perp}} \frac{\partial_{\perp}}{\partial x} \tag{6.106}$$

Unter Berücksichtigung von Formel 6.96 und Formel 6.97

$$\frac{\mathrm{d}_{\parallel}}{\mathrm{d}x} = \cos\alpha \qquad \text{und} \qquad \frac{\mathrm{d}_{\perp}}{\mathrm{d}x} = -\sin\alpha \tag{6.107}$$

folgt weiter

$$\varepsilon_x = \frac{\partial u}{\partial_{\parallel}} \cos\alpha - \frac{\partial u}{\partial_{\perp}} \sin\alpha \tag{6.108}$$

Durch Einsetzen der Verschiebungsbeziehungen Formel 6.100 folgt dann weiter:

$$\varepsilon_x = \left(\frac{\partial u_{\parallel}}{\partial_{\parallel}} \cos\alpha - \frac{v_{\perp}}{\partial_{\parallel}} \sin\alpha \right) \cos\alpha + \left(\frac{\partial u_{\parallel}}{\partial_{\perp}} \cos\alpha - \frac{v_{\perp}}{\partial_{\perp}} \sin\alpha \right) (-\sin\alpha) \tag{6.109}$$

Unter Einbeziehung von Formel 6.105 kann dann der Zusammenhang

$$\varepsilon_x = \varepsilon_{\parallel} \cos^2\alpha + \varepsilon_{\perp} \sin^2\alpha - \gamma_{\#} \sin\alpha \cos\alpha \tag{6.110}$$

notiert werden.

---

3 Die Steigung einer Funktion, die von mehr als einer Variablen abhängig ist, wird durch ein **vollständiges Differential** oder auch **partielles Differential** berechnet. Das **totale Differential** der Funktion bildet dann eine Tangential(hyper)ebene, s. a. [6.3, 16].

In analoger Weise kann für die Laminatquerverzerrung ε_y aus Formel 6.104 das totale Differential,

$$\varepsilon_y = \frac{\partial v}{\partial y} = \frac{\partial v}{\partial_{\parallel}}\frac{\partial_{\parallel}}{\partial y} + \frac{\partial v}{\partial_{\perp}}\frac{\partial_{\perp}}{\partial y} \tag{6.111}$$

gebildet werden. Mit Formel 6.98 und Formel 6.99

$$\frac{d_{\parallel}}{dy} = \sin\alpha \qquad \text{und} \qquad \frac{d_{\perp}}{dy} = \cos\alpha \tag{6.112}$$

und Formel 6.101 folgt der Zusammenhang

$$\varepsilon_y = \left(\frac{\partial u_{\parallel}}{\partial_{\parallel}} \sin\alpha - \frac{v_{\perp}}{\partial_{\parallel}} \cos\alpha\right) \sin\alpha + \left(\frac{\partial u_{\parallel}}{\partial_{\perp}} \sin\alpha - \frac{v_{\perp}}{\partial_{\perp}} \cos\alpha\right) \cos\alpha \tag{6.113}$$

Die Verzerrungs-Verschiebungs-Beziehungen der Einzelschicht aus Formel 6.105 führen dann zu dem Zusammenhang:

$$\varepsilon_y = \varepsilon_{\parallel} \sin^2\alpha + \varepsilon_{\perp} \cos^2\alpha + \gamma_{\#} \sin\alpha \cos\alpha \tag{6.114}$$

Die partielle Differentiation der Laminatgleitung γ_{xy} aus Formel 6.104 führt zu

$$\begin{aligned} \gamma_{xy} &= \frac{\partial u}{\partial y} + \frac{\partial v}{\partial x} \\ &= \frac{\partial u}{\partial_{\parallel}}\frac{\partial_{\parallel}}{\partial y} + \frac{\partial u}{\partial_{\perp}}\frac{\partial_{\perp}}{\partial y} + \frac{\partial v}{\partial_{\parallel}}\frac{\partial_{\parallel}}{\partial x} + \frac{\partial v}{\partial_{\perp}}\frac{\partial_{\perp}}{\partial x} \end{aligned} \tag{6.115}$$

Mit Formel 6.107 und Formel 6.112 folgt

$$\gamma_{xy} = \frac{\partial u}{\partial_{\parallel}} \sin\alpha + \frac{\partial u}{\partial_{\perp}} \cos\alpha + \frac{\partial v}{\partial_{\parallel}} \cos\alpha + \frac{\partial v}{\partial_{\perp}} (-\sin\alpha) \tag{6.116}$$

Durch Ersetzen der Laminatverschiebungen u und v durch Formel 6.100 und Formel 6.101 folgt weiter:

$$\begin{aligned} \gamma_{xy} = {} & \left(\frac{\partial u_{\parallel}}{\partial_{\parallel}} \cos\alpha - \frac{v_{\perp}}{\partial_{\parallel}} \sin\alpha\right) \sin\alpha + \left(\frac{\partial u_{\parallel}}{\partial_{\perp}} \cos\alpha - \frac{v_{\perp}}{\partial_{\perp}} \sin\alpha\right) \cos\alpha + \\ & + \left(\frac{\partial u_{\parallel}}{\partial_{\parallel}} \sin\alpha + \frac{v_{\perp}}{\partial_{\parallel}} \cos\alpha\right) \cos\alpha + \left(\frac{\partial u_{\parallel}}{\partial_{\perp}} \sin\alpha + \frac{v_{\perp}}{\partial_{\perp}} \cos\alpha\right) (-\sin\alpha) \end{aligned} \tag{6.117}$$

Unter Einbeziehung der Verzerrungs-Verschiebungs-Beziehungen der Einzelschicht in Formel 6.105 ergibt sich

$$\gamma_{xy} = 2\,\varepsilon_{\parallel} \sin\alpha \cos\alpha - 2\,\varepsilon_{\perp} \sin\alpha \cos\alpha + \gamma_{\#} \left(\cos^2\alpha - \sin^2\alpha\right) \tag{6.118}$$

für die Laminatgleitungen.

Mit Formel 6.110, Formel 6.114 und Formel 6.118 stehen nun drei Transformationsbeziehungen zur Verfügung, die die lokalen Einzelschichtverzerrungen in die globalen

Laminatverzerrungen transformieren. Damit können diese Zusammenhänge in matrizieller Form notiert werden als

$$\begin{Bmatrix} \varepsilon_x \\ \varepsilon_y \\ \gamma_{xy} \end{Bmatrix} = \begin{bmatrix} \cos^2\alpha & \sin^2\alpha & -\sin\alpha\,\cos\alpha \\ \sin^2\alpha & \cos^2\alpha & \sin\alpha\,\cos\alpha \\ 2\sin\alpha\,\cos\alpha & -2\sin\alpha\,\cos\alpha & \cos^2\alpha - \sin^2\alpha \end{bmatrix} \begin{Bmatrix} \varepsilon_{\parallel} \\ \varepsilon_{\perp} \\ \gamma_{\#} \end{Bmatrix} \tag{6.119}$$

Da die Transformation in Formel 6.119 aufgrund der Herleitung entgegengesetzt zur positiv definierten Richtung erfolgt, ist der Zusammenhang in matrizieller Kurzschreibweise folglich als

$$\{\varepsilon_{xy}\} = [T_\varepsilon]^{-1}\{\varepsilon_{12}\} \tag{6.120}$$

zu notieren. Für eine Transformation in positiver Richtung, d. h. vom globalen Laminatkoordinatensystem in das lokale Einzelschichtkoordinatensystem, mit

$$\{\varepsilon_{12}\} = [T_\varepsilon]\{\varepsilon_{xy}\} \tag{6.121}$$

ergibt sich die Transformationsbeziehung der Verzerrungen zu

$$\begin{Bmatrix} \varepsilon_{\parallel} \\ \varepsilon_{\perp} \\ \gamma_{\#} \end{Bmatrix} = \begin{bmatrix} \cos^2\alpha & \sin^2\alpha & \sin\alpha\,\cos\alpha \\ \sin^2\alpha & \cos^2\alpha & -\sin\alpha\,\cos\alpha \\ -2\sin\alpha\,\cos\alpha & 2\sin\alpha\,\cos\alpha & \cos^2\alpha - \sin^2\alpha \end{bmatrix} \begin{Bmatrix} \varepsilon_x \\ \varepsilon_y \\ \gamma_{xy} \end{Bmatrix} \tag{6.122}$$

Zwischen den Transformationsbeziehungen der Spannungen und der Verzerrungen lassen sich durch Koeffizientenvergleich die Zusammenhänge

$$[T_\sigma]^T = [T_\varepsilon]^{-1} \tag{6.123}$$

und

$$[T_\varepsilon]^T = [T_\sigma]^{-1} \tag{6.124}$$

ableiten.

6.6 2D-Werkstoffgesetz der unidirektionalen Einzelschicht

Wie in Unterabschnitt 1.2.3 ausgeführt, kann man für den allgemeinen Spannungszustand eines orthotropen Werkstoffs den Zusammenhang

$$\begin{Bmatrix} \varepsilon_1 \\ \varepsilon_2 \\ \varepsilon_3 \\ \gamma_{23} \\ \gamma_{31} \\ \gamma_{12} \end{Bmatrix} = \begin{bmatrix} \frac{1}{E_1} & -\frac{\nu_{21}}{E_2} & -\frac{\nu_{31}}{E_3} & 0 & 0 & 0 \\ & \frac{1}{E_2} & -\frac{\nu_{32}}{E_3} & 0 & 0 & 0 \\ & & \frac{1}{E_3} & 0 & 0 & 0 \\ & & & \frac{1}{G_{31}} & 0 & 0 \\ & \text{sym.} & & & \frac{1}{G_{23}} & 0 \\ & & & & & \frac{1}{G_{12}} \end{bmatrix} \begin{Bmatrix} \sigma_1 \\ \sigma_2 \\ \sigma_3 \\ \tau_{23} \\ \tau_{31} \\ \tau_{12} \end{Bmatrix} \tag{6.125}$$

beziehungsweise in Kurzform

$$\{\varepsilon_{12}\} = [S_{\text{ortho}}] \, \{\sigma_{12}\} \tag{6.126}$$

notieren. Dabei ist $\{\varepsilon_{12}\}$ der Vektor der lokalen Verzerrungen und $\{\sigma_{12}\}$ der Vektor der lokalen Spannungen. Die tiefgestellten Indizes „12“ weisen dabei darauf hin, dass die Achsen des betrachteten lokalen Koordinatensystems mit den Stoffhauptachsen zusammenfallen. Die Matrix $[S_{\text{ortho}}]$ ist die orthotrope Nachgiebigkeitsmatrix für den dreidimensionalen Spannungs- und Verzerrungszustand.

Eine orthotrope Einzelschicht, die um einen beliebigen Winkel um die senkrecht auf der Einzelschichtebene stehende 3- bzw. z-Achse gedreht wird, zeigt im globalen x-y-Koordinatensystem monotrope Eigenschaften der Materialsymmetrie. Die Spannungs-Verzerrungs-Beziehung einer monotropen Einzelschicht für eine Drehung um die Hochachse kann mit der Nachgiebigkeitsmatrix $\left[S_{\text{mono}_{12}}\right]$ aus Formel 1.137 in Unterabschnitt 1.2.4 mit

$$\begin{Bmatrix} \varepsilon_x \\ \varepsilon_y \\ \varepsilon_z \\ \gamma_{yz} \\ \gamma_{zx} \\ \gamma_{xy} \end{Bmatrix} = \begin{bmatrix} \frac{1}{E_1} & -\frac{\nu_{21}}{E_2} & -\frac{\nu_{31}}{E_3} & 0 & 0 & \frac{\nu_{61}}{G_{12}} \\ & \frac{1}{E_2} & -\frac{\nu_{32}}{E_3} & 0 & 0 & \frac{\nu_{62}}{G_{12}} \\ & & \frac{1}{E_3} & 0 & 0 & \frac{\nu_{63}}{G_{12}} \\ & & & \frac{1}{G_{23}} & \frac{\nu_{54}}{G_{31}} & 0 \\ & \text{sym.} & & & \frac{1}{G_{31}} & 0 \\ & & & & & \frac{1}{G_{12}} \end{bmatrix} \begin{Bmatrix} \sigma_x \\ \sigma_y \\ \sigma_z \\ \tau_{yz} \\ \tau_{zx} \\ \tau_{xy} \end{Bmatrix} \tag{6.127}$$

oder in Kurzschreibweise als

$$\{\varepsilon_{xy}\} = [S_{\text{mono}_{12}}] \, \{\sigma_{xy}\} \tag{6.128}$$

angegeben werden. Die tiefgestellten Indizes „xy“ beim Vektor der globalen Verzerrungen $\{\varepsilon_{xy}\}$ und dem Vektor der globalen Spannungen $\{\sigma_{xy}\}$ weisen darauf hin, dass die

Koordinaten in der Schichtebene nicht mit den Stoffhauptachsen zusammenfallen. In dem hier beschriebenen Fall der Monotropie sind allerdings die 3- und z-Achse identisch.

Für einen Faserverbundwerkstoff, der seine Hauptbeanspruchung in einem ebenen Spannungszustand findet, ist es sinnvoll, statt einer dreidimensionalen eine zweidimensionale mechanische Werkstoffbeschreibung zu finden. Dieses gelingt, wenn der dreidimensionale Spannungs-Verzerrungs-Zustand und dessen Nachgiebigkeits- respektive Steifigkeitsmatrix auf eine zweidimensionale Beschreibung reduziert werden können.

6.6.1 Reduziertes 2D-Werkstoffgesetz der UD-Einzelschicht

Der im Allgemeinen in der Ebene belastete Faserverbundwerkstoff lässt sich vereinfacht durch einen verallgemeinerten ebenen Spannungszustand (ESZ) mit

$$\sigma_z = \tau_{yz} = \tau_{zx} = 0 \tag{6.129}$$

beschreiben. Daraus ergibt sich für die monotrope Spannungs-Verzerrungs-Beziehung nach Formel 6.127 der Zusammenhang

$$\varepsilon_x = S_{11}\,\sigma_x + S_{12}\,\sigma_y + S_{16}\,\tau_{xy} \tag{6.130}$$

$$\varepsilon_y = S_{21}\,\sigma_x + S_{22}\,\sigma_y + S_{26}\,\tau_{xy} \tag{6.131}$$

$$\varepsilon_z = S_{31}\,\sigma_x + S_{32}\,\sigma_y + S_{36}\,\tau_{xy} \tag{6.132}$$

$$\gamma_{yz} = 0 \tag{6.133}$$

$$\gamma_{zx} = 0 \tag{6.134}$$

$$\gamma_{xy} = S_{61}\,\sigma_x + S_{62}\,\sigma_y + S_{66}\,\tau_{xy} \tag{6.135}$$

für das Stoffgesetz der unidirektionalen Einzelschicht. Hierbei ist die Verzerrung $\varepsilon_z = \varepsilon_3$ in Dickenrichtung der Schicht aufgrund der Querkontraktionseffekte keine unabhängige Größe. Zunächst kann analog Formel 1.114 unter Berücksichtigung von Formel 6.129 für die Spannung $\sigma_z = \sigma_3$ in Dickenrichtung der Einzelschicht die Beziehung

$$\sigma_z = C_{31}\,\varepsilon_x + C_{32}\,\varepsilon_y + C_{33}\,\varepsilon_z + C_{36}\,\gamma_{xy} = 0 \tag{6.136}$$

formuliert werden. Daraus lässt sich dann die abhängige Verzerrung in Dickenrichtung als

$$\varepsilon_z = -\frac{1}{C_{33}}\left(C_{31}\,\varepsilon_x + C_{32}\,\varepsilon_y + C_{36}\,\gamma_{xy}\right) \tag{6.137}$$

ableiten. Unter Berücksichtigung der abhängigen Verzerrung $\varepsilon_z = \varepsilon_3$ lässt sich die Spannungs-Verzerrungs-Beziehung zu

$$\sigma_x = \left(C_{11} - \frac{C_{13}\,C_{31}}{C_{33}}\right)\varepsilon_x + \left(C_{12} - \frac{C_{13}\,C_{32}}{C_{33}}\right)\varepsilon_y + \left(C_{16} - \frac{C_{13}\,C_{36}}{C_{33}}\right)\gamma_{xy} \quad (6.138)$$

$$\sigma_y = \left(C_{21} - \frac{C_{23}\,C_{31}}{C_{33}}\right)\varepsilon_x + \left(C_{22} - \frac{C_{23}\,C_{32}}{C_{33}}\right)\varepsilon_y + \left(C_{26} - \frac{C_{23}\,C_{36}}{C_{33}}\right)\gamma_{xy} \quad (6.139)$$

$$\tau_{xy} = \left(C_{61} - \frac{C_{63}\,C_{31}}{C_{33}}\right)\varepsilon_x + \left(C_{62} - \frac{C_{63}\,C_{32}}{C_{33}}\right)\varepsilon_y + \left(C_{66} - \frac{C_{63}\,C_{36}}{C_{33}}\right)\gamma_{xy} \quad (6.140)$$

ermitteln. Durch Einführen der reduzierten Steifigkeiten

$$\bar{Q}_{ij} = \left(C_{ij} - \frac{C_{i3}\,C_{3j}}{C_{33}}\right) \quad \text{mit} \quad i,j = 1,2,6 \quad (6.141)$$

kann die Spannungs-Verzerrungs-Beziehung vereinfacht werden zu

$$\sigma_x = \bar{Q}_{11}\,\varepsilon_x + \bar{Q}_{12}\,\varepsilon_y + \bar{Q}_{16}\,\gamma_{xy} \quad (6.142)$$

$$\sigma_y = \bar{Q}_{21}\,\varepsilon_x + \bar{Q}_{22}\,\varepsilon_y + \bar{Q}_{26}\,\gamma_{xy} \quad (6.143)$$

$$\tau_{xy} = \bar{Q}_{61}\,\varepsilon_x + \bar{Q}_{62}\,\varepsilon_y + \bar{Q}_{66}\,\gamma_{xy} \quad (6.144)$$

beziehungweise

$$\begin{Bmatrix} \sigma_x \\ \sigma_y \\ \tau_{xy} \end{Bmatrix} = \begin{bmatrix} \bar{Q}_{11} & \bar{Q}_{12} & \bar{Q}_{16} \\ \bar{Q}_{21} & \bar{Q}_{22} & \bar{Q}_{26} \\ \bar{Q}_{61} & \bar{Q}_{62} & \bar{Q}_{66} \end{bmatrix} \begin{Bmatrix} \varepsilon_x \\ \varepsilon_y \\ \gamma_{xy} \end{Bmatrix} \quad (6.145)$$

Unter der getroffenen Annahme des ebenen Spannungszustands lassen sich für den Fall, dass die Achsen des betrachteten lokalen Koordinatensystems mit den Stoffhauptachsen zusammenfallen, die reduzierten Steifigkeitskoeffizienten dann mit

$$Q_{ii} = \frac{E_i}{1 - \nu_{ij}\,\nu_{ji}} \qquad i,j = 1,2 \quad (6.146)$$

$$Q_{ij} = \frac{\nu_{ij}\,E_j}{1 - \nu_{ij}\,\nu_{ji}} \qquad i,j = 1,2 \quad (6.147)$$

$$Q_{66} = G_{12} \quad (6.148)$$

beziehungsweise die Nachgiebigkeitskoeffizienten mit

$$S_{ii} = \frac{1}{E_i} \qquad i,j = 1,2 \quad (6.149)$$

$$S_{ij} = -\frac{\nu_{ji}}{E_j} \qquad i,j = 1,2 \quad (6.150)$$

$$S_{66} = \frac{1}{G_{12}} \quad (6.151)$$

direkt angeben. Die Spannungs-Dehnungs-Beziehung mit reduzierten Steifigkeiten ergibt den Zusammenhang

$$\begin{Bmatrix} \sigma_1 \\ \sigma_2 \\ \tau_{12} \end{Bmatrix} = \begin{bmatrix} \frac{E_1}{1-\nu_{12}\,\nu_{21}} & \frac{\nu_{12}\,E_2}{1-\nu_{12}\,\nu_{21}} & 0 \\ \frac{\nu_{21}\,E_1}{1-\nu_{12}\,\nu_{21}} & \frac{E_2}{1-\nu_{12}\,\nu_{21}} & 0 \\ 0 & 0 & G_{12} \end{bmatrix} \begin{Bmatrix} \varepsilon_1 \\ \varepsilon_2 \\ \gamma_{12} \end{Bmatrix} \tag{6.152}$$

Mithilfe der MAXWELL-BETTI-Beziehung,

$$\nu_{12}\,E_2 = \nu_{21}\,E_1 \tag{6.153}$$

folgt weiter

$$\begin{Bmatrix} \sigma_1 \\ \sigma_2 \\ \tau_{12} \end{Bmatrix} = \begin{bmatrix} \frac{E_1}{1-\nu_{12}\,\nu_{21}} & \frac{\nu_{12}\,E_2}{1-\nu_{12}\,\nu_{21}} & 0 \\ & \frac{E_2}{1-\nu_{12}\,\nu_{21}} & 0 \\ \text{sym.} & & G_{12} \end{bmatrix} \begin{Bmatrix} \varepsilon_1 \\ \varepsilon_2 \\ \gamma_{12} \end{Bmatrix} \tag{6.154}$$

In der matriziellen Schreibweise kann kurz

$$\{\sigma_{12}\} = [Q]\;\{\varepsilon_{12}\} \tag{6.155}$$

geschrieben werden. Dabei wird die $[Q]$-Matrix als die ***reduzierte Steifigkeitsmatrix der Einzelschicht im lokalen, faserorientierten Koordinatensystem*** bezeichnet. Für die Nachgiebigkeiten ergibt sich unter Berücksichtigung der MAXWELL-BETTI-Beziehung der Zusammenhang

$$\begin{Bmatrix} \varepsilon_1 \\ \varepsilon_2 \\ \gamma_{12} \end{Bmatrix} = \begin{bmatrix} \frac{1}{E_1} & -\frac{\nu_{21}}{E_2} & 0 \\ -\frac{\nu_{12}}{E_1} & \frac{1}{E_2} & 0 \\ 0 & 0 & \frac{1}{G_{12}} \end{bmatrix} \begin{Bmatrix} \sigma_1 \\ \sigma_2 \\ \tau_{12} \end{Bmatrix} = \begin{bmatrix} \frac{1}{E_1} & -\frac{\nu_{21}}{E_2} & 0 \\ & \frac{1}{E_2} & 0 \\ \text{sym.} & & \frac{1}{G_{12}} \end{bmatrix} \begin{Bmatrix} \sigma_1 \\ \sigma_2 \\ \tau_{12} \end{Bmatrix} \tag{6.156}$$

Die matrizielle Kurzschreibweise stellt sich als

$$\{\varepsilon_{12}\} = [q]\;\{\sigma_{12}\} \tag{6.157}$$

dar. Die $[q]$-Matrix ist die ***reduzierte Nachgiebigkeitsmatrix der Einzelschicht im lokalen, faserorientierten Koordinatensystem***. Hierbei gilt der Zusammenhang

$$[q] = [Q]^{-1} \tag{6.158}$$

Beispiel 6.6.1-1

Eine unidirektionale Einzelschicht aus dem kohlenstofffaserverstärkten Kunststoff AS/3501 wird gemäß Bild 6.16 mit den in der 1-2-Ebene angreifenden Spannungen

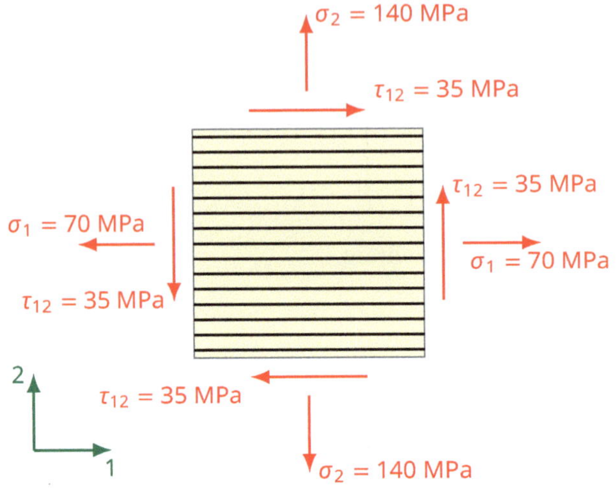

Bild 6.16 Ebener Spannungszustand an einer unidirektionalen Einzelschicht

σ_1, σ_2 und τ_{12} belastet. Die Materialkennwerte der unidirektionalen Einzelschicht sind mit

$$E_1 = 138\,\text{GPa} \qquad E_2 = 9\,\text{GPa} \qquad G_{23} = 6{,}9\,\text{GPa}$$
$$\nu_{12} = 0{,}3 \qquad \nu_{23} = 0{,}2$$

gegeben.

Aufgabe: Es sind die Verzerrungen der unidirektionalen Einzelschicht in alle drei Raumrichtungen zu berechnen.

Lösung: Die Maxwell-Betti-Beziehung aus Formel 6.153,

$$\nu_{12}\,E_2 = \nu_{21}\,E_1$$

wird zur Herleitung der Spannungs-Verzerrungen vorausgesetzt.

Aus der Beziehung zwischen den eingeprägten Spannungen $\{\sigma_{ij}\}$ und den daraus resultierenden Verzerrungen $\{\varepsilon_{ij}\}$ über die Nachgiebigkeit $[S_{ij}]$ der transversalisotropen Einzelschicht nach Formel 6.130 bis Formel 6.132 ergibt sich

$$\varepsilon_1 = \frac{\sigma_1}{E_1} - \nu_{21}\,\frac{\sigma_2}{E_2} = \frac{\sigma_1}{E_1} - \nu_{12}\,\frac{\sigma_2}{E_1} = \frac{70\,\text{MPa}}{138.000\,\text{MPa}} - 0{,}3\,\frac{140\,\text{MPa}}{138.000\,\text{MPa}} = 0{,}0002$$
$$\varepsilon_2 = -\nu_{12}\,\frac{\sigma_1}{E_1} + \frac{\sigma_2}{E_2} = -0{,}3\,\frac{70\,\text{MPa}}{138.000\,\text{MPa}} + \frac{140\,\text{MPa}}{9.000\,\text{MPa}} = 0{,}0154$$
$$\varepsilon_3 = -\nu_{13}\,\frac{\sigma_1}{E_1} - \nu_{23}\,\frac{\sigma_2}{E_2} = -0{,}3\,\frac{70\,\text{MPa}}{138.000\,\text{MPa}} - 0{,}2\cdot\frac{140\,\text{MPa}}{9.000\,\text{MPa}} = -0{,}0033$$

Weiter folgt aus Formel 6.133 bis Formel 6.135 für die Gleitungen:

$$\gamma_{23} = \frac{\tau_{23}}{G_{23}} = 0$$
$$\gamma_{31} = \frac{\tau_{31}}{G_{31}} = 0$$
$$\gamma_{12} = \frac{\tau_{12}}{G_{12}} = \frac{35\,\text{MPa}}{6.900\,\text{MPa}} = 0{,}0051$$

Es ist erkennbar, dass sich trotz des zweidimensionalen Spannungszustands in alle drei Raumrichtungen Verzerrungen ausbilden. Die Ursache für dieses Verhalten ist die Querkontraktion, die bei einem ebenen Spannungszustand auch zu einer Verzerrung in Dickenrichtung führt. Daraus lässt sich der Merksatz ableiten: *„Ein ebener Spannungszustand führt zu keinem ebenen Verzerrungszustand - und umgekehrt."* Voraussetzung für die Gültigkeit des Merksatzes ist allerdings, dass die Querkontraktionszahlen des Werkstoffs ungleich null sind, was bei den meisten Materialien der Fall ist. Jedoch bei einer Korkplatte, Querkontraktionszahl $\nu_{Kork} = 0$, gilt der Merksatz nicht. In diesem Fall würde sich bei einem ebenen Spannungszustand auch ein ebener Verzerrungszustand einstellen.

Übung 6.6.1-2

In Bild 6.17 sind drei mögliche Verformungszustände eines Probekörpers dargestellt [6.1]. Der Ausgangsprobekörper besteht aus zwei unidirektionalen, quadratischen Elementen aus faserverstärktem Kunststoff, die um 90° zueinander gedreht und an der Berührstelle fest miteinander verbunden sind. Der Probekörper wird in Richtung der Längsachse durch eine Zugspannung beansprucht.

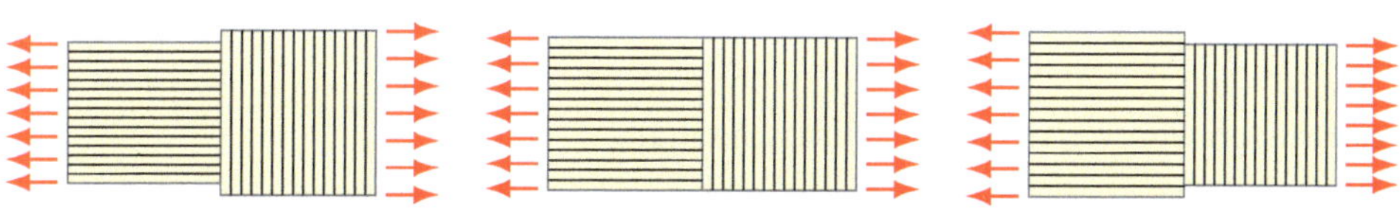

Bild 6.17 Verformungsmuster zweier orthogonal zueinander orientierter unidirektionaler Einzelschichten bei einachsiger Zugspannung

***Aufgabe*:** Welches der an der Nahtstelle skizzierten Verformungsmuster wird sich einstellen? Die Aussage ist zu begründen.

***Lösung*:** Siehe Anhang G *Lösungen*.

6.6.2 Transformation des UD-Werkstoffgesetzes

Das 2D-Werkstoffgesetz der unidirektionalen Einzelschicht wurde als

$$\{\sigma_{12}\} = [Q]\,\{\varepsilon_{12}\} \tag{6.162}$$

formuliert (s. Formel 6.155). Die Spannungen im lokalen Koordinatensystem können durch Transformation mithilfe der Gleichung

$$\{\sigma_{12}\} = [T_\sigma]\,\{\sigma_{xy}\} \tag{6.163}$$

aus den globalen Spannungen berechnet werden (s. Formel 6.89). Mit dem Zusammenhang

$$\{\varepsilon_{12}\} = [T_\varepsilon]\,\{\varepsilon_{xy}\} \tag{6.164}$$

können die lokalen Verzerrungen aus den globalen bestimmt werden (s. Formel 6.121). Durch Einsetzen von Formel 6.163 und Formel 6.164 in Formel 6.162 folgt

$$[T_\sigma]\,\{\sigma_{xy}\} = [Q]\,[T_\varepsilon]\,\{\varepsilon_{xy}\} \tag{6.165}$$

Durch linksseitiges Multiplizieren mit der inversen Transformationsmatrix der Spannungen folgt der Zusammenhang

$$\{\sigma_{xy}\} = [T_\sigma]^{-1}\,[Q]\,[T_\varepsilon]\,\{\varepsilon_{xy}\} \tag{6.166}$$

Mithilfe von Formel 6.124 folgt weiter

$$\{\sigma_{xy}\} = [T_\varepsilon]^T\,[Q]\,[T_\varepsilon]\,\{\varepsilon_{xy}\} \tag{6.167}$$

Da grundsätzlich der gleiche formelle Zusammenhang der Spannungs-Verzerrungs-Beziehungen im globalen als auch im lokalen Koordinatensystem gelten muss, kann Formel 6.167 als

$$\{\sigma_{xy}\} = [\bar{Q}]\,\{\varepsilon_{xy}\} \tag{6.168}$$

geschrieben werden, wobei der Zusammenhang

$$[\bar{Q}] = [T_\varepsilon]^T\,[Q]\,[T_\varepsilon] \tag{6.169}$$

gilt. Die Matrix $[\bar{Q}]$ wird als die ***reduzierte, transformierte Steifigkeitsmatrix der Einzelschicht im globalen Koordinatensystem*** bezeichnet.

In analoger Vorgehensweise kann die Transformationsbeziehung der Nachgiebigkeitsmatrix der Einzelschicht hergeleitet werden. Setzt man die bereits bekannten Transformationsbeziehungen der Spannungen und Verzerrungen aus Formel 6.163 und Formel 6.164 in die Beziehung

$$\{\varepsilon_{12}\} = [q]\,\{\sigma_{12}\} \tag{6.170}$$

(s. Formel 6.157) ein, dann folgt zunächst der Zusammenhang

$$[T_\varepsilon]\,\{\varepsilon_{xy}\} = [q]\,[T_\sigma]\,\{\sigma_{xy}\} \tag{6.171}$$

Nach dem linksseitigen Invertieren der Gleichung mit der inversen Transformationsmatrix der Verzerrungen folgt

$$\{\varepsilon_{xy}\} = [T_\varepsilon]^{-1} [q] [T_\sigma] \{\sigma_{xy}\} \tag{6.172}$$

Mit Formel 6.123 kann Formel 6.172 umformuliert werden zu

$$\{\varepsilon_{xy}\} = [T_\sigma]^T [q] [T_\sigma] \{\sigma_{xy}\} \tag{6.173}$$

Unter der Annahme, dass die Struktur der Formel 6.170 analog auch für die globale Beschreibung gelten muss, folgt mit

$$\{\varepsilon_{xy}\} = [\bar{q}] \{\sigma_{xy}\} \tag{6.174}$$

der Zusammenhang

$$[\bar{q}] = [T_\sigma]^T [q] [T_\sigma] \tag{6.175}$$

für die ***reduzierte, transformierte Nachgiebigkeitsmatrix*** $[\bar{q}]$ ***der Einzelschicht im globalen, faserorientierten Koordinatensystem***.

Aus Formel 6.169 zur Transformation der lokalen reduzierten Steifigkeiten $[Q]$ lassen sich die Matrixkoeffizienten der reduzierten transformierten Steifigkeiten $[\bar{Q}]$ mit

$$\bar{Q}_{11} = Q_{11} \cos^4\alpha + Q_{22} \sin^4\alpha + 2 \left(Q_{12} + 2\,Q_{66}\right) \sin^2\alpha \cos^2\alpha \tag{6.176}$$

$$\bar{Q}_{12} = \left(Q_{11} + Q_{22} - 4\,Q_{66}\right) \sin^2\alpha \cos^2\alpha + Q_{12} \left(\sin^4\alpha + \cos^4\alpha\right) \tag{6.177}$$

$$\bar{Q}_{22} = Q_{11} \sin^4\alpha + Q_{22} \cos^4\alpha + 2 \left(Q_{12} + 2\,Q_{66}\right) \sin^2\alpha \cos^2\alpha \tag{6.178}$$

$$\bar{Q}_{16} = \left(Q_{11} - Q_{12} - 2\,Q_{66}\right) \sin\alpha \cos^3\alpha - \left(Q_{22} - Q_{12} - 2\,Q_{66}\right) \sin^3\alpha \cos\alpha \tag{6.179}$$

$$\bar{Q}_{26} = \left(Q_{11} - Q_{12} - 2\,Q_{66}\right) \sin^3\alpha \cos\alpha - \left(Q_{22} - Q_{12} - 2\,Q_{66}\right) \sin\alpha \cos^3\alpha \tag{6.180}$$

$$\bar{Q}_{66} = \left(Q_{11} + Q_{22} - 2\,Q_{12} - 2\,Q_{66}\right) \sin^2\alpha \cos^2\alpha + Q_{66} \left(\sin^4\alpha + \cos^4\alpha\right) \tag{6.181}$$

angeben [6.10]. In analoger Weise können die Koeffizienten für die globale reduzierte, transformierte Nachgiebigkeitsmatrix $[\bar{q}]$ zu

$$\bar{q}_{11} = q_{11} \cos^4\alpha + q_{22} \sin^4\alpha + \left(2\,q_{12} + q_{66}\right) \sin^2\alpha \cos^2\alpha \tag{6.182}$$

$$\bar{q}_{12} = \left(q_{11} + q_{22} - q_{66}\right) \sin^2\alpha \cos^2\alpha + q_{12} \left(\sin^4\alpha + \cos^4\alpha\right) \tag{6.183}$$

$$\bar{q}_{22} = q_{11} \sin^4\alpha + q_{22} \cos^4\alpha + \left(2\,q_{12} + q_{66}\right) \sin^2\alpha \cos^2\alpha \tag{6.184}$$

$$\bar{q}_{16} = \left(2\,q_{11} - 2\,q_{12} - q_{66}\right) \sin\alpha \cos^3\alpha - \left(2\,q_{22} - 2\,q_{12} - q_{66}\right) \sin^3\alpha \cos\alpha \tag{6.185}$$

$$\bar{q}_{26} = \left(2\,q_{11} - 2\,q_{12} - q_{66}\right) \sin^3\alpha \cos\alpha - \left(2\,q_{22} - 2\,q_{12} - q_{66}\right) \sin\alpha \cos^3\alpha \tag{6.186}$$

$$\bar{q}_{66} = 2 \left(2\,q_{11} + 2\,q_{22} - 4\,q_{12} - q_{66}\right) \sin^2\alpha \cos^2\alpha + q_{66} \left(\sin^4\alpha + \cos^4\alpha\right) \tag{6.187}$$

bestimmt werden [6.10].

Beispiel 6.6.2-1

Gegeben sind die mechanisch-elastischen Materialkennwerte einer unidirektionalen Einzelschicht aus E-Glas-Epoxidharz für einen Faservolumengehalt von $\varphi_F = 60\,\%$ [6.21] mit

$$E_1 = 45.200\,\text{MPa} \qquad E_2 = 11.595\,\text{MPa} \qquad G_{12} = 4.364\,\text{MPa}$$

$$\nu_{12} = 0{,}2702 \qquad \nu_{21} = \nu_{12}\,\frac{E_2}{E_1} = 0{,}0693$$

Gesucht werden die Nachgiebigkeits- und Steifigkeitsmatrizen einer um 30° gegenüber der globalen x-Achse gedrehten Einzelschicht in der Spannungs-Verzerrungs-Formulierung als 2D-Materialgesetz.

Lösung: Mit Formel 6.156 ergeben sich zunächst das nach den Verzerrungen aufgelöste 2D-Materialgesetz der unidirektionalen Einzelschicht im lokalen, faserorientierten Koordinatensystem und die darin enthaltene Nachgiebigkeitsmatrix zu

$$\begin{Bmatrix} \varepsilon_1 \\ \varepsilon_2 \\ \gamma_{12} \end{Bmatrix} = \{\varepsilon_{12}\} = [q]\,\{\sigma_{12}\}$$

$$= \begin{bmatrix} \dfrac{1}{45.200\,\text{MPa}} & -\dfrac{0{,}0693}{11.595\,\text{MPa}} & 0 \\ -\dfrac{0{,}2702}{45.200\,\text{MPa}} & \dfrac{1}{11.595\,\text{MPa}} & 0 \\ 0 & 0 & \dfrac{1}{4.364\,\text{MPa}} \end{bmatrix} \begin{Bmatrix} \sigma_1 \\ \sigma_2 \\ \tau_{12} \end{Bmatrix}$$

$$= \begin{bmatrix} 2{,}212 \cdot 10^{-5} & -5{,}978 \cdot 10^{-6} & 0 \\ -5{,}978 \cdot 10^{-6} & 8{,}624 \cdot 10^{-5} & 0 \\ 0 & 0 & 2{,}291 \cdot 10^{-4} \end{bmatrix} \frac{1}{\text{MPa}} \begin{Bmatrix} \sigma_1 \\ \sigma_2 \\ \tau_{12} \end{Bmatrix}$$

Formel 6.152 bzw. Formel 6.154 führen auf die Steifigkeitsmatrix des 2D-Materialgesetzes hin; aufgelöst nach den Spannungen:

$$\begin{Bmatrix} \sigma_1 \\ \sigma_2 \\ \tau_{12} \end{Bmatrix} = \left\{\sigma_{12}\right\} = \left[Q\right] \left\{\varepsilon_{12}\right\}$$

$$= \begin{bmatrix} \frac{45.200\,\text{MPa}}{1-0{,}2702\cdot 0{,}0693} & \frac{0{,}2702\cdot 11.595\,\text{MPa}}{1-0{,}2702\cdot 0{,}0693} & 0 \\ \frac{0{,}2702\cdot 11.595\,\text{MPa}}{1-0{,}2702\cdot 0{,}0693} & \frac{11.595\,\text{MPa}}{1-0{,}2702\cdot 0{,}0693} & 0 \\ 0 & 0 & 4.364\,\text{MPa} \end{bmatrix} \begin{Bmatrix} \varepsilon_1 \\ \varepsilon_2 \\ \gamma_{12} \end{Bmatrix}$$

$$= \begin{bmatrix} 46.063 & 3.193 & 0 \\ 3.193 & 11.816 & 0 \\ 0 & 0 & 4.364 \end{bmatrix} \text{MPa} \begin{Bmatrix} \varepsilon_1 \\ \varepsilon_2 \\ \gamma_{12} \end{Bmatrix} \tag{6.189}$$

Die Beschreibung des Spannungs-Verzerrungs-Verhaltens der gedrehten unidirektionalen Einzelschicht im globalen Koordinatensystem erfolgt dann über die Transformation der Nachgiebigkeits- und Steifigkeitsmatrizen.

Für die Transformation der Nachgiebigkeitsmatrix nach Formel 6.175 sind zunächst die Transformationsmatrix der Spannungen mit Formel 6.88 für die Drehung von $\alpha = 30°$ mit

$$\left[T_\sigma\right]_{30°} = \begin{bmatrix} \cos^2 30° & \sin^2 30° & 2\,\sin 30°\,\cos 30° \\ \sin^2 30° & \cos^2 30° & -2\,\sin 30°\,\cos 30° \\ -\sin 30°\,\cos 30° & \sin 30°\,\cos 30° & \cos^2 30° - \sin^2 30° \end{bmatrix}$$

$$= \begin{bmatrix} \frac{1}{4} & \frac{1}{2} & 2\cdot\frac{1}{2}\cdot\frac{\sqrt{3}}{2} \\ \frac{1}{2} & \frac{1}{4} & -2\cdot\frac{1}{2}\cdot\frac{\sqrt{3}}{2} \\ -\frac{1}{2}\cdot\frac{\sqrt{3}}{2} & \frac{1}{2}\cdot\frac{\sqrt{3}}{2} & \frac{1}{4}-\frac{\sqrt{3}}{2} \end{bmatrix} = \begin{bmatrix} 0{,}750 & 0{,}250 & 0{,}866 \\ 0{,}250 & 0{,}750 & -0{,}866 \\ -0{,}433 & 0{,}433 & 0{,}500 \end{bmatrix}$$

und Formel 6.91 für die Transponierte der Transformationsmatrix der Spannungen mit

$$\left[T_\sigma\right]^T_{30°} = \begin{bmatrix} 0{,}750 & 0{,}250 & -0{,}433 \\ 0{,}250 & 0{,}750 & 0{,}433 \\ 0{,}866 & -0{,}866 & 0{,}500 \end{bmatrix}$$

anzugeben. Mit Formel 6.174 und Formel 6.175 können dann die Zusammenhänge

$$\begin{Bmatrix} \varepsilon_x \\ \varepsilon_y \\ \gamma_{xy} \end{Bmatrix} = \{\varepsilon_{xy}\} = [\bar{q}]_{30^\circ} \{\sigma_{xy}\}$$

$$= [T_\sigma]^T_{30^\circ} [q] [T_\sigma]_{30^\circ} \{\sigma_{xy}\}$$

$$= \begin{bmatrix} 5{,}856 \cdot 10^{-5} & -2{,}638 \cdot 10^{-5} & -5{,}133 \cdot 10^{-5} \\ -2{,}638 \cdot 10^{-5} & 9{,}062 \cdot 10^{-5} & -4{,}205 \cdot 10^{-6} \\ -5{,}133 \cdot 10^{-5} & -4{,}205 \cdot 10^{-6} & 1{,}475 \cdot 10^{-4} \end{bmatrix} \frac{1}{\text{MPa}} \begin{Bmatrix} \sigma_x \\ \sigma_y \\ \tau_{xy} \end{Bmatrix}$$

berechnet werden.

Um die Spannungs-Verzerrungs-Beziehungen für das 2D-Materialgesetz – aufgelöst nach den Spannungen – für die gedrehte Einzellage zu formulieren, ist zunächst die Transformationsmatrix der Verzerrungen nach Formel 6.122

$$\{T_\varepsilon\}_{30^\circ} = \begin{bmatrix} \cos^2\alpha & \sin^2\alpha & \sin\alpha\,\cos\alpha \\ \sin^2\alpha & \cos^2\alpha & -\sin\alpha\,\cos\alpha \\ -2\sin\alpha\,\cos\alpha & 2\sin\alpha\,\cos\alpha & \cos^2\alpha - \sin^2\alpha \end{bmatrix}$$

$$= \begin{bmatrix} \frac{3}{4} & \frac{1}{4} & \frac{1}{2}\frac{\sqrt{3}}{2} \\ \frac{1}{4} & \frac{3}{4} & -\frac{1}{2}\frac{\sqrt{3}}{2} \\ -2\,\frac{1}{2}\frac{\sqrt{3}}{2} & 2\,\frac{1}{2}\frac{\sqrt{3}}{2} & \frac{3}{4} - \frac{1}{4} \end{bmatrix} = \begin{bmatrix} 0{,}750 & 0{,}250 & 0{,}433 \\ 0{,}250 & 0{,}750 & -0{,}433 \\ -0{,}866 & 0{,}866 & 0{,}500 \end{bmatrix}$$

beziehungsweise deren Transponierte

$$\{T_\varepsilon\}^T_{30^\circ} = \begin{bmatrix} 0{,}750 & 0{,}250 & -0{,}866 \\ 0{,}250 & 0{,}750 & 0{,}866 \\ 0{,}433 & -0{,}433 & 0{,}500 \end{bmatrix}$$

aufzustellen. Mit Formel 6.168 und Formel 6.169 folgt das nach den Spannungen aufgelöste Materialgesetz der um 30° gedrehten unidirektionalen Einzelschicht zu

$$\begin{Bmatrix} \sigma_x \\ \sigma_y \\ \tau_{xy} \end{Bmatrix} = \{\sigma_{xy}\} = [\bar{Q}]_{30^\circ} \{\varepsilon_{xy}\}$$

$$= [T_\varepsilon]^T_{30^\circ} [Q] [T_\varepsilon]_{30^\circ} \{\varepsilon_{xy}\}$$

$$= \begin{bmatrix} 31.119 & 9.575 & 11.099 \\ 9.575 & 13.995 & 3.729 \\ 11.099 & 3.729 & 10.745 \end{bmatrix} \text{MPa} \begin{Bmatrix} \varepsilon_x \\ \varepsilon_y \\ \gamma_{xy} \end{Bmatrix} \tag{6.190}$$

Schlussfolgerungen #1: Die in Formel 6.190 enthaltene reduzierte Steifigkeitsmatrix im globalen Koordinatensystem $[\bar{Q}]_{30^\circ}$ einer um 30° gedrehten unidirektionalen Einzelschicht zeigt in globaler x-Richtung faserdominierende Eigenschaften auf. Die Folge ist, dass sich eine Größenordnung der Matrixeinträge ergibt

$$\bar{Q}_{11}^{+30^\circ} > \bar{Q}_{22}^{+30^\circ} > \bar{Q}_{66}^{+30^\circ} > \bar{Q}_{12}^{+30^\circ} > 0 \tag{6.191}$$

die sich auch zur qualitativen Überprüfung der Richtigkeit der Berechnungsergebnisse eignet. Ferner lässt sich beobachten, dass die Koppelanteile der $\bar{Q}$-Matrix zueinander eine Größenabhängigkeit besitzen und größer null sind:

$$\bar{Q}_{16}^{+30^\circ} > \bar{Q}_{26}^{+30^\circ} > 0 \tag{6.192}$$

Des Weiteren lässt sich beobachten, dass eine Transformation der Einzelschichteigenschaften um einen Winkel von $\alpha = -30^\circ$ zu einer vergleichbaren Belegung der Koeffizienteneinträge führt wie bei einer +30°-Drehung

$$\left[\bar{Q}(\alpha = -30^\circ)\right] = \left[\bar{Q}\right]_{-30^\circ} = \begin{bmatrix} 31.119 & 9.575 & -11.099 \\ 9.575 & 13.995 & -3.729 \\ -11.099 & -3.729 & 10.745 \end{bmatrix} \text{MPa} \tag{6.193}$$

die sich lediglich im Vorzeichen der Koppelterme unterschiedet. Im Vergleich mit Formel 6.190 fällt auf, dass sich der Zusammenhang

$$\bar{Q}_{16}^{+30^\circ} = -\bar{Q}_{16}^{-30^\circ} \tag{6.194}$$
$$\bar{Q}_{26}^{+30^\circ} = -\bar{Q}_{26}^{-30^\circ} \tag{6.195}$$

notieren lässt. Daraus kann allgemeingültig abgeleitet werden, dass sich die positive bzw. negative Drehung einer Einzelschicht in der global formulierten, reduzierten Steifigkeitsmatrix lediglich in der Unterschiedlichkeit der Vorzeichen der Koppelterme findet. Eine positive Drehung ($0^\circ < \alpha < 90^\circ$) der Einzelschicht führt in der global formulierten Steifigkeitsmatrix zu positiven Koppeltermen und eine negative Drehung ($0^\circ > \alpha > -90^\circ$) führt zu negativen Koppeltermen. Folglich reicht es, eine Transformationsrichtung zu berechnen und auf die entgegengesetzte Transformation durch Vorzeichenwechsel der Koppelterme zu schließen.

Schlussfolgerungen #2: Eine Drehung der Einzelschicht um ±60° führt zu faserdominierenden Eigenschaften in globaler y-Richtung.
Es lässt sich zeigen, dass, wie eine ±30°-Drehung einer Einzelschicht faserdominierende Eigenschaften in globaler x-Richtung aufweist, sich in gleichem Maße für eine ±60°-Drehung faserdominierende Eigenschaften in globaler y-Richtung ergeben. Durch Berechnung folgt, dass eine Steifigkeitsmatrix einer ±60°-Einzelschicht aus den Kennwerten einer ±30°-Einzelschicht durch Umstellen der Matrixkoeffizienten abgeleitet werden kann.

Die Berechnung der reduzierten, global formulierten Einzelschichtsteifigkeit einer ±60°-Einzelschicht ergibt

$$\left[\bar{Q}(\alpha = \pm 60^\circ)\right] = \left[\bar{Q}\right]_{\pm 60^\circ} = \begin{bmatrix} 13.995 & 9.575 & \pm 3.729 \\ 9.575 & 31.119 & \pm 11.099 \\ \pm 3.729 & \pm 11.099 & 10.745 \end{bmatrix} \text{MPa} \tag{6.196}$$

Der Koeffizientenvergleich der Steifigkeitsmatrizen aus Formel 6.190, Formel 6.193 und Formel 6.196 zeigt die Zusammenhänge zwischen einer 30°- und 60°-Einzelschicht:

$$\bar{Q}_{11}^{+30°} = \bar{Q}_{11}^{-30°} = \bar{Q}_{22}^{+60°} = \bar{Q}_{22}^{-60°} \tag{6.197}$$

$$\bar{Q}_{22}^{+30°} = \bar{Q}_{22}^{-30°} = \bar{Q}_{11}^{+60°} = \bar{Q}_{11}^{-60°} \tag{6.198}$$

$$\bar{Q}_{66}^{+30°} = \bar{Q}_{66}^{-30°} = \bar{Q}_{66}^{+60°} = \bar{Q}_{66}^{-60°} \tag{6.199}$$

$$\bar{Q}_{16}^{+30°} = -\bar{Q}_{16}^{-30°} = \bar{Q}_{26}^{+60°} = -\bar{Q}_{26}^{-60°} \tag{6.200}$$

$$\bar{Q}_{26}^{+30°} = -\bar{Q}_{26}^{-30°} = \bar{Q}_{16}^{+60°} = -\bar{Q}_{16}^{-60°} \tag{6.201}$$

Diese Beobachtungen lassen sich weiter verallgemeinern, wenn zwischen zwei Einzelschichtdrehungen

$$0° < \alpha < 45°$$

und

$$45° < \beta < 90°$$

der Zusammenhang

$$\alpha + \beta = 90° \tag{6.202}$$

besteht. Dann können Formel 6.197 bis Formel 6.201 in die allgemein formulierten Zusammenhänge

$$\bar{Q}_{11}^{\pm\alpha} = \bar{Q}_{22}^{\pm\beta} \tag{6.203}$$

$$\bar{Q}_{22}^{\pm\alpha} = \bar{Q}_{11}^{\pm\beta} \tag{6.204}$$

$$\bar{Q}_{66}^{\pm\alpha} = \bar{Q}_{66}^{\pm\beta} \tag{6.205}$$

$$\bar{Q}_{16}^{+\alpha} = -\bar{Q}_{16}^{-\alpha} = \bar{Q}_{26}^{+\beta} = -\bar{Q}_{26}^{-\beta} \tag{6.206}$$

$$\bar{Q}_{26}^{+\alpha} = -\bar{Q}_{26}^{-\alpha} = \bar{Q}_{16}^{+\beta} = -\bar{Q}_{16}^{-\beta} \tag{6.207}$$

überführt werden.

Beispiel 6.6.2-2

Gegeben sind die Materialkennwerte einer unidirektionalen Einzelschicht aus dem Beispiel 6.6.2-1.

Gesucht werden die globalen Steifigkeitsmatrizen $[\bar{Q}]_{45°}$ und $[\bar{Q}]_{-45°}$ einer um 45° beziehungsweise −45° gedrehten Einzelschicht.

Lösung: Ausgehend von dem Zusammenhang

$$[\bar{Q}]_{45°} = [T_\varepsilon]_{45°}^T \, [Q] \, [T_\varepsilon]_{45°}$$

wird zunächst die Transformationsmatrix der Verzerrungen mit

$$\{T_\varepsilon\}_{45°} = \begin{bmatrix} \cos^2 45° & \sin^2 45° & \sin 45° \cos 45° \\ \sin^2 45° & \cos^2 45° & -\sin 45° \cos 45° \\ -2\sin 45° \cos 45° & 2\sin 45° \cos 45° & \cos^2 \alpha - \sin^2 45° \end{bmatrix}$$

$$= \begin{bmatrix} 0{,}5 & 0{,}5 & 0{,}5 \\ 0{,}5 & 0{,}5 & -0{,}5 \\ -1{,}0 & 1{,}0 & 0 \end{bmatrix}$$

notiert. Daraus ergibt sich die transponierte Transformationsmatrix der Verzerrungen zu

$$\{T_\varepsilon\}^T_{45°} = \begin{bmatrix} 0{,}5 & 0{,}5 & -1{,}0 \\ 0{,}5 & 0{,}5 & 1{,}0 \\ 0{,}5 & -0{,}5 & 0 \end{bmatrix}$$

Nach Ausführung der matriziellen Multiplikation erhält man mit

$$[\bar{Q}]_{45°} = \begin{bmatrix} 20.430{,}25 & 11.702{,}25 & 8.561{,}75 \\ 11.702{,}25 & 20.430{,}25 & 8.561{,}75 \\ 8.561{,}75 & 8.561{,}75 & 12.873{,}25 \end{bmatrix} \text{MPa} \tag{6.208}$$

die Steifigkeitsmatrix der um 45° gedrehten, reduzierten Einzelschichtsteifigkeit im globalen Koordinatensystem.

Anmerkungen: Bei Drehung einer unidirektionalen Einzelschicht unter 45° zeigt die globale x-Richtung faserdominierende Eigenschaften. Bei Drehungen größer 45° und kleiner 90° bilden sich dagegen die faserdominierenden Eigenschaften in globaler y-Richtung aus. Eine um 45° gedrehte Einzelschicht zeigt gleichermaßen in globaler x- als auch in globaler y-Richtung Eigenschaften der unidirektionalen Einzelschicht, da bei dieser Drehung keine globale Koordinatenrichtung bevorzugt wird.
Die Koeffizienten der $[\bar{Q}]_{45°}$-Matrix in Formel 6.208 zeigen gleich große Werte der Koeffizienten $\bar{Q}^{45°}_{11}$ und $\bar{Q}^{45°}_{22}$, was die gleichgewichtige Fasereigenschaftsverteilung in globaler x- und y-Richtung belegt. Bei einer positiven 45°-Drehung sind auch beide Koppelterme $\bar{Q}^{45°}_{16}$ und $\bar{Q}^{45°}_{26}$ gleich groß und größer null.
Ähnlich Formel 6.191 kann auch hier die Rangfolge der Größen der Matrixeinträge,

$$\bar{Q}^{45°}_{11} = \bar{Q}^{45°}_{22} > \bar{Q}^{45°}_{66} > \bar{Q}^{45°}_{12} > 0$$

zur qualitativen Überprüfung des Berechnungsergebnisses herangezogen werden.

Beispiel 6.6.2-3

Gegeben sind erneut die Materialkennwerte einer unidirektionalen Einzelschicht aus Beispiel 6.6.2-1.

Gesucht wird die reduzierte, globale Steifigkeitsmatrix $\bar{Q}_{90°}$ der um 90° zum globalen Koordinatensystem gedrehten Einzelschicht.

***Lösung*:** Für die rechnerische Bestimmung der gesuchten Steifigkeitsmatrix ist wieder der Zusammenhang

$$[\bar{Q}]_{90°} = [T_\varepsilon]_{90°}^T [Q] [T_\varepsilon]_{90°}$$

heranzuziehen. Die erforderliche Tranformationsmatrix der Verzerrungen und deren transponierte Matrix für eine 90°-Drehung lässt sich zu

$$\{T_\varepsilon\}_{90°} = \begin{bmatrix} \cos^2 90° & \sin^2 90° & \sin 90° \cos 90° \\ \sin^2 90° & \cos^2 90° & -\sin 90° \cos 90° \\ -2\sin 90° \cos 90° & 2\sin 90° \cos 45° & \cos^2\alpha - \sin^2 90° \end{bmatrix}$$

$$= \begin{bmatrix} 0 & 1 & 0 \\ 1 & 0 & 0 \\ 0 & 0 & -1 \end{bmatrix} = \{T_\varepsilon\}_{90°}^T$$

bestimmen. Daraus folgt die gesuchte reduzierte Steifigkeitsmatrix im globalen Koordinatensystem zu

$$[\bar{Q}]_{90°} = \begin{bmatrix} 11.816 & 3.193 & 0 \\ 3.193 & 46.063 & 0 \\ 0 & 0 & 4.364 \end{bmatrix} \text{MPa} \tag{6.209}$$

Schlussfolgerungen: Der Vergleich von Formel 6.209 mit der reduzierten Steifigkeitsmatrix im lokalen Koordinatensysstem Q in Formel 6.189 zeigt, dass zur Transformation der Steifigkeitsmatrix bei einer Drehung um 90° zum globalen Koordinatensystem lediglich ein Platztausch der Einträge Q_{11} und Q_{22} vorgenommen werden muss. Damit kann auf eine rechnerische Bestimmung der $[\bar{Q}]_{90°}$-Steifigkeitsmatrix verzichtet werden.

Übung 6.6.2-4

Gegeben sind die Materialeigenschaften einer unidirektionalen Einzelschicht aus AS/3501, einem kohlenstofffaserverstärktem Kunststoff mit Epoxydharzmatrix, mit

$E_1 = 140.000\,\text{MPa}$ $E_2 = 10.000\,\text{MPa}$ $G_{12} = 7.000\,\text{MPa}$

$G_{23} = 7.000\,\text{MPa}$ $G_{13} = 7.000\,\text{MPa}$ $\nu_{12} = 0{,}3$

Gesucht sind

a) die reduzierte Steifigkeitsmatrix $[Q]$ der unidirektionalen Einzelschicht im lokalen, faserorientierten Schichtkoordinatensystem,

b) die reduzierte Steifigkeitsmatrix $[\bar{Q}]_{30°}$ einer um 30° zum globalen Koordinatensystem gedrehten Einzelschicht,

c) die reduzierten Steifigkeitsmatrizen $[\bar{Q}]_{45°}$ und $[\bar{Q}]_{-45°}$ einer um 45° bzw. −45° zum globalen Koordinatensystem gedrehten Einzelschicht,

d) die reduzierte Steifigkeitsmatrix $[\bar{Q}]_{-60°}$ einer um −60° zum globalen Koordinatensystem gedrehten Einzelschicht und

e) die reduzierte Steifigkeitsmatrix $[\bar{Q}]_{90°}$ einer um 90° zum globalen Koordinatensystem gedrehten Einzelschicht.

Lösung: Siehe Anhang G *Lösungen*.

6.6.3 Berechnung der Ingenieurkonstanten einer unidirektionalen Einzelschicht

Wird eine beliebig orientierte Einzelschicht in einer Zugprüfmaschine bezüglich ihrer mechanischen Kennwerte untersucht, dann wird zum Beispiel die wirksame Steifigkeit in globaler x-Richtung gemessen. Diese effektiven beziehungsweise wirksamen Kennwerte werden auch als die ***globalen Ingenieurkonstanten*** bezeichnet.

Bild 6.18 zeigt beispielhaft einen Probekörper, dessen Faserorientierung um den Winkel α zur Längsachse, der x-Achse, gedreht ist. Wie in der Skizze dargestellt worden

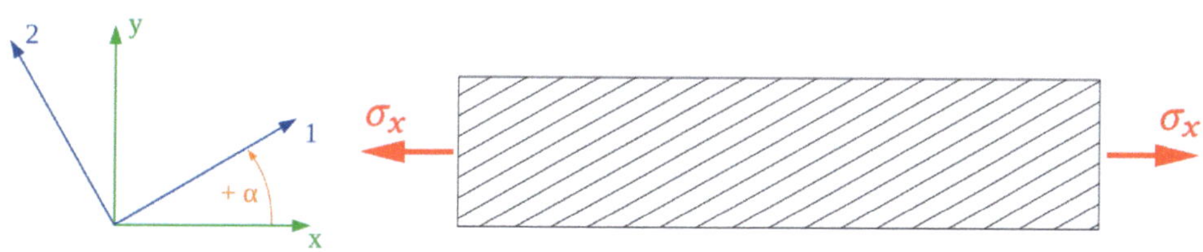

Bild 6.18 Monotroper Probekörper unter Zugbeanspruchung

ist, wird der Probekörper in globaler x-Richtung auf Zug beansprucht. Für den einachsigen Zugversuch kann der Spannungszustand mit

$$\sigma_x \neq 0 \quad \sigma_y = \tau_{xy} = 0 \tag{6.211}$$

beschrieben werden. Für die im Zugversuch gemessene Steifigkeit E_x können nach Formel 1.42 und Formel 6.174 die Zusammenhänge

$$E_x = \frac{\sigma_x}{\varepsilon_x} = \frac{\sigma_x}{\bar{q}_{11} \cdot \sigma_x} = \frac{1}{\bar{q}_{11}} \tag{6.212}$$

und

$$\nu_{xy} = -E_x \cdot \bar{q}_{12} \tag{6.213}$$

hergestellt werden. Analog sind durch eine Zugprüfung in y-Richung und eine Schubprüfung die Zusammenhänge

$$E_y = \frac{\sigma_y}{\varepsilon_y} = \frac{\sigma_y}{\bar{q}_{22} \cdot \sigma_y} = \frac{1}{\bar{q}_{22}} \tag{6.214}$$

und

$$G_{xy} = \frac{\tau_{xy}}{\gamma_{xy}} = \frac{\tau_{xy}}{\bar{q}_{66} \cdot \tau_{xy}} = \frac{1}{\bar{q}_{66}} \tag{6.215}$$

ableitbar. Somit können für das 2D-Werkstoffgesetz die vier Ingenieurkonstanten bzw. effektiven Konstanten unter Berücksichtigung von Formel 6.182 bis Formel 6.187 und Formel 6.156 als

$$E_x = \left[\frac{1}{E_1}\cos^4\alpha + \left(\frac{1}{G_{12}} - 2\frac{\nu_{12}}{E_1}\right)\sin^2\alpha\,\cos^2\alpha + \frac{1}{E_2}\sin^4\alpha\right]^{-1} \tag{6.216}$$

$$E_y = \left[\frac{1}{E_1}\sin^4\alpha + \left(\frac{1}{G_{12}} - 2\frac{\nu_{12}}{E_1}\right)\sin^2\alpha\,\cos^2\alpha + \frac{1}{E_2}\cos^4\alpha\right]^{-1} \tag{6.217}$$

$$G_{xy} = \left[\frac{1}{G_{12}}\left(\sin^4\alpha + \cos^4\alpha\right) + 4\left(\frac{1}{E_1} + \frac{1}{E_2} + 2\frac{\nu_{12}}{E_1} - \frac{1}{2\,G_{12}}\right)\sin^2\alpha\,\cos^2\alpha\right]^{-1} \tag{6.218}$$

$$\nu_{xy} = E_x \cdot \left[\frac{\nu_{12}}{E_1}\left(\sin^4\alpha + \cos^4\alpha\right) - \left(\frac{1}{E_1} + \frac{1}{E_2} - \frac{1}{G_{12}}\right)\sin^2\alpha\,\cos^2\alpha\right]^{-1} \tag{6.219}$$

notiert werden [6.10].

Für ein orthotropes Material, bei dem die globalen Koordinatenachsen mit den Materialhauptachsen zusammenfallen, können die Ingenieurkonstanten auch aus den Elementen der Nachgiebigkeitsmatrix mit

$$\bar{q}_{11} = \frac{1}{E_1} \tag{6.220}$$

$$\bar{q}_{12} = -\frac{\nu_{12}}{E_1} \tag{6.221}$$

$$\bar{q}_{22} = \frac{1}{E_2} \tag{6.222}$$

$$\bar{q}_{16} = \bar{q}_{26} = 0 \tag{6.223}$$

$$\bar{q}_{66} = \frac{1}{G_{12}} \tag{6.224}$$

gewonnen werden [6.15].

Beispiel 6.6.3-1

Gegeben ist ein sogenannter „Off-Axis"-Zugprobekörper, wie er in Bild 6.19 skizziert ist. Auf dem Probekörper sind zwei Dehnmessstreifen appliziert, die die Dehnungen in Zugrichtung und die Querkontraktion senkrecht zur Zugrichtung messen können.

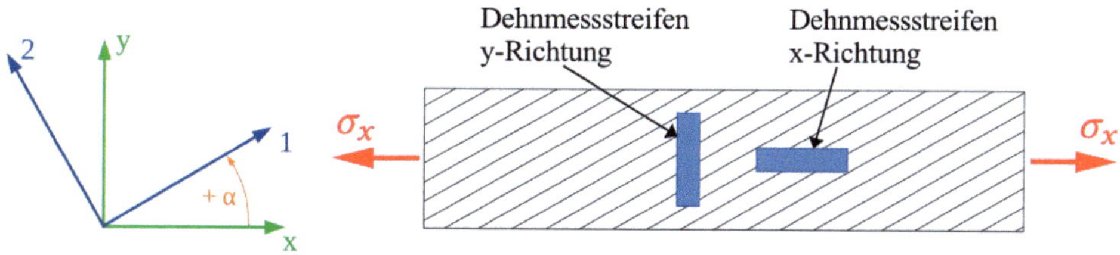

Bild 6.19 Off-Axis-Zugprobekörper mit Dehnmessstreifen

Gesucht sind die Materialkennwerte (Ingenieurkonstanten), die sich durch die Messung der Zugspannung σ_x und der Normalverzerrungen ε_x in Zugrichtung und ε_y quer zur Zugrichtung bestimmen lassen.

Lösung: Die aus dem Zugversuch bekannten Größen sind

- die Zugspannung σ_x (Kraftmessdose Prüfmaschine),
- die Längsdehnung ε_x (Dehnmessstreifen x-Richtung) und
- die Querdehnung bzw. Querkontraktion ε_y (Dehnmessstreifen y-Richtung).

Der Elastizitätsmodul E_x in Zugrichtung bzw. in globaler x-Richtung kann mit

$$E_x = \frac{\sigma_x}{\varepsilon_x} \tag{6.225}$$

aus den Messwerten ermittelt werden. Die Querkontraktionszahl ν_{xy} im globalen Koordinatensystem wird durch den Zusammenhang

$$\nu_{xy} = -\frac{\varepsilon_y}{\varepsilon_x} \tag{6.226}$$

bestimmt. Besitzt der Zugprobekörper eine Faserorientierung von $\alpha = 45°$, dann lässt sich durch Transformation der Verzerrungen und Spannungen auch der lokale, faserorientierte Schubmodul bestimmen. Für die Gleitungen im lokalen, faserorientierten Koordinatensystem kann der Zusammenhang

$$\gamma_{12} = -2\,\cos 45°\,\sin 45°\,\varepsilon_x + 2\,\cos 45°\,\sin 45°\,\varepsilon_y + \left(\cos^2 45° - \sin^2 45°\right)\,\gamma_{xy} \tag{6.227}$$

bzw.

$$\gamma_{xy} = -\varepsilon_x + \varepsilon_y \tag{6.228}$$

notiert werden. In diesem Fall lässt sich auch die Schubspannung τ_{12} im lokalen, faserorientierten Koordinatensystem unter den angenommenen Testbedingungen

$$\sigma_x \neq 0\,,\, \sigma_y = \tau_{xy} = 0 \tag{6.229}$$

zu

$$\tau_{12} = -\cos 45°\,\sin 45°\,\sigma_x = -\frac{1}{2}\,\sigma_x \tag{6.230}$$

bestimmen.

Übung 6.6.3-2

Gegeben ist ein gewickelter faserverstärkter Druckbehälter, wie er in Bild 6.20 schematisch dargestellt ist [6.10] und bereits in Übung 6.5.1-3 Anwendung gefunden hat. Der Druckbehälter hat einen Durchmesser von $d = 1$ m und eine Wandstärke von $t = 20$ mm. Um die Berechnung zu vereinfachen, wird angenommen, dass lediglich

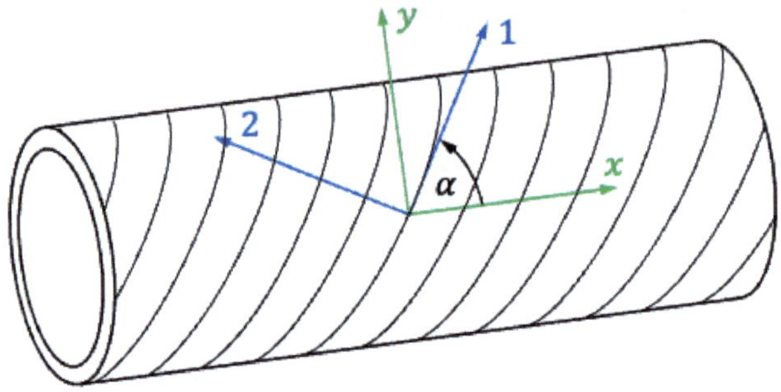

Bild 6.20 Gewickelter Druckbehälter

eine Wickellage abgelegt worden ist. Der Faserwickelwinkel bezogen auf die Längsachse des Rohres beträgt $\alpha = 53{,}1°$. Als Werkstoff wurde ein glasfaserverstärkter Kunststoff mit den Materialkennwerten

$$E_1 = 40\,\text{GPa} \qquad E_2 = 10\,\text{GPa}$$
$$G_{12} = 3{,}5\,\text{GPa} \qquad \nu_{12} = 0{,}25$$

verwendet. Aus dem Druckbehälter werden in Rohrlängsrichtung Probekörper für anschließende Zugversuche herausgeschnitten.

Gesucht wird die zu erwartende effektive Zugsteifigkeit E_x der Probekörper.

Lösung: Siehe Anhang G *Lösungen*.

6.6.4 2D-Werkstoffgesetz der ausgewogenen Gewebeschicht

Ein ausgewogenes Gewebe, das in beide Hauptrichtungen $\pm\theta$ die gleiche Anzahl an Fasern aufweist, kann als eine Kombination von zwei unidirektionalen Einzelschichten verstanden werden (siehe Bild 6.21), die von ihren Steifigkeiten jeweils zur Hälfte in die Schichtsteifigkeit eingehen. Damit lässt sich der Zusammenhang

$$\bar{Q}^{f}_{ij} = \frac{1}{2}\left(\bar{Q}^{+\alpha}_{ij} + \bar{Q}^{-\alpha}_{ij}\right) \qquad \text{für} \qquad i,j = 1,2,6 \tag{6.232}$$

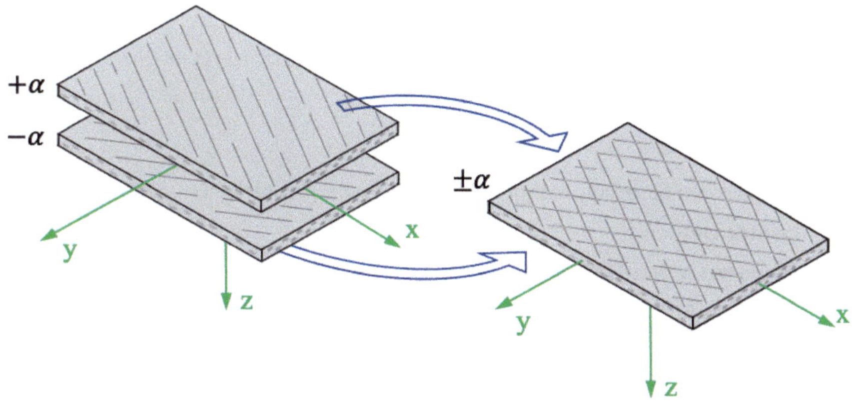

Bild 6.21 Gedankliche Kombination von zwei unidirektionalen Einzelschichten zu einer ausgewogenen Gewebeschicht

formulieren. Hierbei sind $\bar{Q}_{ij}^{+\alpha}$ bzw. $\bar{Q}_{ij}^{-\alpha}$ die Elemente der transformierten reduzierten Steifigkeitsmatrix der unidirektionalen Einzelschicht im globalen x-y-Koordinatensystem mit der jeweiligen Lagenorientierung $+\alpha$ bzw. $-\alpha$. Der hochgestellte Buchstabe f der Elemente $\bar{Q}_{ij}^{f}$ der reduzierten Steifigkeitsmatrix zeigt an, dass es sich um ein Gewebe (*engl.: fabric*) handelt. Mithilfe der Transformationsbeziehungen für eine monotrope Einzelschicht (siehe Unterabschnitt 6.6.2) folgen für eine ausgewogene Gewebeschicht mit $\pm\alpha$-Orientierung der Fasern die Koeffizienten

$$\bar{Q}_{11}^{f} = Q_{11}\ \cos^4\alpha + Q_{22}\ \sin^4\alpha + 2\ (Q_{12} + 2\,Q_{66})\ \sin^2\alpha\ \cos^2\alpha \tag{6.233}$$

$$\bar{Q}_{12}^{f} = (Q_{11} + Q_{22} - 4\,Q_{66})\ \sin^2\alpha\ \cos^2\alpha + Q_{12}\ \left(\sin^4\alpha + \cos^4\alpha\right) \tag{6.234}$$

$$\bar{Q}_{22}^{f} = Q_{11}\ \sin^4\alpha + Q_{22}\ \cos^4\alpha + 2\ (Q_{12} + 2\,Q_{66})\ \sin^2\alpha\ \cos^2\alpha \tag{6.235}$$

$$\bar{Q}_{16}^{f} = 0 \tag{6.236}$$

$$\bar{Q}_{26}^{f} = 0 \tag{6.237}$$

$$\bar{Q}_{66}^{f} = (Q_{11} + Q_{22} - 2\,Q_{12} - 2\,Q_{66})\ \sin^2\alpha\ \cos^2\alpha + Q_{66}\ \left(\sin^4\alpha + \cos^4\alpha\right) \tag{6.238}$$

der reduzierten Gewebesteifigkeitsmatrix $[\bar{Q}^f]$. Die Einträge $\bar{Q}_{16}^{f}$ und $\bar{Q}_{26}^{f}$ verschwinden, da die Zusammenhänge

$$\bar{Q}_{16}^{+\alpha} = -\bar{Q}_{16}^{-\alpha} \quad \text{und} \quad \bar{Q}_{26}^{+\alpha} = -\bar{Q}_{26}^{-\alpha} \tag{6.239}$$

gelten.

Übung 6.6.4-1

Gegeben sind die Materialkennwerte einer unidirektionalen CFK-Einzelschicht,

$$E_1 = 148\,\text{GPa} \qquad E_2 = 19{,}65\,\text{GPa}$$
$$G_{12} = 4{,}55\,\text{GPa} \qquad \nu_{12} = 0{,}3 \qquad \nu_{23} = 0{,}6$$

mit gleichem Faservolumengehalt wie die zu betrachtende Gewebeschicht.

Gesucht werden

a) die reduzierte Steifigkeitsmatrix $[Q]$ der unidirektionalen CFK-Einzelschicht im lokalen, faserorientierten Schichtkoordinatensystem,

b) die reduzierte Steifigkeitsmatrix $\left[\bar{Q}^f\right]$ eines ausgewogenen CFK-Gewebes mit einer Faserorientierung von ±45° und

c) die Ingenieurkonstanten eines ausgewogenen CFK-Gewebes mit einer Faserorientierung von ±45°.

Lösung: Siehe Anhang G *Lösungen*.

6.6.5 2D-Werkstoffgesetz der schiefwinkligen Gewebeschicht

Die in Unterabschnitt 6.6.4 hergeleiteten Zusammenhänge einer ausgewogenen Gewebeschicht gelten nur für ein Gewebe, das eine ±45°-Orientierung bezüglich des globalen Koordinatensystems aufweist und dessen Eigenschaften von Kett- und Schussrichtung gleich sind. Ein Gewebe, das zwar gleiche Eigenschaften in Kett- und Schussrichtung besitzt, aber nicht unter ±45° orientiert ist, lässt sich mit dieser Vorgehensweise nicht beschreiben. Hierfür sollen im Folgenden die Beziehungen bestimmt werden.

Ausgehend von der Annahme eines in Kett- und Schussrichtung gleich gewichteten Gewebes, dessen Faserrichtungen einen Winkel von 90° bzw. $\frac{\pi}{2}$ zueinander einnehmen, können nachfolgende Zusammenhänge abgeleitet werden. Im lokalen faserorientierten Koordinatensystem besitzt eine Gewebelage mit gleichen Eigenschaften in Kett- und Schussrichtung die Eigenschaften einer *unechten Orthotropie*, bei der für die Steifigkeiten in den beiden Hauprichtungen

$$E_1 = E_2 \tag{6.241}$$

gilt. Die Orientierung der einen Fasergewebsrichtung nimmt einen Winkel der Größe α_1 zur globalen x-Achse ein. Die andere Fasergewebsrichtung ist um $-\alpha_2$ zur globalen x-Achse gedreht (siehe Bild 6.22), wobei die Beziehung

$$\alpha_1 \neq \alpha_2 \tag{6.242}$$

gilt. Bild 6.22 zeigt in grüner Farbe das globale x-y-Koordinatensystem. Die Gewebelage ist um $+\alpha_1$ gedreht, sodass die lokale 1-Achse (blau dargestellt) in die eine Faserlängsrichtung und die lokale 1′-Achse (orange dargestellt) in die andere Faserlängsrichtung des Gewebes zeigt. Für ein gleichwertiges Gewebe wird nicht zwischen der

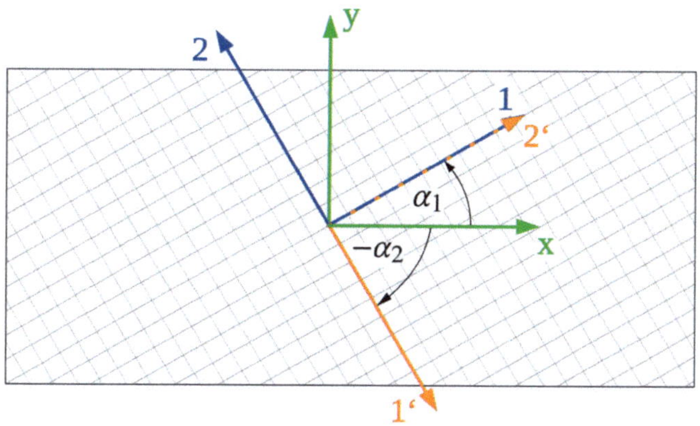

Bild 6.22 Faserorientierungswinkel α_1 und α_2 einer unausgewogenen Gewebeschicht. Globales *x*-*y*-Koordinatensystem. Faserorientiertes 1-2- bzw. 1‘-2‘-Koordinatensystem. Die Einzelschichteigenschaften in 1- und 1‘-Richtung sind gleich.

Kett- und Schussrichtung unterschieden.
Da Kett- und Schussrichtung senkrecht zueinander stehen, gilt der Zusammenhang

$$\alpha_1 - \frac{\pi}{2} = \alpha_2 \tag{6.243}$$

um von der ersten Faserorientierung α_1 zur zweiten Faserorientierung α_2 zu gelangen. Mithilfe der Additionstheoreme ([6.3, 16])

$$\sin(\alpha \pm \beta) = \sin\alpha \cdot \cos\beta \pm \cos\alpha \cdot \sin\beta \tag{6.244}$$

$$\cos(\alpha \pm \beta) = \cos\alpha \cdot \cos\beta \mp \sin\alpha \cdot \sin\beta \tag{6.245}$$

sowie unter der Berücksichtigung, dass für die Faserorientierungen des Gewebes

$$\alpha = \alpha_1 \tag{6.246}$$

und

$$-\beta = -\alpha_2 = \alpha_1 - \frac{\pi}{2} \tag{6.247}$$

gelten, folgen die trigonometrischen Beziehungen

$$\begin{aligned}\sin(-\beta) = \sin(\alpha_1 - \frac{\pi}{2}) &= \sin\alpha_1 \cdot \cos\frac{\pi}{2} - \cos\alpha_1 \cdot \sin\frac{\pi}{2} \\ &= \qquad\qquad - \cos\alpha_1\end{aligned} \tag{6.248}$$

und

$$\begin{aligned}\cos(-\beta) = \cos(\alpha_1 - \frac{\pi}{2}) &= \cos\alpha_1 \cdot \cos\frac{\pi}{2} + \sin\alpha_1 \cdot \sin\frac{\pi}{2} \\ &= \qquad\qquad + \sin\alpha_1\end{aligned} \tag{6.249}$$

Ausgehend von Formel 6.232 und unter Berücksichtigung von Formel 6.248 und Formel 6.249 folgen die Koeffizienten für die reduzierte Steifigkeitsmatrix $\left[\bar{Q}^{+\alpha_1/-\alpha_2}\right]$ der **unausgewogenen** Gewebeschicht zu

$$\bar{Q}_{11}^{+\alpha_1/-\alpha_2} = \frac{1}{2}\,(Q_{11} + Q_{22})\,\left(\sin^4\alpha_1 + \cos^4\alpha_1\right) + 2\,(Q_{12} + 2\,Q_{66})\,\sin^2\alpha_1\,\cos^2\alpha_1 \tag{6.250}$$

$$\bar{Q}_{12}^{+\alpha_1/-\alpha_2} = (Q_{11} + Q_{22} - 4\,Q_{66})\,\sin^2\alpha_1\,\cos^2\alpha_1 + Q_{12}\,\left(\sin^4\alpha_1 + \cos^4\alpha_1\right) \tag{6.251}$$

$$\bar{Q}_{22}^{+\alpha_1/-\alpha_2} = \bar{Q}_{11}^{+\alpha_1/-\alpha_2} \tag{6.252}$$

$$\bar{Q}_{16}^{+\alpha_1/-\alpha_2} = \frac{1}{2}\,(Q_{11} - 2\,Q_{12} + Q_{22} - 4\,Q_{66})\,\left(\sin\alpha_1\,\cos^3\alpha_1 - \sin^3\alpha_1\,\cos\alpha_1\right) \tag{6.253}$$

$$\bar{Q}_{26}^{+\alpha_1/-\alpha_2} = \frac{1}{2}\,(Q_{11} - 2\,Q_{12} + Q_{22} - 4\,Q_{66})\,\left(\sin^3\alpha_1\,\cos\alpha_1 - \sin\alpha_1\,\cos^3\alpha_1\right) \tag{6.254}$$

$$\bar{Q}_{66}^{+\alpha_1/-\alpha_2} = (Q_{11} - 2\,Q_{12} + Q_{22} - 2\,Q_{66})\,\sin^2\alpha_1\,\cos^2\alpha_1 + Q_{66}\,\left(\sin^4\alpha_1 + \cos^4\alpha_1\right) \tag{6.255}$$

und die Koeffizienten für die reduzierte Nachgiebigkeitsmatrix $\left[\bar{q}^{+\alpha_1/-\alpha_2}\right]$ zu

$$\bar{q}_{11}^{+\alpha_1/-\alpha_2} = \frac{1}{2}\,(q_{11} + q_{22})\,\left(\sin^4\alpha_1 + \cos^4\alpha_1\right) + (2\,q_{12} + q_{66})\,\sin^2\alpha_1\,\cos^2\alpha_1 \tag{6.256}$$

$$\bar{q}_{12}^{+\alpha_1/-\alpha_2} = (q_{11} + q_{22} - q_{66})\,\sin^2\alpha_1\,\cos^2\alpha_1 + q_{12}\,\left(\sin^4\alpha_1 + \cos^4\alpha_1\right) \tag{6.257}$$

$$\bar{q}_{22}^{+\alpha_1/-\alpha_2} = \bar{q}_{11}^{+\alpha_1/-\alpha_2} \tag{6.258}$$

$$\bar{q}_{16}^{+\alpha_1/-\alpha_2} = (q_{11} - 2\,q_{12} + q_{22} - q_{66}) \left(\sin\alpha_1\ \cos^3\alpha_1 - \sin^3\alpha_1\ \cos\alpha_1\right) \tag{6.259}$$

$$\bar{q}_{26}^{+\alpha_1/-\alpha_2} = (q_{11} - 2\,q_{12} + q_{22} - q_{66}) \left(\sin^3\alpha_1\ \cos\alpha_1 - \sin\alpha_1\ \cos^3\alpha_1\right) \tag{6.260}$$

$$\bar{q}_{66}^{+\alpha_1/-\alpha_2} = 2\ (2\,q_{11} - 4\,q_{12} + 2\,q_{22} - q_{66})\ \sin^2\alpha_1\ \cos^2\alpha_1 + q_{66}\left(\sin^4\alpha_1 + \cos^4\alpha_1\right) \tag{6.261}$$

Anders als in Formel 6.236 und Formel 6.237 verschwinden die Koeffizienten $\bar{Q}_{16}^{+\alpha_1/-\alpha_2}$ und $\bar{Q}_{26}^{+\alpha_1/-\alpha_2}$ sowie $\bar{q}_{16}^{+\alpha_1/-\alpha_2}$ und $\bar{q}_{26}^{+\alpha_1/-\alpha_2}$ im Fall der unausgewogenen Gewebeschicht nicht.

6.6.6 2D-Werkstoffgesetz des gleichgewichteten Kreuzverbundes

Ein Sonderfall der schiefwinkligen Gewebeschicht nach Unterabschnitt 6.6.5 ist der Kreuzverbund. Unter der Annahme, dass die Kett- und Schussrichtung des schiefwinkligen Gewebes senkrecht zueinander stehen, können aus Formel 6.250 bis Formel 6.261 die reduzierten Steifigkeits- und Nachgiebigkeitsmatrizen des Kreuzverbundes abgeleitet werden. Ein solches Gewebe wird gemäß Unterabschnitt 1.2.3 bezüglich seiner Materialsymmetrie als ***„unechte" Orthotropie*** bezeichnet. Einschränkend ist die Annahme, dass die Kett- und Schussrichtung gleiche Eigenschaften besitzen. Für einen Kreuzverbund mit ungleichen Eigenschaften in Kett- und Schussrichtung sind die Gleichungen aus Unterabschnitt 6.6.7 sinngemäß anzupassen. Mit der Forderung

$$\alpha_1 = 0^\circ \quad \text{und} \quad \alpha_2 = 90^\circ \tag{6.262}$$

folgen aus Formel 6.250 bis Formel 6.255 die reduzierten Steifigkeitsmatrizen $\left[\bar{Q}^{\text{ggKV}}\right]$ des gleichgewichteten Kreuzverbundes im globalen x-y-Koordinatensystem:

$$\bar{Q}_{11}^{\text{ggKV}} = \frac{1}{2}\ (Q_{11} + Q_{22}) \tag{6.263}$$

$$\bar{Q}_{12}^{\text{ggKV}} = Q_{12} \tag{6.264}$$

$$\bar{Q}_{22}^{\mathrm{ggKV}} = \bar{Q}_{11}^{\mathrm{ggKV}} \tag{6.265}$$

$$\bar{Q}_{16}^{\mathrm{ggKV}} = \bar{Q}_{16}^{\mathrm{ggKV}} = 0 \tag{6.266}$$

$$\bar{Q}_{66}^{\mathrm{ggKV}} = Q_{66} \tag{6.267}$$

Die reduzierte Nachgiebigkeitsmatrix $\left[\bar{q}^{\mathrm{ggKV}}\right]$ des gleichgewichteten Kreuzverbundes im globalen x-y-Koordinatensystem folgt unter der Voraussetzung Formel 6.262 aus Formel 6.256 bis Formel 6.261 zu

$$\bar{q}_{11}^{\mathrm{ggKV}} = \frac{1}{2}\left(q_{11} + q_{22}\right) \tag{6.268}$$

$$\bar{q}_{12}^{\mathrm{ggKV}} = q_{12} \tag{6.269}$$

$$\bar{q}_{22}^{\mathrm{ggKV}} = \bar{q}_{11}^{+\alpha_1/-\alpha_2} \tag{6.270}$$

$$\bar{q}_{16}^{\mathrm{ggKV}} = \bar{q}_{26}^{\mathrm{ggKV}} = 0 \tag{6.271}$$

$$\bar{q}_{66}^{\mathrm{ggKV}} = q_{66} \tag{6.272}$$

6.6.7 2D-Werkstoffgesetz der hybriden Gewebeschicht

Unterabschnitt 6.6.4 und Unterabschnitt 6.6.5 sind unter der Annahme formuliert worden, dass Kett- und Schussrichtung des Gewebes gleichgewichtet sind und unter einem Winkel von 90° zueinander stehen. Für den Fall unterschiedlicher Eigenschaften in Kett- und Schussrichtung – die im lokalen faserorientierten Koordinatensystem die Materialsymmetrie einer ***echten Orthotropie*** erfüllen – ist eine entsprechend angepasste Vorgehensweise erforderlich. In Bild 6.23 ist eine hybride Gewebeschicht, deren

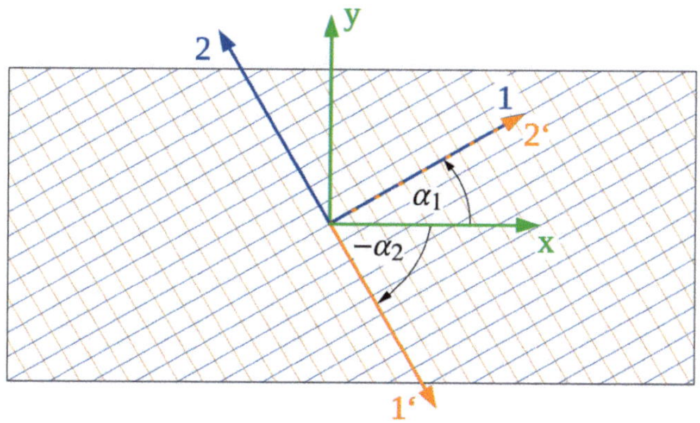

Bild 6.23 Faserorientierungswinkel α_1 und $-\alpha_2$ einer hybriden Gewebeschicht. Globales x-y-Koordinatensystem. Faserorientiertes 1-2- bzw. 1‘-2‘-Koordinatensystem. Die Eigenschaften der Fasern in 1-Richtung (blaue Linien) sind verschieden von den Fasern in 2-Richtung (orange Linien)

Fasereigenschaften sich in Kettrichtung von der Schussrichtung unterscheiden, dargestellt.

In diesem Fall sind die Steifigkeiten E_1 und E_2 der beiden Materialhauptrichtungen im lokalen, faserorientierten Koordinatensystem ungleich:

$$E_1 \neq E_2 \tag{6.273}$$

Die Unterschiedlichkeit in Kett- und Schussrichtung kann aus dem unterschiedlichen Grad der Ondulation, unterschiedlichen Faseranteilen oder unterschiedlichen Faserarten herrühren. In diesem Fall sind Formel 6.182 bis Formel 6.187 sowie Formel 6.182 bis Formel 6.187 für die Bestimmung der reduzierten Steifigkeits- und Nachgiebigkeitsmatrizen entsprechend den Werkstoffeigenschaften der Hauptrichtungen zu formulieren. In Anlehnung an Formel 6.232 folgt für die Abschätzung des schiefwinklig orientierten Gewebes mit zu den Faserhauptrichtungen unterschiedlichen Eigenschaften der Zusammenhang

$$\bar{Q}^f_{ij} = \frac{1}{2}\left(\bar{Q}^{+\alpha_1}_{ij} + \tilde{Q}^{-\alpha_2}_{ij}\right) \qquad \text{für} \qquad i, j = 1, 2, 6 \tag{6.274}$$

Dabei stellt $\bar{Q}^{+\alpha_1}_{ij}$ die Koeffizienten der reduzierten Einzelschichtsteifigkeitsmatrix $[\bar{Q}]^{+\alpha_1}$ der um $+\alpha_1$ zur globalen x-Achse gedrehten Faserrichtung im globalen x-y-Koordinatensystem dar. Die Eigenschaften der um $-\alpha_2$ gedrehten zweiten Faserrichtung werden durch die reduzierte Steifigkeitsmatrix $\tilde{Q}^{-\alpha_2}_{ij}$ im globalen Koordinatensystem abgebildet. Die lokalen Einzelschichteigenschaften der reduzierten Steifigkeitsmatrix $[Q^{+\alpha_1}]$ der ersten Faserrichtung und $[Q^{-\alpha_2}]$ der zweiten Faserrichtung werden durch die Koeffizienten $[Q^{+\alpha_1}_{ij}]$ bzw. $[Q^{-\alpha_2}_{ij}]$ gebildet. Beide Hauptfaserrichtungen stehen dabei senkrecht aufeinander und sind in ihren Eigenschaften – unterschiedlicher

Faservolumenanteil oder andere Materialeigenschaften – verschieden. Daraus folgen für das allgemeine, unausgewogene oder auch hybride Gewebe und unter Berücksichtigung von Formel 6.248 und Formel 6.249 die Koeffizienten

$$\begin{aligned}\bar{Q}_{11}^{+\alpha_1/-\alpha_2} =& \frac{1}{2}\left(Q_{11}^{+\alpha_1}+Q_{22}^{-\alpha_2}\right)\cos^4\alpha_1+\frac{1}{2}\left(Q_{11}^{-\alpha_2}+Q_{22}^{+\alpha_1}\right)\sin^4\alpha_1\\ &+\left(Q_{12}^{+\alpha_1}+Q_{12}^{-\alpha_2}+2\,Q_{66}^{+\alpha_1}+2\,Q_{66}^{-\alpha_2}\right)\sin^2\alpha_1\,\cos^2\alpha_1\end{aligned} \tag{6.275}$$

$$\begin{aligned}\bar{Q}_{12}^{+\alpha_1/-\alpha_2} =& \frac{1}{2}\left(Q_{11}^{+\alpha_1}+Q_{11}^{-\alpha_2}+Q_{22}^{+\alpha_1}+Q_{22}^{-\alpha_2}-4\,Q_{66}^{+\alpha_1}-4\,Q_{66}^{-\alpha_2}\right)\sin^2\alpha_1\,\cos^2\alpha_1\\ &+\frac{1}{2}\left(Q_{12}^{+\alpha_1}+Q_{12}^{-\alpha_2}\right)\left(\sin^4\alpha_1+\cos^4\alpha_1\right)\end{aligned} \tag{6.276}$$

$$\begin{aligned}\bar{Q}_{22}^{+\alpha_1/-\alpha_2} =& \frac{1}{2}\left(Q_{11}^{+\alpha_1}+Q_{22}^{-\alpha_2}\right)\sin^4\alpha_1+\frac{1}{2}\left(Q_{11}^{-\alpha_2}+Q_{22}^{+\alpha_1}\right)\cos^4\alpha_1\\ &+\left(Q_{12}^{+\alpha_1}+Q_{12}^{-\alpha_2}+2\,Q_{66}^{+\alpha_1}+2\,Q_{66}^{-\alpha_2}\right)\sin^2\alpha_1\,\cos^2\alpha_1\end{aligned} \tag{6.277}$$

$$\begin{aligned}\bar{Q}_{16}^{+\alpha_1/-\alpha_2} =& \frac{1}{2}\left(Q_{11}^{+\alpha_1}-Q_{12}^{+\alpha_1}-Q_{12}^{-\alpha_2}+Q_{22}^{-\alpha_2}-2\,Q_{66}^{+\alpha_1}-2\,Q_{66}^{-\alpha_2}\right)\sin\alpha_1\,\cos^3\alpha_1\\ &-\frac{1}{2}\left(Q_{11}^{-\alpha_2}-Q_{12}^{+\alpha_1}-Q_{12}^{-\alpha_2}+Q_{22}^{-\alpha_2}-2\,Q_{66}^{+\alpha_1}-2\,Q_{66}^{-\alpha_2}\right)\sin^3\alpha_1\,\cos\alpha_1\end{aligned} \tag{6.278}$$

$$\begin{aligned}\bar{Q}_{26}^{+\alpha_1/-\alpha_2} =& \frac{1}{2}\left(Q_{11}^{+\alpha_1}+Q_{11}^{-\alpha_2}-Q_{12}^{+\alpha_1}-Q_{12}^{-\alpha_2}+Q_{22}^{-\alpha_2}-2\,Q_{66}^{+\alpha_1}-2\,Q_{66}^{-\alpha_2}\right)\sin^3\alpha_1\,\cos\alpha_1\\ &-\left(Q_{11}^{-\alpha_2}-Q_{12}^{+\alpha_1}-Q_{12}^{-\alpha_2}+Q_{22}^{+\alpha_1}-2\,Q_{66}^{+\alpha_1}-2\,Q_{66}^{-\alpha_2}\right)\sin\alpha_1\,\cos^3\alpha_1\end{aligned} \tag{6.279}$$

$$\begin{aligned}\bar{Q}_{66}^{+\alpha_1/-\alpha_2} =& \frac{1}{2}\left(Q_{11}^{+\alpha_1}+Q_{11}^{-\alpha_2}-2\,Q_{12}^{+\alpha_1}-2\,Q_{12}^{-\alpha_2}+Q_{22}^{+\alpha_1}+Q_{22}^{-\alpha_2}-2\,Q_{66}^{+\alpha_1}-2\,Q_{66}^{-\alpha_2}\right)\\ &\cdot\sin^2\alpha_1\,\cos^2\alpha_1+\frac{1}{2}\left(Q_{66}^{+\alpha_1}+Q_{66}^{-\alpha_2}\right)\left(\sin^4\alpha_1+\cos^4\alpha_1\right)\Big]\end{aligned} \tag{6.280}$$

der global orientierten, reduzierten Steifigkeitsmatrix $[\bar{Q}^f]$. Die Koeffizienten der globalen reduzierten Nachgiebigkeitsmatrix $\left[\bar{q}^{+\alpha_1/-\alpha_2}\right]$ werden mit

$$\begin{aligned}\bar{q}_{11}^{+\alpha_1/-\alpha_2} =& \frac{1}{2}\left(q_{11}^{+\alpha_1}+q_{22}^{-\alpha_2}\right)\cos^4\alpha_1+\frac{1}{2}\left(q_{11}^{-\alpha_2}+q_{22}^{+\alpha_1}\right)\sin^4\alpha_1\\ &+\frac{1}{2}\left(2\left(q_{12}^{+\alpha_1}+q_{12}^{-\alpha_2}\right)+q_{66}^{+\alpha_1}+q_{66}^{-\alpha_2}\right)\sin^2\alpha_1\,\cos^2\alpha_1\end{aligned} \tag{6.281}$$

$$\begin{aligned}\bar{q}_{12}^{+\alpha_1/-\alpha_2} =& \frac{1}{2}\left(q_{11}^{+\alpha_1}+q_{11}^{-\alpha_2}+q_{12}^{+\alpha_1}+q_{12}^{-\alpha_2}-q_{66}^{+\alpha_1}-q_{66}^{-\alpha_2}\right)\sin^2\alpha_1\,\cos^2\alpha_1\\ &+\frac{1}{2}\left(q_{12}^{+\alpha_1}+q_{12}^{-\alpha_2}\right)\left(\sin^4\alpha_1+\cos^4\alpha_1\right)\end{aligned} \tag{6.282}$$

$$\bar{q}_{22}^{+\alpha_1/-\alpha_2} = \frac{1}{2}\left(q_{11}^{+\alpha_1} + q_{22}^{-\alpha_2}\right)\sin^4\alpha_1 + \frac{1}{2}\left(q_{11}^{-\alpha_2} + q_{22}^{+\alpha_1}\right)\cos^4\alpha_1$$
$$+ \frac{1}{2}\left(2\left(q_{12}^{+\alpha_1} + q_{12}^{-\alpha_2}\right) + q_{66}^{+\alpha_1} + q_{66}^{-\alpha_2}\right)\sin^2\alpha_1\cos^2\alpha_1 \quad (6.283)$$

$$\bar{q}_{16}^{+\alpha_1/-\alpha_2} = \left(\left(q_{11}^{+\alpha_1} + q_{22}^{-\alpha_2}\right) - \left(q_{12}^{+\alpha_1} + q_{12}^{-\alpha_2}\right) - \frac{1}{2}\left(q_{66}^{+\alpha_1} + q_{66}^{-\alpha_2}\right)\right)\sin\alpha_1\cos^3\alpha_1$$
$$- \left(\left(q_{11}^{-\alpha_2} + q_{22}^{+\alpha_1}\right) - \left(q_{12}^{+\alpha_1} + q_{12}^{-\alpha_2}\right) - \frac{1}{2}\left(q_{66}^{+\alpha_1} + q_{66}^{-\alpha_2}\right)\right)\sin^3\alpha_1\cos\alpha_1 \quad (6.284)$$

$$\bar{q}_{26}^{+\alpha_1/-\alpha_2} = \left(\left(q_{11}^{+\alpha_1} + q_{22}^{-\alpha_2}\right) - \left(q_{12}^{+\alpha_1} + q_{12}^{-\alpha_2}\right) - \frac{1}{2}\left(q_{66}^{+\alpha_1} + q_{66}^{-\alpha_2}\right)\right)\sin^3\alpha_1\cos\alpha_1$$
$$- \left(\left(q_{11}^{-\alpha_2} + q_{22}^{+\alpha_1}\right) - \left(q_{12}^{+\alpha_1} + q_{12}^{-\alpha_2}\right) - \frac{1}{2}\left(q_{66}^{+\alpha_1} + q_{66}^{-\alpha_2}\right)\right)\sin\alpha_1\cos^3\alpha_1 \quad (6.285)$$

$$\bar{q}_{66}^{+\alpha_1/-\alpha_2} = \left(2\left(q_{11}^{+\alpha_1} + q_{22}^{-\alpha_2} + q_{22}^{+\alpha_1} + q_{22}^{-\alpha_2} - 2\left(q_{11}^{+\alpha_1} + q_{22}^{-\alpha_2}\right)\right) - q_{66}^{+\alpha_1} - q_{66}^{-\alpha_2}\right)$$
$$\cdot \sin^2\alpha_1\cos^2\alpha_1 + \frac{1}{2}\left(q_{66}^{+\alpha_1} + q_{66}^{-\alpha_2}\right)\left(\sin^4\alpha_1 + \cos^4\alpha_1\right) \quad (6.286)$$

gebildet.

Literatur

[6.1] Arbter, R.; Röhrnbauer, B.: *Semesteraufgabe.* ETH Zürich, Institut für mechanische Systeme, Strukturtechnologien Zürich

[6.2] ASTM D3171-22 *Standard Test Methods for Constituent Content of Composite Materials* ASTM International, 2022

[6.3] Bronstein, I.N.; Semendjadew, K. A.; Musio, G.; Mühlig, H.: *Taschenbuch der Mathematik.* Verlag Harri Deutsch, Thun, Frankfurt am Main, 1993

[6.4] Chamis, C. C.: *Simplified composite micromechanics equations for hygral, thermal and mechanical properties.* Sampe Quarterly, 1984, p. 14

[6.5] Daniel, I. M.; Ishai, O.: *Engineering Mechanics of Composite Materials.* 2nd edition, Oxford University Press, New York, 2006

[6.6] DIN EN ISO 1172:2023-12 *Textilglasverstärkte Kunststoffe – Prepregs, Formmassen und Laminate – Bestimmung des Textilglas- und Mineralfüllstoffgehalts mittels Kalzinierungsverfahren (ISO 1172:2023); Deutsche Fassung EN ISO 1172:2023* Beuth-Verlag, 2023

[6.7] DIN EN ISO 11358-1:2022-07 *Kunststoffe – Thermogravimetrie (TG) von Polymeren – Teil 1: Allgemeine Grundsätze (ISO 11358-1:2022); Deutsche Fassung EN ISO 11358-1:2022* Beuth-Verlag, 2022

[6.8] Ekvall, J. C.: *Structural Behaviour of Monofilament Composites.* Proceedings of the AIAA 6th Structures and Materials Conference in Palm Springs 1965, AIAA, New York, 1965

[6.9] Förster, R.; Knappe, W.: *Experimentelle und theoretische Untersuchungen zur Rißbildungsgrenze an zweischichtigen Wickelrohren aus GFK unter Innendruck.* Kunststoffe 61-8, 1971, p. 583

[6.10] Gibson, R. F.: *Principles of Composite Material Mechanics.* 3rd edition, CRC Press, Taylor and Francis Group, Boca Raton, London, New York, 2012

[6.11] GIBSON, R. F.; PLUNKETT, R.: *Dynamic mechanical behavior of fiber-reinforced composite materials.* Journal of Composite Materials, Vol. 10, pp. 325-341

[6.12] HASHIN, Z.: *Theory of Fiber Reinforced Materials.* NASA CR-1974, N72-21932, 1972

[6.13] JONES, R. M.: *Mechanics of Composite Materials.* 2nd edition, Philadelphia, Blacksburg/Virginia, 1999

[6.14] KEHL, K.: *Verfahren zur Bestimmung des Dämpfungsverhaltens anisotroper Verbundbauteile aus den Eigenschaften der Laminatkomponenten.* Dissertation, Institut für Luft- und Raumfahrt, TU Berlin, 1978

[6.15] KÓLLAR, L.; SPRINGER, G. S.: *Mechanics of Composite Structures.* Cambridge University Press, New York, Budapest, Stanford, 2003

[6.16] MERZIGER, G.; WIRTH, T.: *Repetitorium der Höheren Mathematik.* 1. Aufl., Feldmann Verlag, Springe, 1991

[6.17] MITTELSTEDT, C.; BECKER, W.: *Strukturmechanik ebener Laminate.* 1. Aufl., Studienbereich Mechanik, Technische Universität Darmstadt, Darmstadt, 2016

[6.18] N. N.: *Faserverbund Leichtbau.* Luftfahrttechnisches Handbuch (LTH), 1978

[6.19] MOSER, K.: *Faser-Kunststoff-Verbund. Entwurfs- und Berechnungsgrundlagen.* VDI-Verlag, Düsseldorf, 1992

[6.20] PUCK, A.: *Zur Beanspruchung und Verformung von GFK-Mehrschichtenverbund Bauelementen – Teil 1. Grundlagen der Spannungs- und Verformungsanalyse.* Kunststoffe 57-4, 1967, p. 284

[6.21] RAPP, H.: *Faserverbundstrukturen.* Vorlesung, Universität der Bundeswehr München, Neubiberg, 2004

[6.22] SCHNEIDER, H.: *Experimentelle und theoretische Betrachtungen zur Ermittlung von Elastizitätsgrößen von CFK Laminaten.* DGLR Vortrag Nr. 81–058, Aachen, 1981

[6.23] SENDECKYJ, G. P.: *Longitudinal Shear Deformation of Composites – Effective Shear Modulus.* Journal of Composite Materials 4, 1970

[6.24] STELLBRINK, K.: *Micromechanics of Composites.* Hanser-Verlag, München, 1996

[6.25] TSAI, S. W.; HAHN, H. T.: *Introduction to Composite Materials.* Technomic, 1980

7 Klassische Laminattheorie

Ingo Ehrlich

Werden mehrere Einzelschichten – dies können unidirektionale Einzelschichten (UD-ES), Gewebelagen oder Wirrfasergelege sein – aufeinanderlaminiert, dann spricht man allgemein von einem Laminat. Aber auch die Begriffe Mehrschichtverbund oder Composite werden nachfolgend synonym verwandt. Ein solches Laminat ist in Bild 7.1 als Querschnittsaufnahme und als idealisierter Lagenaufbau dargestellt.

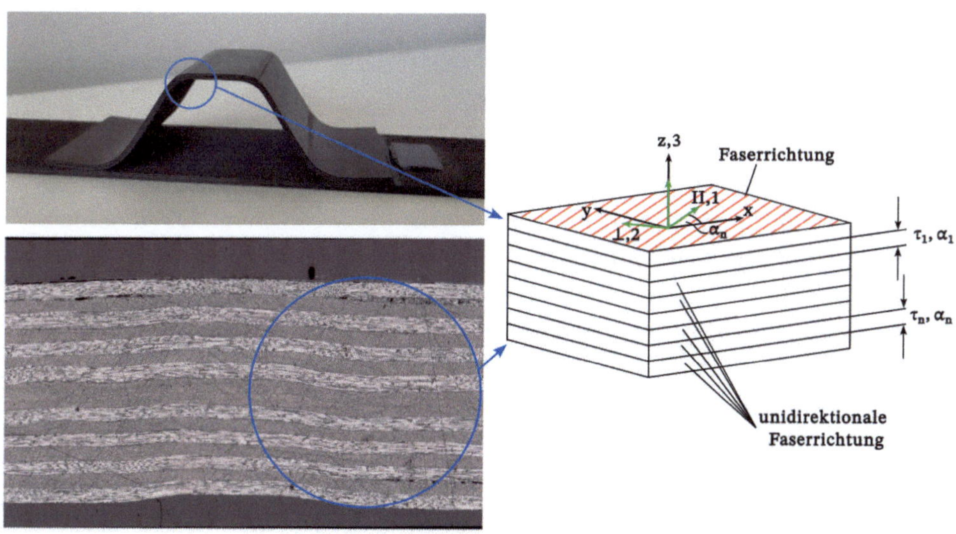

Bild 7.1 Beispiel eines Mehrschichtverbundes bestehend aus *n* Einzellagen

Laminate sind im Wesentlichen über die folgenden Einzelschichteigenschaften definiert:

- Fasertyp,
- Matrixtyp,
- Fasergehalt,
- Lagendicke und
- Faserwinkel.

Um das Verhalten von Laminaten auch mathematisch hinreichend beschreiben zu können, kommen Berechnungsverfahren zum Tragen, die ihren Ursprung in den mechanischen Modellen von isotropen Platten haben. Die Modelle werden dann, ausgehend von ihren kinematischen Eigenschaften, auf das Verhalten von Schichtverbunden erweitert. Eine solche Laminattheorie, die sich auf die Platteneigenschaften dünner, schubstarrer Platten stützt (KIRCHHOFFsche Plattentheorie) ist die **Klassische Laminattheorie**. Der englische Begriff „Classical Lamination Theory“ ist der Ursprung der Abkürzung **CLT** für die Klassische Laminattheorie.

Die Klassische Laminattheorie dient zur globalen Beschreibung des Verhaltens eines beliebig geschichteten Verbundes bei Einwirkung äußerer Lasten. Die Lasten können in Form von Kräften, Verformungen, Temperatur- und Feuchtevariationen auf den Verbund einwirken.

7.1 Annahmen und Voraussetzungen

Für die Formulierung der Klassischen Laminattheorie gelten die Grundannahmen der KIRCHHOFFschen Plattentheorie (s. a. [7.5], [7.6], [7.12], [7.14]):

- Die Gesamtdicke des Laminats wird im Verhältnis zu seinen seitlichen Abmessungen als klein angenommen. Es kommt dabei also nicht auf die absolute Dickenangabe, sondern auf deren Relation zu den lateralen Plattenmaßen an.
- Die Verschiebungen, die der Mehrschichtverbund erfährt, werden als klein gegenüber der Laminatdicke angenommen. Das heißt, dass bei der Durchbiegung des Verbundes keine Membrankräfte entstehen. Wir sprechen hier auch von einer geometrisch linearen Theorie.
- Ein gedachter ebener Schnitt senkrecht zur unbelasteten Bezugsebene des Laminats bleibt auch nach der Verformung eben und senkrecht. Diese Forderung in den Theorieannahmen zielt auf das angenommene schubstarre Verhalten des Laminats ab. Die Vernachlässigung der Schubverformung einer Platte ist nur für dünne Platten zulässig.[1]

1 Man kann sich einen dünnen Papierstapel vorstellen, den man leicht biegt. Dabei werden sich die einzelnen Blätter unter der Biegeverformung nicht wesentlich zueinander verschieben. Dieses Verhalten wird

- Die durch die Querkräfte induzierten Schubspannungen und Schubverformungen werden vernachlässigt.
- Der ebene Spannungszustand wird zur Theorieherleitung vernachlässigt. Das heißt, es werden nur Spannungen in der Laminatebene angenommen. Die Spannungen senkrecht zur Laminatebene werden in diesen Annahmen vernachlässigt.
- Die Verbindungen zwischen den Einzelschichten des Laminats werden als ideal angesehen.
- Für jede Einzelschicht wird ein linear-elastisches Materialverhalten vorausgesetzt. Es gilt damit für alle Einzellagen das HOOKEsche Elastizitätsgesetz.
- Der Werkstoff der Einzelschicht besitzt eine Symmetrieebene senkrecht zum globalen Koordinatensystem des Laminats. Die Einzelschichtebene ist damit parallel zur Bezugsebene des Laminats orientiert. Lediglich die Einzelschichtabstände zur Bezugsebene des Laminats und die Faserorientierung der Einzelschichten innerhalb des Laminats variieren.
- Die äußeren eingeprägten Kräfte auf einen Mehrschichtverbund werden als konservativ[2)] (richtungstreu) angenommen.

Aufgrund der getroffenen Annahmen und Voraussetzungen nach der Klassischen Laminattheorie ergibt sich für die Dehnungen ein über die Laminathöhe linearer Verlauf (s. a. Bild 7.2). Die globalen Einzelschichtsteifigkeiten sind jedoch abhängig vom

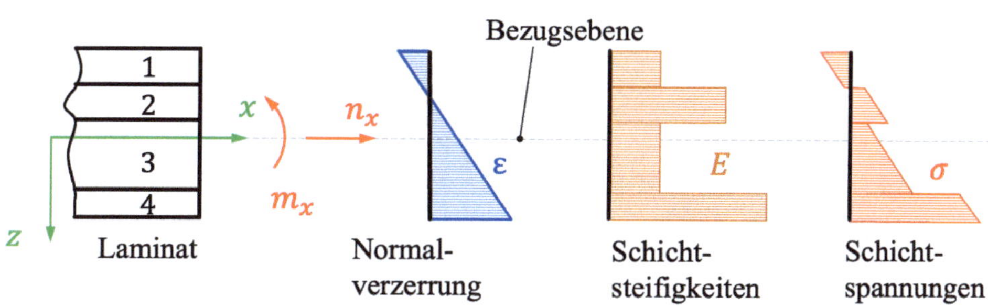

Bild 7.2 Dehnungs-, Steifigkeits- und Spannungsverteilung

Lagenaufbau und damit schichtweise verschieden. Innerhalb einer Einzelschicht wird

als **schubstarr** bezeichnet. Biegt man dagegen ein dickes Telefonbuch, so wird sich die zunächst ebene und zum Deckblatt senkrechte Buchkante bei der Biegung verformen. Die ungebundene, zunächst senkrechte Buchseite wird sich so verformen, dass sie sich zur konvexen Seite neigt und sich auf der konkaven Buchseite ausstellt. Dieses Verformungsverhalten erfolgt, da sich die einzelnen losen Blätter gegeneinander verschieben. Die auftretenden Schubbeanspruchungen können nur ungenügend aufgenommen werden. Dieses Verhalten dickwandiger Strukturen wird als **schubweich** charakterisiert.

2 **Konservative Kräfte** ändern auch bei der Verformung des Bauteils ihre Wirkungsrichtung nicht. **Nichtkonservative Kräfte** dagegen folgen der Lageänderung eines Bauteils. Ein Beispiel hierfür ist eine Silvesterrakete, deren Schubstrahl nicht raumfest ist, sondern den Fluglageänderungen der Rakete folgt. Für moderne Raketen mit Schubvektorsteuerung gilt dieses Beispiel nicht mehr.

die Steifigkeit als konstant vorausgesetzt. Die Dehnungs- und Steifigkeitsverläufe über die Höhe des Laminats bedingen dann einen schichtweise linearen Spannungsverlauf, der an den Schichtgrenzen Sprünge aufweist. Bemerkenswert ist auch, dass – anders als bei isotropen Platten – das Spannungsmaximum nicht an den Randfasern, sondern im Laminat selber liegen kann. Für die Festigkeitsberechnung wird es daher später erforderlich, die Spannungen in allen Einzelschichten zu analysieren.

7.2 Definition der Schichtfolge und -notation

Das Laminat wird aus Einzelschichten aufgebaut, deren Materialorientierungen (lokales 1-2-3-Koordinatensystem der jeweils i-ten Einzelschicht) beliebig zum globalen x-y-z-Koordinatensystem um den Winkel α_i gedreht sein können. Lediglich die lokalen 3-Achsen der Einzelschichten, die senkrecht zur jeweiligen Einzelschichtebene stehen, fallen mit der senkrecht zur Laminatebene stehenden globalen z-Achse zusammen. Bild 7.3 zeigt einen prinzipiellen Laminataufbau und dessen Bezeichnungen. Als **Mittelebene** wird die zur Dicke des Verbundes geometrisch mittig in einem

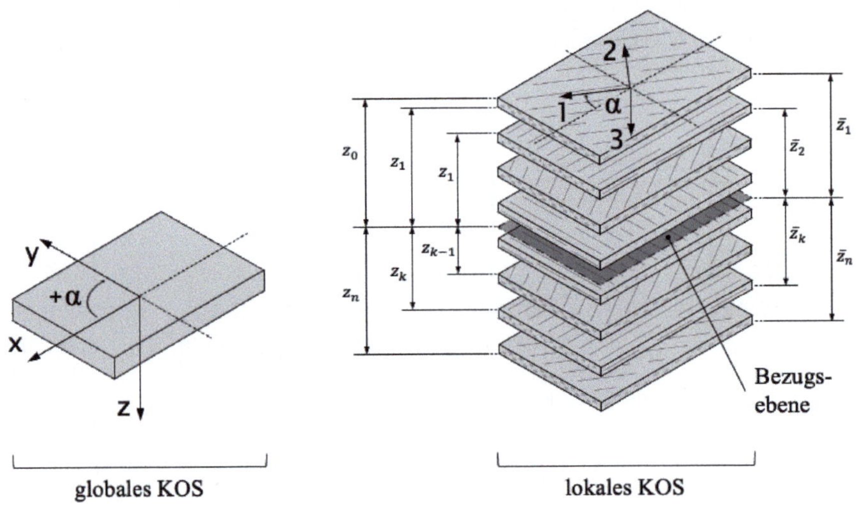

Bild 7.3 Schichtfolge und Bezeichnungen eines Laminats. Die Bezugsebene entspricht hier der Mittelebene. Bei einem symmetrischen Lagenaufbau ist dies auch die Symmetrieebene.

allgemeinen Laminat liegende Ebene bezeichnet. Ist das Laminat symmetrisch aufgebaut, das heißt, dass sich im gleichen Abstand oberhalb und unterhalb zur Mittelebene jeweils gleiche Materialeigenschaften und Materialorientierungen vorfinden, spricht man von einem **symmetrischen Laminat**. Unter dieser Voraussetzung fallen die **Symmetrieebene** und die Mittelebene zusammen. In einem nicht-symmetrischen Laminat gibt es folglich keine Symmetrieebene.

Die in Bild 7.3 angegebenen Referenzbezeichnungen beziehen sich auf die **Bezugsebene**, die in der Literatur häufig mit der Symmetrie- oder Mittelebene gleichgesetzt wird. Auf die Bezugsebene werden die Bezeichnungen und letztlich damit auch die globalen Materialeigenschaften des Laminats bezogen. Als Bezugsebene wird die Ebene des Kraftangriffs bezeichnet. Findet zum Beispiel die Krafteinleitung über eine Klebung, wie in Bild 7.4 am Beispiel einer einschnittigen Klebeverbindung dargestellt, statt, so liegt die Bezugsebene sogar außerhalb des Laminats. In diesem Fall ist die Bezugsebene in die Mitte der Klebschicht anzuordnen.

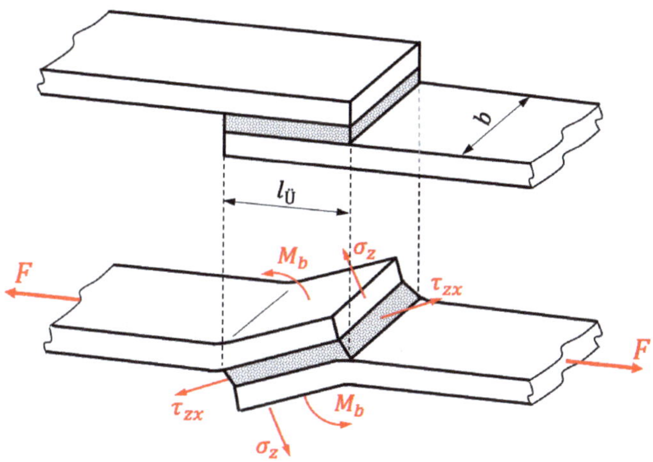

Bild 7.4 Einschnittige Verbindung

Würde man stattdessen in einem solchen Belastungsfall für einen symmetrischen Laminataufbau die Bezugsebene in die Symmetrieebene des Laminatstreifens legen, dann würde man bei der eingeprägten Zugbelastung lediglich ein Dehnungs- und Querdehnungsverhalten des Streifens ermitteln. Das tatsächlich sich überlagernde Biegeverhalten des Laminatstreifens kann nur berechnet werden, wenn die für die Berechnungen zugrunde gelegte Bezugsebene im Ort des Kraftangriffspunkts - also in der Mitte der Klebschicht - lokalisiert wird. In Bild 7.5 ist beispielhaft eine solche außermittige Bezugsebene dargestellt. Obwohl der dargestellte Laminataufbau symmetrisch ist, wurde die Bezugsebene als Kraftangriffsebene zum Ort der Krafteinleitung verschoben.

Das globale x-y-z-Koordinatensystem wird in der Bezugsebene angeordnet. Dabei liegen die x- und y-Achsen in der Bezugsebene und die z-Achse weist in Laminatdickenrichtung. Für jede Einzelschicht wird ein lokales 1-2-3-Koordinatensystem eingeführt. Hierbei sind die 1- und 2-Achsen in der Einzelschichtmittelebene angeordnet. Die 1-Achse zeigt für ein unidirektionales System in Faserlängsrichtung und für eine Ge-

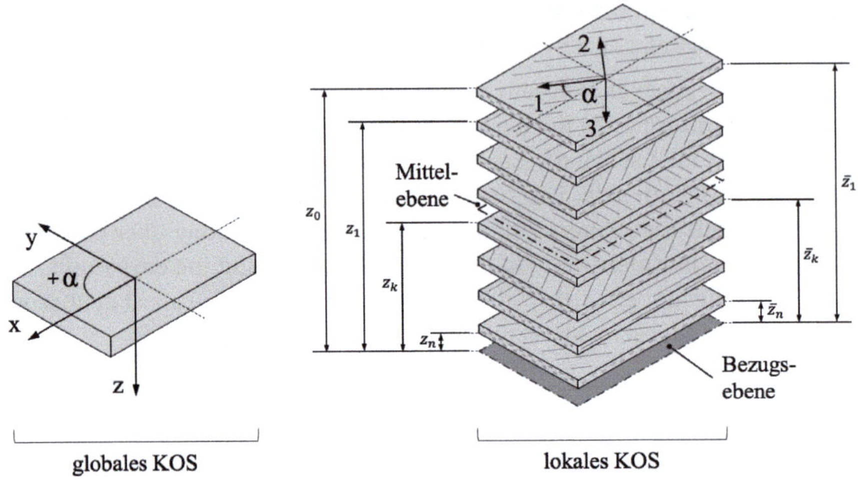

Bild 7.5 Schichtfolge und Bezeichnungen eines Laminats. Die Bezugsebene liegt am Ort der angenommenen Krafteinleitungsebene und entspricht in diesem Fall nicht der Mittelebene.

webeeinzelschicht in die Kett- bzw. Hauptrichtung. Senkrecht zur Einzelschichtmittelebene wird die 3-Achse angeordnet, die mit der globalen z-Achse des Laminats zusammenfällt.

Schichtfolge

Die Nummerierung der Einzelschichten (1, 2, 3, ... n) erfolgt in positiver Richtung der globalen z-Achse. Damit hat die erste Einzelschicht bezogen auf die Bezugsebene die kleinste z-Koordinate und die n-te Einzelschicht den größten z-Wert.

Schichtnotation

Ein Laminat mit einem Lagenaufbau [0/+45/−30/90] bedeutet, dass die erste Schicht eine 0°-Lage, die zweite Schicht eine 45°-Lage, die dritte Schicht eine −30°-Lage und die vierte Schicht eine 90°-Lage ist. Die ***eckigen Klammern*** geben dabei den Hinweis, dass es sich um einen Lagenaufbau aus unidirektionalen Einzelschichten handelt. Mehrschichtverbunde aus Gewebelagen werden mit ***runden Klammern*** oder mit eckigen Klammern zusammen mit dem Index „f" für das englische Wort „fabric" für Gewebe gekennzeichnet:

$$(45/-30) = [45/-30]^f \tag{7.1}$$

Wird in einem Lagenaufbau eine Aufbaureihenfolge n-fach wiederholt, so wird hinter der jeweiligen Klammer die Anzahl n der Wiederholungen tiefgestellt angehängt:

$$[45/-30]_2 = [45/-30/45/-30] \tag{7.2}$$

Bei einem symmetrischen Laminat wird der Schichtaufbau zur Hälfte notiert und durch ein tiefgestelltes „s" die Symmetrie angegeben. Für den Schichtaufbau mit der Notation $[45/-30]_{2s}$ würde man ausführlich von der ersten bis zur achten Schicht schreiben:

$$[45/-30]_{2s} = [45/-30/45/-30/-30/45/-30/45] \tag{7.3}$$

Aufeinanderfolgende Winkelorientierungen, die vom Betrag gleich, aber vom Vorzeichen verschieden sind, können verkürzt dargestellt werden als

$$[+45/-45] = [\pm 45] \tag{7.4}$$

oder

$$[-45/+45] = [\mp 45] \tag{7.5}$$

An dieser Stelle sei angemerkt, dass die Definition der Schichtreihenfolge in einigen Bereichen unterschiedlich ist. In der Fertigung wird als erste Schicht diejenige verstanden, die als erstes auf dem Laminiertisch abgelegt wird. Bei der Schichtausrichtung während des Laminierens zeigt die z-Achse in den Tisch hinein. Eine positive Drehung erfolgt damit im Uhrzeigersinn. Damit ergibt sich eine Schichtreihenfolge, die umgekehrt zu der oben genannten ist. In diesem Fall erfolgt die Nummerierung der Einzelschichten in negativer Richtung der globalen z-Achse. Damit hat die erste Einzelschicht bezogen auf die Bezugsebene den größten und die n-te Einzelschicht den kleinsten z-Wert.

Die Abstände der Einzelschichtmittelebenen zur gewählten Bezugsebene werden als $\bar{z}_i$ für die i-te Einzelschicht bezeichnet. Als Koordinate der Einzelschichtmittelebene der ersten Lage wird die Bezeichnung $\bar{z}_1$ und als die der letzten Schicht $\bar{z}_n$ notiert.

Die Oberflächen der Einzellagen bezüglich der Bezugsfläche werden aufsteigend mit z_{i-1} bis z_i angegeben. Die Unterseite der ersten Einzelschicht (in der Zeichnungsdarstellung oben) hat damit die Koordinate z_0 und als die Oberseite z_1. Die Unterseite der n-ten Schicht besitzt die Koordinate z_{n-1} und ihre Oberseite die Koordinate z_n (siehe Bild 7.3).

7.3 Gleichgewichtsbedingungen am Plattenelement

In Bild 7.6, links sind die Spannungsverläufe an den positiven Schnittufern einer Platte dargestellt [7.2]. Zur Berechnung der Spannungsresultierenden werden in Bild 7.6, rechts am infinitesimalen Plattenelement die Zusammenhänge hergeleitet.

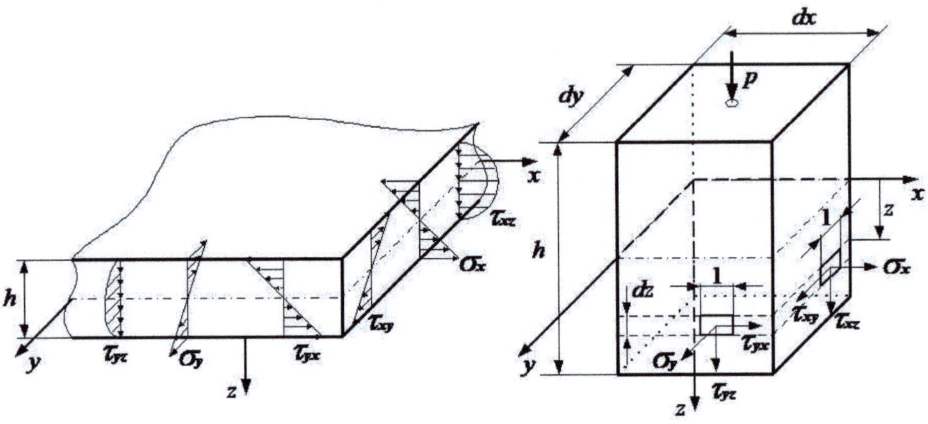

Bild 7.6 Links: Spannungsverläufe über die Plattenhöhe *h* am positiven Plattenschnittufer; rechts: Spannungsresultierende (Schnittgrößen) am inkrementellen Plattenelement

Lasten, die in der Plattenebene angreifen, werden als Scheiben- oder Membrankräfte bezeichnet. Rufen die Lasten Momente hervor, dann sprechen wir von einem Plattenzustand.

Durch die Integration der Spannungen am positiven Plattenschnittufer (siehe Bild 7.6) lassen sich die resultierenden Größen bestimmen. Für die Berechnung der resultierenden ***Membrankäfte*** aus der Membranbeanspruchung eines Laminats werden die Spannungen des ebenen Spannungszustands jeweils über die Plattendicke integriert:

$$n_x = \int_{z_0}^{z_n} \sigma_x \, dz \tag{7.6}$$

$$n_y = \int_{z_0}^{z_n} \sigma_y \, dz \tag{7.7}$$

$$n_{xy} = \int_{z_0}^{z_n} \tau_{xy} \, dz \tag{7.8}$$

Die ***Plattenmomente*** ergeben sich durch Integration der einzelnen Spannungsanteile (siehe Bild 7.6) unter Berücksichtigung der Spannungsverteilungen über den Querschnitt zu:

$$m_x = \int_{z_0}^{z_n} \sigma_x \, z \, dz \tag{7.9}$$

$$m_y = \int_{z_0}^{z_n} \sigma_y \, z \, dz \tag{7.10}$$

$$m_{xy} = \int_{z_0}^{z_n} \tau_{xy} \, z \, dz \tag{7.11}$$

7.4 Verschiebungs-Verformungs-Beziehungen der Platte

In Bild 7.7 ist seitlich das Verformungsverhalten einer Platte dargestellt. Links befindet sich die Platte im unverformten Ausgangszustand. Die x-y-Ebene des globalen Koordinatensystems liegt in der Bezugsebene, die hier gestrichelt abgebildet ist. Im Abstand z zur Bezugsebene findet sich ein Punkt P, der sich auf einer im Ausgangszustand senkrecht zur Bezugsebene angeordneten Geraden befindet.

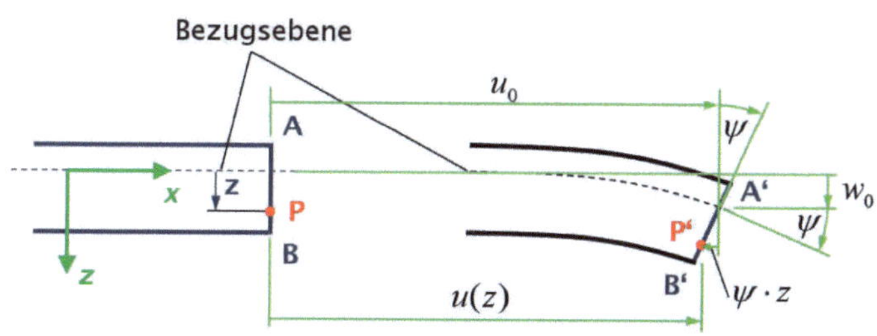

Bild 7.7 Verschiebungs-Verformungs-Beziehung an einer Platte

Durch äußere eingeprägte Kräfte und Momente wird die Platte gedehnt und gebogen. Bild 7.7 rechts zeigt den verformten Zustand der Platte. Hierbei wird die Lageänderung eines Punktes P im unverformten System verglichen mit der neuen Position P' im verformten Zustand. Die neue Lage des Punktes P' wird einerseits durch die Verschiebung u_0 der Bezugsebene aufgrund des Membranzustands und andererseits durch die Neigung der Bezugsebene ψ aufgrund des Plattenzustands bestimmt. Die Annahmen der Kirchhoffschen Platte gehen von einer dünnen und damit schubstarren Platte aus. Diese Annahme führt dazu, dass die senkrecht auf der Bezugsebene stehende gedachte Gerade, auf der der Punkt P liegt, auch nach der Verformung eben und orthogonal zur Bezugsebene ist. Diese Annahmen der schubstarren Platte erlauben die Superposition der Einzelverformungen durch Membrandehnung und Plattenbiegung.

Die Gesamtverschiebung $u(z)$ des Punktes P zum Punkt P' setzt sich aus der Membranverzerrung u_0 der Bezugsebene und der Neigung der Bezugsebene ψ in Zusammenhang mit dem Bezugsebenenabstand z des Punktes zusammen (siehe Bild 7.7, rechts):

$$u(z) = u_0 - z\,\psi \tag{7.12}$$

Der Biegewinkel bzw. die Neigung ψ der Bezugsebene lässt sich als die laterale Veränderung der Durchbiegung w_0 der Bezugsebene verstehen:

$$\psi = \frac{\partial w_0}{\partial x} \tag{7.13}$$

Eingesetzt in Formel 7.12 folgt für die Gesamtverschiebung:

$$u(z) = u_0 - z\,\frac{\partial w_0}{\partial x} \tag{7.14}$$

In analoger Weise kann die Verschiebung $v(z)$ in y-Richtung hergeleitet werden:

$$v(z) = v_0 - z\,\frac{\partial w_0}{\partial y} \tag{7.15}$$

7.5 Verzerrungs-Verschiebungs-Beziehungen der Platte

Für die Scheibenverzerrung der Platte gilt allgemein:

$$\varepsilon_x = \frac{\partial u}{\partial x} \tag{7.16}$$

$$\varepsilon_y = \frac{\partial v}{\partial y} \tag{7.17}$$

$$\gamma_{xy} = \frac{\partial u}{\partial y} + \frac{\partial v}{\partial x} \tag{7.18}$$

Unter Berücksichtigung von Formel 7.14 und Formel 7.15 folgt für Formel 7.16 bis Formel 7.18 weiter:

$$\varepsilon_x = \underbrace{\frac{\partial u_0}{\partial x}}_{\varepsilon_{x,0}} - z\,\underbrace{\frac{\partial^2 w_0}{\partial x^2}}_{-\kappa_x} \tag{7.19}$$

$$\varepsilon_y = \underbrace{\frac{\partial v_0}{\partial y}}_{\varepsilon_{y,0}} - z\,\underbrace{\frac{\partial^2 w_0}{\partial y^2}}_{-\kappa_y} \tag{7.20}$$

$$\gamma_{xy} = \underbrace{\frac{\partial u_0}{\partial y} + \frac{\partial v_0}{\partial x}}_{\gamma_{xy,0}} - z\,\underbrace{2\,\frac{\partial^2 w_0}{\partial x\,\partial y}}_{-\kappa_{xy}} \tag{7.21}$$

Hierbei sind $\varepsilon_{x,0}$, $\varepsilon_{y,0}$ und $\gamma_{xy,0}$ die Verzerrungen der Bezugsebene. Der Index „0 " unterscheidet damit eine Normalverzerrung $\varepsilon_x(z)$, die bei einer Biegung abhängig vom Bezugsebenenabstand z ist, und eine Bezugsebenenverzerrung $\varepsilon_{x,0}$, die als Membranverzerrung unabhängig von der Biegung ist.

κ_x und κ_y sind die Krümmungen und κ_{xy} die Verdrillung der Bezugsebene. In diesem Fall wird auf die Angabe „0 " verzichtet, da sich bei einer schubstarren Plattentheorie die Krümmungen und Verdrillungen der Bezugsebene unverändert in Dickenrichtung fortsetzen. Sie stellen damit keine Funktion des Bezugsebenenabstands dar.

Die Gesamtverzerrung $\varepsilon(z)$ ist abhängig von der Membranverzerrung ε_0 und dem mit dem Bezugsebenenabstand z gewichteten Krümmungs- und Verdrillungsanteil der Bezugsebene:

$$\left\{\begin{matrix}\varepsilon_x\\ \varepsilon_y\\ \gamma_{xy}\end{matrix}\right\} = \left\{\begin{matrix}\varepsilon_{x,0}\\ \varepsilon_{y,0}\\ \gamma_{xy,0}\end{matrix}\right\} + z\left\{\begin{matrix}\kappa_x\\ \kappa_y\\ \kappa_{xy}\end{matrix}\right\} \quad (7.22)$$

mit

$$\left\{\begin{matrix}\kappa_x\\ \kappa_y\\ \kappa_{xy}\end{matrix}\right\} = -\left\{\begin{matrix}\frac{\partial^2 w_0}{\partial x^2}\\ \frac{\partial^2 w_0}{\partial y^2}\\ \frac{\partial^2 w_0}{\partial x\,\partial y}\end{matrix}\right\} \quad (7.23)$$

Formel 7.22 kann dann in Kurzschreibweise als

$$\{\varepsilon\} = \{\varepsilon_0\} + z\,\{\kappa\} \quad (7.24)$$

notiert werden.

Die Gesamtverzerrung $\{\varepsilon\}$ ist ortsabhängig und setzt sich aus zwei Verzerrungsanteilen zusammen. Der Verzerrungsanteil $\{\varepsilon_0\}$ ist konstant über die Laminatdicke und resultiert aus der Membranverzerrung der Bezugsebene. Dagegen ist der Verzerrungsanteil, der aus der Verkrümmung und Verdrillung $\{\kappa\}$ sowie dem Bezugsebenenabstand z resultiert, linear veränderlich über die Laminatdicke.

7.6 Spannungs-Verzerrungs-Beziehungen des Laminats

Ausgehend vom dem 2D-Werkstoffgesetz der i-ten Einzelschicht im globalen Koordinatensystem,

$$\{\sigma_{xy}\}_i = \left[\bar{Q}\right]_i\,\{\varepsilon_{xy}(z)\} \quad (7.25)$$

folgt mit Formel 7.22

$$\begin{Bmatrix} \sigma_x \\ \sigma_y \\ \tau_{xy} \end{Bmatrix}_i = \begin{bmatrix} \bar{Q}_{11} & \bar{Q}_{12} & \bar{Q}_{16} \\ \bar{Q}_{21} & \bar{Q}_{22} & \bar{Q}_{26} \\ \bar{Q}_{61} & \bar{Q}_{62} & \bar{Q}_{66} \end{bmatrix}_i \left(\begin{Bmatrix} \varepsilon_{x,0} \\ \varepsilon_{y,0} \\ \gamma_{xy,0} \end{Bmatrix} + z \begin{Bmatrix} \kappa_x \\ \kappa_y \\ \kappa_{xy} \end{Bmatrix} \right) \tag{7.26}$$

bzw. in Kurzschreibweise

$$\{\sigma_{xy}\}_i = \left[\bar{Q}\right]_i \left(\{\varepsilon_0\} + z\,\{\kappa\}\right) \tag{7.27}$$

Membrankräfte der geschichteten Platte

Die Membrankräfte der geschichteten Platte folgen durch Integration der Spannungen (Formel 7.27) über die Plattendicke zu

$$\{n\} = \int_{z_0}^{z_n} \left\{\sigma_{xy}\right\}_i \, dz = \int_{z_0}^{z_n} \left[\bar{Q}\right]_i \left(\{\varepsilon_0\} + z\,\{\kappa\}\right) dz \tag{7.28}$$

in der Einheit N/mm bzw. N/Einheitsbreite. Die Materialkennwerte sind innerhalb einer Einzelschicht unabhängig von z, sodass sich die Integration auf die Einzelschichtdicken beschränkt und sich diese Teilergebnisse zur Gesamtschnittgröße $\{n\}$ aufsummieren:

$$\begin{aligned} \{n\} &= \sum_{i=1}^{i=n} \left(\int_{z_0}^{z_n} \left[\bar{Q}\right]_i \left(\{\varepsilon_0\} + z\,\{\kappa\}\right) dz \right) \\ &= \underbrace{\sum_{i=1}^{n} \underbrace{\left[\bar{Q}\right]_i (z_i - z_{i-1})}_{[A]_i}}_{[A]=\sum_{i=1}^{n}[A]_i} \{\varepsilon_0\} + \underbrace{\sum_{i=1}^{n} \underbrace{\left[\bar{Q}\right]_i \frac{z_i^2 - z_{i-1}^2}{2}}_{[B]_i}}_{[B]=\sum_{i=1}^{n}[B]_i} \{\kappa\} \end{aligned} \tag{7.29}$$

Formel 7.29 kann auch kurz gefasst werden als:

$$\{n\} = [A]\,\{\varepsilon_0\} + [B]\,\{\kappa\} \tag{7.30}$$

Die in Formel 7.29 und Formel 7.30 als Matrix $[A]$ bezeichneten Steifigkeitsanteile der Membrankräfte $\{n\}$ werden als die ***Dehnsteifigkeitsmatrix* [*A*]** der geschichteten Platte bezeichnet. Diese setzt sich summativ aus den Dehnsteifigkeiten $[A]_i$ der Einzelschichten zusammen. Die Dehnsteifigkeiten sind unabhängig von der Lage der Bezugsebene und berücksichtigen nur die Einzelschichtwandstärken.

Der in diesem Fall mit den Krümmungen $\{\kappa\}$ verbundene Steifigkeitsanteil der Membrankräfte $\{n\}$ wird als die ***Koppelmatrix* [*B*]** bezeichnet und setzt sich wiederum als Summe der Koppelsteifigkeiten $[B]_i$ der Einzelschichten zusammen. Die Koppelsteifigkeitsmatrix $[B]$ ist abhängig von der Lage des gewählten Bezugssystems. Dabei werden die Koppelsteifigkeitsmatrizen $[B]_i$ der Einzelschichten mit dem Abstand zur Bezugsebene gewichtet. Durch die Koppelsteifigkeitsmatrix $[B]$ erfolgt eine Beschreibung der Kopplung der Längskraft-Biegeverformung bzw. der Momenten-Normalverzerrung.

Für ein ***symmetrisches Laminat***, dessen ***Bezugsebene gleich der Symmetriebene*** ist, verschwindet die Koppelsteifigkeitsmatrix

$$[B] = [0] \tag{7.31}$$

das heißt, das es in diesem Fall keine Kopplung von der Längskraft-Biegeverformung bzw. der Momenten-Normalverzerrung gibt.

Zusammenfassend seien an dieser Stelle die möglichen Formulierungen der Dehnsteifigkeitsmatrix $[A]$

$$[A] = \sum_{i=1}^{n} [A]_i \tag{7.32}$$

$$= \sum_{i=1}^{n} [\bar{Q}]_i \, (z_i - z_{i-1}) \tag{7.33}$$

$$= \sum_{i=1}^{n} [\bar{Q}]_i \, t_i \tag{7.34}$$

sowie in Formel 7.35 bis Formel 7.38 die der Koppelmatrix $[B]$

$$[B] = \sum_{i=1}^{n} [B]_i \tag{7.35}$$

$$= \frac{1}{2} \sum_{i=1}^{n} [\bar{Q}]_i \left(z_i^2 - z_{i-1}^2 \right) \tag{7.36}$$

$$= \sum_{i=1}^{n} [\bar{Q}]_i \, t_i \, \frac{(z_i - z_{i-1})}{2} \tag{7.37}$$

$$= \sum_{i=1}^{n} [\bar{Q}]_i \, t_i \, \bar{z}_i \tag{7.38}$$

ausgeführt.

Biegemomente der geschichteten Platte

Wird bei der Integration der Laminatspannungen (Formel 7.27) auch deren Lage zur Referenzebene berücksichtigt, folgen die Biegemomente der geschichteten Platte

$$\{m\} = \int_{z_0}^{z_n} \left\{\sigma_{xy}\right\}_i \, z \, dz = \int_{z_0}^{z_n} \left[\bar{Q}\right]_i \left(z \,\{\varepsilon_0\} + z^2 \,\{\kappa\} \right) dz \tag{7.39}$$

Wird erneut berücksichtigt, dass die Werkstoffkennwerte innerhalb einer Einzelschicht konstant sind und damit die Schnittgrößen schichtweise integriert und über die Plattendicke summiert werden können, folgt aus Formel 7.39 weiter

$$\{m\} = \sum_{i=1}^{i=n} \left(\int_{z_0}^{z_n} [\bar{Q}]_i \left(z\,\{\varepsilon_0\} + z^2\,\{\kappa\} \right) dz \right)$$

$$= \underbrace{\sum_{i=1}^{n} \underbrace{[\bar{Q}]_i \frac{z_i^2 - z_{i-1}^2}{2}}_{[B]_i}}_{[B]=\sum_{i=1}^{n}[B]_i} \{\varepsilon_0\} + \underbrace{\sum_{i=1}^{n} \underbrace{[\bar{Q}]_i \frac{z_i^3 - z_{i-1}^3}{3}}_{[D]_i}}_{[D]=\sum_{i=1}^{n}[D]_i} \{\kappa\} \tag{7.40}$$

In matrizieller Kurzschreibweise können wir dann weiter notieren:

$$\{m\} = [B]\,\{\varepsilon_0\} + [D]\,\{\kappa\} \tag{7.41}$$

Analog zu Formel 7.29 kann in Formel 7.40 die ***Koppelmatrix* [*B*]** identifiziert werden. Während die Koppelmatrix in Formel 7.29 mit den Krümmungen $\{\kappa\}$ einen Anteil der Membrankräfte $\{n\}$ bildete, stellen hier in Formel 7.40 die Koppelsteifigkeitsmatrix $[B]$ und die Membranverzerrungen $\{\varepsilon_0\}$ einen Anteil der Biegemomente $\{m\}$ der geschichteten Platte dar.

Der zweite Steifigkeitsanteil der Biegemomentengleichung in Formel 7.40 der geschichteten Platte besteht aus der ***Biege-*** bzw. ***Plattensteifigkeitsmatrix* [*D*]**. Dieser Steifigkeitsanteil verbindet die Krümmung $\{\kappa\}$ mit dem resultierenden Schnittmoment $\{m\}$ des Laminats. Die Plattensteifigkeitsmatrix ist abhängig von der Lage des gewählten Bezugssystems und dem Abstand der Einzellagen zur Bezugsebene. In der Plattensteifigkeitsmatrix wird das Flächenträgheitsmoment der geschichteten Platte berücksichtigt. In ihm finden sich der „Eigen"-Anteil sowie der „STEINER"-Anteil des Flächenträgheitsmoments bezüglich einer gewählten Ebene (s. a. Formel 7.46).

Die einzelnen Formulierungen zur Berechnung der Plattensteifigkeitsmatrix $[D]$, beginnend in Formel 7.40, werden nachfolgend umformuliert. Ziel ist es, eine Darstellung zu finden, die den Eigenanteil und den STEINER-Anteil der Biegesteifigkeit in Abhängigkeit von der Schichtdicke und der Schichtlage herausstellt, wie es bereits weiter oben Erwähnung gefunden hat. Beginnend mit Formel 7.42,

$$[D] = \sum_{i=1}^{n} [D]_i = \sum_{i=1}^{n} [\bar{Q}]_i \, \frac{1}{3} \left(z_i^3 - z_{i-1}^3 \right) \tag{7.42}$$

wird durch Polynomdivision der Anteil der Einzelschichtdicke $t_i = (z_i - z_{i-1})$ herausgelöst, sodass der Ausdruck

$$[D] = \sum_{i=1}^{n} [\bar{Q}]_i \, \frac{1}{3} \underbrace{(z_i - z_{i-1})}_{t_i} \left(z_i^2 + z_i\,z_{i-1} + z_{i-1}^2 \right) \tag{7.43}$$

notiert werden kann. Die Position z_i kann mit der Einzelschichtdicke t_i auch als $z_i = z_{i-1} + t_i$ ausgedrückt werden. Damit kann Formel 7.43 ergänzend als

$$
\begin{aligned}
[D] &= \sum_{i=1}^{n} [\bar{Q}]_i \, \frac{1}{3} \, t_i \, \left((z_{i-1} + t_i)^2 + z_{i-1}^2 + t_i \, z_{i-1} + z_{i-1}^2 \right) \\
&= \sum_{i=1}^{n} [\bar{Q}]_i \, \frac{1}{3} \, t_i \, \left(\left(z_{i-1}^2 + 2 \, z_{i-1} \, t_i + t_i^2 \right) + z_{i-1}^2 + t_i \, z_{i-1} + z_{i-1}^2 \right) \\
&= \sum_{i=1}^{n} [\bar{Q}]_i \left(z_{i-1}^2 + z_{i-1} \, t_i + \frac{1}{3} \, t_i^2 \right) t_i
\end{aligned}
\tag{7.44}
$$

geschrieben werden. Mit der Ergänzung $+\frac{1}{4}\,t_i$ und $-\frac{1}{4}\,t_i$ folgt aus Formel 7.44 die Formulierung

$$
\begin{aligned}
[D] &= \sum_{i=1}^{n} [\bar{Q}]_i \left(\left(z_{i-1}^2 + z_{i-1} \, t_i + \frac{1}{4} \, t_i^2 \right) + \left(\frac{1}{3} \, t_i^2 - \frac{1}{4} \, t_i^2 \right) \right) t_i \\
&= \sum_{i=1}^{n} [\bar{Q}]_i \left(\left(z_{i-1} + \frac{1}{2} \, t_i \right)^2 + \frac{1}{12} \, t_i^2 \right) t_i
\end{aligned}
\tag{7.45}
$$

Mit dem Ausdruck $\left(z_{i-1} + \frac{1}{2}\,t_i\right)$ wird die Lage $\bar{z}_i$ der Mittelschicht der i-ten Schicht beschrieben. Somit folgt aus Formel 7.45 die Formulierung

$$
[D] = \sum_{i=1}^{n} [\bar{Q}]_i \left(\bar{z}_i^2 + \frac{t_i^2}{12} \right) t_i
\tag{7.46}
$$

7.7 Werkstoffgesetz der geschichteten Platte

Die in Formel 7.30 und Formel 7.41 hergeleiteten Zusammenhänge lassen sich auch in einer sogenannten Hypermatrix zusammenfassen:

$$
\begin{Bmatrix} n \\ m \end{Bmatrix} = \begin{bmatrix} A & B \\ B & D \end{bmatrix} \begin{Bmatrix} \varepsilon_0 \\ \kappa \end{Bmatrix}
\tag{7.47}
$$

Formel 7.47 ist die ***ABD-Matrix*** der ***Klassischen Laminattheorie***. Mit ihr lässt sich der Zusammenhang zwischen einerseits Membranverzerrungen und Plattenkrümmungen und andererseits Membrankräften und Plattenmomenten einer geschichteten Platte herstellen.

Die Einheiten der Spaltenvektoren sind

$\{n\}$ in $\left[\mathrm{N\,mm^{-1}}\right]$ $\qquad$ $\{\varepsilon_0\}$ in $[-]$

$\{m\}$ in $[\mathrm{N}]$ $\qquad$ $\{\kappa\}$ in $[1/\mathrm{mm}]$

und die der Untermatrizen lauten

$[A]$ in $\left[\mathrm{N\,mm^{-1}}\right]$ $\qquad$ $[B]$ in $[\mathrm{N}]$ $\qquad$ $[D]$ in $[\mathrm{N\,mm}]$

Ausgeschrieben folgt für die ABD-Matrix

$$\begin{Bmatrix} n_x \\ n_y \\ n_{xy} \\ m_x \\ m_y \\ m_{xy} \end{Bmatrix} = \begin{bmatrix} A_{11} & A_{12} & A_{16} & B_{11} & B_{12} & B_{16} \\ A_{21} & A_{22} & A_{16} & B_{21} & B_{22} & B_{26} \\ A_{61} & A_{62} & A_{66} & B_{61} & B_{62} & B_{66} \\ B_{11} & B_{12} & B_{16} & D_{11} & D_{12} & D_{16} \\ B_{21} & B_{22} & B_{26} & D_{21} & D_{22} & D_{26} \\ B_{61} & B_{62} & B_{66} & D_{61} & D_{62} & D_{66} \end{bmatrix} \begin{Bmatrix} \varepsilon_{x,0} \\ \varepsilon_{y,0} \\ \gamma_{xy,0} \\ \kappa_x \\ \kappa_y \\ \kappa_{xy} \end{Bmatrix} \tag{7.48}$$

Invertierung der ABD-Matrix

Um den Einfluss von Spannungen und Momenten auf das Verformungsverhalten der geschichteten Platte mithilfe der Klassischen Laminattheorie zu bestimmen, wird die ABD-Matrix Formel 7.47 invertiert:

$$\begin{Bmatrix} \varepsilon_0 \\ \kappa \end{Bmatrix} = \begin{bmatrix} A & B \\ B & D \end{bmatrix}^{-1} \begin{Bmatrix} n \\ m \end{Bmatrix} = \begin{bmatrix} a & b \\ c & d \end{bmatrix} \begin{Bmatrix} n \\ m \end{Bmatrix} \tag{7.49}$$

Hierbei sind die Untermatrizen $[a]$, $[b]$, $[c]$ und $[d]$ die Laminatnachgiebigkeiten des Mehrschichtverbundes.

Zur Bestimmung der Nachgiebigkeitsmatrizen werden zunächst noch einmal Formel 7.30

$$\{n\} = [A]\{\varepsilon_0\} + [B]\{\kappa\} \tag{7.50}$$

und Formel 7.41

$$\{m\} = [B]\{\varepsilon_0\} + [D]\{\kappa\} \tag{7.51}$$

notiert. Aus Formel 7.50 folgt durch Umformung weiter:

$$\begin{aligned} [A]\{\varepsilon_0\} &= \{n\} - [B]\{\kappa\} \\ \{\varepsilon_0\} &= [A]^{-1}\{n\} - [A]^{-1}[B]\{\kappa\} \end{aligned} \tag{7.52}$$

Durch Einsetzen von Formel 7.50 in Formel 7.51 folgt der Zusammenhang:

$$\begin{aligned} \{m\} &= [B]\left([A]^{-1}\{n\} - [A]^{-1}[B]\{\kappa\}\right) + [D]\{\kappa\} \\ \underbrace{\left([B][A]^{-1}[B] - [D]\right)}_{[E]}\{\kappa\} &= [B][A]^{-1}\{n\} - \{m\} \\ \{\kappa\} &= \underbrace{[E]^{-1}[B][A]^{-1}}_{[c]}\{n\} \underbrace{-[E]^{-1}}_{[d]}\{m\} \end{aligned} \tag{7.53}$$

Der Ausdruck für die Verkrümmung $\{\kappa\}$ in Formel 7.53 wird anschließend eingesetzt in Formel 7.52:

$$\begin{aligned}\{\varepsilon_0\} &= [A]^{-1}\,\{n\} - [A]^{-1}\,[B]\,\left([E]^{-1}\,[B]\,[A]^{-1}\,\{n\} - [E]^{-1}\,\{m\}\right)\\ &= [A]^{-1}\,\{n\} - [A]^{-1}\,[B]\,[E]^{-1}\,[B]\,[A]^{-1}\,\{n\} + [A]^{-1}\,[B]\,[E]^{-1}\,\{m\}\\ &= \underbrace{\left([A]^{-1} - [A]^{-1}\,[B]\,[E]^{-1}\,[B]\,[A]^{-1}\right)}_{[a]}\,\{n\} + \underbrace{[A]^{-1}\,[B]\,[E]^{-1}}_{[b]}\,\{m\}\end{aligned} \tag{7.54}$$

Für Formel 7.49 kann durch Vergleich der Nachgiebigkeitsmatrizen $[b]$ und $[c]$ nun auch geschrieben werden

$$\begin{Bmatrix}\varepsilon_0\\ \kappa\end{Bmatrix} = \begin{bmatrix}A & B\\ B & D\end{bmatrix}^{-1}\begin{Bmatrix}n\\ m\end{Bmatrix} = \begin{bmatrix}a & b\\ c & d\end{bmatrix}\begin{Bmatrix}n\\ m\end{Bmatrix} = \begin{bmatrix}a & b\\ b^T & d\end{bmatrix}\begin{Bmatrix}n\\ m\end{Bmatrix} = \begin{bmatrix}a & b\\ b & d\end{bmatrix}\begin{Bmatrix}n\\ m\end{Bmatrix} \tag{7.55}$$

mit

$$[a] = [A]^{-1} - [A]^{-1}\,[B]\,\left([B]\,[A]^{-1}\,[B] - [D]\right)^{-1}\,[B]\,[A]^{-1} \tag{7.56}$$

$$[b] = [A]^{-1}\,[B]\,\left([B]\,[A]^{-1}\,[B] - [D]\right)^{-1} \tag{7.57}$$

$$[c] = [b]^T = \left([B]\,[A]^{-1}\,[B] - [D]\right)^{-1}\,[B]\,[A]^{-1} \tag{7.58}$$

$$[d] = -\left([B]\,[A]^{-1}\,[B] - [D]\right)^{-1} \tag{7.59}$$

Ausgeschrieben folgt die abd-Nachgiebigkeitsmatrix für ein **allgemeines Laminat**

$$\begin{Bmatrix}\varepsilon_{x,0}\\ \varepsilon_{y,0}\\ \gamma_{xy,0}\\ \kappa_x\\ \kappa_y\\ \kappa_{xy}\end{Bmatrix} = \begin{bmatrix}a_{11} & a_{12} & a_{16} & b_{11} & b_{12} & b_{16}\\ a_{21} & a_{22} & a_{16} & b_{21} & b_{22} & b_{26}\\ a_{61} & a_{62} & a_{66} & b_{61} & b_{62} & b_{66}\\ b_{11} & b_{12} & b_{16} & d_{11} & d_{12} & d_{16}\\ b_{21} & b_{22} & b_{26} & d_{21} & d_{22} & d_{26}\\ b_{61} & b_{62} & b_{66} & d_{61} & d_{62} & d_{66}\end{bmatrix}\begin{Bmatrix}n_x\\ n_y\\ n_{xy}\\ m_x\\ m_y\\ m_{xy}\end{Bmatrix} \tag{7.60}$$

Für den Sonderfall eines **symmetrischen Laminats**, bei dem auch die Bezugsebene mit der Symmetrieebene identisch ist, vereinfachen sich Formel 7.56 bis Formel 7.59 zu

$$[a] = [A]^{-1} \tag{7.61}$$

$$[b] = [0] \tag{7.62}$$

$$[c] = [0] \tag{7.63}$$

$$[d] = [D]^{-1} \tag{7.64}$$

beziehungsweise

$$\begin{Bmatrix} \varepsilon_{x,0} \\ \varepsilon_{y,0} \\ \gamma_{xy,0} \\ \kappa_x \\ \kappa_y \\ \kappa_{xy} \end{Bmatrix} = \begin{bmatrix} a_{11} & a_{12} & a_{16} & 0 & 0 & 0 \\ a_{21} & a_{22} & a_{16} & 0 & 0 & 0 \\ a_{61} & a_{62} & a_{66} & 0 & 0 & 0 \\ 0 & 0 & 0 & d_{11} & d_{12} & d_{16} \\ 0 & 0 & 0 & d_{21} & d_{22} & d_{26} \\ 0 & 0 & 0 & d_{61} & d_{62} & d_{66} \end{bmatrix} \begin{Bmatrix} n_x \\ n_y \\ n_{xy} \\ m_x \\ m_y \\ m_{xy} \end{Bmatrix} \tag{7.65}$$

Die Einheiten der Nachgiebigkeitsmatrizen sind

$[a]$ in $\left[\frac{\text{mm}}{\text{N}}\right]$ $[b]$ in $\left[\frac{1}{\text{N}}\right]$ $[d]$ in $\left[\frac{1}{\text{N mm}}\right]$

Verformungs-Last-Beziehungen aufgrund von Zugbeanspruchung

Bild 7.8 stellt exemplarisch den Zusammenhang zwischen den Verformungen $\{\varepsilon_0\}$ sowie $\{\kappa\}$ und der Membraneinzelkraft n_x dar. Bei einem allgemeinen Laminat wird dabei die erste Spalte der abd-Nachgiebigkeitsmatrix gewichtet und führt sowohl zu Membranverzerrungen $\{\varepsilon_0\}$ der Bezugsebene als auch zu Krümmungen und Verdrillungen κ_{xy} des Verbundes.

Im Einzelnen kann man erkennen:

- Der Koeffizient a_{11} der abd-Matrix stellt die **Zug-Dehnungs-Kopplung** zwischen der Normalverzerrung $\varepsilon_{x,0}$ der Bezugsebene und der Membranbeanspruchung n_x her.
- Der Zusammenhang zwischen der Querkontraktion $\varepsilon_{y,0}$ und der Zugbelastung n_x wird über die **Zug-Querdehnungs-Beziehung** a_{21} beschrieben.
- Für das allgemeine Laminat entstehen aufgrund der Zugbeanspruchung auch Gleitungen $\varepsilon_{xy,0}$, die mit dem **Zug-Gleitungs-Koeffizienten** a_{61} der $[a]$-Matrix ausgedrückt werden.

Für ein allgemeines Laminat ist auch die $[b]$-Matrix belegt. Damit enstehen durch die Koppelmatrix Beziehungen zwischen den Verkrümmungen und Verdrillungen des Laminats aufgrund einer Membranbeanspruchung. Die Koeffizienten b_{i1} für $i = 1,2,6$ lassen sich dann wie folgt interpretieren:

- Durch die Belegung des Eintrags b_{11} der Nachgiebigkeitskoppelmatrix $[b]$ führt eine Membrankraft n_x zu einer Krümmung κ_x entlang der globalen x-Achse des Laminats. Eine positive Krümmung verformt das Laminat entgegengesetzt zur positiven Richtung der globalen z-Achse, wie es in Bild 7.8 als Miniaturdarstellung exemplarisch gezeigt ist. Hier spricht man von einer **Zug-Längskrümmungs-Beziehung**.

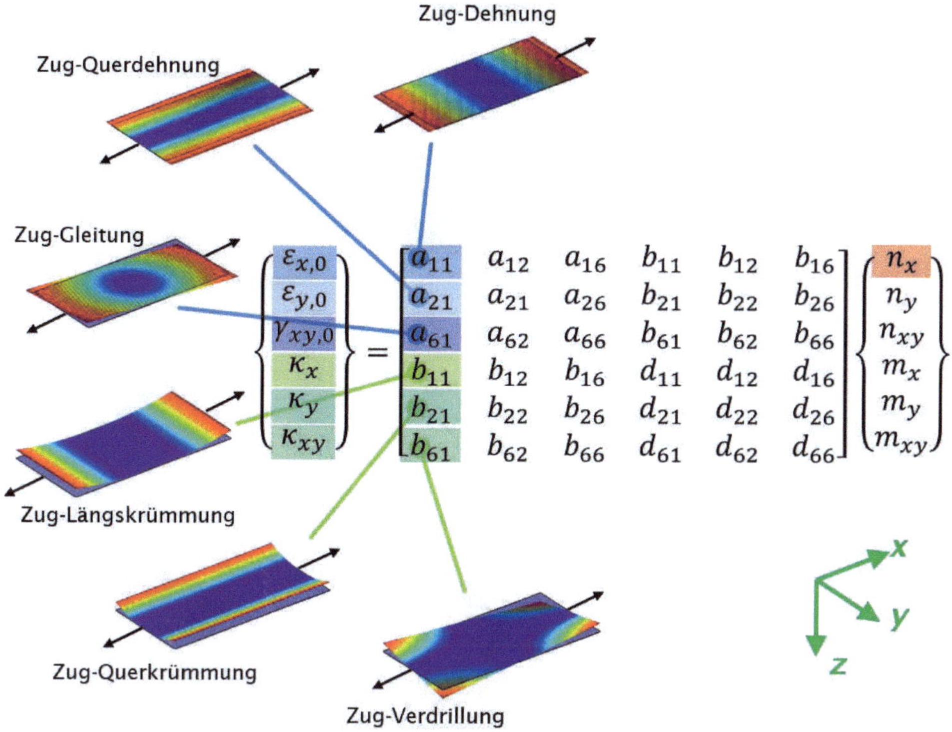

Bild 7.8 Laminatbeanspruchung durch die Membrankraft n_x

- Durch die Belegung das Matrixkoeffizienten b_{21} kommt es zu einer **Zug-Querkrümmungs-Kopplung**. Hierbei wird das Laminat aufgrund der Membrankraft n_x in Querrichtung, i. e. globaler y-Richtung, gekrümmt. Auch hier führt eine positive Krümmung zu einer Verformung des Mehrschichtverbundes entgegengesetzt der positiven Richtung der z-Achse.
- Eine **Zug-Verdrillungs-Beziehung** wird über den Matrixeintrag b_{61} formuliert. Die Membranbeanspruchung n_x führt zu einer Verdrillung. Bei einer positiven Verdrillung werden die Ecken einer Platte an den Stellen $(\pm x \mid \pm y)$ in negativer Richtung der z-Achse verformt, wogegen sich die Plattenecken an den Positionen $(\pm x \mid \mp y)$ in positiver Richtung der z-Achse verdrillen.

Verformungs-Last-Beziehungen aufgrund von Biegung

Bild 7.9 zeigt auf der Basis der Klassischen Laminattheorie den Einfluss einer Biegemomentenbeanspruchung auf ein allgemeines Laminat. Ein positives Plattenbiegemoment m_y des Laminats bei negativem Drehsinn[3] um die x-Achse des globalen Bezugssystems gewichtet zunächst die fünfte Spalte der abd-Nachgiebigkeitsmatrix. Bei einer voll besetzten abd-Matrix führt dies sowohl zu Krümmungen und Verdrillungen κ_{xy} des Laminats als auch zu Membranverzerrungen $\{\varepsilon_0\}$ der Bezugsebene.

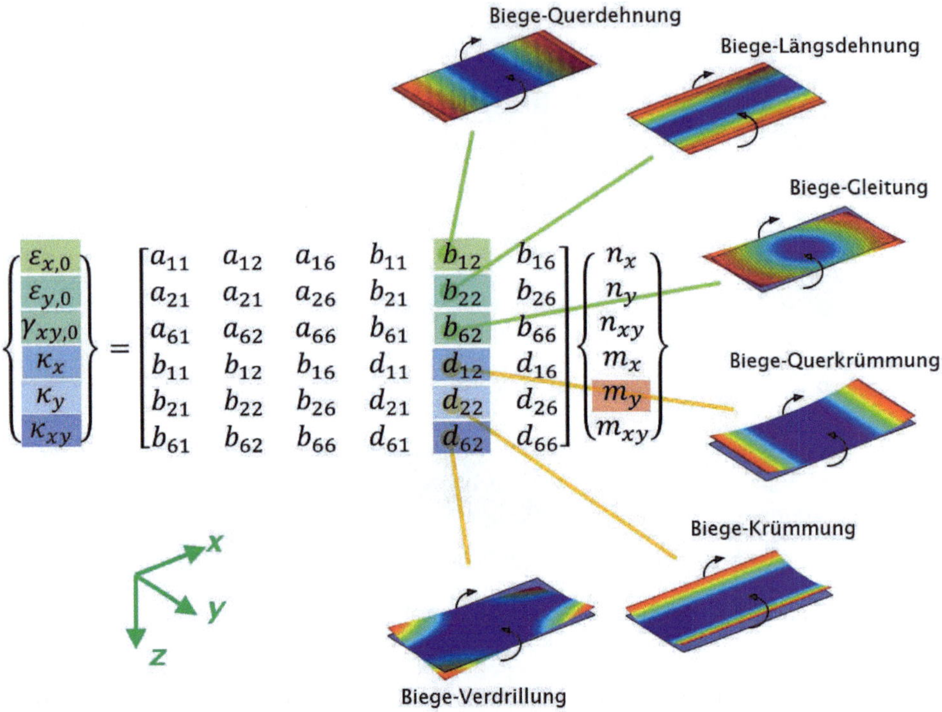

$$\begin{Bmatrix} \varepsilon_{x,0} \\ \varepsilon_{y,0} \\ \gamma_{xy,0} \\ \kappa_x \\ \kappa_y \\ \kappa_{xy} \end{Bmatrix} = \begin{bmatrix} a_{11} & a_{12} & a_{16} & b_{11} & b_{12} & b_{16} \\ a_{21} & a_{21} & a_{26} & b_{21} & b_{22} & b_{26} \\ a_{61} & a_{62} & a_{66} & b_{61} & b_{62} & b_{66} \\ b_{11} & b_{12} & b_{16} & d_{11} & d_{12} & d_{16} \\ b_{21} & b_{22} & b_{26} & d_{21} & d_{22} & d_{26} \\ b_{61} & b_{62} & b_{66} & d_{61} & d_{62} & d_{66} \end{bmatrix} \begin{Bmatrix} n_x \\ n_y \\ n_{xy} \\ m_x \\ m_y \\ m_{xy} \end{Bmatrix}$$

Bild 7.9 Laminatbeanspruchung durch die Biegebelastung m_y

Die Biegebelastung wird zunächst Plattenverformungen, d. h. Krümmungen und Verdrillungen κ_{xy} der Laminatbezugsebene, hervorrufen, was über die Einträge in der $[d]$-Matrix dokumentiert wird:

- Biegt man eine Platte um die x-Achse, so erwartet man eine Verformung in Belastungsrichtung, das heißt eine Krümmung κ_y um die Biegeachse. Die Nachgiebigkeit dieser Verformung wird durch die **Biege-Krümmung**s-Beziehung d_{12} beschrieben.

[3] Bei einem **Balken** dreht ein positives (Balken-)Moment M_x in positivem Drehsinn um die x-Achse und ein positives (Balken-)Moment M_y in positiver Drehrichtung um die y-Achse. Die Balkenmomente haben die Einheit [Nm]. **Plattenmomente** werden zur Unterscheidung klein geschrieben und besitzen die Einheit [Nm pro Einheitsbreite = N]. Die Bezeichnungen der Plattenmomente beziehen sich dabei nicht auf die Drehachse, sondern auf die betreffende Schnittkante. Ein positives Plattenmoment m_x dreht in positiver Drehrichtung um die y-Achse. Ein positives Plattenmoment m_y dreht in *negativer Drehrichtung* um die x-Achse. Positive Plattenmomente krümmen die Platte entgegengesetzt zur positiven Richtung der z-Achse.

- Gleichzeitig wird die Biegebelastung m_y eine Querkrümmung der Platte bedingen, was über den Koeffizienten d_{12} als **Biege-Querkrümmung**s-Beziehung ausgedrückt wird.
- Bei einer voll besetzten Matrix ist auch der Eintrag d_{62} ungleich null. Nur bei einem transversalisotropen oder orthotropen Lagenaufbau verschwindet dieser Eintrag. Der Nachgiebigkeitskoeffizient d_{12} wird als **Biege-Torsion**s-Kopplung bezeichnet und führt bei einer Biegebeanspruchung zu einer Verdrillung des Laminats. Die Effekte dieser Kopplung lassen sich auch technisch nutzen.

Neben einer Beziehung zwischen der Biegebeanspruchung und den Krümmungen und Verdrillungen des Laminats besteht bei einem allgemeinen Laminat auch eine Kopplung mit den Membranverzerrungen der Bezugsebene.[4] Lediglich für Laminate mit einem symmetrischen Lagenaufbau und einer Bezugsebene, die mit der Symmetrieebene zusammenfällt, verschwindet die Koppelmatrix $[b]$. Für einen allgemeinen Schichtaufbau ergeben sich aus der voll besetzten Koppelnachgiebigkeitsmatrix die nachfolgenden Zusammenhänge:

- Aufgrund der Biegebeanspruchung m_y ergibt sich über den Koeffizienten b_{12} eine Querdehnung[5] $\varepsilon_{x,0}$ der Bezugsebene. Diese Kopplung wird als **Biege-Querdehnung** bezeichnet.
- Mithilfe der **Biege-Längsdehnung**s-Beziehung wird über den Nachgiebigkeitskoeffizienten d_{22} der Zusammenhang zwischen der Biegebeanspruchung m_y und der Längsverzerrung[6] $\varepsilon_{y,0}$ der Bezugsebene in Belastungsrichtung hergestellt.
- Die **Biege-Gleitung**s-Beziehung stellt über den Koppelkoeffizienten b_{62} den Zusammenhang zwischen der Biegebelastung m_y und der Gleitung $\gamma_{xy,0}$ dar.

7.8 Wechsel der Bezugsebene

Die Ebene, in der die äußeren Lasten angreifen, ist die sogenannte Bezugsebene. Liegt die Kraftangriffsebene nicht in der Mittelebene des Laminates, so ist folglich auch die Bezugsebene für die Berechnung der ABD-Matrizen nicht in der Laminatmittelebene zu positionieren.

4 An dieser Stelle sei darauf hingewiesen, dass die Membranverzerrungen keine Folge eines Abstands zur Bezugsebene darstellen. Die Membranverzerrungen folgen hier ausschließlich aus dem *allgemeinen* Lagenaufbau und damit aus dem Einfluss der Koppelmatrix $[B]$.

5 Der Begriff *Querdehnung* weist darauf hin, dass die Belastung in Richtung der x-Achse stattfindet und senkrecht dazu eine Dehnung auftritt.

6 Die Biegebeanspruchung findet um die x-Achse statt und senkrecht zu dieser Achse in der Plattenebene - also in y-Richtung - stellt sich eine Dehnung der Bezugsebene ein. Daher folgt die Bezeichnung *Längsdehnung*.

In Bild 7.5 wurde zunächst der Fall betrachtet, dass die Bezugsebene und damit das globale Koordinatensystem zu einer parallel zur Laminatmittelebene liegenden Kraftangriffsebene verschoben wird. Die Referenzierung der Einzelschichten z_i (mit $i = 0,\ldots,n$) und $\bar{z}_j$ (mit $j = 1,\ldots,n$) geschieht in dem Fall von der versetzten Bezugs- und Referenzebene aus. Damit ist eine erneute Bestimmung der relativen Positionen der Einzellagen zur Bezugsebene erforderlich.

Verbleibt hingegen die Referenzebene – und somit das globale Koordinatensystem – in der Laminatmittelebene, während die tatsächliche Kraftangriffsebene und damit die Bezugsebene parallel um den Abstand d zur geometrischen Mittelebene versetzt sind, müssen die Steifigkeitsmatrizen der ABD-Matrix für diesen Fall entsprechend allgemeingültig formulieren werden. So kann – ausgehend von den ursprünglichen Formulierungen der ABD-Matrizen unter Hinzuziehung des beliebigen Bezugsebenenabstands d – effizient eine erweiterte Beschreibung des Mehrschichtverbundes gefunden werden.

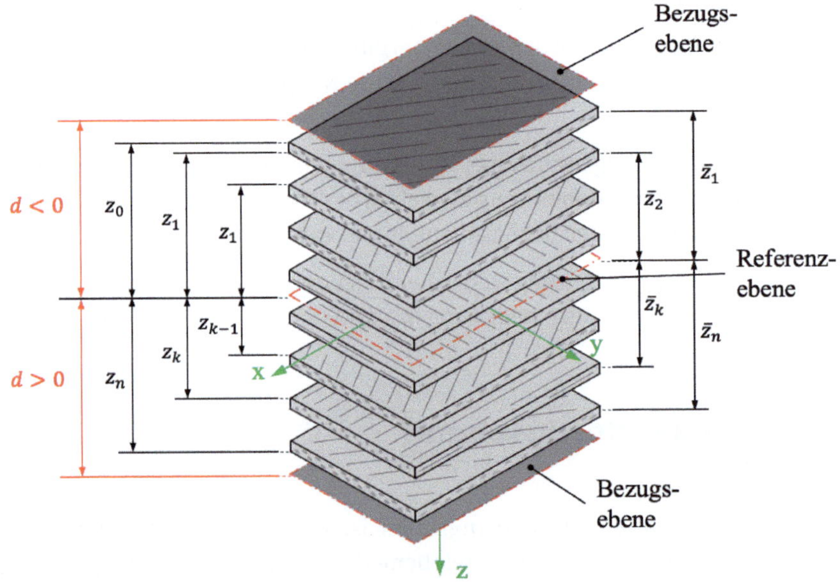

Bild 7.10 Wechsel der Bezugsebene: Abstand $d > 0$ zwischen der Bezugsebene unten sowie dem Abstand $d < 0$ der Bezugsebene oben bezüglich der geometrischen Mittelebene des Laminats als Referenzebene

Bild 7.10 zeigt zwei um den Abstand d entlang der z-Achse parallel zur Laminatmittelebene verschobene Kraftangriffs- bzw. Bezugsebenen. Für Parallelverschiebungen der Bezugsebene in positiver Richtung der z-Achse wird der Abstand als positiver Wert $d > 0$ notiert. Wird eine Bezugsebene betrachtet, die parallel zur Mittelebene in negativer z-Richtung verschoben ist, so wird dies durch einen negativen Abstandswert

$d < 0$ kenntlich gemacht. Dann folgt zunächst aus Formel 7.29 unter Berücksichtigung des Abstands d der Bezugsebene zur Referenzebene die Beziehung

$$\{n\} = \underbrace{\sum_{i=1}^{n} \left[\bar{Q}\right]_i ((z_i - d) - (z_{i-1} - d))}_{[\tilde{A}]}\{\varepsilon_0\} + \underbrace{\sum_{i=1}^{n} \left[\bar{Q}\right]_i \frac{(z_i - d)^2 - (z_{i-1} - d)^2}{2}}_{[\tilde{B}]}\{\kappa\} \tag{7.66}$$

für die Membrankräfte des Laminates.

Durch Ausmultiplizieren der Klammerausdrücke folgt weiter

$$[\tilde{A}] = \sum_{i=1}^{n} \left[\bar{Q}\right]_i (z_i - z_{i-1}) = [A] \tag{7.67}$$

$$\begin{aligned}[\tilde{B}] &= \underbrace{\sum_{i=1}^{n} \left[\bar{Q}\right]_i \frac{z_i^2 - z_{i-1}^2}{2}}_{[B]} - d \underbrace{\sum_{i=1}^{n} \left[\bar{Q}\right]_i (z_i - z_{i-1})}_{[A]} \\ &= [B] - d\,[A]\end{aligned} \tag{7.68}$$

Damit ergibt sich die erweiterte Formulierung

$$\{n\} = [A]\,\{\varepsilon_0\} + \big([B] + d\,[A]\big)\,\{\kappa\} \tag{7.69}$$

für die Membrankräfte des Mehrschichtverbundes unter Berücksichtigung eines Abstands d zur Referenzebene.

Analog kann aus Formel 7.40 unter Berücksichtigung des Bezugsebenenabstands d zur Referenzebene der Zusammenhang

$$\{m\} = \underbrace{\sum_{i=1}^{n} \left[\bar{Q}\right]_i \frac{(z_i - d)^2 - (z_{i-1} - d)^2}{2}}_{[\tilde{B}]}\{\varepsilon_0\} + \underbrace{\sum_{i=1}^{n} \left[\bar{Q}\right]_i \frac{(z_i - d)^3 - (z_{i-1} - d)^3}{3}}_{[\tilde{D}]}\{\kappa\} \tag{7.70}$$

für die Plattenmomente der geschichteten Platte formuliert werden.

Für die neue Koppelmatrix $[\tilde{B}]$ folgt nach dem Ausmultiplizieren und Umstellen aus Formel 7.70 der schon aus Formel 7.68 bekannte Zusammenhang

$$[\tilde{B}] = [B] - d\,[A]$$

Für die neue Biegesteifigkeitsmatrix $[\tilde{D}]$ ergibt sich mit Berücksichtigung des Abstands d zwischen der Referenzebene und der gewählten Bezugsebene

$$\begin{aligned}[\tilde{D}] &= \underbrace{\sum_{i=1}^{n} \left[\bar{Q}\right]_i \frac{z_i^3 - z_{i-1}^3}{3}}_{[D]} - d \cdot \underbrace{\sum_{i=1}^{n} \left[\bar{Q}\right]_i \frac{z_i^2 - z_{i-1}^2}{2}}_{[B]} + d^2 \cdot \underbrace{\sum_{i=1}^{n} \left[\bar{Q}\right]_i (z_i - z_{i-1})}_{[A]} \\ &= [D] - d\,[B] + d^2\,[A]\end{aligned} \tag{7.71}$$

als Zusammenhang. Damit ergibt sich die erweiterte Darstellung

$$\{m\} = ([B] - d \cdot [A])\ \{\varepsilon_0\} + \left([D] - d\,[B] + d^2\,[A]\right)\ \{\kappa\} \tag{7.72}$$

für die Plattenmomente der geschichteten Platte unter Berücksichtigung des Abstands d zwischen Bezugs- und Referenzebene.

Analog zu Formel 7.47 folgt dann aus Formel 7.70 und Formel 7.72 der um den Bezugsebenenabstand d zur Referenzebene erweiterte Zusammenhang

$$\begin{Bmatrix} n \\ m \end{Bmatrix} = \begin{bmatrix} \tilde{A} & \tilde{B} \\ \tilde{B} & \tilde{D} \end{bmatrix} \begin{Bmatrix} \varepsilon_0 \\ \kappa \end{Bmatrix} = \begin{bmatrix} A & [B] - d\,[A] \\ [B] - d\,[A] & [D] - d\,[B] + d^2\,[A] \end{bmatrix} \begin{Bmatrix} \varepsilon_0 \\ \kappa \end{Bmatrix} \tag{7.73}$$

als Werkstoffgesetz für die geschichtete Platte. Hierbei sind die Dehnsteifigkeitsmatrix $[A]$, die Koppelsteifigkeitsmatrix $[B]$ und die Biegesteifigkeitsmatrix $[D]$ aus den Berechnungen der Laminatsteifigkeitsmatrizen für den Fall bekannt, dass die Bezugsebene und die geometrische Mittelebene als Referenzebene zusammenfallen. Es können daher die Ergebnisse für die ABD-Matrizen aus Abschnitt 7.6 als gegeben vorausgesetzt werden.

7.9 Berechnungsschritte der Klassischen Laminattheorie

Die Klassische Laminattheorie erlaubt die Berechnung von geschichteten Platten. Die bisher abgeleiteten Zusammenhänge stellen dabei die für die Berechnung erforderlichen Zusammenhänge her. Um den Ablauf einer solchen Berechnung zu verdeutlichen, ist in Bild 7.11 ein solcher allgemeiner Ablauf dargestellt. Die Formulierung „allgemein“ deutet aber schon an, dass dieser Ablauf sich in Abhängigkeit von der Aufgabenstellung im Detail auch anders darstellen kann.

Die in diesem Abschnitt ausgeführte Vorgehensweise zur Berechnung eines Mehrschichtverbundes mithilfe der Klassischen Laminattheorie bezieht sich auf Laminate, deren Bezugsebene mit der geometrischen Mittelebene zusammenfällt. Für den Fall, dass zwischen der Bezugsebene und der geometrischen Mittelebene ein Abstand d zu wählen ist, sind die Zusammenhänge der Formel 7.73 aus Abschnitt 7.8 analog zu verwenden.

7.9.1 Bestimmung der Einzelschichtsteifigkeiten

Die aus den ermittelten Materialkennwerten aus der Homogenisierung in Abschnitt 6.4 erhaltenen **Schichtmoduli** sind die Ausgangswerte im **1. Berechnungsschritt** (siehe

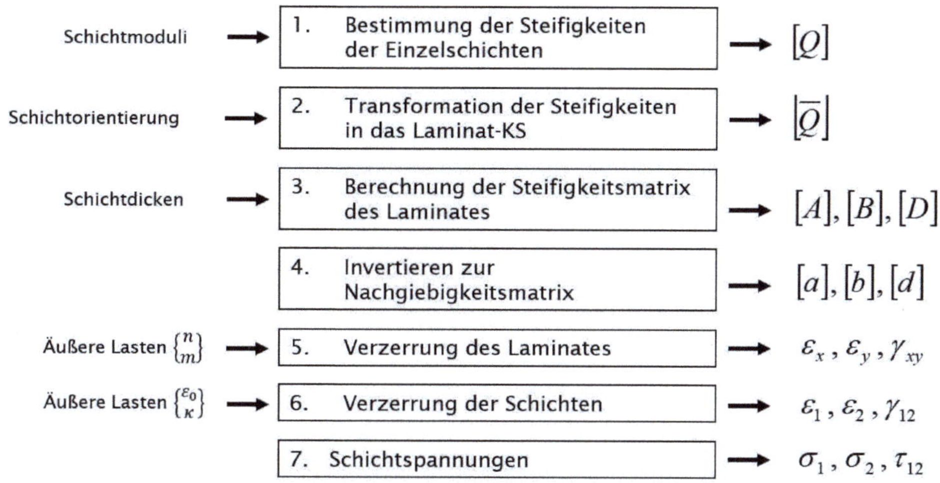

Bild 7.11 Allgemeine Vorgehensweise bei der Berechnung eines Schichtverbundes mit der Klassischen Laminattheorie

Bild 7.11, Nr. 1). Für eine unidirektionale Einzelschicht ergeben sich die fünf unabhängigen mechanischen Kennwerte der Transversalisotropie (s. a. Unterabschnitt 1.2.2) im lokalen Einzelschichtkoordinatensystem zu

$$E_1 \quad E_2 = E_3 \quad G_{12} = G_{13} \quad G_{23} = \frac{E_2}{2\,(1 + \nu_{23})} \quad \nu_{12} = \nu_{13} \tag{7.74}$$

bzw. in reduzierter, alternativer Schreibweise mit vier Kennwerten für die zweidimensionale Schichtebene als

$$E_{\parallel} \quad E_{\perp} \quad G_{\#} \quad \nu_{\perp} \tag{7.75}$$

Mit diesen Einzelschichtmoduli folgt für die **lokale, reduzierte Steifigkeitsmatrix**

$$[Q] = \begin{bmatrix} \frac{E_1}{1-\nu_{12}\,\nu_{21}} & \frac{\nu_{12}\,E_2}{1-\nu_{12}\,\nu_{21}} & 0 \\ \frac{\nu_{21}\,E_1}{1-\nu_{12}\,\nu_{21}} & \frac{E_2}{1-\nu_{12}\,\nu_{21}} & 0 \\ 0 & 0 & G_{12} \end{bmatrix} = \begin{bmatrix} \frac{E_{\parallel}}{1-\nu_{\parallel\perp}\,\nu_{\perp\parallel}} & \frac{\nu_{\parallel\perp}\,E_{\perp}}{1-\nu_{\parallel\perp}\,\nu_{\perp\parallel}} & 0 \\ \frac{\nu_{\perp\parallel}\,E_{\parallel}}{1-\nu_{\parallel\perp}\,\nu_{\perp\parallel}} & \frac{E_{\perp}}{1-\nu_{\parallel\perp}\,\nu_{\perp\parallel}} & 0 \\ 0 & 0 & G_{\#} \end{bmatrix} \tag{7.76}$$

Mithilfe der MAXWELL-BETTI-Beziehung (s. a. Abschnitt 1.4)

$$\frac{\nu_{ij}}{E_i} = \frac{\nu_{ji}}{E_j} \qquad \text{mit} \qquad i,j = 1,2,3 \tag{7.77}$$

folgt für Formel 7.76 die symmetrische Darstellung

$$[Q] = \begin{bmatrix} \frac{E_1}{1-\nu_{12}\,\nu_{21}} & \frac{\nu_{12}\,E_2}{1-\nu_{12}\,\nu_{21}} & 0 \\ & \frac{E_2}{1-\nu_{12}\,\nu_{21}} & 0 \\ \text{sym.} & & G_{12} \end{bmatrix} = \begin{bmatrix} \frac{E_\parallel}{1-\nu_{\parallel\perp}\,\nu_{\perp\parallel}} & \frac{\nu_{\parallel\perp}\,E_\perp}{1-\nu_{\parallel\perp}\,\nu_{\perp\parallel}} & 0 \\ & \frac{E_\perp}{1-\nu_{\parallel\perp}\,\nu_{\perp\parallel}} & 0 \\ \text{sym.} & & G_\# \end{bmatrix} \tag{7.78}$$

7.9.2 Transformation der reduzierten Steifigkeitsmatrix

Um später die Steifigkeiten der Einzelschichten im Zusammenwirken als Laminat erfassen zu können, ist zunächst eine Transformation der lokalen, reduzierten Steifigkeiten $[Q]$ in das globale Laminatkoordinatensystem erforderlich. Die hierfür erforderlichen Zusammenhänge wurden in Abschnitt 6.5 und Abschnitt 6.6 hergeleitet und bilden den **2. Berechnungsschritt** der Klassischen Laminattheorie (siehe Bild 7.11, Nr. 2):

$$[\bar{Q}] = [T_\varepsilon]^T\,[Q]\,[T_\varepsilon] = [T_\sigma]^{-1}\,[Q]\,[T_\sigma]^{-T} \tag{7.79}$$

mit

$$[T_\varepsilon]^T = [T_\sigma]^{-1} = \begin{bmatrix} \cos^2\alpha & \sin^2\alpha & -2\,\sin\alpha\,\sin\alpha \\ \sin^2\alpha & \cos^2\alpha & 2\,\sin\alpha\,\sin\alpha \\ \sin\alpha\,\sin\alpha & -\sin\alpha\,\sin\alpha & \cos^2\alpha - \sin^2\alpha \end{bmatrix} \tag{7.80}$$

und

$$[T_\varepsilon] = [T_\sigma]^{-T} \tag{7.81}$$

7.9.3 Berechnung der Laminatsteifigkeitsmatrizen

Mithilfe der reduzierten Einzelschichtsteifigkeiten $\bar{Q}$ und den Informationen über die jeweilige Lage und Dicke der Einzelschichten kann, wie in Abschnitt 7.6 hergeleitet, in einem **3. Berechnungsschritt** die Berechnung der ABD-Matrizen erfolgen (siehe Bild 7.11, Nr. 3):

Die **Dehnsteifigkeitsmatrix** kann aus den obigen Informationen als

$$[A] = \sum_{i=1}^{n} [\bar{Q}]_i\,(z_i - z_{i-1}) = \sum_{i=1}^{n} [\bar{Q}]_i\,t_i \tag{7.82}$$

berechnet werden.

Für nichtsymmetrische Laminate und Laminate, deren Bezugsebene nicht gleich der Symmetrieebene ist, ist die **Koppelmatrix** ungleich null und in der Form

$$[B] = \frac{1}{2}\sum_{i=1}^{n}[\bar{Q}]_i\left(z_i^2 - z_{i-1}^2\right) = \sum_{i=1}^{n}[\bar{Q}]_i\, t_i\,\frac{(z_i - z_{i-1})}{2} = \sum_{i=1}^{n}[\bar{Q}]_i\, t_i\,\bar{z}_i \tag{7.83}$$

zu berechnen.

Die Berechnung der **Biege-** bzw. **Plattensteifigkeitsmatrix** erfolgt zu

$$\begin{aligned} [D] &= \frac{1}{3}\sum_{i=1}^{n}[\bar{Q}]_i\left(z_i^3 - z_{i-1}^3\right) \\ &= \sum_{i=1}^{n}[\bar{Q}]_i\left(t_i\left(\frac{z_i - z_{i-1}}{2}\right)^2 + \frac{t_i^3}{12}\right) = \sum_{i=1}^{n}[\bar{Q}]_i\left(t_i\,\bar{z}_i + \frac{t_i^3}{12}\right) \end{aligned} \tag{7.84}$$

7.9.4 Invertierung der Laminatsteifigkeitsmatrizen

Wird das Laminat mit einer äußeren Spannung oder einem äußeren Moment belastet, so ergeben sich die Laminatverzerrungen und Laminatkrümmungen bzw. Verdrillungen aus der *abd*-Nachgiebigkeitsmatrix des Schichtverbundes. Im **4. Berechnungsschritt** ist es hierfür erforderlich, die Steifigkeitsmatrizen zu invertieren (siehe Bild 7.11, Nr. 4), wie dies in Abschnitt 7.7 ausgeführt worden ist. Für den Zusammenhang

$$\begin{Bmatrix} \varepsilon_0 \\ \kappa \end{Bmatrix} = \begin{bmatrix} a & b \\ b & d \end{bmatrix} \begin{Bmatrix} n \\ m \end{Bmatrix} \tag{7.85}$$

lassen sich die Untermatrizen aus den Steifigkeitsmatrizen berechnen:

$$[a] = [A]^{-1} - [A]^{-1}\,[B]\,\left([B]\,[A]^{-1}\,[B] - [D]\right)^{-1}\,[B]\,[A]^{-1} \tag{7.86}$$

$$[b] = [A]^{-1}\,[B]\,\left([B]\,[A]^{-1}\,[B] - [D]\right)^{-1} \tag{7.87}$$

$$[c] = [b]^T = \left([B]\,[A]^{-1}\,[B] - [D]\right)^{-1}\,[B]\,[A]^{-1} \tag{7.88}$$

$$[d] = -\left([B]\,[A]^{-1}\,[B] - [D]\right)^{-1} \tag{7.89}$$

Für Laminate mit einem symmetrischen Lagenaufbau und einer Bezugsebene, die mit der Symmetrieebene zusammenfällt, folgt weiter:

$$[a] = [A]^{-1} \tag{7.90}$$

$$[b] = [0] \tag{7.91}$$

$$[c] = [0] \tag{7.92}$$

$$[d] = [D]^{-1} \tag{7.93}$$

7.9.5 Berechnung der Laminatverzerrung bei mechanischer Last

Wird das Laminat mit einer äußeren eingeprägten Last in Form von Spannungen oder Momenten belastet, dann können im **5. Berechnungsschritt** (siehe Bild 7.11, Nr. 5) die Verzerrungen, Krümmungen und Verdrillungen berechnet werden durch den Zusammenhang

$$\begin{Bmatrix} \varepsilon_0 \\ \kappa \end{Bmatrix} = \begin{bmatrix} a & b \\ b & d \end{bmatrix} \begin{Bmatrix} n \\ m \end{Bmatrix} \tag{7.94}$$

mit

$$n_x = \int_{z_0}^{z_n} \sigma_x \, dz \qquad n_y = \int_{z_0}^{z_n} \sigma_y \, dz \qquad n_{xy} = \int_{z_0}^{z_n} \tau_{xy} \, dz \tag{7.95}$$

$$m_x = \int_{z_0}^{z_n} \sigma_x \, z \, dz \qquad m_y = \int_{z_0}^{z_n} \sigma_y \, z \, dz \qquad m_{xy} = \int_{z_0}^{z_n} \tau_{xy} \, z \, dz \tag{7.96}$$

Damit folgen die Gesamtverzerrungen des Laminats zu

$$\begin{Bmatrix} \varepsilon_x \\ \varepsilon_y \\ \gamma_{xy} \end{Bmatrix} = \begin{Bmatrix} \varepsilon_{x,0} \\ \varepsilon_{y,0} \\ \gamma_{xy,0} \end{Bmatrix} + z \begin{Bmatrix} \kappa_x \\ \kappa_y \\ \kappa_{xy} \end{Bmatrix} \tag{7.97}$$

im globalen Laminatkoordinatensystem.

7.9.6 Rücktransformation der Verzerrungen

Im **6. Berechnungsschritt** (siehe Bild 7.11, Nr. 6) werden die nun bekannten globalen Verzerrungen $\{\varepsilon_{xy}\}$ des Laminats in das jeweils schichtweise lokale Einzelschichtkoordinatensystem $\{\varepsilon_{12}\}_i$ der i-ten Einzelschichten transformiert:

$$\{\varepsilon_{12}\}_i = [T_\varepsilon]_i \, \{\varepsilon_{xy}\} \tag{7.98}$$

mit

$$[T_\varepsilon]_i = \begin{bmatrix} \cos^2\alpha & \sin^2\alpha & \sin\alpha \, \sin\alpha \\ \sin^2\alpha & \cos^2\alpha & -\sin\alpha \, \sin\alpha \\ -2 \, \sin\alpha \, \sin\alpha & 2 \, \sin\alpha \, \sin\alpha & \cos^2\alpha - \sin^2\alpha \end{bmatrix} \tag{7.99}$$

wobei

$$[T_\varepsilon]_i = [T_\varepsilon(\alpha_i)] \tag{7.100}$$

7.9.7 Berechnung der Einzelschichtspannungen

Die Berechnung der Einzelschichtspannungen erfolgt im **7. Berechnungsschritt** (siehe Bild 7.11, Nr. 7 und Abschnitt 6.6) über das 2D-Werkstoffgesetz der unidirektionalen Einzelschicht

$$\{\sigma_{12}\}_i = [Q]_i \, \{\varepsilon_{12}\}_i \tag{7.101}$$

Mit den nun bekannten Spannungen in den Einzelschichten können über ein geeignetes Festigkeitskriterium die Beanspruchungen des Laminats und damit seine Reserven bzw. seine Versagensgrenzen bestimmt werden.

Alternativer Berechnungsweg

Aus den globalen Laminatverzerrungen $\{\varepsilon_{xy}\}$ aus Formel 7.97 können auch mit den globalen Einzelschichtsteifigkeiten $[\bar{Q}]_i$ und dem 2D-Werkstoffgesetz der i-ten Einzelschichten die globalen Spannungen

$$\{\sigma_{xy}\}_i = [\bar{Q}]_i \, \{\varepsilon_{xy}\} \tag{7.102}$$

in den jeweiligen Einzelschichten berechnet werden. Mithilfe der Transformation der globalen Einzelschichtspannungen $\{\sigma_{xy}\}_i$ vom Laminatkoordinatensystem in das jeweilige Einzelschichtkoordinatensystem,

$$\{\sigma_{12}\}_i = [T_\sigma]_i \, \{\sigma_{xy}\}_i \tag{7.103}$$

mit

$$[T_\sigma]_i = \begin{bmatrix} \cos^2\alpha & \sin^2\alpha & 2\,\sin\alpha\,\sin\alpha \\ \sin^2\alpha & \cos^2\alpha & -2\,\sin\alpha\,\sin\alpha \\ -\sin\alpha\,\sin\alpha & \sin\alpha\,\sin\alpha & \cos^2\alpha - \sin^2\alpha \end{bmatrix} \tag{7.104}$$

ergeben sich die gesuchten lokalen Spannungen $\{\sigma_{12}\}_i$ in den Einzellagen.

7.10 Sonderfälle geschichteter Platten

Der Lagenaufbau und die Lage der Bezugsebene bestimmen maßgeblich die Struktur der *ABD*-Matrix und damit die Spannungs-Verzerrungs-Beziehung eines Mehrschichtverbundes.

Im Folgenden soll davon ausgegangen werden, dass die geometrische Mittelebene auch die Bezugsebene des Laminats darstellt. Die Dicke und die Materialeigenschaften der Einzelschichten im lokalen Schichtkoordinatensystem werden als gleich angenommen. Dann lassen sich allgemein drei Klassen von Schichtfolgen identifizieren:

- symmetrische Laminate,
- antisymmetrische Laminate und
- unsymmetrische bzw. asymmetrische Laminate.

Jede Laminatklasse kann wiederum unterschieden werden in einen *a) allgemeinen* und einen *b) ausgeglichenen* Lagenaufbau sowie in eine Schichtfolge als *c) Kreuzverbund* (s. a. Tabelle 7.1).

Tabelle 7.1 Sonderfälle geschichteter Platten

	1. Symmetrisch	2. Antisymmetrisch	3. Unsymmetrisch
a)	allgemein	allgemein	allgemein
b)	ausgeglichen	ausgeglichen	ausgeglichen
c)	Kreuzverbund	Kreuzverbund	Kreuzverbund

Lässt sich innerhalb einer Laminatklasse keine genauere Zuordnung festlegen, dann spricht man von einem **allgemeinen Laminataufbau**, der damit auch die generalisierte Form einer Laminatklasse darstellt.

Wenn in dem Lagenaufbau eines Schichtverbundes gleich viele Lagen mit $\pm\alpha_i$-Orientierungen vorliegen, dann spricht man von einem **ausgeglichenen**[7)] **Laminataufbau**. Dabei gilt für die Zug-Gleitungs- und Schub-Dehnungs-Kopplung der Dehnsteifigkeitsmatrix $[A]$:

$$A_{16} = A_{26} = 0 \tag{7.105}$$

Ein Lagenaufbau wird als **Kreuzverbund** bezeichnet, wenn nur Einzellagen in 0°- und 90°-Richtung vorliegen. Bei einem Kreuzverbund verschwindet die Biege-Torsions-Kopplung in der Biegesteifigkeitsmatrix $[D]$:

$$D_{16} = D_{26} = 0 \tag{7.106}$$

7.10.1 Symmetrisches Laminat

Die symmetrischen Schichtfolgen sind wahrscheinlich die häufigsten in der Laminatfertigung. Ein symmetrischer Verbund liegt immer dann vor, wenn die geometrische Mittelebene auch gleich die Symmetrieebene des Laminats ist. In diesem Fall findet man in einem Abstand z zur Symmetrieebene die gleichen Schichteigenschaften und Lagenorientierungen vor wie im entgegengesetzten Abstand $-z$ zur Symmetrieebene.

7 Die Begriffe *ausgeglichen* bzw. *ausgewogen* werden in der Literatur synonym verwandt.

Bei einer ganzzahligen Einzelschichtanzahl eines symmetrischen Laminats kann die verkürzte Schreibweise mit dem Index „s" zur Notation des Lagenaufbaus gewählt werden (bspw. Formel 7.107). Anfänglich symmetrische Lagenaufbauten mit einer zusätzlichen Schicht in der Laminatmittelebene – also mit anschließend ungerader Lagenanzahl – bleiben nur dann symmetrisch, wenn die zusätzliche mittlere Schicht eine 0°- oder 90°-Lage ist.

Allen symmetrischen Lagenaufbauten ist gleich, dass die $[B]$-Matrix verschwindet.

a) Allgemeines symmetrisches Laminat

Als Beispiele für ein allgemeines symmetrisches Laminat können die Lagenaufbauten

$$[30/45/45/30] = [30/45]_s \tag{7.107}$$

$$[30/45/0/45/30] \tag{7.108}$$

$$[30/45/90/45/30] \tag{7.109}$$

genannt werden.

Ein allgemeines symmetrisches Laminat erfüllt lediglich den Aspekt der Symmetrie, sodass – wie oben beschrieben – die $[B]$-Matrix verschwindet. Alle Einträge der Dehn- und Biegesteifigkeitsmatrizen sind allerdings voll belegt:

$$\begin{bmatrix} A & B \\ B & D \end{bmatrix} = \begin{bmatrix} A_{11} & A_{12} & A_{16} & 0 & 0 & 0 \\ A_{21} & A_{22} & A_{16} & 0 & 0 & 0 \\ A_{61} & A_{62} & A_{66} & 0 & 0 & 0 \\ 0 & 0 & 0 & D_{11} & D_{12} & D_{16} \\ 0 & 0 & 0 & D_{21} & D_{22} & D_{26} \\ 0 & 0 & 0 & D_{61} & D_{62} & D_{66} \end{bmatrix} \tag{7.110}$$

Damit liegt für die Dehnmatrix $[A]$ eine Zug-Gleitungs- bzw. Schub-Dehnungs-Kopplung sowie für die Biegesteifigkeitsmatrix $[D]$ eine Biege-Torsions-Kopplung vor.

b) Ausgeglichenes symmetrisches Laminat

Ein ausgeglichenes symmetrisches Laminat besitzt eine gerade Anzahl von Schichten mit jeweils gleichen Anteilen von $+\alpha$- und $-\alpha$-Lagenorientierungen, wobei sich im gleichen Abstand beidseitig zur geometrischen Mittelebene bzw. zur Symmetrieebene jeweils gleiche Lagen befinden. Als Beispiele können genannt werden:

$$[+30/-30/+45/-45/-45/+45/-30/+30] = [\pm 30/\pm 45]_s \tag{7.111}$$

$$[+30/-30/+45/-45/90/-45/+45/-30/+30] \tag{7.112}$$

Formel 7.112 besitzt eine ungerade Anzahl von Lagen, da die Mittellage durch eine 90°-Schicht ergänzt worden ist.

Für ein ausgeglichenes symmetrisches Laminat sind die Einträge A_{16} und A_{26} der Dehnsteifigkeitsmatrix null. Damit liegt eine Entkopplung von der Normalspannungs-Gleitungs-Beziehung und der Schubspannungs-Dehnungs-Beziehung vor:

$$\begin{bmatrix} A & B \\ B & D \end{bmatrix} = \begin{bmatrix} A_{11} & A_{12} & 0 & 0 & 0 & 0 \\ A_{21} & A_{22} & 0 & 0 & 0 & 0 \\ 0 & 0 & A_{66} & 0 & 0 & 0 \\ 0 & 0 & 0 & D_{11} & D_{12} & D_{16} \\ 0 & 0 & 0 & D_{21} & D_{22} & D_{26} \\ 0 & 0 & 0 & D_{61} & D_{62} & D_{66} \end{bmatrix} \tag{7.113}$$

Ein Träger mit einem ausgeglichenen symmetrischen Laminataufbau wird unter Zugbelastung Längsdehnungen und Querkontraktionen erfahren.

Die Biegesteifigkeitsmatrix $[D]$ ist dagegen voll belegt, sodass auch für ein ausgeglichenes symmetrisches Laminat eine Biege-Torsions-Kopplung (siehe Abschnitt 7.7) vorliegt. Unter Momentenbelastung wird ein Träger mit einer solchen Schichtfolge sowohl eine Biegeverformung als auch eine Verdrehung aufweisen.

c) Symmetrischer Kreuzverbund

Ein symmetrischer Kreuzverbund ist ein Sonderfall unter den Laminataufbauten. Es liegen einerseits nur 0°- und 90°-Lagen vor, die andererseits auch zur geometrischen Mittelebene symmetrisch angeordnet sind. Beispielhaft können die Schichtfolgen

$$[0/90/90/0] = [0/90]_s \tag{7.114}$$

$$[0/90/0/90/0] \tag{7.115}$$

genannt werden. Ein symmetrischer Kreuzverbund ist voll entkoppelt – d. h., dass für alle Koppelterme der Zusammenhang

$$A_{16} = A_{26} = B_{ij} = D_{16} = D_{26} = 0 \qquad \text{für} \qquad i,j = 1,2,6 \tag{7.116}$$

gilt und sich die *ABD*-Matrix wie folgt darstellt:

$$\begin{bmatrix} A & B \\ B & D \end{bmatrix} = \begin{bmatrix} A_{11} & A_{12} & 0 & 0 & 0 & 0 \\ A_{21} & A_{22} & 0 & 0 & 0 & 0 \\ 0 & 0 & A_{66} & 0 & 0 & 0 \\ 0 & 0 & 0 & D_{11} & D_{12} & 0 \\ 0 & 0 & 0 & D_{21} & D_{22} & 0 \\ 0 & 0 & 0 & 0 & 0 & D_{66} \end{bmatrix} \tag{7.117}$$

Nur symmetrische Kreuzverbunde, die bei Zugbelastung ausschließlich Längsdehnung und Querkontraktion erfahren und die unter einer Momentenbeanspruchung ausschließlich mit einer Biegeverformung reagieren, sind daher als Träger geeignet.

7.10.2 Antisymmetrisches Laminat

Ein antisymmetrisches Laminat spiegelt ähnlich einem symmetrischen Laminat seine Schichtorientierungen an der geometrischen Mittelebene, wobei die Vorzeichen der Lagenrichtungen mit der Spiegelung wechseln. Findet man zum Beispiel im Abstand z zur geometrischen Mittelebene eine Lage mit der Schichtorientierung von $+\alpha$, dann ist die im Abstand $-z$ zur geometrischen Mittelebene anzutreffende Lage in Richtung $-\alpha$ orientiert. Damit folgt auch, dass ein antisymmetrisches Laminat grundsätzlich eine gerade Lagenanzahl besitzt. Die Ausnahmen sind, wenn die mittlere Lage eine 0°- oder eine 90°-Orientierung besitzt.

Allen antisymmetrischen Lagenaufbauten gemein ist, dass für die Dehnmatrix $[A]$ keine Zug-Gleitungs- bzw. Schub-Dehnungs-Kopplungen sowie für die Biegesteifigkeitsmatrix $[D]$ keine Biege-Torsions-Kopplungen

$$A_{16} = A_{26} = D_{16} = D_{26} = 0 \tag{7.118}$$

vorliegen.

a) Allgemeines antisymmetrisches Laminat

Allgemeine antisymmetrische Laminate, wie beispielsweise die Lagenaufbauten

$$[30/0/-45/45/90/-30] \tag{7.119}$$

$$[0/30/0/90/-30/0] \tag{7.120}$$

stellen eine Kombination des *ausgeglichenen antisymmetrischen Laminats* und des *antisymmetrischen Kreuzverbundes* dar. Die Belegung der ABD-Matrix für ein allgemeines antisymmetrisches Laminat,

$$\begin{bmatrix} A & B \\ B & D \end{bmatrix} = \begin{bmatrix} A_{11} & A_{12} & 0 & B_{11} & 0 & B_{16} \\ A_{21} & A_{22} & 0 & 0 & -B_{11} & B_{26} \\ 0 & 0 & A_{66} & B_{61} & B_{62} & 0 \\ B_{11} & 0 & B_{16} & D_{11} & D_{12} & 0 \\ 0 & -B_{11} & B_{26} & D_{21} & D_{22} & 0 \\ B_{61} & B_{62} & 0 & 0 & 0 & D_{66} \end{bmatrix} \tag{7.121}$$

ist daher auch eine Ergänzung der beiden vorher genannten Schichtorientierungen.

b) Ausgeglichenes antisymmetrisches Laminat

Für ausgeglichene antisymmetrische Laminate, wie z. B.

$$[+30/-30/+45/-45/+45/-45/+30/-30] \tag{7.122}$$

$$[90/-30/+45/0/-45/+30/90] \tag{7.123}$$

sind die Koeffizienten B_{16} und B_{26} der Koppelsteifigkeitsmatrix verschieden von null:

$$\begin{bmatrix} A & B \\ B & D \end{bmatrix} = \begin{bmatrix} A_{11} & A_{12} & 0 & 0 & 0 & B_{16} \\ A_{21} & A_{22} & 0 & 0 & 0 & B_{26} \\ 0 & 0 & A_{66} & B_{61} & B_{62} & 0 \\ 0 & 0 & B_{16} & D_{11} & D_{12} & 0 \\ 0 & 0 & B_{26} & D_{21} & D_{22} & 0 \\ B_{61} & B_{62} & 0 & 0 & 0 & D_{66} \end{bmatrix} \tag{7.124}$$

c) Antisymmetrischer Kreuzverbund

Ein Beispiel für einen antisymmetrischen Kreuzverbund können die Schichtfolgen

$$[0/0/90/90] \tag{7.125}$$

$$[0/0/0/90/90/90/90/0] \tag{7.126}$$

betrachtet werden. Damit gelten die für einen solchen Verbund oben allgemein formulierten Bedingungen und die daraus resultierende Belegung der ABD-Matrix. Die Koppelsteifigkeitsmatrix $[B]$ hat lediglich Einträge ungleich null bei den Koeffizienten B_{11} und $B_{22} = -B_{11}$:

$$\begin{bmatrix} A & B \\ B & D \end{bmatrix} = \begin{bmatrix} A_{11} & A_{12} & 0 & B_{11} & 0 & 0 \\ A_{21} & A_{22} & 0 & 0 & -B_{11} & 0 \\ 0 & 0 & A_{66} & 0 & 0 & 0 \\ B_{11} & 0 & 0 & D_{11} & D_{12} & 0 \\ 0 & -B_{11} & 0 & D_{21} & D_{22} & 0 \\ 0 & 0 & 0 & 0 & 0 & D_{66} \end{bmatrix} \tag{7.127}$$

7.10.3 Unsymmetrisches Laminat

Ein Laminat wird als unsymmetrisch bezeichnet, wenn nicht für alle korrespondierenden Lagen im Abstand z und $-z$ von der geometrischen Mittelebene eine betragliche Gleichheit der Lagenorientierungen vorliegt. Das bedeutet, dass es mindestens zwei Lagen im gleichen, aber entgegengesetzten Abstand zur geometrischen Mittelebene gibt, die vom Vorzeichen weder gleicher noch entgegengesetzter Orientierung sind.

a) Allgemeines unsymmetrisches Laminat

Ein Beispiel für ein unsymmetrisches Laminat, das die obigen Kriterien erfüllt, ist der Lagenaufbau

$$[30/45/60/90] \tag{7.128}$$

Die jeweils erste und vierte sowie zweite und dritte Lage sind vom Betrag ungleich. Für ein unsymmetrisches Laminat stellt sich eine Vollbelegung der ABD-Matrix ein:

$$\begin{bmatrix} A & B \\ B & D \end{bmatrix} = \begin{bmatrix} A_{11} & A_{12} & A_{16} & B_{11} & B_{12} & B_{16} \\ A_{21} & A_{22} & A_{16} & B_{21} & B_{22} & B_{16} \\ A_{61} & A_{62} & A_{66} & B_{61} & B_{62} & B_{66} \\ B_{11} & B_{12} & B_{16} & D_{11} & D_{12} & D_{16} \\ B_{21} & B_{22} & B_{16} & D_{21} & D_{22} & D_{26} \\ B_{61} & B_{62} & B_{66} & D_{61} & D_{62} & D_{66} \end{bmatrix} \tag{7.129}$$

Damit ist neben der Dehnsteifigkeitsmatrix $[A]$ und der Biegesteifigkeitsmatrix $[D]$ auch die Koppelmatrix $[B]$ voll belegt. Eine Zuglast ruft damit neben der Längsdehnung und den Querkontraktionen auch Gleitungen, Längs- und Querkrümmungen sowie Verdrillungen des Laminats hervor.

b) Ausgeglichenes unsymmetrisches Laminat

Für ein ausgeglichenes unsymmetrisches Laminat kann die Schichtfolge

$$[-30/+30/-45/+45] \tag{7.130}$$

als ein Beispiel herangeführt werden. Durch den ausgeglichenen Lagenaufbau entfällt die Zug-Gleitungs- bzw. die Schub-Dehnungs-Kopplung; die Einträge A_{16} und A_{26} der Dehnsteifigkeitsmatrix verschwinden. Alle anderen Einträge der ABD-Matrix sind ungleich null:

$$\begin{bmatrix} A & B \\ B & D \end{bmatrix} = \begin{bmatrix} A_{11} & A_{12} & 0 & B_{11} & B_{12} & B_{16} \\ A_{21} & A_{22} & 0 & B_{21} & B_{22} & B_{16} \\ 0 & 0 & A_{66} & B_{61} & B_{62} & B_{66} \\ B_{11} & B_{12} & B_{16} & D_{11} & D_{12} & D_{16} \\ B_{21} & B_{22} & B_{16} & D_{21} & D_{22} & D_{26} \\ B_{61} & B_{62} & B_{66} & D_{61} & D_{62} & D_{66} \end{bmatrix} \tag{7.131}$$

c) Unsymmetrischer Kreuzverbund

Bei einem unsymmetrischen Kreuzverbund, wie er beispielsweise mit

$$[90/90/0/0/90] \tag{7.132}$$

angegeben werden kann, führt die Schichtung von ausschließlich 0°- und 90°-Lagen zu einem Verschwinden der Zug-Gleitungs- bzw. der Schub-Dehnungs-Kopplung der $[A]$-Matrix und der Biege-Torsions-Kopplung der $[B]$-Matrix. Ähnlich wie bei einem antisymmetrischen Kreuzverbund sind nur die Einträge B_{11} und $B_{22} = -B_{11}$ der Koppelsteifigkeitsmatrix ungleich null:

$$\begin{bmatrix} A & B \\ B & D \end{bmatrix} = \begin{bmatrix} A_{11} & A_{12} & 0 & B_{11} & 0 & 0 \\ A_{21} & A_{22} & 0 & 0 & -B_{11} & 0 \\ 0 & 0 & A_{66} & 0 & 0 & 0 \\ B_{11} & 0 & 0 & D_{11} & D_{12} & 0 \\ 0 & -B_{11} & 0 & D_{21} & D_{22} & 0 \\ 0 & 0 & 0 & 0 & 0 & D_{66} \end{bmatrix} \tag{7.133}$$

7.11 Ingenieurkonstanten - effektive Laminateigenschaften

Für praktische Anwendungen ist es durchaus hilfreich, die effektiven Materialkennwerte des Laminats aus der ABD-Matrix bestimmen zu können. Wird zum Beispiel ein Probekörper aus einem Schichtverbund in der Prüfmaschine auf Zug belastet, dann ergibt sich aus der Steigung der Spannungs-Dehnungs-Kurve die *effektive Laminatlängssteifigkeit* E_x. Von gleichem Interesse sind für den ebenen Spannungszustand die *effektive Quersteifigkeit* E_y, die *effektive Querkontraktionszahl* ν_{xy} und der *effektive Gleitmodul* G_{xy} des Laminats. Für den Fall der Biegung spricht man von den effektiven Biegesteifigkeiten $E_{x,B}$, $E_{y,B}$ und dem Biege-Schub-Modul $G_{xy,B}$. Diese **effektiven Laminateigenschaften** werden auch als **Ingenieurkonstanten** bezeichnet.

7.11.1 Effektive Scheibenlaminateigenschaften

Für die Berechnung der **effektiven Scheibenlaminateigenschaften** beziehungsweise der **Ingenieurkonstanten für Scheibenbeanspruchungen** (ebener Spannungszustand) wird von einem ausgeglichenen symmetrischen Laminataufbau ausgegangen [7.10], bei dem die Bezugsebene gleich der Symmetrieebene ist. Damit verschwinden, wie in Formel 7.113 ausgeführt, die Schubkopplung ($A_{16} = A_{26} = 0$) sowie die Kopplungsmatrix ($[B] = 0$), und die Normalverzerrungen des Laminats $\{\varepsilon(z)\}$ entsprechen den Normalverzerrungen der Bezugsebene $\{\varepsilon_0\}$. Für ebene Laminatbeanspruchungen kann dann

$$\begin{Bmatrix} \varepsilon_x(z) \\ \varepsilon_y(z) \\ \gamma_{xy}(z) \end{Bmatrix} = \begin{Bmatrix} \varepsilon_{x,0} \\ \varepsilon_{y,0} \\ \gamma_{xy,0} \end{Bmatrix} = \begin{bmatrix} A_{11} & A_{12} & 0 \\ A_{21} & A_{22} & 0 \\ 0 & 0 & A_{66} \end{bmatrix}^{-1} \begin{Bmatrix} n_x \\ n_y \\ n_{xy} \end{Bmatrix} = \begin{bmatrix} a_{11} & a_{12} & 0 \\ a_{21} & a_{22} & 0 \\ 0 & 0 & a_{66} \end{bmatrix} \begin{Bmatrix} n_x \\ n_y \\ n_{xy} \end{Bmatrix} \tag{7.134}$$

geschrieben werden.

Durch symbolische Invertierung der Dehnsteifigkeitsmatrix $[A]$ zur Dehnnachgiebigkeitsmatrix $[a]$ folgt der Zusammenhang

$$\begin{bmatrix} a_{11} & a_{12} & 0 \\ a_{21} & a_{22} & 0 \\ 0 & 0 & a_{66} \end{bmatrix} = \begin{bmatrix} A_{11} & A_{12} & 0 \\ A_{21} & A_{22} & 0 \\ 0 & 0 & A_{66} \end{bmatrix}^{-1} = \begin{bmatrix} \frac{A_{22}}{A_{11} \cdot A_{22} - A_{12} \cdot A_{21}} & \frac{-A_{12}}{A_{11} \cdot A_{22} - A_{12} \cdot A_{21}} & 0 \\ \frac{-A_{21}}{A_{11} \cdot A_{22} - A_{12} \cdot A_{21}} & \frac{A_{11}}{A_{11} \cdot A_{22} - A_{12} \cdot A_{21}} & 0 \\ 0 & 0 & \frac{1}{A_{66}} \end{bmatrix} \tag{7.135}$$

Für die reduzierten Nachgiebigkeiten gilt der bereits eingeführte allgemeingültige Zusammenhang für eine Membranbeanspruchung,

$$\begin{Bmatrix} \varepsilon_x \\ \varepsilon_y \\ \varepsilon_{xy} \end{Bmatrix} = \begin{bmatrix} \frac{1}{E_x} & \frac{\nu_{yx}}{E_y} & 0 \\ \frac{\nu_{xy}}{E_x} & \frac{1}{E_y} & 0 \\ 0 & 0 & \frac{1}{G_{xy}} \end{bmatrix} \begin{Bmatrix} \sigma_x \\ \sigma_y \\ \tau_{xy} \end{Bmatrix} \tag{7.136}$$

wobei die Beziehung zwischen den Plattenschnittkräften und den Spannungen mit

$$\{n\} = \{\sigma\} \cdot h \tag{7.137}$$

gegeben ist.

Durch einen Koeffizientenvergleich der Matrixeinträge in Formel 7.135 und Formel 7.136 folgen die Ingenieurkonstanten des ausgeglichenen und symmetrischen Laminats für verschiedene Membranbeanspruchungen:

Effektiver ebener Elastizitätsmodul E_x – Längssteifigkeit

Für eine Belastung n_x des Laminats (siehe Formel 7.134) mit

$$\varepsilon_x = \varepsilon_{x,0} = a_{11} \cdot n_x$$

und (siehe Formel 7.6)

$$n_x = \sigma_x \cdot h \qquad n_y = n_{xy} = 0$$

folgt aus Formel 7.136 der *effektive ebene Elastizitätsmodul* für die *Längssteifigkeit*

$$E_x = \frac{\sigma_x}{\varepsilon_x} = \frac{1}{a_{11} \cdot h} = \frac{A_{11} \cdot A_{22} - A_{12}^2}{A_{22} \cdot h} \tag{7.138}$$

Effektiver ebener Elastizitätsmodul E_y – Quersteifigkeit

Bei einer Querbeanspruchung n_y des Laminats (siehe Formel 7.134) mit

$$\varepsilon_y = \varepsilon_{y,0} = a_{22} \cdot n_y$$

und (siehe Formel 7.7)

$$n_y = \sigma_y \cdot h \qquad n_x = n_{xy} = 0$$

folgt aus Formel 7.136 der *effektive ebene Elastizitätsmodul* für die *Quersteifigkeit*

$$E_y = \frac{\sigma_y}{\varepsilon_y} = \frac{1}{a_{22} \cdot h} = \frac{A_{11} \cdot A_{22} - A_{12}^2}{A_{11} \cdot h} \tag{7.139}$$

Effektive ebene Querkontraktionszahl ν_{xy} – Längs-Quer-Kontraktion

Zur Berechnung der Querkontraktionszahl ν_{xy}, die das negative Verhältnis der Querkontraktion ε_y in Folge einer Längsdehnung ε_x beschreibt,

$$\nu_{xy} = -\frac{\varepsilon_y}{\varepsilon_x} \tag{7.140}$$

werden die Belastungsfälle

$$n_x = \sigma_x \cdot h \neq 0 \qquad \text{und} \qquad n_y = n_{xy} = 0$$

betrachtet. Hierbei ergibt sich eine Längsdehnung von

$$\varepsilon_x = \varepsilon_{x,0} = a_{11} \cdot n_x$$

und eine Querkontraktion von

$$\varepsilon_y = \varepsilon_{y,0} = a_{21} \cdot n_x$$

sodass aus Formel 7.135 und Formel 7.140 weiter die *effektive ebene Querkontraktionszahl* für die *Längs-Quer-Kontraktion*

$$\nu_{xy} = -\frac{a_{12}}{a_{11}} = \frac{A_{12}}{A_{22}} \tag{7.141}$$

folgt.

Effektive ebene Querkontraktionszahl ν_{yx} – Quer-Längs-Kontraktion

In gleicher Weise kann die Querkontraktionszahl ν_{yx} aus dem negativen Verhältnis der Querkontraktion ε_x zu der Längsdehnung ε_y,

$$\nu_{yx} = -\frac{\varepsilon_x}{\varepsilon_y} \tag{7.142}$$

als Folge einer Querbelastung

$$n_y = \sigma_y \cdot h \neq 0 \qquad \text{und} \qquad n_x = n_{xy} = 0$$

des Laminats berechnet werden. In diesem Fall ergibt sich eine Dehnung in Belastungsrichtung von

$$\varepsilon_y = \varepsilon_{y,0} = a_{22} \cdot n_y$$

und eine Querkontraktion von

$$\varepsilon_x = \varepsilon_{x,0} = a_{12} \cdot n_y$$

Aus Formel 7.135 und Formel 7.142 folgt dann die *effektive ebene Querkontraktionszahl* für die *Quer-Längs-Kontraktion*

$$\nu_{yx} = -\frac{a_{12}}{a_{22}} = \frac{A_{12}}{A_{11}} \tag{7.143}$$

Effektiver ebener Schubmodul G_{xy}

Zur Berechnung des effektiven Schubmoduls G_{xy} wird als Belastung

$$n_{xy} = \tau_{xy} \cdot h \neq 0$$

angenommen. Mit der Schubbelastung n_{xy} folgt aus Formel 7.134 und Formel 7.135 die Gleitung

$$\gamma_{xy} = \gamma_{xy,0} = a_{66} \cdot n_{xy}$$

Somit folgt dann aus Formel 7.136 der *effektive ebene Schubmodul*

$$G_{xy} = \frac{\tau_{xy}}{\gamma_{xy}} = \frac{1}{a_{66} \cdot h} = \frac{A_{66}}{h} \tag{7.144}$$

Anmerkung:
Es sei an dieser Stelle nochmal darauf hingewiesen, dass die in diesem Kapitel hergeleiteten Zusammenhänge (Formel 7.138, Formel 7.139, Formel 7.141, Formel 7.143 und Formel 7.144) nur für Laminate mit einem ausgeglichenen, symmetrischen Laminataufbau und dem Zusammenfallen von Bezugs- und Symmetrieebene gelten.

Beispiel 7.11.1-1

Gegeben sind die mechanischen Kennwerte einer unidirektionalen Einzelschicht aus T300/Epoxy mit einem Faservolumenanteil von $\varphi_F = 0{,}6$:

$$E_1 = 132.680\,\text{MPa} \quad E_2 = 9.315{,}54\,\text{MPa} \quad G_{12} = 4.642{,}24\,\text{MPa} \quad \nu_{12} = 0{,}278$$

***Aufgabe*:** Es sind die effektiven Scheibenlaminateigenschaften für einen Schichtverbund mit dem Lagenaufbau $[0/90]_s$ und einer Einzelschichtdicke $t_i = 1$ mm zu berechnen. Die Bezugsebene sei gleich der Symmetrieebene.

Lösung: Aufgrund der Symmetrieeigenschaften und der Voraussetzung, dass die Bezugsebene gleich der Symmetrieebene ist, folgt:

$$[B] = [0]$$

Die Dehnsteifigkeitsmatrix $[A]$ ergibt sich zu

$$[A] = \begin{bmatrix} A_{11} & A_{12} & 0 \\ A_{21} & A_{22} & 0 \\ 0 & 0 & A_{66} \end{bmatrix} = \begin{bmatrix} 285.540 & 10.415 & 0 \\ 10.415 & 285.540 & 0 \\ 0 & 0 & 18.569 \end{bmatrix} \frac{\text{N}}{\text{mm}}$$

Mit den Koeffizienten der $[A]$-Matrix ergeben sich die effektiven Scheibenlaminateigenschaften.

Effektiver ebener Elastizitätsmodul E_x – Längssteifigkeit aus Formel 7.138:

$$E_x = \frac{A_{11} \cdot A_{22} - A_{12}^2}{A_{22} \cdot h} = \frac{285.540\,\frac{\text{N}}{\text{mm}} \cdot 285.540\,\frac{\text{N}}{\text{mm}} - \left(10.415\,\frac{\text{N}}{\text{mm}}\right)^2}{285.540\,\frac{\text{N}}{\text{mm}} \cdot 4 \cdot 1\,\text{mm}} = 71.290\,\text{MPa}$$

Effektiver ebener Elastizitätsmodul E_y – Quersteifigkeit aus Formel 7.139:

$$E_y = \frac{A_{11} \cdot A_{22} - A_{12}^2}{A_{11} \cdot h} = \frac{285.540\,\frac{\text{N}}{\text{mm}} \cdot 285.540\,\frac{\text{N}}{\text{mm}} - \left(10.415\,\frac{\text{N}}{\text{mm}}\right)^2}{285.540\,\frac{\text{N}}{\text{mm}} \cdot 4 \cdot 1\,\text{mm}} = 71.290\,\text{MPa}$$

Effektive ebene Querkontraktionszahl ν_{xy} – Längs-Quer-Kontraktion aus Formel 7.141:

$$\nu_{xy} = \frac{A_{12}}{A_{22}} = \frac{10.415\,\frac{\text{N}}{\text{mm}}}{285.540\,\frac{\text{N}}{\text{mm}}} = 0{,}036$$

Effektive ebene Querkontraktionszahl ν_{yx} – Quer-Längs-Kontraktion aus Formel 7.143:

$$\nu_{yx} = \frac{A_{12}}{A_{11}} = \frac{10.415\,\frac{\text{N}}{\text{mm}}}{285.540\,\frac{\text{N}}{\text{mm}}} = 0{,}036$$

Effektiver ebener Schubmodul G_{xy} aus Formel 7.144:

$$G_{xy} = \frac{A_{66}}{h} = \frac{18.569\,\frac{\text{N}}{\text{mm}}}{4 \cdot 1\,\text{mm}} = 4.642{,}35\,\text{MPa}$$

Übung 7.11.1-2

Gegeben seien die Materialkennwerte eines kohlenstofffaserverstärkten Kunststoffs [7.9] mit

$$E_1 = 148\,\text{GPa} \quad E_2 = 9{,}65\,\text{GPa} \quad G_{12} = 4{,}55\,\text{GPa} \quad \nu_{12} = 0{,}3$$

Aufgabe: Es sind die effektiven Scheibenlaminateigenschaften für einen Schichtverbund mit dem Lagenaufbau $[30/-30]_{2s}$ und einer Einzelschichtdicke $t_i = 0{,}125\,\text{mm}$ zu berechnen. Die Bezugsebene sei gleich der Symmetrieebene.

Lösung: Siehe Anhang G *Lösungen*.

Übung 7.11.1-3

Gegeben seien die Materialkennwerte des kohlenstofffaserverstärkten Kunststoffs T300/5208 [7.11] mit

$$E_1 = 180\,\text{GPa} \quad E_2 = 10\,\text{GPa} \quad G_{12} = 6{,}9\,\text{GPa} \quad \nu_{12} = 0{,}28$$

Aufgabe: Es sind die effektiven Scheibenlaminateigenschaften für einen Schichtverbund mit dem Lagenaufbau $[0_2/90/0]_s$ und einer Einzelschichtdicke $t_i = 0{,}125\,\text{mm}$ zu berechnen. Die Bezugsebene sei gleich der Symmetrieebene.

Lösung: Siehe Anhang G *Lösungen*.

7.11.2 Ingenieurkonstanten – effektive Biegelaminateigenschaften

Für Laminate ohne Schubkopplung und ohne Biege-Drill-Kopplung sollen im Folgenden die **effektiven Biegelaminateigenschaften** hergeleitet werden [7.10]. Ein symmetrischer Kreuzverbund analog Formel 7.117, bei dem die Bezugs- und Symmetrieebenen zusammenfallen, erfüllt die geforderten Voraussetzungen.

Effektiver Biegeelastizitätsmodul $E_{x,B}$ – Längsbiegesteifigkeit

Unter einer reinen zylindrischen Biegebeanspruchung m_x um die globale y-Achse[8)]

$$m_x \neq 0 \qquad \text{und} \qquad m_y = m_{xy} = 0$$

folgt mit Formel 7.117 der Zusammenhang

$$\begin{Bmatrix} m_x \\ 0 \\ 0 \end{Bmatrix} = \begin{bmatrix} D_{11} & D_{12} & 0 \\ D_{21} & D_{22} & 0 \\ 0 & 0 & D_{66} \end{bmatrix} \begin{Bmatrix} \kappa_x \\ \kappa_y \\ \kappa_{xy} \end{Bmatrix} \tag{7.145}$$

und damit aus den ersten beiden Zeilen Formel 7.145 die Beziehungen

$$m_x = D_{11} \cdot \kappa_x + D_{12} \cdot \kappa_y \tag{7.146}$$

und

$$0 = D_{21} \cdot \kappa_x + D_{22} \cdot \kappa_y \tag{7.147}$$

8 Das Plattenmoment m_x ist ein Moment pro Einheitsbreite in der Einheit [N] um die globale y-Achse; siehe Formel 7.9.

Nach Umstellen von Formel 7.147 zu

$$\kappa_y = -\frac{D_{21}}{D_{22}} \cdot \kappa_x \tag{7.148}$$

und anschließendem Einsetzen in Formel 7.146 folgt:

$$\begin{aligned} m_x &= D_{11} \cdot \kappa_x + D_{12} \cdot \left(-\frac{D_{21}}{D_{22}} \cdot \kappa_x\right) \\ &= \left(D_{11} - \frac{D_{12}^2}{D_{22}}\right) \cdot \kappa_x \end{aligned} \tag{7.149}$$

Für die weitere Betrachtung werden die Zusammenhänge

$$m_x = \frac{M_y}{b_x} \qquad \text{und} \qquad \kappa_x = -\frac{\partial^2 w}{\partial x^2} \tag{7.150}$$

sowie der Ausdruck für die Differentialgleichung der Biegelinie w des EULER-BERNOULLI-Balkens für eine Biegung um die y-Achse,

$$M_y = -E\, I_y\, \frac{\partial^2 w}{\partial x^2} \tag{7.151}$$

herangezogen. Hierbei stellen M_y das Biegemoment in der Einheit [Nm] um die globale y-Achse und E den Elastizitätsmodul in x-Richtung der Belastung dar. Das Flächenträgheitsmoment bzw. Flächenmoment 2. Ordnung I_y ist für einen Biegebalken der Breite b_y und der Höhe h als

$$I_y = \frac{b_y\, h^3}{12} \tag{7.152}$$

definiert. Für ein Laminat wird das Flächenträgheitsmoment auf die Plattenbreite bezogen, sodass sich mit

$$I = \frac{I_y}{b_y} = \frac{h^3}{12} \tag{7.153}$$

das Flächenträgheitsmoment des Laminats ergibt. Unter Berücksichtigung von Formel 7.149, Formel 7.150 und Formel 7.153 folgt aus Formel 7.151 der Zusammenhang

$$\frac{M_y}{b_y} = \left(D_{11} - \frac{D_{12}^2}{D_{22}}\right) \cdot \kappa_x = -E_{x,B}\, I\, \frac{\partial^2 w}{\partial x^2} \tag{7.154}$$

Daraus ergibt sich der Ausdruck für die Biegesteifigkeit

$$E_{x,B}\, I_y = \left(D_{11} - \frac{D_{12}^2}{D_{22}}\right) \tag{7.155}$$

und somit der gesuchte *effektive Biegeelastizitätsmodul* für die *Längsbiegesteifigkeit*

$$E_{x,B} = \frac{12}{h^3} \left(D_{11} - \frac{D_{12}^2}{D_{22}}\right) \tag{7.156}$$

Effektiver Biegeelastizitätsmodul $E_{y,B}$ – Querbiegesteifigkeit

Analog zum Vorgehen im vorherigen Paragraphen wird hier eine zylindrische Biegung aufgrund des Plattenmoments m_y um die globale x-Achse[9] betrachtet:

$$m_y \neq 0 \qquad und \qquad m_x = m_{xy} = 0$$

Mit Formel 7.117 folgt dann:

$$\begin{Bmatrix} 0 \\ m_y \\ 0 \end{Bmatrix} = \begin{bmatrix} D_{11} & D_{12} & 0 \\ D_{21} & D_{22} & 0 \\ 0 & 0 & D_{66} \end{bmatrix} \begin{Bmatrix} \kappa_x \\ \kappa_y \\ \kappa_{xy} \end{Bmatrix} \tag{7.157}$$

Die ersten beiden Zeilen von Formel 7.157 liefern dann die Zusammenhänge

$$0 = D_{11} \cdot \kappa_x + D_{12} \cdot \kappa_y \tag{7.158}$$

und

$$m_y = D_{21} \cdot \kappa_x + D_{22} \cdot \kappa_y \tag{7.159}$$

Nach Umstellen von Formel 7.158 zu

$$\kappa_x = -\frac{D_{12}}{D_{11}} \cdot \kappa_y \tag{7.160}$$

und Einsetzen in Formel 7.159 folgt:

$$\begin{aligned} m_y &= D_{21} \cdot \left(-\frac{D_{12}}{D_{11}} \cdot \kappa_y \right) + D_{22} \cdot \kappa_y \\ &= \left(D_{22} - \frac{D_{12}^2}{D_{11}} \right) \cdot \kappa_y \end{aligned} \tag{7.161}$$

Aufgrund der Definition der Plattenmomente (Formel 7.9, Formel 7.10) dreht das Moment m_y negativ um die x-Achse, sodass die Zusammenhänge

$$m_y = -\frac{M_x}{b_x} \qquad \text{und} \qquad \kappa_y = -\frac{\partial^2 w}{\partial y^2} \tag{7.162}$$

notiert werden können. Hierbei sind M_x das Balkenbiegemoment um die x-Achse und b_x die Plattenbreite. Mit der Differentialgleichung für die Biegelinie w des EULER-BERNOULLI-Balkens für eine Biegung

$$M_x = +E\, I_x\, \frac{\partial^2 w}{\partial y^2} \tag{7.163}$$

um die x-Achse und dem Flächenträgheitsmoment des Balkens

$$I_x = \frac{b_x\, h^3}{12} \tag{7.164}$$

9 m_y ist ein Moment pro Einheitsbreite in der Einheit [N] um die globale x-Achse; siehe Formel 7.10.

folgt durch Normierung auf die Plattenbreite b_x das Flächenträgheitsmoment

$$I = \frac{I_x}{b_x} = \frac{h^3}{12} \tag{7.165}$$

des Laminats. Aus Formel 7.163 kann dann mit Formel 7.161, Formel 7.162 und Formel 7.165 der Zusammenhang

$$\frac{M_x}{b_x} = -\left(D_{22} - \frac{D_{12}^2}{D_{11}}\right) \cdot \kappa_y = E_{y,B}\, I\, \frac{\partial^2 w}{\partial y^2} \tag{7.166}$$

formuliert werden. Somit ist aus Formel 7.166 durch Vergleich die Biegesteifigkeit

$$E_{y,B}\, I_x = \left(D_{22} - \frac{D_{12}^2}{D_{11}}\right) \tag{7.167}$$

des Laminats ablesbar. Daraus folgt weiter der gesuchte *effektive Biegeelastizitätsmodul* für die *Querbiegesteifigkeit*:

$$E_{y,B} = \frac{12}{h^3}\left(D_{22} - \frac{D_{12}^2}{D_{11}}\right) \tag{7.168}$$

Anmerkung:
Auch an dieser Stelle sei darauf hingewiesen, dass die in Unterabschnitt 7.11.2 hergeleiteten Zusammenhänge (Formel 7.156 und Formel 7.168) nur für Laminate mit einem symmetrischen Kreuzverbund und dem Zusammenfallen von Bezugs- und Symmetrieebene gelten.

Beispiel 7.11.2-1

Gegeben seien die Materialkennwerte und der Lagenaufbau des Laminats aus dem Beispiel 7.11-1.

***Aufgabe*:** Gesucht werden die effektiven Biegelaminateigenschaften.

***Lösung*:** Aufgrund der Symmetrieeigenschaften und der Voraussetzung, dass die Bezugsebene gleich der Symmetrieebene ist, folgt:

$$[B] = [0]$$

Die Biege- bzw. Plattensteifigkeitsmatrix $[D]$ ergibt sich dann zu

$$[D] = \begin{bmatrix} D_{11} & D_{12} & 0 \\ D_{21} & D_{22} & 0 \\ 0 & 0 & D_{66} \end{bmatrix} = \begin{bmatrix} 628.796 & 13.887 & 0 \\ 13.887 & 132.646 & 0 \\ 0 & 0 & 24.759 \end{bmatrix} \text{Nmm}$$

Mit den Koeffizienten der $[D]$-Matrix ergeben sich die effektiven Biegelaminateigenschaften.

Effektiver Biegeelastizitätsmodul $E_{x,B}$ *- Längsbiegesteifigkeit* aus Formel 7.156:

$$E_{x,B} = \frac{12}{h^3}\left(D_{11} - \frac{D_{12}^2}{D_{22}}\right)$$

$$= \frac{12}{(4\,\text{mm})^3}\left(628.796\,\text{Nmm} - \frac{(13.887\,\text{Nmm})^2}{132.646\,\text{Nmm}}\right) = 117.627\,\text{MPa}$$

Effektiver Biegeelastizitätsmodul $E_{y,B}$ *- Querbiegesteifigkeit* aus Abschnitt 7.11.2:

$$E_{y,B} = \frac{12}{h^3}\left(D_{22} - \frac{D_{12}^2}{D_{11}}\right)$$

$$= \frac{12}{(4\,\text{mm})^3}\left(132.646\,\text{Nmm} - \frac{(13.887\,\text{Nmm})^2}{628.796\,\text{Nmm}}\right) = 24.814\,\text{MPa}$$

Übung 7.11.2-2

Gegeben seien die Materialkennwerte und der Lagenaufbau des Laminats aus der Übung 7.11.1-2.

Aufgabe: Gesucht werden die effektiven Biegelaminateigenschaften.

Lösung: Siehe Anhang G *Lösungen*.

Literatur

[7.1] Altenbach, H.; Altenbach, J.; Kissing, W.: *Mechanics of Composite Structural Elements.* Springer-Verlag, Berlin, Heidelberg, 2004

[7.2] Altenbach, H.; Altenbach, J.; Naumenko, K.: *Ebene Flächentragwerke. Grundlagen der Modellierung und Berechnung von Scheiben und Platten.* Springer-Verlag, Berlin, Heidelberg, 1998

[7.3] Altenbach, H.; Altenbach, J.; Rickards, R.: *Einführung in die Mechanik der Laminat- und Sandwichtragwerke.* Deutscher Verlag für Grundstoffindustrie, Stuttgart, 1996

[7.4] Daniel, I. M.; Ishai, O.: *Engineering Mechanics of Composite Materials.* 2nd edition, Oxford University Press, New York, 2006

[7.5] Gibson, R. F.: *Principles of Composite Material Mechanics.* 3rd edition, CRC Press, Taylor and Francis Group, Boca Raton, London, New York, 2012

[7.6] Hake, E.; Meskouris, K.: *Statik der Flächentragwerke. Einführung mit vielen durchgerechneten Beispielen.* Springer-Verlag, Berlin, Heidelberg, 2001

[7.7] Herakovich, C. T.: *Mechanics of Fibrous Composites.* John Wiley & Sons, New York, Virginia, 1998

[7.8] Jones, R. M.: *Mechanics of Composite Materials.* 2nd edition, Philadelphia, Blacksburg/Virginia, 1999

[7.9] Kóllar, L.; Springer, G. S.: *Mechanics of Composite Structures.* Cambridge University Press, New York, Budapest, Stanford, 2003

[7.10] Mittelstedt, C.; Becker, W.: *Strukturmechanik ebener Laminate.* 1. Aufl., Studienbereich Mechanik, Technische Universität Darmstadt, Darmstadt, 2016

[7.11] N. N.: *eLamX 2.6 - expandable Laminate eXplorer.* Lehrstuhl für Luftfahrzeugtechnik, Institut für Luft- und Raumfahrttechnik, Fakultät Maschinenbau, Technische Universität Dresden, In: *https://tu-dresden.de/ing/maschinenwesen/ilr/lft/elamx2/elamx*, aufgerufen am 08.01.2021

[7.12] Reddy, J. N.: *Theory and Analysis of Elastic Plates.* Taylor & Francis, Philadelphia, 1999

[7.13] Schürmann, H.: *Konstruieren mit Faser-Kunststoff-Verbunden.* 1. Aufl., Springer, Berlin, Heidelberg, New York, 2007

[7.14] Ugural, A. C.: *Stresses in Beams, Plates, and Shells.* Taylor & Francis Group, Boca, Raton, London, New York, 2009

8 Einfluss von Temperatur und Feuchte

Ingo Ehrlich

In den vorangegangenen Kapiteln wurde das linear-elastische Verhalten von Einzelschichten und Mehrschichtverbunden aus faserverstärktem Kunststoff unter mechanischer Beanspruchung beschrieben. Hierbei blieben der Umgebungseinflüsse wie Temperatur und Feuchte bisher unberücksichtigt bzw. sie wurden als konstant vorausgesetzt. Da die Belastungen von Temperatur (thermisch) und Feuchte (hygroskopisch) – die sogenannte hygrothermale Belastung respektive Beanspruchung – insbesondere bei Polymerwerkstoffen eine wichtige Rolle spielen, sollen nachfolgend diese Effekte in die Beschreibung des Werkstoffverhaltens faserverstärkter Kunststoffe aufgenommen werden.

Temperatur und Feuchte beeinflussen zunächst das elastische Verhalten von Kunststoffen. Der hygrothermale Einfluss ist besonders deutlich bei matrixdominierten Eigenschaften, wie der Steifigkeit und Festigkeit unter Transversal- und Schubbelastung. Es findet eine Veränderung des Spannungs-Dehnungs-Verhaltens durch thermische Dehnung oder Feuchtedehnung (sog. Quellen) statt. Hierbei wirken einerseits Effekte auf der Mikroebene durch unterschiedliche Ausdehnungskoeffizienten von Faser und Matrix als auch auf Makro- bzw. Laminatebene durch unterschiedliches hygrothermales Verhalten der Einzelschichten.

Bild 8.1 zeigt exemplarisch das Steifigkeitsverhalten eines Polymerwerkstoffs unter Temperatur- und Feuchteeinfluss. Die rote Linie steht für das temperaturabhängige Steifigkeitsverhalten eines trockenen Polymers. Der nach links unten versetzte, blaue temperaturabhängige Steifigkeitsverlauf repräsentiert exemplarisch das Steifigkeitsverhalten eines feuchten Polymerwerkstoffs. Erkennbar ist, dass mit der Feuchtigkeit die Steifigkeit proportional absinkt. Das heißt, dass durch das Quellen des Polymers der Werkstoff weicher wird. Beiden Verläufen gemein ist, dass mit der Temperaturerhöhung in dem Bereich der Glasübergangstemperatur – $T_{g,f}$ im feuchten Zustand und

$T_{g,t}$ im trockenen Zustand – die Steifigkeit signifikant absinkt. Dabei ist die Glasübergangstemperatur $T_{g,f}$ eines feuchten Polymers niedriger als die Glasübergangstemperatur $T_{g,t}$ eines trockenen Polymers.

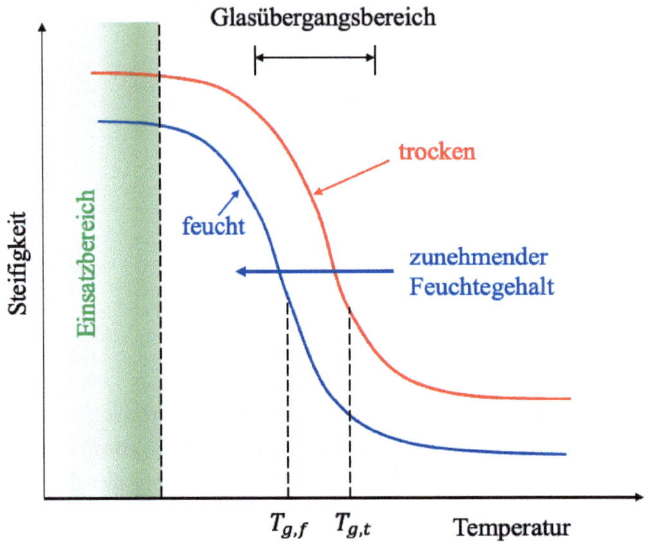

Bild 8.1 Veränderung der Steifigkeit in Abhängigkeit von Temperatur und Feuchte

Eine Temperaturerhöhung führt durch die erhöhte BROWNsche Molekularbewegung[1] zu einer hydrostatischen[2] Dehnung des Werkstoffs. Dieses Dehnungsverhalten ist abhängig vom Material und stellt einen eigenen werkstofftypischen Kennwert dar.

Analog bedingt eine Feuchtigkeitsaufnahme eine Dehnung[3], die – abgesehen von der Größenordnung – die gleichen Effekte zeigt wie eine Temperaturerhöhung. Auch der Effekt der Feuchtigkeitsaufnahme ist abhängig vom betrachteten Polymerwerkstoff und stellt damit ebenfalls einen eigenen Materialkennwert dar.

Durch diese Analogie des thermischen und hygroskopischen Dehnungsverhaltens werden die Effekte – ausgenommen die Materialkennwerte als solche – in vergleichbarer mathematischer Form behandelt. Nachfolgend wird jeweils zunächst das thermisch induzierte Materialverhalten diskutiert und mathematisch beschrieben und

1 Die zunehmende Bewegung kleiner Teilchen bei Temperaturerhöhung um ihren Ruhepunkt wurde durch den Botaniker Robert Brown (* 21. Dezember 1773 in Montrose, Schottland; † 10. Juni 1858 in London, England) im Jahr 1827 erstmalig beobachtet.

2 Hydrostatische Dehnung ist die volumetrische Deformation eines Körpers unter gleichmäßigem Druck in alle Richtungen; sie bewirkt eine Volumenänderung, jedoch keine Gestaltänderung.

3 Die Dehnung in Folge hygroskopisch bedingter Feuchtigkeitsaufnahme wird auch als ***Quellen*** bezeichnet.

anschließend im Analogieschluss die Erkenntnisse auf die Beschreibung des hygroskopischen Materialverhaltens übertragen.

Neben dem elastischen Dehnungsverhalten unter hygrothermaler Last kann bei erhöhter Temperatur bzw. erhöhter Feuchtigkeitsaufnahme auch eine dauerhafte Verschlechterung der Materialkennwerte beobachtet werden. Sowohl die zu hohen Temperaturen als auch das zu starke Quellen führen zu einem Aufbrechen der molekularen Bindungen des Polymers. Dabei sind diese Dehnungen – bis auf einen elastischen Anteil – und die Abschwächungen des Steifigkeits- und Festigkeitsverhaltens irreversibel. Diese dauerhafte Eigenschaftsverschlechterung des polymeren Werkstoffs wird als ***Degradation*** bezeichnet.

Nachfolgend wird das hygrothermale Verhalten des polymeren Werkstoffs in Abhängigkeit von seinen thermischen und hygroskopischen Materialkennwerten und der Temperaturerhöhung ΔT sowie der Feuchteaufnahme Δc beschrieben. Die Eigenschaften des degradierten Polymers sind durch eine vom Schädigungszustand abhängige Ermittlung der elastischen Materialkennwerte im Versuch zu ermitteln.

8.1 Hygrothermale Einzelschichteigenschaften

Wie in der Hinführung beschrieben, wird nachfolgend zunächst das thermale Verhalten von polymeren Werkstoffen beschrieben. Die mathematische Formulierung wird dann im Analogieschluss sinngemäß auf die Formulierung des hygroskopischen Verhaltens übertragen. Dabei werden anfänglich die Hygroskopieeigenschaften isotroper Werkstoffe betrachtet und im Anschluss um die hygrothermalen Eigenschaften einer unidirektionalen Einzelschicht mit ihrer transversalisotropen Materialsymmetrie erweitert. Diese Kenntnisse werden schließlich auf das Verhalten eines Mehrschichtverbundes unter hygrothermaler Last übertragen.

8.1.1 Spannungs-Verzerrungs-Beziehungen

Zur Beschreibung der hygrothermalen Einzelschichteigenschaften polymerer Faserverbundkunststoffe werden zunächst folgende vereinfachende Annahmen getroffen:

a) lineares Verhalten der hygrothermalen Eigenschaften,

b) getrenntes Betrachten von mechanischen und hygrothermalen Belastungen,

c) Superposition der Einzelbelastungen bei mechanisch-hygrothermalen Gesamtlasten,

d) keine Koppeleffekte zwischen mechanischen Eigenschaften und Effekten aus Temperatur und Feuchte, sowie

e) Konstanz[4] der Temperatur- und Feuchtebelastung der Einzelschicht.

Grundsätzlich kann man aus den Beobachtungen schließen, dass die hygrothermalen Belastungen eines polymeren Faserverbundkunststoffs zu einer Expansion oder Kontraktion des Werkstoffs führen. Das Maß dieser Veränderungen ist dabei abhängig von

i. den Wärme- und Feuchteausdehnungskoeffizienten von Faser und Matrix,

ii. dem Faservolumengehalt,

iii. der Faserorientierung und

iv. der Größe der Temperatur- und Feuchteänderung.

Bei einem positiven Wärmeausdehnungskoeffizienten führt eine Temperaturerhöhung zu einer Ausdehnung des Materials. Die Annahme eines linearen Zusammenhangs zwischen einer Temperaturerhöhung und der Wärmeausdehnung ist im Allgemeinen nur für einen kleinen Bereich der Temperaturerhöhung gültig. Generell ist dieser Zusammenhang als nichtlinear zu bezeichnen.

Während die meisten Werkstoffe einen positiven Wärmeausdehnungskoeffizienten aufweisen, gibt es einige Kohlenstofffaserarten, deren Wärmeausdehnungskoeffizient in Faserlängsrichtung kleiner null und senkrecht zur Faserlängsrichtung größer null ist. Diese „Anomalie" kann zum Beispiel genutzt werden, um mit einem geeigneten Laminataufbau über einen bestimmten Temperaturbereich thermostabile Laminate zu erstellen. Das heißt, dass ein solches Laminat in dem Auslegungsbereich keine makroskopischen Verformungen durch Temperaturwechsel erfährt.

Thermale Eigenschaften isotroper Werkstoffe

Die Dehnung $\varepsilon_{i,th}$ in i-Richtung eines isotropen Körpers aufgrund einer Temperaturerhöhung ΔT lässt sich mithilfe des Wärmeausdehnungskoeffizienten (engl.: CTE – Coefficient of Thermal Expansion) α_T als

$$\varepsilon_{i,th} = \begin{cases} \alpha_T \, \Delta T & \\ 0 & \end{cases} \text{für} \quad \begin{matrix} i = 1, 2, 3 \\ j = 4, 5, 6 \end{matrix} \tag{8.1}$$

schreiben. Dabei sind

i	1, 2, ..., 6 Richtungsindizes
α_T	Wärmeausdehnungskoeffizient, Einheit $10^{-6} \frac{\text{m}}{\text{m K}}$
T_0	Anfangstemperatur bei $\varepsilon_{i,th} = 0$ für alle i, Einheit °C oder K
T	Temperatur zum Berechnungszeitpunkt, Einheit °C oder K
ΔT	Temperaturdifferenz/-last ($T - T_0$), Einheit K

4 In Unterabschnitt 8.1.3 wird die anfängliche Annahme einer konstanten hygrothermalen Beanspruchung dahingehend erweitert, dass für eine unidirektionale Einzelschicht ein linearer Verlauf von Temperatur und Feuchte über die Querschnittsdicke angenommen wird.

An dieser Stelle sei anzumerken, dass die Temperaturlast im isotropen Werkstoff nur zu Normalverzerrungen führt. Dieselbe Beobachtung kann man auch bei tranversal-isotropen und orthotropen Materialien machen.

Hygroskopische Eigenschaften isotroper Werkstoffe

Die Dehnung $\varepsilon_{i,mo}$ in i-Richtung infolge Quellen eines isotropen Körpers aufgrund einer Feuchteänderung Δc lässt sich mithilfe des Feuchteausdehnungskoeffizienten (engl.: CTE – Coefficient of Hygroscopic Expansion) β schreiben als

$$\varepsilon_{i,mo} = \begin{cases} \beta\,\Delta c \\ 0 \end{cases} \text{für} \quad \begin{matrix} i = 1, 2, 3 \\ j = 4, 5, 6 \end{matrix} \tag{8.2}$$

Dabei sind

i	1, 2, …, 6 Richtungsindizes
β	Feuchteausdehnungskoeffizient, Einheit $10^{-6}\,\frac{\text{m}}{\text{m}}$
c_0	Anfangsfeuchte
c	Feuchtekonzentration als Verhältnis von Feuchtemasse und Masse
	des trockenen Materials pro Einheitsvolumen, Einheit %
Δc	Feuchtedifferenz/-last ($c - c_0$), Einheit %

Man kann ebenfalls feststellen, dass auch eine Feuchteänderung – wie eine Temperaturänderung – eines isotropen Körpers nur zu Normalverzerrungen führt. Diese Aussage kann man gleichfalls auf transversalisotrope und orthotrope Materialen in ihren lokalen Koordinatensystemen ausdehnen.

Anmerkung: An dieser Stelle sei erneut darauf hingewiesen, dass sich – von den physikalischen Ursachen und der Unterschiedlichkeit der Größe und Einheit der Materialkennwerte abgesehen – die thermalen und hygroskopischen Werkstoffeigenschaften in der mathematischen-analytischen Formulierung gleich verhalten. Diese Besonderheit macht man sich dahingehend zunutze, dass ein Großteil der theoretischen Formulierungen sowohl für die Beschreibung thermischer als auch hygroskopischer Effekte genutzt werden können. Lediglich die werkstoffabhängigen Parameter sind in den mathematischen Formulierungen entsprechend anzupassen.

Gesamtdehnung eines isotropen Körpers

Die Gesamtdehnung $\varepsilon_{i,HT}$ in i-Richtung eines isotropen Körpers aufgrund hygrothermaler Lasten kann dann als

$$\varepsilon_{i,HT} = \begin{cases} \varepsilon_{i,th} + \varepsilon_{i,mo} = \alpha_T\,\Delta T + \beta\,\Delta c \\ 0 \end{cases} \text{für} \quad \begin{matrix} i = 1,2,3 \\ j = 4,5,6 \end{matrix} \tag{8.3}$$

notiert werden. Eine kleine Auswahl an hygrothermalen Ausdehnungskoeffizienten ist in Tabelle 8.1 zu finden.

Tabelle 8.1 Typische hygrothermale Ausdehnungskoeffizienten

	Thermischer Ausdehnungskoeffizient in $10^{-6}\,\frac{\text{m}}{\text{m K}}$		Hygroskopischer Ausdehnungskoeffizient in $\frac{\text{m}}{\text{m}}$		
Material	α_1	α_2	β_1	β_2	Quelle
AS CF/Epoxy	0,88	31,0	0,09	0,30	[8.6]
Carbon/Epoxy (AS4/3501-3)	−0,9	27	0,01	0,2	[8.1]
Aramid/Epoxy	−3,6	60	k. A.	k. A.	[8.12]
Kevlar/Epoxy (Aramid 49/Epoxy)	−2,0	60	0,0	0,3	[8.1]
AF-126-2 Klebstoff	29,0	29,0	0,20	0,20	[8.6]
Aluminium 2024 T3	23,0	23,0	-	-	[8.1]
Stahl 1020	12,0	12,0	-	-	[8.6]
Titan (MILT)	11,0	11,0	-	-	[8.1]

Mechanisch-hygrothermales Verhalten einer transversalisotropen Einzelschicht

Die Gesamtverzerrungen einer transversalisotropen Einzelschicht aus Faserverbundkunststoff lassen sich mit Formel 6.157 und Formel 8.3 im lokalen, faserorientierten Koordinatensystem als

$$\begin{Bmatrix} \varepsilon_1 \\ \varepsilon_2 \\ \gamma_{12} \end{Bmatrix} = \begin{bmatrix} q_{11} & q_{12} & 0 \\ q_{21} & q_{22} & 0 \\ 0 & 0 & q_{66} \end{bmatrix} \begin{Bmatrix} \sigma_1 \\ \sigma_2 \\ \tau_{12} \end{Bmatrix} + \begin{Bmatrix} \alpha_1 \\ \alpha_2 \\ 0 \end{Bmatrix} \Delta T + \begin{Bmatrix} \beta_1 \\ \beta_2 \\ 0 \end{Bmatrix} \Delta c \tag{8.4}$$

niederschreiben. Formel 8.4 kann dann auch in Kurzschreibweise mit

$$\{\varepsilon_{12}\} = [q]\ \{\sigma_{12}\} + \{\alpha_{12}\}\ \Delta T + \{\beta_{12}\}\ \Delta c \tag{8.5}$$

$$= \{\varepsilon_{mech}\} + \{e_{th}\} + \{e_{mo}\} = \{\varepsilon_{mech}\} + \{e_{HT}\} \tag{8.6}$$

notiert werden.[5)] Dabei ist $\{\sigma_{12}\}$ der Tensor 1. Stufe der ebenen Spannungen, $\{\varepsilon_{12}\}$ der Tensor 1. Stufe der ebenen Verzerrungen und $[q]$ die Matrix der reduzierten Einzelschichtnachgiebigkeiten im lokalen, zweidimensionalen Werkstoffsystem.

Aus Formel 8.5 lassen sich durch Umformen die mechanischen Spannungen als

$$\{\sigma_{12}\} = [Q]\ \left(\{\varepsilon_{12}\} - \{\alpha_{12}\}\ \Delta T - \{\beta_{12}\}\ \Delta c\right) \tag{8.7}$$

mit der reduzierten Steifigkeitsmatrix im lokalen Faserlaminatkoordinatensystem

5 Auf den Index $_{12}$ kann in diesem Zusammenhang grundsätzlich auch verzichtet werden. Es soll an dieser Stelle durch die Indizierung betont werden, dass die Angaben im lokalen, faserorientierten Koordinatensystem erfolgt sind.

$$[Q] = [q]^{-1}$$

bestimmen.

Bei einem Material[6] mit *freier Lagerung* treten unter hygrothermaler Beanspruchung keine Spannungen auf und die freien, ungezwungenen Verzerrungen folgen zu:

$$\{\varepsilon\} = \{\alpha_T\}\ \Delta T + \{\beta\}\ \Delta c \tag{8.8}$$

Wird das Material unter hygrothermaler Belastung *eingespannt* und damit in seiner Ausdehnung behindert, resultieren aus den Randbedingungen Spannungen im Werkstoff. Die bei einer freien Lagerung erfolgten Verzerrungen unter hygrothermaler Last müssen bei einer Einspannung durch die resultierenden mechanischen Reaktionskräfte verschwinden. Diese Überlegung kann mit

$$\{\varepsilon\} = [q]\ \{\sigma\} + \{\alpha_T\}\ \Delta T + \{\beta\}\ \Delta c = \{0\} \tag{8.9}$$

beschrieben werden. Durch Umstellen von Formel 8.9 erhält man anschließend die resultierenden inneren Spannungen des eingespannten Materials unter hygrothermaler Belastung:

$$\{\sigma\} = [q]^{-1}\left(-\{\alpha_T\}\ \Delta T - \{\beta\}\ \Delta c\right) = [Q]\left(-\{\alpha_T\}\ \Delta T - \{\beta\}\ \Delta c\right) \tag{8.10}$$

Aus Formel 8.10 kann geschlussfolgert werden, dass bei einer Einspannung eines orthotropen[7] Materials in den Hauptachsrichtungen bei hygrothermaler Last keine Schubverzerrungen oder Schubspannungen auftreten. Für eine Einspannung außerhalb der Hauptachsen (off-axis) gilt diese Aussage nicht.

Wird die hygrothermal belastete, orthotrope Einzelschicht außerhalb ihrer Hauptachsenrichtung eingespannt[8], so sind die Schubspannungen und Normalverzerrungen sowie die Normalspannungen und Gleitungen nicht mehr voneinander entkoppelt:

$$\begin{Bmatrix} \varepsilon_x \\ \varepsilon_y \\ \gamma_{xy} \end{Bmatrix} = \begin{bmatrix} \bar{q}_{11} & \bar{q}_{12} & \bar{q}_{16} \\ \bar{q}_{21} & \bar{q}_{22} & \bar{q}_{26} \\ \bar{q}_{61} & \bar{q}_{62} & \bar{q}_{66} \end{bmatrix} \begin{Bmatrix} \sigma_x \\ \sigma_y \\ \tau_{xy} \end{Bmatrix} + \begin{Bmatrix} \alpha_x \\ \alpha_y \\ \alpha_{xy} \end{Bmatrix} \Delta T + \begin{Bmatrix} \beta_x \\ \beta_y \\ \beta_{xy} \end{Bmatrix} \Delta c \tag{8.11}$$

Die im globalen Koordinatensystem wirkenden hygrothermalen Ausdehnungskoeffizienten lassen sich durch Transformation aus den im lokalen, faserorientierten Koordinatensystem formulierten hygrothermalen Eigenschaften ableiten. Die Transformation der Wärme- und Feuchteausdehnungskoeffizienten erfolgt, da sie – bis auf die

6 Hier wird im Folgenden auf eine gesonderte Indizierung verzichtet, da die hier verwendeten Angaben für isotrope und nicht-isotrope Werkstoffe Gültigkeit besitzen.

7 Dieses schließt isotrope und transversalisotrope Materialien ein.

8 In diesem Fall sprechen wir gemäß Abschnitt 1.2 im globalen Koordinatensystem von einer monotropen Materialsymmetrie der gedrehten, orthotropen Einzelschicht.

Temperaturdifferenz bzw. den Feuchtegehalt – einem Verzerrungstensor 1. Stufe gleichen, mithilfe der Transformationsmatrix der Verzerrungen. Die globalen Wärmeausdehnungskoeffizienten können dann mit

$$\begin{Bmatrix} \alpha_x \\ \alpha_y \\ \alpha_{xy} \end{Bmatrix} = [T_\varepsilon]^{-1} \begin{Bmatrix} \alpha_1 \\ \alpha_2 \\ 0 \end{Bmatrix} \tag{8.12}$$

bzw.

$$\begin{aligned} \alpha_x &= \alpha_1 \cdot \cos^2\alpha + \alpha_2 \cdot \sin^2\alpha \\ \alpha_y &= \alpha_1 \cdot \sin^2\alpha + \alpha_2 \cdot \cos^2\alpha \\ \alpha_{xy} &= 2 \cdot (\alpha_1 - \alpha_2) \cdot \sin\alpha \cdot \cos\alpha \end{aligned}$$

beschrieben werden. In analoger Weise findet die Transformation der Feuchteausdehnungskoeffizienten statt:

$$\begin{Bmatrix} \beta_x \\ \beta_y \\ \beta_{xy} \end{Bmatrix} = [T_\varepsilon]^{-1} \begin{Bmatrix} \beta_1 \\ \beta_2 \\ 0 \end{Bmatrix} \tag{8.13}$$

bzw.

$$\begin{aligned} \beta_x &= \beta_1 \cdot \cos^2\alpha + \beta_2 \cdot \sin^2\alpha \\ \beta_y &= \beta_1 \cdot \sin^2\alpha + \beta_2 \cdot \cos^2\alpha \\ \beta_{xy} &= 2 \cdot \left(\beta_1 - \beta_2\right) \cdot \sin\alpha \cdot \cos\alpha \end{aligned}$$

Anders als bei isotropen, transversalisotropen oder orthotropen Werkstoffen führt eine hygrothermale Beanspruchung bei monotropen oder anisotropen Materialien zu Schubspannungen und Schubverzerrungen. Die Größe dieser Effekte, bestimmt durch die Koeffizienten α_{xy} und β_{xy}, hängt dabei vom Grad der Anisotropie ab. Ein Maximum kann in Bild 8.2 bspw. für den Koeffizienten α_{xy} bei einem Winkel von $\alpha = 45°$ zwischen der globalen Koordinatenachse und der Faserlängsrichtung gefunden werden.

Anmerkung: Für den Sonderfall, dass für die Wärmeausdehnungskoeffizienten der Zusammenhang

$$\alpha_1 < 0 \quad \text{und} \quad \alpha_2 > 0$$

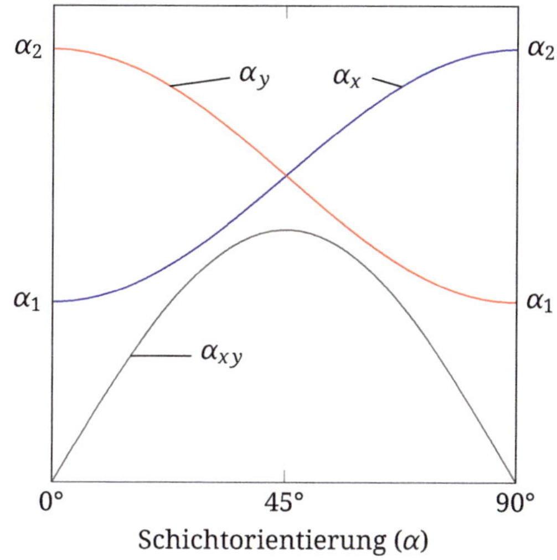

Bild 8.2 Winkelabhängigkeit der globalen Wärmeausdehnungskoeffizienten

gilt, ist es möglich, einen Winkel zu bestimmen, sodass $\alpha_x = 0$ gilt. Damit können Laminataufbauten realisiert werden, die in ausgewählte Richtungen thermostabil sind.

Beispiel 8.1.1-1

Gegeben: Eine unidirektionale Einzelschicht aus glasfaserverstärktem Kunststoff wird frei gelagert von 20 °C auf 70 °C aufgeheizt. Die Wärmeausdehnungskoeffizienten sind mit

$$\alpha_1 = 6{,}3 \cdot 10^{-6}\,\frac{\text{m}}{\text{m K}} \qquad \alpha_2 = 20 \cdot 10^{-6}\,\frac{\text{m}}{\text{m K}}$$

gegeben.

Aufgabe: Es sind die Verzerrungen in der Einzelschicht im lokalen sowie im globalen Koordinatensystem bei einem Faserwinkel von $\alpha = 45°$ zu bestimmen.

***Lösung*:** Aufgrund der freien Lagerung entstehen aufgrund der reinen Temperaturlast keine Spannungen in der Einzelschicht. Ebenso ist keine Beanspruchung aus einer Feuchteänderung vorhanden. Damit sind lediglich die Verzerrungen aus thermischer Beanspruchung zu betrachten:

$$\begin{Bmatrix} \varepsilon_1 \\ \varepsilon_2 \\ \varepsilon_{12} \end{Bmatrix}_{\text{th}} = \begin{Bmatrix} \alpha_1 \\ \alpha_2 \\ 0 \end{Bmatrix} \Delta T$$

Die Temperaturbelastung beträgt:

$$\Delta T = T - T_0 = 70\,°\mathrm{C} - 20\,°\mathrm{C} = 50\,\mathrm{K}$$

Damit lauten die Verzerrungen im lokalen Koordinatensystem:

$$\begin{Bmatrix} \varepsilon_1 \\ \varepsilon_2 \\ \varepsilon_{12} \end{Bmatrix}_{\mathrm{th}} = \begin{Bmatrix} \alpha_1 \\ \alpha_2 \\ 0 \end{Bmatrix} \Delta T = \begin{Bmatrix} 6{,}3 \\ 20 \\ 0 \end{Bmatrix} \cdot 10^{-6}\,\frac{\mathrm{m}}{\mathrm{m\,K}} \cdot 50\,\mathrm{K} = \begin{Bmatrix} 0{,}000315 \\ 0{,}001 \\ 0 \end{Bmatrix}$$

Für die Berechnung der Verzerrungen im globalen Koordinatensystem sind die Wärmeausdehnungskoeffizienten zu transformieren:

$$\begin{aligned}
\begin{Bmatrix} \alpha_x \\ \alpha_y \\ \alpha_{xy} \end{Bmatrix} &= [T_\varepsilon]^{-1} \begin{Bmatrix} \alpha_1 \\ \alpha_2 \\ 0 \end{Bmatrix} \\
&= \begin{bmatrix} \cos^2\alpha & \sin^2\alpha & -\sin\alpha\cos\alpha \\ \sin^2\alpha & \cos^2\alpha & \sin\alpha\cos\alpha \\ 2\sin\alpha\cos\alpha & -2\sin\alpha\cos\alpha & \cos^2\alpha - \sin^2\alpha \end{bmatrix} \begin{Bmatrix} \alpha_1 \\ \alpha_2 \\ 0 \end{Bmatrix} \\
&= \begin{bmatrix} 0{,}5 & 0{,}5 & -0{,}5 \\ 0{,}5 & 0{,}5 & 0{,}5 \\ 1 & -1 & 0 \end{bmatrix} \begin{Bmatrix} 6{,}3 \\ 20 \\ 0 \end{Bmatrix} \cdot 10^{-6}\,\frac{\mathrm{m}}{\mathrm{m\,K}} \\
&= \begin{Bmatrix} 1{,}315 \\ 1{,}315 \\ -1{,}37 \end{Bmatrix} \cdot 10^{-5}\,\frac{\mathrm{m}}{\mathrm{m\,K}}
\end{aligned}$$

Damit folgt für die globalen Verzerrungen der Zusammenhang

$$\begin{Bmatrix} \varepsilon_x \\ \varepsilon_y \\ \varepsilon_{xy} \end{Bmatrix}_{\mathrm{th}} = \begin{Bmatrix} \alpha_x \\ \alpha_y \\ \alpha_{xy} \end{Bmatrix} \Delta T = \begin{Bmatrix} 1{,}315 \\ 1{,}315 \\ -1{,}37 \end{Bmatrix} \cdot 10^{-5}\,\frac{\mathrm{m}}{\mathrm{m\,K}} \cdot 50\,\mathrm{K} = \begin{Bmatrix} 6{,}575 \\ 6{,}575 \\ -6{,}85 \end{Bmatrix} \cdot 10^{-4}$$

Alternativ wäre es genauso möglich, die globalen Verzerrungen aus den lokalen Verzerrungen durch Transformation mit

$$\{\varepsilon_{xy}\}_{\mathrm{th}} = [T_\varepsilon]^{-1}\,\{\varepsilon_{12}\}_{\mathrm{th}}$$

zu ermitteln.

Schlussfolgerungen: Der lokale Verzerrungsvektor $\{\varepsilon_{12}\}_{th}$ zeigt lediglich Normalverzerrungen, was der zum Kapitel eingangs ausgeführten Beobachtung entspricht, dass Werkstoffe mit isotropen, transversalisotropen oder orthotropen Eigenschaften unter hygrothermaler Last lediglich Normalverzerrungen zeigen. Die Drehung der unidirektionalen Einzelschicht führt im globalen Koordinatensystem zu einer monotropen Materialsymmetrie. Die Folge ist, dass die im globalen Koordinatensystem beobachteten Normalverzerrungen sich in der Größe verändern und Gleitungen auftauchen. Erst bei einer Drehung von 90° werden die Gleitungen wieder zu null.

Übung 8.1.1-2

Gegeben: Eine transversalisotrope Einzelschicht sei zwischen zwei benachbarten Lagen eingespannt. Die Nachbarlagen werden als starr angenommen.

Aufgabe: Es ist die maximale Temperatur zur ermitteln, bei der nach dem Maximalspannungskriterium Versagen eintritt.

***Lösung*: *Lösung*:** Siehe Anhang G *Lösungen*.

8.1.2 Änderung der Einzelschichtdicke

In diesem Unterabschnitt sollen die Dickenänderungen einer transversalisotropen Einzelschicht, die aus mechanischer Beanspruchung und einer über die Schichtdicke konstanten hygrothermalen Belastung resultieren, betrachtet werden. Ursächlich für die Dickenänderung sind die sich einstellenden Normalverzerrungen in Dickenrichtung.

Normalverzerrungen ε_z in Dickenrichtung einer Einzelschicht führen zu Dickenänderungen. Die Integration der Dehnungen ε_z über die Schichtdicke t der Einzelschicht ergibt die Dickenänderung Δt zu

$$\Delta t = \int_{-\frac{t}{2}}^{+\frac{t}{2}} \varepsilon_z \, \mathrm{d}z \tag{8.14}$$

Wie bereits in Unterabschnitt 6.6.1 eingangs ausgeführt, werden Faserverbunde im Allgemeinen mechanisch durch Lasten in der Schichtebene belastet. Daher wird für diese Fälle der ebene Spannungszustand (ESZ) angenommen. Bereits in Formel 6.132 wurde gezeigt, dass ein ebener Spannungszustand,

$$\sigma_3 = \tau_{13} = \tau_{23} = 0 \tag{8.15}$$

bei einer Querkontraktionszahl verschieden von null zu Dehnungen $\varepsilon_{z,\mathrm{mech}}$ in Dickenrichtung durch mechanische Belastungen führt. Neben den Querdehnungen $\varepsilon_{z,\mathrm{mech}}$ aufgrund mechanischer Beanspruchung sind aber auch hygrothermale Lasten ursächlich für Querdehnungen $\varepsilon_{z,\mathrm{HT}}$ in Dickenrichtung. Die Gesamtdickenänderung Δt kann aus den Teildickenänderungen aus mechanischer und hygrothermaler Last bestimmt werden, sodass sich der Zusammenhang

$$\Delta t = \Delta t_{\mathrm{mech}} + \Delta t_{\mathrm{HT}} = \int_{-\frac{t}{2}}^{+\frac{t}{2}} \varepsilon_{z,\mathrm{mech}} \, \mathrm{d}z + \int_{-\frac{t}{2}}^{+\frac{t}{2}} \varepsilon_{z,\mathrm{HT}} \, \mathrm{d}z \tag{8.16}$$

ergibt. Aufgrund der Transversalisotropie einer unidirektionalen Einzelschicht kann

$$\varepsilon_z = \varepsilon_3 = \varepsilon_{3,\mathrm{mech}} + \varepsilon_{3,\mathrm{HT}} \tag{8.17}$$

für die Querdehnung formuliert werden.

Querdehnung aufgrund mechanischer Last

Die aus dem ebenen Spannungszustand resultierenden Normalverzerrungen $\varepsilon_{1,\mathrm{mech}}$ und $\varepsilon_{2,\mathrm{mech}}$ in Lastrichtung führen durch Querkontraktionseffekte zu Normalverzerrungen $\varepsilon_{3,\mathrm{mech}}$ in Dickenrichtung der Einzelschicht. Dieser Zusammenhang kann mit den Erkenntnissen aus Kapitel 1 zu

$$\varepsilon_{3,\mathrm{mech}} = -\nu_{13}\,\frac{\sigma_1}{E_1} - \nu_{23}\,\frac{\sigma_2}{E_2} \tag{8.18}$$

$$= \left[-\tfrac{\nu_{13}}{E_1}\ -\tfrac{\nu_{23}}{E_2}\ 0\right] \begin{Bmatrix}\sigma_1\\ \sigma_2\\ \tau_{12}\end{Bmatrix} \tag{8.19}$$

$$= \left[S_{31}\ \ S_{32}\ \ S_{36}\right] \{\sigma_{12}\} \tag{8.20}$$

$$= \left[S_{31}\ \ S_{32}\ \ S_{36}\right] [T_\sigma] \{\sigma_{xy}\} \tag{8.21}$$

formuliert werden. Die Querkontraktionszahlen ν_{13} und ν_{23} in Formel 8.18 und Formel 8.19 finden sich bereits in Formel 1.82. Hierdurch werden die Normalspannungen des ebenen Spannungszustands zu Normalverzerrungen in Dickenrichtung. Die Matrixeinträge S_{31}, S_{32} und S_{36} sind die Elemente der Nachgiebigkeitsmatrix $\left[S_{\mathrm{tiso}_{23}}\right]$ (Formel 1.93), die die Spannungen des ebenen Spannungszustands im lokalen, faserorientierten Koordinatensystem der unidirektionalen Einzelschicht mit den Normalverzerrungen $\varepsilon_{3,\mathrm{mech}}$ in Dickenrichtung koppeln.

Dickenänderung aufgrund mechanischer Last

Durch Integration der mechanisch bedingten Normalverzerrungen bzw. Querdehnungen $\varepsilon_{3,\mathrm{mech}}$ über die Einzelschichtdicke kann – ausgehend von Formel 8.16 und unter Hinzuziehung von Formel 8.21 – die Dickenänderung Δt_{mech} aufgrund mechanischer Belastung der Einzelschicht aus dem ebenen Spannungszustand zu

$$\Delta t_{\mathrm{mech}} = \int_{-\frac{t}{2}}^{+\frac{t}{2}} \varepsilon_{3,\mathrm{mech}}\,\mathrm{d}z \tag{8.22}$$

$$= \int_{-\frac{t}{2}}^{+\frac{t}{2}} \left[S_{31}\ \ S_{32}\ \ S_{36}\right] [T_\sigma] \{\sigma_{xy}\}\,\mathrm{d}z$$

$$= \left[S_{31}\ \ S_{32}\ \ S_{36}\right] [T_\sigma] \{\sigma_{xy}\}\, t \tag{8.23}$$

formuliert werden.

Werden statt der Spannungen $\{\sigma_{xy}\}$ die Verzerrungen $\{\varepsilon_{xy}\}$ in die Einzelschicht eingeprägt, ergibt sich mit Formel 6.168,

$$\{\sigma_{xy}\} = \left[\bar{Q}\right] \{\varepsilon_{xy}\} \tag{6.168}$$

und dem Zusammenhang Formel 7.24,

$$\{\varepsilon_{xy}\} = \{\varepsilon_0\} + z\,\{\kappa\} \tag{7.24}$$

aus Formel 8.23 die Beziehung

$$\Delta t_{\mathrm{mech}} = \begin{bmatrix} S_{31} & S_{32} & S_{36} \end{bmatrix} [T_\sigma] \left[\overline{Q}\right] \left(\{\varepsilon_0\} + z\,\{\kappa\}\right) t \tag{8.24}$$

Querdehnung aufgrund hygrothermaler Last

Hygrothermale Belastungen der Einzelschicht führen zu Normalverzerrungen in der Einzelschicht, die bei freier Lagerung nicht zu Spannungen führen. Die spannungsfreie Normalverzerrung $\varepsilon_{3,\mathrm{HT}}$ in Dickenrichtung der Einzelschicht aufgrund hygrothermaler Beanspruchung lässt sich mit Formel 8.1 und Formel 8.2 als

$$\varepsilon_{3,\mathrm{HT}} = \varepsilon_{3,\mathrm{th}} + \varepsilon_{3,\mathrm{mo}} = \alpha_3\,\Delta T + \beta_3\,\Delta c \tag{8.25}$$

notieren. Für die transversalisotrope Einzelschicht folgt mit den Abhängigkeiten

$$\alpha_3 = \alpha_2\} \qquad \beta_3 = \beta_2 \tag{8.26}$$

die Beziehung

$$\varepsilon_{3,\mathrm{HT}} = \varepsilon_{2,\mathrm{HT}} = \varepsilon_{2,\mathrm{th}} + \varepsilon_{2,\mathrm{mo}} = \alpha_2\,\Delta T + \beta_2\,\Delta c \tag{8.27}$$

für die Normalverzerrung $\varepsilon_{3,\mathrm{HT}}$ in Dickenrichtung der hygrothermal belasteten unidirektionalen Einzelschicht.

Dickenänderung aufgrund hygrothermaler Last

Die Dickenänderung Δt_{HT} aufgrund hygrothermaler Belastung ergibt sich durch Integration der Normalverzerrung $\varepsilon_{3,\mathrm{HT}}$ über die Einzelschichtdicke

$$\Delta t_{\mathrm{HT}} = \int_{-\frac{t}{2}}^{+\frac{t}{2}} \varepsilon_{3,\mathrm{HT}}\,\mathrm{d}z \tag{8.28}$$

Mit Formel 8.27 folgt aus Formel 8.28 weiter

$$\Delta t_{\mathrm{HT}} = \int_{-\frac{t}{2}}^{+\frac{t}{2}} \left(\alpha_2\,\Delta T + \beta_2\,\Delta c\right)\,\mathrm{d}z \tag{8.29}$$

$$= \alpha_2\,\Delta T\,t + \beta_2\,\Delta c\,t = \Delta t_{\mathrm{th}} + \Delta t_{\mathrm{mo}} \tag{8.30}$$

mit der thermisch bedingten Dickenänderung Δt_{th} und der Dickenänderung Δt_{mo} aus der Feuchtebelastung.

Gesamtdickenänderung aufgrund mechanisch-hygrothermaler Last

Die Gesamtdickenänderung Δt nach Formel 8.16 führt mit den Teildickenänderungen Formel 8.23 und Formel 8.30 zu dem Zusammenhang

$$\begin{aligned}\Delta t &= \Delta t_{\text{mech}} + \Delta t_{\text{HT}} \\ &= \left\{ \left[S_{31} \;\; S_{32} \;\; S_{36} \right] \left[T_\sigma \right] \left\{ \sigma_{xy} \right\} + \left(\alpha_2 \, \Delta T + \beta_2 \, \Delta c \right) \right\} t \end{aligned} \tag{8.31}$$

bzw. mit Formel 8.24

$$\Delta t = \left\{ \left[S_{31} \;\; S_{32} \;\; S_{36} \right] \left[T_\sigma \right] \left[\bar{Q} \right] \left(\left\{ \varepsilon_0 \right\} + z \left\{ \kappa \right\} \right) + \left(\alpha_2 \, \Delta T + \beta_2 \, \Delta c \right) \right\} t \tag{8.32}$$

aufgrund mechanisch-hygrothermaler Last der transversalisotropen Einzelschicht.

Beispiel 8.1.2-1

Eine unidirektionale Einzelschicht aus dem kohlenstofffaserverstärkten Kunststoff AS/3501 aus 6.6.1-1 wird gemäß Bild 6.16 mit den in der 1-2-Ebene angreifenden Spannungen σ_1, σ_2 und τ_{12} belastet. Zusätzlich wird die Einzelschicht von 120 °C auf −20 °C abgekühlt.

Die Wärmeausdehnungskoeffizienten sind mit

$$\alpha_1 = -0{,}7 \cdot 10^{-6} \, \frac{\text{m}}{\text{m K}} \qquad \alpha_2 = 29 \cdot 10^{-6} \, \frac{\text{m}}{\text{m K}}$$

gegeben. Die Einzelschicht hat vor der Belastung eine Dicke von $t = 0{,}25$ mm.

Aufgabe: Es ist die Dickenänderung aufgrund der mechanisch-hygrothermalen Last zu berechnen.

Lösung: Aus der Lösung von Unterabschnitt 6.6.1-1 kann die Querdehnung in Dickenrichtung der Einzelschicht aufgrund mechanischer Belastung mit

$$\varepsilon_{3,\text{mech}} = 0{,}0033$$

übernommen werden. Die Dickenänderung aufgrund der mechanischen Beanspruchung wird mit Formel 8.22 zu

$$\Delta t_{\text{mech}} = \int_{-\frac{t}{2}}^{+\frac{t}{2}} \varepsilon_{3,\text{mech}} \, dz = \varepsilon_{3,\text{mech}} \, t = -0{,}825 \cdot 10^{-3} \, \text{mm} \tag{8.33}$$

Mit Formel 8.30

$$\Delta t_{\text{HT}} = \alpha_2 \, \Delta T \, t + \beta_2 \, \Delta c \, t$$

und der thermischen Last von

$$\Delta T = T - T_0 = -20\,°\text{C} - 120\,°\text{C} = -140\,\text{K} \tag{8.34}$$

ergibt sich die thermale Dickenänderung zu

$$\begin{aligned}\Delta t_{\text{th}} &= \alpha_2 \, \Delta T \, t \\ &= 29 \cdot 10^{-6} \, \frac{\text{m}}{\text{m K}} \cdot (-140\,\text{K}) \cdot 0{,}25\,\text{mm} = -1{,}015 \cdot 10^{-3} \, \text{mm}\end{aligned} \tag{8.35}$$

Somit ergibt sich mit Formel 8.31 und Formel 8.33 und Formel 8.35 die Gesamtdickenänderung zu

$$\Delta t = \Delta t_{\text{mech}} + \Delta t_{\text{th}} = -1{,}84 \cdot 10^{-3}\,\text{mm} \tag{8.36}$$

Beispiel 8.1.2-2

Es wird die mechanisch-hygrothermal belastete unidirektionale Einzelschicht aus dem Beispiel 8.1.2-1 betrachtet.

Die Feuchteausdehnungskoeffizienten des kohlenstofffaserverstärkten Kunststoffs AS/3501 sind mit

$$\beta_1 = 0 \qquad \beta_2 = 0{,}4$$

gegeben.

Aufgabe: Wie viel Feuchtigkeit muss von der Einzelschicht aufgenommen werden, damit wieder die Ausgangsdicke erreicht wird.

Lösung: Mithilfe der Ausgangsgleichung Formel 8.16 und Formel 8.27 folgt der Zusammenhang

$$\Delta t_{\text{mech}} + \Delta t_{\text{HT}} = \Delta t_{\text{mech}} + \Delta t_{\text{th}} + \Delta t_{\text{mo}} = 0 \tag{8.37}$$

damit die geforderte Bedingung, die Ausgangsdicke der Einzelschicht zu erreichen, erfüllt wird. Durch Umformen Formel 8.37 zu

$$\Delta t_{\text{mo}} = -\Delta t_{\text{mech}} - \Delta t_{\text{th}} \tag{8.38}$$

und unter Einbeziehung von Formel 8.30,

$$\Delta t_{\text{mo}} = \beta_2\, \Delta c\, t \tag{8.39}$$

sowie des Berechnungsergebnisses Formel 8.36 aus Unterabschnitt 8.1.2-1 folgt die erforderliche Feuchtigkeitsaufnahme zu

$$\Delta c = \frac{\Delta t_{\text{mo}}}{\beta_2\, t} = -\frac{\Delta t_{\text{mech}} + \Delta t_{\text{th}}}{\beta_2\, t} = 1{,}84\,\%$$

8.1.3 Linearer Temperatur- und Feuchteverlauf

In Unterabschnitt 8.1.1 und Unterabschnitt 8.1.2 wurde von einer über die Gesamtschicht konstanten hygrothermalen Belastung $\Delta T = \text{const.}$ und $\Delta c = \text{const.}$ ausgegangen. Wird die hygrothermale Last der Einzelschicht aber einseitig verändert, so stellt sich erst nach einer gewissen Zeit eine konstante Temperatur- und Feuchteverteilung ein.

In diesem Abschnitt soll vereinfachend von einem linearen Temperatur- und Feuchteverlauf über die Einzelschichtdicke ausgegangen werden, obwohl beim Wärme- und

Stofftransfer über die Materialdicke grundsätzlich von einem nichtlinearen Verlauf ausgegangen werden muss. Für dünne Strukturen ist diese vereinfachende Annahme aber zunächst ausreichend. Die hygrothermalen Einflüsse werden dabei exemplarisch an einer reinen Temperaturbelastung hergeleitet. Die Ergebnisse können anschließend analog auf die Belastung durch Feuchteeinfluss übertragen werden.

Linearer Temperaturverlauf

In Bild 8.3 sind die Temperaturänderung ΔT_t an der Oberseite[9] und ΔT_b an der Unterseite[10] der Einzelschicht gegenüber einer Anfangstemperatur T_0 eingetragen.

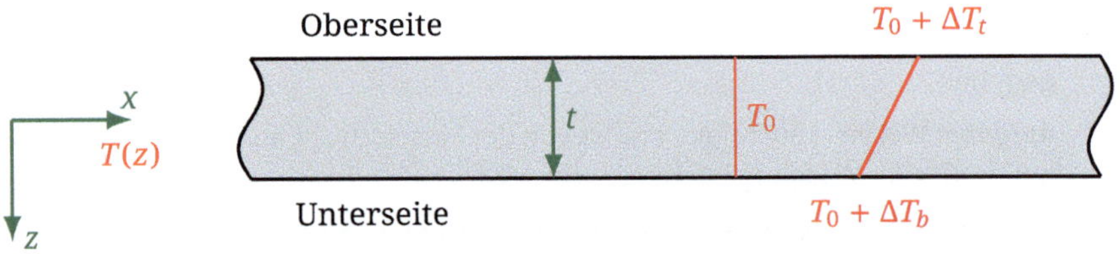

Bild 8.3 Lineare Temperaturverlaufsänderung in einer Einzelschicht

Der Temperaturverlauf zwischen den Differenzwerten

$$\Delta T_t = T_t - T_0 \qquad \Delta T_b = T_b - T_0 \tag{8.40}$$

sei linear. Dabei sei T_t die Momentantemperatur an der Oberseite und T_b die Momentantemperatur an der Unterseite der Einzelschicht. Für die Beschreibung des Verlaufs der Temperaturänderung über die Einzelschichtdicke t wird zunächst ein allgemeingültiger Ansatz der Form

$$\Delta T(z) = m \cdot z + a \tag{8.41}$$

gewählt, wobei m der Steigung der Geraden und a dem Achsenabschnitt des Verlaufs der Temperaturdifferenz entsprechen. Durch Einsetzen des Mittelwerts $\frac{1}{2}(\Delta T_t + \Delta T_b)$ der Temperaturdifferenzen der Ober- und Unterseite an der Stelle $z = 0$

$$\Delta T(z = 0) = m \cdot 0 + a = \frac{1}{2}(\Delta T_t + \Delta T_b) \tag{8.42}$$

folgt der Achsenabschnitt a der Bestimmungsgleichung zu

$$a = \frac{1}{2}(\Delta T_t + \Delta T_b) \tag{8.43}$$

9 Der Index „t" steht für „top".
10 Der Index „b" steht für „bottom".

Mit dem Randwert ΔT_b an der Stelle $z = +\frac{t}{2}$ an der Unterseite der Einzelschicht

$$\Delta T(z = +\frac{t}{2}) = m \cdot \frac{t}{2} + \frac{1}{2}(\Delta T_t + \Delta T_b) = \Delta T_b \tag{8.44}$$

ergibt sich die Steigung m der allgemeinen Geradengleichung zu

$$m = \frac{1}{t}(\Delta T_b - \Delta T_t) \tag{8.45}$$

Der lineare Verlauf der Temperaturdifferenz über die Einzelschichtdicke folgt mit

$$\Delta T(z) = \frac{1}{t}(\Delta T_b - \Delta T_t) \cdot z + \frac{1}{2}(\Delta T_t + \Delta T_b) \tag{8.46}$$

durch Einsetzen der oben berechneten Parameter der allgemeinen Geradengleichung.

Linearer Feuchteverlauf

Analog zur Herleitung des linearen Temperaturdifferenzverlaufs $\Delta T(z)$ in Formel 8.46 kann für den linearen Verlauf der Feuchtedifferenz $\Delta c(z)$ über die Einzelschichtdicke t der Zusammenhang

$$\Delta c(z) = \frac{1}{t}(\Delta c_b - \Delta c_t) \cdot z + \frac{1}{2}(\Delta c_t + \Delta c_b) \tag{8.47}$$

notiert werden.

Normalverzerrungen bei linearer hygrothermaler Belastung

Die sich aufgrund der hygrothermalen Belastungen einstellenden Normalverzerrungen $\varepsilon_i(z)$ der transversalisotropen Einzelschicht,

$$\varepsilon_i(z) = \varepsilon_{i,T}(z) + \varepsilon_{i,c}(z) \tag{8.48}$$

$$= \alpha_i\, \Delta T(z) + \beta_i\, \Delta c(z) \tag{8.49}$$

setzen sich mit Formel 8.3 aus den temperaturbedingten Normalverzerrungen $\varepsilon_{i,T}(z)$ und den feuchtebedingten Normalverzerrungen $\varepsilon_{i,c}(z)$ zusammen. Mit Formel 8.46 und Formel 8.47 folgt dann aus Formel 8.49

$$\varepsilon_i(z) = \alpha_i \left[\frac{1}{t}(\Delta T_b - \Delta T_t) \cdot z + \frac{1}{2}(\Delta T_t + \Delta T_b)\right] + \\ + \beta_i \left[\frac{1}{t}(\Delta c_b - \Delta c_t) \cdot z + \frac{1}{2}(\Delta c_t + \Delta c_b)\right] \tag{8.50}$$

Dickenänderung aufgrund linearer hygrothermaler Belastung

Die Dickenänderung Δt_{HT} aufgrund hygrothermaler Beanspruchung ergibt sich gemäß Formel 8.28 und Formel 8.29 durch Integration der Normalverzerrung $\varepsilon_{3,\mathrm{HT}}$ über die Dicke der transversalisotropen Einzelschicht zu

$$\Delta t_{\mathrm{HT}} = \int_{-\frac{t}{2}}^{+\frac{t}{2}} \varepsilon_{3,\mathrm{HT}}\,\mathrm{d}z = \int_{-\frac{t}{2}}^{+\frac{t}{2}} \left(\alpha_2\,\Delta T(z) + \beta_2\,\Delta c(z)\right)\,\mathrm{d}z \tag{8.51}$$

Dabei sei angemerkt, dass in Formel 8.51 die hygrothermale Belastung als eine Differenz $\Delta T(z)$ der Temperatur und $\Delta c(z)$ der Feuchte in Abhängigkeit von der Koordinate z formuliert ist.

Zunächst wird der Integrationsschritt in Formel 8.51 an der Dickenänderung Δt_{th} durch eine lineare thermale Belastungsänderung $\Delta T(z)$ ausgeführt. Dieses Ergebnis kann anschließend analog auf die Ergebnisse für die Änderung $\Delta c(z)$ der Feuchtebelastung übertragen werden. Mit der Beschreibung des linearen Temperaturänderungsverlaufs in Formel 8.46 kann die Dickenänderung Δt_{th} aufgrund linear-veränderlicher thermaler Belastung als

$$\Delta t_{\mathrm{th}} = \alpha_2 \int_{-\frac{t}{2}}^{+\frac{t}{2}} \Delta T(z)\,\mathrm{d}z \tag{8.52}$$

$$= \alpha_2 \int_{-\frac{t}{2}}^{+\frac{t}{2}} \left(\frac{1}{t}\,(\Delta T_b - \Delta T_t)\cdot z + \frac{1}{2}\,(\Delta T_t + \Delta T_b)\right)\,\mathrm{d}z \tag{8.53}$$

geschrieben werden. Durch Integration von Formel 8.53 folgt dann

$$\Delta t_{\mathrm{th}} = \alpha_2 \left[\frac{1}{t}\,(\Delta T_b - \Delta T_t)\cdot\frac{z^2}{2} + \frac{1}{2}\,(\Delta T_t + \Delta T_b)\cdot z\right]_{-\frac{t}{2}}^{+\frac{t}{2}} = \frac{1}{2}\,\alpha_2\,(\Delta T_t + \Delta T_b)\,t \tag{8.54}$$

Analog zu Formel 8.54 kann die Dickenänderung Δt_{mo} aufgrund linear-veränderlicher Feuchtebelastung als

$$\Delta t_{\mathrm{mo}} = \frac{1}{2}\,\beta_2\,(\Delta c_t + \Delta c_b)\,t \tag{8.55}$$

notiert werden. Zusammenfassend stellt sich die Dickenänderung Δt_{HT} durch die linear-veränderliche hygrothermale Belastung als

$$\Delta t_{\mathrm{HT}} = \frac{1}{2}\,\alpha_2\,(\Delta T_t + \Delta T_b)\,t + \frac{1}{2}\,\beta_2\,(\Delta c_t + \Delta c_b)\,t \tag{8.56}$$

dar.

Wölbungen aufgrund linearer hygrothermaler Belastung

Eine über die transversalisotrope Einzelschicht konstante hygrothermale Belastung erzeugt gemäß Formel 8.3 Verzerrungen. Es stellen sich in diesem Fall aber keine Wölbungen der Einzelschicht ein. Im Gegensatz dazu führt eine ungleichmäßige Verteilung der hygrothermalen Lasten zu Momentenbeanspruchungen $\{m_{xy}\}$ und damit zu Wölbungen $\{\kappa_{xy}\}$, die sich aus den über die Dickenrichtung z veränderlichen Verzerrungen $\{\varepsilon_{12,\mathrm{HT}}(z)\}$ ergeben.

Für die Herleitung der Zusammenhänge wird zunächst die über die Einzelschichtdicke t lineare thermale Belastungsänderung $\Delta T(z)$ betrachtet. Anschließend können die Ergebnisse formal auf die linear-veränderliche Belastungsänderung $\Delta c(z)$ der Feuchte übertragen werden.

Mit Formel 8.3 und Formel 8.46 können die Verzerrungen der transversalisotropen Einzelschicht als

$$\begin{aligned}\{\varepsilon_{12,\mathrm{th}}(z)\} &= \begin{Bmatrix}\varepsilon_{1,\mathrm{th}}(z)\\ \varepsilon_{2,\mathrm{th}}(z)\\ 0\end{Bmatrix} = \begin{Bmatrix}\alpha_1\\ \alpha_2\\ 0\end{Bmatrix} \Delta T(z)\\ &= \begin{Bmatrix}\alpha_1\\ \alpha_2\\ 0\end{Bmatrix} \left[\frac{1}{t}\,(\Delta T_b - \Delta T_t)\cdot z + \frac{1}{2}\,(\Delta T_t + \Delta T_b)\right]\end{aligned} \tag{8.57}$$

geschrieben werden. Dabei fällt auf, dass aufgrund der Transversalisotropie der unidirektionalen Einzelschicht nur Normalverzerrungen und keine Gleitungen entstehen.

Freie thermale Verzerrungen führen nicht zu Spannungen, sodass – anders als bei mechanischen Beanspruchungen – Verzerrungen entstehen, die keine Spannungen zur Ursache haben. Für die weitere Vorgehensweise ist es dennoch hilfreich, eine sogenannte **äquivalente thermische Spannung** $\{\sigma_{12,\mathrm{th}}(z)\}$ einzuführen, die fiktiv erforderlich wäre, um die gleichen Verformungen wie die hygrothermale Belastung in der Einzelschicht hervorzurufen. Diese äquivalente thermische Spannung berechnet sich mit

$$\{\sigma_{12,\mathrm{th}}(z)\} = [Q]\,\{\varepsilon_{12,\mathrm{th}}(z)\} \tag{8.58}$$

aus den thermischen Verzerrungen $\{\varepsilon_{12,th}(z)\}$ in Verbindung mit der reduzierten Steifigkeitsmatrix $[Q]$ der transversalisotropen Einzelschicht.

Die einzelnen Spannungskomponenten für den ebenen Spannungszustand lassen sich dann als

$$\sigma_{1,\mathrm{th}}(z) = Q_{11}\,\varepsilon_{1,th}(z) + Q_{12}\,\varepsilon_{2,th}(z) \tag{8.59}$$

$$= (Q_{11}\,\alpha_1 + Q_{12}\,\alpha_2)\left[\frac{1}{t}\,(\Delta T_b - \Delta T_t)\cdot z + \frac{1}{2}\,(\Delta T_t + \Delta T_b)\right] \tag{8.60}$$

und

$$\sigma_{2,\text{th}}(z) = Q_{21}\,\varepsilon_{1,th}(z) + Q_{22}\,\varepsilon_{2,th}(z) \tag{8.61}$$

$$= \left(Q_{21}\,\alpha_1 + Q_{22}\,\alpha_2\right)\left[\frac{1}{t}\,(\Delta T_b - \Delta T_t)\cdot z + \frac{1}{2}\,(\Delta T_t + \Delta T_b)\right] \tag{8.62}$$

sowie

$$\tau_{12,\text{th}}(z) = 0 \tag{8.63}$$

schreiben. Dabei erzeugt die über den Querschnitt der transversalistropen Einzelschicht linear veränderliche Temperaturveränderung **äquivalente thermische Biegemomente** $m_{x,\text{th}}$, die sich mit

$$m_{x,\text{th}} = \int_{-\frac{t}{2}}^{+\frac{t}{2}} z\,\sigma_{1,\text{th}}(z)\,\mathrm{d}z \tag{8.64}$$

$$= \left(Q_{11}\,\alpha_1 + Q_{12}\,\alpha_2\right)\int_{-\frac{t}{2}}^{+\frac{t}{2}}\left[\frac{1}{t}\,(\Delta T_b - \Delta T_t)\cdot z^2 + \frac{1}{2}\,(\Delta T_t + \Delta T_b)\;z\right]\mathrm{d}z \tag{8.65}$$

$$= \left(Q_{11}\,\alpha_1 + Q_{12}\,\alpha_2\right)\left[\frac{1}{t}\,(\Delta T_b - \Delta T_t)\cdot\frac{z^3}{3} + \frac{1}{2}\,(\Delta T_t + \Delta T_b)\;\frac{z^2}{2}\right]_{-\frac{t}{2}}^{+\frac{t}{2}} \tag{8.66}$$

$$= \left(Q_{11}\,\alpha_1 + Q_{12}\,\alpha_2\right)\cdot(\Delta T_b - \Delta T_t)\cdot\frac{t^2}{12} \tag{8.67}$$

durch Integration der äquivalenten thermischen Spannungen $\sigma_{1,\text{th}}(z)$ am Schnitt $x =$ const. gewichtet mit dem Abstand z zur Bezugsebene bestimmen lassen. In analoger Weise lassen sich am Schnitt $y =$ const. die äquivalenten thermischen Spannungen $\sigma_{2,\text{th}}(z)$ gewichtet mit dem Abstand z zur Bezugsebene zum äquivalenten Biegemoment $m_{y,\text{th}}$,

$$m_{y,\text{th}} = \left(Q_{21}\,\alpha_1 + Q_{22}\,\alpha_2\right)\cdot(\Delta T_b - \Delta T_t)\cdot\frac{t^2}{12} \tag{8.68}$$

integrieren. Aufgrund der fehlenden äquivalenten thermischen Schubspannungen entstehen keine Plattentorsionsmomente:

$$m_{xy,\text{th}} = 0 \tag{8.69}$$

Mithilfe der Klassischen Laminattheorie Formel 7.65 kann mit

$$\begin{Bmatrix}\kappa_x\\ \kappa_y\\ \kappa_{xy}\end{Bmatrix}_{\text{th}} = \begin{bmatrix}d_{11} & d_{12} & 0\\ d_{21} & d_{22} & 0\\ 0 & 0 & d_{66}\end{bmatrix}\begin{Bmatrix}m_x\\ m_y\\ m_{xy}\end{Bmatrix}_{\text{th}} \tag{8.70}$$

die Beziehung zwischen den äquivalenten thermischen Plattenmomenten $\{m_{xy,th}\}$ und den thermisch bedingten Plattenwölbungen $\{\kappa_{xy,th}\}$ über die Plattennachgiebigkeitsmatrix $[d]$ hergestellt werden.[11] Dabei ergibt sich die Plattennachgiebigkeitsmatrix für die einschichtige, unidirektionale Platte in Anlehnung an Formel 7.46 für die Plattensteifigkeit $[D]$,

$$[D] = \sum_{i=1}^{1} [\bar{Q}]_i \left(\bar{z}_i^2 + \frac{t_i^2}{12} \right) t_i = [Q]\, \frac{t^3}{12} \tag{8.71}$$

als deren Inverse

$$[d] = [D]^{-1} \tag{8.72}$$

Mit Formel 8.66 bis Formel 8.69 folgt aus Formel 8.70

$$\kappa_{x,\text{th}} = \left[d_{11} \left(Q_{11}\, \alpha_1 + Q_{12}\, \alpha_2 \right) + d_{12} \left(Q_{21}\, \alpha_1 + Q_{22}\, \alpha_2 \right) \right] (\Delta T_b - \Delta T_t)\, \frac{t^2}{12} \tag{8.73}$$

$$\kappa_{y,\text{th}} = \left[d_{21} \left(Q_{11}\, \alpha_1 + Q_{12}\, \alpha_2 \right) + d_{22} \left(Q_{21}\, \alpha_1 + Q_{22}\, \alpha_2 \right) \right] (\Delta T_b - \Delta T_t)\, \frac{t^2}{12} \tag{8.74}$$

$$\kappa_{xy,\text{th}} = 0 \tag{8.75}$$

für die Wölbungen $\{\kappa_{xy,th}\}$ der unidirektionalen Einzelschicht mit der Dicke t.

Mit Formel 6.156 und Formel 6.158 folgt aus Formel 8.71 und Formel 8.72 zunächst

$$[d] = [q]\, \frac{12}{t^3} \tag{8.76}$$

sodass Formel 8.73 bis Formel 8.75 weiter umgeformt werden können zu

$$\kappa_{x,\text{th}} = \left[q_{11} \left(Q_{11}\, \alpha_1 + Q_{12}\, \alpha_2 \right) + q_{12} \left(Q_{21}\, \alpha_1 + Q_{22}\, \alpha_2 \right) \right] (\Delta T_b - \Delta T_t)\, \frac{1}{t} \tag{8.77}$$

$$\kappa_{y,\text{th}} = \left[q_{21} \left(Q_{11}\, \alpha_1 + Q_{12}\, \alpha_2 \right) + q_{22} \left(Q_{21}\, \alpha_1 + Q_{22}\, \alpha_2 \right) \right] (\Delta T_b - \Delta T_t)\, \frac{1}{t} \tag{8.78}$$

$$\kappa_{xy,\text{th}} = 0 \tag{8.79}$$

Hierbei sind, ausgehend von den linar-elastischen Kennwerten der unidirektionalen Einzelschicht, die Q_{ii} aus Formel 6.146, die Q_{ij} aus Formel 6.147, die q_{ii} aus Formel 6.149 und die q_{ij} aus Formel 6.150 zu entnehmen. Durch Einsetzen der Einzelschichtkennwerte in Formel 8.77 folgt zunächst

$$\kappa_{x,\text{th}} = \left[\frac{1}{E_1} \left(\frac{E_1\, \alpha_1}{1 - \nu_{12}\, \nu_{21}} + \frac{\nu_{21}\, E_1\, \alpha_2}{1 - \nu_{12}\, \nu_{21}} \right) - \frac{\nu_{21}}{E_2} \left(\frac{\nu_{12}\, E_2\, \alpha_1}{1 - \nu_{12}\, \nu_{21}} + \frac{E_2\, \alpha_2}{1 - \nu_{12}\, \nu_{21}} \right) \right] \cdot (\Delta T_b - \Delta T_t)\, \frac{1}{t} \tag{8.80}$$

11 Bei der unidirektionalen Einzelschicht verschwinden die Biegetorsionskopplungen, sodass $d_{16} = 0$ und $d_{26} = 0$ sind.

Durch Kürzen und Zusammenfassen ergibt sich in der Folge der Zusammenhang

$$\kappa_{x,\text{th}} = \alpha_1 \left(\Delta T_b - \Delta T_t\right) \frac{1}{t} \tag{8.81}$$

für die thermische Krümmung $\kappa_{x,th}$. Es zeigt sich, dass bei gleichen Temperaturänderungen auf Ober- und Unterseite der Platte ($\Delta T_b = \Delta T_t$) die thermisch induzierte Krümmung $\kappa_{x,th}$ verschwindet. Dies entspricht der in Unterabschnitt 8.1.1 gemachten Beobachtung.

In analoger Weise kann durch Formel 8.78 mit

$$\kappa_{y,\text{th}} = \alpha_2 \left(\Delta T_b - \Delta T_t\right) \frac{1}{t} \tag{8.82}$$

die thermische Krümmung $\kappa_{y,th}$ aufgrund einer über die Einzelschichtdicke linear-veränderlichen Temperaturänderung beschrieben werden. Zusammenfassend kann man dann

$$\left\{\kappa_{xy}\right\}_{\text{th}} = \begin{Bmatrix} \kappa_x \\ \kappa_y \\ \kappa_{xy} \end{Bmatrix}_{\text{th}} = \begin{Bmatrix} \alpha_1 \\ \alpha_2 \\ 0 \end{Bmatrix} \frac{\left(\Delta T_b - \Delta T_t\right)}{t} = \left\{\alpha_{12}\right\} \frac{\left(\Delta T_b - \Delta T_t\right)}{t} \tag{8.83}$$

für die Wölbungen der thermal belasteten Einzelschicht schreiben. In gleicher Weise kann man die Beziehungen für die durch den Einfluss von Feuchte entstehenden Wölbungen herleiten. Somit ergibt sich mit

$$\left\{\kappa_{xy}\right\}_{\text{HT}} = \left\{\kappa_{xy}\right\}_{\text{th}} + \left\{\kappa_{xy}\right\}_{\text{mo}} = \begin{Bmatrix} \kappa_x \\ \kappa_y \\ \kappa_{xy} \end{Bmatrix}_{\text{th}} + \begin{Bmatrix} \kappa_x \\ \kappa_y \\ \kappa_{xy} \end{Bmatrix}_{\text{mo}} \tag{8.84}$$

$$= \begin{Bmatrix} \alpha_1 \\ \alpha_2 \\ 0 \end{Bmatrix} \frac{\left(\Delta T_b - \Delta T_t\right)}{t} + \begin{Bmatrix} \beta_1 \\ \beta_2 \\ 0 \end{Bmatrix} \frac{\left(\Delta c_b - \Delta c_t\right)}{t} \tag{8.85}$$

$$= \left\{\alpha_{12}\right\} \frac{\left(\Delta T_b - \Delta T_t\right)}{t} + \left\{\beta_{12}\right\} \frac{\left(\Delta c_b - \Delta c_t\right)}{t} \tag{8.86}$$

die Beschreibung der Wölbungen der Einzelschicht aufgrund hygrothermaler Belastung. Hierbei sind Δc_b die Feuchteänderungen unterhalb der Einzelschicht und Δc_t oberhalb der Einzelschicht, die die feuchtebedingten Wölbungen $\left\{\kappa_{xy,mo}\right\}$ hervorrufen.

Biegelinie eines transversalisotropen Plattenstreifens als Kragbalken

Bild 8.4 zeigt gestrichelt die unverformte unidirektionale Einzelschicht der Dicke t als Kragbalken der Länge ℓ, wobei die globale x-Achse mit der Faserlängsrichtung und damit mit der lokalen 1- bzw. ||-Achse zusammenfällt. Die Balkengeometrie wird durch

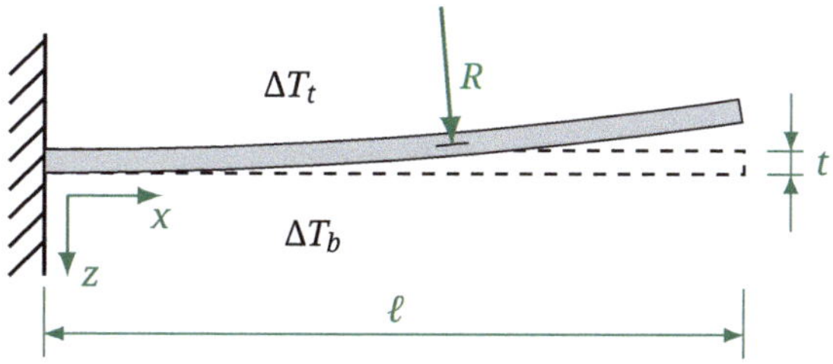

Bild 8.4 Kragbalken einer Einzelschicht als Plattenstreifen mit den Temperaturänderungen ΔT_t oberhalb und ΔT_b unterhalb des Balkens

einen Plattenstreifen idealisiert, wobei die Bezugsebene die Mittelebene der Einzelschicht sei.

Der transversalisotrope Kragbalken wird oberhalb mit der Temperaturänderung ΔT_t und unterhalb mit ΔT_b belastet. Dabei wird angenommen, dass mit $\Delta T_b > \Delta T_t$ die untere Temperaturänderung größer ist als die obere. Innerhalb der Einzelschicht sei der Temperaturänderungsverlauf von der Ober- zur Unterseite linear ansteigend.

Der Zusammenhang zwischen der sich entlang der x-Achse einstellenden Krümmung κ_x und der Durchbiegung $w_0(x)$ der Bezugs- und Mittelebene kann mit Formel 7.19 und Formel 7.23 als

$$\kappa_x = -\frac{\partial^2 w_0(x)}{\partial x^2} \tag{8.87}$$

beschrieben werden. Davon ausgehend folgt durch Integration

$$\frac{\partial w_0}{\partial x} = -\kappa_x \, x + c_1 \qquad \text{mit} \qquad \frac{\partial}{\partial x} w_0(x=0) = 0 \quad \longrightarrow \quad c_1 = 0 \tag{8.88}$$

und durch weitere Integration

$$w_0(x) = -\frac{1}{2}\kappa_x \, x^2 + c_2 \qquad \text{mit} \qquad w_0(x=0) = 0 \quad \longrightarrow \quad c_2 = 0 \tag{8.89}$$

Damit ergibt sich der allgemeine Zusammenhang

$$w_0(x) = -\frac{1}{2}\kappa_x \, x^2 \tag{8.90}$$

für die Biegelinie des transversalisotropen Kragbalkens. Mit Formel 8.83 kann die Biegelinie $w_0(x)$ für Balken unter beidseitigen Temperaturänderungen mit

$$w_{0,\text{th}}(x) = -\frac{1}{2}\,\alpha_1\,(\Delta T_b - \Delta T_t)\,\frac{x^2}{t} \tag{8.91}$$

für den hinführenden thermalen Lastfall in Bild 8.4 beschrieben werden. Formel 8.91 kann in analoger Weise für die Feuchteänderungsbelastung zu

$$w_{0,\text{mo}}(x) = -\frac{1}{2}\,\beta_1\,(\Delta c_b - \Delta c_t)\,\frac{x^2}{t} \tag{8.92}$$

formuliert werden, sodass sich mit Formel 8.86

$$w_{0,\mathrm{HT}}(x) = -\frac{1}{2}\left(\kappa_{x,\mathrm{th}} + \kappa_{x,\mathrm{mo}}\right) x^2 \tag{8.93}$$

allgemein der Zusammenhang

$$w_{0,\mathrm{HT}}(x) = -\frac{1}{2}\left(\alpha_1\,(\Delta T_b - \Delta T_t) + \beta_1\,(\Delta c_b - \Delta c_t)\right)\frac{x^2}{t} \tag{8.94}$$

für die hygrothermale Belastungsänderung ergibt.

Biegefläche der transversalisotropen Einzelschicht als Platte

Das Ergebnis Formel 8.90 für die Biegelinie $w_0(x)$ entlang der x-Achse eines hygrothermal belasteten Kragbalkens lässt sich analog auf die Biegeverformung $w_0(x,y)$ der Bezugsebene einer Einzelschicht mit

$$w_{0,\mathrm{HT}}(x,y) = -\frac{1}{2}\left(\kappa_{x,\mathrm{HT}}\,x^2 + \kappa_{y,\mathrm{HT}}\,y^2\right) \tag{8.95}$$

übertragen. Dabei ist dann die Biegeverformung $w_0(y)$ entlang der y-Achse von dem Wärmeausdehnungskoeffizienten α_2 und dem Feuchteausdehnungskoeffizienten β_2 der transversalisotropen Einzelschicht abhängig. Für die transversalisotrope Einzelschicht ergibt sich eine von der x- und y-Richtung abhängige Biegeverformung

$$\begin{aligned} w_{0,\mathrm{HT}}(x,y) = -\frac{1}{2}\Bigg(&\left(\alpha_1\,(\Delta T_b - \Delta T_t) + \beta_1\,(\Delta c_b - \Delta c_t)\right)\frac{x^2}{t} + \\ &+\left(\alpha_2\,(\Delta T_b - \Delta T_t) + \beta_2\,(\Delta c_b - \Delta c_t)\right)\frac{y^2}{t}\Bigg) \end{aligned} \tag{8.96}$$

Bild 8.5 zeigt – ausgehend von Formel 8.96 – exemplarisch den Biegeverlauf $w_{0,\mathrm{th}}(x,y)$ der Bezugs- und Mittelebene einer thermal belasteten Einzelschicht aus dem kohlenstofffaserverstärkten Kunststoff AS/3501 mit den seitlichen Abmessungen von 10 mm× 10 mm und einer Dicke von $t = 2\,\mathrm{mm}$. Hierbei wurde angenommen, dass lediglich unterhalb der Einzelschicht eine Temperaturänderung von $\Delta T_b = 100\,\mathrm{K}$ auftritt. Die Wärmeausdehnungskoeffizienten des Werkstoffs AS/3501 sind gemäß Beispiel 8.1.2-1 mit $\alpha_1 = -0{,}7 \cdot 10^{-6}\,\frac{\mathrm{m}}{\mathrm{m\,K}}$ und $\alpha_2 = 29 \cdot 10^{-6}\,\frac{\mathrm{m}}{\mathrm{m\,K}}$ gegeben.

In Bild 8.5 ist erkennbar, dass sich aufgrund des negativen Wärmeausdehnungskoeffizienten $\alpha_1 < 0$ in 1- bzw. x-Richtung und durch die Erwärmung $\Delta T_b > 0$ der Einzelschichtunterseite eine positive Durchbiegung $w_{0,\mathrm{th}}(x) > 0$ entlang der x-Achse einstellt, was einer negativen Krümmung κ_x entspricht. Durch den positiven Wärmeausdehnungskoeffizienten $\alpha_2 > 0$ in 2- bzw. y-Richtung stellt sich eine negative Durchbiegung $w_{0,th}(y) < 0$ entlang der y-Achse und damit eine positive Krümmung κ_y ein.

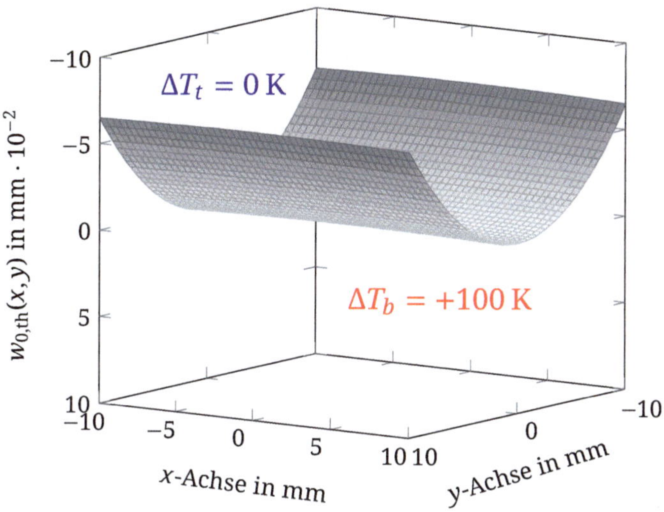

Bild 8.5 Biegeverlauf $w_{0,\mathrm{th}}(x,y)$ der Bezugsebene bzw. Mittelebene einer an der Unterseite thermal belasteten Einzelschicht aus AS/3501

8.2 Hygrothermale Laminateigenschaften

Die Diskussion und Analyse des hygrothermalen Verhaltens von polymeren Faserverbundkunststoffen kann auf zwei wesentliche Eigenschaften fokussiert werden:

1. die Degradation der Laminateigenschaften und
2. die Beeinflussung der Spannungs-Dehnungs-Verteilung im Laminat.

Degradation der Laminateigenschaften

Die Belastung des polymeren Faserverbundwerkstoffs durch Temperatur und Feuchte führt, wie in der Hinführung des Kapitels bereits ausgeführt, zu einer Veränderung der Materialeigenschaften. Vorwiegend findet eine Erweichung der Matrixeigenschaften statt, die sich in einer Reduktion der Steifigkeiten und einer Veränderung der Querkontraktionszahlen äußern kann. Aber auch Fasern, wie beispielsweise die Aramidfasern oder auch Naturfasern, verändern unter Temperatur- oder Feuchteeinfluss ihre mechanischen Eigenschaften. Der aus diesen hygrothermal bedingten Eigenschaftsänderungen resultierende Steifigkeits- und Festigkeitsabfall wird als **Degradation**[12)] bezeichnet.

Die veränderten Materialeigenschaften können dann zur Ermittlung der mechanischen Kennwerte, wie bspw. E_1, E_2, G_{12}, ν_{12} etc., mithilfe der Homogenisierung ver-

[12] Das Verhalten durch Degradation wird nicht mathematisch-analytisch beschrieben. Die veränderten Materialkennwerte sind abhängig vom Schädigungsgrad im Versuch zu bestimmen.

wandt werden. Diese neuen mechanischen Materialkennwerte fließen dann in die Berechnung der Laminateigenschaften, bzw. der A-, B- und D-Matrizen der Klassischen Laminattheorie, ein. Materialkennwerte, wie der Wärmeausdehnungskoeffizient und der Feuchteausdehnungskoeffizient, werden ebenfalls durch die hygrothermale Belastung verändert. ***Beeinflussung der Spannungs-Dehnungs-Verteilung im Laminat***

Die freie Ausdehnung einer Einzellage unter hygrothermaler Beanspruchung wird durch das Verformungsverhalten der benachbarten Einzellagen beeinflusst. Dadurch entstehen in dem Mehrschichtverbund ohne eine mechanische Beanspruchung durch den Temperatur- und Feuchteeinfluss Spannungen, die auch als **Eigenspannungen** bezeichnet werden.

Annahmen

In diesem Kapitel wird die Annahme eines **linearen Verhaltens** der hygrothermalen Einzelschicht- und Laminateigenschaften vorausgesetzt. **Damit können die Effekte aus der mechanischen Belastung und der Beanspruchung von Temperatur und Feuchte voneinander getrennt betrachtet werden.** Das Gesamtverhalten des Laminates unter einer mechanisch-hygrothermalen Belastung folgt aus der **Superposition** der Einzelbelastungen.

Damit können die Annahmen für die hygrothermalen Laminateigenschaften zusammengefasst werden als:

a) lineares Verhalten der hygrothermalen Laminateigenschaften,

b) getrenntes Betrachten der mechanischen und hygrothermalen Belastungen,

c) Superposition der Einzelbelastungen bei mechanisch-hygrothermalen Gesamtlasten und

d) keine Koppeleffekte zwischen mechanischen Eigenschaften und Effekten aus Temperatur und Feuchte.

8.2.1 Spannungs- und Verzerrungs-Analyse

In den vorangegangenen Unterkapiteln wurde der Einfluss von Temperatur und Feuchte auf das Einzelschichtverhalten diskutiert und dabei die von den Randbedingungen abhängigen Verzerrungen und Spannungen analysiert. Für die Spannungs-Verzerrungs-Analyse eines Mehrschichtverbundes werden die Erkenntnisse aus der Einzelschichtanalyse zugrunde gelegt.

Ausgehend von der Bestimmung der Verzerrungen $\{\varepsilon_{xy}\}_i$ der i-ten Einzelschicht

$$\{\varepsilon_{xy}\}_i = \underbrace{[\overline{q}]_i \; \{\sigma_{xy}\}_i}_{\{\varepsilon_{xy,\mathrm{mech}}\}_i} + \underbrace{\{\alpha_{xy}\}_i \; \Delta T_i}_{\{\varepsilon_{xy,\mathrm{th}}\}_i} + \underbrace{\{\beta_{xy}\}_i \; \Delta c_i}_{\{\varepsilon_{xy,\mathrm{mo}}\}_i} \tag{8.97}$$

und den daraus resultierenden mechanischen Einzelschichtspannungen

$$\left\{\sigma_{xy}\right\}_i = \left[\bar{Q}\right]_i \left(\left\{\varepsilon_{xy}\right\}_i - \underbrace{\left\{\alpha_{xy}\right\}_i \Delta T_i}_{\left\{\varepsilon_{xy,\text{th}}\right\}_i} - \underbrace{\left\{\beta_{xy}\right\}_i \Delta c_i}_{\left\{\varepsilon_{xy,\text{mo}}\right\}_i}\right) \tag{8.98}$$

können die hygrothermalen Effekte in einem Schichtverbund durch Erweiterung der Klassischen Laminattheorie beschrieben werden. Die in Formel 8.98 angegebenen Spannungen $\left\{\sigma_{xy}\right\}_i$ sind die **mechanischen Spannungen** der i-ten Einzelschicht. Demgegenüber stellen die Verzerrungen $\left\{\varepsilon_{xy}\right\}_i$ in Formel 8.98 die **Gesamtverzerrungen** – resultierend aus mechanischer und hygrothermaler Last – dar. Sie sind folglich keine rein mechanischen Verzerrungen.

Für den Fall, dass die Verzerrungen der Einzellagen durch benachbarte Lagen oder durch die Einspannbedingungen behindert werden, gilt für die Gesamtverzerrungen der i-ten Einzelschicht der Zusammenhang

$$\left\{\varepsilon_{xy}\right\}_i = \{0\} \tag{8.99}$$

wodurch sich die resultierenden Einzelschichtspannungen zu

$$\left\{\sigma_{xy}\right\}_i = -\left[\bar{Q}\right]_i \left(\left\{\alpha_{xy}\right\}_i \Delta T_i + \left\{\beta_{xy}\right\}_i \Delta c_i\right) \tag{8.100}$$

vereinfachen. In diesem Fall entsprechen die Spannungen $\left\{\sigma_{xy}\right\}_i$ den Reaktionsspannungen auf die hygrothermalen Belastungen.

In einem Laminat werden aber im Allgemeinen die mechanischen Verzerrungen nicht verschwinden, sodass hierfür

$$\left\{\varepsilon_{xy,\text{mech}}\right\}_i = \{\varepsilon_0\} + z\ \{\kappa\} \tag{8.101}$$

geschrieben werden kann. Die aus den mechanischen und hygrothermalen Verzerrungen resultierenden Einzelschichtspannungen lassen sich dann angeben als

$$\left\{\sigma_{xy}\right\}_i = \left[\bar{Q}\right]_i \left(\{\varepsilon_0\} + z\ \{\kappa\} - \left\{\alpha_{xy}\right\}_i \Delta T_i - \left\{\beta_{xy}\right\}_i \Delta c_i\right) \tag{8.102}$$

Es sei an dieser Stelle nochmal darauf hingewiesen, dass die Scheibenverzerrungen $\{\varepsilon_0\}$ der Bezugsebene und die Krümmung $\{\kappa\}$ der Bezugsebene unabhängig von der betrachteten Einzelschichtlage sind. Daher fehlt hier der Index „i“. Der Einfluss der Wölbungen $\{\kappa\}$ auf die Einzelschichtspannungen erfolgt bei der Spannungsberechnung über die relative Position z zur Bezugsebene.

Die Berechnung der **Membrankräfte der geschichteten Platte** erfolgt, analog zu Kapitel 7 „Klassische Laminattheorie“, durch Integration über die Plattendicke. Für die Membrankräfte der geschichteten Platte kann

$$\begin{aligned} \{n\} &= \int_{z_0}^{z_n} \left\{\sigma_{xy}\right\}\, dz \\ &= \int_{z_0}^{z_n} \left[\bar{Q}\right]_i \left(\{\varepsilon_0\} + z\ \{\kappa\} - \left\{\alpha_{xy}\right\}_i \Delta T_i - \left\{\beta_{xy}\right\}_i \Delta c_i\right) dz \end{aligned} \tag{8.103}$$

formuliert werden. Die im globalen Koordinatensystem formulierten Werkstoffkennwerte sind innerhalb einer Schicht unabhängig von z. Somit kann nach schichtinterner Integration und anschließender schichtweiser Summation über das Gesamtlaminat der Zusammenhang Formel 8.103 weiter zu

$$
\begin{aligned}
\{n\} &= \sum_{i=1}^{n} \left(\int_{z_{i-1}}^{z_i} [\bar{Q}]_i \left(\{\varepsilon_0\} + z\ \{\kappa\} - \{\alpha_{xy}\}_i\ \Delta T_i - \{\beta_{xy}\}_i\ \Delta c_i \right) dz \right) \\
&= \sum_{i=1}^{n} \left(\underbrace{[\bar{Q}]_i\ (z_i - z_{i-1})}_{[A]_i} \{\varepsilon_0\} + \underbrace{[\bar{Q}]_i\ \frac{z_i^2 - z_{i-1}^2}{2}}_{[B]_i} \{\kappa\} - \right. \\
&\qquad \left. - \underbrace{[\bar{Q}]_i\ (z_i - z_{i-1})\ \{\alpha_{xy}\}_i\ \Delta T_i}_{\{n_{th}\}_i} - \underbrace{[\bar{Q}]_i\ (z_i - z_{i-1})\ \{\beta_{xy}\}_i\ \Delta c_i}_{\{n_{mo}\}_i} \right) \\
&= \sum_{i=1}^{n} \left([A]_i\ \{\varepsilon_0\} + [B]_i\ \{\kappa\} - \{n_{th}\}_i - \{n_{mo}\}_i \right) \\
&= [A]\ \{\varepsilon_0\} + [B]\ \{\kappa\} - \{n_{th}\} - \{n_{mo}\} \qquad (8.104)
\end{aligned}
$$

formuliert werden.

Hierbei sind die Terme

$$
\begin{aligned}
\{n_{th}\} &= \int_{z_0}^{z_n} [\bar{Q}]_i\ \{\alpha_{xy}\}_i\ \Delta T_i\ dz \qquad (8.105) \\
&= \sum_{i=1}^{n} [\bar{Q}]_i\ \{\alpha_{xy}\}_i\ \Delta T_i\ (z_i - z_{i-1}) \qquad (8.106) \\
&= \sum_{i=1}^{n} [\bar{Q}]_i\ \{\alpha_{xy}\}_i\ \Delta T_i\ t_i \qquad (8.107)
\end{aligned}
$$

die **äquivalenten thermischen Membrankräfte** für eine konstante Temperaturverteilung innerhalb einer Einzelschicht und eine nichtkonstante Temperaturverteilung über die Laminatdicke. Für Laminate mit einer **konstanten Temperaturverteilung** kann der Zusammenhang

$$\{n_{th}\} = \Delta T \sum_{i=1}^{n} [\bar{Q}]_i\ \{\alpha_{xy}\}_i\ t_i \qquad (8.108)$$

angegeben werden. Die in Formel 8.104 enthaltenen **äquivalenten hygroskopischen Membrankräfte** sind mit

$$\{n_{mo}\} = \int_{z_0}^{z_n} [\bar{Q}]_i \{\beta_{xy}\}_i \, \Delta c_i \, dz \tag{8.109}$$

$$= \sum_{i=1}^{n} [\bar{Q}]_i \{\beta_{xy}\}_i \, \Delta c_i \, (z_i - z_{i-1}) \tag{8.110}$$

$$= \sum_{i=1}^{n} [\bar{Q}]_i \{\beta_{xy}\}_i \, \Delta c_i \, t_i \tag{8.111}$$

ähnlich zu den Formulierungen in Formel 8.105 bis Formel 8.107. Analog zu Formel 8.108 kann auch hier der Zusammenhang für eine **konstante Feuchtigkeitsverteilung** über das Laminat mit

$$\{n_{mo}\} = \Delta c \sum_{i=1}^{n} [\bar{Q}]_i \{\beta_{xy}\}_i \, t_i \tag{8.112}$$

notiert werden.

Mit einer vergleichbaren Vorgehensweise zum vorherigen Abschnitt erfolgt die Berechnung der **Biegemomente der Plattenschnittgrößen** durch Integration über die Plattendicke. Mit dem Zusammenhang

$$\{m\} = \int_{z_0}^{z_n} \{\sigma_{xy}\} \, z \, dz$$

$$= \int_{z_0}^{z_n} [\bar{Q}]_i \left(\{\varepsilon_0\} + z \, \{\kappa\} - \{\alpha_{xy}\}_i \, \Delta T_i - \{\beta_{xy}\}_i \, \Delta c_i\right) z \, dz \tag{8.113}$$

folgt das Biegemoment der geschichteten Platte. Auch hier sind die Werkstoffkennwerte innerhalb einer Schicht unabhängig von der globalen Koordinate z in Laminatdickenrichtung. Folglich kann hier ebenfalls schichtweise integriert und über das Laminat summiert werden:

$$
\begin{aligned}
\{m\} &= \sum_{i=1}^{n} \left(\int_{z_{i-1}}^{z_i} \left[\bar{Q}\right]_i \left(z\ \{\varepsilon_0\} + z^2\ \{\kappa\} - z\ \left\{\alpha_{xy}\right\}_i\ \Delta T_i - z\ \left\{\beta_{xy}\right\}_i\ \Delta c_i \right) dz \right) \\
&= \sum_{i=1}^{n} \Bigg(\underbrace{\left[\bar{Q}\right]_i\ \frac{z_i^2 - z_{i-1}^2}{2}}_{[B]_i}\ \{\varepsilon_0\} + \underbrace{\left[\bar{Q}\right]_i\ \frac{z_i^3 - z_{i-1}^3}{3}}_{[D]_i}\ \{\kappa\} - \\
&\qquad - \underbrace{\left[\bar{Q}\right]_i\ \frac{z_i^2 - z_{i-1}^2}{2}\ \left\{\alpha_{xy}\right\}_i\ \Delta T_i}_{\{m_{th}\}_i} - \underbrace{\left[\bar{Q}\right]_i\ \frac{z_i^2 - z_{i-1}^2}{2}\ \left\{\beta_{xy}\right\}_i\ \Delta c_i}_{\{m_{mo}\}_i} \Bigg) \\
&= \sum_{i=1}^{n} \left([B]_i\ \{\varepsilon_0\} + [D]_i\ \{\kappa\} - \{m_{th}\}_i - \{m_{mo}\}_i \right) \\
&= [B]\ \{\varepsilon_0\} + [D]\ \{\kappa\} - \{m_{th}\} - \{m_{mo}\} \qquad (8.114)
\end{aligned}
$$

Die **äquivalenten thermischen Biegemomente** können mit

$$\{m_{th}\} = \int_{z_0}^{z_n} \left[\bar{Q}\right]_i \left\{\alpha_{xy}\right\}_i \Delta T_i\, z\, dz \qquad (8.115)$$

$$= \sum_{i=1}^{n} \left[\bar{Q}\right]_i \left\{\alpha_{xy}\right\}_i \Delta T_i\ \frac{z_i^2 - z_{i-1}^2}{2} \qquad (8.116)$$

$$= \sum_{i=1}^{n} \left[\bar{Q}\right]_i \left\{\alpha_{xy}\right\}_i \Delta T_i\ \frac{z_i + z_{i-1}}{2}\ t_i \qquad (8.117)$$

angegeben werden. Für Laminate mit einer **konstanten Temperaturverteilung** folgt

$$\{m_{th}\} = \frac{\Delta T}{2} \sum_{i=1}^{n} \left[\bar{Q}\right]_i \left\{\alpha_{xy}\right\}_i (z_i + z_{i-1})\ t_i \qquad (8.118)$$

$$= \Delta T \sum_{i=1}^{n} \left[\bar{Q}\right]_i \left\{\alpha_{xy}\right\}_i \bar{z}_i\, t_i \qquad (8.119)$$

als beschreibender Zusammenhang. Die Terme

$$\{m_{mo}\} = \int_{z_0}^{z_n} \left[\bar{Q}\right]_i \left\{\beta_{xy}\right\}_i \Delta c_i\, z\, dz \qquad (8.120)$$

$$= \sum_{i=1}^{n} \left[\bar{Q}\right]_i \left\{\beta_{xy}\right\}_i \Delta c_i\ \frac{z_i^2 - z_{i-1}^2}{2} \qquad (8.121)$$

$$= \sum_{i=1}^{n} \left[\bar{Q}\right]_i \left\{\beta_{xy}\right\}_i \Delta c_i\ \frac{z_i + z_{i-1}}{2}\ t_i \qquad (8.122)$$

beschreiben die **äquivalenten hygroskopischen Biegemomente** aus Formel 8.114. Laminate mit einer **konstanten Feuchteverteilung** können mit

$$\{m_{mo}\} = \frac{\Delta c}{2} \sum_{i=1}^{n} [\bar{Q}]_i \{\beta_{xy}\}_i \, (z_i + z_{i-1}) \, t_i \tag{8.123}$$

$$= \Delta c \sum_{i=1}^{n} [\bar{Q}]_i \{\beta_{xy}\}_i \, \bar{z}_i \, t_i \tag{8.124}$$

beschrieben werden.

Durch Umstellen von Formel 8.104 und Formel 8.114 zu

$$\{n\} + \{n_{th}\} + \{n_{mo}\} = [A]\,\{\varepsilon_0\} + [B]\,\{\kappa\} \tag{8.125}$$

und

$$\{m\} + \{m_{th}\} + \{m_{mo}\} = [B]\,\{\varepsilon_0\} + [D]\,\{\kappa\} \tag{8.126}$$

ergibt sich durch Zusammenfassen

$$\begin{Bmatrix} n_{eff} \\ m_{eff} \end{Bmatrix} = \begin{bmatrix} A & B \\ B & D \end{bmatrix} \begin{Bmatrix} \varepsilon_0 \\ \kappa \end{Bmatrix} \tag{8.127}$$

mit den **effektiven Membrankräften**

$$\{n_{eff}\} = \{n\} + \{n_{th}\} + \{n_{mo}\} \tag{8.128}$$

und den **effektiven Plattenbiegemomenten**

$$\{m_{eff}\} = \{m\} + \{m_{th}\} + \{m_{mo}\} \tag{8.129}$$

Wird die geschichtete Platte durch kombinierte mechanische und hygrothermale Lasten beansprucht, so kann die vorherige Gleichung zu

$$\begin{Bmatrix} \varepsilon_0 \\ \kappa \end{Bmatrix} = \begin{bmatrix} A & B \\ B & D \end{bmatrix}^{-1} \begin{Bmatrix} n_{eff} \\ m_{eff} \end{Bmatrix} = \begin{bmatrix} a & b \\ c & d \end{bmatrix} \begin{Bmatrix} n_{eff} \\ m_{eff} \end{Bmatrix} \tag{8.130}$$

mit

$$[c] = [b]^T \tag{8.131}$$

umformuliert werden. Wie bei den Annahmen zur Klassischen Laminattheorie eingeführt, verlaufen die Verzerrungen linear über die Laminatdicke. Die eingeprägten Lasten sind dabei unabhängige Variablen. Die sich anschließende Vorgehensweise ist analog von Kapitel 7 „Klassische Laminattheorie“.

In Analogie zu der Ermittlung der Ingenieurkonstanten in Abschnitt 7.11 können auch **effektive hygrothermale Expansionskoeffizienten** für das Laminat gefunden werden. Diese Vorgehensweise ist aber nur sinnvoll, wenn der zu ermittelnde Koeffizient auch die Hauptverformung wiedergibt, also der Koeffizient und die Verformung korrelieren. Zum Beispiel kann der **effektive Wärmeausdehnungskoeffizient des Laminats (CTE)** aus dem Zusammenhang

$$\alpha_x = \frac{\varepsilon_{x,0}}{\Delta T} \tag{8.132}$$

abgeleitet werden. Für ein symmetrisches Laminat $\left(B_{ij} = 0\right)$ können die Verzerrungen

$$\varepsilon_{x,0} = \alpha_{11} \cdot n_{x,th} + \alpha_{12} \cdot n_{y,th} + \alpha_{13} \cdot n_{xy,th} \tag{8.133}$$

in Formel 8.132 zur Bestimmung des effektiven Wärmeausdehnungskoeffizienten des Laminates eingesetzt werden. Die thermalen Spannungen ergeben sich dabei aus dem bereits bekannten Zusammenhang

$$\{n_{th}\} = \int_{z_0}^{z_n} \left[\bar{Q}\right]_i \left\{\alpha_{xy}\right\}_i \Delta T_i \, dz \tag{8.134}$$

Anmerkungen:

Die in den vorherigen Gleichungen abgeleiteten **äquivalenten hygrothermalen Schnittgrößen**

$$\{n_{HT}\} = \{n_{th}\} + \{n_{mo}\} \tag{8.135}$$

und

$$\{m_{HT}\} = \{m_{th}\} + \{m_{mo}\} \tag{8.136}$$

sind Größen, denen eine **physikalische Anschauung** zugrunde liegt. Normalerweise sind Schnittgrößen die Kräfte und Momente bzw. die Spannungsverteilungen, die einen anfänglich im Gleichgewicht befindlichen Körper unter äußerer eingeprägter Last auch nach dem Freischneiden (also „Zertrennen“) im Gleichgewicht halten. Diese Vorstellung ist bei **hygrothermalen Schnittgrößen** zunächst schwerer greifbar. Als eine hygrothermale Schnittgröße versteht man daher eine Lastgröße, die eine Verzerrung hervorruft, die ähnlich – also äquivalent – zu einer gleich großen mechanischen Schnittgröße ist, um dasselbe Verzerrungsverhalten zu erreichen.

Beispiel 8.2.1-1

Ausgehend von einer orthotropen Platte (Bild 8.6) soll das Verzerrungsverhalten bei freier Lagerung und einer Temperaturerhöhung von $\Delta T = 100\,\mathrm{K}$ zu einer Ausgangstemperatur betrachtet werden.

Die äußeren eingeprägten Lasten sind damit:

$$n_x = n_y = 0 \qquad \Delta T = 100\,\mathrm{K}$$

Die daraus resultierenden Verzerrungen sind im globalen Koordinatensystem

$$\left\{\varepsilon_{xy}\right\} = \left\{\varepsilon_{xy,0}\right\} = \left\{\alpha_{xy}\right\} \Delta T$$

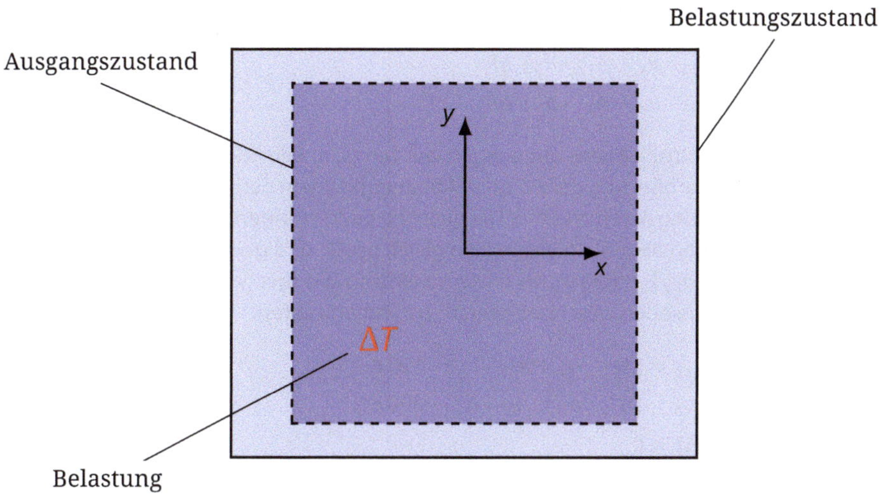

Bild 8.6 Orthotrope Platte unter einer Temperaturlast von $\Delta T = 100$ K: dunkelblau: Ausgangszustand, hellblau: Belastungszustand

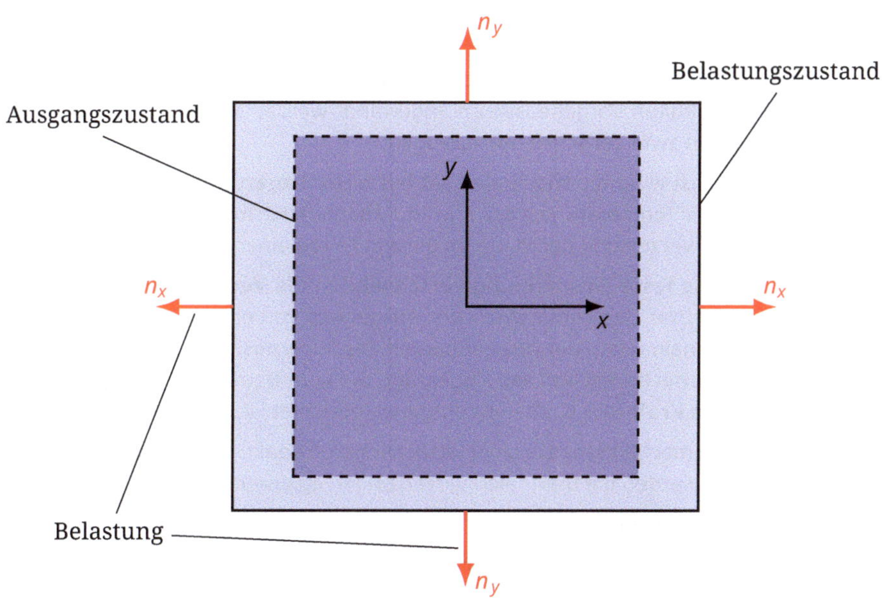

Bild 8.7 Orthotrope Platte unter äquivalenter mechanischer Last n_x und n_y: dunkelblau: Ausgangszustand, hellblau: Belastungszustand

Die thermalen Lasten können mit

$$n_{x,th} = \left(A_{11} \cdot \alpha_x + A_{12} \cdot \alpha_y\right) \Delta T$$
$$n_{y,th} = \left(A_{21} \cdot \alpha_x + A_{22} \cdot \alpha_y\right) \Delta T$$

für die orthotrope Platte angegeben werden (s. a. Bild 8.7). Die Temperaturlast führt zu einer Vergrößerung der Platte in Abhängigkeit von den richtungsabhängigen Wärmeausdehnungskoeffizienten. Die gleichen Verzerrungen $\left\{\varepsilon_{xy,0}\right\}$ wie unter Temperaturlast können aber auch durch eine gleich große und gleich gerichtete mechanische Belastung $\left\{n_{xy}\right\}$ erfolgen. In diesem Fall sind die mechanischen Lasten in gleicher Größe wie die oben beschriebenen thermischen Lasten:

$$n_x = n_{x,mech} = \left(A_{11} \cdot \alpha_x + A_{12} \cdot \alpha_y\right) \cdot 100\,\text{K}$$
$$n_y = n_{y,mech} = \left(A_{21} \cdot \alpha_x + A_{22} \cdot \alpha_y\right) \cdot 100\,\text{K}$$
$$\Delta T = 0$$
$$n_{x,th} = 0$$
$$n_{y,th} = 0$$

Hierbei folgen die Verzerrungen aus mechanischen Lasten zu

$$\left\{\varepsilon_{xy}\right\} = \left\{\varepsilon_{xy,0}\right\} = [a]\left\{n_{xy}\right\}$$

Aus dem Grund der Vergleichbarkeit der Lasten wird in diesem Fall von den sogenannten **äquivalenten hygrothermalen** Größen gesprochen.

Wird die temperaturbelastete orthotrope Platte fest eingespannt, dann verschwinden die freien Verzerrungen aufgrund der Randbedingen. Da das **Superpositionsprinzip** bei der gewählten Vorgehensweise angewandt werden kann, wird die Berechnung gedanklich in **zwei Teilschritten** vollzogen:

1. Anfänglich wirkt die **thermale Last bei freier Lagerung** analog des obigen Beispiels. Die Temperaturlast bzw. die äquivalenten thermischen Schnittkräfte führen zu einer Verzerrung der Platte. In diesem Fall zu einer allseitigen Vergrößerung.
2. Durch die **feste Einspannung verschwinden die Verzerrungen** des ersten Gedanken- bzw. Berechnungsschritts. Ausgehend von einem linear-elastischen Materialverhalten und der Anwendbarkeit des Superpositionsprinzips wird nun eine **äußere mechanische Last** eingeprägt, die vom Betrag der **äquivalenten thermischen Kraft** gleich, aber ihr entgegen gerichtet ist.

Durch diese mechanische Last, die tatsächlich eine Reaktionslast aus den Randbedingungen ist, werden die thermalen Verzerrungen egalisiert.

Schlussfolgerungen:

- Eine analoge Vorgehensweise ist bei Feuchteeinfluss und/oder nicht-orthotropen Platten zu wählen.
- Bei einer festen Einspannung sind die Plattenschnittgrößen aus den Randbedingungen mechanische Schnittgrößen, die im Betrag gleich, aber in der Wirkungsrichtung den äquivalenten hygrothermalen Plattenschnittgrößen entgegen gerichtet sind:

$$\{n_{mech}\} = -\{n_{HT}\}$$

Übung 8.2.1-2

Gegeben[13] sei ein Laminat mit dem Lagenaufbau $[+45/-45]_s$ mit den Einzelschichtstärken t und den mechanischen Eigenschaften

$$E_1 = 142\,\text{GPa} \quad E_2 = 10{,}3\,\text{GPa} \quad G_{12} = 7{,}3\,\text{GPa} \quad \nu_{12} = 0{,}27$$

und den thermalen Ausdehnungskoeffizienten

$$\alpha_1 = -0{,}9 \cdot 10^{-6}\,\text{mm/mm·K} \quad \alpha_2 = 27 \cdot 10^{-6}\,\text{mm/mm·K}$$

im lokalen, faserorientierten Koordinatensystem.

Das Laminat wird gegenüber seinem spannungslosen Ausgangszustand um 56 K aufgeheizt.

Aufgabe: Es sind die thermisch bedingten Plattenschnittkräfte $\{n_{th}\}$ des Verbundes in Abhängigkeit von der Einzelschichtdicke t zu berechnen.

Lösung: Siehe Anhang G *Lösungen*.

Übung 8.2.1-3

Gegeben[14] sei ein Mehrschichtverbund aus dem kohlenstofffaserverstärkten Kunststoff AS4/3501-6 mit dem Lagenaufbau $[0/90]_s$, den mechanischen Eigenschaften [8.1]

$$E_1 = 147\,\text{GPa} \quad E_2 = 10{,}3\,\text{GPa} \quad G_{12} = 7\,\text{GPa} \quad \nu_{12} = 0{,}27$$

und den thermalen Ausdehnungskoeffizienten

$$\alpha_1 = -0{,}9 \cdot 10^{-6}\,\text{mm/mm·K} \quad \alpha_2 = 27 \cdot 10^{-6}\,\text{mm/mm·K}$$

im lokalen, faserorientierten Koordinatensystem. Die Einzelschichtdicke der unidirektionalen Lagen beträgt

$$t = 0{,}127\,\text{mm}$$

Das Laminat wird gegenüber seinem spannungslosen Ausgangszustand um 125 K abgekühlt.

Aufgabe: Es sind die thermisch bedingten Plattenschnittgrößen des Verbundes zu berechnen.

Lösung: Siehe Anhang G *Lösungen*.

13 Nach HONKE [8.7].

14 Nach DANIEL et al. [8.1].

8.2.2 Effektive hygrothermale Ausdehnungskoeffizienten

Für den Fall einer rein hygrothermalen Belastung eines Laminates, d. h. ohne die Einprägung einer mechanischen Last, können die **effektiven hygrothermalen Ausdehnungskoeffizienten** $\{\bar{\alpha}_{xy}\}$ und $\{\bar{\beta}_{xy}\}$ bestimmt werden. Hierzu wird vorausgesetzt, dass die hygrothermalen Schnittlasten des Laminates $\{n_{HT}\}$ und $\{m_{HT}\}$ – resultierend aus den Beträgen der hygrothermalen Einzelschichtlasten – unter Einbeziehung der Laminatnachgiebigkeit die Gesamtverzerrungen bestimmen. Damit kann zunächst für die hygrothermalen Laminatverzerrungen der Zusammenhang

$$\{e_{HT}\} = \{e_{th}\} + \{e_{mo}\} = \{\bar{\alpha}_{xy}\}\,\Delta T + \{\bar{\beta}_{xy}\}\,\Delta c \tag{8.137}$$

notiert werden. $\{\bar{\alpha}_{xy}\}$ und $\{\bar{\beta}_{xy}\}$ stellen dabei die **effektiven Wärme-** bzw. **Feuchteausdehnungskoeffizienten** im globalen Koordinatensystem dar. $\{e_{th}\}$ und $\{e_{mo}\}$ stellen die **resultierenden** respektive **effektiven thermischen** bzw. **hygroskopischen Scheibenverzerrungen** der Bezugsebene dar.

Setzt man die Temperaturlast zu eins, $\Delta T = 1$, und die Feuchtelast zu null, $\Delta c = 0$, dann folgt für ein allgemeines Laminat der Zusammenhang für den **effektiven Wärmeausdehnungskoeffizienten** im globalen Koordinatensystem

$$\begin{Bmatrix} \bar{\alpha}_x \\ \bar{\alpha}_y \\ \bar{\alpha}_{xy} \end{Bmatrix} = \begin{bmatrix} a_{11} & a_{12} & a_{16} \\ a_{21} & a_{22} & a_{26} \\ a_{61} & a_{62} & a_{66} \end{bmatrix} \begin{Bmatrix} n_{x,th} \\ n_{y,th} \\ n_{xy,th} \end{Bmatrix} + \begin{bmatrix} b_{11} & ba_{12} & b_{16} \\ b_{21} & b_{22} & b_{26} \\ b_{61} & b_{62} & b_{66} \end{bmatrix} \begin{Bmatrix} m_{x,th} \\ m_{y,th} \\ m_{xy,th} \end{Bmatrix} \tag{8.138}$$

In gleicher Weise kann für die Berechnung des **effektiven Feuchteausdehnungskoeffizienten** vorgegangen werden. Hierfür wird die hygroskopische Last zu eins, $\Delta c = 1$, und die thermale Last zu null, $\Delta T = 0$, gesetzt. Daraus folgt der analoge Ausdruck für den **effektiven hygroskopischen Ausdehnungskoeffizienten** im globalen Koordinatensystem

$$\begin{Bmatrix} \bar{\beta}_x \\ \bar{\beta}_y \\ \bar{\beta}_{xy} \end{Bmatrix} = \begin{bmatrix} a_{11} & a_{12} & a_{16} \\ a_{21} & a_{22} & a_{26} \\ a_{61} & a_{62} & a_{66} \end{bmatrix} \begin{Bmatrix} n_{x,mo} \\ n_{y,mo} \\ n_{xy,mo} \end{Bmatrix} + \begin{bmatrix} b_{11} & ba_{12} & b_{16} \\ b_{21} & b_{22} & b_{26} \\ b_{61} & b_{62} & b_{66} \end{bmatrix} \begin{Bmatrix} m_{x,mo} \\ m_{y,mo} \\ m_{xy,mo} \end{Bmatrix} \tag{8.139}$$

8.2.3 Effektive Ausdehnungskoeffizienten für symmetrisch ausgewogene Laminate

Im Fall **symmetrisch ausgewogener Laminate** lassen sich die bisher bestimmten Zusammenhänge für die effektiven hygrothermalen Ausdehnungskoeffizienten weiter vereinfachen. Ist die Bezugsebene identisch mit der Symmetrieebene, dann verschwindet die Koppelsteifigkeitsmatrix:

$$[B] = [0] \tag{8.140}$$

Durch die Annahme eines symmetrischen und ausgewogenen Laminates verschwinden die Koppelterme

$$A_{16} = A_{26} = 0 \tag{8.141}$$

der Scheibensteifigkeitsmatrix. Damit folgt aus Formel 8.107, Formel 8.137 und Formel 8.138 der Zusammenhang

$$\begin{Bmatrix} n_{x,th} \\ n_{y,th} \\ n_{xy,th} \end{Bmatrix} = \begin{bmatrix} A_{11} & A_{12} & 0 \\ A_{21} & A_{22} & 0 \\ 0 & 0 & A_{66} \end{bmatrix} \begin{Bmatrix} e_{x,th} \\ e_{y,th} \\ e_{xy,th} \end{Bmatrix} = \begin{bmatrix} A_{11} & A_{12} & 0 \\ A_{21} & A_{22} & 0 \\ 0 & 0 & A_{66} \end{bmatrix} \begin{Bmatrix} \bar{\alpha}_x \Delta T + \bar{\beta}_x \Delta c \\ \bar{\alpha}_y \Delta T + \bar{\beta}_y \Delta c \\ \bar{\alpha}_{xy} \Delta T + \bar{\beta}_{xy} \Delta c \end{Bmatrix} \tag{8.142}$$

Für die Berechnung des thermischen Wärmeausdehnungskoeffizienten folgt unter der Annahme $\Delta c = 0$ für die reine Temperaturlast

$$n_{x,th} = A_{11}\,\bar{\alpha}_x\,\Delta T + A_{12}\,\bar{\alpha}_y\,\Delta T \tag{8.143}$$

$$n_{y,th} = A_{21}\,\bar{\alpha}_x\,\Delta T + A_{22}\,\bar{\alpha}_y\,\Delta T \tag{8.144}$$

$$n_{y,th} = A_{66}\,\bar{\alpha}_y\,\Delta T \tag{8.145}$$

Die äquivalenten thermischen Schnittkräfte $\{n_{th}\}$ bestimmen sich nach Formel 8.107 allgemein aus dem Zusammenhang

$$\{n_{th}\} = \sum_{i=1}^{n} \left[\bar{Q}\right]_i \left\{\alpha_{xy}\right\}_i \,\Delta T_i\, t_i \tag{8.146}$$

Für die resultierende thermische Schubschnittkraft $n_{xy,HT}$ folgt

$$n_{xy,HT} = \sum_{i=1}^{n} \left(\bar{Q}_{61}\,\alpha_x + \bar{Q}_{62}\,\alpha_y + \bar{Q}_{66}\,\alpha_{xy}\right)_i \,\Delta T_i\, t_i = 0 \tag{8.147}$$

für ein symmetrisches und ausgewogenes Laminat. Die Symmetrie des Laminates lässt, wie oben bereits erwähnt, die Koppelanteile verschwinden.

Die Ausgewogenheit des Schichtverbundes stellt paarweise jeder Lage mit einer $+\alpha$-Orientierung eine Lage mit $-\alpha$-Orientierung entgegen. Hieraus folgen die globalen Einzelschichteigenschaften bezüglich ihrer Steifigkeit

$$\bar{Q}_{16}\,(+\alpha) = -\bar{Q}_{16}\,(-\alpha) \tag{8.148}$$

$$\bar{Q}_{26}\,(+\alpha) = -\bar{Q}_{26}\,(-\alpha) \tag{8.149}$$

$$\bar{Q}_{66}\,(+\alpha) = -\bar{Q}_{66}\,(-\alpha) \tag{8.150}$$

und ihres Wärmeausdehnungsverhaltens

$$\alpha_x\,(+\alpha) = -\alpha_x\,(-\alpha) \tag{8.151}$$

$$\alpha_y\,(+\alpha) = -\alpha_y\,(-\alpha) \tag{8.152}$$

$$\alpha_{xy}\,(+\alpha) = -\alpha_{xy}\,(-\alpha) \tag{8.153}$$

Für Lagenaufbauten mit einer Orientierung in 0°- und 90°-Richtung können die Beziehungen

$$\bar{Q}_{16} = \bar{Q}_{16} = 0 \qquad \alpha_{xy} = 0 \tag{8.154}$$

formuliert werden. Somit bleiben für die Berechnung der effektiven thermischen Wärmeausdehnungskoeffizienten die bereits eingeführten Zusammenhänge

$$n_{x,th} = A_{11}\,\bar{\alpha}_x\,\Delta T + A_{12}\,\bar{\alpha}_y\,\Delta T \tag{8.143}$$

$$n_{y,th} = A_{21}\,\bar{\alpha}_x\,\Delta T + A_{22}\,\bar{\alpha}_y\,\Delta T \tag{8.144}$$

Durch Umformen und gegenseitiges Einsetzen können diese Gleichungen nach $\bar{\alpha}_x$ und $\bar{\alpha}_y$ umgestellt werden:

Ausgehend von Formel 8.144:

$$A_{22}\,\bar{\alpha}_y\,\Delta T = n_{y,th} - A_{21}\,\bar{\alpha}_x\,\Delta T$$

mit $A_{12} = A_{21}$:

$$\bar{\alpha}_y = \frac{n_{y,th} - A_{21}\,\bar{\alpha}_x\,\Delta T}{A_{22}\,\Delta T} \tag{$\star$}$$

($\star$) $\longrightarrow$ Formel 8.143:

$$n_{x,th} = A_{11}\,\bar{\alpha}_x\,\Delta T + A_{12}\,\frac{n_{y,th} - A_{21}\,\bar{\alpha}_x\,\Delta T}{A_{22}\,\Delta T}\,\Delta T$$

$$n_{x,th} = \frac{A_{11}\,A_{22}\,\bar{\alpha}_x\,\Delta T + A_{12}\,n_{y,th} - A_{21}^2\,\bar{\alpha}_x\,\Delta T}{A_{22}}$$

$$A_{22}\,n_{x,th} - A_{12}\,n_{y,th} = \left(A_{11}\,A_{22} - A_{21}^2\right)\,\bar{\alpha}_x\,\Delta T$$

$$\bar{\alpha}_x = \frac{A_{22}\,n_{x,th} - A_{12}\,n_{y,th}}{\left(A_{11}\,A_{22} - A_{21}^2\right)\,\Delta T} \tag{8.155}$$

Formel 8.155 $\longrightarrow$ ($\star$) :

$$\bar{\alpha}_y\,A_{22}\,\Delta T = n_{y,th} - A_{21}\,\frac{A_{22}\,n_{x,th} - A_{12}\,n_{y,th}}{\left(A_{11}\,A_{22} - A_{21}^2\right)}$$

$$\bar{\alpha}_y = \frac{A_{11}\,n_{y,th} - A_{12}\,n_{x,th}}{\left(A_{11}\,A_{22} - A_{21}^2\right)\,\Delta T} \tag{8.156}$$

$$\bar{\alpha}_{xy} = 0 \tag{8.157}$$

In analoger Weise können die effektiven hygroskopischen Ausdehnungskoeffizienten bestimmt werden zu

$$\bar{\beta}_x = \frac{A_{22}\,n_{x,mo} - A_{12}\,n_{y,mo}}{\left(A_{11}\,A_{22} - A_{21}^2\right)\,\Delta c} \tag{8.158}$$

$$\bar{\beta}_y = \frac{A_{11}\,n_{y,mo} - A_{12}\,n_{x,mo}}{\left(A_{11}\,A_{22} - A_{21}^2\right)\,\Delta c} \tag{8.159}$$

$$\bar{\beta}_{xy} = 0 \tag{8.160}$$

Beispiel 8.2.3-1

Gegeben ist ein symmetrisches Laminat mit dem Lagenaufbau $\left[0_m/90_p\right]_s$.

Gesucht wird das Verhältnis $r = \frac{m}{p}$ der verschiedenen Lagenrichtungen zueinander, bei dem in globaler x- bzw. 0°-Richtung die Wärmedehnung zu null wird.

Lösung: Damit in globaler x- bzw. 0°-Richtung die Wärmedehnung zu null wird, muss zunächst gemäß Formel 8.155 der Zusammenhang

$$\bar{\alpha}_x = \frac{A_{22}\, n_{x,th} - A_{12}\, n_{y,th}}{\left(A_{11}\, A_{22} - A_{21}^2\right)\, \Delta T} = 0$$

gelten. Das ist erfüllt, wenn

$$A_{22}\, n_{x,th} - A_{12}\, n_{y,th} = 0 \tag{8.161}$$

gilt. Zunächst sind die einzelnen Komponenten der Ausgangsgleichung Formel 8.161 zu bestimmen. Für die Scheibensteifigkeiten kann allgemein

$$[A] = \sum_{i=1}^{n} \left[\bar{Q}\right]_i t_i = 2 \left(m \left[\bar{Q}\right]_{0°} + p \left[\bar{Q}\right]_{90°}\right) t$$

notiert werden. Für den hier allgemein betrachteten Lagenaufbau ergibt sich

$$\begin{bmatrix} A_{11} & A_{12} & 0 \\ A_{21} & A_{22} & 0 \\ 0 & 0 & A_{66} \end{bmatrix} = 2 \left(m \begin{bmatrix} Q_{11} & Q_{12} & 0 \\ Q_{21} & Q_{22} & 0 \\ 0 & 0 & Q_{66} \end{bmatrix} + p \begin{bmatrix} Q_{22} & Q_{12} & 0 \\ Q_{21} & Q_{11} & 0 \\ 0 & 0 & Q_{66} \end{bmatrix} \right) t$$

als beschreibender Zusammenhang. Hieraus folgt

$$A_{12} = 2\, m\, Q_{12}\, t + 2\, p\, Q_{12}\, t = 2\, Q_{12}\, (m + p)\ t \tag{8.162}$$

$$A_{22} = 2\, m\, Q_{22}\, t + 2\, p\, Q_{11}\, t = 2\, \left(m\, Q_{22} + p\, Q_{11}\right)\, t \tag{8.163}$$

für die in Formel 8.161 gesuchten Koeffizienten der Scheibensteifigkeitsmatrix. Die Schnittlastkräfte bestimmen sich gemäß Formel 8.108 allgemein zu

$$\{n_{th}\} = \Delta T \sum_{i=1}^{n} \left[\bar{Q}\right]_i \{\alpha_{xy}\}_i\ t_i \tag{8.108}$$

Für den hier gewählten Lagenaufbau folgt für die Schnittlastkräfte weiter

$$\{n_{th}\} = 2\, \Delta T \left(m \left[\bar{Q}\right]_{0°} \{\alpha_{xy}\}_{0°} + p \left[\bar{Q}\right]_{90°} \{\alpha_{xy}\}_{90°}\right) t_i$$

Die Wärmeausdehnungskoeffizienten für die Lagenorientierungen sind

$$\begin{Bmatrix} \alpha_x \\ \alpha_y \\ \alpha_{xy} \end{Bmatrix}_{0°} = \begin{Bmatrix} \alpha_1 \\ \alpha_2 \\ 0 \end{Bmatrix} \quad \text{und} \quad \begin{Bmatrix} \alpha_x \\ \alpha_y \\ \alpha_{xy} \end{Bmatrix}_{90°} = \begin{Bmatrix} \alpha_2 \\ \alpha_1 \\ 0 \end{Bmatrix}$$

Die Schnittlastkräfte für den hier betrachteten Lagenaufbau lassen sich damit als

$$\begin{Bmatrix} n_{x,th} \\ n_{x,th} \\ 0 \end{Bmatrix} = 2 \left(m \begin{bmatrix} Q_{11} & Q_{12} & 0 \\ Q_{21} & Q_{22} & 0 \\ 0 & 0 & Q_{66} \end{bmatrix} \begin{Bmatrix} \alpha_1 \\ \alpha_2 \\ 0 \end{Bmatrix} + p \begin{bmatrix} Q_{22} & Q_{12} & 0 \\ Q_{21} & Q_{11} & 0 \\ 0 & 0 & Q_{66} \end{bmatrix} \begin{Bmatrix} \alpha_2 \\ \alpha_1 \\ 0 \end{Bmatrix} \right) t$$

schreiben, sodass weiter der Zusammenhang

$$n_{x,th} = 2\ [m\ (Q_{11}\,\alpha_1 + Q_{12}\,\alpha_2) + p\ (Q_{22}\,\alpha_2 + Q_{12}\,\alpha_1)]\ t \tag{8.164}$$

$$n_{y,th} = 2\ [m\ (Q_{21}\,\alpha_1 + Q_{22}\,\alpha_2) + p\ (Q_{21}\,\alpha_2 + Q_{11}\,\alpha_1)]\ t \tag{8.165}$$

folgt. Die Teilergebnisse Formel 8.162, Formel 8.163 und Formel 8.164, Formel 8.165 werden in die Bestimmungsgleichung Formel 8.161 eingesetzt:

$$\begin{aligned} &2\ (m\,Q_{22} + p\,Q_{11})\ t \cdot 2\ [m\ (Q_{11}\,\alpha_1 + Q_{12}\,\alpha_2) + p\ (Q_{22}\,\alpha_2 + Q_{12}\,\alpha_1)]\ t - \\ &\quad -2\,Q_{12}\ (m + p)\ t \cdot 2\ [m\ (Q_{21}\,\alpha_1 + Q_{22}\,\alpha_2) + p\ (Q_{21}\,\alpha_2 + Q_{11}\,\alpha_1)]\ t = 0 \end{aligned}$$

Durch Kürzen ergibt sich weiter

$$\begin{aligned} &(m\,Q_{22} + p\,Q_{11})\ [m\ \underbrace{(Q_{11}\,\alpha_1 + Q_{12}\,\alpha_2)}_{\bar{\alpha}_A} + p\ \underbrace{(Q_{22}\,\alpha_2 + Q_{12}\,\alpha_1)}_{\bar{\alpha}_B}] - \\ &\quad -Q_{12}\ (m + p)\ [m\ \underbrace{(Q_{21}\,\alpha_1 + Q_{22}\,\alpha_2)}_{\bar{\alpha}_B} + p\ \underbrace{(Q_{21}\,\alpha_2 + Q_{11}\,\alpha_1)}_{\bar{\alpha}_A}] = 0 \end{aligned}$$

Nach Einführen der Abkürzungen $\bar{\alpha}_A$, $\bar{\alpha}_B$ und anschließender Multiplikation mit $1/p^2$ folgt

$$\left(\frac{m}{p}\,Q_{22} + \frac{p}{p}\,Q_{11}\right)\left(\frac{m}{p}\,\bar{\alpha}_A + \frac{p}{p}\,\bar{\alpha}_B\right) - Q_{12}\left(\frac{m}{p} + \frac{p}{p}\right)\left(\frac{m}{p}\,\bar{\alpha}_B + \frac{p}{p}\,\bar{\alpha}_A\right) = 0$$

bzw.

$$(r\,Q_{22} + Q_{11})\ (r\,\bar{\alpha}_A + \bar{\alpha}_B) - Q_{12}\ (r + 1)\ (r\,\bar{\alpha}_B + \bar{\alpha}_A) = 0$$

Nach dem Auflösen der Klammerausdrücke

$$r^2\,Q_{22}\,\bar{\alpha}_A + r\,Q_{22}\,\bar{\alpha}_B + r\,Q_{11}\,\bar{\alpha}_A + Q_{11}\,\bar{\alpha}_B - r^2\,Q_{12}\,\bar{\alpha}_B - r\,Q_{12}\,\bar{\alpha}_A - r\,Q_{12}\,\bar{\alpha}_B - Q_{12}\,\bar{\alpha}_A = 0$$

und Zusammenfassen sowie dem Einführen der Abkürzungen $\bar{\bar{\alpha}}_A$, $\bar{\bar{\alpha}}_B$, $\bar{\bar{\alpha}}_C$

$$r^2\ \underbrace{(Q_{22}\bar{\alpha}_A - Q_{12}\bar{\alpha}_B)}_{\bar{\bar{\alpha}}_A} + r\ \underbrace{(Q_{11}\bar{\alpha}_A + Q_{22}\bar{\alpha}_B - Q_{12}\bar{\alpha}_A - Q_{12}\bar{\alpha}_B)}_{\bar{\bar{\alpha}}_B} + \underbrace{Q_{11}\bar{\alpha}_B - Q_{12}\bar{\alpha}_A}_{\bar{\bar{\alpha}}_C} = 0$$

folgt weiter

$$r^2\bar{\bar{\alpha}}_A + r\,\bar{\bar{\alpha}}_B + \bar{\bar{\alpha}}_C = 0$$

Durch Freistellen von r^2 ergibt sich

$$r^2 + r\,\frac{\bar{\bar{\alpha}}_B}{\bar{\bar{\alpha}}_A} + \frac{\bar{\bar{\alpha}}_C}{\bar{\bar{\alpha}}_A} = 0$$

Mithilfe der pq-Formel[15] gelingt die Auflösung nach dem gesuchten Verhältnis $r = m/p$ der verschiedenen Lagenrichtungen zueinander

$$r = \frac{m}{p} = -\frac{1}{2}\,\frac{\bar{\bar{\alpha}}_B}{\bar{\bar{\alpha}}_A} \pm \sqrt{\left(\frac{1}{2}\,\frac{\bar{\bar{\alpha}}_B}{\bar{\bar{\alpha}}_A}\right)^2 - \frac{\bar{\bar{\alpha}}_C}{\bar{\bar{\alpha}}_A}} \tag{8.166}$$

bei dem in globaler x- bzw. 0°-Richtung die Wärmedehnung zu null wird.

15 Siehe Anhang Abschnitt H.1.

Übung 8.2.3-2

Gegeben sind ein symmetrisches Laminat mit dem Lagenaufbau $[0_m/90_p]_s$ und das in Beispiel 8.2.3-1 ermittelte Verhältnis $r = m/p$, Formel 8.166, bei dem in globaler x- bzw. 0°-Richtung die Wärmedehnung zu null wird.

Aufgabe: Am Beispiel des unidirektional verstärkten Schichtverbundes aus dem kohlenstofffaserverstärkten Kunststoff AS4/3501-6 soll das erforderliche Verhältnis r bestimmt werden [8.1].
Die lokalen, faserorientierten Materialkennwerte für eine unidirektionale Einzelschicht aus AS4/3501-6 sind:

$$E_1 = 147\,\text{GPa} \quad E_2 = 10{,}3\,\text{GPa} \quad G_{12} = 7\,\text{GPa} \quad \nu_{12} = 0{,}27$$
$$\alpha_1 = -0{,}9 \cdot 10^{-6}\,\text{mm/mm}\cdot\text{K} \quad \alpha_2 = 27 \cdot 10^{-6}\,\text{mm/mm}\cdot\text{K}$$

***Lösung*:** Siehe Anhang G *Lösungen*.

8.2.4 Eigenspannungen

Die Beeinflussung des Laminates durch Temperatur und Feuchte findet nicht nur bei Umgebungsbedingungen mit unterschiedlichen Temperatur- und Feuchtewerten statt. So können auch die Fertigungsbedingungen des Verbundes einen signifikanten Einfluss auf die hygrothermale Laminatbelastung haben. Findet zum Beispiel die Aushärtung des Faserverbundkunststoffs bei höheren Temperaturen statt, dann ist der eigenspannungsfreie Zustand des Werkstoffs bei dieser Aushärtetemperatur zu sehen. Durch die unterschiedlichen Wärmeausdehnungskoeffizienten von Faser und Matrix und durch das Abkühlen des Verbundes nach der Aushärtung auf Raumtemperatur findet eine thermale Belastung des Materials statt. Diese Belastung resultiert in dem Aufbau innerer Spannungen des Verbundes in Form von Eigenspannungen. Diese Eigenspannungen werden besonders dann gut sichtbar, wenn sich das Laminat nach der Fertigung durch einen nichtsymmetrischen Lagenaufbau verformt.

Die hygrothermalen Eigenspannungen eines Laminates können in fünf konsekutiven Berechnungsschritten ermittelt werden:

Berechnungsschritt 1

Zunächst werden die freien, unbehinderten Verzerrungen aufgrund einer hygrothermalen Last für jede Einzelschicht i im globalen Koordinatensystem bestimmt:

$$\begin{Bmatrix} e_x \\ e_y \\ e_{xy} \end{Bmatrix}_i = \begin{Bmatrix} \alpha_x \\ \alpha_y \\ \alpha_{xy} \end{Bmatrix}_i \Delta T_i + \begin{Bmatrix} \beta_x \\ \beta_y \\ \beta_{xy} \end{Bmatrix}_i \Delta c_i \tag{8.167}$$

kurz

$$\{e_{xy}\}_i = \{\alpha_{xy}\}_i \,\Delta T_i + \{\beta_{xy}\}_i \,\Delta c_i \tag{8.168}$$

Dabei wird mit ΔT_i die Temperaturdifferenz und mit Δc_i die Feuchtedifferenz in der Einzelschicht bezüglich eines belastungsfreien Ausgangszustands betrachtet.

Berechnungsschritt 2

Mithilfe der hygrothermalen Verzerrungen $\{e_{xy}\}$ der freien, unbelasteten Einzelschicht i können die äquivalenten hygrothermalen Plattenschnittkräfte $\{n_{HT}\}$ des Laminats zu

$$\begin{Bmatrix} n_x \\ n_y \\ n_{xy} \end{Bmatrix}_{HT} = \sum_{i=1}^{n} \begin{bmatrix} \bar{Q}_{11} & \bar{Q}_{12} & \bar{Q}_{16} \\ \bar{Q}_{21} & \bar{Q}_{22} & \bar{Q}_{26} \\ \bar{Q}_{61} & \bar{Q}_{62} & \bar{Q}_{66} \end{bmatrix}_i \begin{Bmatrix} e_x \\ e_y \\ e_{xy} \end{Bmatrix}_i (z_i - z_{i-1}) \tag{8.169}$$

kurz

$$\{n_{HT}\} = \sum_{i=1}^{n} [\bar{Q}]_i \{e_{xy}\}_i \, t_i \tag{8.170}$$

und die äquivalenten hygrothermalen Plattenschnittmomente $\{m_{HT}\}$ zu

$$\begin{Bmatrix} m_x \\ m_y \\ m_{xy} \end{Bmatrix}_{HT} = \sum_{i=1}^{n} \begin{bmatrix} \bar{Q}_{11} & \bar{Q}_{12} & \bar{Q}_{16} \\ \bar{Q}_{21} & \bar{Q}_{22} & \bar{Q}_{26} \\ \bar{Q}_{61} & \bar{Q}_{62} & \bar{Q}_{66} \end{bmatrix}_i \begin{Bmatrix} e_x \\ e_y \\ e_{xy} \end{Bmatrix}_i \frac{z_i^2 - z_{i-1}^2}{2} \tag{8.171}$$

kurz

$$\{m_{HT}\} = \sum_{i=1}^{n} [\bar{Q}]_i \{e_{xy}\}_i \, t_i \, \frac{z_i + z_{i-1}}{2} = \sum_{i=1}^{n} [\bar{Q}]_i \{e_{xy}\}_i \cdot t_i \cdot \bar{z}_i \tag{8.172}$$

im globalen Koordinatensystem bestimmt werden.

Berechnungsschritt 3

Mit den nun bekannten Plattenschnittgrößen werden die Verzerrungen und Wölbungen der Bezugsebene des Mehrschichtverbundes nach der Klassischen Laminattheorie mit

$$\begin{Bmatrix} \varepsilon_0 \\ \kappa \end{Bmatrix} = \begin{bmatrix} a & b \\ c & d \end{bmatrix} \begin{Bmatrix} n_{HT} \\ m_{HT} \end{Bmatrix} \tag{8.173}$$

berechnet. Daraus ergeben sich die Laminatverzerrungen an der Stelle z zu

$$\{\varepsilon_{xy}\} = \{\varepsilon_0\} + z \, \{\kappa\} \tag{8.174}$$

Berechnungsschritt 4

Da die unterschiedlich orientierten Einzelschichten im zusammenhängenden Laminat in ihren freien Verzerrungen behindert werden bzw. Verzerrungen aufgezwungen werden, bauen sich durch die Beeinflussung der Nachbarschichten Spannungen in den jeweiligen Einzelschichten auf; Spannungen, die die Einzellagen in Analogie zu Beispiel 8.2.1-1 in die Geometrie des Laminats zwingen. Es bildet sich ein Kräftegleichgewicht zwischen den benachbarten Einzellagen. Dabei werden die jeweiligen Einzellagen durch dieses Kräftegleichgewicht zusätzlich verzerrt. Diese spannungsinduzierten, elastischen Verzerrungen $\{\varepsilon_{xy,el}\}_i$ können als die Differenz der Laminatverzerrungen $\{\varepsilon_{xy}\}$ und der freien, unbehinderten Einzelschichtverzerrungen $\{e_{xy}\}_i$ der hygrothermal belasteten Einzelschicht aufgefasst werden:

$$\{\varepsilon_{xy,el}\}_i = \{\varepsilon_{xy}\} - \{e_{xy}\}_i \tag{8.175}$$

Berechnungsschritt 5

Die globalen elastischen Verzerrungen $\{\varepsilon_{xy,el}\}_i$ sind die durch das Laminat aufgezwungenen Verzerrungen der Einzelschicht i. Durch Transformation erhält man die auf die Einzelschicht i wirkende lokale Verzerrung

$$\{\varepsilon_{12,el}\}_i = [T_\varepsilon]_i \; \{\varepsilon_{xy,el}\}_i \tag{8.176}$$

Die durch die hygrothermalen Laminatverformungen eingeprägten lokalen Verzerrungen der Einzelschicht i bedingen mit der Einzelschichtsteifigkeit die Spannungen

$$\{\sigma_{12,el}\}_i = [Q]_i \; \{\varepsilon_{12,el}\}_i \tag{8.177}$$

in der jeweiligen Schicht i. Die resultierenden Spannungen der Einzelschicht werden als **Eigenspannungen** oder auch **Restspannungen** bezeichnet.

Thermale Eigenspannungen können z. B. im Herstellungsprozess des Laminates entstehen und reduzieren dadurch die scheinbare Festigkeit des Laminates, da ein Teil der ertragbaren Lasten schon durch die Eigenspannungen „aufgezehrt" werden. Das durch hohe Eigenspannungen vorbelastete Laminat wirkt bei der Untersuchung der Materialeigenschaften tendenziell spröde. Um diesen Effekt zu minimieren, ist eine Aufgabe in der Fertigungstechnik, die Aushärte- und Abkühlkurven im Herstellungsprozess zu optimieren. Bei dickwandigen Bauteilen und einem nicht angepassten Fertigungsprozess können die thermischen Eigenspannungen zu einem Versagen der Bauteile führen, ohne dass äußere mechanische Lasten eingeprägt worden sind. Häufig sind bei einem nicht angepassten Fertigungsprozess dickwandiger Bauteile intralaminare Risse in Form von Zwischenfaserbrüchen und Delaminationen die Folge.

Beispiel 8.2.4-1

Gegeben[16] sei ein Kreuzverbund mit dem Lagenaufbau $[0/90]_s$. Die Daten des Laminates sind

- Schichtdicke: $t = 0{,}25$ mm
- Steifigkeitsmatrix in Hauptfaserkoordinaten: $[Q] = \begin{bmatrix} 140{,}9 & 3 & 0 \\ 3 & 10{,}1 & 0 \\ 0 & 0 & 5 \end{bmatrix}$ GPa
- thermale Ausdehnungskoeffizienten: $\alpha_1 = 7{,}6 \cdot \frac{10^{-6}}{\text{mm K}}$, $\alpha_2 = 51{,}5 \cdot \frac{10^{-6}}{\text{mm K}}$

Das Laminat wird aus einem spannungsfreien Zustand um 100 K abgekühlt.

Aufgabe: Es sind die Eigenspannungen des Verbundes im lokalen Einzelschichtkoordinatensystem zu berechnen.

Lösung:

Berechnungsschritt 1

Berechnung der freien, unbehinderten Verzerrungen aufgrund der thermalen Last nach Formel 8.168:

$$\{e_{xy}\}_i = \{\alpha_{xy}\}_i \, \Delta T_i \,.$$

Für die 0°-Lagen folgt

$$\begin{Bmatrix} e_x \\ e_y \\ e_{xy} \end{Bmatrix}_{0°} = \begin{Bmatrix} \alpha_x \\ \alpha_x \\ \alpha_{xy} \end{Bmatrix}_{1,4} \Delta T_{1,4} = \begin{Bmatrix} \alpha_1 \\ \alpha_2 \\ 0 \end{Bmatrix} \Delta T = \begin{Bmatrix} 7{,}6 \\ 51{,}5 \\ 0 \end{Bmatrix} \frac{10^{-6}}{\text{K}} \cdot (-100\,\text{K}) = \begin{Bmatrix} -0{,}76 \\ -5{,}15 \\ 0 \end{Bmatrix} 10^{-3}$$

Für die 90°-Lagen folgt

$$\begin{Bmatrix} e_x \\ e_y \\ e_{xy} \end{Bmatrix}_{90°} = \begin{Bmatrix} \alpha_x \\ \alpha_x \\ \alpha_{xy} \end{Bmatrix}_{2,3} \Delta T_{2,3} = \begin{Bmatrix} \alpha_2 \\ \alpha_1 \\ 0 \end{Bmatrix} \Delta T = \begin{Bmatrix} 51{,}5 \\ 7{,}6 \\ 0 \end{Bmatrix} \frac{10^{-6}}{\text{K}} \cdot (-100\,\text{K}) = \begin{Bmatrix} -5{,}15 \\ -0{,}76 \\ 0 \end{Bmatrix} 10^{-3}$$

Berechnungsschritt 2

Berechnung der äquivalenten (hygro)thermalen Plattenschnittkräfte $\{n_{HT}\}$ gemäß Formel 8.170

$$\begin{aligned} \{n_{HT}\} &= \sum_{i=1}^{n} [\bar{Q}]_i \{e_{xy}\}_i \, t_i \\ &= 2 \cdot \left([\bar{Q}]_{0°} \{e_{xy}\}_{0°} + [\bar{Q}]_{90°} \{e_{xy}\}_{90°} \right) t \end{aligned}$$

16 Nach Honke [8.7].

Einsetzen der Werte

$$\begin{Bmatrix} n_x \\ n_y \\ n_{xy} \end{Bmatrix}_{HT} = 2 \cdot \left(\begin{bmatrix} 140{,}9 & 3 & 0 \\ 3 & 10{,}1 & 0 \\ 0 & 0 & 5 \end{bmatrix} \text{GPa} \cdot \begin{Bmatrix} -0{,}76 \\ -5{,}15 \\ 0 \end{Bmatrix} 10^{-3} + \right.$$

$$\left. + \begin{bmatrix} 10{,}1 & 3 & 0 \\ 3 & 140{,}9 & 0 \\ 0 & 0 & 5 \end{bmatrix} \text{GPa} \cdot \begin{Bmatrix} -5{,}15 \\ -0{,}76 \\ 0 \end{Bmatrix} 10^{-3} \right) \cdot 0{,}25\,\text{mm}$$

Daraus folgt weiter

$$\begin{Bmatrix} n_x \\ n_y \\ n_{xy} \end{Bmatrix}_{HT} = \begin{Bmatrix} -88{,}415 \\ -88{,}415 \\ 0 \end{Bmatrix} \text{MPa mm}$$

Berechnung der äquivalenten (hygro)thermalen Plattenschnittmomente $\{m_{HT}\}$ nach Formel 8.172 zu

$$\{m_{HT}\} = \sum_{i=1}^{n} [\bar{Q}]_i \, \{e_{xy}\}_i \cdot t_i \cdot \bar{z}_i = \begin{Bmatrix} 0 \\ 0 \\ 0 \end{Bmatrix} \text{MPa mm}$$

da sich durch den symmetrischen Lagenaufbau ($\bar{z}_1 = -\bar{z}_4$, $\bar{z}_2 = -\bar{z}_3$) die Teilmomente der Einzelschichten aufheben:

$$\{m_{HT}\} = \left([\bar{Q}]_{0°} \{e_{xy}\}_{0°} \underbrace{(\bar{z}_1 + \bar{z}_4)}_{=0} + [\bar{Q}]_{90°} \{e_{xy}\}_{90°} \underbrace{(\bar{z}_2 + \bar{z}_3)}_{=0} \right) t = \{0\} \text{ MPa mm}$$

Berechnungsschritt 3

Für die Berechnungen der Verzerrungen[17] wird zunächst die Dehn- bzw. Scheibensteifigkeitsmatrix $[A]$ berechnet:

$$[A] = \sum_{i=1}^{n} [\bar{Q}_i] \, t_i = 2 \cdot \left([\bar{Q}]_{0°} + [\bar{Q}]_{90°} \right) t$$

$$= 2 \cdot \left(\begin{bmatrix} 140{,}9 & 3 & 0 \\ 3 & 10{,}1 & 0 \\ 0 & 0 & 5 \end{bmatrix} \text{GPa} + \begin{bmatrix} 10{,}1 & 3 & 0 \\ 3 & 140{,}9 & 0 \\ 0 & 0 & 5 \end{bmatrix} \text{GPa} \right) \cdot 0{,}25\,\text{mm}$$

$$= \begin{bmatrix} 75{,}5 & 3 & 0 \\ 3 & 75{,}5 & 0 \\ 0 & 0 & 5 \end{bmatrix} \text{GPa mm}$$

17 Wölbungen entstehen in dieser Aufgabenstellung nicht, da im vorangegangenen Berechnungsschritt gezeigt wurde, dass die Momente aufgrund der Symmetrie des Lagenaufbaus verschwinden. Damit greifen nur noch Scheibenschnittgrößen in der Bezugsebene des symmetrischen Laminates an. Folglich entstehen auch keine Wölbungen.

Durch Invertieren der $[A]$-Matrix[18] erhält man die Nachgiebigkeitsmatrix $[a]$

$$[a] = [A]^{-1} = \begin{bmatrix} 0{,}013 & -5{,}271 \cdot 10^{-4} & 0 \\ -5{,}271 \cdot 10^{-4} & 0{,}013 & 0 \\ 0 & 0 & 0{,}2 \end{bmatrix} (\text{GPa mm})^{-1}$$

Damit ergibt sich für den hier betrachteten Fall der Zusammenhang

$$\{\varepsilon_{xy}\} = \{\varepsilon_0\} + z \underbrace{\{\kappa\}}_{=0} = [a]\,\{n_{th}\} = \begin{Bmatrix} -1{,}1263 \\ -1{,}1263 \\ 0 \end{Bmatrix} 10^{-3}$$

Berechnungsschritt 4

Berechnung der spannungsinduzierten, elastischen Verzerrungen mithilfe von Formel 8.175

$$\{\varepsilon_{xy,el}\}_i = \{\varepsilon_{xy}\} - \{e_{xy}\}_i$$

Für die 0°-Lagen folgt mit

$$\{\varepsilon_{xy,el}\}_{1,4} = \{\varepsilon_{xy}\} - \{e_{xy}\}_{1,4}$$

der Zusammenhang

$$\begin{Bmatrix} e_{x,el} \\ e_{y,el} \\ e_{xy,el} \end{Bmatrix}_{0°} = \begin{Bmatrix} -1{,}1263 \\ -1{,}1263 \\ 0 \end{Bmatrix} 10^{-3} - \begin{Bmatrix} -0{,}76 \\ -5{,}15 \\ 0 \end{Bmatrix} 10^{-3} = \begin{Bmatrix} -0{,}3662 \\ 4{,}0237 \\ 0 \end{Bmatrix} 10^{-3}$$

und für die 90°-Lagen mit

$$\{\varepsilon_{xy,el}\}_{23} = \{\varepsilon_{xy}\} - \{e_{xy}\}_{23}$$

ergibt sich

$$\begin{Bmatrix} e_{x,el} \\ e_{y,el} \\ e_{xy,el} \end{Bmatrix}_{90°} = \begin{Bmatrix} -1{,}1263 \\ -1{,}1263 \\ 0 \end{Bmatrix} 10^{-3} - \begin{Bmatrix} -5{,}15 \\ -0{,}76 \\ 0 \end{Bmatrix} 10^{-3} = \begin{Bmatrix} 4{,}0237 \\ -0{,}3662 \\ 0 \end{Bmatrix} 10^{-3}$$

Berechnungsschritt 5

Transformation der Verzerrungen ins lokale Koordinatensystem nach Formel 8.176

$$\{\varepsilon_{12,el}\}_i = [T_\varepsilon]_i\,\{\varepsilon_{xy,el}\}_i$$

18 Aufgrund der Symmetrie des Laminates ist die Koppelmatrix $[B]$ null, womit die ABD-Matrix insgesamt entkoppelt ist. Somit ist in diesem Fall die Invertierung der $[A]$-Matrix ohne Einbeziehung der $[B]$- und $[D]$-Matrix möglich.

Damit ergibt sich für die 0°-Lagen

$$\{\varepsilon_{12,el}\}_{1,4} = \{\varepsilon_{xy,el}\}_{1,4} = \begin{Bmatrix} -0{,}3662 \\ 4{,}0237 \\ 0 \end{Bmatrix} 10^{-3}$$

Für die 90°-Lagen folgt

$$\{\varepsilon_{12,el}\}_{2,3} = \begin{Bmatrix} e_{y,el} \\ e_{x,el} \\ e_{xy,el} \end{Bmatrix}_{2,3} = \{\varepsilon_{xy,el}\}_{1,4} = \begin{Bmatrix} -0{,}3662 \\ 4{,}0237 \\ 0 \end{Bmatrix} 10^{-3}$$

Mithilfe der Beziehung Formel 8.177,

$$\{\sigma_{12,el}\}_i = [Q]_i \; \{\varepsilon_{12,el}\}_i$$

erfolgt die Berechnung der gesuchten Schichtspannungen

$$\{\sigma_{12,el}\}_{1,2,3,4} = \begin{bmatrix} 140{,}9 & 3 & 0 \\ 3 & 10{,}1 & 0 \\ 0 & 0 & 5 \end{bmatrix} \text{GPa} \cdot \begin{Bmatrix} -0{,}3662 \\ 4{,}0237 \\ 0 \end{Bmatrix} 10^{-3} = \begin{Bmatrix} -39{,}5405 \\ 39{,}5405 \\ 0 \end{Bmatrix} \text{MPa}$$

Damit ergeben sich in allen Laminatschichten dieselben resultierenden lokalen Eigenspannungen.

Übung 8.2.4-2

Gegeben[19] ist ein antisymmetrisches Laminat mit dem Lagenaufbau $[-45/+45]_2$ aus dem kohlenstofffaserverstärktem Kunststoff AS/3501 mit einer Einzelschichtdicke von $t = 0{,}25$ mm [8.5].
Die Eigenschaften der Laminateinzelschichten sind:

$$E_1 = 138\,\text{GPa} \quad E_2 = 9\,\text{GPa} \quad G_{12} = 6{,}9\,\text{GPa} \quad \nu_{12} = 0{,}3$$
$$\alpha_1 = 0{,}88 \cdot 10^{-6}\,\text{mm/mm·K} \quad \alpha_2 = 31{,}0 \cdot 10^{-6}\,\text{mm/mm·K}$$

Das Laminat wird von 20 °C auf 100 °C erwärmt. Es wird in diesem Fall angenommen, dass die Laminateigenschaften konstant über den genannten Temperaturbereich sind.

Aufgabe: Es sind die resultierenden globalen hygrothermalen Spannungen und Verzerrungen des Laminates zu berechnen.

Lösung: Siehe Anhang G *Lösungen*.

---

19 Nach Gibson [8.5].

8.2.5 Wölbung

Es wurde bereits in Unterabschnitt 8.2.4 gezeigt, dass sich in einem Laminat – abhängig von den Schichtorientierungen, dem Lagenaufbau und den Schichteigenschaften – Eigenspannungen ausbilden. Bei freier Lagerung können sich diese Eigenspannungen in Verformungen des Laminates äußern. Bei *unsymmetrischen* und *antisymmetrischen Laminaten* führt die hygrothermale Eigenspannung zur **Verwölbung**. Für kleine Verwölbungen (Annahme der geometrischen Linearität) kann mithilfe der Klassischen Laminattheorie die Durchbiegung bzw. Verschiebung w der Laminatplatte berechnet werden.

Ausgangspunkt der Berechnung ist der bereits hergeleiteten Formel 8.130

$$\{\kappa\} = [c]\,\{n_{HT}\} + [d]\,\{m_{HT}\} \tag{8.178}$$

Dabei stellen die Krümmungen $\{\kappa\}$ mit

$$\kappa_x = -\frac{\partial^2 w}{\partial x^2} \qquad \kappa_y = -\frac{\partial^2 w}{\partial y^2} \qquad \kappa_{xy} = -2\frac{\partial^2 w}{\partial x\,\partial x} \tag{8.179}$$

den Zusammenhang zur Plattenverformung w her. Als **Krümmung** versteht man die **Änderung der Richtung einer Kurve**. Zum Beispiel ist die Krümmung eines Kreisbogens mit dem Radius r überall gleich. Als ein Krümmungsmaß dient der Zusammenhang

$$\kappa = \frac{1}{r} = \frac{d\varphi}{ds} \tag{8.180}$$

Dabei stellt $\boldsymbol{ds}$ das **inkrementelle Bogenelement** auf der betrachteten Kurve und $\boldsymbol{d\varphi}$ den hierzu **überstrichenen inkrementellen Winkel** bezogen auf den Kreismittelpunkt dar. Der **Kehrwert einer Krümmung** wird als **Krümmungsradius** bezeichnet.

Durch Integration der obigen Zusammenhänge folgt die **Form der Wölbung** eines **unsymmetrischen** oder **antisymmetrischen Laminates** zu

$$w = -\frac{1}{2}\left(\kappa_x\, x^2 + \kappa_y\, y^2 + \kappa_{xy}\, x\, y\right) \tag{8.181}$$

Ist die Platte **relativ dünn bzw. die Außendimension der Platte sehr groß**, sodass die **Verschiebungen nicht mehr klein gegenüber der Plattendicke** sind, so kann die Annahme der **geometrischen Linearität** nicht mehr aufrecht erhalten werden. Die Berechnung der **geometrischen Nichtlinearität** muss dann iterativ erfolgen.

Wölbung eines antisymmetrischen Kreuzverbundes

Für einen antisymmetrischen Kreuzverbund mit dem Lagenaufbau [0/90], einer gleichmäßigen Temperaturlast ΔT und einer gleichmäßigen Feuchte Δc kann der

Zusammenhang zwischen den mechanischen und hygrothermalen Materialeigenschaften hergeleitet werden.

Die äquivalenten thermalen Plattenschnittkräfte Formel 8.105 bis Formel 8.106

$$\{n_{th}\} = \int_{z_0}^{z_n} [\bar{Q}]_i \{\alpha_{xy}\}_i \, \Delta T_i \, dz = \sum_{i=1}^{n} [\bar{Q}]_i \{\alpha_{xy}\}_i \, \Delta T_i \, (z_i - z_{i-1})$$

mit den Schichtangaben $z_0 = -h/2$, $z_1 = 0$ und $z_2 = h/2$ lassen sich in diesem Fall für eine gleichmäßige Temperaturlast ΔT als

$$\begin{Bmatrix} n_{x,th} \\ n_{y,th} \\ 0 \end{Bmatrix} = \begin{bmatrix} Q_{11} & Q_{12} & 0 \\ Q_{21} & Q_{22} & 0 \\ 0 & 0 & Q_{66} \end{bmatrix} \begin{Bmatrix} \alpha_1 \\ \alpha_2 \\ 0 \end{Bmatrix} \cdot \Delta T \cdot \frac{h}{2} + \begin{bmatrix} Q_{22} & Q_{12} & 0 \\ Q_{21} & Q_{11} & 0 \\ 0 & 0 & Q_{66} \end{bmatrix} \begin{Bmatrix} \alpha_2 \\ \alpha_1 \\ 0 \end{Bmatrix} \cdot \Delta T \cdot \frac{h}{2} \tag{8.182}$$

schreiben.

Analog können die äquivalenten hygroskopischen Plattenschnittkräfte Formel 8.109 bis Formel 8.110

$$\{n_{mo}\} = \int_{z_0}^{z_n} [\bar{Q}]_i \{\beta_{xy}\}_i \, \Delta c_i \, dz = \sum_{i=1}^{n} [\bar{Q}]_i \{\beta_{xy}\}_i \, \Delta c_i \, t_i$$

für eine gleichmäßige Feuchteverteilung Δc als

$$\begin{Bmatrix} n_{x,mo} \\ n_{y,mo} \\ 0 \end{Bmatrix} = \begin{bmatrix} Q_{11} & Q_{12} & 0 \\ Q_{21} & Q_{22} & 0 \\ 0 & 0 & Q_{66} \end{bmatrix} \begin{Bmatrix} \beta_1 \\ \beta_2 \\ 0 \end{Bmatrix} \cdot \Delta c \cdot \frac{h}{2} + \begin{bmatrix} Q_{22} & Q_{12} & 0 \\ Q_{21} & Q_{11} & 0 \\ 0 & 0 & Q_{66} \end{bmatrix} \begin{Bmatrix} \beta_2 \\ \beta_1 \\ 0 \end{Bmatrix} \cdot \Delta c \cdot \frac{h}{2} \tag{8.183}$$

notiert werden.

Die hygrothermalen Plattenschnittkräfte sind nach Formel 8.135

$$\begin{Bmatrix} n_{x,HT} \\ n_{y,HT} \\ n_{xy,HT} \end{Bmatrix} = \begin{Bmatrix} n_{x,th} \\ n_{y,th} \\ n_{xy,th} \end{Bmatrix} + \begin{Bmatrix} n_{x,mo} \\ n_{y,mo} \\ n_{xy,mo} \end{Bmatrix}$$

bzw.

$$\{n_{HT}\} = \{n_{th}\} + \{n_{mo}\}$$

Die äquivalenten thermalen Plattenschnittmomente Formel 8.115 bis Formel 8.116

$$\{m_{th}\} = \int_{z_0}^{z_n} [\bar{Q}]_i \{\alpha_{xy}\}_i \, \Delta T_i \, z \, dz = \sum_{i=1}^{n} [\bar{Q}]_i \{\alpha_{xy}\}_i \, \Delta T_i \, \frac{z_i^2 - z_{i-1}^2}{2}$$

lassen sich in diesem Fall des zweischichtigen Kreuzverbundes für eine gleichmäßige Temperaturlast ΔT als

$$\begin{Bmatrix} m_{x,th} \\ m_{y,th} \\ 0 \end{Bmatrix} = -\begin{bmatrix} Q_{11} & Q_{12} & 0 \\ Q_{21} & Q_{22} & 0 \\ 0 & 0 & Q_{66} \end{bmatrix} \begin{Bmatrix} \alpha_1 \\ \alpha_2 \\ 0 \end{Bmatrix} \cdot \Delta T \cdot \frac{h^2}{8} + \begin{bmatrix} Q_{22} & Q_{12} & 0 \\ Q_{21} & Q_{11} & 0 \\ 0 & 0 & Q_{66} \end{bmatrix} \begin{Bmatrix} \alpha_2 \\ \alpha_1 \\ 0 \end{Bmatrix} \cdot \Delta T \cdot \frac{h^2}{8} \tag{8.184}$$

schreiben.

Die äquivalenten hygroskopischen Plattenschnittmomente Formel 8.120 bis Formel 8.121

$$\{m_{mo}\} = \int_{z_0}^{z_n} [\bar{Q}]_i \{\beta_{xy}\}_i \, \Delta c_i \, z \, dz = \sum_{i=1}^{n} [\bar{Q}]_i \{\beta_{xy}\}_i \, \Delta c_i \, \frac{z_i^2 - z_{i-1}^2}{2}$$

für eine gleichmäßige Feuchteverteilung Δc werden als

$$\begin{Bmatrix} m_{x,mo} \\ m_{y,mo} \\ 0 \end{Bmatrix} = -\begin{bmatrix} Q_{11} & Q_{12} & 0 \\ Q_{21} & Q_{22} & 0 \\ 0 & 0 & Q_{66} \end{bmatrix} \begin{Bmatrix} \beta_1 \\ \beta_2 \\ 0 \end{Bmatrix} \cdot \Delta c \cdot \frac{h^2}{8} + \begin{bmatrix} Q_{22} & Q_{12} & 0 \\ Q_{21} & Q_{11} & 0 \\ 0 & 0 & Q_{66} \end{bmatrix} \begin{Bmatrix} \beta_2 \\ \beta_1 \\ 0 \end{Bmatrix} \cdot \Delta c \cdot \frac{h^2}{8} \tag{8.185}$$

notiert.

Die hygrothermalen Plattenschnittmomente sind nach Formel 8.136

$$\begin{Bmatrix} m_{x,HT} \\ m_{y,HT} \\ m_{xy,HT} \end{Bmatrix} = \begin{Bmatrix} m_{x,th} \\ m_{y,th} \\ m_{xy,th} \end{Bmatrix} + \begin{Bmatrix} m_{x,mo} \\ m_{y,mo} \\ m_{xy,mo} \end{Bmatrix} \tag{8.186}$$

bzw.

$$\{m_{HT}\} = \{m_{th}\} + \{m_{mo}\} \tag{8.187}$$

Bei diesem hier betrachteten, spezifischen Lagenaufbau lassen sich dann die Zusammenhänge

$$\begin{aligned} \varepsilon_{x,0} &= \varepsilon_{y,0} & \gamma_{xy,0} &= 0 \\ \kappa_x &= -\kappa_y & \kappa_{xy} &= 0 \\ n_{x,HT} &= n_{y,HT} & n_{xy,HT} &= 0 \\ m_{x,HT} &= -m_{y,HT} & m_{xy,HT} &= 0 \end{aligned} \tag{8.188}$$

erkennen. Des Weiteren kann man für einen antisymmetrischen Kreuzverbund die Zusammenhänge

$$B_{11} = -B_{22} \tag{8.189}$$

$$B_{12} = B_{16} = B_{26} = B_{66} = 0 \tag{8.190}$$

feststellen. Ausgehend von den allgemeinen Beziehungen zwischen den äquivalenten hygrothermalen Plattenschnittgrößen und den Verformungen,

$$\begin{Bmatrix} n \\ m \end{Bmatrix}_{HT} = \begin{bmatrix} A & B \\ B & D \end{bmatrix} \begin{Bmatrix} \varepsilon_0 \\ \kappa \end{Bmatrix} \tag{8.191}$$

folgt mit den obigen Zusammenhängen für diesen Laminataufbau

$$\begin{aligned} n_{x,HT} &= (A_{11} + A_{12})\, \varepsilon_{x,0} + B_{11}\, \kappa_x \\ m_{x,HT} &= B_{11}\, \varepsilon_{x,0} + (D_{11} - D_{12})\, \kappa_x \end{aligned} \tag{8.192}$$

Durch Umformen und nach gegenseitigem Einsetzen folgt für die Normalverzerrung der Bezugsebene

$$\varepsilon_{x,0} = \frac{(D_{11} - D_{12})\, n_{x,HT} - B_{11}\, m_{x,HT}}{(A_{11} + A_{12})\,(D_{11} - D_{12}) - B_{11}^2} \tag{8.193}$$

und für die Krümmung der Bezugsebene

$$\kappa_x = -\kappa_y = \frac{(A_{11} + A_{12})\, m_{x,HT} - B_{11}\, n_{x,HT}}{(A_{11} + A_{12})\,(D_{11} - D_{12}) - B_{11}^2} \tag{8.194}$$

Durch Einsetzen von Formel 8.194 in die allgemeine Formel 8.181 für die Plattenwölbung w folgt

$$w = -\frac{1}{2} \frac{(A_{11} + A_{12})\, m_{x,HT} - B_{11}\, n_{x,HT}}{(A_{11} + A_{12})\,(D_{11} - D_{12}) - B_{11}^2} \left(x^2 - y^2\right) \tag{8.195}$$

für einen antisymmetrischen Kreuzverbund mit dem Lagenaufbau [0/90], wie er exemplarisch in überhöhter Form in Bild 8.8 dargestellt ist.[20)]

Wird eine Platte nach dem Herstellungsprozess auf Raumtemperatur abgekühlt, erfährt sie zunächst eine Temperaturlast von $\Delta T < 0$. Dadurch wird sich eine Platte mit einem antisymmetrischen Kreuzverbund, wie oben ausgeführt, verwölben. Wenn die Platte dann nach der Fertigung bei Raumtemperatur Feuchtigkeit aufnimmt, führt die hygroskopische Last ebenfalls zu einer Wölbung, die aber der der Temperaturlast entgegengerichtet ist.

Für den Fall, dass

$$n_{x,HT} = 0 \quad \text{bzw.} \quad \{n_{th}\} = -\{n_{mo}\} \tag{8.196}$$

und

$$m_{x,HT} = 0 \quad \text{bzw.} \quad \{m_{th}\} = -\{m_{mo}\} \tag{8.197}$$

20 Eine ausführliche Herleitung der Zusammenhänge Formel 8.193 und Formel 8.194 sowie der Formel 8.194 für die Form der Wölbung eines antisymmetrischen Kreuzverbundes findet sich in Anhang F.

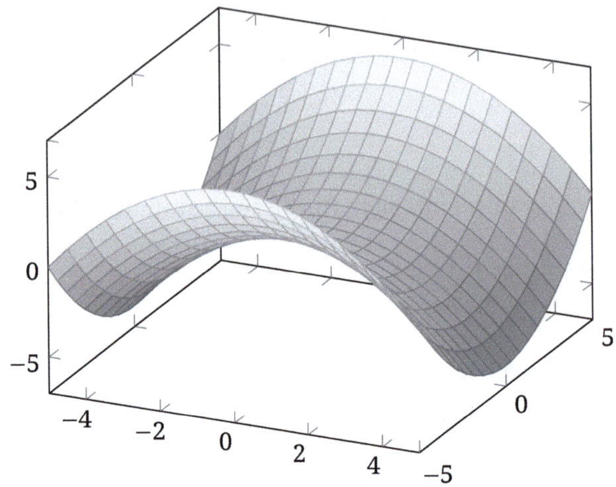

Bild 8.8 Überhöhte Darstellung der Plattenwölbung w nach Formel 8.195 für einen antisymmetrischen Kreuzverbund mit dem Lagenaufbau [0/90]

gelten, egalisiert sich die Wölbung; die Platte ist in diesem speziellen Fall eben. Dies stellt sich ein, wenn

$$\begin{Bmatrix} \alpha_1 \\ \alpha_2 \end{Bmatrix} \Delta T = - \begin{Bmatrix} \beta_1 \\ \beta_2 \end{Bmatrix} \Delta c \tag{8.198}$$

gilt.

Beispiel 8.2.5-1

Gegeben[21] sei ein Laminat aus kohlenstofffaserverstärktem Kunststoff mit dem Lagenaufbau [±30]. Das Laminat wird zunächst bei einer Temperatur von $T_0 = 185\,°C$ ausgehärtet. Nach dem Fertigungsprozess kühlt das Laminat auf eine Raumtemperatur von $T = 20\,°C$ ab. Nach diesem Vorgang nimmt das Laminat Feuchtigkeit auf.

Die hygrothermalen Materialkennwerte des Laminates lauten:

$$\alpha_1 = \beta_1 = 0$$
$$\alpha_2 = 30 \cdot 10^{-6}\ \mathrm{mm/mm{\cdot}K}$$
$$\beta_2 = 0{,}55$$

Aufgabe: Wie viel Feuchtigkeit muss der Verbund aufnehmen, damit die Platte wieder eben wird?

Lösung: Es muss gelten:

$$\alpha_2\,\Delta T = -\beta_2\,\Delta c$$

21 Nach Daniel et al. [8.1].

Daraus folgt durch Einsetzen der Materialkennwerte

$$30 \cdot 10^{-6}\,\text{mm/mm·K} \cdot (-165\,\text{K}) = -0{,}55\,\Delta c$$

beziehungsweise

$$\Delta c = -\frac{1}{0{,}55} \cdot 30 \cdot 10^{-6}\,\text{mm/mm·K} \cdot (-165\,\text{K}) = 0{,}9\,\%$$

8.2.6 Änderung der Laminatdicke

Die Klassische Laminattheorie (CLT) geht in ihrer Modellbeschreibung des Mehrschichtverbundes von einem ebenen Spannungszustand (ESZ) aus. Damit sind in der Modellbeschreibung zunächst alle wesentlichen Betrachtungen auf die Schicht- bzw. Laminatebene beschränkt. Allerdings bedingt ein ebener Spannungszustand bei Querkontraktionszahlen ungleich null nicht einen ebenen Verzerrungszustand (ESZ). Somit folgen durch die in der Laminatebene wirkenden, mechanisch bedingten Normalverzerrungen Querkontraktionen, die auch senkrecht zur Schicht- bzw. Laminatebene Normalverzerrungen $\varepsilon_{z,mech}$ entstehen lassen. Diese Normalverzerrungen führen zu einer Dickenänderung Δh_{mech} des Mehrschichtverbundes.

Zusätzlich zu den mechanisch bedingten Normalverzerrungen in Dickenrichtung des Laminates führen aber auch hygrothermale Lasten zu Normalverzerrungen $\varepsilon_{z,HT}$ und somit zu einer Änderung der Laminatdicke Δh_{HT}. Diese hygrothermalen Dickenänderungen haben ihre Ursache zunächst nicht in mechanisch bedingten Querkontraktionseffekten und sind von dem Dehnungsverhalten in der Laminatebene unabhängig. Allerdings führen die aus den hygrothermalen Lasten resultierenden Eigenspannungen in dem Mehrschichtverbund zu Zwangsdehnungen und -stauchungen in der Laminatebene (siehe Unterabschnitt 8.2.4 *Eigenspannungen*), die als mechanische Normalverzerrungen in der Laminatebene ihrerseits aufgrund von Querkontraktionseffekten zu Normalverzerrungen $\varepsilon_{z,ES}$ in Dickenrichtung und damit zu Dickenänderungen Δh_{ES} führen.

Die Gesamtdickenänderung Δh des Mehrschichtverbundes ist somit mit

$$\Delta h = \int_{-\frac{h}{2}}^{+\frac{h}{2}} \varepsilon_z \,\mathrm{d}z = \int_{-\frac{h}{2}}^{+\frac{h}{2}} \varepsilon_{z,mech} \,\mathrm{d}z + \int_{-\frac{h}{2}}^{+\frac{h}{2}} \varepsilon_{z,ES} \,\mathrm{d}z + \int_{-\frac{h}{2}}^{+\frac{h}{2}} \varepsilon_{z,HT} \,\mathrm{d}z \tag{8.199}$$

bzw.

$$\Delta h = \Delta h_{mech} + \Delta h_{ES} + \Delta h_{HT} \tag{8.200}$$

zu formulieren. Hierbei sind die Dickenänderungen

$$\Delta h_{QE} = \Delta h_{mech} + \Delta h_{ES} \tag{8.201}$$

Änderungen, die aus den Querkontraktionseffekten (QE) mechanisch bedingter Normalverzerrungen der Laminatebene resultieren. Mit dem Anteil Δh_{HT} der Laminatdickenänderung werden die aus den hygrothermalen Belastungen folgenden hydrostatischen Normalverzerrungen ohne Querkontraktionseffekte beschrieben.

Aufgrund der lokalen Transversalisotropie der unidirektionalen Einzelschicht bzw. der lokalen Orthotropie einer Gewebeschicht kann der global-lokale Zusammenhang

$$\varepsilon_z = \varepsilon_3 = \underbrace{\varepsilon_{3,mech} + \varepsilon_{3,ES}}_{\text{Querkontraktionseffekte}} + \underbrace{\varepsilon_{3,HT}}_{hydrostatische\ Normalverzerrung} \tag{8.202}$$

mit

$$\varepsilon_z = \varepsilon_3 \tag{8.203}$$

$$\varepsilon_{z,mech} = \varepsilon_{3,mech} \tag{8.204}$$

$$\varepsilon_{z,HT} = \varepsilon_{3,HT} \tag{8.205}$$

für die Normalverzerrung des Mehrschichtverbundes in Dickenrichtung formuliert werden.

Dickenänderung aufgrund mechanischer Last

Die aus dem ebenen Spannungszustand (ESZ) resultierenden ebenen, mechanischen Normalverzerrungen $\varepsilon_{x,\mathrm{mech}}$ und $\varepsilon_{y,\mathrm{mech}}$ führen durch Querkontraktionseffekte zu transversalen Normalverzerrungen $\varepsilon_{z,mech} = \varepsilon_{3,mech}$ in Laminatdickenrichtung. Durch Integration der transversalen Normalverzerrungen über die Laminatdicke h berechnet sich die Gesamtdickenänderung

$$\Delta h_{mech} = \int_{-\frac{h}{2}}^{+\frac{h}{2}} \varepsilon_{3,mech}\,\mathrm{dz} \tag{8.206}$$

aus den mechanisch bedingten Lasten des ebenen Spannungszustands. Dabei kann das Integral schichtweise ausgeführt und über den Mehrschichtverbund

$$\Delta h_{mech} = \sum_{i=1}^{n} \int_{z_{i-1}}^{z_i} \varepsilon_{3,mech,i}\,\mathrm{dz} \tag{8.207}$$

summiert werden. Mit Formel 8.20 und Formel 8.21 für die Querdehnungen aufgrund mechanischer Last folgt weiter:

$$\Delta h_{mech} = \sum_{i=1}^{n} \int_{z_{i-1}}^{z_i} \begin{bmatrix} S_{31} & S_{32} & S_{36} \end{bmatrix}_i \left\{\sigma_{12}\right\}_i \,\mathrm{dz} \tag{8.208}$$

$$= \sum_{i=1}^{n} \int_{z_{i-1}}^{z_i} \begin{bmatrix} S_{31} & S_{32} & S_{36} \end{bmatrix}_i [T_\sigma]_i \left\{\sigma_{xy}\right\}_i \,\mathrm{dz} \tag{8.209}$$

Dabei ist Formel 8.208

$$\sum_{i=1}^{n}\int_{z_{i-1}}^{z_i}\left[S_{31}\ \ S_{32}\ \ S_{36}\right]_i\{\sigma_{12}\}_i\,\mathrm{d}z=\sum_{i=1}^{n}\int_{z_{i-1}}^{z_i}\Bigg(-\nu_{13,i}\underbrace{\frac{\sigma_{1,i}}{E_{1,i}}}_{\varepsilon_{1,i}}-\nu_{23}\underbrace{\frac{\sigma_{2,i}}{E_{2,i}}}_{\varepsilon_{2,i}}+0\cdot\underbrace{\frac{\tau_{12,i}}{G_{12,i}}}_{\gamma_{12,i}}\Bigg)\mathrm{d}z$$

erkennbar[22], dass ursächlich für die mechanische Laminatdickenrichtung Δh_{mech} ausschließlich die lokalen Normalverzerrungen $\varepsilon_{1,i}$ und $\varepsilon_{2,i}$ in den Einzelschichten sind.

Mit Formel 6.168 folgt für die i-te Einzelschicht

$$\{\sigma_{xy}\}_i=\left[\bar{Q}\right]_i\{\varepsilon_{xy}\} \tag{8.210}$$

Mit dem Tensor 1, Stufe $\{\varepsilon_{xy}\}$ der Laminatverzerrungen Formel 7.24

$$\{\varepsilon_{xy}\}=\{\varepsilon_0\}+z\,\{\kappa\}$$

folgt Formel 7.27

$$\{\sigma_{xy}\}_i=\left[\bar{Q}\right]_i\left(\{\varepsilon_0\}+z\,\{\kappa\}\right) \tag{7.27}$$

Mit der Formulierung Formel 7.55 für den Mehrschichtverbund

$$\{\varepsilon_0\}=[a]\,\{n\}+[b]\,\{m\} \tag{8.211}$$

und

$$\{\kappa\}=[b]\,\{n\}+[d]\,\{m\} \tag{8.212}$$

folgt mit Formel 7.24 für die Formel 8.210 weiter

$$\{\sigma_{xy}\}_i=\left[\bar{Q}\right]_i\left[[a]\,\{n\}+[b]\,\{m\}+z\,\left([b]\,\{n\}+[d]\,\{m\}\right)\right] \tag{8.213}$$

Damit folgt für Formel 8.209 der Zusammenhang

$$\Delta h_{mech}=\sum_{i=1}^{n}\int_{z_{i-1}}^{z_i}\Big\{\left[S_{31}\,S_{32}\,S_{36}\right]_i\left[T_\sigma\right]_i\left[\bar{Q}\right]_i\cdot\left[[a]\,\{n\}+[b]\,\{m\}+z\,\left([b]\,\{n\}+[d]\,\{m\}\right)\right]\Big\}\,\mathrm{d}z \tag{8.214}$$

Durch schichtweise Integration folgt aus Formel 8.214 die Beziehung

$$\Delta h_{mech}=\sum_{i=1}^{n}\Bigg\{\left[S_{31}\,S_{32}\,S_{36}\right]_i\left[T_\sigma\right]_i\left[\bar{Q}\right]_i\cdot\left[(z_i-z_{i-1})\left([a]\,\{n\}+[b]\,\{m\}\right)+\frac{1}{2}\left(z_i^2-z_{i-1}^2\right)\left([b]\,\{n\}+[d]\,\{m\}\right)\right]\Bigg\} \tag{8.215}$$

22 Hierbei wird die Transversalisotropie der unidirektionalen Einzelschicht bzw. die Orthotropie einer Gewebeeinzellage im lokalen Einzelschichtkoordinatensystem vorausgesetzt.

Mit dem Zusammenhang

$$(z_i - z_{i-1}) = t_i \tag{8.216}$$

für die Dicke t_i der i-ten Schicht und

$$\frac{1}{2}\left(z_i^2 - z_{i-1}^2\right) = \frac{1}{2}\,(z_i + z_{i-1})\,(z_i - z_{i-1}) = \bar{z}_i\,t_i \tag{8.217}$$

mit $\bar{z}$ für die Position der Mittelebene der i-ten Schicht folgt aus Formel 8.215 die Beziehung

$$\Delta h_{mech} = \sum_{i=1}^{n} \left[S_{31}\,S_{32}\,S_{36}\right]_i \left[T_\sigma\right]_i \left[\bar{Q}\right]_i \cdot \left[[a]\,\{n\} + [b]\,\{m\} + \left([b]\,\{n\} + [d]\,\{m\}\right)\bar{z}_i\right] t_i \tag{8.218}$$

für die Dickenänderung Δh_{mech} des Mehrschichtverbundes aufgrund der Querkontraktionseffekte aus den mechanischen Spannungen des ebenen Spannungszustands.

Dickenänderung aufgrund hygrothermaler Last

In Formel 8.200 wird ein Teil der Dickenänderung mit

$$\Delta h_{HT} = \int_{-\frac{h}{2}}^{+\frac{h}{2}} \varepsilon_{z,HT}\,\mathrm{d}z \tag{8.219}$$

für die hygrothermalen Lasten in Abhängigkeit von der hygrothermalen Normalverzerrung $\varepsilon_{z,HT}$ beschrieben. Dabei kann das Integral schichtweise ausgeführt und über den Mehrschichtverbund summiert werden, sodass sich

$$\Delta h_{HT} = \sum_{i=1}^{n} \int_{z_{i-1}}^{z_i} \varepsilon_{3,HT,i}\,\mathrm{d}z \tag{8.220}$$

ergibt.

Unter der Annahme einer konstanten Temperatur- und Feuchteverteilung können die hygrothermalen Normalverzerrungen $\varepsilon_{z,HT,i}$ in Dickenrichtung der i-ten Schicht als

$$\varepsilon_{z,HT,i} = \varepsilon_{3,HT,i} = e_{z,i} = e_{y,i} = \alpha_{3,i}\,\Delta T_i + \beta_{3,i}\,\Delta c_i \tag{8.221}$$

formuliert werden. Dabei entsprechen die hygrothermalen Normalverzerrungen $\varepsilon_{z,HT,i}$ der freien Verformung $e_{z,i} = e_{y,i}$ aus Formel 8.167.

Weiter folgen mit

$$\alpha_{3,i} = \alpha_{2,i} \qquad \beta_{3,i} = \beta_{2,i} \tag{8.222}$$

für die transversalisotrope Einzelschicht die hygrothermalen Normalverzerrungen

$$\varepsilon_{3,HT,i} = \alpha_{2,i}\,\Delta T_i + \beta_{2,i}\,\Delta c_i \tag{8.223}$$

in Dickenrichtung der i-ten Einzelschicht. Somit kann Formel 8.220 mit der Beziehung Formel 8.216 zu

$$\Delta h_{HT} = \sum_{i=1}^{n} \int_{z_{i-1}}^{z_i} \left(\alpha_{2,i}\,\Delta T_i + \beta_{2,i}\,\Delta c_i\right)\,\mathrm{d}z \tag{8.224}$$

$$= \sum_{i=1}^{n} \left(\alpha_{2,i}\,\Delta T_i + \beta_{2,i}\,\Delta c_i\right)(z_i - z_{i-1}) \tag{8.225}$$

$$= \sum_{i=1}^{n} \left(\alpha_{2,i}\,\Delta T_i + \beta_{2,i}\,\Delta c_i\right)\, t_i \tag{8.226}$$

formuliert werden.

Dickenänderung aufgrund Laminateigenspannungen

Wie bereits in Unterabschnitt 8.2.4 *Eigenspannungen* ausgeführt, führen hygrothermale Lasten in einem Mehrschichtverbund zu Eigenspannungen. Dabei „zwingen“ die Eigenspannungen die Einzellagen in die seitlichen Abmessungen des Gesamtverbundes. Die Eigenspannungen wirken dabei wie mechanische Lasten in der Schichtebene, die in diesem Fall aus den Randbedingungen der aufeinanderlaminierten Einzellagen durch Behinderung der freien Ausdehnung resultieren. Die in der Schichtebene wirkenden Eigenspannungen bewirken zunächst Verzerrungen – Normalverzerrungen und Gleitungen – in den Schichtebenen. Durch Querkontraktionseffekte tragen die Eigenspannungen auch zu Änderungen der Einzelschichtdicken und damit der Dicke des Mehrschichtverbundes bei.

Aus den hygrothermalen Belastungen des Mehrschichtverbundes folgen die schichtweisen Eigenspannungen $\{\sigma_{12,ES}\}_i$ im lokalen Einzelschichtkoordinatensystem. Dabei können die aus den Eigenspannungen resultierenden Normalverzerrungen $\varepsilon_{3,\mathrm{ES}}$ in Dickenrichtung zunächst schichtweise integriert und anschließend über das Laminat zu

$$\Delta h_{\mathrm{ES}} = \int_{-\frac{h}{2}}^{+\frac{h}{2}} \varepsilon_{3,\mathrm{ES}}\,\mathrm{d}z = \sum_{i=1}^{n} \int_{z_{i-1}}^{z_i} \varepsilon_{3,\mathrm{ES}}\,\mathrm{d}z \tag{8.227}$$

summiert werden. Mit Formel 8.20 und Formel 8.199 kann dann die Dickenänderung Δh_{ES} des Laminats mit

$$\Delta h_{\mathrm{ES}} = \sum_{i=1}^{n} \int_{z_{i-1}}^{z_i} \left[S_{31}\;\; S_{32}\;\; S_{36}\right]_i \left\{\sigma_{12,\mathrm{ES}}\right\}_i\,\mathrm{d}z \tag{8.228}$$

formuliert werden. Mit der HOOKEschen Beziehung Formel 6.162 in lokaler, matrizieller Formulierung für die i-te Einzelschicht und der Transformation der Verzerrungen

Formel 6.121 lässt sich der Zusammenhang

$$\Delta h_{\text{ES}} = \sum_{i=1}^{n} \int_{z_{i-1}}^{z_i} \begin{bmatrix} S_{31} & S_{32} & S_{36} \end{bmatrix}_i \begin{bmatrix} Q \end{bmatrix}_i \left\{ \varepsilon_{12,\text{ES}} \right\}_i \, \text{dz} \tag{8.229}$$

$$= \sum_{i=1}^{n} \int_{z_{i-1}}^{z_i} \begin{bmatrix} S_{31} & S_{32} & S_{36} \end{bmatrix}_i \begin{bmatrix} Q \end{bmatrix}_i \begin{bmatrix} T_\varepsilon \end{bmatrix}_i \left\{ \varepsilon_{xy,\text{ES}} \right\}_i \, \text{dz} \tag{8.230}$$

notieren. Nach Formel 8.175 werden die eigenspannungsinduzierten Verzerrungen $\left\{ \varepsilon_{xy,\text{ES}} \right\}_i$ durch die Differenz der Laminatverzerrungen $\left\{ \varepsilon_{xy} \right\}$ und der freien, unbehinderten Einzelschichtverzerrungen $\left\{ e_{xy} \right\}_i$ der hygrothermal belasteten Einzelschicht ersetzt:

$$\Delta h_{\text{ES}} = \sum_{i=1}^{n} \int_{z_{i-1}}^{z_i} \begin{bmatrix} S_{31} & S_{32} & S_{36} \end{bmatrix}_i \begin{bmatrix} Q \end{bmatrix}_i \begin{bmatrix} T_\varepsilon \end{bmatrix}_i \left(\left\{ \varepsilon_{xy,\text{HT}} \right\} - \left\{ e_{xy} \right\}_i \right) \text{dz} \tag{8.231}$$

Mit Formel 8.174 für die hygrothermale Gesamtlaminatverzerrung $\left\{ \varepsilon_{xy,\text{HT}} \right\}$ und Formel 8.168 für die freie hygrothermale Verformung $\left\{ e_{xy} \right\}_i$ der i-ten Einzelschicht folgt aus Formel 8.231

$$\begin{aligned} \Delta h_{\text{ES}} = \sum_{i=1}^{n} \int_{z_{i-1}}^{z_i} & \begin{bmatrix} S_{31} & S_{32} & S_{36} \end{bmatrix}_i \begin{bmatrix} Q \end{bmatrix}_i \begin{bmatrix} T_\varepsilon \end{bmatrix}_i \\ & \cdot \left[\left(\left\{ \varepsilon_{0,\text{HT}} \right\} + z \left\{ \kappa_{\text{HT}} \right\} \right) - \left(\left\{ \alpha_{xy} \right\}_i \Delta T_i + \left\{ \beta_{xy} \right\}_i \Delta c_i \right) \right] \text{dz} \end{aligned} \tag{8.232}$$

für die Dickenänderung Δh_{ES} aufgrund der sich einstellenden Eigenspannung im hygrothermal belasteten Mehrschichtverbund. Mit Formel 8.173 für die Verzerrungen und Wölbungen der Bezugsebene nach der Klassischen Laminattheorie folgt dann

$$\begin{aligned} \Delta h_{\text{ES}} = \sum_{i=1}^{n} \int_{z_{i-1}}^{z_i} & \begin{bmatrix} S_{31} & S_{32} & S_{36} \end{bmatrix}_i \begin{bmatrix} Q \end{bmatrix}_i \begin{bmatrix} T_\varepsilon \end{bmatrix}_i \\ & \cdot \left[\left(\begin{bmatrix} a \end{bmatrix} \left\{ n_{HT} \right\} + \begin{bmatrix} b \end{bmatrix} \left\{ m_{HT} \right\} + z \left(\begin{bmatrix} b \end{bmatrix} \left\{ n_{HT} \right\} + \begin{bmatrix} d \end{bmatrix} \left\{ m_{HT} \right\} \right) \right) \right. \\ & \left. - \left(\left\{ \alpha_{xy} \right\}_i \Delta T_i + \left\{ \beta_{xy} \right\}_i \Delta c_i \right) \right] \text{dz} \end{aligned} \tag{8.233}$$

weiter. Durch schichtweise Integration folgt

$$\begin{aligned} \Delta h_{\text{ES}} = \sum_{i=1}^{n} & \begin{bmatrix} S_{31} & S_{32} & S_{36} \end{bmatrix}_i \begin{bmatrix} Q \end{bmatrix}_i \begin{bmatrix} T_\varepsilon \end{bmatrix}_i \cdot \left[\left(\begin{bmatrix} a \end{bmatrix} \left\{ n_{HT} \right\} + \begin{bmatrix} b \end{bmatrix} \left\{ m_{HT} \right\} \right) (z_i - z_{i-1}) \right. \\ & + \left(\begin{bmatrix} b \end{bmatrix} \left\{ n_{HT} \right\} + \begin{bmatrix} d \end{bmatrix} \left\{ m_{HT} \right\} \right) \frac{1}{2} \left(z_i^2 - z_{i-1}^2 \right) \\ & \left. - \left(\left\{ \alpha_{xy} \right\}_i \Delta T_i + \left\{ \beta_{xy} \right\}_i \Delta c_i \right) (z_i - z_{i-1}) \right] \end{aligned} \tag{8.234}$$

Mit Formel 8.216 und Formel 8.217 ergibt sich für Formel 8.234

$$\Delta h_{\text{ES}} = \sum_{i=1}^{n} \left[S_{31} \;\; S_{32} \;\; S_{36}\right]_i \left[Q\right]_i \left[T_\varepsilon\right]_i \cdot \left[[a]\,\{n_{HT}\} + [b]\,\{m_{HT}\} + \left([b]\,\{n_{HT}\} + [d]\,\{m_{HT}\} \right) \bar{z}_i - \left(\{\alpha_{xy}\}_i\,\Delta T_i + \{\beta_{xy}\}_i\,\Delta c_i \right) \right] t_i \quad (8.235)$$

für die eigenspannungsinduzierte Dickenänderung Δh_{ES} des Mehrschichtverbundes.

Gesamtdickenänderung aufgrund mechanisch-hygrothermaler Last

Ausgehend von Formel 8.200

$$\Delta h = \Delta h_{mech} + \Delta h_{ES} + \Delta h_{HT}$$

lässt sich mit den Teildickenänderungen Δh_{mech} Formel 8.218, Δh_{HT} Formel 8.226 und Δh_{ES} Formel 8.235 die Gesamtdickenänderung Δh als

$$\begin{aligned}\Delta h = {} & \sum_{i=1}^{n} \left[S_{31}\, S_{32}\, S_{36}\right]_i \left[T_\sigma\right]_i \left[\bar{Q}\right]_i \cdot \left[[a]\,\{n\} + [b]\,\{m\} + ([b]\,\{n\} + [d]\,\{m\})\,\bar{z}_i \right] t_i \\ & + \sum_{i=1}^{n} \left[S_{31} \;\; S_{32} \;\; S_{36}\right]_i \left[Q\right]_i \left[T_\varepsilon\right]_i \cdot \left[[a]\,\{n_{HT}\} + [b]\,\{m_{HT}\} + \left([b]\,\{n_{HT}\} + [d]\,\{m_{HT}\} \right) \bar{z}_i \right. \\ & \left. - \left(\{\alpha_{xy}\}_i\,\Delta T_i + \{\beta_{xy}\}_i\,\Delta c_i \right) \right] t_i + \sum_{i=1}^{n} \left(\alpha_{2,i}\,\Delta T_i + \beta_{2,i}\,\Delta c_i\right)\, t_i \end{aligned} \quad (8.236)$$

Unter Berücksichtigung von Formel 6.124 folgt aus Formel 6.169:

$$\begin{aligned} \left[T_\varepsilon\right]^T [Q]\,[T_\varepsilon] &= [\bar{Q}] \\ [T_\sigma]^{-1}\,[Q]\,[T_\varepsilon] &= [\bar{Q}] \\ [Q]\,[T_\varepsilon] &= [T_\sigma]\,[\bar{Q}] \end{aligned} \quad (8.237)$$

Durch Einsetzten von Formel 8.237 in Formel 8.236 und anschließendem Umformen kann man den Zusammenhang für die Gesamtdickenänderung Δh mit

$$\begin{aligned}\Delta h = \sum_{i=1}^{n} \Big\{ & \left[S_{31}\, S_{32}\, S_{36}\right]_i \left[T_\sigma\right]_i \left[\bar{Q}\right]_i \cdot \big[[a]\,\{n\} + [b]\,\{m\} + ([b]\,\{n\} + [d]\,\{m\})\,\bar{z}_i \\ & + [a]\,\{n_{HT}\} + [b]\,\{m_{HT}\} + \left([b]\,\{n_{HT}\} + [d]\,\{m_{HT}\} \right) \bar{z}_i \\ & - \left(\{\alpha_{xy}\}_i\,\Delta T_i + \{\beta_{xy}\}_i\,\Delta c_i \right) \big] + \left(\alpha_{2,i}\,\Delta T_i + \beta_{2,i}\,\Delta c_i\right) \Big\}\, t_i \end{aligned} \quad (8.238)$$

angeben.

Beispiel 8.2.6-1

Gegeben sei das Beispiel 8.2.4-1 (Seite 358 ff.) sowie die Querkontraktionszahlen

$$\nu_{12} = \nu_{13} = 0{,}27 \quad \text{und} \quad \nu_{23} = 0{,}32$$

der unidirektionalen Einzelschichten im lokalen Schichtkoordinatensystem.

Gesucht wird die Gesamtdickenänderung Δh des Laminats unter der gegebenen thermischen Belastung.

Lösung: Für den gegebenen Lastfall, die Abkühlung des Mehrschichtverbundes aus dem spannungsfreien Zustand um 100 K, vereinfacht sich Formel 8.200 für die Gesamtdickenänderung unter hygrothermaler Last zu

$$\Delta h = \Delta h_{HT} + \Delta h_{ES} = \int_{-\frac{h}{2}}^{+\frac{h}{2}} \varepsilon_{z,HT}\, dz + \int_{-\frac{h}{2}}^{+\frac{h}{2}} \varepsilon_{z,ES}\, dz$$

Dabei beschränkt sich die Dickenänderung auf die temperaturbedingten Dehnungen $\varepsilon_{z,HT}$ und die aus den Eigenspannungen des thermal belasteten Mehrschichtverbundes resultierenden Querdehnungen $\varepsilon_{z,ES}$.

Formel 8.226 für den hygrothermal belasteten Mehrschichtverbund vereinfacht sich zu

$$\Delta h_{HT} = \sum_{i=1}^{n} \alpha_{2,i}\, \Delta T_i\, t_i$$

bei reiner Temperaturbelastung. Mit den in dem Beispiel 8.2.4-1 gegebenen Einzelschichtkennwerten und der Angabe zur thermalen Belastung

$$t = 0{,}25\,\text{mm} \qquad \alpha_2 = 51{,}5 \cdot \frac{10^{-6}}{\text{mm K}} \qquad \Delta T = -100\,\text{K}$$

folgt für den vierschichtigen Verbund

$$\begin{aligned} \Delta h_{HT} &= \sum_{i=1}^{4} \alpha_{2,i}\, \Delta T_i\, t_i \\ &= 4 \cdot \left(51{,}5 \cdot \frac{10^{-6}}{\text{mm K}} \cdot (-100\,\text{K}) \cdot 0{,}25\,\text{mm}\right) = -5{,}15 \cdot 10^{-3}\,\text{mm} \end{aligned}$$

für die thermal bedingte Dickenänderung Δh_{HT} ohne den noch zu berechnenden Dickenänderungsanteil aus der thermischen Eigenspannung.

Die eigenspannungsinduzierte Dickenänderung Δh_{ES} des Mehrschichtverbundes aus Formel 8.235 reduziert sich bei einer ausschließlich thermalen Belastung zu

$$\begin{aligned} \Delta h_{\text{ES}} = \sum_{i=1}^{n} & \begin{bmatrix} S_{31} & S_{32} & S_{36} \end{bmatrix}_i \begin{bmatrix} Q \end{bmatrix}_i \begin{bmatrix} T_\sigma \end{bmatrix}_i \\ & \cdot \Big[[a]\, \{n_{HT}\} + [b]\, \{m_{HT}\} + \big([b]\, \{n_{HT}\} + [d]\, \{m_{HT}\} \big)\, \bar{z}_i - \{\alpha_{xy}\}_i\, \Delta T_i \Big]\, t_i \end{aligned}$$

Durch den symmetrischen Lagenaufbau und die Annahme, dass in dem genannten Lastfall die Bezugsebene gleich Symmetrieebene ist, verschwinden die Koppelanteile,

$$[b] = [0]$$

der $[a\ b\ d]$-Matrix. Somit reduziert sich die eigenspannungsinduzierte Dickenänderung Δh_{ES} des Mehrschichtverbundes weiter zu

$$\Delta h_{ES} = \sum_{i=1}^{n} [S_{31}\ \ S_{32}\ \ S_{36}]_i\ [Q]_i\ [T_\sigma]_i \cdot \Big[[a]\ \{n_{HT}\} + [d]\ \{m_{HT}\}\ \bar{z}_i - \{\alpha_{xy}\}_i\ \Delta T_i\Big]\ t_i$$

Da in Beispiel 8.2.4-1 die lokalen Verzerrungen der Einzelschichten mit

$$\{\varepsilon_{12,ES}\}_i = \begin{Bmatrix} \varepsilon_{1,ES} \\ \varepsilon_{2,ES} \\ \gamma_{12,ES} \end{Bmatrix}_i = \begin{Bmatrix} -0{,}3662 \\ 4{,}0237 \\ 0 \end{Bmatrix} 10^{-3}$$

bereits bekannt sind, kann die Ermittlung der Schichtdickenänderung Δh_{ES} zu

$$\Delta h_{ES} = \sum_{i=1}^{n} [-\nu_{13}\ -\nu_{23}\ \ 0]_i \begin{Bmatrix} \varepsilon_{1,ES} \\ \varepsilon_{2,ES} \\ \gamma_{12,ES} \end{Bmatrix}_i \cdot t_i$$

vereinfacht werden. Nach dem Einsetzen der gegebenen Materialkennwerte folgt

$$\begin{aligned} \Delta h_{ES} &= \sum_{i=1}^{4} [-0{,}27\ -0{,}32\ \ 0]_i \begin{Bmatrix} -0{,}3662 \\ 4{,}0237 \\ 0 \end{Bmatrix}_i \cdot 0{,}25\,\text{mm} \\ &= 4 \cdot (-0{,}27 \cdot (-0{,}3662) - 0{,}32 \cdot 4{,}0237) \cdot 10^{-3} \cdot 0{,}25\,\text{mm} \\ &= -1{,}188701 \cdot 10^{-3}\,\text{mm} \end{aligned}$$

für die Schichtdickenänderung aus der Laminateigenspannung.

Damit ergibt sich die Gesamtdickenänderung unter dem gegebenen Lastfall zu

$$\Delta h = -5{,}15 \cdot 10^{-3}\,\text{mm} - 1{,}188701 \cdot 10^{-3}\,\text{mm} = -6{,}33871 \cdot 10^{-3}\,\text{mm}$$

Schlussfolgerung:

Das Beispiel zeigt, dass bei thermaler Belastung neben der direkten Dickenänderung des Laminates die Eigenspannungen einen weiteren Anteil an der Gesamtdickenänderung haben.

8.3 Messung hygrothermaler Eigenschaften

Grundsätzlich sind bei der Aufnahme von Feuchtigkeit verschiedene Effekte zu berücksichtigen:

- Gewichtszunahme des Laminats

- Vergrößerung der Dimensionen und damit eine Volumenzunahme
- Abnahme der mechanischen Eigenschaften, insbesondere des E-Moduls
- Degradation der Grenzschicht zwischen Harz und Faser
- Degradation des Harzes

Eine Erhöhung der Temperatur führt in der Regel ebenfalls zu einer Volumenzunahme und ggf. auch zu Degradation des Laminats bzw. seiner einzelnen Bestandteile.

Im Falle asymmetrischer Verbunde muss damit gerechnet werde, dass sich Verwölbungen des Laminats und Eigenspannungen ausbilden.

Die Degradation wollen wir aus unseren Betrachtungen zunächst heraushalten, da sie mit einer irreversiblen Veränderung des Materials einhergeht und somit nicht den gewünschten Betriebszustand widerspiegelt.

Um die in den vorangegangenen Abschnitten Dimensionierungsberechnungen durchführen zu können, wollen wir uns daher mit der Messung des linearen thermischen Ausdehnungskoeffizienten und der Feuchteaufnahme beschäftigen. Beide Größen werden vom Faservolumengehalt beeinflusst. Daher werden wir auch zu diesem Kennwert Messverfahren betrachten.

8.3.1 Linearer thermischer Ausdehnungskoeffizient

Die thermische Ausdehnung im Festkörper kann auf die Vergrößerung des mittleren Abstands zwischen zwei Atomen mit steigender Temperatur bzw. thermischer Energie zurückgeführt werden, wie Bild 8.9 illustriert. Die Amplitude der thermisch bedingten Schwingung der Atome um ihre mittlere Lage nimmt mit der Temperatur bzw. dem damit verbundenen Energieinhalt des Festkörpers immer mehr zu. Zu kleineren Atomabständen hin ist die Potenzialkurve steiler, als zu größeren. Anders ausgedrückt ist der Aufwand um ein bestimmtes Δr zu realisieren für Abstände $r < r_0$ größer als für Abstände $r > r_0$. Die Schwingung schlägt also nach „rechts" stärker aus als nach „links". Somit wird sich grundsätzlich eine Vergrößerung des Bindungsabstands einstellen, und damit in den meisten Fällen eine Verlängerung in allen drei Raumrichtungen.[23)]

Für einen homogenen und isotropen Festkörper könnte die thermisch bedingte Dimensionsänderung anhand der oben vorgestellten Überlegungen berechnet werden. In realen Festkörper und insbesondere in faserverstärkten Materialien haben wir es

23 Im Falle hochorientierter Moleküle aber auch Fasern, kann eine Transversalschwingung auch zu einer makroskopischen Verkürzung führen, wenn dadurch die hier beschriebene Abstandsverlängerung zwischen den Atomen überkompensiert wird.

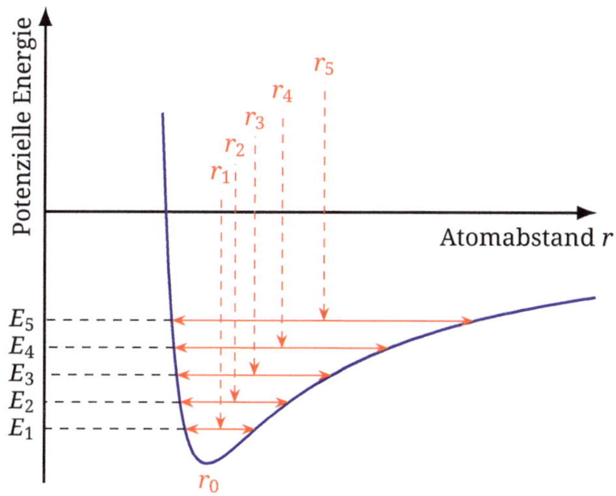

Bild 8.9 Atomabstände bei unterschiedlichen Energieinhalten

aber in der Regel mit nicht-isotropen Werkstoffen zu tun, die darüber hinaus aus Komponenten mit unterschiedlichem Ausdehnungsverhalten zusammengesetzt sind. Die Berechnung der Ausdehnungskoeffizienten ist dann hochkomplex und wird in aller Regel nicht die wirklichen Verhältnisse widerspiegeln. Daher bleibt in den meisten Fällen nur die Anwendung eines geeigneten Messverfahrens.

8.3.1.1 Längendilatometrie

Der lineare thermische Ausdehnungskoeffizient α ist definiert über

$$\varepsilon_{th} = \alpha\,\Delta T = \frac{\Delta l}{l_0} \tag{8.239}$$

wobei ε_{th} die thermische Dehnung ist, ΔT die Temperaturdifferenz, Δl die Längenänderung nach Erwärmung und l_0 die Länge vor der Erwärmung. Aus dem Messung von Δl lässt sich also α bestimmen.

In der Norm ISO 11359-2:2021-11 [8.8] ist die Messung des thermischen Ausdehnungskoeffizienten von Kunststoffen geregelt. In dieser Prüfvorschrift werden die Prüfkörperabmessungen mit einer Länge zwischen 5 und 10 mm und einer Breite von 5 mm angegeben. Aufgrund der starken Anisotropie der faserverstärkten Kunststoffe empfiehlt es sich jedoch, wesentlich längere Prüfkörper zu verwenden, z. B. mit einer Länge von 100 mm wie in der DIN 51045-1 beschrieben [8.2]. Der Prüfaufbau ist schematisch in Bild 8.10 dargestellt.

Die Probe befindet sich in einem Glasrohr aus Quarzglas mit bekanntem, temperaturunabhängigem Ausdehnungskoeffizienten. Das Glasrohr ist von einem beheizbaren Silikonöl umspült, das sowohl das äußere Glasrohr und die darin befindliche Probe möglichst homogen erwärmt. Auf der Probe sitzt ein weiteres (inneres) Glasrohr,

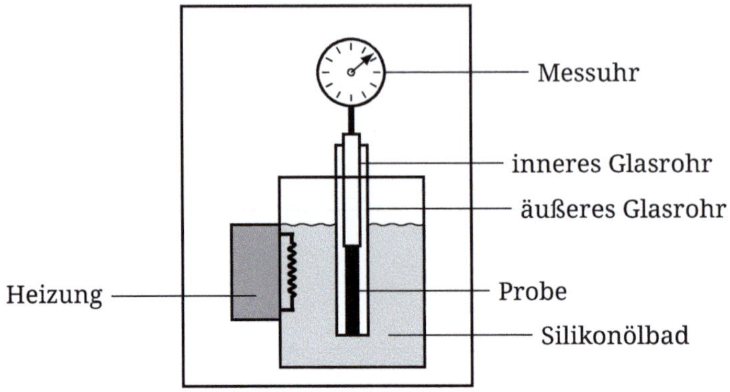

Bild 8.10 Schematischer Aufbau eines Längendilatometers nach [8.8]

aus dem selben Material wie das äußere, das von der sich ausdehnenden Probe verschoben wird. Die Verschiebung wird mittels einer geeigneten Messuhr detektiert. Das Ergebnis ist um die thermisch bedingte Längenänderung des inneren Glasrohres zu korrigieren.

Für die tatsächliche Wegmessung kommen verschiedene Prinzipien in Frage, wie einfache Messuhren bis hin zu Laserinterferometern. Je nach geforderter Genauigkeit ist eine geeignete Methode zu wählen.

Mit der hier vorgestellten Methode kann nur die Dimensionsänderung in Längsrichtung der Probe bestimmt werden. Die Querkontraktion und/oder eine eventuelle Wölbung der Probe bei Erwärmung muss mit anderen Mitteln bestimmt werden.

8.3.2 Feuchtemessung

Die wenigsten Kunststoffe sind „vollständig“ diffusionsdicht gegen Wasser bzw. Luftfeuchtigkeit. Je nach Kunststoffzusammensetzung und enthaltener Füllstoffe kann es zu einer beträchtlichen Wasseraufnahme kommen. Besonders hohe Wassergehalte finden sich in Materialien mit polaren Gruppen (vgl. auch Abschnitt 4.3). Wie bereits einleitend angedeutet, kann die Feuchtigkeitsaufnahme verschiedene Wirkungen auf die Eigenschaften des Laminats haben. Unter anderem hat sie Einfluss auf den thermischen Ausdehnungskoeffizienten, der in Unterabschnitt 8.3.1 diskutiert wurde.

8.3.2.1 Bestimmung der Sättigungsfeuchte

In der DIN EN 2823 [8.3] ist der Einfluss von Feuchte auf verschiedene technische Eigenschaften der Kunststoffe beschrieben. Hier soll exemplarisch auf die *Sättigungsfeuchte* eingegangen werden. Damit ist der maximale Wassergehalt gemeint, der bei einer gegebenen Luftfeuchtigkeit nach hinreichend langer Zeit im Material vorherrscht.

Auch wenn wir diesen Umstand nicht weiter beleuchten, ist die Dauer zum Erreichen der maximalen Feuchte von verschiedenen Faktoren abhängig. Unter anderem kann davon ausgegangen werden, dass das Eindringen von Wasser in Kunststoff durch die Verstärkung mit Fasern begünstigt wird, weil die Faseroberflächen hydrophil sein können und weil die Faser an sich eine Unterbrechung des homogenen Aufbaus des Kunststoffbauteils darstellt. Inhomogenitäten können wiederum die Diffusion von Fremdstoffen ins und im Material begünstigen.

Der tatsächliche Wassergehalt ist ein dynamischer Wert, da er sich je nach Umgebungsbedingungen wie Luftfeuchtigkeit, Temperatur und Luftdruck verändern kann. Darüber hinaus muss bedacht werden, dass neben Wasser auch andere gasförmige oder flüssige Medien wie Öle oder Salzwasser ins Material eindringen können. Zur Bestimmung der Sättigungsfeuchte M_{max} wird die Temperatur konstant gehalten. Die Angabe von M_{max} erfolgt im Bezug zur relativen Luftfeuchte Φ, die wiederum in % angegeben wird [8.11]:

$$M_{max} = a \cdot \Phi^b \tag{8.240}$$

wobei a und b materialspezifische Konstanten sind.

Die Bestimmung dieser Konstanten erfolgt empirisch durch Klimalagerungen bei mehreren (mindestens zwei) unterschiedlichen Luftfeuchtigkeiten. Die linearisierte Form von Formel 8.240 erhalten wird durch logarithmieren:

$$\ln M_{max} = \ln a + b \cdot \ln \Phi \tag{8.241}$$

Somit können in einer doppelt-logarithmischen Darstellung b aus der Steigung und a aus dem Achsenabschnitt gewonnen werden (Bild 8.11), also

$$b = \frac{\ln M_{max,2} - \ln M_{max,1}}{\ln \Phi_2 - \ln \Phi_1} \tag{8.242}$$

und durch Umstellen von Formel 8.240

$$a = \frac{M_{max,2}}{\Phi_2^b} \tag{8.243}$$

Die Zeit zum Erreichen der Sättigung kann sowohl in der Praxis als auch im Experiment sehr lang sein. Als Beispiel seien sog. *Reiseproben* aus faserverstärkten Kunststoffen genannt, die in Flugzeugen unterwegs waren, und an denen in regelmäßigen Abständen der Feuchtegehalt bestimmt wurde [8.11]. Bei diesen Experimenten wurden nach mehreren Jahren Sättigungswerte im Bereich von 1 % gemessen.

Im Laborexperiment kann die Wasseraufnahme durch Erhöhung der Temperatur beschleunigt werden. Es muss jedoch darauf geachtet werden, dass kein Bestandteil des

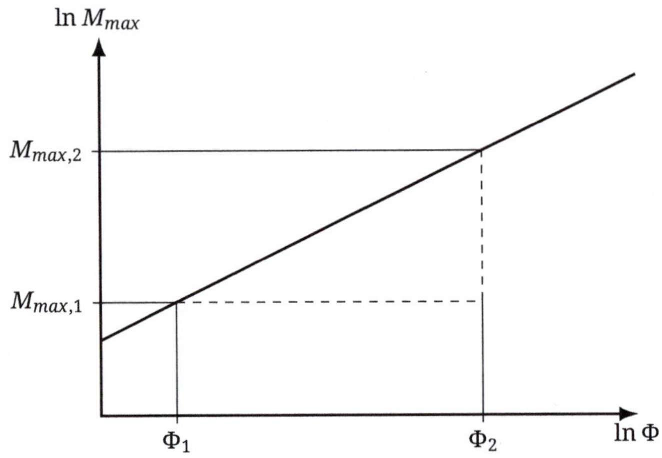

Bild 8.11 Sättigungsfeuchte als Funktion der Luftfeuchtigkeit [8.11]

Werkstoffs durch die Temperaturerhöhung beschädigt wird. Insbesondere der Matrixkunststoff, eventuelle Füllstoffe und Additive könnten hiervon betroffen sein.

Es ist davon auszugehen, dass die Wasseraufnahme im Wesentlichen das in der Regel polymere Matrixmaterial betrifft. Die typischerweise verwendeten Fasermaterialien Glas oder Kohlenstoff nehmen keine signifikante Feuchtigkeitsmenge auf. Daher kann es sinnvoll sein, die Sättigungsfeuchte der Matrix zu bestimmen und dann mittels des Fasergewichtsanteils auf den faserverstärkten Werkstoff hochzurechnen. Zur Bestimmung des Faseranteils sei auf Abschnitt 6.2 verwiesen.

Literatur

[8.1] Daniel, I. M.; Ishai, O.: *Engineering Mechanics of Composite Materials.* 2nd edition, Oxford University Press, New York, 2006

[8.2] Dietrich, R.: *Analyse der Wärmeausdehnungs-Inkompatibilität bei Klebverbindungen aus CFK, Stahl und Aluminium bei der Fertigung einer lackierten Karosserie.* Dissertation, Technische Universität München, 2017

[8.3] N. N.: *DIN EN 2823:1999 – Faserverstärkte Kunststoffe; Ermittlung des Einflusses der Auslagerung in feuchtem Klima auf die mechanischen und physikalischen Eigenschaften.* Beuth-Verlag, 1999

[8.4] Ehrenstein, G. W.: *Faserverbund-Kunststoffe. Werkstoffe – Verarbeitung – Eigenschaften.* 2. Auflage Carl Hanser Verlag, 2006

[8.5] Gibson, R. F.: *Principles of Composite Material Mechanics.* 3rd edition, CRC Press, Taylor and Francis Group, Boca Raton, London, New York, 2012

[8.6] Graves, S. R.; Adams, D. F.: *Analysis of a bonded joint in a composite tube subjected to torsion.* Journal of Composite Materials, 15, 211–224, 1981

[8.7] Honke, R.: *Mechanik der Verbundwerkstoffe.* Vorlesungsskript im Masterstudiengang, Hochschule Hof, Sommersemester 2014

[8.8] N. N.: *ISO 11359-2:2021-11 – Kunststoffe – Thermomechanische Analyse (TMA) – Teil 2: Bestimmung des linearen thermischen Ausdehnungskoeffizienten und der Glasübergangstemperatur.* Beuth Verlag, 2021

[8.9] KAW, A. K.: *Mechanics of Composite Materials.* 2nd Edition, Taylor & Francis, Boca Raton, London, New York, 2006

[8.10] KOLLÁR, L; SPRINGER, G. S.: *Mechanics of Composite Structures.* Cambridge University Press, Cambridge, New York, Melbourne, Madrid, Cape Town, Singapore, São Paulo, 2003

[8.11] SCHÜRMANN, H.: *Konstruieren mit Faser-Kunststoff-Verbunden,* 2. Auflage, Springer, Berlin, Heidelberg, New York, 2007

[8.12] VASILIEV, V. V.; MOROZOV, E. V.: *Advanced Mechanics of Composite Materials in Structural Elementes.* 3rd edition, Elsevier, Oxford (GB), Waltham (USA), Moscow (Russia), Canberra (Australia), 2013

Teil 3
Anhang

A
Materialsymmetrien

Ingo Ehrlich

Nachfolgend werden die in Abschnitt 1.2 erarbeiteten Steifigkeits- und Nachgiebigkeitsmatrizen in Abhängigkeit von ihrer Materialsymmetrie zusammengestellt.

A.1 Isotropie

Nachgiebigkeitsmatrix (elastische Materialkennwerte):

$$[S_{\mathrm{iso}}] = \begin{bmatrix} \frac{1}{E} & -\frac{\nu}{E} & -\frac{\nu}{E} & 0 & 0 & 0 \\ -\frac{\nu}{E} & \frac{1}{E} & -\frac{\nu}{E} & 0 & 0 & 0 \\ -\frac{\nu}{E} & -\frac{\nu}{E} & \frac{1}{E} & 0 & 0 & 0 \\ 0 & 0 & 0 & \frac{1}{G} & 0 & 0 \\ 0 & 0 & 0 & 0 & \frac{1}{G} & 0 \\ 0 & 0 & 0 & 0 & 0 & \frac{1}{G} \end{bmatrix} \tag{A.1}$$

Nachgiebigkeitsmatrix (symbolische Schreibweise):

$$[S_{\mathrm{iso}}] = \begin{bmatrix} S_{11} & S_{12} & S_{12} & 0 & 0 & 0 \\ S_{12} & S_{11} & S_{12} & 0 & 0 & 0 \\ S_{12} & S_{12} & S_{11} & 0 & 0 & 0 \\ 0 & 0 & 0 & (S_{11}-S_{12}) & 0 & 0 \\ 0 & 0 & 0 & 0 & (S_{11}-S_{12}) & 0 \\ 0 & 0 & 0 & 0 & 0 & (S_{11}-S_{12}) \end{bmatrix} \tag{A.2}$$

Steifigkeitsmatrix (elastische Materialkennwerte):

$$[C_{\text{iso}}] = \begin{bmatrix} \frac{(1-\nu)E}{(1+\nu)(1-2\nu)} & \frac{\nu E}{(1+\nu)(1-2\nu)} & \frac{\nu E}{(1+\nu)(1-2\nu)} & 0 & 0 & 0 \\ \frac{\nu E}{(1+\nu)(1-2\nu)} & \frac{(1-\nu)E}{(1+\nu)(1-2\nu)} & \frac{\nu E}{(1+\nu)(1-2\nu)} & 0 & 0 & 0 \\ \frac{\nu E}{(1+\nu)(1-2\nu)} & \frac{\nu E}{(1+\nu)(1-2\nu)} & \frac{(1-\nu)E}{(1+\nu)(1-2\nu)} & 0 & 0 & 0 \\ 0 & 0 & 0 & G = \frac{E}{2(1+\nu)} & 0 & 0 \\ 0 & 0 & 0 & 0 & G = \frac{E}{2(1+\nu)} & 0 \\ 0 & 0 & 0 & 0 & 0 & G = \frac{E}{2(1+\nu)} \end{bmatrix} \quad \text{(A.3)}$$

Steifigkeitsmatrix (symbolische Schreibweise):

$$[C_{\text{iso}}] = \begin{bmatrix} C_{11} & C_{12} & C_{12} & 0 & 0 & 0 \\ C_{12} & C_{11} & C_{12} & 0 & 0 & 0 \\ C_{12} & C_{12} & C_{11} & 0 & 0 & 0 \\ 0 & 0 & 0 & \frac{1}{2}(C_{11} - C_{12}) & 0 & 0 \\ 0 & 0 & 0 & 0 & \frac{1}{2}(C_{11} - C_{12}) & 0 \\ 0 & 0 & 0 & 0 & 0 & \frac{1}{2}(C_{11} - C_{12}) \end{bmatrix} \quad \text{(A.4)}$$

Zusammenfassung Isotropie:

Anzahl der Symmetrieebenen:	unendlich
Anzahl der von null verschiedenen Matrixkomponenten:	12
Anzahl der unabhängigen elastischen Materialkennwerte:	2

Unabhängige elastische Materialkennwerte: E, ν, mit $G = \frac{E}{2(1+\nu)}$

A.2 Transversalisotropie

Symmetrieachse: 1-Richtung; Isotropieebene: 2-3-Ebene

Nachgiebigkeitsmatrix (elastische Materialkennwerte):

$$\left[S_{\text{tiso}_{23}}\right] = \begin{bmatrix} \frac{1}{E_1} & -\frac{\nu_{21}}{E_2} & -\frac{\nu_{21}}{E_2} & 0 & 0 & 0 \\ & \frac{1}{E_2} & -\frac{\nu_{32}}{E_3} & 0 & 0 & 0 \\ & & \frac{1}{E_2} & 0 & 0 & 0 \\ & & & \frac{2\,(1+\nu_{23})}{E_2} & 0 & 0 \\ & \text{sym.} & & & \frac{1}{G_{12}} & 0 \\ & & & & & \frac{1}{G_{12}} \end{bmatrix} \tag{A.5}$$

Nachgiebigkeitsmatrix (symbolische Schreibweise):

$$\left[S_{\text{tiso}_{23}}\right] = \begin{bmatrix} S_{11} & S_{12} & S_{12} & 0 & 0 & 0 \\ & S_{22} & S_{23} & 0 & 0 & 0 \\ & & S_{22} & 0 & 0 & 0 \\ & & & 2\,(S_{22}-S_{23}) & 0 & 0 \\ & \text{sym.} & & & S_{66} & 0 \\ & & & & & S_{66} \end{bmatrix} \tag{A.6}$$

Steifigkeitsmatrix (elastische Materialkennwerte):

$$\left[C_{\text{tiso}_{23}}\right] = \begin{bmatrix} \frac{(1-\nu_{23}^2)\,E_1}{\Delta} & \frac{(\nu_{12}+\nu_{12}\,\nu_{23})\,E_2}{\Delta} & \frac{(\nu_{12}+\nu_{12}\,\nu_{23})\,E_2}{\Delta} & 0 & 0 & 0 \\ & \frac{(1-\nu_{12}\,\nu_{21})\,E_2}{\Delta} & \frac{(\nu_{23}+\nu_{12}\,\nu_{21})\,E_2}{\Delta} & 0 & 0 & 0 \\ & & \frac{(1-\nu_{12}\,\nu_{21})\,E_2}{\Delta} & 0 & 0 & 0 \\ & & & G_{23} = \frac{E_2}{2\,(1+\nu_{23})} & 0 & 0 \\ & \text{sym.} & & & G_{12} & 0 \\ & & & & & G_{12} \end{bmatrix} \tag{A.7}$$

mit

$$\Delta = (1+\nu_{23})\,(1-\nu_{23}-2\,\nu_{21}\,\nu_{12})$$

Steifigkeitsmatrix (symbolische Schreibweise):

$$\left[C_{\text{tiso}_{23}}\right] = \begin{bmatrix} C_{11} & C_{12} & C_{12} & 0 & 0 & 0 \\ & C_{22} & C_{23} & 0 & 0 & 0 \\ & & C_{22} & 0 & 0 & 0 \\ & & & \frac{1}{2}\left(C_{22} - C_{23}\right) & 0 & 0 \\ & \text{sym.} & & & C_{66} & 0 \\ & & & & & C_{66} \end{bmatrix} \tag{A.8}$$

Zusammenfassung Transversalisotropie

Symmetrieachse: 1-Achse; Isotropieebene: 2-3-Ebene:

Anzahl der Symmetrieebenen:	unendlich um 1-Achse
Anzahl der von null verschiedenen Matrixkomponenten:	12
Anzahl der unabhängigen elastischen Materialkennwerte:	5

Unabhängige elastische Materialkennwerte: E_1, $E_2 = E_3$

$\nu_{12} = \nu_{13}$, ν_{23}

$G_{12} = G_{13}$, $G_{23} = \frac{E_2}{2\left(1+\nu_{23}\right)}$

Symmetrieachse: 2-Richtung; Isotropieebene: 3-1-Ebene

Nachgiebigkeitsmatrix (elastische Materialkennwerte):

$$\left[S_{\text{tiso}_{31}}\right] = \begin{bmatrix} \frac{1}{E_1} & -\frac{\nu_{21}}{E_2} & -\frac{\nu_{31}}{E_1} & 0 & 0 & 0 \\ & \frac{1}{E_2} & -\frac{\nu_{21}}{E_2} & 0 & 0 & 0 \\ & & \frac{1}{E_1} & 0 & 0 & 0 \\ & & & \frac{1}{G_{23}} & 0 & 0 \\ & \text{sym.} & & & \frac{1}{G_{13}} = \frac{2\left(1+\nu_{13}\right)}{E_1} & 0 \\ & & & & & \frac{1}{G_{12}} \end{bmatrix} \tag{A.9}$$

Nachgiebigkeitsmatrix (symbolische Schreibweise):

$$\left[C_{\text{tiso}_{31}}\right] = \begin{bmatrix} S_{11} & S_{12} & S_{13} & 0 & 0 & 0 \\ & S_{22} & S_{12} & 0 & 0 & 0 \\ & & S_{11} & 0 & 0 & 0 \\ & & & S_{66} & 0 & 0 \\ & \text{sym.} & & & \frac{1}{2}\left(S_{11} - S_{13}\right) & 0 \\ & & & & & S_{66} \end{bmatrix} \tag{A.10}$$

Steifigkeitsmatrix (elastische Materialkennwerte):

$$\left[C_{\text{tiso}_{23}}\right] = \begin{bmatrix} \frac{(1-\nu_{12}\,\nu_{21})\,E_1}{\Delta} & \frac{(\nu_{21}+\nu_{21}\,\nu_{13})\,E_1}{\Delta} & \frac{(\nu_{12}\,\nu_{21}+\nu_{13})\,E_1}{\Delta} & 0 & 0 & 0 \\ & \frac{(1-\nu_{13}^2)\,E_2}{\Delta} & \frac{(\nu_{21}-\nu_{21}\,\nu_{13})\,E_1}{\Delta} & 0 & 0 & 0 \\ & & \frac{(1-\nu_{12}\,\nu_{21})\,E_1}{\Delta} & 0 & 0 & 0 \\ & & & G_{12} & 0 & 0 \\ & \text{sym.} & & & G_{13} = \frac{E_1}{2\,(1+\nu_{13})} & 0 \\ & & & & & G_{12} \end{bmatrix} \tag{A.11}$$

mit

$$\Delta = (1 + \nu_{13})\,(1 - \nu_{13} - 2\,\nu_{12}\,\nu_{21})$$

Steifigkeitsmatrix (symbolische Schreibweise):

$$\left[C_{\text{tiso}_{31}}\right] = \begin{bmatrix} C_{11} & C_{12} & C_{13} & 0 & 0 & 0 \\ & C_{22} & C_{12} & 0 & 0 & 0 \\ & & C_{11} & 0 & 0 & 0 \\ & & & C_{66} & 0 & 0 \\ & \text{sym.} & & & \frac{1}{2}\,(C_{11} - C_{13}) & 0 \\ & & & & & C_{66} \end{bmatrix} \tag{A.12}$$

Zusammenfassung Transversalisotropie:

Symmetrieachse: 2-Achse; Isotropieebene: 3-1-Ebene:

Anzahl der Symmetrieebenen:	unendlich um 2-Achse
Anzahl der von null verschiedenen Matrixkomponenten:	12
Anzahl der unabhängigen elastischen Materialkennwerte:	5

Unabhängige elastische Materialkennwerte:

$E_1 = E_3, \quad E_2$

$\nu_{21} = \nu_{23}, \quad \nu_{13}$

$G_{21} = G_{23}, \quad G_{13} = \frac{E_1}{2\,(1+\nu_{13})}$

Symmetrieachse: 3-Richtung; Isotropieebene: 1-2-Ebene

Nachgiebigkeitsmatrix (elastische Materialkennwerte):

$$[S_{\mathrm{tiso}_{12}}] = \begin{bmatrix} \frac{1}{E_1} & -\frac{\nu_{12}}{E_1} & -\frac{\nu_{13}}{E_1} & 0 & 0 & 0 \\ & \frac{1}{E_1} & -\frac{\nu_{13}}{E_1} & 0 & 0 & 0 \\ & & \frac{1}{E_3} & 0 & 0 & 0 \\ & & & \frac{1}{G_{23}} & 0 & 0 \\ & \text{sym.} & & & \frac{1}{G_{23}} & 0 \\ & & & & & \frac{1}{G_{12}} = \frac{2\,(1+\nu_{12})}{E_1} \end{bmatrix} \tag{A.13}$$

Nachgiebigkeitsmatrix (symbolische Schreibweise):

$$[S_{\mathrm{tiso}_{12}}] = \begin{bmatrix} S_{11} & S_{12} & S_{13} & 0 & 0 & 0 \\ & S_{11} & S_{13} & 0 & 0 & 0 \\ & & S_{33} & 0 & 0 & 0 \\ & & & S_{44} & 0 & 0 \\ & \text{sym.} & & & S_{44} & 0 \\ & & & & & \frac{1}{2}\,(S_{11} - S_{12}) \end{bmatrix} \tag{A.14}$$

Steifigkeitsmatrix (elastische Materialkennwerte):

$$[C_{\mathrm{tiso}_{12}}] = \begin{bmatrix} \frac{(1-\nu_{23}\nu_{23})\,E_1}{\Delta} & \frac{(\nu_{12}+\nu_{13}\,\nu_{31})\,E_1}{\Delta} & \frac{(\nu_{31}+\nu_{12}\,\nu_{31})\,E_1}{\Delta} & 0 & 0 & 0 \\ & \frac{(1-\nu_{23}\nu_{23})\,E_1}{\Delta} & \frac{(\nu_{31}+\nu_{12}\,\nu_{31})\,E_1}{\Delta} & 0 & 0 & 0 \\ & & \frac{(1-\nu_{12}^2)\,E_3}{\Delta} & 0 & 0 & 0 \\ & & & G_{23} & 0 & 0 \\ & \text{sym.} & & & G_{23} & 0 \\ & & & & & G_{12} = \frac{E_2}{2\,(1+\nu_{12})} \end{bmatrix} \tag{A.15}$$

mit

$$\Delta = \left(1 - \nu_{12}^2 - \nu_{13}\,\nu_{31} - \nu_{23}\,\nu_{32} - \nu_{12}\,\nu_{13}\,\nu_{32} - \nu_{12}\,\nu_{31}\,\nu_{23}\right)$$

Steifigkeitsmatrix (symbolische Schreibweise):

$$[C_{\mathrm{tiso}_{12}}] = \begin{bmatrix} C_{11} & C_{12} & C_{13} & 0 & 0 & 0 \\ & C_{11} & C_{13} & 0 & 0 & 0 \\ & & C_{33} & 0 & 0 & 0 \\ & & & C_{44} & 0 & 0 \\ & \text{sym.} & & & C_{44} & 0 \\ & & & & & \frac{1}{2}\,(C_{11} - C_{12}) \end{bmatrix} \tag{A.16}$$

Zusammenfassung Transversalisotropie

Symmetrieachse: 3-Achse; Isotropieebene: 1-2-Ebene:

Anzahl der Symmetrieebenen:	unendlich um 3-Achse
Anzahl der von null verschiedenen Matrixkomponenten:	12
Anzahl der unabhängigen elastischen Materialkennwerte:	5

Unabhängige elastische Materialkennwerte:

$$E_1 = E_2, \quad E_3$$
$$\nu_{31} = \nu_{32}, \quad \nu_{12}$$
$$G_{31} = G_{32}, \quad G_{12} = \frac{E_1}{2\,(1+\nu_{12})}$$

A.3 Orthotropie

Orthotropie mit drei orthogonalen Symmetrieebenen

Nachgiebigkeitsmatrix (elastische Materialkennwerte):

$$[S_{\text{ortho}}] = \begin{bmatrix} \frac{1}{E_1} & -\frac{\nu_{21}}{E_2} & -\frac{\nu_{31}}{E_3} & 0 & 0 & 0 \\ & \frac{1}{E_2} & -\frac{\nu_{32}}{E_3} & 0 & 0 & 0 \\ & & \frac{1}{E_3} & 0 & 0 & 0 \\ & & & \frac{1}{G_{23}} & 0 & 0 \\ & \text{sym.} & & & \frac{1}{G_{31}} & 0 \\ & & & & & \frac{1}{G_{12}} \end{bmatrix} \tag{A.17}$$

bzw. mit der MAXWELL-BETTI-Beziehung

$$[S_{\text{ortho}}] = \begin{bmatrix} \frac{1}{E_1} & -\frac{\nu_{12}}{E_1} & -\frac{\nu_{13}}{E_1} & 0 & 0 & 0 \\ & \frac{1}{E_2} & -\frac{\nu_{23}}{E_2} & 0 & 0 & 0 \\ & & \frac{1}{E_3} & 0 & 0 & 0 \\ & & & \frac{1}{G_{23}} & 0 & 0 \\ & \text{sym.} & & & \frac{1}{G_{31}} & 0 \\ & & & & & \frac{1}{G_{12}} \end{bmatrix} \tag{A.18}$$

Nachgiebigkeitsmatrix (symbolische Schreibweise):

$$[S_{\text{ortho}}] = \begin{bmatrix} S_{11} & S_{12} & S_{13} & 0 & 0 & 0 \\ & S_{22} & S_{23} & 0 & 0 & 0 \\ & & S_{33} & 0 & 0 & 0 \\ & & & S_{44} & 0 & 0 \\ & \text{sym.} & & & S_{55} & 0 \\ & & & & & S_{66} \end{bmatrix} \tag{A.19}$$

Steifigkeitsmatrix (elastische Materialkennwerte):

$$[C_{\text{ortho}}] = \begin{bmatrix} \frac{(1-\nu_{23}\,\nu_{32})\,E_1}{\Delta} & \frac{(\nu_{12}-\nu_{13}\,\nu_{32})\,E_2}{\Delta} & \frac{(\nu_{13}-\nu_{12}\,\nu_{23})\,E_3}{\Delta} & 0 & 0 & 0 \\ & \frac{(1-\nu_{21}\,\nu_{13})\,E_2}{\Delta} & \frac{(\nu_{23}-\nu_{21}\,\nu_{13})\,E_3}{\Delta} & 0 & 0 & 0 \\ & & \frac{(1-\nu_{12}\,\nu_{21})\,E_3}{\Delta} & 0 & 0 & 0 \\ & & & G_{23} & 0 & 0 \\ & \text{sym.} & & & G_{31} & 0 \\ & & & & & G_{12} \end{bmatrix} \tag{A.20}$$

mit

$$\Delta = 1 - \nu_{12}\,\nu_{21} - \nu_{13}\nu_{31} - \nu_{23}\,\nu_{32} - 2\,\nu_{21}\,\nu_{13}\,\nu_{32} \tag{A.21}$$

Steifigkeitsmatrix (symbolische Schreibweise):

$$[C_{\text{ortho}}] = \begin{bmatrix} C_{11} & C_{12} & C_{13} & 0 & 0 & 0 \\ & C_{22} & C_{23} & 0 & 0 & 0 \\ & & C_{33} & 0 & 0 & 0 \\ & & & C_{44} & 0 & 0 \\ & \text{sym.} & & & C_{55} & 0 \\ & & & & & C_{66} \end{bmatrix} \tag{A.22}$$

Zusammenfassung Orthotropie:

Anzahl der Symmetrieebenen:	3
Anzahl der von null verschiedenen Matrixkomponenten:	12
Anzahl der unabhängigen elastischen Materialkennwerte:	9

Unabhängige elastische Materialkennwerte:	E_1,	E_2,	E_3
	ν_{23},	ν_{31},	ν_{12}
	G_{23},	G_{31},	G_{12}

Orthotropie mit zwei orthogonalen Symmetrieebenen

Nachgiebigkeitsmatrix (elastische Materialkennwerte):

$$[S_{\text{ortho}}] = \begin{bmatrix} \frac{1}{E_1} & -\frac{\nu_{21}}{E_1} & -\frac{\nu_{31}}{E_3} & 0 & 0 & 0 \\ & \frac{1}{E_1} & -\frac{\nu_{31}}{E_3} & 0 & 0 & 0 \\ & & \frac{1}{E_3} & 0 & 0 & 0 \\ & & & \frac{1}{G_{23}} & 0 & 0 \\ & \text{sym.} & & & \frac{1}{G_{23}} & 0 \\ & & & & & \frac{1}{G_{12}} \end{bmatrix} \tag{A.23}$$

Nachgiebigkeitsmatrix (symbolische Schreibweise):

$$[S_{\text{ortho}}] = \begin{bmatrix} S_{11} & S_{12} & S_{13} & 0 & 0 & 0 \\ & S_{11} & S_{13} & 0 & 0 & 0 \\ & & S_{33} & 0 & 0 & 0 \\ & & & S_{44} & 0 & 0 \\ & \text{sym.} & & & S_{44} & 0 \\ & & & & & S_{66} \end{bmatrix} \tag{A.24}$$

Steifigkeitsmatrix (elastische Materialkennwerte):

$$[C_{\text{ortho}}] = \begin{bmatrix} \frac{(1-\nu_{23}\,\nu_{32})\,E_1}{\Delta} & \frac{(\nu_{21}+\nu_{23}\,\nu_{31})\,E_1}{\Delta} & \frac{(\nu_{31}+\nu_{21}\,\nu_{32})\,E_1}{\Delta} & 0 & 0 & 0 \\ & \frac{(1-\nu_{13}\,\nu_{31})\,E_1}{\Delta} & \frac{(\nu_{32}+\nu_{12}\,\nu_{31})\,E_1}{\Delta} & 0 & 0 & 0 \\ & & \frac{(1-\nu_{12}\,\nu_{21})\,E_3}{\Delta} & 0 & 0 & 0 \\ & & & G_{23} & 0 & 0 \\ & \text{sym.} & & & G_{23} & 0 \\ & & & & & G_{12} \end{bmatrix} \tag{A.25}$$

mit

$$\Delta = 1 - \nu_{12}^2 - \nu_{13}\nu_{31} - \nu_{23}\,\nu_{32} - 2\,\nu_{23}\,\nu_{31}\,\nu_{12}\,.$$

Steifigkeitsmatrix (symbolische Schreibweise):

$$[C_{\text{ortho}}] = \begin{bmatrix} C_{11} & C_{12} & C_{13} & 0 & 0 & 0 \\ & C_{11} & C_{13} & 0 & 0 & 0 \\ & & C_{33} & 0 & 0 & 0 \\ & & & C_{44} & 0 & 0 \\ & \text{sym.} & & & C_{44} & 0 \\ & & & & & C_{66} \end{bmatrix} \tag{A.26}$$

Zusammenfassung Orthotropie:

Anzahl der Symmetrieebenen:	2
Anzahl der von null verschiedenen Matrixkomponenten:	12
Anzahl der unabhängigen elastischen Materialkennwerte:	6

Unabhängige elastische Materialkennwerte:	$E_1 = E_2,$	E_3
	$\nu_{23} = \nu_{13},$	ν_{12}
	$G_{23} = G_{31},$	G_{12}

A.4 Monotropie

Symmetrieebene: 1-2-Ebene – Drehung um die 3-Achse

Nachgiebigkeitsmatrix (elastische Materialkennwerte):

$$\left[S_{\mathrm{mono}_{12}}\right] = \begin{bmatrix} \frac{1}{E_1} & -\frac{\nu_{21}}{E_2} & -\frac{\nu_{31}}{E_3} & 0 & 0 & \frac{\nu_{61}}{G_{12}} \\ & \frac{1}{E_2} & -\frac{\nu_{32}}{E_3} & 0 & 0 & \frac{\nu_{62}}{G_{12}} \\ & & \frac{1}{E_3} & 0 & 0 & \frac{\nu_{63}}{G_{12}} \\ & & & \frac{1}{G_{23}} & \frac{\nu_{54}}{G_{31}} & 0 \\ & \text{sym.} & & & \frac{1}{G_{31}} & 0 \\ & & & & & \frac{1}{G_{12}} \end{bmatrix} \tag{A.27}$$

Nachgiebigkeitsmatrix (symbolische Schreibweise):

$$\left[S_{\mathrm{mono}_{12}}\right] = \begin{bmatrix} S_{11} & S_{12} & S_{13} & 0 & 0 & S_{16} \\ & S_{22} & S_{23} & 0 & 0 & S_{26} \\ & & S_{33} & 0 & 0 & S_{36} \\ & & & S_{44} & S_{45} & 0 \\ & \text{sym.} & & & S_{55} & 0 \\ & & & & & S_{66} \end{bmatrix} \tag{A.28}$$

Zusammenfassung Monotropie – *Symmetrieebene: 1-2-Ebene*:

Anzahl der Symmetrieebenen:	1
Anzahl der von null verschiedenen Matrixkomponenten:	20
Anzahl der unabhängigen elastischen Materialkennwerte:	13

Unabhängige elastische Materialkennwerte: $E_1,\ E_2,\ E_3$
$G_{23},\ G_{31},\ G_{12}$
$\nu_{23},\ \nu_{31},\ \nu_{12},\ \nu_{61},\ \nu_{62},\ \nu_{63},\ \nu_{54}$

Symmetrieebene: 3-1-Ebene – Drehung um die 2-Achse

Nachgiebigkeitsmatrix (elastische Materialkennwerte):

$$\left[S_{\mathrm{mono}_{31}}\right] = \begin{bmatrix} \frac{1}{E_1} & -\frac{\nu_{21}}{E_2} & -\frac{\nu_{31}}{E_3} & 0 & \frac{\nu_{51}}{G_{31}} & 0 \\ & \frac{1}{E_2} & -\frac{\nu_{32}}{E_3} & 0 & \frac{\nu_{52}}{G_{31}} & 0 \\ & & \frac{1}{E_3} & 0 & \frac{\nu_{53}}{G_{31}} & 0 \\ & & & \frac{1}{G_{23}} & 0 & \frac{\nu_{64}}{G_{12}} \\ & \text{sym.} & & & \frac{1}{G_{31}} & 0 \\ & & & & & \frac{1}{G_{12}} \end{bmatrix} \tag{A.29}$$

Nachgiebigkeitsmatrix (symbolische Schreibweise):

$$
\left[S_{\text{mono}_{31}}\right] = \begin{bmatrix} S_{11} & S_{12} & S_{13} & 0 & S_{15} & 0 \\ & S_{22} & S_{23} & 0 & S_{25} & 0 \\ & & S_{33} & 0 & S_{35} & 0 \\ & & & S_{44} & 0 & S_{46} \\ & \text{sym.} & & & S_{55} & 0 \\ & & & & & S_{66} \end{bmatrix} \tag{A.30}
$$

Zusammenfassung Monotropie – *Symmetrieebene: 3-1-Ebene*:

Anzahl der Symmetrieebenen:	1
Anzahl der von null verschiedenen Matrixkomponenten:	20
Anzahl der unabhängigen elastischen Materialkennwerte:	13

Unabhängige elastische Materialkennwerte: $E_1,\quad E_2,\quad E_3$
$G_{23},\quad G_{31},\quad G_{12}$
$\nu_{23},\quad \nu_{31},\quad \nu_{12},\quad \nu_{51},\quad \nu_{52},\quad \nu_{53},\quad \nu_{64}$

Symmetrieebene: 2-3-Ebene – Drehung um die 1-Achse

Nachgiebigkeitsmatrix (elastische Materialkennwerte):

$$
\left[S_{\text{mono}_{23}}\right] = \begin{bmatrix} \frac{1}{E_1} & -\frac{\nu_{21}}{E_2} & -\frac{\nu_{31}}{E_3} & \frac{\nu_{41}}{G_{23}} & 0 & 0 \\ & \frac{1}{E_2} & -\frac{\nu_{32}}{E_3} & \frac{\nu_{42}}{G_{23}} & 0 & 0 \\ & & \frac{1}{E_3} & \frac{\nu_{43}}{G_{23}} & 0 & 0 \\ & & & \frac{1}{G_{23}} & 0 & 0 \\ & \text{sym.} & & & \frac{1}{G_{31}} & \frac{\nu_{65}}{G_{12}} \\ & & & & & \frac{1}{G_{12}} \end{bmatrix} \tag{A.31}
$$

Nachgiebigkeitsmatrix (symbolische Schreibweise):

$$
\left[S_{\text{mono}_{23}}\right] = \begin{bmatrix} S_{11} & S_{12} & S_{13} & S_{14} & 0 & 0 \\ & S_{22} & S_{23} & S_{24} & 0 & 0 \\ & & S_{23} & S_{34} & 0 & 0 \\ & & & S_{44} & 0 & 0 \\ & \text{sym.} & & & S_{55} & S_{56} \\ & & & & & S_{66} \end{bmatrix} \tag{A.32}
$$

Zusammenfassung Monotropie – *Symmetrieebene: 2-3-Ebene*:

Anzahl der Symmetrieebenen:	1
Anzahl der von null verschiedenen Matrixkomponenten:	20
Anzahl der unabhängigen elastischen Materialkennwerte:	13

Unabhängige elastische Materialkennwerte: $E_1,\quad E_2,\quad E_3$
$G_{23},\quad G_{31},\quad G_{12}$
$\nu_{23},\quad \nu_{31},\quad \nu_{12},\quad \nu_{41},\quad \nu_{42},\quad \nu_{43},\quad \nu_{65}$

A.5 Anisotropie

Nachgiebigkeitsmatrix (elastische Materialkennwerte):

$$[S_{\text{aniso}}] = \begin{bmatrix} \frac{1}{E_1} & -\frac{\nu_{21}}{E_2} & -\frac{\nu_{31}}{E_3} & \frac{\nu_{41}}{G_{23}} & \frac{\nu_{51}}{G_{31}} & \frac{\nu_{61}}{G_{12}} \\ & \frac{1}{E_2} & -\frac{\nu_{32}}{E_3} & \frac{\nu_{42}}{G_{23}} & \frac{\nu_{52}}{G_{31}} & \frac{\nu_{62}}{G_{12}} \\ & & \frac{1}{E_3} & \frac{\nu_{43}}{G_{23}} & \frac{\nu_{53}}{G_{31}} & \frac{\nu_{63}}{G_{12}} \\ & & & \frac{1}{G_{23}} & \frac{\nu_{54}}{G_{31}} & \frac{\nu_{64}}{G_{12}} \\ & \text{sym.} & & & \frac{1}{G_{31}} & \frac{\nu_{65}}{G_{12}} \\ & & & & & \frac{1}{G_{12}} \end{bmatrix} \tag{A.33}$$

Nachgiebigkeitsmatrix (symbolische Schreibweise):

$$[S_{\text{aniso}}] = \begin{bmatrix} S_{11} & S_{12} & S_{13} & S_{14} & S_{15} & S_{16} \\ & S_{22} & S_{23} & S_{24} & S_{25} & S_{26} \\ & & S_{23} & S_{34} & S_{35} & S_{36} \\ & & & S_{44} & S_{45} & S_{46} \\ & \text{sym.} & & & S_{55} & S_{56} \\ & & & & & S_{66} \end{bmatrix} \tag{A.34}$$

Zusammenfassung Anisotropie:

Anzahl der von null verschiedenen Matrixkomponenten:	36
Anzahl der unabhängigen elastischen Materialkennwerte:	21

Unabhängige elastische Materialkennwerte: $E_1,\quad E_2,\quad E_3$
$G_{23},\quad G_{31},\quad G_{12}$
$\nu_{23},\quad \nu_{31},\quad \nu_{12},\quad \nu_{41},\quad \nu_{42},\quad \nu_{43}$
$\nu_{51},\quad \nu_{52},\quad \nu_{53},\quad \nu_{54},\quad \nu_{61},\quad \nu_{62}$
$\nu_{63},\quad \nu_{64},\quad \nu_{65}$

B
Invertierung der Nachgiebigkeitsmatrizen

Ingo Ehrlich

Die in Abschnitt 1.2 und in Anhang B enthaltenen Steifigkeitsmatrizen werden durch Invertierung aus den zugehörigen Nachgiebigkeitsmatrizen hergeleitet. Nachfolgend soll am Beispiel der Orthotropie die Invertierung ausgeführt werden.

B.1 Orthotropie

Orthotropie mit drei orthogonalen Symmetrieebenen

Nachgiebigkeitsmatrix (elastische Materialkennwerte):

$$[S_{\text{ortho}}] = \begin{bmatrix} \frac{1}{E_1} & -\frac{\nu_{21}}{E_2} & -\frac{\nu_{31}}{E_3} & 0 & 0 & 0 \\ & \frac{1}{E_2} & -\frac{\nu_{32}}{E_3} & 0 & 0 & 0 \\ & & \frac{1}{E_3} & 0 & 0 & 0 \\ & & & \frac{1}{G_{23}} & 0 & 0 \\ & \text{sym.} & & & \frac{1}{G_{31}} & 0 \\ & & & & & \frac{1}{G_{12}} \end{bmatrix} \tag{B.1}$$

Nachgiebigkeitsmatrix (symbolische Schreibweise):

$$[S_{\text{ortho}}] = \begin{bmatrix} S_{11} & S_{12} & S_{13} & 0 & 0 & 0 \\ & S_{22} & S_{23} & 0 & 0 & 0 \\ & & S_{33} & 0 & 0 & 0 \\ & & & S_{44} & 0 & 0 \\ & \text{sym.} & & & S_{55} & 0 \\ & & & & & S_{66} \end{bmatrix} \tag{B.2}$$

Invertierung der Nachgiebigkeitsmatrix:

Die Berechnung der orthotropen Steifigkeitsmatrix $[C_{\text{ortho}}]$ erfolgt durch Invertierung der orthotropen Nachgiebigkeitsmatrix $[S_{\text{ortho}}]$. Der Zusammenhang

$$[C_{\text{ortho}}] = [S_{\text{ortho}}]^{-1} = \frac{1}{\det [S_{\text{ortho}}]} \operatorname{adj} [S_{\text{ortho}}] = \frac{1}{\det [S_{\text{ortho}}]} \left(\operatorname{cof} [S_{\text{ortho}}]\right)^T \tag{B.3}$$

beschreibt eine Möglichkeit der Matrixinvertierung.

Aufgrund der Entkopplung[1)] der orthotropen Nachgiebigkeitsmatrix kann die Invertierung dadurch vereinfacht werden, dass statt der (6×6)-Matrix die (3×3)-Untermatrix

$$\left[S_{\text{ortho}}^{(3\times3)}\right] = \begin{bmatrix} S_{11} & S_{12} & S_{13} \\ S_{12} & S_{22} & S_{23} \\ S_{13} & S_{23} & S_{33} \end{bmatrix} \tag{B.4}$$

und die drei (1×1)-Untermatrizen $[S_{44}]$, $[S_{55}]$ und $[S_{66}]$ getrennt invertiert werden. In Formel B.4 ist dabei bereits berücksichtigt, dass die Nachgiebigkeits- und Steifigkeitsmatrizen realer Werkstoffe symmetrisch sind.

B.1.1 Invertierung der (3×3)-Untermatrix

Für die Berechnung der Inversen der (3×3)-Untermatrix kann analog zu Formel B.3 der Zusammenhang

$$\begin{aligned} \left[S_{\text{ortho}}^{(3\times3)}\right]^{-1} &= \begin{bmatrix} S_{11} & S_{12} & S_{13} \\ S_{12} & S_{22} & S_{23} \\ S_{13} & S_{23} & S_{33} \end{bmatrix}^{-1} \\ &= \frac{1}{\det \left[S_{\text{ortho}}^{(3\times3)}\right]} \operatorname{adj} \left[S_{\text{ortho}}^{(3\times3)}\right] = \frac{1}{\det \left[S_{\text{ortho}}^{(3\times3)}\right]} \left(\operatorname{cof} \left[S_{\text{ortho}}^{(3\times3)}\right]\right)^T \end{aligned} \tag{B.5}$$

angegeben werden.

1 Durch die Nulleinträge in der orthotropen Nachgiebigkeitsmatrix Formel B.1 bzw. Formel B.2 kann die (6 × 6)-Matrix aus vier Untermatrizen bestehend verstanden werden. Damit ergeben sich als kleinste Teilmatrizen eine (3×3)-Untermatrix und drei (3×3)-Untermatrizen.

Berechnung der Determinanten der (3×3)-Untermatrix Formel B.5:

Die Berechnung der Determinanten der (3×3)-Untermatrix in Formel B.5 erfolgt zu

$$
\begin{aligned}
\det\left[S^{(3\times3)}_{\text{ortho}}\right] &= \begin{vmatrix} S_{11} & S_{12} & S_{13} \\ S_{12} & S_{22} & S_{23} \\ S_{13} & S_{23} & S_{33} \end{vmatrix} \\
&= S_{11}\cdot\begin{vmatrix} S_{22} & S_{23} \\ S_{23} & S_{33} \end{vmatrix} - S_{12}\cdot\begin{vmatrix} S_{12} & S_{23} \\ S_{13} & S_{33} \end{vmatrix} + S_{13}\cdot\begin{vmatrix} S_{12} & S_{22} \\ S_{13} & S_{23} \end{vmatrix} \\
&= S_{11}\cdot\left(S_{22}S_{33} - S_{23}^2\right) - S_{12}\cdot(S_{12}S_{33} - S_{13}S_{23}) + S_{13}\cdot(S_{12}S_{23} - S_{13}S_{22}) \\
&= S_{11}S_{22}S_{33} - S_{11}S_{23}^2 - S_{12}^2S_{33} + S_{12}S_{13}S_{23} + S_{13}S_{12}S_{23} - S_{13}S_{13}S_{22} \\
&= S_{11}S_{22}S_{33} - S_{11}S_{23}^2 + 2S_{12}S_{13}S_{23} - S_{12}^2S_{33} - S_{13}^2S_{22} \\
&= \frac{1}{E_1}\frac{1}{E_2}\frac{1}{E_3} - \frac{1}{E_1}\left(-\frac{\nu_{32}}{E_3}\right)^2 - 2\frac{\nu_{21}}{E_2}\frac{\nu_{31}}{E_3}\frac{\nu_{32}}{E_3} - \left(-\frac{\nu_{21}}{E_2}\right)^2\frac{1}{E_3} - \left(-\frac{\nu_{31}}{E_3}\right)^2\frac{1}{E_2} \\
&= \frac{1}{E_1E_2E_3}\left(1 - \nu_{32}^2\frac{E_2}{E_3} - 2\nu_{21}\nu_{31}\nu_{32}\frac{E_1}{E_3} - \nu_{21}^2\frac{E_1}{E_2} - \nu_{31}^2\frac{E_1}{E_3}\right) \\
&= \frac{\Delta}{E_1E_2E_3}
\end{aligned}
\tag{B.6}
$$

wobei die Abkürzung

$$
\Delta = 1 - \nu_{32}^2\frac{E_2}{E_3} - 2\,\nu_{21}\,\nu_{31}\,\nu_{32}\frac{E_1}{E_3} - \nu_{21}^2\frac{E_1}{E_2} - \nu_{31}^2\frac{E_1}{E_3}
\tag{B.7}
$$

an dieser Stelle eingeführt wird. Mit der MAXWELL-BETTI-Beziehung

$$
\frac{\nu_{12}}{E_1} = \frac{\nu_{21}}{E_2}, \quad \frac{\nu_{23}}{E_2} = \frac{\nu_{32}}{E_3}, \quad \frac{\nu_{13}}{E_1} = \frac{\nu_{31}}{E_3}
\tag{B.8}
$$

folgt aus Formel B.7 der Zusammenhang

$$
\begin{aligned}
\Delta &= 1 - \nu_{32}^2\frac{\nu_{23}}{\nu_{32}} - 2\,\nu_{21}\,\nu_{31}\,\nu_{32}\frac{\nu_{13}}{\nu_{31}} - \nu_{21}^2\frac{\nu_{12}}{\nu_{21}} - \nu_{31}^2\frac{\nu_{13}}{\nu_{31}} \\
&= 1 - \nu_{32}\,\nu_{23} - 2\,\nu_{21}\,\nu_{32}\,\nu_{13} - \nu_{21}\,\nu_{12} - \nu_{31}\,\nu_{13}
\end{aligned}
\tag{B.9}
$$

Mit dem Zusammenhang

$$
\nu_{21}\,\nu_{32}\,\nu_{13} = \left(\nu_{12}\frac{E_2}{E_1}\right)\left(\nu_{23}\frac{E_3}{E_2}\right)\left(\nu_{31}\frac{E_1}{E_3}\right) = \nu_{12}\,\nu_{23}\,\nu_{31}
\tag{B.10}
$$

kann Formel B.9 auch als

$$
\Delta = 1 - \nu_{32}\,\nu_{23} - 2\,\nu_{12}\,\nu_{23}\,\nu_{31} - \nu_{21}\,\nu_{12} - \nu_{31}\,\nu_{13}
\tag{B.11}
$$

formuliert werden.

Berechnung der Kofaktormatrix der (3×3)-Untermatrix Formel B.5:

Die Kofaktormatrix der (3×3)-Untermatrix in Formel B.5 wird wie folgt berechnet:

$$
\begin{aligned}
\operatorname{cof}\left[S_{\text{ortho}}^{(3\times3)}\right] &= \operatorname{cof}\begin{bmatrix} S_{11} & S_{12} & S_{13} \\ S_{12} & S_{22} & S_{23} \\ S_{13} & S_{23} & S_{33} \end{bmatrix} \\
&= \begin{bmatrix} +\left(S_{22}\,S_{33} - S_{23}^2\right) & -\left(S_{12}\,S_{33} - S_{13}\,S_{23}\right) & +\left(S_{12}\,S_{23} - S_{13}\,S_{22}\right) \\ -\left(S_{12}\,S_{33} - S_{23}\,S_{13}\right) & +\left(S_{11}\,S_{33} - S_{13}^2\right) & -\left(S_{11}\,S_{23} - S_{13}\,S_{12}\right) \\ +\left(S_{12}\,S_{23} - S_{22}\,S_{13}\right) & -\left(S_{11}\,S_{23} - S_{12}\,S_{13}\right) & +\left(S_{11}\,S_{22} - S_{12}^2\right) \end{bmatrix} \\
&= \begin{bmatrix} S_{22}\,S_{33} - S_{23}^2 & S_{13}\,S_{23} - S_{12}\,S_{33} & S_{12}\,S_{23} - S_{13}\,S_{22} \\ S_{23}\,S_{13} - S_{12}\,S_{33} & S_{11}\,S_{33} - S_{13}^2 & S_{13}\,S_{12} - S_{11}\,S_{23} \\ S_{12}\,S_{23} - S_{22}\,S_{13} & S_{12}\,S_{13} - S_{11}\,S_{23} & S_{11}\,S_{22} - S_{12}^2 \end{bmatrix}
\end{aligned} \tag{B.12}
$$

Berechnung der Adjunkten der (3×3)-Untermatrix Formel B.5:

Durch Transponieren der Kofaktormatrix aus Formel B.12 erhält man die Adjunkte der (3×3)-Untermatrix aus Formel B.5:

$$
\begin{aligned}
\operatorname{adj}\left[S_{\text{ortho}}^{(3\times3)}\right] &= \left[\operatorname{cof}\left[S_{\text{ortho}}^{(3\times3)}\right]\right]^T \\
&= \begin{bmatrix} S_{22}\,S_{33} - S_{23}^2 & S_{13}\,S_{23} - S_{12}\,S_{33} & S_{12}\,S_{23} - S_{13}\,S_{22} \\ S_{23}\,S_{13} - S_{12}\,S_{33} & S_{11}\,S_{33} - S_{13}^2 & S_{13}\,S_{12} - S_{11}\,S_{23} \\ S_{12}\,S_{23} - S_{22}\,S_{13} & S_{12}\,S_{13} - S_{11}\,S_{23} & S_{11}\,S_{22} - S_{12}^2 \end{bmatrix}^T \\
&= \begin{bmatrix} S_{22}\,S_{33} - S_{23}^2 & S_{23}\,S_{13} - S_{12}\,S_{33} & S_{12}\,S_{23} - S_{22}\,S_{13} \\ S_{13}\,S_{23} - S_{12}\,S_{33} & S_{11}\,S_{33} - S_{13}^2 & S_{12}\,S_{13} - S_{11}\,S_{23} \\ S_{12}\,S_{23} - S_{13}\,S_{22} & S_{13}\,S_{12} - S_{11}\,S_{23} & S_{11}\,S_{22} - S_{12}^2 \end{bmatrix}
\end{aligned} \tag{B.13}
$$

Ergebnis der Invertierung der (3×3)-Untermatrix Formel B.5:

Mit den Teilergebnissen Formel B.6 und Formel B.13 folgt aus der Formel B.5 weiter:

$$
\begin{aligned}
\left[S_{\text{ortho}}^{(3\times3)}\right]^{-1} &= \frac{1}{\det\left[S_{\text{ortho}}^{(3\times3)}\right]}\operatorname{adj}\left[S_{\text{ortho}}^{(3\times3)}\right] \\
&= \frac{E_1\,E_2\,E_3}{\Delta}\begin{bmatrix} S_{22}\,S_{33} - S_{23}^2 & S_{23}\,S_{13} - S_{12}\,S_{33} & S_{12}\,S_{23} - S_{22}\,S_{13} \\ S_{13}\,S_{23} - S_{12}\,S_{33} & S_{11}\,S_{33} - S_{13}^2 & S_{12}\,S_{13} - S_{11}\,S_{23} \\ S_{12}\,S_{23} - S_{13}\,S_{22} & S_{13}\,S_{12} - S_{11}\,S_{23} & S_{11}\,S_{22} - S_{12}^2 \end{bmatrix} \\
&= \begin{bmatrix} C_{11} & C_{12} & C_{13} \\ C_{12} & C_{22} & C_{23} \\ C_{13} & C_{23} & C_{33} \end{bmatrix}
\end{aligned} \tag{B.14}
$$

Die Berechnung der Koeffizienten der (3×3)-Steifigkeitsmatrix in Formel B.14 erfolgt zu:

$$\begin{aligned}
C_{11}\,\Delta &= E_1\,E_2\,E_3\,\left(S_{22}\,S_{33} - S_{23}^2\right) \\
&= E_1\,E_2\,E_3\,\left(\frac{1}{E_2}\,\frac{1}{E_3} - \left(\frac{\nu_{32}}{E_3}\right)^2\right) \\
&= E_1 - \frac{E_1\,E_2}{E_3}\,\nu_{32}^2 \\
&= E_1 - E_1\,\nu_{23}\,\nu_{32} = \underline{(1-\nu_{23}\,\nu_{32})\;E_1}
\end{aligned} \tag{B.15}$$

$$\begin{aligned}
C_{22}\,\Delta &= E_1\,E_2\,E_3\,\left(S_{11}\,S_{33} - S_{13}^2\right) \\
&= E_1\,E_2\,E_3\,\left(\frac{1}{E_1}\,\frac{1}{E_3} - \left(\frac{\nu_{31}}{E_3}\right)^2\right) \\
&= E_2 - \frac{E_1\,E_2}{E_3}\,\nu_{31}^2 \\
&= E_2 - E_2\,\nu_{13}\,\nu_{31} = \underline{(1-\nu_{13}\,\nu_{31})\;E_2}
\end{aligned} \tag{B.16}$$

$$\begin{aligned}
C_{33}\,\Delta &= E_1\,E_2\,E_3\,\left(S_{11}\,S_{22} - S_{12}^2\right) \\
&= E_1\,E_2\,E_3\,\left(\frac{1}{E_1}\,\frac{1}{E_2} - \left(\frac{\nu_{21}}{E_2}\right)^2\right) \\
&= E_3 - \frac{E_1\,E_3}{E_2}\,\nu_{21}^2 \\
&= E_3 - E_3\,\nu_{12}\,\nu_{21} = \underline{(1-\nu_{12}\,\nu_{21})\;E_3}
\end{aligned} \tag{B.17}$$

$$\begin{aligned}
C_{12}\,\Delta &= E_1\,E_2\,E_3\,\left(S_{23}\,S_{13} - S_{12}\,S_{33}\right) \\
&= E_1\,E_2\,E_3\,\left(\frac{\nu_{32}}{E_3}\,\frac{\nu_{31}}{E_3} + \frac{\nu_{21}}{E_2}\,\frac{1}{E_3}\right) \\
&= \frac{E_1\,E_2}{E_3}\,\nu_{32}\,\nu_{31} + E_1\,\nu_{21} \\
&= E_1\,\nu_{23}\,\nu_{31} + E_1\,\nu_{21} = \underline{(\nu_{23}\,\nu_{31} + \nu_{21})\;E_1}
\end{aligned} \tag{B.18}$$

$$\begin{aligned}
&= E_3\,\nu_{13}\,\nu_{23} + E_2\,\nu_{12} \\
&= E_2\,\nu_{13}\,\nu_{32} + E_2\,\nu_{12} = \underline{(\nu_{13}\,\nu_{32} + \nu_{12})\;E_2}
\end{aligned} \tag{B.19}$$

$$
\begin{aligned}
C_{13}\,\Delta &= E_1\,E_2\,E_3\,(S_{12}\,S_{23} - S_{22}\,S_{13}) \\
&= E_1\,E_2\,E_3\left(\frac{\nu_{21}}{E_2}\,\frac{\nu_{32}}{E_3} + \frac{1}{E_2}\,\frac{\nu_{31}}{E_3}\right) \\
&= E_1\,\nu_{21}\,\nu_{32} + E_1\,\nu_{31} = \underline{(\nu_{21}\,\nu_{32} + \nu_{31})\,E_1} && \text{(B.20)} \\
&= \nu_{12}\,E_2\,\nu_{32} + \nu_{13}\,E_3 \\
&= \nu_{12}\,\nu_{23}\,E_3 + \nu_{13}\,E_3 \\
&= \underline{(\nu_{12}\,\nu_{23} + \nu_{13})\,E_3} && \text{(B.21)}
\end{aligned}
$$

$$
\begin{aligned}
C_{23}\,\Delta &= E_1\,E_2\,E_3\,(S_{12}\,S_{13} - S_{11}\,S_{23}) \\
&= E_1\,E_2\,E_3\left(\frac{\nu_{21}}{E_2}\,\frac{\nu_{31}}{E_3} - \frac{1}{E_1}\,\frac{\nu_{32}}{E_3}\right) \\
&= E_1\,\nu_{21}\,\nu_{31} + E_2\,\nu_{32} = E_2\,\nu_{12}\,\nu_{31} + E_2\,\nu_{32} = \underline{(\nu_{12}\,\nu_{31} + \nu_{32})\,E_2} && \text{(B.22)} \\
&= E_3\,\nu_{21}\,\nu_{13} + E_3\,\nu_{23} \\
&= \underline{(\nu_{21}\,\nu_{13} + \nu_{23})\,E_3} && \text{(B.23)}
\end{aligned}
$$

B.1.2 Invertierung der (1×1)-Untermatrizen

$$[C_{44}] = [S_{44}]^{-1} = \left[\frac{1}{S_{44}}\right] = [G_{23}] \tag{B.24}$$

$$[C_{55}] = [S_{55}]^{-1} = \left[\frac{1}{S_{55}}\right] = [G_{31}] \tag{B.25}$$

$$[C_{66}] = [S_{66}]^{-1} = \left[\frac{1}{S_{66}}\right] = [G_{12}] \tag{B.26}$$

Steifigkeitsmatrix (symbolische Schreibweise):

Die Steifigkeitsmatrix für orthotropes Materialverhalten kann in symbolischer Schreibweise als

$$[C_{\text{ortho}}] = \begin{bmatrix} C_{11} & C_{12} & C_{13} & 0 & 0 & 0 \\ & C_{22} & C_{23} & 0 & 0 & 0 \\ & & C_{33} & 0 & 0 & 0 \\ & & & C_{44} & 0 & 0 \\ & \text{sym.} & & & C_{55} & 0 \\ & & & & & C_{66} \end{bmatrix} \tag{B.27}$$

formuliert werden.

Steifigkeitsmatrix (elastische Materialkennwerte):

Die Berücksichtigung der Zwischenergebnisse Formel B.15 bis Formel B.17, Formel B.18, Formel B.20, Formel B.22 sowie Formel B.24 bis Formel B.26 führen auf eine erste Darstellungsform der orthotropen Steifigkeitsmatrix in Abhängigkeit von den elastischen Materialkennwerten:

$$[C_{\text{ortho}}] = \begin{bmatrix} \frac{(1-\nu_{23}\,\nu_{32})\,E_1}{\Delta} & \frac{(\nu_{23}\nu_{31}+\nu_{21})\,E_1}{\Delta} & \frac{(\nu_{21}\,\nu_{32}+\nu_{31})\,E_1}{\Delta} & 0 & 0 & 0 \\ & \frac{(1-\nu_{13}\,\nu_{31})\,E_2}{\Delta} & \frac{(\nu_{12}\,\nu_{31}+\nu_{32})\,E_2}{\Delta} & 0 & 0 & 0 \\ & & \frac{(1-\nu_{12}\,\nu_{21})\,E_3}{\Delta} & 0 & 0 & 0 \\ & & & G_{23} & 0 & 0 \\ & \text{sym.} & & & G_{31} & 0 \\ & & & & & G_{12} \end{bmatrix} \tag{B.28}$$

Ausgehend von der Formel B.27 erhält man mithilfe der Zwischenergebnisse Formel B.15 bis Formel B.17, Formel B.19, Formel B.21, Formel B.22 und Formel B.24 bis Formel B.26 eine zweite Darstellungsform der orthotropen Steifigkeitsmatrix:

$$[C_{\text{ortho}}] = \begin{bmatrix} \frac{(1-\nu_{23}\,\nu_{32})\,E_1}{\Delta} & \frac{(\nu_{13}\nu_{32}+\nu_{12})\,E_2}{\Delta} & \frac{(\nu_{12}\,\nu_{23}+\nu_{13})\,E_3}{\Delta} & 0 & 0 & 0 \\ & \frac{(1-\nu_{13}\,\nu_{31})\,E_2}{\Delta} & \frac{(\nu_{21}\nu_{13}+\nu_{23})\,E_3}{\Delta} & 0 & 0 & 0 \\ & & \frac{(1-\nu_{12}\,\nu_{21})\,E_3}{\Delta} & 0 & 0 & 0 \\ & & & G_{23} & 0 & 0 \\ & \text{sym.} & & & G_{31} & 0 \\ & & & & & G_{12} \end{bmatrix} \tag{B.29}$$

In beiden Fällen Formel B.28 und Formel B.19 mit

$$\Delta = 1 - \nu_{12}\,\nu_{21} - \nu_{13}\nu_{31} - \nu_{23}\,\nu_{32} - 2\,\nu_{21}\,\nu_{13}\,\nu_{32} \tag{B.30}$$

bzw.

$$\Delta = 1 - \nu_{12}\,\nu_{21} - \nu_{13}\nu_{31} - \nu_{23}\,\nu_{32} - 2\,\nu_{12}\,\nu_{31}\,\nu_{23} \tag{B.31}$$

C

Transformation der unidirektionalen Einzelschicht

INGO EHRLICH

Die Richtung der Transformation ist in diesem Buch definiert vom globalen Laminatkoordinatensystem in das lokale Einzelschichtkoordinatensystem:

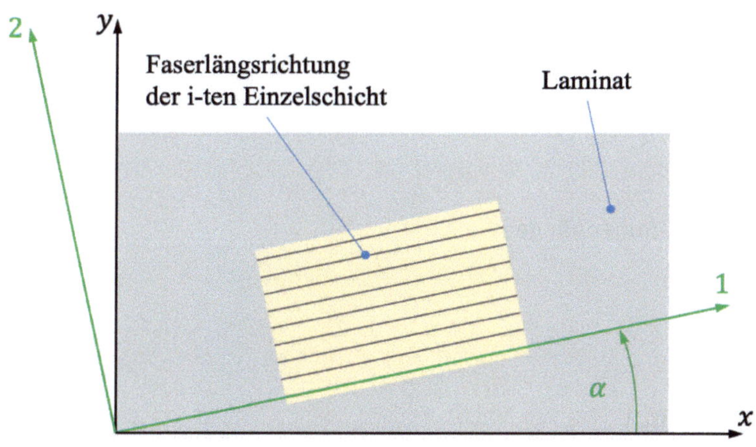

Bild C.1 Transformationsrichtung vom globalen x-y-z-Koordinatensystem in das lokale, faserorientierte 1-2-3-Koordinatensystem der i-ten Einzelschicht

C.1 Transformation der Spannungen

Transformation der Spannungen vom globalen in das lokale Koordinatensystem:

$$\begin{Bmatrix} \sigma_1 \\ \sigma_2 \\ \tau_{12} \end{Bmatrix} = \begin{bmatrix} \cos^2\alpha & \sin^2\alpha & 2\,\sin\alpha\,\cos\alpha \\ \sin^2\alpha & \cos^2\alpha & -2\,\sin\alpha\,\cos\alpha \\ -\sin\alpha\,\cos\alpha & \sin\alpha\,\cos\alpha & \cos^2\alpha - \sin^2\alpha \end{bmatrix} \begin{Bmatrix} \sigma_x \\ \sigma_y \\ \tau_{xy} \end{Bmatrix} \tag{C.1}$$

bzw.

$$\{\sigma_{12}\} = [T_\sigma]\,\{\sigma_{xy}\} \tag{C.2}$$

Transformation der Spannungen vom lokalen in das globale Koordinatensystem:

$$\begin{Bmatrix} \sigma_x \\ \sigma_y \\ \tau_{xy} \end{Bmatrix} = \begin{bmatrix} \cos^2\alpha & \sin^2\alpha & -2\,\sin\alpha\,\cos\alpha \\ \sin^2\alpha & \cos^2\alpha & 2\,\sin\alpha\,\cos\alpha \\ \sin\alpha\,\cos\alpha & -\sin\alpha\,\cos\alpha & \cos^2\alpha - \sin^2\alpha \end{bmatrix} \begin{Bmatrix} \sigma_1 \\ \sigma_2 \\ \tau_{12} \end{Bmatrix} \tag{C.3}$$

bzw.

$$\{\sigma_{xy}\} = [T_\sigma]^{-1}\,\{\sigma_{12}\} \tag{C.4}$$

Es gelten die Zusammenhänge:

$$[T_\sigma] = [T_\sigma(\alpha)] \tag{C.5}$$

$$[T_\sigma(-\alpha)] = [T_\sigma(\alpha)]^{-1} \tag{C.6}$$

$$\{\sigma_{xy}\} = [T_\sigma(-\alpha)]\;\{\sigma_{12}\} \tag{C.7}$$

C.1.1 Transformationsmatrizen der Spannungen ausgewählter Winkel

$$[T_\sigma(30°)] = \begin{bmatrix} 0.750 & 0.250 & 0.866 \\ 0.250 & 0.750 & -0.866 \\ -0.433 & 0.433 & 0.500 \end{bmatrix}$$

$$[T_\sigma(45°)] = \begin{bmatrix} 0.500 & 0.500 & 1.000 \\ 0.500 & 0.500 & -1.000 \\ -0.500 & 0.500 & 0.000 \end{bmatrix}$$

$$[T_\sigma(60°)] = \begin{bmatrix} 0.250 & 0.750 & 0.866 \\ 0.750 & 0.250 & -0.866 \\ -0.433 & 0.433 & -0.500 \end{bmatrix}$$

$$[T_\sigma(90°)] = \begin{bmatrix} 0.000 & 1.000 & 0.000 \\ 1.000 & 0.000 & 0.000 \\ 0.000 & 0.000 & -1.000 \end{bmatrix}$$

$$[T_\sigma(30°)]^{-1} = [T_\sigma(-30°)] = \begin{bmatrix} 0.750 & 0.250 & -0.866 \\ 0.250 & 0.750 & 0.866 \\ 0.433 & -0.433 & 0.500 \end{bmatrix}$$

$$[T_\sigma(45°)]^{-1} = [T_\sigma(-45°)] = \begin{bmatrix} 0.500 & 0.500 & -1.000 \\ 0.500 & 0.500 & 1.000 \\ 0.500 & -0.500 & 0.000 \end{bmatrix}$$

$$[T_\sigma(60°)]^{-1} = [T_\sigma(-60°)] = \begin{bmatrix} 0.250 & 0.750 & -0.866 \\ 0.750 & 0.250 & 0.866 \\ 0.433 & -0.433 & -0.500 \end{bmatrix}$$

$$[T_\sigma(90°)]^{-1} = [T_\sigma(-90°)] = \begin{bmatrix} 0.000 & 1.000 & 0.000 \\ 1.000 & 0.000 & 0.000 \\ 0.000 & 0.000 & -1.000 \end{bmatrix}$$

C.2 Transformation der Verzerrungen

Transformation der Verzerrungen vom globalen in das lokale Koordinatensystem:

$$\begin{Bmatrix} \varepsilon_{\parallel} \\ \varepsilon_{\perp} \\ \gamma_{\#} \end{Bmatrix} = \begin{bmatrix} \cos^2\alpha & \sin^2\alpha & \sin\alpha\,\cos\alpha \\ \sin^2\alpha & \cos^2\alpha & -\sin\alpha\,\cos\alpha \\ -2\sin\alpha\,\cos\alpha & 2\sin\alpha\,\cos\alpha & \cos^2\alpha-\sin^2\alpha \end{bmatrix} \begin{Bmatrix} \varepsilon_x \\ \varepsilon_y \\ \gamma_{xy} \end{Bmatrix} \tag{C.8}$$

bzw.

$$\{\varepsilon_{12}\} = [T_\varepsilon]\,\{\varepsilon_{xy}\} \tag{C.9}$$

Transformation der Verzerrungen vom lokalen in das globale Koordinatensystem:

$$\begin{Bmatrix} \varepsilon_x \\ \varepsilon_y \\ \gamma_{xy} \end{Bmatrix} = \begin{bmatrix} \cos^2\alpha & \sin^2\alpha & -\sin\alpha\,\cos\alpha \\ \sin^2\alpha & \cos^2\alpha & \sin\alpha\,\cos\alpha \\ 2\sin\alpha\,\cos\alpha & -2\sin\alpha\,\cos\alpha & \cos^2\alpha-\sin^2\alpha \end{bmatrix} \begin{Bmatrix} \varepsilon_{\parallel} \\ \varepsilon_{\perp} \\ \gamma_{\#} \end{Bmatrix} \tag{C.10}$$

bzw.

$$\{\varepsilon_{xy}\} = [T_\varepsilon]^{-1}\,\{\varepsilon_{12}\} \tag{C.11}$$

Es gelten die Zusammenhänge:

$$[T_\sigma]^T = [T_\varepsilon]^{-1} \tag{C.12}$$

$$[T_\varepsilon]^T = [T_\sigma]^{-1} \tag{C.13}$$

C.2.1 Transformationsmatrizen der Verzerrungen ausgewählter Winkel

$$[T_\varepsilon(30°)] = \begin{bmatrix} 0.750 & 0.250 & 0.433 \\ 0.250 & 0.750 & -0.433 \\ -0.866 & 0.866 & 0.500 \end{bmatrix}$$

$$[T_\varepsilon(45°)] = \begin{bmatrix} 0.500 & 0.500 & 0.500 \\ 0.500 & 0.500 & -0.500 \\ -1.000 & 1.000 & 0.000 \end{bmatrix}$$

$$[T_\varepsilon(60°)] = \begin{bmatrix} 0.250 & 0.750 & 0.433 \\ 0.750 & 0.250 & -0.433 \\ -0.866 & 0.866 & -0.500 \end{bmatrix}$$

$$[T_\varepsilon(90°)] = \begin{bmatrix} 0.000 & 1.000 & 0.000 \\ 1.000 & 0.000 & 0.000 \\ 0.000 & 0.000 & -1.000 \end{bmatrix}$$

$$[T_\varepsilon(30°)]^{-1} = [T_\varepsilon(-30°)] = \begin{bmatrix} 0.750 & 0.250 & -0.433 \\ 0.250 & 0.750 & 0.433 \\ 0.866 & -0.866 & 0.500 \end{bmatrix}$$

$$[T_\varepsilon(45°)]^{-1} = [T_\varepsilon(-45°)] = \begin{bmatrix} 0.500 & 0.500 & -0.500 \\ 0.500 & 0.500 & 0.500 \\ 1.000 & -1.000 & 0.000 \end{bmatrix}$$

$$[T_\varepsilon(60°)]^{-1} = [T_\varepsilon(-60°)] = \begin{bmatrix} 0.250 & 0.750 & -0.433 \\ 0.750 & 0.250 & 0.433 \\ 0.866 & -0.866 & -0.500 \end{bmatrix}$$

$$[T_\varepsilon(90°)]^{-1} = [T_\varepsilon(-90°)] = \begin{bmatrix} 0.000 & 1.000 & 0.000 \\ 1.000 & 0.000 & 0.000 \\ 0.000 & 0.000 & -1.000 \end{bmatrix}$$

D
Verzerrungen des Laminats

INGO EHRLICH

Zur besseren Vorstellung des Verformungsverhaltens von Platten sind nachfolgend die Verzerrungen einzeln dargestellt worden. Anzumerken ist, dass die Verzerrungen isoliert ohne Querkontraktionseffekte dargestellt worden sind. Ein solches ausschließliches Verzerrrungsbild wird sich in der Regel nicht einstellen. Dennoch verhilft einem diese Darstellung zu einem besseren Verständnis für die Interpretation der Berechnungsergebnisse.

Reine Normalverzerrung – Dehnung

Verformung der Mittelebene für $\varepsilon_x \neq 0$ und $\varepsilon_y = \gamma_{xy} = \kappa_x = \kappa_y = \kappa_{xy} = 0$

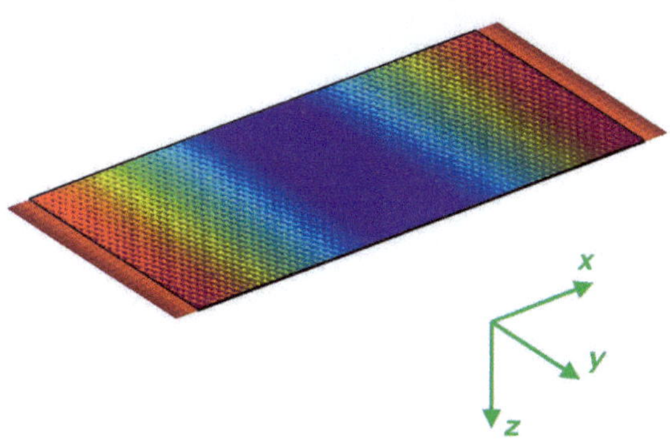

Bild D.1 Reine Normalverzerrung – Dehnung ε_x

Reine Normalverzerrung – (Quer-)Dehnung

Verformung der Mittelebene für $\varepsilon_y \neq 0$ und $\varepsilon_x = \gamma_{xy} = \kappa_x = \kappa_y = \kappa_{xy} = 0$

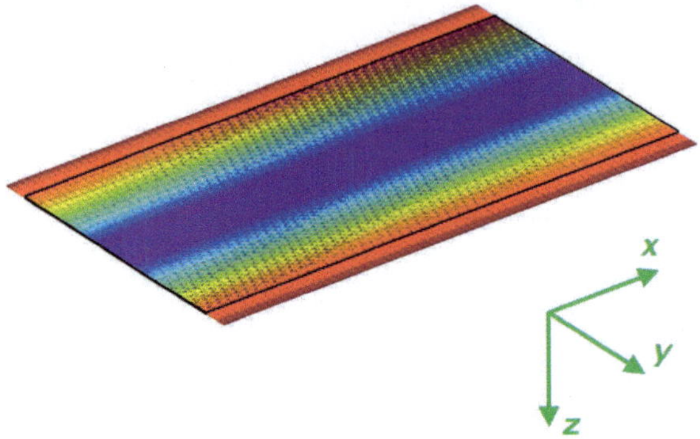

Bild D.2 Reine Normalverzerrung – (Quer-)Dehnung ε_y

Reine Gleitung

Verformung der Mittelebene für $\gamma_{xy} \neq 0$ und $\varepsilon_x = \varepsilon_y = \kappa_x = \kappa_y = \kappa_{xy} = 0$

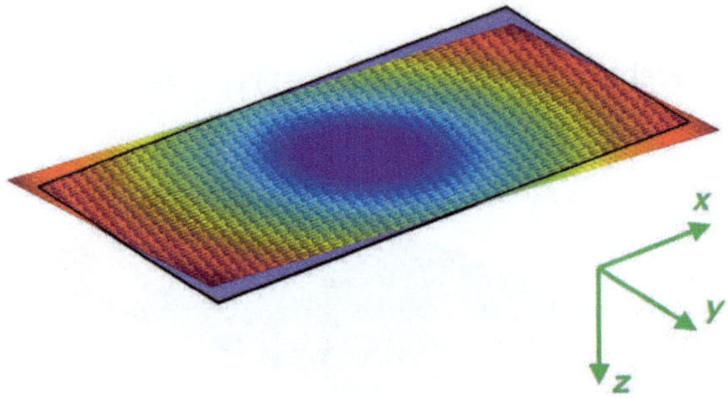

Bild D.3 Reine Gleitung γ_{xy}

Reine (Längs-)Krümmung

Verformung der Mittelebene für $\kappa_x \neq 0$ und $\varepsilon_x = \varepsilon_y = \gamma_{xy} = \kappa_y = \kappa_{xy} = 0$

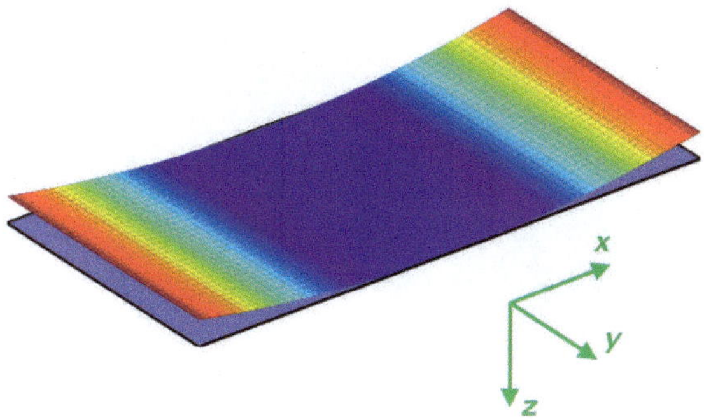

Bild D.4 Reine Krümmung κ_x

Reine (Quer-)Krümmung

Verformung der Mittelebene für $\kappa_y \neq 0$ und $\varepsilon_x = \varepsilon_x = \gamma_{xy} = \kappa_y = \kappa_{xy} = 0$

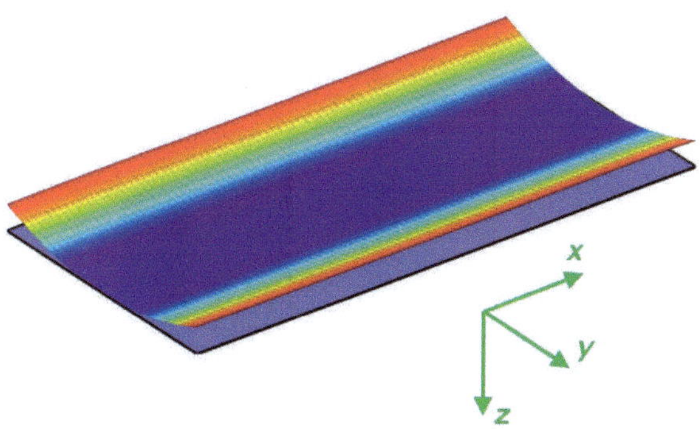

Bild D.5 Reine Krümmung κ_y

Reine Verdrillung

Verformung der Mittelebene für $\kappa_{xy} \neq 0$ und $\varepsilon_x = \varepsilon_x = \gamma_y = \kappa_x = \kappa_y = 0$

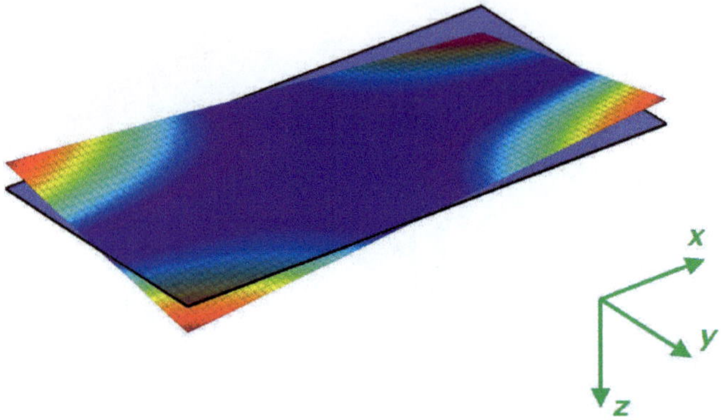

Bild D.6 Reine Verdrillung κ_{xy}

E
Gleichungen der Klassischen Laminattheorie

INGO EHRLICH

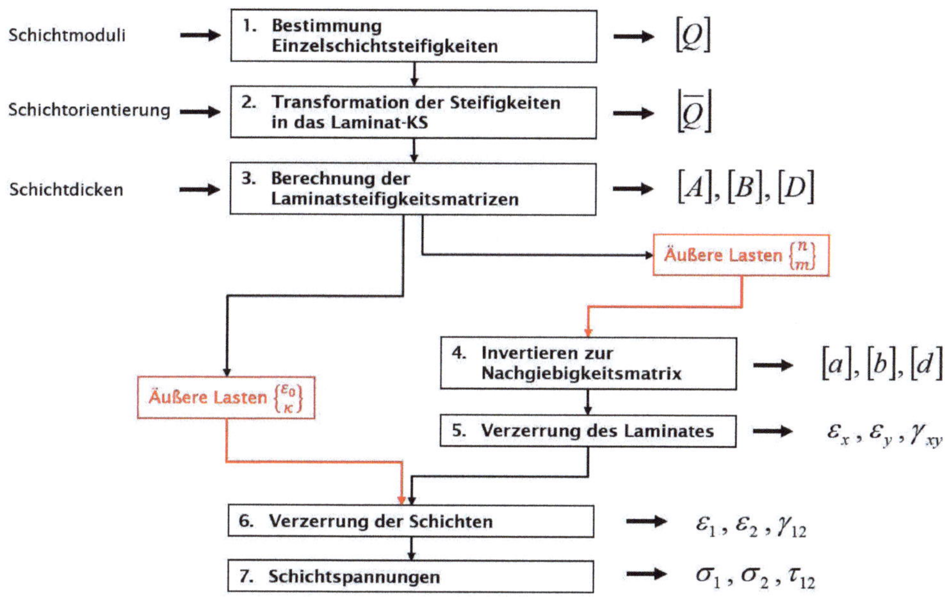

Bild E.1 Berechnungsschritte der Klassischen Laminattheorie

E.1 Bestimmung der Einzelschichtsteifigkeiten

$$[Q] = \begin{bmatrix} \frac{E_1}{1-\nu_{12}\,\nu_{21}} & \frac{\nu_{12}\,E_2}{1-\nu_{12}\,\nu_{21}} & 0 \\ \frac{\nu_{21}\,E_1}{1-\nu_{12}\,\nu_{21}} & \frac{E_2}{1-\nu_{12}\,\nu_{21}} & 0 \\ 0 & 0 & G_{12} \end{bmatrix} = \begin{bmatrix} \frac{E_{\parallel}}{1-\nu_{\parallel\perp}\,\nu_{\perp\parallel}} & \frac{\nu_{\parallel\perp}\,E_{\perp}}{1-\nu_{\parallel\perp}\,\nu_{\perp\parallel}} & 0 \\ \frac{\nu_{\perp\parallel}\,E_{\parallel}}{1-\nu_{\parallel\perp}\,\nu_{\perp\parallel}} & \frac{E_{\perp}}{1-\nu_{\parallel\perp}\,\nu_{\perp\parallel}} & 0 \\ 0 & 0 & G_{\#} \end{bmatrix} \tag{E.1}$$

bzw.

$$[Q] = \begin{bmatrix} \frac{E_1}{1-\nu_{12}\,\nu_{21}} & \frac{\nu_{12}\,E_2}{1-\nu_{12}\,\nu_{21}} & 0 \\ & \frac{E_2}{1-\nu_{12}\,\nu_{21}} & 0 \\ \text{sym.} & & G_{12} \end{bmatrix} = \begin{bmatrix} \frac{E_\parallel}{1-\nu_{\parallel\perp}\,\nu_{\perp\parallel}} & \frac{\nu_{\parallel\perp}\,E_\perp}{1-\nu_{\parallel\perp}\,\nu_{\perp\parallel}} & 0 \\ & \frac{E_\perp}{1-\nu_{\parallel\perp}\,\nu_{\perp\parallel}} & 0 \\ \text{sym.} & & G_\# \end{bmatrix} \tag{E.2}$$

E.2 Transformation der Steifigkeiten in das Laminat-KS

$$[\bar{Q}] = [T_\varepsilon]^T\,[Q]\,[T_\varepsilon] = [T_\sigma]^{-1}\,[Q]\,[T_\sigma]^{-T} \tag{E.3}$$

mit

$$[T_\varepsilon]^T = [T_\sigma]^{-1} = \begin{bmatrix} \cos^2\alpha & \sin^2\alpha & -2\,\sin\alpha\,\sin\alpha \\ \sin^2\alpha & \cos^2\alpha & 2\,\sin\alpha\,\sin\alpha \\ \sin\alpha\,\sin\alpha & -\sin\alpha\,\sin\alpha & \cos^2\alpha - \sin^2\alpha \end{bmatrix} \tag{E.4}$$

und

$$[T_\varepsilon] = [T_\sigma]^{-T} \tag{E.5}$$

E.3 Berechnung der Laminatsteifigkeitsmatrizen

$$[A] = \sum_{i=1}^{n} [\bar{Q}]_i\,(z_i - z_{i-1}) = \sum_{i=1}^{n} [\bar{Q}]_i\,t_i \tag{E.6}$$

$$[B] = \frac{1}{2}\sum_{i=1}^{n} [\bar{Q}]_i\left(z_i^2 - z_{i-1}^2\right) = \sum_{i=1}^{n} [\bar{Q}]_i\,t_i\,\frac{(z_i - z_{i-1})}{2} = \sum_{i=1}^{n} [\bar{Q}]_i\,t_i\,\bar{z}_i \tag{E.7}$$

$$\begin{aligned}[D] &= \frac{1}{3}\sum_{i=1}^{n} [\bar{Q}]_i\left(z_i^3 - z_{i-1}^3\right) \\ &= \sum_{i=1}^{n} [\bar{Q}]_i\left(t_i\left(\frac{z_i + z_{i-1}}{2}\right)^2 + \frac{t_i^3}{12}\right) = \sum_{i=1}^{n} [\bar{Q}]_i\left(\bar{z}_i^2 + \frac{t_i^2}{12}\right) t_i\end{aligned} \tag{E.8}$$

E.4 Invertieren der Nachgiebigkeitsmatrix

$$\begin{Bmatrix} \varepsilon_0 \\ \kappa \end{Bmatrix} = \begin{bmatrix} a & b \\ b & d \end{bmatrix} \begin{Bmatrix} n \\ m \end{Bmatrix} \tag{E.9}$$

$$[a] = [A]^{-1} - [A]^{-1}[B]\left([B][A]^{-1}[B] - [D]\right)^{-1}[B][A]^{-1} \tag{E.10a}$$

$$[b] = [A]^{-1}[B]\left([B][A]^{-1}[B] - [D]\right)^{-1} \tag{E.10b}$$

$$[c] = [b]^T = \left([B][A]^{-1}[B] - [D]\right)^{-1}[B][A]^{-1} \tag{E.10c}$$

$$[d] = -\left([B][A]^{-1}[B] - [D]\right)^{-1} \tag{E.10d}$$

$$[a] = [A]^{-1} \tag{E.11a}$$

$$[b] = [0] \tag{E.11b}$$

$$[c] = [0] \tag{E.11c}$$

$$[d] = [D]^{-1} \tag{E.11d}$$

E.5 Verzerrungen des Laminats durch mechanische Lasten

$$\begin{Bmatrix} \varepsilon_0 \\ \kappa \end{Bmatrix} = \begin{bmatrix} a & b \\ b & d \end{bmatrix} \begin{Bmatrix} n \\ m \end{Bmatrix} \tag{E.12}$$

$$n_x = \int_{z_0}^{z_n} \sigma_x \, dz \qquad n_y = \int_{z_0}^{z_n} \sigma_y \, dz \qquad n_{xy} = \int_{z_0}^{z_n} \tau_{xy} \, dz \tag{E.13}$$

$$m_x = \int_{z_0}^{z_n} \sigma_x \, z \, dz \qquad m_y = \int_{z_0}^{z_n} \sigma_y \, z \, dz \qquad m_{xy} = \int_{z_0}^{z_n} \tau_{xy} \, z \, dz \tag{E.14}$$

$$\begin{Bmatrix} \varepsilon_x \\ \varepsilon_y \\ \gamma_{xy} \end{Bmatrix} = \begin{Bmatrix} \varepsilon_{x,0} \\ \varepsilon_{y,0} \\ \gamma_{xy,0} \end{Bmatrix} + z \begin{Bmatrix} \kappa_x \\ \kappa_y \\ \kappa_{xy} \end{Bmatrix} \tag{E.15}$$

E.6 Rücktransformation der Verzerrungen

$$\{\varepsilon_{12}\}_i = [T_\varepsilon]_i \, \{\varepsilon_{xy}\} \tag{E.16}$$

mit

$$[T_\varepsilon]_i = \begin{bmatrix} \cos^2\alpha & \sin^2\alpha & \sin\alpha \, \sin\alpha \\ \sin^2\alpha & \cos^2\alpha & -\sin\alpha \, \sin\alpha \\ -2\,\sin\alpha\,\sin\alpha & 2\,\sin\alpha\,\sin\alpha & \cos^2\alpha - \sin^2\alpha \end{bmatrix} \tag{E.17}$$

wobei

$$[T_\varepsilon]_i = [T_\varepsilon(\alpha_i)] \tag{E.18}$$

E.7 Berechnung der Einzelschichtspannungen

$$\{\sigma_{12}\}_i = [Q]_i \, \{\varepsilon_{12}\}_i \tag{E.19}$$

Alternativer Berechnungsweg ausgehend von Formel E.15

$$\{\sigma_{xy}\}_i = [\bar{Q}]_i \, \{\varepsilon_{xy}\} \tag{E.20}$$

$$\{\sigma_{12}\}_i = [T_\sigma]_i \, \{\sigma_{xy}\}_i \tag{E.21}$$

mit

$$[T_\sigma]_i = \begin{bmatrix} \cos^2\alpha & \sin^2\alpha & 2\,\sin\alpha\,\sin\alpha \\ \sin^2\alpha & \cos^2\alpha & -2\,\sin\alpha\,\sin\alpha \\ -\sin\alpha\,\sin\alpha & \sin\alpha\,\sin\alpha & \cos^2\alpha - \sin^2\alpha \end{bmatrix} \tag{E.22}$$

F
Herleitungen

INGO EHRLICH

Nachfolgend werden die einzelnen Umformungsschritte im Rahmen der Herleitungen ausgeführt.

Aus Unterabschnitt 8.2.5 Wölbung

Allgemeine Form der Wölbung eines Laminates:

$$w = -\frac{1}{2}\left(\kappa_x\, x^2 + \kappa_y\, y^2 + \kappa_{xy}\, x\, y\right) \tag{8.181}$$

Zusammenhänge für den betrachteten Laminataufbau:

$$n_{x,HT} = (A_{11} + A_{12})\, \varepsilon_{x,0} + B_{11}\, \kappa_x \tag{8.192a}$$

$$m_{x,HT} = B_{11}\, \varepsilon_{x,0} + (D_{11} - D_{12})\, \kappa_x \tag{8.192b}$$

Umformen der Formel 8.192a und Formel 8.192b zu:

$$\varepsilon_{x,0} = \frac{n_{x,HT} - B_{11}\, \kappa_x}{(A_{11} + A_{12})} \tag{8.192a1}$$

$$\kappa_x = \frac{m_{x,HT} - B_{11}\, \varepsilon_{x,0}}{(D_{11} - D_{12})} \tag{8.192b1}$$

Herleitung der Verzerrung der Bezugsebene:

Umstellen von Formel 8.192a1:

$$\varepsilon_{x,0} = \frac{n_{x,HT}}{(A_{11} + A_{12})} - \frac{B_{11}\, \kappa_x}{(A_{11} + A_{12})} \tag{8.192a2}$$

Einsetzen von Formel 8.192b1 in Formel 8.192a2:

$$n_{x,HT}\varepsilon_{x,0} = \frac{n_{x,HT}}{(A_{11} + A_{12})} - \frac{B_{11}}{(A_{11} + A_{12})}\frac{m_{x,HT} - B_{11}\,\varepsilon_{x,0}}{(D_{11} - D_{12})}$$

Durch schrittweises Umformen folgt weiter:

$$\varepsilon_{x,0} = \frac{n_{x,HT}}{(A_{11} + A_{12})} - \frac{B_{11}\,m_{x,HT}}{(A_{11} + A_{12})\,(D_{11} - D_{12})} + \frac{B_{11}\,B_{11}\,\varepsilon_{x,0}}{(A_{11} + A_{12})\,(D_{11} - D_{12})}$$

$$(A_{11} + A_{12})\,\varepsilon_{x,0} = n_{x,HT} - \frac{B_{11}\,m_{x,HT}}{(D_{11} - D_{12})} + \frac{B_{11}\,B_{11}\,\varepsilon_{x,0}}{(D_{11} - D_{12})}$$

$$(A_{11} + A_{12})\,\varepsilon_{x,0} - \frac{B_{11}\,B_{11}\,\varepsilon_{x,0}}{(D_{11} - D_{12})} = n_{x,HT} - \frac{B_{11}\,m_{x,HT}}{(D_{11} - D_{12})}$$

$$\frac{(A_{11} + A_{12})\,(D_{11} - D_{12})\varepsilon_{x,0} - B_{11}\,B_{11}\,\varepsilon_{x,0}}{(D_{11} - D_{12})} = \frac{(D_{11} - D_{12})\,n_{x,HT} - B_{11}\,m_{x,HT}}{(D_{11} - D_{12})}$$

$$(A_{11} + A_{12})\,(D_{11} - D_{12})\,\varepsilon_{x,0} - B_{11}\,B_{11}\,\varepsilon_{x,0} = (D_{11} - D_{12})\,n_{x,HT} - B_{11}\,m_{x,HT}$$

$$((A_{11} + A_{12})\,(D_{11} - D_{12}) - B_{11}\,B_{11})\;\varepsilon_{x,0} = (D_{11} - D_{12})\,n_{x,HT} - B_{11}\,m_{x,HT}$$

Verzerrung der Bezugsebene:

$$\varepsilon_{x,0} = \frac{(D_{11} - D_{12})\,n_{x,HT} - B_{11}\,m_{x,HT}}{(A_{11} + A_{12})\,(D_{11} - D_{12}) - B_{11}^2} \tag{8.193}$$

Herleitung der Krümmung der Bezugsebene:

In ganz analoger Weise kann die Krümmung der Bezugsebene aus Formel 8.192a1 und Formel 8.192b1 hergleitet werden.

Umstellen von 8.192b1:

$$\kappa_x = \frac{m_{x,HT}}{(D_{11} - D_{12})} - \frac{B_{11}\,\varepsilon_{x,0}}{(D_{11} - D_{12})} \tag{8.192b2}$$

Einsetzen von Formel 8.192a1 in Formel 8.192b2:

$$\kappa_x = \frac{m_{x,HT}}{(D_{11} - D_{12})} - \frac{B_{11}}{(D_{11} - D_{12})}\frac{n_{x,HT} - B_{11}\,\kappa_x}{(A_{11} + A_{12})}$$

Durch schrittweises Umformen folgt weiter:

$$\kappa_x = \frac{m_{x,HT}}{(D_{11} - D_{12})} - \frac{B_{11}\,n_{x,HT}}{(A_{11} + A_{12})\,(D_{11} - D_{12})} + \frac{B_{11}\,B_{11}\,\kappa_x}{(A_{11} + A_{12})\,(D_{11} - D_{12})}$$

$$(D_{11} - D_{12})\;\kappa_x = m_{x,HT} - \frac{B_{11}\,n_{x,HT}}{(A_{11} + A_{12})} + \frac{B_{11}\,B_{11}\,\kappa_x}{(A_{11} + A_{12})}$$

$$(D_{11} - D_{12})\;\kappa_x - \frac{B_{11}\,B_{11}\,\kappa_x}{(A_{11} + A_{12})} = m_{x,HT} - \frac{B_{11}\,n_{x,HT}}{(A_{11} + A_{12})}$$

$$(A_{11} + A_{12})\,(D_{11} - D_{12})\;\kappa_x - B_{11}\,B_{11}\,\kappa_x = (A_{11} + A_{12})\,m_{x,HT} - B_{11}\,n_{x,HT}$$

$$((A_{11}+A_{12})\,(D_{11}-D_{12})-B_{11}\,B_{11})\;\kappa_x=(A_{11}+A_{12})\,m_{x,HT}-B_{11}\,n_{x,HT}$$

Krümmung der Bezugsebene:

$$\kappa_x=\frac{(A_{11}+A_{12})\,m_{x,HT}-B_{11}\,n_{x,HT}}{(A_{11}+A_{12})\,(D_{11}-D_{12})-B_{11}^2} \tag{8.194}$$

Form der Wölbung eines antisymmetrischen Kreuzverbundes:

Unter Berücksichtigung der Teilergebnisse aus der Formel 8.188

$$\kappa_x=-\kappa_y \qquad \text{und} \qquad \kappa_{xy}=0$$

und der Beziehungen Formel 8.193 und Formel 8.194 folgt aus der Formel 8.181 weiter:

$$w=-\frac{1}{2}\,\frac{(A_{11}+A_{12})\,m_{x,HT}-B_{11}\,n_{x,HT}}{(A_{11}+A_{12})\,(D_{11}-D_{12})-B_{11}^2}\left(x^2-y^2\right) \tag{8.181}$$

G
Lösungen

Ingo Ehrlich

Die Lösungen zu den Übungen aus den Einzelkapiteln finden sich nachfolgend.

Übungen aus Kapitel 6

Übung 6.5.1-2

Mit Formel 6.91 folgt für die Transformation der lokalen Spannungen ins globale Koordinatensystem die *inverse Transformationsmatrix der Spannungen* $[T_\sigma]^{-1}$ zu

$$\left[T_\sigma\left(\alpha = 30°\right)\right]^{-1} = \begin{bmatrix} \frac{3}{4} & \frac{1}{2} & -\frac{\sqrt{3}}{2} \\ \frac{1}{2} & \frac{3}{4} & \frac{\sqrt{3}}{2} \\ \frac{\sqrt{3}}{4} & -\frac{\sqrt{3}}{4} & \frac{1}{2} \end{bmatrix}$$

Das gleiche Ergebnis wird erzielt, wenn für die *Transformationsmatrix der Spannungen* $[T_\sigma]$ die negative Drehung $\alpha = -30°$ angenommen wird:

$$\left[T_\sigma\left(\alpha = -30°\right)\right] = \begin{bmatrix} \frac{3}{4} & \frac{1}{2} & -\frac{\sqrt{3}}{2} \\ \frac{1}{2} & \frac{3}{4} & \frac{\sqrt{3}}{2} \\ \frac{\sqrt{3}}{4} & -\frac{\sqrt{3}}{4} & \frac{1}{2} \end{bmatrix}$$

Übung 6.5.1-3

Zur Lösungsfindung werden zunächst (a) die globalen Rohrspannungen aufgrund des noch unbekannten Drucks p berechnet. Dann werden (b) die globalen Rohrspannungen in das lokale, faserorientierte Koordinatensystem transformiert. Mithilfe des 2D-Werkstoffgesetzes kann dann (c) die lokale Verzerrung in Faserlängsrichtung berechnet werden, die wiederum in Verbindung gebracht wird mit der gemessenen Verzerrung des Dehnmessstreifens. Die Auflösung des Zusammenhangs aus (c) liefert schließlich den gesuchten Druck p.

(a) Berechnung der globalen Spannungen

Die Spannungen eines druckbelasteten, dünnwandigen Behälters können nach der Kesselformel [G.1, 2, 3] mit dem Rohrdurchmesser d und der Wandstärkte t zu

$$\sigma_x = \frac{p\,d}{4\,t} = 12{,}5\,p \tag{G.1}$$

$$\sigma_y = \frac{p\,d}{2\,t} = 25\,p \tag{G.2}$$

$$\tau_{xy} = 0 \tag{G.3}$$

berechnet werden.

(b) Transformation der Spannungen

Mithilfe der Transformationsbeziehung Formel 6.89,

$$\{\sigma_{12}\} = [T_\sigma]\,\{\sigma_{xy}\}\,,$$

werden aus Formel G.1 bis Formel G.3 die Spannungen im lokalen, faserorientierten Koordinatensystem berechnet. Mit dem Winkel $\alpha = 53{,}1^\circ$ ergeben sich die lokalen Spannungen zu

$$\begin{aligned}
\sigma_1 &= \sigma_x \cdot \cos^2(53{,}1^\circ) + \sigma_y \cdot \sin^2(53{,}1^\circ)\\
&= 12{,}5\,p \cdot (0{,}6)^2 + 25\,p \cdot (0{,}8)^2 = 20{,}5\,p\\
\sigma_2 &= \sigma_x \cdot \sin^2(53{,}1^\circ) + \sigma_y \cdot \cos^2(53{,}1^\circ)\\
&= 12{,}5\,p \cdot (0{,}8)^2 + 25\,p \cdot (0{,}6)^2 = 17\,p\\
\tau_{12} &= -\sigma_x \cdot \sin(53{,}1^\circ) \cdot \cos(53{,}1^\circ) + \sigma_y \cdot \sin(53{,}1^\circ) \cdot \cos(53{,}1^\circ)\\
&= -12{,}5\,p \cdot (0{,}8) \cdot (0{,}6) + 25\,p \cdot (0{,}8) \cdot (0{,}6) = 6\,p
\end{aligned}$$

(c) Berechnung der lokalen Längsverzerrung

Aus dem 2D-Werkstoffgesetz Formel 1.45 und unter Berücksichtigung der MAXWELL-BETTI-Beziehung Formel 1.223 folgt unter Berücksichtigung der gegebenen Messgröße $\varepsilon_1 = 0{,}001$ des Dehnmessstreifen der Zusammenhang

$$\varepsilon_1 = \frac{\sigma_1}{E_1} - \nu_{12}\,\frac{\sigma_2}{E_1} = \frac{20{,}5\,p}{40\,\text{GPa}} - 0{,}25\,\frac{17\,p}{40\,\text{GPa}} = 0{,}001$$

Nach Umformen nach der Größe p folgt das gesuchte Ergebnis für den Druck zu

$$p = 2{,}46\,\text{MPa} = 24{,}6\,\text{bar}$$

Übung 6.6.1-2

Zur Lösung der Fragestellung werden, wie in Bild G.1 dargestellt, die beiden unidirektionalen Einzelelemente an der Verbindungsstelle geschnitten und separat betrachtet. Zur Beschreibung des Spannungs-Dehnungs-Verhaltens werden zunächst ein globales x-y-Bezugskoordinatensystem, ein für das linke Element lokales, faserorientiertes 1_L-2_L-Koordinatensystem und ein für das rechte Element lokales, faserorientiertes 1_R-2_R-Koordinatensystem eingeführt. Die 1-Achsen der lokalen Koordinatensysteme zeigen in Faserlängsrichtung der jeweiligen unidirektionalen Einzelelemente. Die eingeprägte äußere Belastung und die durch die Trennung resultierenden Reaktionsspannungen werden zunächst als σ_x bezeichnet.

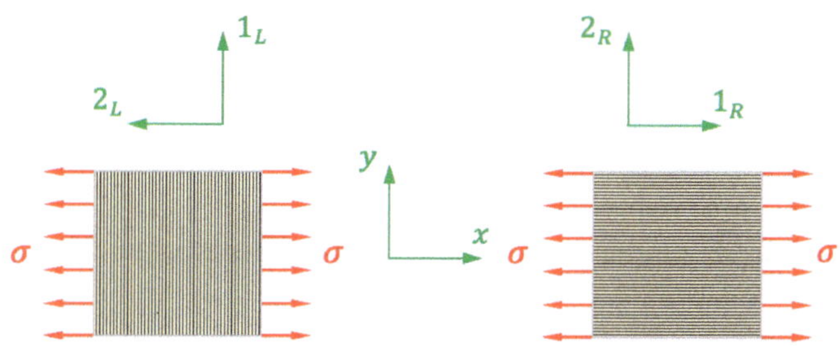

Bild G.1 Einzelelemente mit globalem x-y-Bezugskoordinatensystem und lokalen, faserorientierten 1-2-Koordinatensystemen

Mithilfe von Formel 6.156

$$\begin{Bmatrix} \varepsilon_1 \\ \varepsilon_2 \\ \gamma_{12} \end{Bmatrix} = \begin{bmatrix} \frac{1}{E_1} & -\frac{\nu_{21}}{E_2} & 0 \\ -\frac{\nu_{12}}{E_1} & \frac{1}{E_2} & 0 \\ 0 & 0 & \frac{1}{G_{12}} \end{bmatrix} \begin{Bmatrix} \sigma_1 \\ \sigma_2 \\ \tau_{12} \end{Bmatrix} = \begin{bmatrix} \frac{1}{E_1} & -\frac{\nu_{21}}{E_2} & 0 \\ & \frac{1}{E_2} & 0 \\ \text{sym.} & & \frac{1}{G_{12}} \end{bmatrix} \begin{Bmatrix} \sigma_1 \\ \sigma_2 \\ \tau_{12} \end{Bmatrix} \tag{6.156}$$

lassen sich die Verzerrungen der unidirektionalen Einzelelemente bestimmen. Für die Beantwortung der Fragestellung ist die Betrachtung der globalen Verzerrung in y-Richtung an der Verbindungsstelle der Einzelelemente erforderlich. In diesem Fall sind somit die globalen Verzerrungen $\varepsilon_{y,\mathrm{L}}$ des linken Elements und $\varepsilon_{y,\mathrm{R}}$ des rechten Elements am Ort der Schnittkante zu ermitteln.

Für die linke Seite entspricht die gesuchte globale Verzerrung $\varepsilon_{y,\mathrm{L}}$ der lokalen Normalverzerrung $\varepsilon_{1,\mathrm{L}}$ bei einer eingeprägten äußeren Last von $\sigma_x = \sigma_{2,\mathrm{L}}$. Somit kann mit Formel 6.156 die gesuchte Normalverzerrung $\varepsilon_{y,\mathrm{L}}$ als

$$\varepsilon_{y,\mathrm{L}} = \varepsilon_{1,\mathrm{L}} = \begin{bmatrix} \frac{1}{E_1} & -\frac{\nu_{21}}{E_2} & 0 \end{bmatrix} \begin{Bmatrix} \sigma_{1,\mathrm{L}} \\ \sigma_{2,\mathrm{L}} \\ \tau_{12,\mathrm{L}} \end{Bmatrix} = \begin{bmatrix} \frac{1}{E_1} & -\frac{\nu_{21}}{E_2} & 0 \end{bmatrix} \begin{Bmatrix} 0 \\ \sigma_x \\ 0 \end{Bmatrix} = -\frac{\nu_{21}}{E_2}\,\sigma_x \tag{G.4}$$

notiert werden.

Die Verformung der Berührstelle, beziehungsweise die globale Normalverzerrung $\varepsilon_{y,\mathrm{R}}$ der rechten Seite, entspricht der lokalen Normalverzerrung $\varepsilon_{2,\mathrm{R}}$. Die äußere eingeprägte Last σ_x entspricht dabei $\sigma_{1,\mathrm{R}}$ im lokalen faserorientierten Koordinatensystem des rechten Elements. Diese Normalverzerrungen lassen sich mit Formel 6.156 zu

$$\varepsilon_{y,\mathrm{R}} = \varepsilon_{2,\mathrm{R}} = \begin{bmatrix} -\frac{\nu_{12}}{E_1} & \frac{1}{E_2} & 0 \end{bmatrix} \begin{Bmatrix} \sigma_{1,\mathrm{R}} \\ \sigma_{2,\mathrm{R}} \\ \tau_{12,\mathrm{R}} \end{Bmatrix} = \begin{bmatrix} -\frac{\nu_{12}}{E_1} & \frac{1}{E_2} & 0 \end{bmatrix} \begin{Bmatrix} \sigma_x \\ 0 \\ 0 \end{Bmatrix} = -\frac{\nu_{12}}{E_1} \cdot \sigma_x \tag{G.5}$$

berechnen. Mit der MAXWELL-BETTI-Beziehung Formel 1.223

$$\frac{\nu_{ij}}{E_i} = \frac{\nu_{ji}}{E_j} \tag{1.223}$$

folgt aus Formel G.4 weiter

$$\varepsilon_{y,\mathrm{L}} = -\frac{\nu_{21}}{E_2} \cdot \sigma_x = -\frac{\nu_{12}}{E_1} \cdot \sigma_x \tag{G.4a}$$

sodass sich mit den Gleichungen (G.4a) und (G.5) der Zusammenhang

$$\varepsilon_{y,\mathrm{L}} = \varepsilon_{y,\mathrm{R}} \tag{G.6}$$

ergibt. Folglich ist das mittlere Verformungsmuster in Bild 6.17 die richtige Lösung.

Übung 6.6.2-4

a) Reduzierte Steifigkeitsmatrix [Q] im lokalen Koordinatensystem

Die in der Aufgabenstellung formulierten Einzelschichtkennwerte sind im lokalen, faserorientierten Koordinatensystem formuliert, wobei die lokale 1-Richtung der Faserlängsrichtung entspricht, da hier der Zusammenhang $E_1 > E_2$ besteht.

Die allgemeine Berechnung der reduzierten Steifigkeitsmatrix im lokalen 1-2-3-Koordinatensystem erfolgt mit:

$$[Q] = \begin{bmatrix} \frac{E_1}{1-\nu_{12}\,\nu_{21}} & \frac{\nu_{12}\,E_2}{1-\nu_{12}\,\nu_{21}} & 0 \\ \frac{\nu_{21}\,E_1}{1-\nu_{12}\,\nu_{21}} & \frac{E_2}{1-\nu_{12}\,\nu_{21}} & 0 \\ 0 & 0 & G_{12} \end{bmatrix}$$

Mit dem Zusammenhang

$$\nu_{12} = \nu_{13}$$

für eine transversalisotrope Einzelschicht in der gegebenen Orientierung und der MAXWELL-BETTI-Beziehung,

$$\nu_{21} = \nu_{12}\,\frac{E_2}{E_1} = 0{,}3 \cdot \frac{10.000\,\text{MPa}}{140.000\,\text{MPa}} = 0{,}0214$$

folgt für die Berechnung der Steifigkeitsmatrix weiter:

$$[Q] = \begin{bmatrix} \dfrac{140.000\,\text{MPa}}{1-0{,}3\cdot 0{,}0214} & \dfrac{0{,}3\cdot 10.000\,\text{MPa}}{1-0{,}3\cdot 0{,}0214} & 0 \\ \dfrac{0{,}0214\cdot 140.000\,\text{MPa}}{1-0{,}3\cdot 0{,}0214} & \dfrac{10.000\,\text{MPa}}{1-0{,}3\cdot 0{,}0214} & 0 \\ 0 & 0 & 7.000\,\text{MPa} \end{bmatrix}$$

$$= \begin{bmatrix} 140{,}9 & 3{,}019 & 0 \\ 3{,}019 & 10{,}06 & 0 \\ 0 & 0 & 7 \end{bmatrix} \text{GPa}$$

b) Reduzierte Steifigkeitsmatrix $\left[\bar{Q}\right]_{30^\circ}$ im globalen Koordinatensystem

Die Steifigkeitsmatrix berechnet sich aus dem Zusammenhang

$$\left[\bar{Q}\right]_{30^\circ} = \left[T_\varepsilon\right]^T_{30^\circ} \left[Q\right] \left[T_\varepsilon\right]_{30^\circ}$$

Mit der Transformationsmatrix

$$\{T_\varepsilon\}_{30^\circ} = \begin{bmatrix} \cos^2 30^\circ & \sin^2 30^\circ & \sin 30^\circ \cos 30^\circ \\ \sin^2 30^\circ & \cos^2 30^\circ & -\sin 30^\circ \cos 30^\circ \\ -2\sin 30^\circ \cos 30^\circ & 2\sin 30^\circ \cos 30^\circ & \cos^2 30^\circ - \sin^2 30^\circ \end{bmatrix}$$

$$= \begin{bmatrix} 0{,}750 & 0{,}250 & 0{,}433 \\ 0{,}250 & 0{,}750 & -0{,}433 \\ -0{,}866 & 0{,}866 & 0{,}500 \end{bmatrix}$$

und der zugehörigen Transponierten

$$\{T_\varepsilon\}^T_{30^\circ} = \begin{bmatrix} 0{,}750 & 0{,}250 & -0{,}866 \\ 0{,}250 & 0{,}750 & 0{,}866 \\ 0{,}433 & -0{,}433 & 0{,}500 \end{bmatrix}$$

folgt dann die Steifigkeitsmatrix zu

$$\left[\bar{Q}\right]_{30^\circ} = \begin{bmatrix} 86{,}27 & 24{,}94 & 40{,}99 \\ 24{,}49 & 20{,}85 & 15{,}67 \\ 40{,}99 & 15{,}67 & 28{,}92 \end{bmatrix} \text{GPa}$$

c1) Reduzierte Steifigkeitsmatrix $[\bar{Q}]_{45°}$ im globalen Koordinatensystem

Ausgehend von dem Zusammenhang

$$[\bar{Q}]_{45°} = [T_\varepsilon]^T_{45°}\,[Q]\,[T_\varepsilon]_{45°}$$

und der Transformationsmatrix der Verzerrungen

$$\{T_\varepsilon\}_{45°} = \begin{bmatrix} \cos^2 45° & \sin^2 45° & \sin 45°\ \cos 45° \\ \sin^2 45° & \cos^2 45° & -\sin 45°\ \cos 45° \\ -2\sin 45°\ \cos 45° & 2\sin 45°\ \cos 45° & \cos^2\alpha - \sin^2 45° \end{bmatrix}$$

$$= \begin{bmatrix} 0{,}5 & 0{,}5 & 0{,}5 \\ 0{,}5 & 0{,}5 & -0{,}5 \\ -1{,}0 & 1{,}0 & 0 \end{bmatrix}$$

und deren Transponierter

$$\{T_\varepsilon\}^T_{45°} = \begin{bmatrix} 0{,}5 & 0{,}5 & -1{,}0 \\ 0{,}5 & 0{,}5 & 1{,}0 \\ 0{,}5 & -0{,}5 & 0 \end{bmatrix}$$

bestimmt sich die reduzierte Steifigkeitsmatrix der 45°-Einzelschicht zu

$$[\bar{Q}]_{45°} = \begin{bmatrix} 46{,}25 & 32{,}25 & 32{,}71 \\ 32{,}25 & 46{,}25 & 32{,}71 \\ 32{,}71 & 32{,}71 & 36{,}23 \end{bmatrix} \text{GPa}$$

c2) Reduzierte Steifigkeitsmatrix $[\bar{Q}]_{-45°}$ im globalen Koordinatensystem

Wie im Beispiel 6.6.2-1 in Abschnitt *Schlussfolgerungen #1* beschrieben, kann die $[\bar{Q}]_{-45°}$-Steifigkeitsmatrix aus der $[\bar{Q}]_{45°}$-Steifigkeitsmatrix abgeleitet werden, indem die Matrixeinträge $\bar{Q}_{16}$ und $\bar{Q}_{26}$ negativ gewichtet werden:

$$[\bar{Q}]_{45°} = \begin{bmatrix} 46{,}25 & 32{,}25 & -32{,}71 \\ 32{,}25 & 46{,}25 & -32{,}71 \\ -32{,}71 & -32{,}71 & 36{,}23 \end{bmatrix} \text{GPa}$$

d) Reduzierte Steifigkeitsmatrix $[\bar{Q}]_{-60°}$ im globalen Koordinatensystem

Im Beispiel 6.6.2-1 in Abschnitt *Schlussfolgerungen #2* wird ausgeführt, dass die $\left[\bar{Q}\right]_{60^\circ}$-Steifigkeitsmatrix durch Umstellen der Matrixeinträge aus der $\left[\bar{Q}\right]_{30^\circ}$-Steifigkeitsmatrix abgeleitet werden kann, sodass entspechend der Zusammenhang

$$\left[\bar{Q}\right]_{60^\circ} = \begin{bmatrix} 20{,}85 & 24{,}94 & 15{,}67 \\ 24{,}49 & 86{,}27 & 40{,}99 \\ 15{,}67 & 40{,}99 & 28{,}92 \end{bmatrix} \text{GPa}$$

folgt. Aus dieser kann gemäß den *Schlussfolgerungen #1* in Beispiel 6.6.2-1 die gesuchte Steifigkeitsmatrix $\left[\bar{Q}\right]_{-60^\circ}$ bestimmt werden, indem die Matrixeinträge $\bar{Q}_{16}$ und $\bar{Q}_{26}$ der $\left[\bar{Q}\right]_{60^\circ}$ negativ genommen werden:

$$\left[\bar{Q}\right]_{-60^\circ} = \begin{bmatrix} 20{,}85 & 24{,}94 & -15{,}67 \\ 24{,}49 & 86{,}27 & -40{,}99 \\ -15{,}67 & -40{,}99 & 28{,}92 \end{bmatrix} \text{GPa}$$

e) Reduzierte Steifigkeitsmatrix $\left[\bar{Q}\right]_{90^\circ}$ im globalen Koordinatensystem

Die Steifigkeitsmatrix $\left[\bar{Q}\right]_{90^\circ}$ leitet sich aus der lokalen Einzelschichtsteifigkeitsmatrix $[Q]$ durch Platztausch der Einträge Q_{11} und Q_{22} ab:

$$[Q]_{90^\circ} = \begin{bmatrix} 10{,}06 & 3{,}019 & 0 \\ 3{,}019 & 140{,}9 & 0 \\ 0 & 0 & 7 \end{bmatrix} \text{GPa}$$

Übung 6.6.3-2

Die Steifigkeit des Probekörpers lässt sich nach Formel 6.216 zu

$$\begin{aligned} E_x &= \left[\frac{1}{E_1}\cos^4\alpha + \left(\frac{1}{G_{12}} - 2\,\frac{\nu_{12}}{E_1}\right)\sin^2\alpha\,\cos^2\alpha + \frac{1}{E_2}\sin^4\alpha\right]^{-1} \\ &= \left[\frac{1}{40\,\text{GPa}}\cdot 0{,}130 + \left(\frac{1}{3{,}5\,\text{GPa}} - 2\cdot\frac{0{,}25}{40\,\text{GPa}}\right)\cdot 0{,}361\cdot 0{,}639 + \frac{1}{10\,\text{GPa}}\cdot 0{,}409\right]^{-1} \\ &= 9{,}33\,\text{GPa} \end{aligned}$$

berechnen.

Übung 6.6.4-1

a) Die Elemente der reduzierten Steifigkeitsmatrix $[Q]$ berechnen sich mit Formel 6.152

$$\{Q\} = \begin{bmatrix} \frac{E_1}{1-\nu_{12}\,\nu_{21}} & \frac{\nu_{12}\,E_2}{1-\nu_{12}\,\nu_{21}} & 0 \\ \frac{\nu_{21}\,E_1}{1-\nu_{12}\,\nu_{21}} & \frac{E_2}{1-\nu_{12}\,\nu_{21}} & 0 \\ 0 & 0 & G_{12} \end{bmatrix}$$

zu

$$[Q] = \begin{bmatrix} 148{,}87 & 2{,}91 & 0 \\ 2{,}91 & 9{,}71 & 0 \\ 0 & 0 & 4{,}55 \end{bmatrix} \text{GPa}$$

b) Mithilfe der Transformationsbeziehungen Formel 6.233 bis Formel 6.238 können die Materialkennwerte des ausgewogenen Gewebes berechnet werden:

$$\begin{aligned}
\bar{Q}^f_{11} &= Q_{11}\,\cos^4\alpha + Q_{22}\,\sin^4\alpha + 2\,\left(Q_{12} + 2\,Q_{66}\right)\,\sin^2\alpha\,\cos^2\alpha \\
&= 45{,}65\,\text{GPa} \\
\bar{Q}^f_{12} &= \left(Q_{11} + Q_{22} - 4\,Q_{66}\right)\,\sin^2\alpha\,\cos^2\alpha + Q_{12}\,\left(\sin^4\alpha + \cos^4\alpha\right) \\
&= 35{,}65\,\text{GPa} \\
\bar{Q}^f_{22} &= Q_{11}\,\sin^4\alpha + Q_{22}\,\cos^4\alpha + 2\,\left(Q_{12} + 2\,Q_{66}\right)\,\sin^2\alpha\,\cos^2\alpha \\
&= 45{,}65\,\text{GPa} \\
\bar{Q}^f_{16} &= 0 \\
\bar{Q}^f_{26} &= 0 \\
\bar{Q}^f_{66} &= \left(Q_{11} + Q_{22} - 2\,Q_{12} - 2\,Q_{66}\right)\,\sin^2\alpha\,\cos^2\alpha + Q_{66}\,\left(\sin^4\alpha + \cos^4\alpha\right) \\
&= 38{,}19\,\text{GPa}
\end{aligned}$$

Daraus folgt die reduzierte Steifigkeitsmatrix der Gewebeschicht zu

$$\left[\bar{Q}^{\pm 45°}\right] = \begin{bmatrix} 45{,}65 & 36{,}55 & 0 \\ 36{,}55 & 45{,}65 & 0 \\ 0 & 0 & 38{,}19 \end{bmatrix} \text{GPa}$$

c) Durch Invertieren der reduzierten Steifigkeitsmatrix $\left[\bar{Q}^{\pm 45°}\right]$ folgt zunächst die reduzierte Nachgiebigkeitsmatrix$\left[\bar{q}^{\pm 45°}\right]$ der ausgewogenen Gewebeschicht zu

$$\left[\bar{q}^{\pm 45°}\right] = \left[\bar{Q}^{\pm 45°}\right]^{-1} = \begin{bmatrix} 61{,}03 & -48{,}86 & 0 \\ -48{,}86 & 61{,}03 & 0 \\ 0 & 0 & 26{,}19 \end{bmatrix} 10^{-12}\,\frac{\text{m}^2}{\text{N}}$$

Die Ingenieurkonstanten lassen sich dann mithilfe Formel 6.212 bis Formel 6.215 zu

$$E_x = \frac{1}{\bar{q}_{11}^{\pm 45°}} = 16{,}39 \cdot 10^9 \ \frac{\text{N}}{\text{m}^2}$$
$$E_y = \frac{1}{\bar{q}_{22}^{\pm 45°}} = 16{,}39 \cdot 10^9 \ \frac{\text{N}}{\text{m}^2}$$
$$G_{xy} = \frac{1}{\bar{q}_{66}^{\pm 45°}} = 38{,}19 \cdot 10^9 \ \frac{\text{N}}{\text{m}^2}$$
$$\nu_{xy} = -\bar{q}_{12}^{\pm 45°} \cdot E_x = 0{,}801$$

berechnen.

Übungen aus Kapitel 7

Übung 7.11.1-2

$$[A] = \begin{bmatrix} 88.852{,}6 & 28.141{,}4 & 0 \\ 28.141{,}4 & 19.269{,}3 & 0 \\ 0 & 0 & 29.779{,}3 \end{bmatrix} \frac{\text{N}}{\text{mm}} \qquad [B] = [0] \ \text{N}$$

$E_x = 47{,}8\,\text{GPa}$ $E_y = 10{,}63\,\text{GPa}$ $G_{xy} = 29{,}78\,\text{GPa}$

$\nu_{xy} = 1{,}46$ $\nu_{xy} = 0{,}32$

Übung 7.11.1-2

$$[A] = \begin{bmatrix} 138.101{,}5 & 2.812{,}2 & 0 \\ 2.812{,}2 & 52.729{,}7 & 0 \\ 0 & 0 & 6.900 \end{bmatrix} \frac{\text{N}}{\text{mm}} \qquad [B] = [0] \ \text{N}$$

$E_x = 137.952\,\text{MPa}$ $E_y = 52.672\,\text{MPa}$ $G_{xy} = 6.900\,\text{MPa}$

$\nu_{xy} = 0{,}053$ $\nu_{xy} = 0{,}020$

Übung 7.11.2-2

$$[B] = [0] \ \text{N} \qquad [D] = \begin{bmatrix} 13.509{,}4 & 234{,}4 & 0 \\ 234{,}4 & 2.393{,}2 & 0 \\ 0 & 0 & 575 \end{bmatrix} \text{Nmm}^2$$

$E_x = 161.837\,\text{MPa}$ $E_y = 28.670\,\text{MPa}$

Übungen aus Kapitel 8

Übung 8.1.1-2

Da die benachbarten Lagen als ideal starr angesehen werden, entstehen in diesen benachbarten Schichten durch die Temperaturbeanspruchung keine Verzerrungen. Die betrachtete Eizelschicht würde sich bei freier Lagerung verformen. Diese Verformung wird allerdings durch die starren Nachbarlagen behindert. Diese im Vergleich zur freien Lagerung erzwungene Verformung führt zu Spannungen in der betrachteten Einzellage.
Für die Berechnung der Eigenspannungen genügt es daher, die Einzellage als einer schichtseitigen Einspannungsbedingung zu betrachten. Es findet also eine Verzerrung bedingt durch die Lagerungsbedingungen statt, die die freien Verzerrungen behindert und wodurch in Innern Eigenspannungen resultieren.
Für diesen Fall kann Formel 8.10

$$\{\sigma\} = [Q]\left(-\{\alpha\}\ \Delta T - \{\beta\}\ \Delta c\right)$$

für ein hygrothermales, fest eingespanntes Laminat übernommen werden. Durch Streichen der hygroskopischen Anteile folgt

$$\{\sigma\} = -\,[Q]\,\{\alpha\}\ \Delta T = -\,[Q]\,\{\alpha\}\ (T - T_0)$$

Um die Festigkeitsgrenzen nach dem Maximalspannungskriterium zu überprüfen, werden die Lastfälle *Abkühlen* und *Aufheizen* untersucht:

Zugspannungen[1] für $T < T_0$ (*Abkühlen*):

$$-\left(Q_{11}\cdot\alpha_1 + Q_{12}\cdot\alpha_2\right)\ (T - T_0) < R_1^z$$
$$-\left(Q_{21}\cdot\alpha_1 + Q_{22}\cdot\alpha_2\right)\ (T - T_0) < R_2^z$$

bzw.

$$T > T_0 - \frac{R_1^z}{Q_{11}\cdot\alpha_1 + Q_{12}}$$
$$T > T_0 - \frac{R_2^z}{Q_{21}\cdot\alpha_1 + Q_{22}}$$

1 Die Zwischenlage würde sich aufgrund der Temperatursenkung zusammenziehen. Die starren Nachbarlagen verhindern aber eine solche Schrumpfung. Die Zwischenlage „sieht“ daher Zugspannungen, die die Zwischenschicht in der Ausgangsgröße halten.

Druckspannungen[2)] für $T > T_0$ (*Aufheizen*):

$$- \left(Q_{11} \cdot \alpha_1 + Q_{12} \cdot \alpha_2\right) (T - T_0) > -R_1^d$$
$$- \left(Q_{21} \cdot \alpha_1 + Q_{22} \cdot \alpha_2\right) (T - T_0) > -R_2^d$$

bzw.

$$T < T_0 + \frac{R_1^d}{Q_{11} \cdot \alpha_1 + Q_{12}}$$
$$T < T_0 + \frac{R_2^d}{Q_{21} \cdot \alpha_1 + Q_{22}}$$

Übung 8.2.1-2

Die thermisch bedingten Plattenschnittkräfte berechnen sich nach Formel 8.107 für eine konstante Temperaturverteilung über die Laminatdicke zu

$$\{n_{th}\} = \Delta T\, t \sum_{i=1}^{n} \left[\bar{Q}\right]_i \left\{\alpha_{xy}\right\}_i$$

Für die reduzierten Steifigkeitsmatrizen der Einzellagen gilt nach Formel 6.169:

$$\left[\bar{Q}\right]_1 = \left[\bar{Q}\right]_4 = \left[\bar{Q}\right]_{+45°} = [T_\varepsilon]_{+45°}^T\, [Q]\, [T_\varepsilon]_{+45°}$$
$$\left[\bar{Q}\right]_2 = \left[\bar{Q}\right]_3 = \left[\bar{Q}\right]_{-45°} = [T_\varepsilon]_{-45°}^T\, [Q]\, [T_\varepsilon]_{-45°}$$

Aus der Formel 6.152 für die reduzierten Steifigkeiten der unidirektionalen Einzelschicht im lokalen Koordinatensystem

$$[Q] = \begin{bmatrix} \frac{E_1}{1-\nu_{12}\,\nu_{21}} & \frac{\nu_{12}\,E_2}{1-\nu_{12}\,\nu_{21}} & 0 \\ \frac{\nu_{21}\,E_1}{1-\nu_{12}\,\nu_{21}} & \frac{E_2}{1-\nu_{12}\,\nu_{21}} & 0 \\ 0 & 0 & G_{12} \end{bmatrix}$$

und der MAXWELL-BETTI-Beziehung (6.153)

$$\nu_{21} = \nu_{12}\,\frac{E_2}{E_1} = 0{,}0196$$

folgt

$$[Q] = \begin{bmatrix} 142{,}8 & 2{,}8 & 0 \\ 2{,}8 & 10{,}4 & 0 \\ 0 & 0 & 7{,}2 \end{bmatrix} \text{GPa}$$

2 Die Zwischenlage würde sich aufgrund der Temperaturerhöhung ausdehnen. Die starren Nachbarlagen behindern die Ausdehnung. Die Zwischenlage „sieht" folglich Druckspannungen.

Mit der allgemeinen Transformationsmatrix der Verzerrungen (6.122)

$$[T_\varepsilon] = \begin{bmatrix} \cos^2\alpha & \sin^2\alpha & \sin\alpha\cos\alpha \\ \sin^2\alpha & \cos^2\alpha & -\sin\alpha\cos\alpha \\ -2\sin\alpha\cos\alpha & 2\sin\alpha\cos\alpha & \cos^2\alpha - \sin^2\alpha \end{bmatrix}$$

folgt für die Einzelschichtorientierung von $\alpha = +45°$

$$\{T_\varepsilon\}_{+45°} = \begin{bmatrix} 0{,}5 & 0{,}5 & 0{,}5 \\ 0{,}5 & 0{,}5 & -0{,}5 \\ -1 & 1 & 0 \end{bmatrix}$$

und für die Einzelschichtorientierung von $\alpha = -45°$

$$\{T_\varepsilon\}_{-45°} = \begin{bmatrix} 0{,}5 & 0{,}5 & -0{,}5 \\ 0{,}5 & 0{,}5 & 0{,}5 \\ 1 & -1 & 0 \end{bmatrix}$$

Für die reduzierten Steifigkeitsmatrizen der Einzellagen im globalen Koordinatensystem folgt

$$\left[\bar{Q}\right]_{+45°} = \begin{bmatrix} 46{,}9 & 32{,}5 & 33{,}1 \\ 32{,}5 & 46{,}9 & 33{,}1 \\ 33{,}1 & 33{,}1 & 36{,}9 \end{bmatrix} \text{GPa}$$

und

$$\left[\bar{Q}\right]_{-45°} = \begin{bmatrix} 46{,}9 & 32{,}5 & -33{,}1 \\ 32{,}5 & 46{,}9 & -33{,}1 \\ -33{,}1 & -33{,}1 & 36{,}9 \end{bmatrix} \text{GPa}$$

wobei es nach Formel 6.239 ausreicht, eine der beiden reduzierten Steifigkeitsmatrizen zu berechnen. Die zweite reduzierte Steifigkeitsmatrix kann durch Vorzeichenwechsel der Matrixeinträge $\bar{Q}_{16}$ und $\bar{Q}_{26}$ bestimmt werden.

Die thermischen Wärmeausdehnungskoeffizienten im globalen Koordinatensystem bestimmen sich mit Formel 8.12

$$\left\{\alpha_{xy}\right\}_i = [T_\varepsilon]_i^{-1}\;\{\alpha_{12}\}$$

für die jeweils i-te Einzelschicht in der Laminatorientierung. (*Anmerkung:* Sollten einzelne Lagen des Laminates aus einem anderen Werkstoff bestehen, als die übrigen Lagen, so ist mit den jeweiligen Einzelschichtkennwerten $\{\alpha_{12}\}_i$ zu rechnen.) Hieraus folgen die transformierten globalen Wärmeausdehnungskoeffizienten der Einzelschicht für die Lagenorientierung von $\alpha = +45°$

$$\begin{Bmatrix} \alpha_x \\ \alpha_y \\ \alpha_{xy} \end{Bmatrix}_{+45°} = \begin{bmatrix} 0{,}5 & 0{,}5 & 0{,}5 \\ 0{,}5 & 0{,}5 & -0{,}5 \\ -1 & 1 & 0 \end{bmatrix} \begin{Bmatrix} -0{,}9 \\ 27 \\ 0 \end{Bmatrix} 10^{-6}/\mathrm{K} = \begin{Bmatrix} 13{,}05 \\ 13{,}05 \\ 27{,}9 \end{Bmatrix} 10^{-6}/\mathrm{K}$$

und für die Lagenorientierung von $\alpha = -45°$

$$\begin{Bmatrix} \alpha_x \\ \alpha_y \\ \alpha_{xy} \end{Bmatrix}_{-45°} = \begin{bmatrix} 0{,}5 & 0{,}5 & -0{,}5 \\ 0{,}5 & 0{,}5 & 0{,}5 \\ 1 & -1 & 0 \end{bmatrix} \begin{Bmatrix} -0{,}9 \\ 27 \\ 0 \end{Bmatrix} 10^{-6}/\mathrm{K} = \begin{Bmatrix} 13{,}05 \\ 13{,}05 \\ -27{,}9 \end{Bmatrix} 10^{-6}/\mathrm{K}$$

Die thermisch bedingten Plattenschnittkräfte bestimmen sich dann mit

$$\begin{Bmatrix} n_x \\ n_y \\ n_{xy} \end{Bmatrix} = 2 \cdot \Delta T \cdot t \cdot \left(\left[\bar{Q}\right]_{+45°} \begin{Bmatrix} \alpha_x \\ \alpha_y \\ \alpha_{xy} \end{Bmatrix}_{+45°} + \left[\bar{Q}\right]_{-45°} \begin{Bmatrix} \alpha_x \\ \alpha_y \\ \alpha_{xy} \end{Bmatrix}_{-45°} \right)$$

zu dem gesuchten Ergebnis

$$\begin{Bmatrix} n_x \\ n_y \\ n_{xy} \end{Bmatrix} = t \cdot \begin{Bmatrix} 25{,}096 \\ 25{,}096 \\ 0 \end{Bmatrix} \mathrm{MPa}$$

Übung 8.2.1-3

Für eine konstante Temperaturverteilung über die Laminatdicke berechnen sich die thermisch bedingten Plattenschnittkräfte nach Formel 8.107 mit

$$\{n_{th}\} = \Delta T\, t \sum_{i=1}^{n} \left[\bar{Q}\right]_i \left\{\alpha_{xy}\right\}_i$$

und die thermisch bedingten Plattenschnittmomente nach Formel 8.117 zu

$$\{m_{th}\} = \frac{\Delta T}{2}\, t \sum_{i=1}^{n} \left[\bar{Q}\right]_i \left\{\alpha_{xy}\right\}_i (z_i + z_{i-1})$$

Für die reduzierten Steifigkeitsmatrizen der Einzellagen gilt nach Formel 6.169

$$\left[\bar{Q}\right]_1 = \left[\bar{Q}\right]_{0°} = [Q]\ ,$$
$$\left[\bar{Q}\right]_2 = \left[\bar{Q}\right]_{90°} = [T_\varepsilon]^T_{90°}\,[Q]\,[T_\varepsilon]_{90°}$$

wobei gemäß den Schlussfolgerungen in Beispiel 6.6.2-3 lediglich ein Platztausch der Einträge Q_{11} und Q_{22} vorgenommen werden muss, um ohne eine weitere Berechnung von der $\left[\bar{Q}\right]_{0°}$-Matrix auf die $\left[\bar{Q}\right]_{90°}$-Matrix zu schließen.

Aus Formel 6.152 für die reduzierten Steifigkeiten der unidirektionalen Einzelschicht im lokalen Koordinatensystem

$$[Q] = \begin{bmatrix} \frac{E_1}{1-\nu_{12}\,\nu_{21}} & \frac{\nu_{12}\,E_2}{1-\nu_{12}\,\nu_{21}} & 0 \\ \frac{\nu_{21}\,E_1}{1-\nu_{12}\,\nu_{21}} & \frac{E_2}{1-\nu_{12}\,\nu_{21}} & 0 \\ 0 & 0 & G_{12} \end{bmatrix}$$

und der MAXWELL-BETTI-Beziehung in Formel 6.153

$$\nu_{21} = \nu_{12}\,\frac{E_2}{E_1} = 0{,}0196$$

folgt

$$[Q] = \begin{bmatrix} 147{,}75 & 2{,}8 & 0 \\ 2{,}8 & 10{,}35 & 0 \\ 0 & 0 & 7 \end{bmatrix} \text{GPa}$$

Die reduzierte Steifigkeitsmatrix der 90°-Einzellage im globalen Koordinatensystem lautet:

$$[Q]_{90^\circ} = \begin{bmatrix} 10{,}35 & 2{,}8 & 0 \\ 2{,}8 & 147{,}75 & 0 \\ 0 & 0 & 7 \end{bmatrix} \text{GPa}$$

Für die Einzelschichtenorientierungen von $\alpha = 0°$ folgt

$$\begin{Bmatrix} \alpha_x \\ \alpha_y \\ \alpha_{xy} \end{Bmatrix}_{0^\circ} = \begin{Bmatrix} \alpha_1 \\ \alpha_2 \\ 0 \end{Bmatrix} = \begin{Bmatrix} -0{,}9 \\ 27 \\ 0 \end{Bmatrix} 10^{-6}/\text{K}$$

Die thermischen Wärmeausdehnungskoeffizienten der gedrehten Einzelschichten bestimmen sich im globalen Koordinatensystem mit dem allgemeinen Zusammenhang Formel 8.12 zu

$$\{\alpha_{xy}\}_i = [T_\varepsilon]_i^{-1}\,\{\alpha_{12}\}$$

Für die Einzelschichtorientierungen mit $\alpha = 90°$ folgt ohne Berechnung durch Platztausch der Einträge α_1 und α_2 weiter

$$\begin{Bmatrix} \alpha_x \\ \alpha_y \\ \alpha_{xy} \end{Bmatrix}_{90^\circ} = \begin{Bmatrix} \alpha_2 \\ \alpha_1 \\ 0 \end{Bmatrix} = \begin{Bmatrix} 27 \\ -0{,}9 \\ 0 \end{Bmatrix} 10^{-6}/\text{K}$$

Damit berechnen sich die thermisch bedingten Plattenschnittkräfte mit

$$\Delta T = -125\,\mathrm{K}$$

zu

$$\begin{Bmatrix} n_x \\ n_y \\ n_{xy} \end{Bmatrix} = \Delta T \cdot t \cdot \left(\left[\bar{Q}\right]_{0°} \begin{Bmatrix} \alpha_x \\ \alpha_y \\ \alpha_{xy} \end{Bmatrix}_{0°} + \left[\bar{Q}\right]_{-90°} \begin{Bmatrix} \alpha_x \\ \alpha_y \\ \alpha_{xy} \end{Bmatrix}_{-90°} \right)$$

zu dem gesuchten Teilergebnis

$$\begin{Bmatrix} n_x \\ n_y \\ n_{xy} \end{Bmatrix} = \begin{Bmatrix} -3{,}557 \\ -3{,}577 \\ 0 \end{Bmatrix} \mathrm{MPa\,mm}$$

Für die thermisch bedingten Plattenschnittmomente folgt mit

$$\begin{Bmatrix} m_x \\ m_y \\ m_{xy} \end{Bmatrix} = \frac{\Delta T}{2} \cdot t \cdot \left(\left[\bar{Q}\right]_{0°} \begin{Bmatrix} \alpha_x \\ \alpha_y \\ \alpha_{xy} \end{Bmatrix}_{0°} (z_1 + z_0) + \left[\bar{Q}\right]_{-90°} \begin{Bmatrix} \alpha_x \\ \alpha_y \\ \alpha_{xy} \end{Bmatrix}_{-90°} (z_2 + z_1) \right)$$

für die Schichtkoordinaten

$$z_0 = -0{,}127\,\mathrm{mm}\,, \quad z_1 = 0\,\mathrm{mm}\,, \quad z_2 = +0{,}127\,\mathrm{mm}$$

das zweite Teilergebnis

$$\begin{Bmatrix} m_x \\ m_y \\ m_{xy} \end{Bmatrix} = \begin{Bmatrix} -0{,}333 \\ 0{,}333 \\ 0 \end{Bmatrix} \mathrm{MPa\,mm^2}$$

Schlussfolgerungen: Es zeigt sich in dieser Übung, dass ein *nichtsymmetrischer Schichtaufbau* bei thermischer Belastung (gleiches gilt auch für den Feuchteeinfluss) nicht nur äquivalente Plattenschnittkräfte $\{n_{xy}\}$ sondern auch äquivalente Plattenschnittmomente $\{m_{xy}\}$ hervorruft. Während die äquivalenten Plattenschnittkräfte die Platte in den lateralen Abmessungen verändern, führen die äquivalenten Plattenschnittmomente bei einem nichtsymmetrischen Kreuzverbund zu Krümmungen κ_x und κ_y. Unter hygrothermaler Belastung erfahren *allgemeine nichtsymmetrische Laminate* zusätzlich Gleitungen $\gamma_{xy,0}$ und Drillungen κ_{xy}.

Übung 8.2.3-2

Durch Einsetzen der Materialkennwerte (siehe Übung 8.2.1-2) in Formel 8.166 folgt das Verhältnis

$$r = 3{,}596$$

für die verschiedenen Lagenrichtungen. Für sehr dünne Laminate, also mit der Erfordernis ganzzahliger Lagenverhältnisse, lässt sich das gesuchte Verhältnis annähernd mit dem Wert

$$r = 4$$

angeben.

Übung 8.2.4-2

Berechnungsschritt 1

Die Bestimmung der Wärmeausdehnungskoeffizienten im globalen Koordinatensystem erfolgt durch Transformation mit

$$\begin{Bmatrix} \alpha_x \\ \alpha_y \\ \alpha_{xy} \end{Bmatrix}_i = [T_\varepsilon]_i^{-1} \begin{Bmatrix} \alpha_1 \\ \alpha_2 \\ 0 \end{Bmatrix} = \begin{bmatrix} \cos^2\alpha & \sin^2\alpha & -\sin\alpha\cos\alpha \\ \sin^2\alpha & \cos^2\alpha & \sin\alpha\cos\alpha \\ 2\sin\alpha\cos\alpha & -2\sin\alpha\cos\alpha & \cos^2\alpha - \sin^2\alpha \end{bmatrix} \begin{Bmatrix} \alpha_1 \\ \alpha_2 \\ 0 \end{Bmatrix}$$

für die −45°-Lagen zu

$$\begin{Bmatrix} \alpha_x \\ \alpha_y \\ \alpha_{xy} \end{Bmatrix}_{-45°} = \begin{bmatrix} 0{,}5 & 0{,}5 & 0{,}5 \\ 0{,}5 & 0{,}5 & -0{,}5 \\ -1{,}0 & 1{,}0 & 0 \end{bmatrix} \begin{Bmatrix} 0{,}88 \\ 31{,}0 \\ 0 \end{Bmatrix} \frac{10^{-6}}{\mathrm{K}} = \begin{Bmatrix} 15{,}94 \\ 15{,}94 \\ 30{,}12 \end{Bmatrix} \frac{10^{-6}}{\mathrm{K}}$$

und für die +45°-Lagen zu

$$\begin{Bmatrix} \alpha_x \\ \alpha_y \\ \alpha_{xy} \end{Bmatrix}_{+45°} = \begin{bmatrix} 0{,}5 & 0{,}5 & -0{,}5 \\ 0{,}5 & 0{,}5 & 0{,}5 \\ 1{,}0 & -1{,}0 & 0 \end{bmatrix} \begin{Bmatrix} 0{,}88 \\ 31{,}0 \\ 0 \end{Bmatrix} \frac{10^{-6}}{\mathrm{K}} = \begin{Bmatrix} 15{,}94 \\ 15{,}94 \\ -30{,}12 \end{Bmatrix} \frac{10^{-6}}{\mathrm{K}}$$

Berechnung der freien, unbehinderten Verzerrungen aufgrund der thermalen Last nach Formel 8.168:

$$\{e_{xy}\}_i = \{\alpha_{xy}\}_i \, \Delta T_i \,.$$

Für die −45°-Lagen folgt

$$\begin{Bmatrix} e_x \\ e_y \\ e_{xy} \end{Bmatrix}_{-45°} = \begin{Bmatrix} \alpha_x \\ \alpha_y \\ \alpha_{xy} \end{Bmatrix}_{-45°} \Delta T = \begin{Bmatrix} 15{,}94 \\ 15{,}94 \\ 30{,}12 \end{Bmatrix}_{1,3} \frac{10^{-6}}{\mathrm{K}} \cdot (80\,\mathrm{K}) = \begin{Bmatrix} 12{,}75 \\ 12{,}75 \\ 24{,}10 \end{Bmatrix} 10^{-4} \,.$$

Für die +45°-Lagen folgt

$$\begin{Bmatrix} e_x \\ e_y \\ e_{xy} \end{Bmatrix}_{+45°} = \begin{Bmatrix} \alpha_x \\ \alpha_y \\ \alpha_{xy} \end{Bmatrix}_{+45°} \Delta T = \begin{Bmatrix} 15{,}94 \\ 15{,}94 \\ -30{,}12 \end{Bmatrix}_{2,4} \frac{10^{-6}}{\mathrm{K}} \cdot (80\,\mathrm{K}) = \begin{Bmatrix} 12{,}75 \\ 12{,}75 \\ -24{,}10 \end{Bmatrix} 10^{-4} \,.$$

Berechnungsschritt 2

Für die Berechnung der äquivalenten (hygro)thermalen Plattenschnittkräfte $\{n_{HT}\}$ gemäß Formel 8.170

$$\begin{aligned}\{n_{HT}\} &= \sum_{i=1}^{n} [\bar{Q}]_i \{e_{xy}\}_i \, t_i \\ &= 2 \cdot \left([\bar{Q}]_{-45°} \{e_{xy}\}_{-45°} + [\bar{Q}]_{+45°} \{e_{xy}\}_{+45°} \right) t \end{aligned} \tag{G.13}$$

und die Berechnung der äquivalenten (hygro)thermalen Plattenschnittmomente $\{m_{HT}\}$ nach Formel 8.172 zu

$$\begin{aligned}\{m_{HT}\} &= \sum_{i=1}^{n} [\bar{Q}]_i \{e_{xy}\}_i \cdot t_i \cdot \bar{z}_i \\ &= \Big([\bar{Q}]_{-45°} \{e_{xy}\}_{-45°} \cdot \bar{z}_1 + [\bar{Q}]_{+45°} \{e_{xy}\}_{+45°} \cdot \bar{z}_2 + \\ &\quad + [\bar{Q}]_{-45°} \{e_{xy}\}_{-45°} \cdot \bar{z}_3 + [\bar{Q}]_{+45°} \{e_{xy}\}_{+45°} \cdot \bar{z}_4 \Big) \cdot t \end{aligned} \tag{G.14}$$

ist zunächst die Berechnung der reduzierten Steifigkeitsmatrizen $[\bar{Q}]_{-45°}$ und $[\bar{Q}]_{+45°}$ der Einzelschichten im globalen Koordinatensystem erforderlich.

Aus Formel 6.152 für die reduzierten Steifigkeiten der unidirektionalen Einzelschicht im lokalen Koordinatensystem

$$[Q] = \begin{bmatrix} \frac{E_1}{1-\nu_{12}\,\nu_{21}} & \frac{\nu_{12}\,E_2}{1-\nu_{12}\,\nu_{21}} & 0 \\ \frac{\nu_{21}\,E_1}{1-\nu_{12}\,\nu_{21}} & \frac{E_2}{1-\nu_{12}\,\nu_{21}} & 0 \\ 0 & 0 & G_{12} \end{bmatrix}$$

und der MAXWELL-BETTI-Beziehung in Formel 6.153

$$\nu_{21} = \nu_{12} \frac{E_2}{E_1} = 0{,}0196$$

folgt

$$[Q] = \begin{bmatrix} 138{,}8 & 2{,}72 & 0 \\ 2{,}72 & 9{,}05 & 0 \\ 0 & 0 & 6{,}9 \end{bmatrix} \text{GPa}$$

Die Matrix der reduzierten Steifigkeiten im globalen Koordinatensystem ergibt sich durch Transformation

$$[\bar{Q}]_i = [T_\varepsilon]_i^T \, [Q] \, [T_\varepsilon]_i$$

mit

$$[T_\varepsilon] = \begin{bmatrix} \cos^2\alpha & \sin^2\alpha & \sin\alpha\,\cos\alpha \\ \sin^2\alpha & \cos^2\alpha & -\sin\alpha\,\cos\alpha \\ -2\sin\alpha\,\cos\alpha & 2\sin\alpha\,\cos\alpha & \cos^2\alpha - \sin^2\alpha \end{bmatrix}$$

und für die Transformation von $\alpha = -45°$

$$[T_\varepsilon]_{-45°} = \begin{bmatrix} 0{,}5 & 0{,}5 & -0{,}5 \\ 0{,}5 & 0{,}5 & 0{,}5 \\ 1{,}0 & -1{,}0 & 0 \end{bmatrix}$$

für die −45°-Lage

$$[\bar{Q}]_{-45°} = \begin{bmatrix} 45{,}22 & 31{,}42 & -32{,}44 \\ 31{,}42 & 45{,}22 & -32{,}44 \\ -32{,}44 & -32{,}44 & 35{,}60 \end{bmatrix} \text{GPa}$$

Die reduzierte Steifigkeitsmatrix im globalen Koordinatensystem für die $\alpha = +45°$-Lage ergibt sich durch Vorzeichenwechsel der $\bar{Q}_{16}$- und $\bar{Q}_{26}$-Koeffizienten zu

$$[\bar{Q}]_{+45°} = \begin{bmatrix} 45{,}22 & 31{,}42 & 32{,}44 \\ 31{,}42 & 45{,}22 & 32{,}44 \\ 32{,}44 & 32{,}44 & 35{,}60 \end{bmatrix} \text{GPa}$$

Damit kann für die Berechnung der äquivalenten (hygro)thermalen Plattenschnittkräfte nach Formel G.13 nun der Zusammenhang

$$\{n_{HT}\} = 2 \cdot \left(\begin{bmatrix} 45{,}22 & 31{,}42 & -32{,}44 \\ 31{,}42 & 45{,}22 & -32{,}44 \\ -32{,}44 & -32{,}44 & 35{,}60 \end{bmatrix} \begin{Bmatrix} 12{,}75 \\ 12{,}75 \\ 24{,}10 \end{Bmatrix} 10^{-4} \right.$$
$$\left. + \begin{bmatrix} 45{,}22 & 31{,}42 & 32{,}44 \\ 31{,}42 & 45{,}22 & 32{,}44 \\ 32{,}44 & 32{,}44 & 35{,}60 \end{bmatrix} \begin{Bmatrix} 12{,}75 \\ 12{,}75 \\ -24{,}10 \end{Bmatrix} 10^{-4} \right) \cdot 0{,}25\,\text{mm}$$

geschrieben werden. Daraus folgt das Teilergebnis

$$\{n_{HT}\} = \{n_{th}\} = \begin{Bmatrix} 1{,}956 \\ 1{,}956 \\ 0 \end{Bmatrix} 10^{-2}\,\text{GPa mm}$$

Für die äquivalenten Plattenschnittmomente kann mit Formel G.14, den berechneten Steifigkeiten und freien Verzerrung formuliert werden

$$\{m_{HT}\} = \left(\begin{bmatrix} 45{,}22 & 31{,}42 & -32{,}44 \\ 31{,}42 & 45{,}22 & -32{,}44 \\ -32{,}44 & -32{,}44 & 35{,}60 \end{bmatrix} \text{GPa} \cdot \begin{Bmatrix} 12{,}75 \\ 12{,}75 \\ 24{,}10 \end{Bmatrix} 10^{-4} \cdot (-0{,}375\,\text{mm}) + \right.$$
$$+ \begin{bmatrix} 45{,}22 & 31{,}42 & 32{,}44 \\ 31{,}42 & 45{,}22 & 32{,}44 \\ 32{,}44 & 32{,}44 & 35{,}60 \end{bmatrix} \text{GPa} \cdot \begin{Bmatrix} 12{,}75 \\ 12{,}75 \\ -24{,}10 \end{Bmatrix} 10^{-4} \cdot (-0{,}125\,\text{mm}) +$$

$$+\begin{bmatrix} 45{,}22 & 31{,}42 & -32{,}44 \\ 31{,}42 & 45{,}22 & -32{,}44 \\ -32{,}44 & -32{,}44 & 35{,}60 \end{bmatrix} \text{GPa} \cdot \begin{Bmatrix} 12{,}75 \\ 12{,}75 \\ 24{,}10 \end{Bmatrix} 10^{-4} \cdot 0{,}125\,\text{mm} +$$

$$+\begin{bmatrix} 45{,}22 & 31{,}42 & 32{,}44 \\ 31{,}42 & 45{,}22 & 32{,}44 \\ 32{,}44 & 32{,}44 & 35{,}60 \end{bmatrix} \text{GPa} \cdot \left. \begin{Bmatrix} 12{,}75 \\ 12{,}75 \\ -24{,}10 \end{Bmatrix} 10^{-4} \cdot 0{,}375\,\text{mm} \right) \cdot 0{,}25\,\text{mm}$$

Damit folgt als Teilergebnis

$$\{m_{HT}\} = \{m_{th}\} = \begin{Bmatrix} 0 \\ 0 \\ -3{,}87 \end{Bmatrix} 10^{-2}\,\text{GPa}\,\text{mm}^2$$

Berechnungsschritt 3

Mit den effektiven Membrankräften

$$\{n_e\} = \{n\} + \{n_{th}\} + \{n_{mo}\}$$

und den effektiven Plattenbiegemomenten

$$\{m_e\} = \{m\} + \{m_{th}\} + \{m_{mo}\}$$

können aus dem Zusammenhang

$$\begin{Bmatrix} \varepsilon_0 \\ \kappa \end{Bmatrix} = \begin{bmatrix} a & b \\ c & d \end{bmatrix} \begin{Bmatrix} n_e \\ m_e \end{Bmatrix}$$

die Lasten der Laminates berechnet werden. Hierzu ist zunächst die *ABD*-Matrix der Klassischen Laminattheorie, Formel 7.82 und Formel 7.84, zu berechnen:

$$[A] = \sum_{i=1}^{n} [\bar{Q}]_i \,(z_i - z_{i-1})$$

$$[B] = \frac{1}{2} \sum_{i=1}^{n} [\bar{Q}]_i \left(z_i^2 - z_{i-1}^2\right)$$

$$[D] = \frac{1}{3} \sum_{i=1}^{n} [\bar{Q}]_i \left(z_i^3 - z_{i-1}^3\right)$$

Dabei sind die Scheibensteifigkeiten

$$[A] = \begin{bmatrix} 45{,}22 & 31{,}42 & 0 \\ 31{,}42 & 45{,}22 & 0 \\ 0 & 0 & 35{,}60 \end{bmatrix} \text{GPa}\,\text{mm}$$

die Koppelsteifigkeiten

$$[B] = \begin{bmatrix} 0 & 0 & 4{,}055 \\ 0 & 0 & 4{,}055 \\ 4{,}055 & 4{,}055 & 0 \end{bmatrix} \text{GPa mm}^2$$

und die Plattensteifigkeiten

$$[D] = \begin{bmatrix} 3{,}77 & 2{,}62 & 0 \\ 2{,}62 & 3{,}77 & 0 \\ 0 & 0 & 2{,}97 \end{bmatrix} \text{GPa mm}^3$$

Durch Invertierung folgt aus der ABD-Matrix die *abd*-Matrix zu (siehe nachfolgende Seite im Querformat).

$$\begin{bmatrix} a & b \\ c & d \end{bmatrix} = \begin{bmatrix} 0{,}04386/\text{GPa mm} & -0{,}02861/\text{GPa mm} & 0/\text{GPa mm} & 0/\text{GPa mm}^2 & 0/\text{GPa mm}^2 & -0{,}02083/\text{GPa mm}^2 \\ -0{,}02861/\text{GPa mm} & 0{,}04386/\text{GPa mm} & 0/\text{GPa mm} & 0/\text{GPa mm}^2 & 0/\text{GPa mm}^2 & -0{,}02083/\text{GPa mm}^2 \\ 0/\text{GPa mm} & 0/\text{GPa mm} & 0{,}3284/\text{GPa mm} & -0{,}02083/\text{GPa mm}^2 & -0{,}02083/\text{GPa mm}^2 & 0/\text{GPa mm}^2 \\ 0/\text{GPa mm}^2 & 0/\text{GPa mm}^2 & -0{,}02083/\text{GPa mm}^2 & 0{,}52535/\text{GPa mm}^3 & 0{,}34331/\text{GPa mm}^3 & 0/\text{GPa mm}^3 \\ 0/\text{GPa mm}^2 & 0/\text{GPa mm}^2 & -0{,}02083/\text{GPa mm}^2 & 0{,}34331/\text{GPa mm}^3 & 0{,}52535/\text{GPa mm}^3 & 0/\text{GPa mm}^3 \\ -0{,}02083/\text{GPa mm}^2 & -0{,}02083/\text{GPa mm}^2 & 0/\text{GPa mm}^2 & 0/\text{GPa mm}^3 & 0/\text{GPa mm}^3 & 0{,}39356/\text{GPa mm}^3 \end{bmatrix}$$

womit sich die Laminatverzerrung und -verformung zu

$$\begin{Bmatrix} \varepsilon_{x,o} \\ \varepsilon_{y,o} \\ \gamma_{xy,o} \\ \kappa_x \\ \kappa_y \\ \kappa_{xy} \end{Bmatrix} = \begin{Bmatrix} 3{,}06 \\ 3{,}06 \\ 0 \\ 0/\text{mm} \\ 0/\text{mm} \\ -9{,}65/\text{mm} \end{Bmatrix} \cdot 10^{-4}$$

ergeben. Die Erwärmung des Laminates führt zu einer Längung des Verbundes. Durch die thermische Belastung des antisymmetrischen Laminates entstehen zusätzlich Momente $\{m_{th}\}$, die das Laminat verdrillen.

Berechnungsschritt 4

Berechnung der spannungsinduzierten, elastischen Verzerrungen mithilfe von Formel 8.175

$$\{\varepsilon_{xy,el}\}_i = \{\varepsilon_{xy}\} - \{e_{xy}\}_i = \{\varepsilon_0\} + z\,\{\kappa\} - \{e_{xy}\}_i$$

bzw.

$$\begin{Bmatrix} \varepsilon_{x,el} \\ \varepsilon_{y,el} \\ \gamma_{xy,el} \end{Bmatrix}_i = \begin{Bmatrix} 3{,}06 \\ 3{,}06 \\ 0/\text{mm} \end{Bmatrix} \cdot 10^{-4} + z \cdot \begin{Bmatrix} 0 \\ 0 \\ -9{,}65 \end{Bmatrix} \cdot 10^{-4}/\text{mm} - \begin{Bmatrix} e_{x,el} \\ e_{y,el} \\ e_{xy,el} \end{Bmatrix}_i$$

Für die **erste Lage**, einer –45°-Lage, folgt für die *Oberseite*

$$\{\varepsilon_{xy,el}\}_{1,o} = \{\varepsilon_{xy}\} - \{e_{xy}\}_1 = \{\varepsilon_0\} + z_0\,\{\kappa\} - \{e_{xy}\}_{-45°}$$

bzw.

$$\begin{Bmatrix} \varepsilon_{x,el} \\ \varepsilon_{y,el} \\ \gamma_{xy,el} \end{Bmatrix}_{1,o} = \begin{Bmatrix} 3{,}06 \\ 3{,}06 \\ 0/\text{mm} \end{Bmatrix} \cdot 10^{-4} - 0{,}5\,\text{mm} \cdot \begin{Bmatrix} 0 \\ 0 \\ -9{,}65 \end{Bmatrix} \cdot 10^{-4}/\text{mm} - \begin{Bmatrix} 12{,}75 \\ 12{,}75 \\ 24{,}10 \end{Bmatrix} \cdot 10^{-4}$$

$$= \begin{Bmatrix} -9{,}69 \\ -9{,}69 \\ -19{,}275 \end{Bmatrix} \cdot 10^{-4}$$

und für die *Unterseite*

$$\{\varepsilon_{xy,el}\}_{1,u} = \{\varepsilon_{xy}\} - \{e_{xy}\}_1 = \{\varepsilon_0\} + z_1\,\{\kappa\} - \{e_{xy}\}_{-45°}$$

bzw.

$$\begin{Bmatrix} \varepsilon_{x,el} \\ \varepsilon_{y,el} \\ \gamma_{xy,el} \end{Bmatrix}_{1,u} = \begin{Bmatrix} 3{,}06 \\ 3{,}06 \\ 0/\text{mm} \end{Bmatrix} \cdot 10^{-4} - 0{,}25\,\text{mm} \cdot \begin{Bmatrix} 0 \\ 0 \\ -9{,}65 \end{Bmatrix} \cdot 10^{-4}/\text{mm} - \begin{Bmatrix} 12{,}75 \\ 12{,}75 \\ 24{,}10 \end{Bmatrix} \cdot 10^{-4}$$

$$= \begin{Bmatrix} -9{,}69 \\ -9{,}69 \\ -21{,}69 \end{Bmatrix} \cdot 10^{-4}$$

Für die **zweite Lage**, einer +45°-Lage, folgt für die *Oberseite*

$$\{\varepsilon_{xy,el}\}_{2,o} = \{\varepsilon_{xy}\} - \{e_{xy}\}_2 = \{\varepsilon_0\} + z_1\,\{\kappa\} - \{e_{xy}\}_{+45°}$$

bzw.

$$\begin{Bmatrix} \varepsilon_{x,el} \\ \varepsilon_{y,el} \\ \gamma_{xy,el} \end{Bmatrix}_{2,o} = \begin{Bmatrix} 3{,}06 \\ 3{,}06 \\ 0/\text{mm} \end{Bmatrix} \cdot 10^{-4} - 0{,}25\,\text{mm} \cdot \begin{Bmatrix} 0 \\ 0 \\ -9{,}65 \end{Bmatrix} \cdot 10^{-4}/\text{mm} - \begin{Bmatrix} 12{,}75 \\ 12{,}75 \\ -24{,}10 \end{Bmatrix} \cdot 10^{-4}$$

$$= \begin{Bmatrix} -9{,}69 \\ -9{,}69 \\ 26{,}51 \end{Bmatrix} \cdot 10^{-4}$$

und für die *Unterseite*

$$\{\varepsilon_{xy,el}\}_{2,u} = \{\varepsilon_{xy}\} - \{e_{xy}\}_2 = \{\varepsilon_0\} + z_2\,\{\kappa\} - \{e_{xy}\}_{+45°}$$

bzw.

$$\begin{Bmatrix} \varepsilon_{x,el} \\ \varepsilon_{y,el} \\ \gamma_{xy,el} \end{Bmatrix}_{2,u} = \begin{Bmatrix} 3{,}06 \\ 3{,}06 \\ 0/\text{mm} \end{Bmatrix} \cdot 10^{-4} + 0\,\text{mm} \cdot \begin{Bmatrix} 0 \\ 0 \\ -9{,}65 \end{Bmatrix} \cdot 10^{-4}/\text{mm} - \begin{Bmatrix} 12{,}75 \\ 12{,}75 \\ -24{,}10 \end{Bmatrix} \cdot 10^{-4}$$

$$= \begin{Bmatrix} -9{,}69 \\ -9{,}69 \\ 24{,}10 \end{Bmatrix} \cdot 10^{-4}$$

Für die **dritte Lage**, einer −45°-Lage, folgt für die *Oberseite*

$$\{\varepsilon_{xy,el}\}_{3,o} = \{\varepsilon_{xy}\} - \{e_{xy}\}_3 = \{\varepsilon_0\} + z_2\,\{\kappa\} - \{e_{xy}\}_{-45°}$$

bzw.

$$\begin{Bmatrix} \varepsilon_{x,el} \\ \varepsilon_{y,el} \\ \gamma_{xy,el} \end{Bmatrix}_{3,o} = \begin{Bmatrix} 3{,}06 \\ 3{,}06 \\ 0/\text{mm} \end{Bmatrix} \cdot 10^{-4} - 0\,\text{mm} \cdot \begin{Bmatrix} 0 \\ 0 \\ -9{,}65 \end{Bmatrix} \cdot 10^{-4}/\text{mm} - \begin{Bmatrix} 12{,}75 \\ 12{,}75 \\ 24{,}10 \end{Bmatrix} \cdot 10^{-4}$$

$$= \begin{Bmatrix} -9{,}69 \\ -9{,}69 \\ -24{,}10 \end{Bmatrix} \cdot 10^{-4}$$

und für die *Unterseite*

$$\left\{\varepsilon_{xy,el}\right\}_{3,u} = \left\{\varepsilon_{xy}\right\} - \left\{e_{xy}\right\}_3 = \left\{\varepsilon_0\right\} + z_3\left\{\kappa\right\} - \left\{e_{xy}\right\}_{-45°}$$

bzw.

$$\begin{Bmatrix}\varepsilon_{x,el}\\ \varepsilon_{y,el}\\ \gamma_{xy,el}\end{Bmatrix}_{3,u} = \begin{Bmatrix}3{,}06\\ 3{,}06\\ 0/\text{mm}\end{Bmatrix}\cdot 10^{-4} - 0{,}25\,\text{mm}\cdot\begin{Bmatrix}0\\ 0\\ -9{,}65\end{Bmatrix}\cdot 10^{-4}/\text{mm} - \begin{Bmatrix}12{,}75\\ 12{,}75\\ 24{,}10\end{Bmatrix}\cdot 10^{-4}$$

$$= \begin{Bmatrix}-9{,}69\\ -9{,}69\\ -21{,}69\end{Bmatrix}\cdot 10^{-4}$$

Für die **vierte Lage**, einer +45°-Lage, folgt für die *Oberseite*

$$\left\{\varepsilon_{xy,el}\right\}_{4,o} = \left\{\varepsilon_{xy}\right\} - \left\{e_{xy}\right\}_4 = \left\{\varepsilon_0\right\} + z_3\left\{\kappa\right\} - \left\{e_{xy}\right\}_{+45°}$$

bzw.

$$\begin{Bmatrix}\varepsilon_{x,el}\\ \varepsilon_{y,el}\\ \gamma_{xy,el}\end{Bmatrix}_{4,o} = \begin{Bmatrix}3{,}06\\ 3{,}06\\ 0/\text{mm}\end{Bmatrix}\cdot 10^{-4} - 0{,}25\,\text{mm}\cdot\begin{Bmatrix}0\\ 0\\ -9{,}65\end{Bmatrix}\cdot 10^{-4}/\text{mm} - \begin{Bmatrix}12{,}75\\ 12{,}75\\ -24{,}10\end{Bmatrix}\cdot 10^{-4}$$

$$= \begin{Bmatrix}-9{,}69\\ -9{,}69\\ 21{,}69\end{Bmatrix}\cdot 10^{-4}$$

und für die *Unterseite*

$$\left\{\varepsilon_{xy,el}\right\}_{4,u} = \left\{\varepsilon_{xy}\right\} - \left\{e_{xy}\right\}_4 = \left\{\varepsilon_0\right\} + z_4\left\{\kappa\right\} - \left\{e_{xy}\right\}_{+45°}$$

bzw.

$$\begin{Bmatrix}\varepsilon_{x,el}\\ \varepsilon_{y,el}\\ \gamma_{xy,el}\end{Bmatrix}_{4,u} = \begin{Bmatrix}3{,}06\\ 3{,}06\\ 0/\text{mm}\end{Bmatrix}\cdot 10^{-4} + 0{,}5\,\text{mm}\cdot\begin{Bmatrix}0\\ 0\\ -9{,}65\end{Bmatrix}\cdot 10^{-4}/\text{mm} - \begin{Bmatrix}12{,}75\\ 12{,}75\\ -24{,}10\end{Bmatrix}\cdot 10^{-4}$$

$$= \begin{Bmatrix}-9{,}69\\ -9{,}69\\ 19{,}28\end{Bmatrix}\cdot 10^{-4}$$

Berechnungsschritt 5

Die Berechnung der Schichtspannungen im globalen Laminatkoordinatensystem erfolgt mithilfe des Zusammenhangs

$$\left\{\sigma_{xy,el}\right\}_i = \left[\bar{Q}\right]_i \left\{\varepsilon_{xy,el}\right\}_i$$

Für die **erste Lage**, einer −45°-Lage, folgt für die *Oberseite*

$$\left\{\sigma_{xy,el}\right\}_{1,o} = \left[\bar{Q}\right]_1 \left\{\varepsilon_{xy,el}\right\}_{1,o} = \left[\bar{Q}\right]_{-45°} \left\{\varepsilon_{xy,el}\right\}_{1,o}$$

bzw.

$$\begin{Bmatrix} \sigma_x \\ \sigma_y \\ \sigma_{xy} \end{Bmatrix}_{1,o} = \begin{bmatrix} 45{,}22 & 31{,}42 & -32{,}44 \\ 31{,}42 & 45{,}22 & -32{,}44 \\ -32{,}44 & -32{,}44 & 35{,}60 \end{bmatrix} \text{GPa} \cdot \begin{Bmatrix} -9{,}69 \\ -9{,}69 \\ -19{,}275 \end{Bmatrix} 10^{-4} = \begin{Bmatrix} -11{,}736 \\ -11{,}736 \\ -5{,}750 \end{Bmatrix} \text{MPa}$$

und für die *Unterseite*

$$\left\{\sigma_{xy,el}\right\}_{1,u} = \left[\bar{Q}\right]_1 \left\{\varepsilon_{xy,el}\right\}_{1,u} = \left[\bar{Q}\right]_{-45°} \left\{\varepsilon_{xy,el}\right\}_{1,u}$$

bzw.

$$\begin{Bmatrix} \sigma_x \\ \sigma_y \\ \sigma_{xy} \end{Bmatrix}_{1,u} = \begin{bmatrix} 45{,}22 & 31{,}42 & -32{,}44 \\ 31{,}42 & 45{,}22 & -32{,}44 \\ -32{,}44 & -32{,}44 & 35{,}60 \end{bmatrix} \text{GPa} \cdot \begin{Bmatrix} -9{,}69 \\ -9{,}69 \\ -21{,}69 \end{Bmatrix} 10^{-4} = \begin{Bmatrix} -3{,}910 \\ -3{,}910 \\ -14{,}339 \end{Bmatrix} \text{MPa}$$

Für die **zweite Lage**, einer +45°-Lage, folgt für die *Oberseite*

$$\left\{\sigma_{xy,el}\right\}_{2,o} = \left[\bar{Q}\right]_2 \left\{\varepsilon_{xy,el}\right\}_{2,o} = \left[\bar{Q}\right]_{+45°} \left\{\varepsilon_{xy,el}\right\}_{2,o}$$

bzw.

$$\begin{Bmatrix} \sigma_x \\ \sigma_y \\ \sigma_{xy} \end{Bmatrix}_{2,o} = \begin{bmatrix} 45{,}22 & 31{,}42 & 32{,}44 \\ 31{,}42 & 45{,}22 & 32{,}44 \\ 32{,}44 & 32{,}44 & 35{,}60 \end{bmatrix} \text{GPa} \cdot \begin{Bmatrix} -9{,}69 \\ -9{,}69 \\ 26{,}51 \end{Bmatrix} 10^{-4} = \begin{Bmatrix} 11{,}736 \\ 11{,}736 \\ 31{,}516 \end{Bmatrix} \text{MPa}$$

und für die *Unterseite*

$$\left\{\sigma_{xy,el}\right\}_{2,u} = \left[\bar{Q}\right]_2 \left\{\varepsilon_{xy,el}\right\}_{2,u} = \left[\bar{Q}\right]_{+45°} \left\{\varepsilon_{xy,el}\right\}_{2,u}$$

bzw.

$$\begin{Bmatrix} \sigma_x \\ \sigma_y \\ \sigma_{xy} \end{Bmatrix}_{2,u} = \begin{bmatrix} 45{,}22 & 31{,}42 & 32{,}44 \\ 31{,}42 & 45{,}22 & 32{,}44 \\ 32{,}44 & 32{,}44 & 35{,}60 \end{bmatrix} \text{GPa} \cdot \begin{Bmatrix} -9{,}69 \\ -9{,}69 \\ 24{,}10 \end{Bmatrix} \text{MPa} = \begin{Bmatrix} 3{,}910 \\ 3{,}910 \\ 22{,}927 \end{Bmatrix} \text{MPa}$$

Für die **dritte Lage**, einer −45°-Lage, folgt für die *Oberseite*

$$\left\{\sigma_{xy,el}\right\}_{3,o} = \left[\bar{Q}\right]_3 \left\{\varepsilon_{xy,el}\right\}_{3,o} = \left[\bar{Q}\right]_{-45°} \left\{\varepsilon_{xy,el}\right\}_{3,o}$$

bzw.

$$\begin{Bmatrix} \sigma_x \\ \sigma_y \\ \sigma_{xy} \end{Bmatrix}_{3,o} = \begin{bmatrix} 45{,}22 & 31{,}42 & -32{,}44 \\ 31{,}42 & 45{,}22 & -32{,}44 \\ -32{,}44 & -32{,}44 & 35{,}60 \end{bmatrix} \text{GPa} \cdot \begin{Bmatrix} -9{,}69 \\ -9{,}69 \\ -24{,}10 \end{Bmatrix} \text{MPa} = \begin{Bmatrix} 3{,}916 \\ 3{,}916 \\ -22{,}927 \end{Bmatrix} 10^{-4}$$

und für die *Unterseite*

$$\{\sigma_{xy,el}\}_{3,u} = [\bar{Q}]_3 \{\varepsilon_{xy,el}\}_{3,u} = [\bar{Q}]_{-45°} \{\varepsilon_{xy,el}\}_{3,u}$$

bzw.

$$\begin{Bmatrix} \sigma_x \\ \sigma_y \\ \sigma_{xy} \end{Bmatrix}_{3,u} = \begin{bmatrix} 45{,}22 & 31{,}42 & -32{,}44 \\ 31{,}42 & 45{,}22 & -32{,}44 \\ -32{,}44 & -32{,}44 & 35{,}60 \end{bmatrix} \text{GPa} \cdot \begin{Bmatrix} -9{,}69 \\ -9{,}69 \\ -21{,}69 \end{Bmatrix} 10^{-4} = \begin{Bmatrix} 11{,}742 \\ 11{,}742 \\ -31{,}516 \end{Bmatrix} \text{MPa}$$

Für die **vierte Lage**, einer +45°-Lage, folgt für die *Oberseite*

$$\{\sigma_{xy,el}\}_{4,o} = [\bar{Q}]_4 \{\varepsilon_{xy,el}\}_{4,o} = [\bar{Q}]_{+45°} \{\varepsilon_{xy,el}\}_{4,o}$$

bzw.

$$\begin{Bmatrix} \sigma_x \\ \sigma_y \\ \sigma_{xy} \end{Bmatrix}_{4,o} = \begin{bmatrix} 45{,}22 & 31{,}42 & 32{,}44 \\ 31{,}42 & 45{,}22 & 32{,}44 \\ 32{,}44 & 32{,}44 & 35{,}60 \end{bmatrix} \text{GPa} \cdot \begin{Bmatrix} -9{,}69 \\ -9{,}69 \\ 26{,}51 \end{Bmatrix} 10^{-4} = \begin{Bmatrix} -3{,}910 \\ -3{,}910 \\ 14{,}339 \end{Bmatrix} \text{MPa}$$

und für die *Unterseite*

$$\{\sigma_{xy,el}\}_{4,u} = [\bar{Q}]_4 \{\varepsilon_{xy,el}\}_{4,u} = [\bar{Q}]_{+45°} \{\varepsilon_{xy,el}\}_{4,u}$$

bzw.

$$\begin{Bmatrix} \sigma_x \\ \sigma_y \\ \sigma_{xy} \end{Bmatrix}_{4,u} = \begin{bmatrix} 45{,}22 & 31{,}42 & 32{,}44 \\ 31{,}42 & 45{,}22 & 32{,}44 \\ 32{,}44 & 32{,}44 & 35{,}60 \end{bmatrix} \text{GPa} \cdot \begin{Bmatrix} -9{,}69 \\ -9{,}69 \\ 19{,}28 \end{Bmatrix} \text{MPa} = \begin{Bmatrix} -11{,}736 \\ -11{,}736 \\ 5{,}750 \end{Bmatrix} \text{MPa}$$

Ergebniszusammenfassung

Die schichtweisen Spannungen des Laminates können nun im globalen Koordinatensystem angegeben werden.

Literatur

[G.1] DANKERT, J.; DANKERT, H.: *Technische Mechanik. Statik, Festigkeitslehre, Kinematik/Kinetik.* 7. Auflage, Springer Vieweg, Hamburg, Wiesbaden, 2013

[G.2] GROSS, D.; EHLERS, W.; WRIGGERS, P.; SCHRÖDER, J.; MÜLLER, R.: *Formeln und Aufgaben zur Technischen Mechanik 2. Elastostatik, Hydrostatik.* 12. Auflage, Springer Vieweg, Darmstadt, Essen, Stuttgart, Kaiserslautern, Hannover, Berlin, 2017

[G.3] MAHNKEN, R.: *Lehrbuch der Technische Mechanik – Band 2: Elastostik. Mit einer Einführung in Hydrostrukturen.* 2. Auflage, Springer Vieweg, Paderborn, Berlin, 2019

Tabelle G.1 Schichtweise globale Spannungen der Übung 8.2.3-2

Position	σ_x [MPa]	σ_y [MPa]	σ_{xy} [MPa]
#1 oben	−11,736	−11,736	−5,750
#1 unten	−3,910	−3,910	−14,339
#2 oben	11,742	11,742	31,516
#2 unten	3,916	3,916	22,927
#3 oben	3,916	3,916	−22,927
#3 unten	11,742	11,742	−31,516
#4 oben	−3,910	−3,910	14,339
#4 unten	−11,736	−11,736	5,750

H
Lösungsverfahren

INGO EHRLICH

H.1 *pq*-Formel

Zum Lösen einer nichtlinearen Gleichung zweiter Ordnung der Form

$$x^2 + p\,x + q = 0 \tag{H.1}$$

können mit der *pq*-Formel [H.1, 2] die Lösungen mithilfe des Zusammenhangs

$$x_{1,2} = -\frac{p}{2} \pm \sqrt{\left(\frac{p}{2}\right)^2 - q} \tag{H.2}$$

bestimmt werden. Mithilfe des Ausdrucks unter der Wurzel der sogenannten Diskriminante (Abk. D) kann die Anzahl der Lösungen der quadratischen Gleichung bestimmt werden:

$$D = \left(\frac{p}{2}\right)^2 - q$$

$D > 0 \;\rightarrow$ zwei Lösungen

$D = 0 \;\rightarrow$ eine Lösung

$D < 0 \;\rightarrow$ keine reelle Lösungen
bzw. zwei konjugiert komplexe Lösungen

Literatur

[H.1] KÖNIG, W.; ROMMELFANGER, H.; OHSE, D.; HOFMANN, M.; SCHÄFER, K.; KUHNLE, H.; PFEIFER, A.: *Taschenbuch der Wirtschaftsinformatik und Wirtschaftsmathematik.* 1. Auflage, Verlag Harri Deutsch, Frankfurt am Main, 1999

[H.2] RAPP, H.: *Mathematik für Fachschule Technik und Berufskolleg. Algebra, Geometrie, Differentialrechnung, Integralrechnung, Vektorrechnung, Komplexe Rechnung.* 9. Auflage, Springer Vieweg, Wiesbaden, Winterbach, Stuttgart, 2014

Index